国家出版基金项目
NATIONAL PUBLICATION FOUNDATION

"十三五"
国家重点图书出版规划项目

国之重器出版工程
网络强国建设

5G丛书

5G无线接入网络：雾计算和云计算

5G Wireless Access Network: Fog Computing and Cloud Computing

彭木根 编著

人民邮电出版社
北京

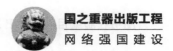

图书在版编目（CIP）数据

5G无线接入网络 ： 雾计算和云计算 / 彭木根编著
. -- 北京 ： 人民邮电出版社, 2019.3(2022.8重印)
(5G丛书)
国之重器出版工程
ISBN 978-7-115-50311-4

Ⅰ. ①5… Ⅱ. ①彭… Ⅲ. ①无线接入技术－接入网
Ⅳ. ①TN915.6

中国版本图书馆CIP数据核字(2018)第285712号

内 容 提 要

本书全面深入地介绍了面向 5G 移动通信系统的雾无线接入网络和云无线接入网络，包括系统架构、理论组网性能、信道估计、资源分配等，突出了云计算和雾计算与无线接入网络相结合的特征及相互间的差异，给出了相应的性能。

本书内容翔实丰富、深入浅出，可作为高等院校通信工程、电子信息工程和计算机应用等专业的研究生和高年级本科生相关课程的教材或者理论科研参考书，也可作为相关工程技术人员的理论指导手册。

◆ 编　　著　彭木根
责任编辑　吴娜达
责任印制　彭志环

◆ 人民邮电出版社出版发行　　北京市丰台区成寿寺路 11 号
邮编　100164　　电子邮件　315@ptpress.com.cn
网址　http://www.ptpress.com.cn
北京捷迅佳彩印刷有限公司印刷

◆ 开本：800×1000　1/16
印张：28.5　　　　2019 年 3 月第 1 版
字数：527 千字　　　2022 年 8 月北京第 2 次印刷

定价：219.00 元

《国之重器出版工程》
编辑委员会

专家委员会委员（按姓氏笔画排列）：

于　全　中国工程院院士

王少萍　“长江学者奖励计划”特聘教授

王建民　清华大学软件学院院长

王哲荣　中国工程院院士

王　越　中国科学院院士、中国工程院院士

尤肖虎　“长江学者奖励计划”特聘教授

邓宗全　中国工程院院士

甘晓华　中国工程院院士

叶培建　中国科学院院士

朱英富　中国工程院院士

朵英贤　中国工程院院士

邬贺铨　中国工程院院士

刘大响　中国工程院院士

刘怡昕　中国工程院院士

刘韵洁　中国工程院院士

孙逢春　中国工程院院士

苏彦庆　“长江学者奖励计划”特聘教授

苏哲子　中国工程院院士

李伯虎　中国工程院院士

李应红　中国科学院院士

李新亚　国家制造强国建设战略咨询委员会委员、中国机械工业联合会副会长

杨德森　中国工程院院士

张宏科　北京交通大学下一代互联网互联设备国家工程实验室主任

陆建勋　中国工程院院士

陆燕荪　国家制造强国建设战略咨询委员会委员、原机械工业部副部长

陈一坚　中国工程院院士

陈懋章　中国工程院院士

金东寒　中国工程院院士

周立伟　中国工程院院士

郑纬民　中国计算机学会原理事长

郑建华　中国科学院院士

屈贤明 国家制造强国建设战略咨询委员会委员、工业和信息化部智能制造专家咨询委员会副主任

项昌乐 “长江学者奖励计划”特聘教授，中国科协书记处书记，北京理工大学党委副书记、副校长

柳百成 中国工程院院士

闻雪友 中国工程院院士

徐德民 中国工程院院士

唐长红 中国工程院院士

黄卫东 “长江学者奖励计划”特聘教授

黄先祥 中国工程院院士

黄　维 中国科学院院士、西北工业大学常务副校长

董景辰 工业和信息化部智能制造专家咨询委员会委员

焦宗夏 “长江学者奖励计划”特聘教授

前言

与 4G 移动通信系统相比，5G 移动通信系统不仅传输速率更高，而且在传输中呈现出低时延、超链接、高可靠、低功耗特点，能更好地支持物联网应用。5G 不仅能使“人与人”之间实现无缝连接，也能进一步加强“人与物”“物与物”之间高速便捷的无缝通信。4G 无线接入网络架构主要为人与人之间的无缝覆盖和高速传输设计，难以高效支撑低时延、超链接、高可靠、低功耗等性能要求的物联业务或者应用需求。

过去一直是信息通信在推动计算技术的快速发展，无线通信理论和技术在不到 20 年的时间内从 2G 迅速演进到 5G，通信技术自身发展遇到瓶颈，“天花板”效应显著，急需引进先进理论和技术进行变革突破。借鉴云计算和雾计算，实现计算和通信的有效融合，可以有效打破移动通信面临的困境。因此，在 5G 中，基于云计算和雾计算的无线接入网络应运而生。2009 年，中国移动通信集团公司提出了云无线接入网络（C-RAN）架构，通过充分利用云计算强大的集中处理能力，抑制小区间干扰，同时降低基站的能耗，实现绿色高效组网。C-RAN 无法满足 5G 的低时延、高可靠等通信需求，2014 年学术界和产业界陆续提出了异构云无线接入网络（H-CRAN）及雾无线接入网络（F-RAN）解决方案。F-RAN 和 H-CRAN 能够满足 5G 及后 5G 各种性能目标要求，已经成为 5G 及后 5G 接入网络的重要组成，引起了业界广泛关注，并得到深入推进。

与基于集中式云计算和大规模协作处理的 C-RAN 和 H-CRAN 相比，F-RAN 充分利用基站和用户设备的计算缓存能力，结合了集中式和分布式自适应处理的优势，能够显著降低束缚 C-RAN 和 H-CRAN 发展的前传链路容量开销和时延过大等问题，也能够在网络边缘设备处适时进行大数据分析处理，提高无线网络快速反馈及智能动态组网能力。

C-RAN、H-CRAN 和 F-RAN 是 4G 超密集异构网络的演进，也是 5G 的重要组成，揭示这些不同接入网络的工作机理和性能差异，在目前阶段非常重要。本书主要介绍和总结了 C-RAN、H-CRAN 和 F-RAN 的架构组成、组网理论性能和资源分配等关键技术。本书共分为 9 章：第 1 章让读者建立面向 5G 的新一代无线接入网络的特征和系统架构等基本概念，为后面的学习打下必备的基础；第 2 章详细介绍了基于点随机分布模型的 C-RAN 组网性能，给出了不同接入模式对应的上下行理论组网性能，并探讨了空间立体三维网络节点分布对组网性能的影响；第 3 章详细介绍了 H-CRAN 的理论组网性能，刻画了不同预编码方案对性能的影响，给出了不同配置下的容量和误比特率性能对比；第 4 章描述了 F-RAN 理论性能，特别是介绍了缓存的影响以及对应的时延性能；第 5 章介绍了 C-RAN 的相干信道估计技术，包括导频设计和信号检测性能；第 6 章介绍了 C-RAN 和 F-RAN 的半盲信道估计技术及在理想和非理想前传链路下的性能；第 7 章描述了业务队列时延感知的 C-RAN 资源分配技术，给出了不同资源分配优化方法及其对应的性能；第 8 章介绍了 H-CRAN 的资源分配技术，描述了基于异构资源共享和干扰控制的资源分配方法；第 9 章介绍了一种成本频谱效率指标，并给出了基于该指标的资源分配优化方法。

本书是北京邮电大学相关科研团队多年研究的成果结晶。项弘禹博士参与了第 1 章的编写，闫实博士对第 2 章进行了编写，程园园参与了第 3 章的编写，赵中原博士、贾诗雯等进行了第 4 章的编写，胡强博士进行了第 5 章的编写，班有容进行了第 6 章的编写，李健博士等进行了第 7 章和第 8 章的编写，王亚运进行了第 9 章的编写。

本书的部分研究内容受国家自然科学基金优秀青年基金项目“无线分层异构网络的协同通信理论与方法”、国家自然科学基金国际（地区）合作与交流项目“云无线接入网络基于延迟感应的无线资源管理理论与算法设计”资助，在此特别表示感谢。在本书的编写过程中，还得到了普林斯顿大学 H.Vincent Poor 教授、北京邮电大学王文博教授、新加坡科技设计大学 Tony Quek 教授、曼切斯特大学 Zhiguo Ding 教授等的指导帮助以及中国信息通信研究院、中国电信股份有限公司创新中心、大唐移动通信设备有限公司等单位的大力支持，他们提供了许多宝贵建议和有益帮助，在此表示诚挚的谢意。

由于 5G 无线接入网络技术还在不断完善中，且 5G 标准化工作截至目前还在进行中，5G 接入网络架构及关键技术仍在不断演进，再加上作者水平有限，谬误之处在所难免，敬请广大读者批评指正。根据大家反馈的意见以及技术的增强和演进，本书将会陆续修改部分章节内容，欢迎读者来信讨论其中的技术问题：pmg@bupt.edu.cn。

彭木根

2018 年 4 月 27 日

目 录

第1章
无线接入网络演进

为了满足人机物互联的需求，无线接入网络需要突破传统人与人通信的格局，向人与物、物与物通信支撑演进。本章基于 5G 无线网络的性能需求，介绍了热点超密集无线接入网络演进方案，包括云无线接入网络、异构云无线接入网络和雾无线接入网络。具体而言，描述了这些演进接入网络的技术特征、网络架构、关键技术、问题挑战等，为后续章节内容提供了架构背景和系统演进基础。

近年来，随着移动互联网、物联网、智能终端应用和智能可穿戴电子设备的迅猛发展，多样化的移动多媒体业务需求急剧增长，无线分组数据业务量按指数递增，移动用户不再满足于普通的语音通信和简单的数据通信。根据国际电信联盟（International Telecommunication Union，ITU）的年度报告[1]，截至 2013 年年底，全球移动宽带用户数有 20 多亿，而根据爱立信的分析[2]，这一数据将在 2018 年增长至 65 亿人。与此同时，根据通用移动通信系统（Universal Mobile Telecommunication System，UMTS）论坛报告[3]，西欧国家的移动业务数据的日均总量将从 2010 年的 186 TB（terabyte）增长至 2020 年的 12 540 TB，预期增长高达 67 倍；而全球移动业务数据量将在 2025 年增长到 351 EB（exabyte），相比 2020 年将增长 174%。此外，快速增长的移动多媒体业务和智能应用具有“突发、局部、热点化”等特征，业务及应用在地域上分布不均匀，在用户海量聚集的部分热点区域，业务数据量呈指数倍提升，基站与核心网的负载极大增加，导致网络易过载、业务时延长，甚至脆弱易瘫痪等[4]。然而，传统无线网络中的接入网在部署、建设与运维中存在各种问题挑战，如潮汐效应、高能耗、高运营成本（Operational Expenditure，OPEX）与资本支出（Capital Expenditure，CAPEX）等；此外，ITU 为移动通信系统分配的带宽不足 600 MHz。因此，为了支撑剧增的移动多媒体业务需求，具有大容量、高传输速率能力的新一代宽带移动通信亟待发展和突破，力求提高单位面积的频谱效率[5]。

为了更好地解锁移动通信所面临的窘境和解决日益增长的分组数据传输速率

需求，4G 移动通信系统将微（Micro）基站[6]、微微（Pico）基站[7]、中继（Relay）[8]、家庭基站（Femto Access Point，FAP）[9-10]、分布式天线系统（Distributed Antenna System，DAS）[11]等各种不同类型的低功率节点（Low Power Node，LPN）部署在宏基站（Macro Base Station，MBS）的覆盖范围内，组建成分层异构无线网络（Heterogeneous Network，HetNet），其中传统的宏基站负责基本通信覆盖需求，而低功率节点满足盲区覆盖和服务热点区域的高速率传输需求。参考文献[12]系统介绍了 HetNet 的原理和关键技术，参考文献[13]总结了 HetNet 的主要技术挑战和现有的研究成果。图 1-1 描述了从 1G 移动通信系统到 4G 的网络架构的演进过程。在传统的 1G、2G 移动通信系统、3G 移动通信系统中，由于小区间的干扰可以通过静态频率规划技术或者码分多址接入（Coded Division Mutiple Access，CDMA）技术进行有效的抑制，因此不需要进行小区间的协作信号处理。而 4G 由于采用了正交频分复用多址接入(Orthogonal Frequency Division Multiple Access，OFDMA）技术[14]，邻小区之间的频谱复用使得小区间干扰较严重，尤其是当部署 HetNet 时，因此需要进行小区间和层间的协作信号处理。

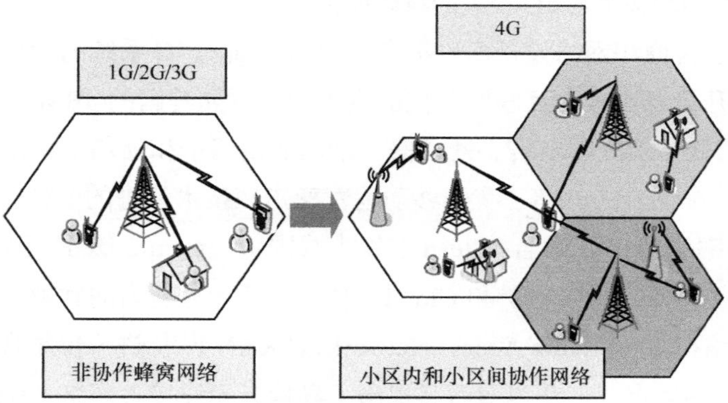

图 1-1　蜂窝网络架构的演变过程

在异构无线网络（HetNet）中，低功率节点间或者中继和基站间的回传链路（Backhaul）容量易受限，导致协作多点传输（Coordinated Multi-Point，CoMP）技术的性能增益较理想状态差距较大，且低功率节点密度大容易引起网络规划优化管理复杂、成本高、频谱效率（Spectrum Efficiency，SE）低和能量效率（Energy Efficiency，EE）低等问题。此外，预先设置的低功率节点位置一般都是固定的，难以自适应用户业务的“潮汐”效应，更难实现以用户为中心的动态组网。已有研究和试验网测试表明，在低功率节点较密集的区域，当负载较高时采用 CoMP 后的平均吞吐率性能增益不明显，边缘用户的平均吞吐率增益最大约为 1 倍[15]。由此可见，高密集 HetNet 的主要问题在于网络频谱效率和能量效率较 5G 性能目标有较大差距，且干扰和组网问题的解决难度较大，应用场景也受限[16]。因此，超密集 HetNet 并不能大幅提升单位面积网络的频谱效率和能量效率，且对相邻节点分布式干扰协作的要求较高，不仅实现难度大，网络规划优化也很复杂。

近年来，随着 4G 的成熟与推广应用，国内外陆续展开 5G 的研究工作。2012 年 11 月，欧盟宣布启动了 METIS（Mobile and Wireless Communications Enablers for the 2020 Information Society-2，2020 年信息社会的无线移动通信关键技术-2）项目，目标是“为建立下一代移动和无线通信系统奠定基础，为未来的移动通信和无线技术在需求、特性和指标上达成共识，取得在概念、雏形、关键技术组成上的统一意见”。我国对 5G 的研究也于 2013 年年初拉开大幕，2013 年 4 月 19 日，IMT-2020（International Mobile Telecommunications-2020）推进组第一次会议在北京召开。为了保障我国在 5G 中的知识产权比例，增强我国在 5G 国际标准制定中的地位，我国科技部已经启动多个与 5G 相关的科研项目。

国内外运营商和网络设备商也都在积极参与面向 5G 系统的标准化和技术研发工作，提升自身在移动互联网时代的竞争力。例如美国的 IBM、微软和 Intel（英特尔），欧洲的法国电信、爱立信、诺基亚西门子和阿尔卡特朗讯，我国的三大运营商、华为和中兴等。我国移动运营商走在技术演进的前列，例如中国移动在产业界率先提出了融合 Clean（节能减排）、Centralized（集中处理）、Cooperative（协作式无线电）和 Cloud（利用了云计算能力的软硬件平台）的云无线接入网络（Cloud Radio Access Network，C-RAN）[17]。进一步结合 HetNet 和 C-RAN 各自的优点，产业界随后又提出了异构云无线接入网络（Heterogeneous Cloud Radio Access Network，H-CRAN）[18]的先进组网方法。C-RAN 和 H-CRAN 结合软件定义网络的发展，充分利用集中式大规模云计算处理，让小功率节点简化为 RRH（Remote Radio Head），和多个传统的基带处理单元（Baseband Unit，BBU）集中到一起形成 BBU 池，从而把绝大部分小功率节点的无线信号处理和资源管理都集中到 BBU 池中，能够获得集中式大规模协同信号处理和资源管理增益，无论是网络的频谱效率，还是能量效率都提升显著。

1.1 云无线接入网络

C-RAN 架构如图 1-2 所示，该架构主要包括 3 个部分：由 RRH 组成的分布式无线接入网络；用于连接 RRH 的高带宽、低时延光纤或光传输网；由高性能通用处理器和实时虚拟技术组成的集中式 BBU 池[20]。在 BBU 池处进行集中的虚拟化资源管理，以便实现多个 RRH 间的协同处理和资源共享。这样的 BBU 池集中式处理和 RRH 分布式部署的架构使得 C-RAN 具有以下优点。

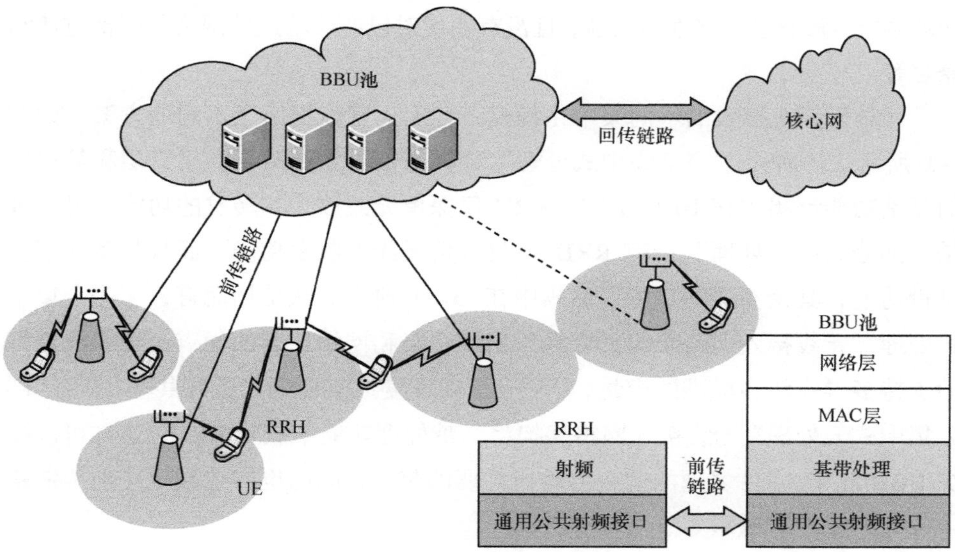

图 1-2　C-RAN 架构

- 移动运营商能够更容易地通过新增部署 RRH 来扩展和升级网络，因此能够显著降低运营成本；基站的集中式放置与集中化运维管理不仅使得基站的部署数量相对于传统网络大大减少，而且能够降低制冷设备等相关配套设备的能耗，因此能够显著地缩减资金支出。相关分析结果表明[20]，相对于传统 LTE（Long Term Evolution）网络，C-RAN 能降低 10%~15%的资金支出。
- 集中式的基带处理便于在 RRH 处进行协同无线信号处理，以实现无线信道的自适应动态适配和干扰抑制，提高网络的频谱效率；高密度的 RRH 部署使得其与用户距离减小，从而降低了网络端与用户端的发射功率并提高了网络的能量效率。另外，由于 C-RAN 中所有 RRH 共用一个 BBU 池，BBU 池能够按需分配计算和无线资源，实现 C-RAN 的整体平衡和负载优化，因此能够解决移动网络中存在的“潮汐”效应问题。

在 C-RAN 中，集中式虚拟基带处理池的动态资源分配技术以及联合调度和处理、多点协作方式的应用大大提升了网络的容量，提高了网络资源利用率。然而，C-RAN 在理论和技术上仍然存在诸多挑战。C-RAN 主要为非实时数据业务设计，存储、控制和通信处理等功能都集中在云平台，没有考虑控制平面和业务平面的分离，前传链路受限和 BBU 池的大规模集中协同信号处理时延和高实时计算要求，降低了网络性能增益，且没有实现对已有移动通信网络的平滑过渡和兼容等。

针对云无线接入的不同集中化程度，各大运营商提出了不同的方案，如图 1-3 所示。一种是“完全集中式处理”，其基带（第一层）、第二层和第三层的基站功能都集中在 BBU 池中，RRH 仅保留无线放大和转发的功能；另一种是“部分集中式处理”，其 RRH 不仅具备无线电收发功能，而且具备一部分基带功能，其余高层的功能仍然集中在 BBU 池中。从结构而言，“完全集中式处理”无线接入网路架构具有易于系统升级和网络扩容的优点，还有能更好地支持多操作和多标准的容量，有利于最大程度地实现无线资源共享；然而“部分集中式云处理”无线接入网络架构将基带处理功能下放到 RRH，这样可以减少 BBU 池和 RRH 之间的信号传输所需要的带宽，同时也有效减轻了前传链路中较为严重的容量压力。

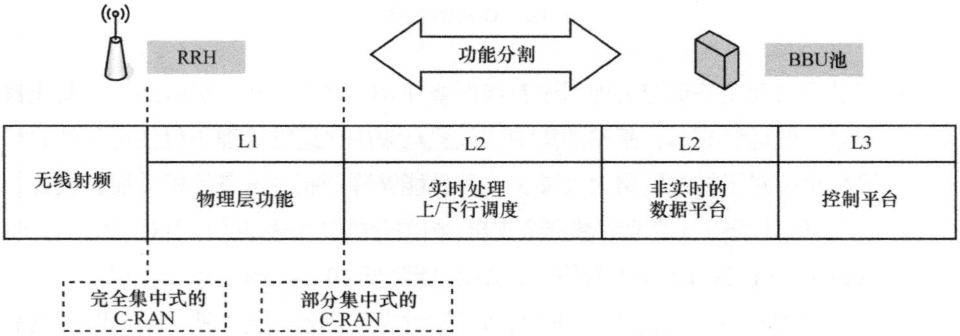

图 1-3　C-RAN 不同功能划分

1.1.1　C-RAN 历史发展

由于 C-RAN 能极大地满足数据流量需求，同时具有降低建设和运维费用的优点，这吸引了越来越多产业界以及学术界参与。如图 1-4 所示，在产业界，许多运营商和设备商已经在目前的一些技术报告和标准文稿中积极地进行 C-RAN 产业化。同时，为了增强 C-RAN 性能，学术界已经提出了许多的系统设想和解决办法。

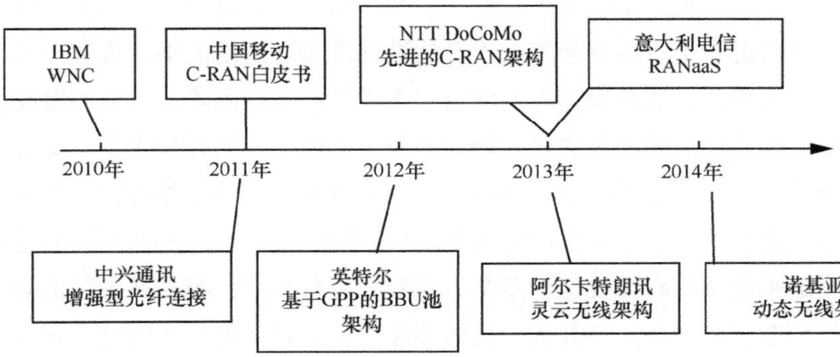

图 1-4　C-RAN 的架构演进

C-RAN 概念需要追溯到 2009 年，IBM 公司为了降低无线组网的费用以及获得更大的网络容量，提出了无线网络云的无线网络架构，紧接着中国移动研究院详尽地解释说明了技术发展趋势并分析了技术的可行性，并明确提出了两种网络架构：完全集中式处理 C-RAN 架构和部分集中式处理 C-RAN 架构。针对随之而来的光纤资源紧缺的问题，中兴通讯公司（ZTE）提出了多种解决方法，包括增强型的光纤连接、彩光直驱以及光纤传输网络等。紧接着，借助设备部署虚拟化技术，阿尔卡特朗讯公司提出了云基站的概念，在不降低系统性能的前提下可以减少处理资源开销。2013 年，日本的 DoCoMo 公司提出了一种先进的 C-RAN 架构，这种架构的核心在于将提出的载波聚合功能融入宏基站和微基站的频带，同时定义新的分层功能，RRH 负责第一层和第二层功能，第三层更高级的功能集中在 BBU 池中。不同于这种实体间功能固定分配的方式，为了适应不同类型的网络需求，意大利电信提出了一种在不同网络实体中进行功能分配的更为灵活的网络框架。更加通用的是，自适应的无线资源分配策略既可以按照集中化的方式在云端实现，以便在超密集小区布置的情况下保证网络的高容量，也可以以分布式的方式部署在小时间尺度规模的基站端（如进行逐帧的调度）。

1.1.2 C-RAN 优缺点

为了给更多的用户提供数据服务，基站数量和规模不断扩大，覆盖范围也不断增大，中国目前所有的市县基本都有较好覆盖。数量巨大的基站，意味着基站的能耗显著增加，高比例的设施投资，高额的建设、维护投资在所难免。除此之外，现有基站的实际利用率相对比较低，例如，对于上班时间大量聚集工作人员的高档写字楼附近，下班后就会存在大量的数据流失。网络的平均负载一般来说远远低于忙时的负载，这给运营商的网络部署带来很大的困难，既需要增加部署基站的数量、提高发射功率来应对高峰期的业务传输，又需要解决在低峰时段无线资源不能得到充分利用的问题；同时，不同的基站之间并不能够完全共享处理能力，这在一定程度上也造成了无线资源的不合理分配，使得频谱效率难以提高；最后，专有的平台意味着需要维护多个不兼容的平台，在扩容、升级时也需要更多的成本，而专有平台在网络升级上灵活性较差。相较于传统无线接入网中存在的上述问题，云无线接入网具有很好的灵活性和高性能。从长远角度来看，C-RAN 具有高性能、低能耗特征。

它的优势可以总结如下。

- 降低网络能耗：和传统的无线接入网相比较，C-RAN 是一个绿色低功耗的网络。系统总功耗一部分来源于配套的设备（用于机房降温的空调等），而 C-RAN 采用集中处理的方式来管理基站，这种方式可以在很大程度上减少基站的数量，降低能耗；其次，C-RAN 中配置的高密集 RRH 可以在很大程度上减小其到用户的距离，因而可以有效地降低基站侧和用户侧的发射功率，同时可以保证不影响网络覆盖的范围。因此终端用户电池的寿命得到延长，网络的整体功耗也随之降低。最后，所有的虚拟基站都共享一个基带池，根据网络的实时状态，可以动态地进行资源调度，在网络系统负载较轻且不影响网络服务质量时，可以通过让基带池中的部分处理单元休眠来达到节电、降低能耗的目的。
- 提高网络容量：在 C-RAN 中，虚拟基站集中在一个大型物理基带处理池中一起运作，它们之间可以方便地共享信号，如流量数据和系统中活跃用户的信道状态信息等。相比于传统的网络架构，C-RAN 更加容易通过联合传输和调度的方式来降低小区间的干扰，提高频谱效率。例如，LTE-Advanced（以下简称 LTE-A）系统中的 CoMP 和集中式大规模预编码技术可以很容易地在 C-RAN 的系统架构中实现。

- 基于负载的自适应分配：分布式基带处理池的负载均衡能力使得 C-RAN 更加适应于流量分布不均的复杂环境。尽管服务的 RRH 端随着用户的移动会动态改变，但是服务的基带处理单元仍然处于相同的 BBU 池中。由于一个 BBU 池的覆盖范围远远大于传统基站的覆盖范围，因此由用户移动导致的分布不均的数据流量也会分布在同一个 BBU 池的虚拟基站中。
- 互联网的智能减负：通过 C-RAN 中的智能减负技术，由智能手机以及其他的移动设备所带来的日益增长的互联网流量可以从运营商的核心网络中减负。优点包括：降低前传链路流量和开销；降低网络容量以及网管更新开销；降低到终端用户的时延；基于不同应用的差异化的服务传输质量。

1.1.3 C-RAN 挑战

云集中化处理的 C-RAN 相对于传统的无线接入网来说，在运维开销、网络容量以及便捷性等方面都优势明显，然而，它也带来了很多技术挑战，需要产业应用前解决。

- 低能耗无线传输的光网络：在 C-RAN 的架构之中，连接 BBU 池和 RRH 之间的光纤必须传输大量实时的基带取样数据。LTE 和 LTE-A 系统中的带宽要求和采用的多天线技术，决定了传输多个 RRH 的基带取样信号的光传输网络的带宽需要至少 10 Gbit/s，并在传输时延方面有极其严格的需求。
- 先进的协作传输/发送：联合处理是实现系统高频谱效率的关键。为了减少蜂窝系统的干扰，集中式大规模预偏码技术可以很好地利用特殊的信道信息，开发出不同物理地址的多天线之间的协作策略。无线资源的联合调度对于减少干扰和提高系统容量来说非常重要。为了支持上述提到的大规模协作传输，终端用户的数据以及上/下行的信道信息都需要在虚拟 BBU 池中共享。虚拟基站之间携带这些信息的接口需要支持高带宽和低时延。接口中的信息交互包含以下一种或者几种类型：终端用户数据分组、用户信道反馈信息和虚拟基站调度信息等。因此，接口的设计需要满足低传输时延和实时联合处理开销的要求。

- BBU 池内部互联：C-RAN 要求一个物理位置集中大量的基带处理单元，因此保证整个网络的安全是十分必要的。为了降低某个 BBU 单元失败的影响，及时从错误中恢复，以实现高可靠和允许基带处理单元灵活地进行资源分配的功能，需要有一个高带宽、低时延、低能耗、可扩展的拓扑结构来内联 BBU 池中的基带处理单元。通过 BBU 池内部互联，来自任意一个 RRH 的数字基带信号都可以被从路由到池中的任意一个 BBU 处理。因此某个单一 BBU 的失败并不会影响到系统的功能。
- BBU 池的虚拟化技术：考虑到基带处理被置于一个集中化的 BBU 池中，设计集中化的策略将处理单元的功能集中到虚拟化的 BBU 池中非常必要。虚拟化技术包括实时大规模协作信号处理算法，根据处理容量能力进行处理单元的动态分配来解决系统中小区的动态负载。

1.2 异构云无线接入网络

C-RAN 能够在降低部署和运维费用的同时提供高的传输速率，它是绿色通信网络中大力提倡的一种新型网络架构。RRH 作为中继节点，将接收到的信号通过有线或者无线的前传链路传输给集中化的基带处理池，同时在基带处理池实现联合解压缩和解码策略。事实上，为了保证与现存蜂窝网络的后向兼容性，高功率基站同样在 C-RAN 架构中发挥着十分关键的作用，由于 RRH 只部署在特殊区域来提高容量，系统的覆盖率难以保证，而高功率基站的无缝覆盖弥补了这个短板。在高功率基站的帮助下，C-RAN 覆盖了多个异构网络，此外，系统的控制指令也可以通过高功率基站传输。所以，将高功率基站融入 C-RAN 中，提出新的网络架构——异构云无线接入网络（H-CRAN），它同时包括异构网络和 C-RAN 的优点，更好地提高了网络性能[21]。

和传统的 C-RAN 相似，H-CRAN 部署大数量的低功率 RRH，在集中化的 BBU 池中进行协作传输来获得较高的协作增益。RRH 只保留有无线射频和简单的信号处理功能，其他重要的基带处理和上层的处理都在 BBU 池中联合处理。也就是说，只有物理层的部分功能在 RRH 实现。和 C-RAN 不同的是，H-CRAN 中的 BBU 池和高功率基站进行对接，通过基于云计算的协作处理技术来消除无线射频端和高功率节点之间的干扰。H-CRAN 增加了 BBU 池和高功率基站数据和控制接口，并且被分别定义为 S1 接口和 X2 接口，它们的标准由 3GPP 协议定义。因为语音服务可以通过 4G 系统中的分组交换模式有效实现，H-CRAN 既可以支持语音服务，也可以支持数据服务，具体而言，语音服务由于其低速率的特点更倾向于由高功率基站来完成，而高速率数据分组交换则主要由 RRH 来完成。

相比传统的 C-RAN 的架构，H-CRAN 的架构由于宏基站的参与，减轻了前传链路的容量要求，其中的控制信号和数据信号是分离的：所有的控制信号和系统广播数据都通过高功率基站传输给用户，因此可以减轻连接 RRH 和 BBU 池的前传链路上容量和时延的限制，同时也使 RRH 可以有效降低系统能耗。更进一步，高功率基站可以有效地支持一些小数据量的突发业务和即时信息服务。H-CRAN 支持自适应的控制/数据机制，可以很明显地降低无线链路连接的开销，从定向链接的机制中释放出来。对于 RRH，通过利用物理层上不同的传输，如 IEEE 802.11 ac/ad、毫米波以及可见光，有效提高传输比特率。对于高功率基站，大规模多输入多输出天线技术也是一种有效地扩展覆盖率和提升系统容量的方法。

对于接入 RRH 的用户，所有的信号可以在 BBU 池中集中化地处理，基于云计算的协作信号处理技术可以实现分集和复用增益。和 C-RAN 相似的是，RRH 之间的干扰可以通过先进的基于云计算的大规模协作信号处理技术来抑制。而高功率基站和 RRH 之间的跨层干扰可以通过基于云计算的协作无线资源管理来减轻。为了提高 H-CRAN 的能效性能，可以通过控制开启 RRH 的数量来适应数据流量。当流量负载较低时，在基带处理池的管理下可以选择让一部分 RRH 进入休眠模式；当一些热点区域的数据流量突增时，配备有大规模天线的高功率基站和密集部署的 RRH 协作工作，对应的 RRH 可以和相邻的 RRH 共享资源，满足瞬时剧增的容量需求。

H-CRAN 的提出结合了 HetNet 和 C-RAN 的优点[18]，如图 1-5 所示，它利用 HetNet 特征实现了业务平面和控制平面分离，把集中式控制功能从云计算的网络层转移到了大功率基站（High Power Node，HPN）处，实现了控制信令分发和业务通信的分离，并通过 HPN 支撑高速移动的用户或者对实时性要求高但业务量小的语音业务等；同时也有利于提高 C-RAN 的大规模协同处理增益和用户非实时高速数据的传输性能。在 BBU 池和 HPN 间有回传链路接口（X2/S1 接口），便于实现

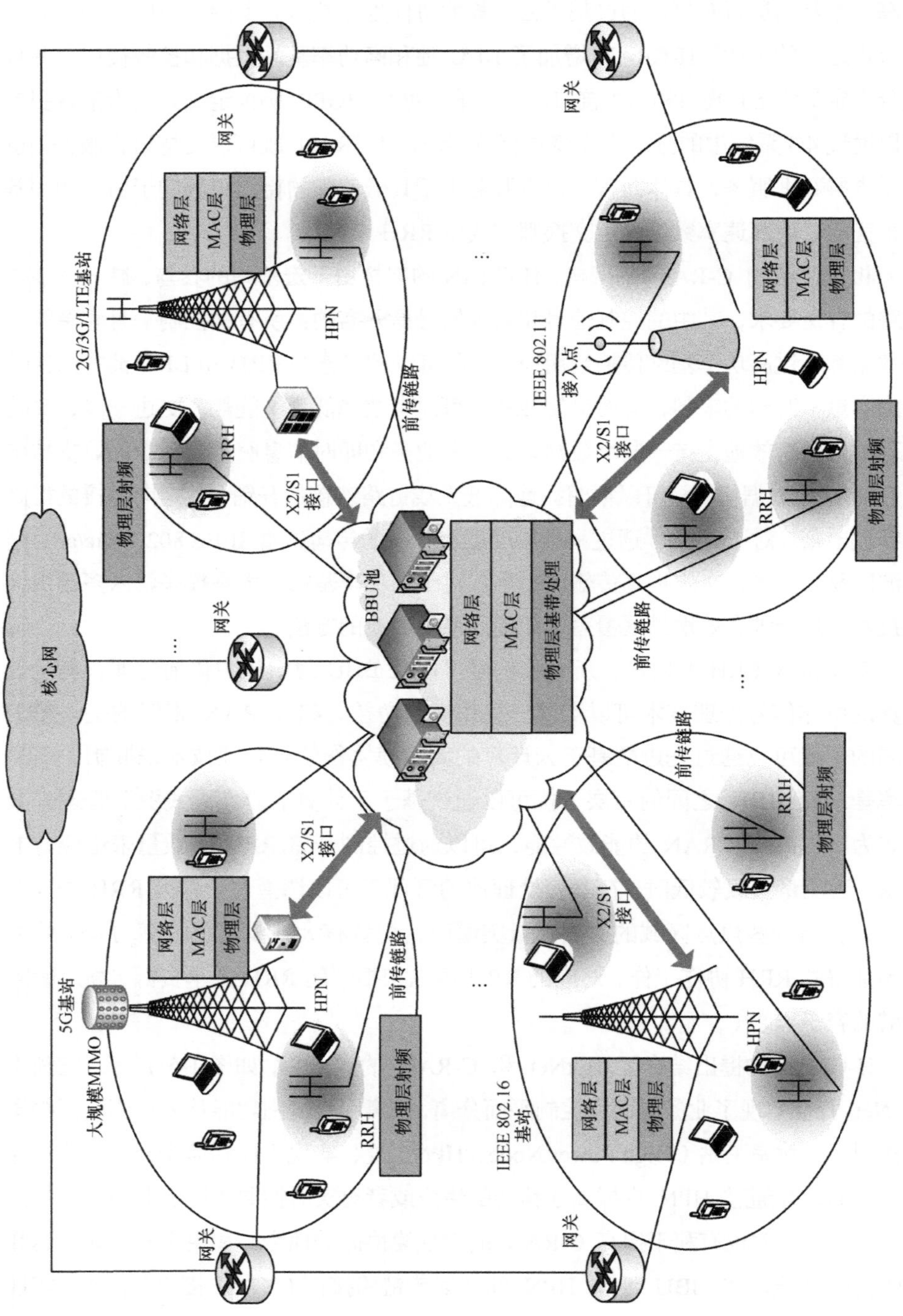

图 1-5　H-CRAN 的系统架构

BBU 池和 HPN 的协作资源管理。然而，在 H-CRAN 中前传链路受限仍是制约网络性能的瓶颈，此外，BBU 的大规模集中处理时延和高实时计算要求仍是制约网络性能的关键因素。

随着 C-RAN 和 H-CRAN 的发展，产业界和学术界相继展开了对相关技术问题和解决方案的研究。参考文献[22]给出了 C-RAN 的集中式处理和资源虚拟化方面的进展，主要包括上/下行协作多点传输技术挑战和实现方案及基于通用处理器（General Purpose Processor，GPP）平台的 C-RAN 试验台的搭建和开发。参考文献[23]简要概述了 C-RAN 的系统架构、前传链路传输、计算资源和无线资源虚拟化等方面存在的技术挑战。参考文献[24]则从逻辑结构的角度阐述了 C-RAN 的物理层面、控制层面和业务层面的功能，并介绍了设计协同用户调度算法和并行最优预编码方案的思想。参考文献[25]综合调研了前传链路受限的情况下，提升 C-RAN 频谱效率和能量效率相关技术的最新研究进展。此外，参考文献[26]介绍了 C-RAN 上行和下行传输中进行前传压缩的关键技术，并通过理论分析和仿真对比了不同前传压缩方案的性能差异。参考文献[27]则研究了 C-RAN 和 H-CRAN 中进行协同无线资源管理的设计方法，并从不同的技术角度出发提出了相应的无线资源优化算法。总之，C-RAN 和 H-CRAN 已经受到了学术界和产业界的广泛关注，相关的研究主要从系统架构和技术需求、前传压缩技术、大规模协作信号处理技术以及跨层无线资源管理技术等方面展开，为高谱效和高能效的组网技术设计和部署运营提供了理论和实践指导。

- 系统架构和技术需求：全球各设备商和运营商对系统架构中 RRH 和 BBU 池的功能分离程度有着不同的观点。例如，考虑到大规模协作信号处理的频谱增益和前传链路容量的折中关系，中国移动研究院提出了完全集中式和部分集中式的架构[17]；为了有效灵活地按需使用计算资源，英特尔提出了可扩展的基于通用平台的 BBU 池架构[28]；相比于固定的功能分离，意大利电信则提出了能在完全集中和局部执行之间实现灵活折中的 RANaaS 架构[29]。另外，由于场景、部署运营成本和网络性能的不同，前传链路的承载技术也有所不同。如波分复用（Wave Division Multiplex，WDM）/光传输网络、光纤、无线接入等[30]。而在学术界，大量的研究工作致力于与 C-RAN 相关的增强技术，研究点主要集中在传输网络和接入网络的灵活配置，大规模多输入多输出（Multiple Input Multiple Output，MIMO）[31]和认知无线电的应用[32]，无线接入技术的融合[33]、边缘计算和存储能力的利用[34]等。

- 前传压缩：在 C-RAN 和 H-CRAN 中，基带信号以经过量化的同相和正交采样信号的形式在前传链路中传输，而量化信号对容量的需求和有限的前传链路容量相冲突，因此量化基带信号的压缩对于可靠的前传传输至关重要。目前被广泛研究的前传压缩技术主要分为以下 3 类：基于量化的压缩技术[35]、基于压缩感知的压缩技术[36]以及基于空间滤波的压缩技术[37]。基于量化的压缩技术通过对源信号量化以及优化量化噪声实现，该技术主要包括上行传输中的点到点压缩和分布式源编码以及下行传输中的点到点压缩和联合压缩。而基于压缩感知和空间滤波的压缩技术适用于上行传输场景，它通过在每个 RRH 接收到的信号乘以一个压缩矩阵来实现，这样可以显著降低 RRH 到 BBU 池的信号维度。
- 大规模协作信号处理：干扰问题是制约频谱效率和能量效率的直接因素，而 BBU 池的集中式处理非常便于 CoMP 技术的实现，在 C-RAN 和 H-CRAN 中被称为分布式大规模 MIMO，其中大量的协作 RRH 形成虚拟天线阵列，各 RRH 对信号进行联合或协同传输，在空间上对干扰进行利用或消除。然而，C-RAN 和 H-CRAN 中仍然存在前传链路容量受限和由大量 RRH 部署导致的信道信息获取困难、功耗较大等实际挑战，因此 CoMP 的相关研究主要从联合优化的角度展开，比如联合预编码和前传压缩以降低对前传链路容量要求[38]，联合预编码和部分信道状态信息获取以降低对信道状态信息反馈量的要求[39]，稀疏预编码以减少网络功耗和对前传链路的占用[40]。在 H-CRAN 中，通过为 HPN 配置数以百计的低功耗天线以形成集中式大规模 MIMO，可以有效地扩大信号处理的空间自由度，相关研究表明容量和能量效率分别以 10 倍和 100 倍的数量级进行改善[41]。
- 信道估计和导频设计：由于实际网络无线信道的动态时变性，信道状态信息的精确获取直接影响了前传压缩、大规模协作信号处理和无线资源管理的性能[42]。通常来讲，信道估计技术主要分为两类：基于训练序列的信道估计和基于统计的盲信道估计。基于训练序列的信道估计由于其灵活性和低复杂度在无线通信系统中的应用最为广泛，它通过在时域和频域周期性地插入已知的训练序列并在接收端进行估计来实现，然而其训练序列需要额外的资源，因此会降低系统的频谱效率，相关的研究主要是关于训练序列的传输方法[43-44]。基于统计的盲信道估计主要基于信号的统计特征而无需参考信号，但是高复杂度和低准确性限制了其应用，因此相关的研究着眼于性能和复杂度的灵活折中[45-46]。

- 跨层无线资源管理：传统的无线资源管理主要侧重于无线接入侧，而 C-RAN 和 H-CRAN 的无线资源管理机制具有跨层特性[47]，需要对物理层、媒体接入控制（Media Access Control，MAC）层和网络层以及应用层进行联合优化处理。其中物理层基于一定的信道状态信息进行集中的大规模动态协作信号处理，媒体接入控制层考虑不同业务的排队时延和多用户拓扑特性进行多维资源协同调度，网络层需要考虑前传链路及缓存空间的状态并进行自适应选择，而应用层则需要考虑业务本身特征等[48]。C-RAN 和 H-CRAN 的跨层无线资源管理由于需要处理的通信节点规模大且涉及的因素多，通常是一个复杂的且非凸的优化问题[49]，相关的研究利用博弈论、凸优化理论、动态规划理论和随机优化理论等数学方法力求提出复杂度低、可行性高的跨层无线资源管理方案，并从复杂度和性能之间给出可扩展的次优化算法。

此外，随着对 C-RAN 和 H-CRAN 的研究不断深入，一些潜在的和开放性的技术正在被广泛研究，如边缘缓存（Edge Caching，EC）[50-51]、大数据挖掘[52]、基于社交感知的终端直通（Device to Device，D2D）通信[53]、认知无线电（Cognitive Radio，CR）[54]以及软件定义网络（Software Defined Networking，SDN）等[55]。例如，边缘缓存技术通过为 RRH 配备高速缓存器，并按照一定的策略预缓存部分业务数据的方式，达到降低传输时延和减轻前传链路负载的目的；而大数据挖掘技术帮助 BBU 池从大量业务处理数据中提取有规律的信息以支持计算、存储和无线资源的高效调度和分配。

1.3　雾无线接入网络

H-CRAN 充分发挥了异构网络（Heterogeneous Network，HetNet）和 C-RAN 的优点。H-CRAN 中的 BBU 池和已有的大功率基站（High Power Node，HPN）相连，可以充分利用 3G 和 4G 等蜂窝网络的宏基站实现无缝覆盖，并实现控制和业务平面功能的分离。HPN 用于全网的控制信息分发，把集中控制云功能模块从 BBU 池剥离出来。RRH 用于满足热点区域海量数据业务的高速传输需求。此外，BBU 池和 HPN 之间的数据和控制接口分别为 S1 和 X2，其继承于现有的 3GPP 标准协议，便于实现 BBU 池和 HPN 的协作资源管理。但实际中，RRH 和 BBU

之间非理想的前传链路受限依然会严重影响 H-CRAN 的整体频谱效率和能量效率。一种可行的解决思路是通过利用 RRH 或者智能用户设备（User Equipment，UE）等边缘设备中的分布式存储和分布式信号处理功能，让部分业务传输发生在本地，以减轻前传链路的开销。因此，更进一步的新型无线接入网的网络架构和解决方案值得研究与探索，以满足 5G 的性能目标要求。

"雾计算"概念最初由思科公司提出。就像雾是更贴近地面的云，雾计算是指充分开发利用更靠近用户的网络边缘设备的计算、存储、通信、控制和管理等功能，将云计算模式扩展到网络边缘。通过将"雾计算"概念融入无线接入网架构中，提出了雾无线接入网（Fog Radio Access Network，F-RAN），并将其作为 5G 无线接入网的解决方案。在 F-RAN 中，协作无线信号处理（Collaboration Radio Signal Processing，CRSP）和协同无线资源管理（Cooperative Radio Resource Management，CRMM）功能不仅可以在 BBU 池中执行，也可以在 UE 和 RRH 中实现。如果用户终端应用只需在本地处理或者需求缓存内容已经存储在邻近的 RRH，则不必连接 BBU 池进行数据通信。F-RAN 通过将更多功能在边缘设备实现，减轻了 H-CRAN 中非理想前传链路受限的影响，从而实现了更优的网络性能增益。

1.3.1 F-RAN 系统架构

F-RAN 架构如图 1-6 所示，其中，BBU 池与 HPN 继承于 H-CRAN。所有的信号处理单元集中工作在 BBU 池中以共享整体的信令、数据以及信道状态信息。当网络负载升高时，运营商仅需升级 BBU 池来提高容量。HPN 主要用来实现控制平面的功能，为所有的雾用户设备（Fog User Equipment，F-UE）提供控制信令，为小区提供特定参考信号，并为高移动用户提供基本比特速率的无缝覆盖，从而降低不必要的切换并减轻同步限制。传统的 RRH 通过结合存储、CRSP 和 CRRM 功能演进为雾计算接入点（Fog Access Point，F-AP），通过前传链路与 BBU 池相连。邻近的 F-UE 之间可以通过 D2D 模式或者中继模式直接通信，提高系统的频谱效率。BBU 池通过集中式大规模协同多点传输（Coordinated Multiple Point，CoMP）技术进行联合处理与调度，抑制 F-AP 与 HPN 间的跨层干扰。不同的是，由于部分 CRSP 功能和 CRRM 功能被迁移到 F-AP 和 F-UE 中，且用户可通过边缘设

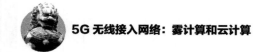

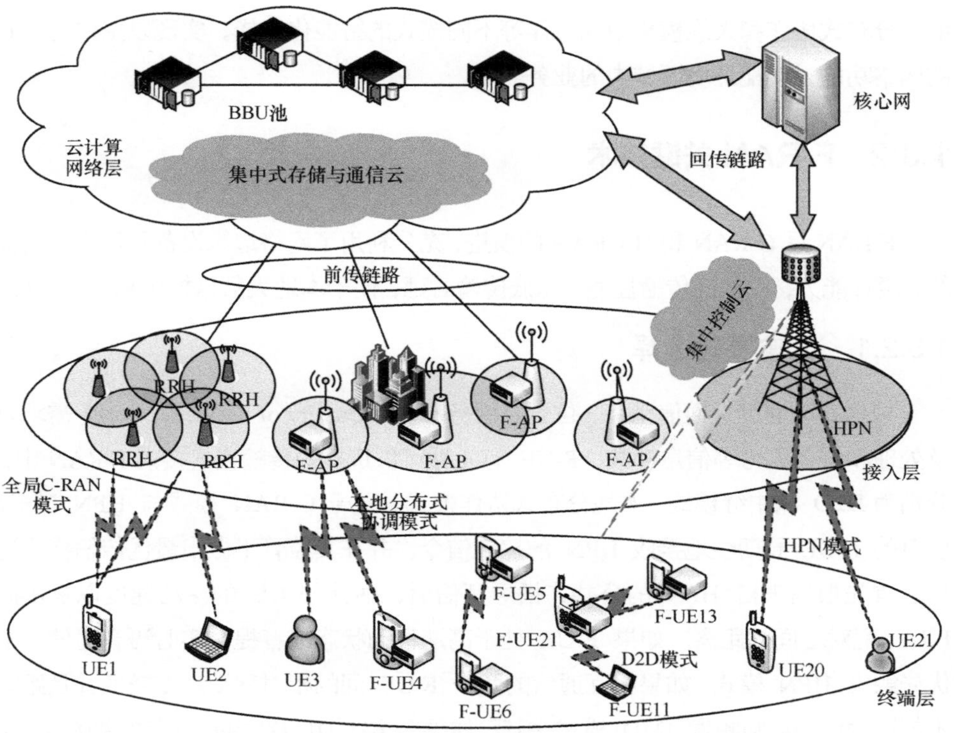

图 1-6 F-RAN 架构

备的受限缓存获得数据业务而无需通过 BBU 池进行集中式缓存，缓解了前传链路和 BBU 池的开销负担，并降低了传输时延。

由于 F-AP 具备 CRSP 和 CRRM 功能，协同多点传输技术可以抑制层内和层间干扰。相邻的 F-AP 之间互联并形成不同种类的拓扑结构以实现本地分布式 CRSP。相比于网状（Mesh）拓扑结构，树状拓扑结构可以节省大约 50% 的网络部署和维护成本，更适合实际的 F-RAN 架构。如果分布式 CRSP 和 CRRM 技术不能有效解决干扰问题，F-AP 的功能将退化为传统的 RRH，选择在 BBU 池进行全局集中式 CRSP 和 CRRM 进行处理。

F-RAN 由异构网络和 C-RAN 演进而来，完全兼容于其他 5G 系统。一些 5G 先进技术，如大规模 MIMO、认知无线电、毫米波通信和非正交多址技术都可以直接应用到 F-RAN 中。F-RAN 通过利用网络边缘设备的实时 CRSP 和灵活 CRRM 功能，可以实现网络对于流量和无线环境动态变化的自适应，通过对 D2D、无线中继、分布式协作和大规模集中式协作等不同模式的智能化选择，实现以用户为中心的网络功能，匹配环境区域内的业务需求。

1.3.2 F-RAN 关键技术

F-RAN 是 C-RAN 和 H-CRAN 的演进，充分利用了网络边缘设备和用户端的计算、缓存能力，以提高传输性能、降低传输时延，便于本地大数据挖掘和信号处理。

1.3.2.1 传输模式选择

根据移动速度、通信距离、位置、服务质量（Quality of Service，QoS）需求以及处理和缓存能力等信息参数，F-UE 有 4 种可供选择的传输模式接入 F-RAN 中，分别为 D2D 和中继模式、本地分布式协作模式、全局 C-RAN 模式与 HPN 模式。所有的 F-UE 周期性地接收 HPN 的控制信令，并在其监管下做出最优传输模式选择。首先根据来自 HPN 的公共广播导频信道，估计 F-UE 的移动速度以及不同 F-UE 配对之间的距离。如果 F-UE 处于高速移动状态或者提供实时语音通信，则优先触发 HPN 模式。如果相互通信的两个 F-UE 间的相对移动速度较低并且距离不超过阈值 *D*1，则触发 D2D 模式。相反，如果距离在 *D*1~*D*2 内并且有相邻的 F-UE 可以作为中继传输信息，则触发中继模式。此外，如果两个 F-UE 移动速率较慢，而且相互之间距离在 *D*2~*D*3 内，或者距离不超过 *D*2 但其中至少有一个 F-UE 不支持 D2D 或中继模式，则触发本地分布式协作模式，F-UE 与邻近的 F-AP 进行通信。如果本地分布式协作模式不能满足性能要求，或者两个 F-UE 间距离超过阈值 *D*3，再或者需求内容来自云服务器，则触发全局 C-RAN 模式，此时所有的 CRSP 和 CRRM 功能都在集中式 BBU 池中实现，与 C-RAN 系统相同。自适应模式选择方案如图 1-7 所示。

D2D 和中继模式以用户为中心，通信只在终端层进行，可获得显著的性能增益并减轻前传链路负担。HPN 为这种模式下的每个 F-UE 分配设备标识。因为 D2D 通信中天线高度较低，因此其快衰落受到很强的视距因素影响，不同于传统无线网络中的瑞利分布。本地分布式协作模式下，数据流量直接来自于 F-AP 而非云服务器。通过考虑实现复杂度和 CoMP 增益，F-AP 簇自适应形成并执行分布式协作。其中，CoMP 增益取决于 F-RAN 簇的拓扑结构以及连接 F-AP 的回传链路容量。通过分布式协作，小区边缘用户的下行链路频谱效率可以提高。F-AP 的分簇

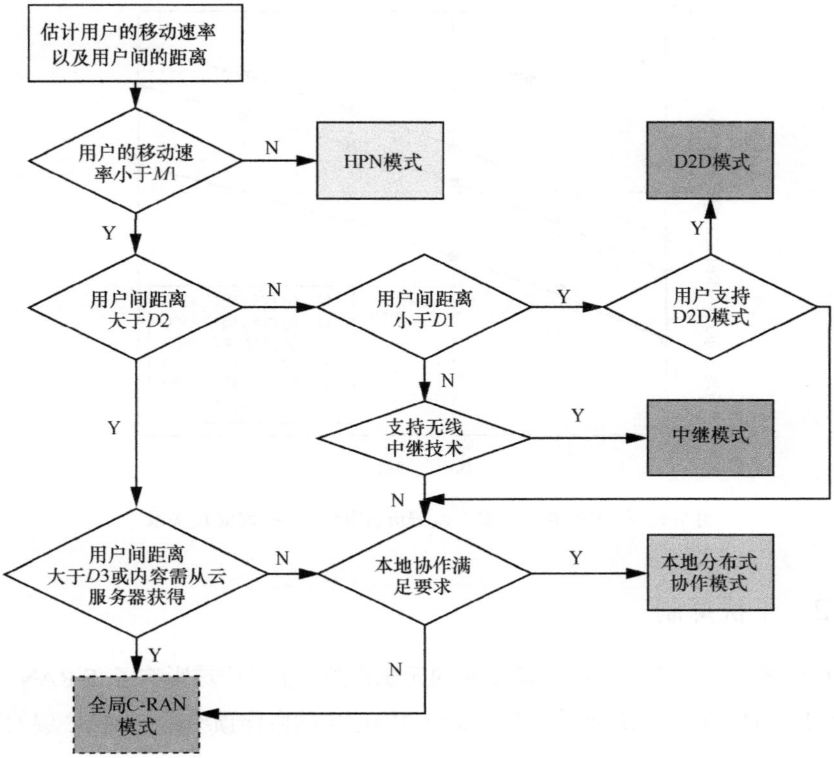

图 1-7 F-RAN 的自适应传输模式选择流程

策略对于频谱效率的影响至关重要，图 1-8 给出了不同 F-AP 缓存大小下当地分布式协作模式的遍历速率与簇半径阈值之间的关系。随着簇半径阈值的增加，簇内 F-AP 数目增多，更多的 F-AP 服务于用户，同时信号强度增加且干扰减少，显著提高了分布式协作模式的遍历速率。此外，更大的缓存空间意味着用户有更大概率获得所需文件，也提高了系统遍历速率。在全局 C-RAN 模式下，RRH 将接收到的无线信号转发到 BBU 池，BBU 池全局集中式执行所有的 CRSP 和 CRRM 功能。不同于本地分布式协作模式，全局 C-RAN 模式可通过多个 RRH 同时为目标 UE 服务以提高频谱效率。同时在其他 3 种模式的协助下，前传链路的容量需求显著降低，容量和时延限制得到缓解。HPN 模式可以降低控制信道的开销并且避免不必要的切换，主要用于保证基本 QoS 支持的无缝覆盖。软部分频率复用（Soft Fractional Frequency Reuse，S-FFR）方案可以用于 HPN 模式，减轻 HPN 与 F-AP 的层间干扰，显著提高系统能量效率和频谱效率。

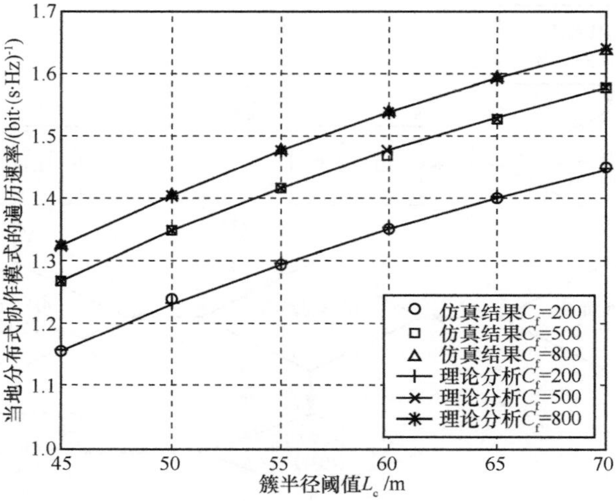

图 1-8　F-AP 缓存大小 C_f、γ_{th} 遍历速率与簇半径阈值 L_c 关系

1.3.2.2　干扰抑制

4 种传输模式下的 F-UE 共享相同的无线资源，干扰严重影响了 F-RAN 的系统性能。F-RAN 中的干扰抑制技术可以分为物理层的协作预编码与 MAC 层的协调调度。

协作预编码技术主要分为全局式和分布式。全局式协作预编码包括 HPN 模式下的单天线大规模 MIMO 技术和全局 C-RAN 模式下基于分布式 F-AP 的大规模协作 MIMO 技术。分布式协作预编码技术和本地分布式协调模式下的簇内分布式 F-AP 联合处理 CoMP。为了平衡性能与复杂度，协作预编码大小需稀疏化设计，降低复杂度与信道估计开销。通过研究 F-AP 协作预编码簇的形成策略，利用随机几何推导了固定的簇内协作策略的成功接入概率的显示表达式。将推导的理论结果作为效用函数，F-AP 的分组问题建立为联盟形成博弈问题，得出了基于合并和分裂方法的簇内协作算法（称为算法 1）。为了评估性能增益，体现完全集中式和完全分布式的大类簇形成和无簇策略作为两种基础方案用于比较分析。不同算法下的能量效率如图 1-9 所示，τ=0.1 表示功率消耗部分的影响得到减轻，此时可以提供更灵活的选择用于簇大小的设置，目标数据速率随着信号与干扰加噪声比（Signal to Interference Plus Noise Ratio，SINR）阈值的增加而增加，因此平均数据速率也会在 SINR 阈值的中下等区间保持增加。然而在较高的 SINR 阈值的区间中，成功接入概率会随着阈值的增加而减少，此时平均数据速率的增长变得缓慢，甚至会开始下降。由于功率消耗固定，因此能量效率曲线的趋势与相应的平均数据速率曲线基本相同。

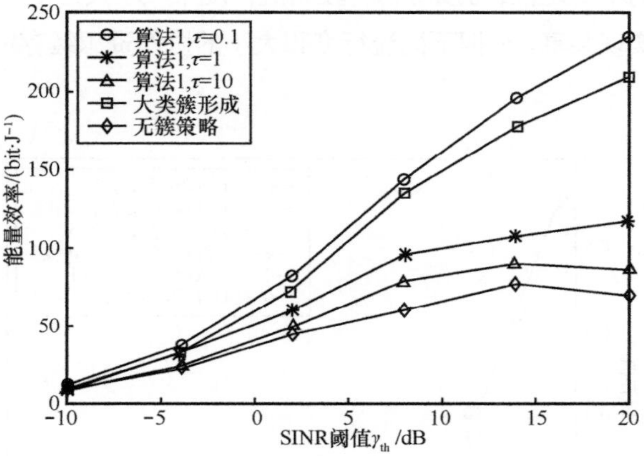

图 1-9　不同算法下的能量效率

F-RAN 的最优协调调度方案需要解决时延感知下多目标跨层优化问题，通常有 3 种解决思路：等效速度约束方法、李雅普诺夫（Lyapunov）优化方法以及马尔可夫（Markov）决策过程方法。等效速度约束方法通过使用排队论或大偏差理论将平均时延约束转化为等效平均速率约束。Lyapunov 优化方法将平均时延约束转化为最小化 Lyapunov 偏移加效用函数。Markov 决策过程方法是系统性通过随机学习或微分方程的方式推导贝尔曼（Bellman）方程。

1.3.2.3　边缘缓存

边缘缓存技术最初是应用于计算机系统的。已有研究表明，互联网中的大部分流量主要是由相对一小部分业务数据和多媒体文件等信息流转造成的。通过将高流行度的互联网内容文件缓存在网络边缘，用户无需向较远的数据中心获取文件，可以有效降低业务流量和接入时延，减轻网络负担。随着移动通信的发展，移动终端的高质量视频流、社交网络和智能应用等呈爆发式增长，因此，将边缘缓存技术引入新型的移动通信系统，可以极大地提高性能增益，满足日益增长的业务需求。

F-RAN 中的边缘设备具备缓存与计算的能力，可为 F-UE 提供快捷内容访问与检索功能，有效缓解云服务器的负担，降低内容传递时延，通过面向对象与内容认知技术提高性能增益和用户体验。相比于传统集中式缓存机制，F-AP 和 F-UE 中的缓存空间相对较小。基于 F-AP 和 F-UE 的协作缓存策略，不同文件大小情况下的最优缓存选择策略如图 1-10 所示，对于高流行度的文件应该优先缓存在 F-AP 中。由于 D2D 连接的不稳定性，可以考虑将较高流行度中较小尺寸的文件缓存在 F-UE，通过 D2D 连接实现共享。根据不同流行度和大小的协作资源缓存策略，可以有效地降低系统时延。

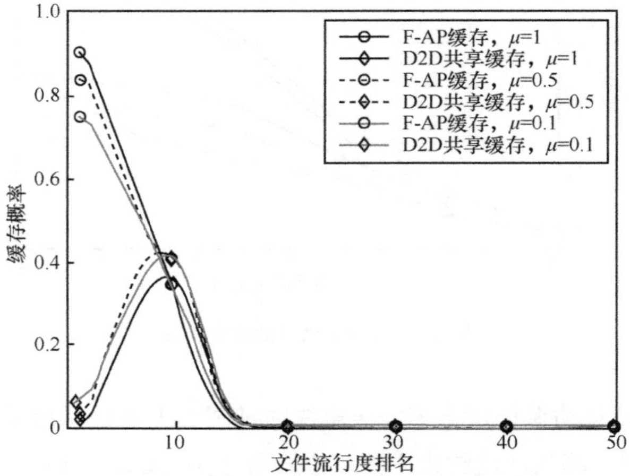

图 1-10　不同文件大小情况下的最优缓存选择策略

1.3.2.4　资源调度

D2D 技术是一种利用小区分裂增益来提升网络容量、扩展网络覆盖以及改善链路传输顽健性的有效技术。然而，频谱资源的复用所带来的 F-AP 通信与 D2D 通信的跨层干扰成为限制吞吐量提升的一个关键问题。F-RAN 可以通过 HPN 发送控制信令对用户的资源调度进行指示，因此可以设计可行的集中式 D2D。

通信频谱接入方案可以有效抑制 D2D 链路和 F-AP 之间的干扰，提高系统频谱利用率。参考文献[56]提出了一种集中式机会频谱接入控制（Centralized Opportunistic Access Control，COAC）方案，利用随机几何推导了传统的分布式随机频谱接入控制（Distributed Random Access Control，DRAC）方案以及所提频谱接入方案下，D2D 通信以及 F-AP 通信的成功传输概率和平均容量的理论表达式。传统的频谱资源划分策略通常基于固定频谱划分或随机信道接入，没有考虑利用干扰信道信息进行机会式的频谱接入。对于 DRAC 方案，D2D 发送用户不知道对受干扰 F-AP 通信用户的干扰信道信息，每个用户随机从子信道中选择接入。而对于 COAC 方案，则可以利用干扰信道信息进行机会式的频谱接入。在一个典型的子信道上，分配到该子信道的 F-AP 通信用户检测 D2D 发送用户的强干扰源，F-AP 通信用户将其强干扰源集合反馈到 HPN 集中控制云上。HPN 通过控制信道指示每一个 D2D 发送用户的接入/空闲状态：若该 D2D 发送用户对于子信道上任意的 F-AP 用户是强干扰源，则将其设置为空闲状态；否则若对于子信道上所有的 F-AP 用户都不是强干扰源，则将其设置为接入状态。两种频谱接入控制方案下成功传输概率与 D2D 频谱资源占用率 ε 的关系如图 1-11 所示。

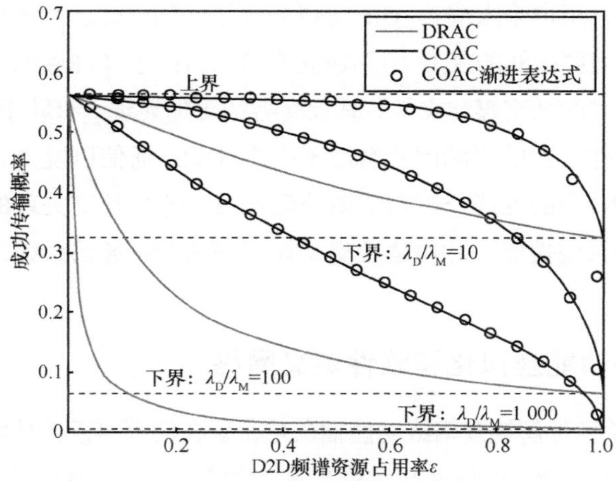

图 1-11　DRAC 和 COAC 方案下成功传输概率与 ε 的关系

图 1-11 中考虑稀疏、中等和密集 3 种 D2D 通信的密度场景，分别对应 λ_D/λ_M=10、100 和 1 000（λ_D 是 D2D 用户密度，λ_M 是 F-AP 密度且固定）。另外，图 1-11 中还描点绘制了渐进表达式的结果，用于验证该渐进解的准确度以及 $\varepsilon=0$（即 F-AP 通信网络性能上界）和 $\varepsilon=1$ 的场景（即 F-AP 通信网络性能下界）。F-AP 通信网络成功传输概率随着 D2D 频谱资源占用率 ε 的增加而降低，而且 $\varepsilon\to 0$ 时的极值与上界、$\varepsilon=1$ 时的极值与下界能够完全对应。由于 COAC 方案中用户利用了干扰信道信息进行集中式的资源调度与机会接入，相对于 DRAC 方案显著提高了系统频谱效率。

1.3.3 F-RAN 技术挑战

F-RAN 作为 C-RAN 和 H-CRAN 的增强演进方案，仍有许多技术挑战亟需解决，包括社交感知、软件定义网络（Software Defined Networking，SDN）和网络功能虚拟化（Network Function Virtualization，NFV）技术。

1.3.3.1 社交感知

在传统 C-RAN 中，UE 在信道满足相应条件下，能够与其他 UE 建立连接进行通信。然而在实际中，用户个人参与构建了复杂的社会关系网络。用户携带的 UE 通常基于安全性的考虑不会与不熟悉的 UE 建立连接。根据不同的地理位置、兴趣和背景，用户个人或者 UE 可以分为不同的群体。同一群体内的 UE 可以交换信息，不同群体间的 UE 则不建立连接。相比于 C-RAN，F-RAN 中边缘设备通过缓存不同的社交媒体文件，其社交特征更加显现，有助于构建社会群体。因此，社交关系作为新的影响因素有助于提高 D2D 通信以及 F-RAN 的性能增益。目前 F-RAN 中的性能分析与资源分配都没有考虑社交关系的影响，如何利用社交关系提高系统性能，并构建社交感知下 F-RAN 通信系统，值得进一步研究与探索。

1.3.3.2 网络功能虚拟化和软件定义网络

NFV 通过软硬件解耦及网络功能抽象化，旨在使网络设备功能不再依赖于专用硬件，从而实现新业务的快速开发和部署、资源的灵活共享以及资本和运营开销的显著降低。F-RAN 可为 NFV 提供虚拟网络功能（Virtual Network Function，VNF）间的可编程连接，这些连接通过 VNF 的协调器进行管理。F-RAN 继承于 H-CRAN，将控制层和业务层分离，通过控制器实现独立于硬件的软件重新设计和重新配置及网络架构的灵活性与可重构性。由于网络边缘设备需实时向 SDN 中央控制器发送信息用于决策，会增加前传链路负担，降低网络性能。目前 SDN 主要研究应用于互联网协议（Internet Protocol，IP）层，仍然没有完善的解决方案能够在 F-RAN 边缘设备的 MAC 层和物理层实现 SDN。F-RAN 中 SDN 和 NFV 的功能实现，面临着安全、计算性能、VNF 互联、可移植性以及与传统 RAN 的兼容运营和管理等众多难题的挑战。

1.4 F-RAN 网络切片架构

网络切片对现有物理实体网络进行切分，形成多个彼此独立的逻辑网络，为差异化业务提供定制化服务。根据不同业务的 QoS（Quality of Service，服务质量）需求，网络切片分配相应的网络功能和网络资源，实现 5G 架构的实例化。

作为网络切片的关键技术之一，SDN 技术帮助实现网络的控制/数据平面分离，并在两者之间定义开放接口，实现对网络切片中网络功能的灵活定义。为满足该种业务的需求，网络切片只包含支持特定业务的网络功能。例如，为了满足增强现实对低时延性能的需求，网络切片在设计时，在网络边缘安排缓存和数据处理功能，提升本地数据处理能力，减少数据传输时延。对于其余非必要的网络功能，切片应予以舍弃，降低网络功能的冗余。例如，大连接物联网场景中，由于联网设备的位置固定，网络切片省略控制面的移动管理控制功能。

除 SDN 技术以外，网络切片借助 NFV 技术实现软硬件解耦，将物理资源抽象成虚拟资源。网络切片使用的虚拟资源分为两类：一类是仅特定切片使用的专属资源；另一类是多个切片都可以使用的共享资源。在网络切片的实例化过程中，网络中相关网元（如网络切片选择功能（Network Slice Selection Function））首先为业务适配切片，再根据其业务需求和当前的网络资源为其配置专属资源，在不影响其他切片性能的前提下，为其配置共享资源。利用分配到的资源，实现网络切片中虚拟网络功能和接口的实例化与服务编排，完成切片创建。网络切片通过 SDN/NFV 完成部署，提供了多样化和个性化的网络服务。其中，切片间的隔离保证了网络间的安全性，而资源的按需分配和再分配过程实现了网络资源利用最优化，提高了切片间资源的共享和利用率。

多个电信标准组织关于网络切片的定义和关注重点不尽相同。NGMN 从网络切片的定义及用途出发，将网络切片分解成网络功能和特殊无线接入技术的组合。3GPP 的重点在于核心网的网络切片的实现以及网络切片对网络功能的影响。更进一步，已有部分设备厂商将网络切片进行了实验开发。2016 年 2 月，华为联合德国电信演示了 5G 端到端网络切片技术。2016 年 10 月，爱立信在其上海办公室 5G Core Lab 完成了网络切片测试。

但是，距离网络切片的成熟商用仍存在许多挑战与工作，首先，目前核心网的网络切片工作中，都是基于统一的接入网架构假设，要求接入网络能够同时提供不同应用所需要的性能和 QoS，然而，当前的无线接入网络架构中，为支撑不同的 5G 应用（如物联网或者车联网应用），设立了同应用和业务对应的、独立的网络（如窄带物联网（NB-IoT）），具有独立的接入机制和协议栈，对于每种制式，NAS 接口、空口和地面接口之间是端到端耦合的，并没有一个接入侧接口或模块能够对多种 5G 应用或者上层传输网络的信息进行交互、翻译以及统一处理。因此，需要一个灵活的接入网络架构，能够利用其灵活可定制的接入机制与协议栈来支撑统一灵活的用户和业务接入，为 5G 应用和业务自适应的无线资源的灵活调配提供支持。

其次，现有网络中存在网络构成复杂、灵活性差、运维成本高、新业务开发周期长的问题，因此人们提出利用通用设备替代网络中的专用设备，提升网元扩展性，这点在核心网中通过 NFV/SDN 技术完成。在接入网中，也需要进一步打破传统业务和应用的“烟囱式”效应，实现接入网层面的业务透明和网络资源的虚拟化。利用网络切片技术，在接入网络中基于统一的逻辑架构，按需地构建不同逻辑网络的实例，即接入网切片实例，用于灵活支持不同业务和应用。不同的网络切片实现逻辑的隔离，每个切片的拥塞、过载、配置的调整不影响其他切片。在保证所需业务 QoS 的同时，提高网络资源的利用率。

1.4.1　基于边缘计算的接入网络切片

在核心网切片中，边缘计算服务器由于部署的位置距离用户较远，不可避免地会产生较长的时延，无法满足部分应用对低时延特性的需求。同时，各类业务数据汇聚到核心网络中进行计算处理，会造成数据流量的增长，给回传链路带来极大负担，消耗过多回传链路带宽。除此之外，相较于从核心网到终端的垂直结构切片，部分业务如短距离的数据传输共享，对计算能力要求较低，用户分布范围小，更适合终端到终端的水平结构切片。因此，可以基于边缘计算的接入网络切片，利用网络边缘的计算、存储和通信能力，构建业务所在无线接入网络内的接入网切片，实现业务的本地处理，使得核心网和传输网的开销减小，同时减少业务传输时延，改善业务性能。

基于边缘计算的接入网络切片逻辑架构如图 1-12 所示，软件定义的接入网切片编排器负责网络切片的动态供应和切片间的资源管理。具体地，通过信息感知和数据挖掘，接入网切片编排器获得接入网中各请求业务的业务类型和可用的网络资源。接入网切片编排器根据场景特点和需求以及接入网络状态，编排生成相关的接入网切片，包括所需的网元（LTE eNode B、MEC 等）、网元接口、网元所需的网络资源、定制化的空口技术（包括控制面和数据面的协议栈）以及组网结构。在切片实例确定后，编排器为所有的接入网切片实例分配网络资源，利用分配的资源实现切片的实例化。在切片运行过程中，切片将所需汇报的监测数据发送到接入网切片编排器，用于完成编排器对切片实例的监督和生命周期管理（包括网络资源分配和再分配，切片的扩容、缩容和动态调整等）。

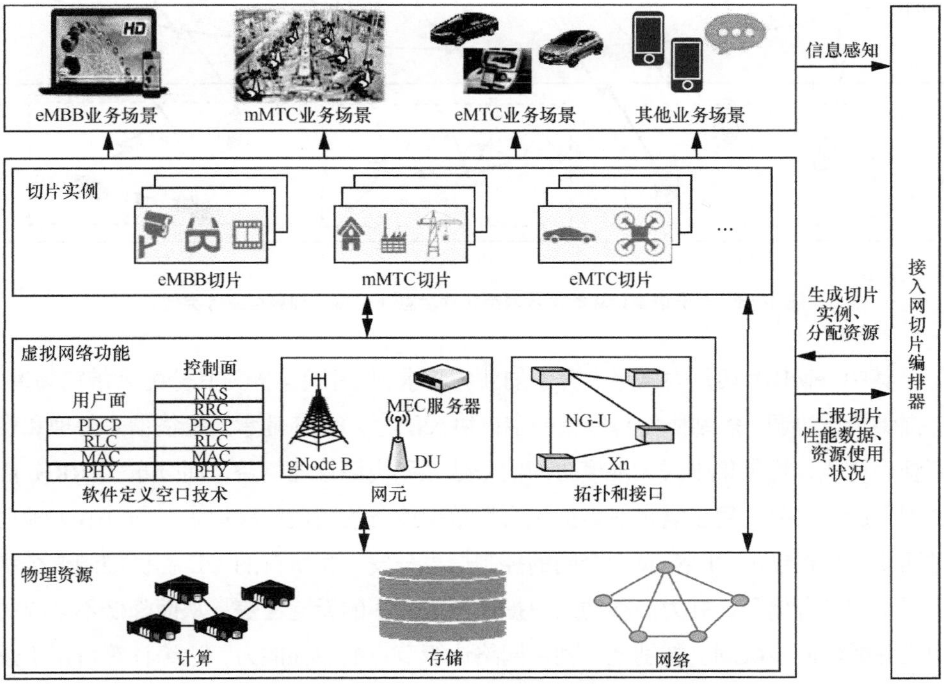

图 1-12　接入网络切片逻辑架构

根据应用场景中的业务种类，可将网络切片分为 3 类，如图 1-13 所示，包括大连接需求 mMTC（Massive Machine Type Communication，海量机器类通信）、超低时延需求 eMTC（Enhanced Machine Type Communication，超可靠低时延通信）和大容量需求 eMBB（Enhanced Mobile Broadband，增强移动宽带）。

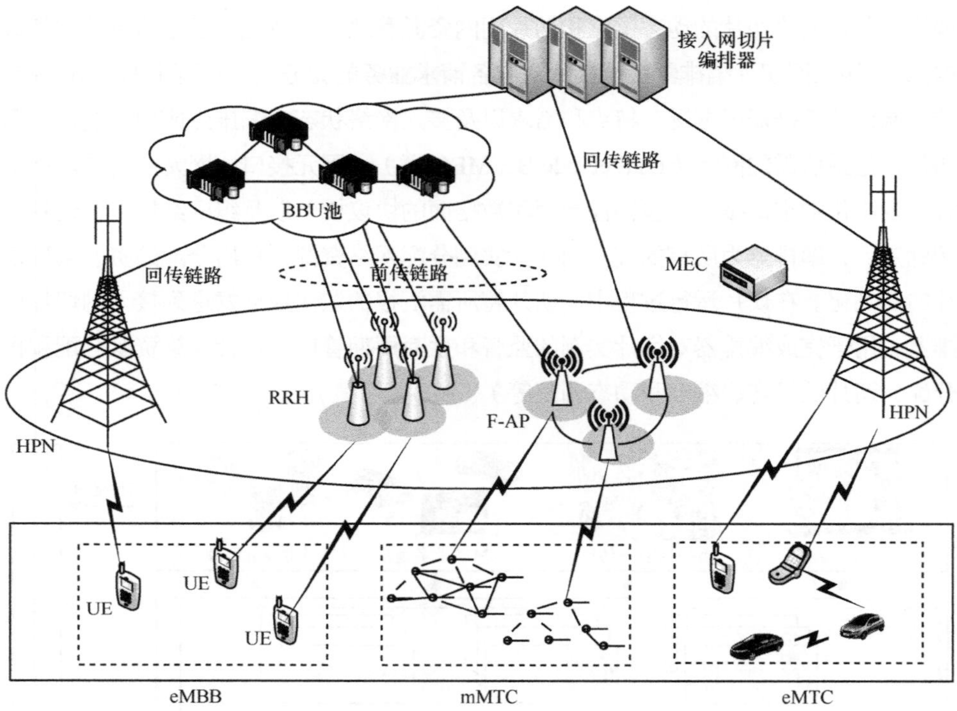

图 1-13　基于边缘计算的接入网络切片示意（包括 3 种典型业务类型）

其中，eMBB 切片为满足大容量的业务需求，切片编排器为其分配大带宽频谱，并提供干扰协调、多站协作与传输的空口协议配置。BBU 池承载无线信号处理和资源管理功能，提供集中式大规模协同信号处理和资源管理增益，而分布式 RRH 部署到靠近用户处，用于满足热点区域海量数据业务的高速传输需求。与 BBU 池通过回传链路相连的 HPN 负责全网的控制信息分发，为所有的 UE 提供控制信令和小区特定参考信号，并为高移动用户提供基本速率的无缝覆盖，从而降低不必要的切换并减轻同步限制。特别地，利用网络边缘节点的缓存能力，边缘计算可用于热点区域的容量吸收，例如，体育场中由于观众对相同内容的重复下载使得连接 RRH 与 BBU 池的前传链路负载加剧，此时，通过预先缓存此类高流行度文件到体育场附近的边缘节点中，用户可直接获得数据业务而无需通过 BBU 池的集中式缓存，缓解了前传链路和 BBU 池的开销负担。

mMTC 和 eMTC 作为机器类通信，对应的网络切片更多地依靠边缘计算。在 mMTC 切片中，编排器在 mMTC 切片编排生成时，通过在边缘节点 F-AP

中配置虚拟中继网关，分配虚拟无线回传资源，在 F-AP 的管控下，具有终端直通能力的 UE 进行自组网形成簇，簇内各节点产生的数据通过终端直通汇聚到选取出来的簇头，簇头可以是 UE，也可以是 F-AP。在 BBU 池和 F-AP 的协助下，实现本地的协作无线信号处理和协同无线资源管理。同时，考虑到网络中连接节点数目大的特性，因此需要提供简化信令、多接入调度机制配置。由于 mMTC 中各节点数据量小，时延要求不高，因此可以在 mMTC 切片的协议栈，配备低比特率、高时延容忍调制编码等虚拟空口资源配置。在 eMTC 切片中，为了满足业务的时延要求，可按需配置 D2D 通信所需的时频资源，使得邻近 UE 可通过 D2D 模式或者中继模式直接通信。同时，考虑到 UE 受限的缓存和计算处理能力，可在业务分布区域内部署边缘节点 F-AP 或 MEC，用于承载与 eMTC 相关的控制、管理和数据功能。通过配置下沉至本地接入网的用户面虚拟网关，配置具备部分核心网控制功能（如寻呼功能）的虚拟全功能基站，为 UE 降低传输时延。

1.4.2 F-RAN 接入网络切片关键技术

由于接入网络中无线信道的开放式传播和发送端之间的相互干扰，使得接入网络中网络切片间的隔离保障，同核心网络中的网络切片相比所需要考虑的因素不同。以无线资源管理为例，完全正交的资源分配用于保证切片间的隔离，但会使资源利用率降低。而在切片间同频复用的假设下，为了保证切片间的隔离，调度算法难免过于复杂，并带来额外的开销，因此合理的资源管理对接入网络切片性能有很大影响，资源管理需要考虑网络中切片实例的存在，合理安排资源分配、调度方法和粒度。相应地，切片实例的感知，则需要接入网切片编排器借助信息感知完成，此外，通过感知第三方需求和业务类型等信息，信息感知能够辅助接入网切片编排器确定需要实例化的网络切片，为各网络切片实例分配和管理资源时提供参考信息。因此，资源管理和信息感知对接入网络切片的实现尤为重要。

1.4.2.1 资源的联合管理

传统蜂窝网络中，资源管理的出发点是在网络负载不均衡和无线网络环境变化的情况下，灵活分配和动态调度可用资源，在保证网络 QoS 的前提下最大化资源利用率和系统性能。由于边缘计算的引入，蜂窝网络资源管理方法面临新的挑战，管理资源维度不仅包括无线资源，还包括边缘计算涉及的缓存资源和计算资源。同时考虑到各网络切片间的隔离需求、切片对资源管理的粒度需求，资源管理的目标不仅是保证网络 QoS 和最大化资源利用率，还需要兼顾网络切片间的隔离和定制化。

边缘计算引入接入网络中后，边缘设备具备缓存与计算能力，可为 UE 提供快捷内容访问与检索功能，有效缓解云服务器的负担，降低内容传递时延和网络传输负载，通过面向对象与内容认知技术提高性能增益和用户体验。在优化频谱效率时，UE 对接入节点的选择不仅需要考虑接收信号强度，还需要将接入节点中缓存内容对 UE 的影响纳入考核指标中；类似地，能效优化时，除了考虑发送功耗外，还需要考虑本地缓存带来的功耗和回传链路功耗的节省；传输时延的优化问题则由于 F-RAN 中多种传输模式的共存而变得更为复杂，BBU 池中虽然能够提供大容量存储，但传输时延受到前程链路影响，只能提供时延可容忍的服务，而边缘设备虽然离 UE 距离近、通信状况好，但受限于缓存容量和计算能力，不能满足所有的低时延业务需求。

同缓存和计算资源的管理不同，无线资源管理对网络切片的影响包括切片间的隔离水平高低和切片时/空/频域的管理粒度。现在一般可将切片的隔离分为两类：无线电隔离和业务隔离，分别用不同切片发送端之间的干扰水平和切片间服务质量的影响水平来衡量。根据 LTE 中无线资源管理层次，分别从频谱规划、小区间干扰协调、分组调度和接入控制 4 个方面分析无线资源管理对网络切片的影响。4 种水平的切片策略比较见表 1-1，频谱规划级别的接入网络切片下，各切片被分配到正交的载波，切片内的小区利用分配到的载波承载 UE 服务，由于切片间载波正交，因此无线电隔离和业务隔离程度较其他更高。但是，由于切片间采用正交的载波分配方法，因此无线资源管理粒度比其他 3 种策略大。在小区间干扰协调水平级别的接入网络切片下，各切片可复用相同频谱资源，切片间干扰通过资源块 RB 的正交得到控制，因此在保证了高无线电隔离和高业务隔离的同时，频域粒度更细，值得指出的是，资源粒度增加是以相应的管理开销为代价。类似地，分组调度级别和接纳控制级别的切片，在资源粒度更精细化的同时，牺牲了定制化程度和管理开销，使得切片间管理和隔离更复杂。

表 1-1　4 种水平的切片策略比较

	频谱规划	小区间干扰（ICIC）	分组调度（PS）	接入控制（AC）
频域粒度	单载波（在 LTE 中最低限度 1.4 MHz）	1RB（在 LTE 中 180 kHz）	1RB（在 LTE 中 180 kHz）	无
时域粒度	相对长期（几分钟）	每 ICIC 间隔（在 LTE 中数百毫秒）	每传输时间间隔（在 LTE 中 1 ms）	与无线接入承载建立请求率相关（秒级别）
空域粒度	整个场景（如果识别非干扰小区集可能更少）	整个场景（如果识别非干扰小区集可能更少）	单小区	单小区
定制程度	频谱规划、ICIC、PS 和 AC	ICIC、PS 和 AC	PS 和 AC	AC
无线电隔离	高	高	中	中
业务隔离	高	高	高	中

1.4.2.2　多维度信息感知

传统网络中，通常假设 UE 在满足特定物理条件（如与其他 UE 距离较近，信道条件良好）时，即能够与其他 UE 建立连接进行通信。然而与此不一致的是，在实际场景中，用户通常会基于安全性考虑不会授权其 UE 同不熟悉的 UE 建立连接。在将边缘计算引入接入网络后，这种假设与实际之间的冲突变得更为明显。例如，用户携带的 UE 作为边缘设备缓存了不同的媒体文件，然而用户并不会同其他陌生用户的 UE 共享该文件，即便 UE 间信道条件良好，陌生用户的 UE 仍只能从网络中下载该媒体文件。因此，需要考虑用户个人在社会关系网络的参与程度，根据不同的地理位置、兴趣和背景，用户个人或者 UE 被分为不同的社会群体。同一社会群体内的 UE 可以交换信息，不同群体间的 UE 则很少建立连接。

进一步地，除了感知用户之间的社会关系，在移动网络中还存在网络、终端、业务等多种维度的数据，这些数据分布在网络的多个网元中。通过网络信息感知技术，可以将位于多个网元中的多维度数据提取出来。基于感知技术获得的多维度网络数据，通过网络特征的分析与识别，可以获得体现网络场景特征的数据库；通过用户行为的分析与预测，可以获得体现用户行为特征的数据库。根据网络场景特征和用户行为特征，可以有针对性地优化网络参数配置和制定网络控制策略，并作用于网络。而网络优化和网络控制策略的效果，也可以再次通过对网络中多维度数据的感知和分析来跟踪并验证。

为探究信息感知对网络性能优化的影响，科研人员以 eMBB 中广域覆盖和热点高容量两个场景为对象进行了讨论。在广域覆盖场景中，由于基站分布稀疏，部署位置间距大，当基站需要广播重要信息给所有 UE 时，部分 UE 由于移动到基站覆盖范围外不能完成接收，此时可通过感知移动 UE 间的机会接触（Opportunistic Contact），在 UE 间建立机会通信（Opportunistic Communication），便于重要信息在 UE 间的传递；在热点高容量场景中，UE 密集分布在固定区域内并请求相同信息的下载，重复信息的传输使得基站负载过大，此时通过对 UE 间共享信息的研究，基站首先将共享信息广播给部分 UE，该部分 UE 作为初始共享信息接收者，与其他 UE 建立机会通信完成信息传递，减轻基站流量负载。借助机会通信，广域覆盖场景中的重要信息传输成功率随着网络中终端数目的增加而增加，如图 1-14 所示，这是由于终端数目的增加，使得该区域内终端密度提升，UE 彼此相遇概率更高，用于重要信息传递的机会通信建立概率更高。相同终端密度下，重要信息的生命周期 T 越长，成功传输率越高。热点高容量场景下，进行机会通信的用户数目越多，流量卸载越多，基站负载越小，如图 1-15 所示，不同初始共享信息接收者选取策略下，机会通信最大用户数目不同，对基站的流量卸载帮助不同。

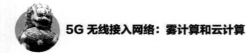

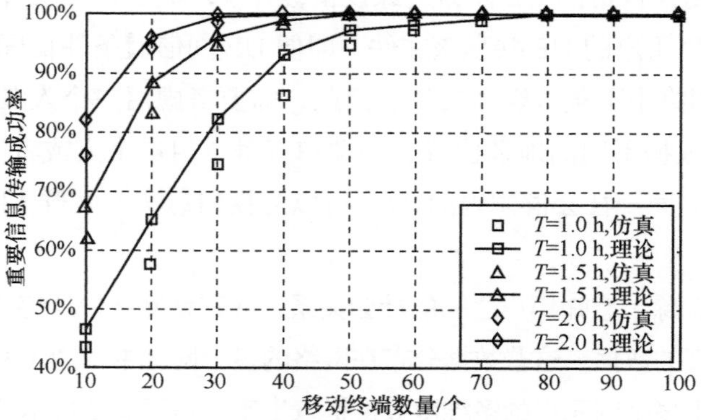

图 1-14　广域覆盖场景中，不同生命周期下的重要信息传输成功率

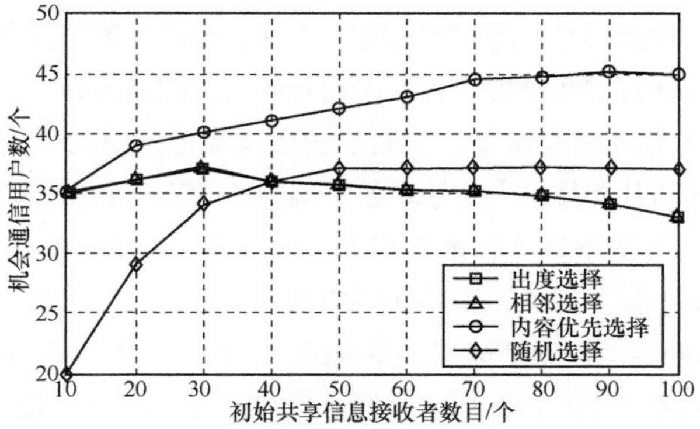

图 1-15　热点高容量场景中，不同初始共享信息接收者选取策略下的机会通信用户数

1.4.3　F-RAN 接入网络切片挑战

尽管边缘计算和网络切片的应用前景良好，但依旧存在多个技术挑战亟需解决。

1.4.3.1　边缘计算

边缘计算由于其特性从而受到广泛的关注，但在其商业应用前依旧存在多个挑战。首先，边缘计算中的计算和缓存资源与无线资源不同，需要对资源的部署和管理对边缘计算的性能影响和优化方法进行研究。以热点高容量场景中的边缘节点为例，边缘节点一般选择性地缓存部分流行度高的文件，例如热门视频，考虑到相同视频内容存在多种格式，因此利用边缘节点的有限缓存空间存储单一视频的多种格式往往不可取，此时可选择性地缓存视频的部分格式，在 UE 请求传输相同内容的其他格式时，可利用节点中计算能力换取缓存能力，将缓存的视频格式转换成所需格式并下发。

其次，边缘计算虽然具有靠近终端、处理时延低的优点，但计算和缓存资源有限，因此，边缘计算中的卸载决策很重要，面对 UE 的业务请求，边缘计算中的卸载决策将直接影响业务的处理在本地、云端或混合模式下完成。而决策的依据也根据具体场景的不同而不同，包括但不限于 UE 能耗和业务 QoS、边缘节点功耗等。

1.4.3.2　接入网络切片关键技术突破

核心网的网络切片实现通过 NFV/SDN 完成，旨在通过对软硬件解耦及网络功能的抽象，使网络切片的实例化更加便捷，资源能够灵活共享，实现低成本下的新业务快速开发和部署。接入网切片架构中的边缘计算可为 NFV 提供虚拟网络功能间的可编程连接，这些连接通过虚拟网络功能的协调器进行管理。软件定义的切片编排器，能够对整个网络中的网元和空口等切片组成元素实现独立于硬件的重新设计和重新配置，保证了网络架构的灵活性与可重构性，实现了“单个接入网络，多种网络切片”。然而，由于安全、计算性能、与传统 RAN 的兼容运营和管理等众多难题的存在，接入网络切片中的 NFV 和软件定义的实现依然面临着挑战。类似地，在接入网络中，无线信道的随机和时变特性使得切片间的隔离保证也面临挑战，如何设计统一的机制保证切片间的隔离依旧是未来工作的重点。此外，在不同接入制式下，空口、频谱划分和协议等配置不尽相同，在对网络切片生成不同接入制式的接入网切片后，资源管理机制如何避免接入制式对其影响，完成接入网的性能优化也是未来研究方向之一。

参考文献

[1] ITU. MIS report 2013[R]. 2017.

[2] Ericsson. Ericsson mobility report shows rapid smartphone uptake and doubling of mobile data traffic[R]. 2012.

[3] UMTS Forum Report 44. Mobile traffic forecasts 2010-2020 report[R]. 2011.

[4] ALEXIOU A. Wireless world 2020: radio interface challenges and technology enablers[J]. IEEE Vehicular Technology Magazine, 2014, 9(1): 46-53.

[5] DEMESTICHAS P, GEORGAKOPOULOS A, KARVOUNAS D, et al. 5G on the horizon: key challenges for the radio access network[J]. IEEE Vehicular Technology Magazine, 2013, 8(3): 47-53.

[6] SHAPIRA J. Microcell engineering in CDMA cellular networks[J]. IEEE Transactions on Vehicular Technology, 1994, 43(4): 817-825.

[7] LOPEZ-PEREZ D, CHU X, GUVENC I. On the expanded region of picocells in heterogeneous networks[J]. IEEE Journal of Selected Topics in Signal Processing, 2012, 6(3): 281-294.

[8] HOYMANN C, CHEN W, MONTOJO J, et al. Relaying operation in 3GPP LTE: challenges and solutions[J]. IEEE Communications Magazine, 2012, 50(2): 156-162.

[9] CHANDRASEKHAR V, ANDREWS J, GATHERER A. Femtocell networks: a survey[J].

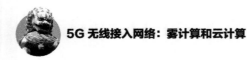

IEEE Communications Magazine, 2008, 46(9): 59-67.
[10] ANDREWS J, CLAUSSEN H, DOHLER M, et al. Femtocells: past, present, and future[J]. IEEE Journal on Selected Areas in Communications, 2012, 30(3): 497-508.
[11] HEATH R, PETERS S, WANG Y, et al. A current perspective on distributed antenna systems for the downlink of cellular systems[J]. IEEE Communications Magazine, 2013, 51(4): 161-167.
[12] DAMNJANOVIC A, MONTOJO J, WEI Y, et al. A survey on 3GPP heterogeneous networks[J]. IEEE Wireless Communications, 2011, 18(3): 10-21.
[13] PENG M, LIU Y, WEI D, et al. Hierarchical cooperative relay based heterogeneous networks[J]. IEEE Wireless Communications, 2011, 18(3): 48-56.
[14] 3GPP. Evolved universal terrestrial radio access (UTRA); physical channels and modulation: TS36.211[S]. 2012.
[15] IRMER R, DROSTE H, MARSCH P, et al. Coordinated multipoint: concepts, performance, and field trial results[J]. IEEE Communications Magazine, 2011, 49(2): 102-111.
[16] LIN Y, SHAO L, ZHU Z, et al. Wireless network cloud: architecture and system requirements[J]. IBM Journal of Research & Development, 2010, 54(1): 1-12.
[17] China Mobile Research Institute. C-RAN the road towards green ran[R]. 2011.
[18] PENG M, LI Y, JIANG J, et al. Heterogeneous cloud radio access networks: a new perspective for enhancing spectral and energy efficiencies[J]. IEEE Wireless Communications, 2014, 21(6): 126-135.
[19] PENG M, SUN Y, LI X, et al. Recent advances in cloud radio access networks: system architectures, key techniques, and open issues[J]. IEEE Communications Surveys & Tutorials, 2016, 18(3): 2282-2308.
[20] SURYAPRAKASH V, ROST P, FETTWEIS G. Are heterogeneous cloud-based radio access networks cost effective?[J]. IEEE Journal on Selected Areas in Communications, 2015(99): 1-10.
[21] PENG M, LI Y, ZHAO Z, et al. System architecture and key technologies for 5G heterogeneous cloud radio access networks[J]. IEEE Network, 2014, 29(2): 6-14.
[22] CHIH-LIN I, HUANG J, DUAN R, et al. Recent progress on C-RAN centralization and cloudification[J]. IEEE Access, 2014(2): 1030-1039.
[23] CHECKO A, CHRISTIANSEN H L, YAN Y, et al. Cloud RAN for mobile networks—a technology overview[J]. IEEE Communications Surveys & Tutorials, 2015, 17(1): 405-426.
[24] WU J, ZHANG Z, HONG Y, et al. Cloud radio access network (C-RAN): a primer[J]. IEEE Network, 2015, 29(1): 35-41.
[25] PENG M, WANG C, LAU V, et al. Fronthaul-constrained cloud radio access networks: insights and challenges[J]. IEEE Wireless Communications, 2015, 22(2): 152-160.
[26] PARK S, SIMEONE O, SAHIN O, et al. Fronthaul compression for cloud radio access

networks: signal processing advances inspired by network information theory[J]. IEEE Signal Processing Magazine, 2014, 31(6): 69-79.

[27] DAHROUJ H, DOUIK S, DHIFALLAH O. Resource allocation in heterogeneous cloud radio access networks: advances and challenges[J]. IEEE Wireless Communications, 2015, 22(3): 66-73.

[28] LI G, ZHANG S, YANG X, et al. Architecture of GPP based, scalable, large-scale C-RAN BBU pool[C]//Globecom Workshops, December 3-7, 2012, Anaheim, USA. Piscataway: IEEE Press, 2012: 267-272.

[29] SABELLA D, ROST P, SHENG Y, et al. RAN as a service: challenges of designing a flexible RAN architecture in a cloud-based heterogeneous mobile network[C]//Future Network and Mobile Summit, July 3-5, 2013, Lisboa, Portugal. Piscataway: IEEE Press, 2013: 1-8.

[30] CHANCLOU P, PIZZINAT A, CLECH F L, et al. Optical fiber solution for mobile fronthaul to achieve cloud radio access network[C]//Future Network and Mobile Summit, July 3-5, 2013, Lisboa, Portugal. Piscataway: IEEE Press, 2013: 1-11.

[31] PARK S, CHAE C, BAHK S. Large-scale antenna operation in heterogeneous cloud radio access networks: a partial centralization approach[J]. IEEE Wireless Communications, 2015, 22(3): 32-40.

[32] MEERJA K, SHAMI A, REFAEY A. Hailing cloud empowered radio access networks[J]. IEEE Wireless Communications, 2015, 22(1): 122-129.

[33] PENG M, LI Y, ZHAO Z, et al. System architecture and key technologies for 5G heterogeneous cloud radio access networks[J]. IEEE Network, 2014, 29(2): 6-14.

[34] PENG M, YAN S, ZHANG K, et al. Fog computing based radio access networks: issues and challenges[J]. IEEE Network, 2015.

[35] ZHOU Y, YU W. Optimized backhaul compression for uplink cloud radio access network[J]. IEEE Journal on Selected Areas in Communications, 2014, 32(6): 1295-1307.

[36] RAO X, LAU V. Distributed fronthaul compression and joint signal recovery in C-RAN[J]. IEEE Transactions on Signal Processing, 2014, 63(4): 1056-1065.

[37] LIU L, ZHANG R. Optimized uplink transmission in multi-antenna C-RAN with spatial compression and forward[J]. IEEE Transactions on Signal Processing, 2015, 63(19): 5083-5095.

[38] PARK S, SIMEONE O, SAHIN O, et al. Joint precoding and multivariate backhaul compression for the downlink of cloud radio access networks[J]. IEEE Transactions on Signal Processing, 2013, 61(22): 5646-5658.

[39] SHI Y, ZHANG J, LETAIEF K B. CSI overhead reduction with stochastic beamforming for cloud radio access networks[C]//IEEE International Conference on Communications, June 10-14, 2014, Sydney, Australia. Piscataway: IEEE Press, 2014: 5154-5159.

[40] SHI Y, ZHANG J, LETAIEF K. Group sparse beamforming for green cloud-RAN[J]. IEEE

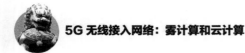

Transactions on Wireless Communications, 2014, 13(5): 2809-2823.

[41] LARSSON E G, EDFORS O, TUFVESSON F, et al. Massive MIMO for next generation wireless systems[J]. IEEE Communications Magazine, 2014, 52(2): 186-195.

[42] WANG G, LIU Q, HE R, et al. Acquisition of channel state information in heterogeneous cloud radio access networks: challenges and research directions[J]. IEEE Wireless Communications, 2015, 22(3): 100-107.

[43] XIE X, PENG M, GAO F, et al. Superimposed training based channel estimation for uplink multiple access relay networks[J]. IEEE Transactions on Wireless Communications, 2015, 14(8): 4439-4453.

[44] XIE X, PENG M, WANG W, et al. Training design and channel estimation in uplink cloud radio access networks[J]. IEEE Signal Processing Letters, 2015, 22(8): 1060-1064.

[45] SHARIATI N, BENGTSSON E, DEBBAH M. Low-complexity polynomial channel estimation in large-scale MIMO with arbitrary statistics[J]. IEEE Journal of Selected Topics in Signal Processing, 2014, 8(5): 815-830.

[46] ABDALLAH S, PSAROMILIGKOS I. Semi-blind channel estimation with superimposed training for OFDM-based AF two-way relaying[J]. IEEE Transactions on Wireless Communications, 2014, 13(5): 2468-2477.

[47] TANG J, TAY W, QUEK T. Cross-layer resource allocation with elastic service scaling in cloud radio access network[J]. IEEE Transactions on Wireless Communications, 2015, 14(9): 5068-5081.

[48] GERASIMENKO M, MOLTCHANOV D, FLOREA R, et al. Cooperative radio resource management in heterogeneous cloud radio access networks[J]. IEEE Access, 2015, 3(99): 397-406.

[49] SHI Y, ZHANG J, LETAIEF K B, et al. Large-scale convex optimization for ultra-dense cloud-RAN[J]. IEEE Wireless Communications, 2015, 22(3): 84-91.

[50] PANTISANO F, BENNIS M, SAAD W, et al. Cache-aware user association in backhaul-constrained small cell networks[C]//International Symposium on Modeling and Optimization in Mobile, Ad Hoc, and Wireless Networks, May 12-16, 2014, Hammamet, Tunisia. Piscataway: IEEE Press, 2014: 37-42.

[51] PANTISANO F, BENNIS M, SAAD W, et al. Match to cache: joint user association and backhaul allocation in cache-aware small cell networks[C]//International Conference on Communications, June 8-12, 2015, London, United Kingdom. Piscataway: IEEE Press, 2015: 3082-3087.

[52] WU X, ZHU X, WU G, et al. Data mining with big data[J]. IEEE Transactions on Knowledge and Data Engineering, 2013, 26(1): 97-107.

[53] TEHRANI M, UYSAL M, YANIKOMEROGLU H. Device-to-device communication in 5G cellular networks: challenges, solutions, and future directions[J]. IEEE Communications Magazine, 2014, 52(5): 86-92.

[54] SU H, ZHANG X. Energy-efficient spectrum sensing for cognitive radio networks[C]//IEEE International Conference on Communications, May 23-27, 2010, Cape Town, South Africa. Piscataway: IEEE Press, 2010: 1-5.

[55] JAMMAL M, SINGH T, SHAMI A, et al. Software defined networking: state of the art and research challenges[J]. Computer Networks, 2014, 72(11): 74-98.

[56] PENG M, LI Y, QUEK T Q S, et al. Device-to-device underlaid cellular networks under rician fading channels[J]. IEEE Transactions on Wireless Communications, 2014, 13(8): 4247-4259.

第 2 章 云无线接入网络性能

由于 RRH 随机分布，C-RAN 的网络性能不能用传统的基于确定性分析的香农定理或者分布式对等的 Kuma 容量公式。本章首先介绍了基于点泊松分布的随机网络容量分析模型，然后针对 C-RAN 集中式大规模协作处理特征，描述了上行和下行容量分析模型。最后，针对 C-RAN 主要应用于室内多层建筑物场景，特别介绍了室内 C-RAN 组网容量分析模型，并给出了分析结果和相应的性能结果。

分析无线通信网络的性能以及设计对应的无线资源管理方法，首先需要对网络节点分布模型及不同场景下的信道特征进行研究。在此过程，需要考虑路径损耗、阴影衰落和小尺度衰落等因素的影响，其中，大尺度平均路径损耗用于测量发射机和接收机之间信号的平均衰落，阴影衰落反映障碍物尺度距离上用户的平均接收功率，而小尺度衰落由多径传播造成，反映波长数量级距离上用户的接收功率[1]。

在以往的研究中，为反映大尺度因素（例如路径损耗）的影响，通常把基站节点位置建模为固定形状的线形（Wyner 模型）[2]、六边形、三角形或正方形等[3-4]。在这些模型下，基站等距分布在网格节点或蜂窝小区的交点处，移动用户固定或者随机分布在整个平面上。这种传统的基站位置分布建模方式可以最大程度地利用无线空间，已有研究广泛采用。但是由于其几何结构复杂，无法体现云无线接入网络（C-RAN）中 RRH 节点的位置随机分布特性，因此这种网格节点分布模型常用于系统级仿真，并不适用于数学分析。另一方面，对于信道衰落，以往的文献中一般假设服从瑞利（Rayleigh）分布[5-7]，但是在 C-RAN 架构下，用户所处地理环境、高层建筑物的阻挡、不同类型接入节点等因素会造成无线信道衰落的差异，因此需要针对不同场景的信道特征进行研究。

随机几何（Stochastic Geometry）理论[8]是探讨几何学与概率论联系的数学研究工具，其来源于传统积分几何学和几何概率，结合现代随机过程理论及测度论，而不断发展演进。现有的理论研究是针对这种空间随机分布节点模型进行的，分布模型包括泊松点过程（Poisson Point Process，PPP）、二项点过程（Binomial Point Process，BPP）、硬核点过程（Hard Core Point Process，HCPP）、泊松簇过程（Poisson Cluster Process，PCP）等[9-10]。随机几何模型最早用于研究 Ad Hoc 网络的干扰特性和网络性能[11-12]。基于随机几何的网络节点位置分布建模方式，参考文献[13]研究了在基站服从随机点分布，信道为同时有瑞利衰落和阴影衰落的随机信道场景下，系统的传输容量。参考文献[14]将多小区蜂窝网络的基站节点几何位置建模为 PPP 分布，在这种模型下多小区网络干扰、各节点的大尺度衰落和信道衰落问题更易于通过数学方法进行分析，并通过仿真验证了理论结果接近实际网络部署场景下的性能。参考文献[15]更进一步将多层异构网络不同层的基站建模为相互独立分布的 PPP，对异构网络的覆盖和容量性能进行了推导，并分析了节点密度、路径损耗因子等网络参数对性能的影响。

为了更准确地描述 C-RAN 中 RRH 节点与用户空间位置的统计特性，首先根据 C-RAN 中 RRH 部署的随机特性，采用随机几何理论研究 C-RAN 节点的位置分布，并分析用户与附近节点的距离关系。其次，针对用户到附近节点的距离分布以及用户在室内外所处环境、基站天线数目等因素的影响，对 C-RAN 不同场景下的信道特征进行研究。最后，联合上述的节点位置分布及不同场景下的信道特征，推导了 C-RAN 下用户接收到的有用信号功率分布的表达式及相应概率密度函数的表达式，并结合推导结果分析评估了网络参数的影响。

2.1　基于空间点过程的节点位置分布模型

考虑到在 C-RAN 中，远端射频单元的部署往往不规则，具有随机分布特性，因此可以将节点的位置分布建模为空间点过程。二维空间点过程中每点形成了一个以随机分布方式分布在二维空间的点集。空间中的用户及基站的位置可形成一张平面图，平面图由二维空间中的随机点构成。

2.1.1　泊松点过程

形象地说，点过程可以想象为将一些点随机地撒在空间内，假设在有界区域 $M \in R^2$ 内随机布设 n 个点 $x_1, x_2, \cdots, x_n$，对于点的集合可以表示为 $\Phi = \sum_i^n x_i$，这一点过程 Φ 在区域 B 的密度定义为 $\lambda(B) = E\Phi(B)$，其中，$\Phi(B)$ 表示在 $\Phi \cap B$ 上的点的个数。在各种点过程中最常见是二维泊松点过程[16]。泊松点过程有如下特性。

- 随机点呈均匀分布：对于有界区域 $M \in R^2$，每个随机点 x_i 落在任意区域 M' 内的概率可表示为：

$$P(x_i \in M') = \int_{M'} f(x)\,\mathrm{d}x = \frac{S(M' \cap M)}{S(M)} \tag{2-1}$$

其中，$S(M)$ 为 M 的面积。

- 泊松分布点数：对于有界闭合区域 M'，落在区域上均匀分布的随机点总数 $N(M')$ 服从均值为 $\lambda S(M')$ 的泊松分布，其概率密度函数可表示为：

$$p\left[N(M') = m\right] = \left[\lambda S(M')\right]^m \exp\left[\frac{-\lambda S(M')}{m!}\right], m = 0,1,\cdots \tag{2-2}$$

- 独立性：若有界区域 $M_1', M_2', \cdots, M_m'$ 是互不重叠的区域，则这些区域中包含的随机点数 $N(M_1'), N(M_2'), \cdots, N(M_m')$ 也相互独立。

在进行 C-RAN 节点的位置分布建模时，运用泊松点分布的点数性质，可以估算出在某一平面区域内远端射频单元的平均数量，从而可以方便运营商根据网络负载或者业务热点需要增减节点数量。

2.1.2 泊松—费列罗里模型

用户在选择接入时通常选择接入最近的基站进行通信，这时可以利用泊松—费列罗里（Possion-Voronoi）[17]建模。泊松—费列罗里模型定义为镶嵌（Tessellation or Mosaic）在费列罗里图中的泊松点过程，其中镶嵌是指将平面划分为多边形，空间划分为多面体的过程。给定在区域 $\mathcal{H}^d$ 上的一组点集合 ϕ 以及一个生成点 $x \in \mathcal{H}^d$，则该点的费列罗里区域（Voronoi Cell）可以定义为：

$$\mathfrak{C}_x(\phi) = \left\{ y \in \mathcal{H}^d : \|y - x\| < \inf_{x_i \in \phi, x_i \neq x} \|y - x_i\| \right\} \tag{2-3}$$

简而言之，费列罗里区域是以一个生成点为中心，找到距离其最近的随机点后与之组成的区域，一个费列罗里区域中仅包含一个生成点，且互不交叠。

对于泊松点过程 $\Phi = \sum_i^n x_i$ 来说，由其生成的费列罗里镶嵌是由一系列费列罗里区域组成的集合。任一生成点 x_i 的费列罗里域为 $V(x_i) = \bigcap_{i \neq j} H(x_i, x_j)$，即所有 $i \neq j$

的 $H\left(x_i,x_j\right)$ 的交集。图 2-1 为 n 个生成点的费列罗里图，其中包含费列罗里生成点及费列罗里多边形。

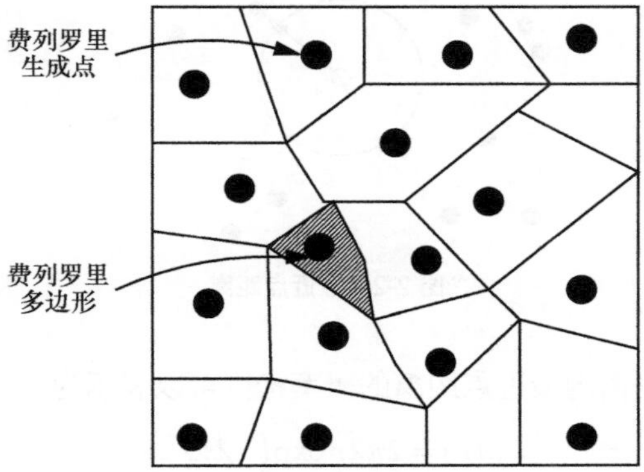

图 2-1　n 个点的费列罗里图

费列罗里图具有最邻近特性，即每个生成点可生成唯一的费列罗里多边形和对于生成点而言的最邻近区域，其表示生成点的影响范围，若该生成点被移除，则对应影响范围消失。而在泊松—费列罗里中，若生成点集合 $X=\{x_1,x_2,\cdots,x_n\}$ 为平面内一均匀点过程，则其影响范围是均匀的、随机镶嵌的费列罗里图。若 $X=\{x_1,x_2,\cdots,x_n\}$ 为泊松过程，则其影响范围为泊松—费列罗里镶嵌的费列罗里图。运用泊松—费列罗里多边形可以很方便地分析在 C-RAN 中的平均用户数量，并直观展现基站分布。由于泊松—费列罗里概率分布式较复杂，通常情况下利用蒙特卡洛法进行仿真，从而模拟泊松—费列罗里模型。

2.1.3　用户距离分布

假设泊松点过程 X 的密度为 λ，固定一个在空间中的点 u，$d(u,X)$ 为点 u 到集合 X 中距其最近的点的距离。$a(u,r)$ 是以 u 为圆心、r 为半径的圆盘，当且仅当圆盘内包含 X 中的点时，$d(u,X)\leqslant r$。若圆盘中仅有 X 中的一个点，则这个点为距 u 最近的点，其距离分布函数为：

$$P\left(d\left(u,X\right)\leqslant r\right)=1-\exp\left(-\lambda S\left(a\left(u,r\right)\right)\right) \tag{2-4}$$

其中，$S(a(u,r))$ 为圆盘 $a(u,r)$ 的面积。如图 2-2 所示，以固定点 u 为中心、r 为半径的圆盘中不包含 X 中的任何一点。随着 r 的增大，r 越加接近 X 中距 u 最近的点

u'，则当 r 无限接近 u' 的临界值时，r 即等价于 u 的最近点距离。

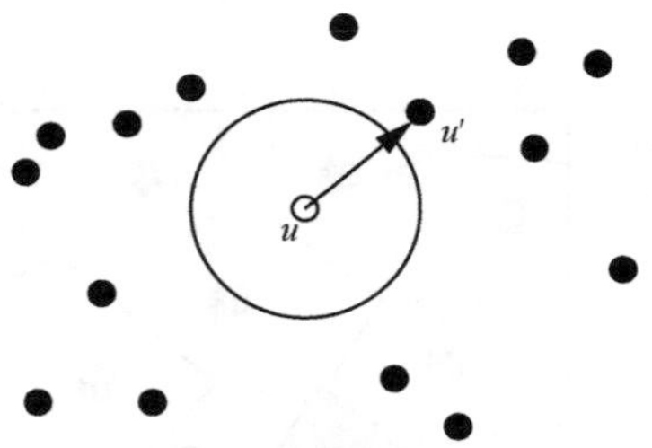

图 2-2　最近点距离

因此，在二维平面内最近点距离的概率密度可以表示为：

$$p(r)=2\pi\lambda r\exp\left(-\lambda\pi r^{2}\right) \tag{2-5}$$

以最近点距离为基础，可以将其推广到二维平面第 N 近的节点距离，首先将二维 PPP 分布映射到一维 PPP 分布 $f(x)=\dfrac{x^{n-1}\mathrm{e}^{-x}}{(n-1)!}\mathrm{d}x$，其中，$n$ 表示在 X 范围内存在 n 个点的概率，然后进行变量替换 $X\to\lambda\pi r^{2}$，最后得出分布函数为：

$$f_{r}(r)=\frac{\left(\lambda\pi r^{2}\right)^{n-1}\mathrm{e}^{-\lambda\pi r^{2}}}{(n-1)!}\mathrm{d}\lambda\pi r^{2}=\frac{2(\lambda\pi)^{n}r^{2n-1}\mathrm{e}^{-\lambda\pi r^{2}}}{(n-1)!}\mathrm{d}r \tag{2-6}$$

获知用户距离分布为分析 C-RAN 的性能铺平了道路，尤其是考虑到当集中式云计算服务器对用户进行接入调度时，需要获知用户可接入基站的性能。

2.2　不同场景信道特征研究

在对 C-RAN 的性能进行分析时，信道的影响至关重要。其中，大尺度衰落是影响性能的重要因素，通常大尺度衰落体现为路径损耗[18-19]。因此需要根据泊松点分布模型下点之间的欧几里得距离分布，构建用户与 RRH 间的大尺度衰落。表示为：

$$l_{\alpha}(t,r)=(R_{t,r})^{-\alpha} \tag{2-7}$$

其中，$R_{t,r}$ 表示发送节点 t 和接收节点 r 之间的距离，α 表示路径损耗因子，一般情况下 $\alpha>2$。

对于 C-RAN 来说，远端射频单元部署灵活，可以部署于室内或室外。对于室

内场景除了路径损耗因子有区别外，还应考虑穿墙损耗和室内家具等造成的衰落。参考文献[20]对室内场景下的各种损耗进行了分析，并通过测量得出了室内各种损耗的数值，结果如下：8 英寸（20.32 cm）的混凝土墙衰落为 7 dB，木质门衰落为 3 dB，铝质材料衰落为 2 dB，金属穿墙损耗为 12 dB，常用办公家具造成的衰落为 1 dB/m。以此为基准，在本书中考虑将室内各种损耗建模为 $l_v(v)=10^{-v}$，其中 v 是衰落系数，对应不同的材质带来的不同衰落。将建筑物中跨层的穿墙损耗建模为 $l_f(f)=10^{-f|j-i|}$，其中，f 是穿墙损耗系数，$|j-i|$ 是用户所在楼层与发射节点所在楼层之差。

尽管大尺度衰落是影响 C-RAN 性能的主要因素，但是由信道不同造成的小尺度衰落的影响也是不可忽略的。另外，在 C-RAN 架构下，用户所处地理环境、高层建筑物的阻挡、不同类型接入节点等因素会造成无线信道衰落具有不同的特征，因此需要针对各种信道所呈现的不同特征进行分析。

瑞利衰落信道（Rayleigh Fading Channel）是最常见的用于描述小尺度衰落的信道建模方式，瑞利衰落能有效描述存在大量散射无线电信号的障碍物的无线传播环境。若传播环境中存在足够多的散射，则冲激信号到达接收机后表现为大量统计独立的随机变量的叠加，根据中心极限定理，这一无线信道的冲激响应将是一个高斯过程。因此，C-RAN 的单天线节点到用户之间的信道一般建模为瑞利分布。来自节点 t 的小尺度衰落特性表现为期望值为 1 的指数分布，可以表示为 $h_{t,r}\sim\exp(1)$，其中 $h_{t,r}$ 表示发送节点 t 到接收节点 r 之间的小尺度衰落。

在 C-RAN 中，用户可以选择多种接入方式进行通信，若信道中主要存在直射信号（Line of Sight, LoS）分量（如在室内上行通信时），则信道响应的包络服从莱斯（Rician）分布，对应的信道模型为莱斯衰落信道。因此 $h_{t,r}$ 服从非中心卡方分布（Non-Central Chi-Squared Distribution），其 PDF（Probability Distribution Function）表示为[1]：

$$f_{h_{t,r}}(h)=\frac{(K+1)\mathrm{e}^{-K}}{\bar{h}}\exp\left(-\frac{(K+1)h}{\bar{h}}\right)I_0\left(\sqrt{\frac{4K(K+1)h}{\bar{h}}}\right) \tag{2-8}$$

其中，$\bar{h}$ 表示 $h_{t,r}^{v}$ 的均值，K 为莱斯因子，定义为 LoS 成分和非 LoS 成分的功率之比，$I_0(\cdot)$ 为零阶贝塞尔函数[21]。在一般情况下 $h_{t,r}$ 非 LoS 成分建模成均值为 1/2 的高斯随机变量，因此 $\bar{h}=K+1$。

式（2-8）中的表达形式过于复杂，不利于仿真以及进一步分析，通过对其进行级数展开，可以得到一个简单结果[21]：

$$f_{h_{i,r}}(h)=\exp(-K-h)\sum_{k=0}^{\infty}\frac{(Kh)^k}{(k!)^2} \tag{2-9}$$

对于多天线系统，利用多根天线独立发送信号可以获得分集增益，提高网络性能。考虑到移动终端的射频单元成本，多天线的射频单元通常配置在基站端，而用户只配置单天线，这种场景下的下行传输称为多输入单输出（Multiple Input Single Output，MISO）传输，上行传输称为单输入多输出（Single Input Multiple Output，SIMO）传输。在远端射频单元配备 N 根天线的情况下，信道衰落可以表示为每一项用户到各天线的信道衰落均服从零均值、单位方差的独立同分布复高斯分布的和：

$$H=\sum_{l=1}^{N}|h_l|^2 \tag{2-10}$$

其中，h_l 为用户到其接入的第 l 根天线的小尺度衰落，在瑞利衰落信道的假设下，信道衰落 H 服从伽马分布[22]，即 $H\sim\Gamma(N,1)$。H 的概率密度可以写成 $f_H(h)=\frac{h^{N-1}\mathrm{e}^{-h}}{(N-1)!}$。

2.3 有用信号分布

在对网络性能进行分析时，用户接收到的有用信号分布是至关重要的影响因素。尤其是在 C-RAN 中，节点部署位置灵活，用户接收到的有用信号也会根据不同场景下的信道特征有所区别。因此，结合 C-RAN 节点的位置分布以及不同场景下的信道特性，介绍用户接收到的有用信号的分布。

2.3.1 系统模型

考虑一个 C-RAN 下行传输的场景，所有 RRH（集合表示为 Φ）按照密度为 λ 的 PPP 分布部署在一个平面区域上。为简化分析，每个 RRH 的发射功率固定为 $P_t=1$。为了不失一般性，本节的分析都针对随机选取的一个用户进行，根据 Slivnyak 定理[23]，针对该用户的分析结果对于网络中的所有用户都具有普遍性。将此用户标记为标记用户（Tagged User），并以此用户作为坐标轴原点进行分析，则用户收到的有用信号可以表示为：

$$S_{t,r}=h_{t,r}\left(R_{t,r}\right)^{-\alpha} \tag{2-11}$$

用户收到的有用信号主要受大尺度衰落（表现为路径损耗）和小尺度衰落的影响，其中，大尺度衰落建模为标准路径损耗 $l_\alpha(t,r)=(R_{t,r})^{-\alpha}$，$R_{t,r}$ 表示发送节点 t 和接收节点 r 之间的距离，与 C-RAN 的节点位置分布有关，α（$\alpha>2$）表示路径损耗因子；$h_{t,r}$ 表示小尺度衰落，与不同场景的信道特征有关。

2.3.2 信号源为单天线 RRH

首先，考虑发来有用信号的 RRH 节点是单天线配置的简单场景。此时，小尺度衰落服从瑞利分布特性，即期望值为 1 的指数分布，表示为 $f_{h_{t,r}}(h)=\exp(-h)$，发送节点到用户的距离分布为 $f_{R_{t,r}}(r)=2\pi\lambda r\exp\left(-\lambda\pi r^2\right)$。用户的接收信号分布为两部分变量的联合概率分布，根据定义运用随机几何工具进行运算，用户接收信号的 CDF（Cumulative Distribution Function）可以表示为：

$$\begin{aligned}F_s(x)&=\int_0^\infty F_h\left(R^\alpha x\right)f_R(r)\mathrm{d}r=\int_0^\infty\left(1-\mathrm{e}^{-r^\alpha x}\right)\mathrm{e}^{-\lambda\pi r^2}2\pi\lambda r\mathrm{d}r\\&=1-\int_0^\infty \mathrm{e}^{-xy^{\alpha/2}-\lambda\pi y}\pi\lambda\mathrm{d}y\end{aligned} \tag{2-12}$$

PDF 可以表示为：

$$f_s(x)=\pi\lambda\int_0^\infty y^{\alpha/2}\mathrm{e}^{-xy^{\alpha/2}-\lambda\pi y}\mathrm{d}y \tag{2-13}$$

而在特殊场景 $\alpha=4$ 的情况下，利用参考文献[21]中的累积分布函数结果，可以进一步求出用户接收信号 CDF 的闭式解为：

$$F_s^{\alpha=4}(x)=1-\int_0^\infty \mathrm{e}^{-xy^2-\lambda\pi y}\pi\lambda\mathrm{d}y=1-\sqrt{\frac{\pi^3\lambda^2}{4x}}\exp\left(\frac{(\pi\lambda)^2}{4x}\right)\left[1-\mathrm{erf}\left(\sqrt{\frac{\pi^2\lambda^2}{4x}}\right)\right] \tag{2-14}$$

其中，$\mathrm{erf}(x)=2\int_0^x\exp\left(-t^2\right)\mathrm{d}t\Big/\sqrt{\pi}$ 是标准误差函数。

相应的 PDF 表达式根据参考文献[21]中式 3.462 变为：

$$f_s(x)=2\pi\lambda(2x)^{-\frac{3}{2}}\exp\left(\frac{(\pi\lambda)^2}{8x}\right)D_{-3}\left(\frac{\pi\lambda}{\sqrt{2x}}\right) \tag{2-15}$$

其中，$D_p(z)$ 为抛物柱面函数（Parabolic Cylinder Function），在 $p<0$ 时，可以表示为[21]：

$$D_p(z)=\frac{\exp\left(-z^2/4\right)}{\Gamma(-p)}\int_0^{\infty}\exp\left(-xz-\frac{x^2}{2}\right)x^{-p-1}\mathrm{d}x \tag{2-16}$$

2.3.3 信号源为多天线 RRH

接下来，考虑发射有用信号的 RRH 节点在多天线配置场景。此时，与单天线场景不同，信道衰落 H 服从伽马分布，H 的概率密度可以写成 $f_H(h)=\frac{h^{N-1}\mathrm{e}^{-h}}{(N-1)!}$，发射节点到用户的距离分布依然为 $f_{R_{t,r}}(r)=2\pi\lambda r\exp\left(-\lambda\pi r^2\right)$。用户的接收信号分布为两部分变量的联合概率分布，根据定义运用随机几何工具进行运算，用户接收信号的 CDF 可以表示为：

$$F_s(x)=\int_0^{\infty}F_H\left(R^{\alpha}x\right)f_R(r)\mathrm{d}r=\int_0^{\infty}\frac{\varepsilon\left(L,r^{\alpha}x\right)}{(L-1)!}\mathrm{e}^{-\lambda\pi r^2}2\pi\lambda r\mathrm{d}r \tag{2-17}$$

其中，$\varepsilon(a,b)$ 表示不完全伽马函数，$\varepsilon(a,b)=\int_0^{b}u^{a-1}\mathrm{e}^{-u}\mathrm{d}u$。

PDF 可以表示为：

$$f_s(x)=\int_0^{\infty}\frac{r^{\alpha L}x^{L-1}\mathrm{e}^{-r^{\alpha}x}}{(L-1)!}\mathrm{e}^{-\lambda\pi r^2}2\pi\lambda r\mathrm{d}r \tag{2-18}$$

同样地，在特殊场景 $\alpha=4$ 的情况下，有用信号的 PDF 可以进一步简化为闭式解的形式，表示为：

$$f_s(x)=(2x)^{-\frac{2L+1}{2}}\Gamma(2L+1)\exp\left(\frac{\pi^2\lambda^2}{8x}\right)D_{-(2L+1)}\left(\frac{\pi\lambda}{\sqrt{2x}}\right) \tag{2-19}$$

通过对比单天线与多天线信道特征下的有用信号分布表达式可以看出，接收到的有用信号主要受天线数、路径损耗因子以及 RRH 密度的影响。此外在给定路径损耗因子的情况下，单/多天线的有用信号分布都可以写成闭式解的形式，也为之后章节中的性能分析奠定基础。

2.4 数值仿真分析

使用 MATLAB 作为仿真工具，通过数值仿真和蒙特卡洛仿真，对 C-RAN 节点的位置分布和差异化信道进行仿真，并分析了一些关键参数对性能的影响。

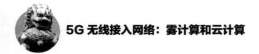

为了对 C-RAN 节点的位置分布进行建模，首先对基于空间点过程的节点位置分布进行仿真，RRH 按照二维泊松点分布坐落在一个 4 km×4 km 的矩形区域里，根据每个 RRH 节点的部署位置生成泊松—费列罗里多边形区域，结果如图 2-3 所示。图 2-3 中每个点的位置代表部署着一个随机分布的 RRH 节点，连线则表示为相邻两个 RRH 节点之间连线的中垂线。通过图 2-3 可以直观看出，C-RAN 的 RRH 节点部署数量与其分布密度有关，其中，图 2-3（a）中的 RRH 分布密度为 $\lambda = 1\times10^{-5}$ 个/m^2，图 2-3（b）中 RRH 的分布密度为 $\lambda = 5\times10^{-6}$ 个/m^2，根据泊松点分布的性质可以求得，在区域内平均 RRH 个数分别为 160 个和 32 个。

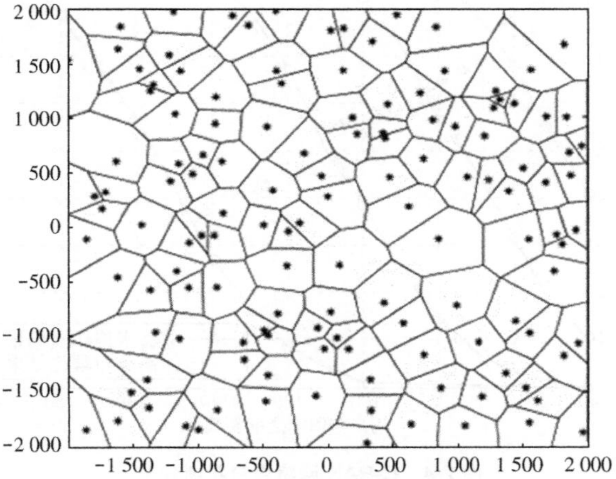

(a) λ=1×10^{-5}个/m^2

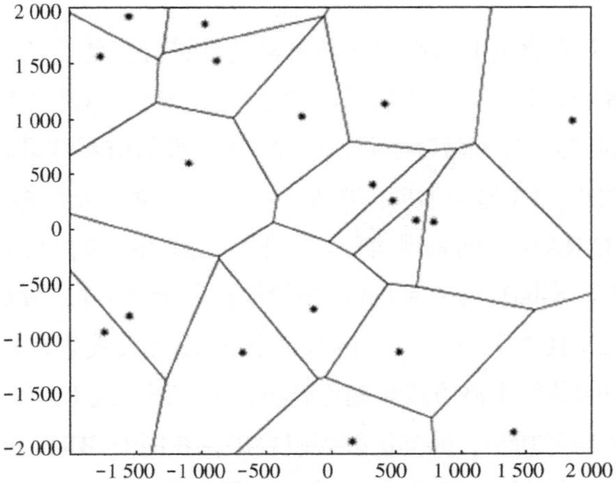

(b) λ=5×10^{-6}个/m^2

图 2-3　C-RAN 节点位置分布的费列罗里图

在图 2-4 中，对 C-RAN 中用户的距离分布进行了蒙特卡洛仿真验证，其中仿真区域为半径为 500 m 的圆形区域，RRH 节点的分布密度 $\lambda = 1\times10^{-4}$ 个/m²，分别对用户到最近、第 2 近、第 4 近和第 8 近 RRH 距离的 CDF 分布曲线进行了仿真。通过图 2-4 可以看出，蒙特卡洛仿真可以证明式（2-6）的正确性。而且可以看出用户与 RRH 节点距离的 CDF 之间的距离不是均匀分布的，这表明在 C-RAN 中用户的性能主要受距离较近的 RRH 的影响，距离较远的 RRH 对用户的性能影响不大。

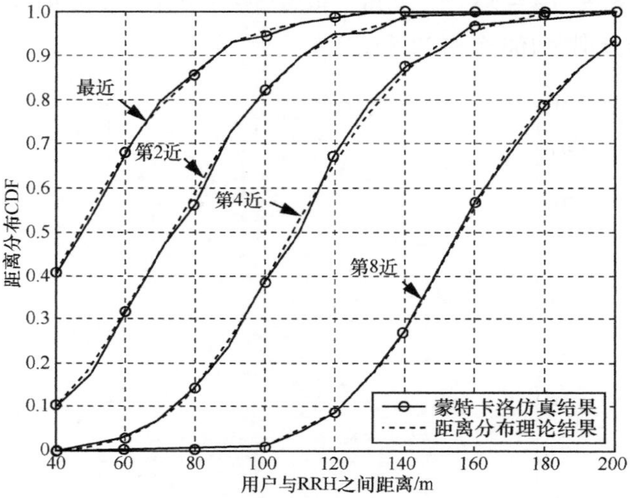

图 2-4　C-RAN 网络用户距离分布

在图 2-5 中，对在室内 LoS 信道下的衰落特性进行仿真。室内 LoS 信道一般采用莱斯分布进行建模，其概率密度服从非中心卡方分布。从图 2-5 中可以看出，采用蒙特卡洛仿真的结果可以很好地拟合式（2-9）的数值仿真结果。此外，随着参数 K 的减小，莱斯 PDF 曲线趋于平缓；当 $K \to -\infty$ 时，莱斯分布将变为指数分布。

图 2-6 是对 C-RAN 中的有用信号分布进行仿真的结果，其中用户固定于平面中心，信号源发射功率固定为 $P_t = 1\,\mathrm{W}$，路径损耗因子 $\alpha = 4$。分别考虑 RRH 节点的分布密度 $\lambda = 2.5\times10^{-4}$ 个/m² 和 $\lambda = 1\times10^{-3}$ 个/m² 以及天线数为 1 根和 4 根的场景。通过比较图 2-6 中的蒙特卡洛仿真和理论分析，可以证实式（2-12）和式（2-17）的正确性。固定有用信号功率，纵向比较可以看出，在同一 RRH 配置天线数目下，密度高的 RRH 对应的累积概率较低，这是因为随着 RRH 密度的增大，用户与 RRH 之间的距离会被拉大，增加了大尺度衰落的影响。对比在相同 RRH 密度下，天线

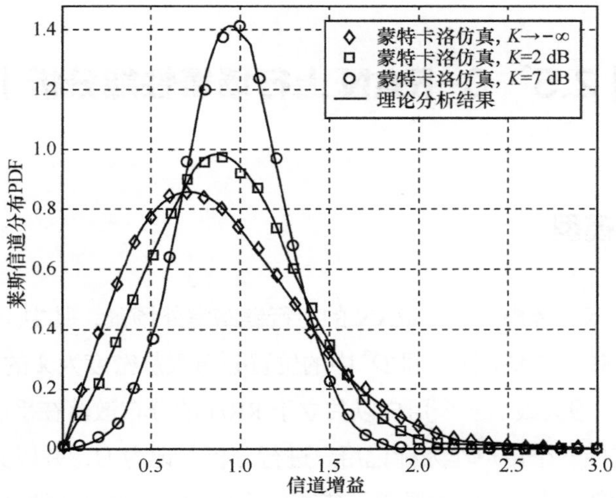

图 2-5　莱斯信道概率密度函数

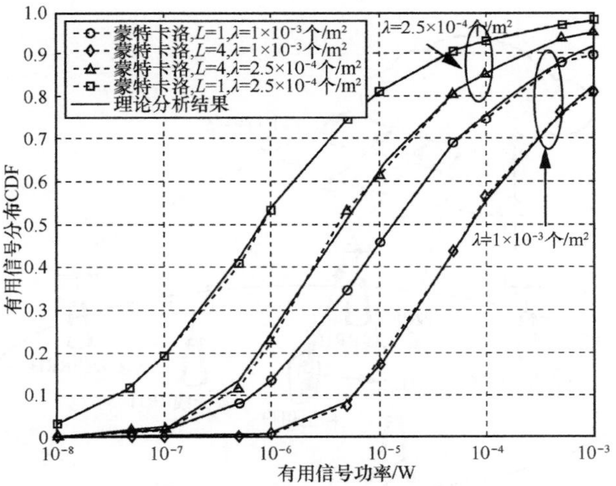

图 2-6　C-RAN 有用信号分布

数不同的曲线可以看出，由于天线数的增长会带来额外的信道增益，因此天线数为 4 的信号会比单根天线的累积概率分布曲线要高。另外，通过比较 RRH 天线数目增长 4 倍与 RRH 分布密度增长 4 倍的有用信号累积分布函数（单天线 $\lambda=2.5\times10^{-4}$ 个/m² 与 4 天线 $\lambda=2.5\times10^{-4}$ 个/m²、单天线 $\lambda=1\times10^{-3}$ 个/m² 对比）可以发现，RRH 密度增长 4 倍的曲线更靠右侧，这说明 RRH 的分布密度对有用信号分布影响更大。

| 2.5　C-RAN 上行场景性能分析 |

2.5.1　系统模型

如图 2-7 所示，考虑一个 C-RAN 的上行链路室外场景，其中一组 RRH（RRH 集合记为 Φ ）在室外二维平面空间 $\mathcal{D}^2$ 中的位置分布服从密度为 λ 的二维 PPP 分布，每个 RRH 配备 L 根天线。多个用户以独立于 RRH 的分布散落在平面上，为了不失一般性，随机选择一个用户作为标记用户进行分析，记为 U，并以其为圆心建立二维坐标系。考虑到移动终端的射频单元成本，多天线的射频单元通常配置在基站端，因此假设用户只配置单天线，发射功率为 P 。

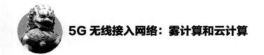

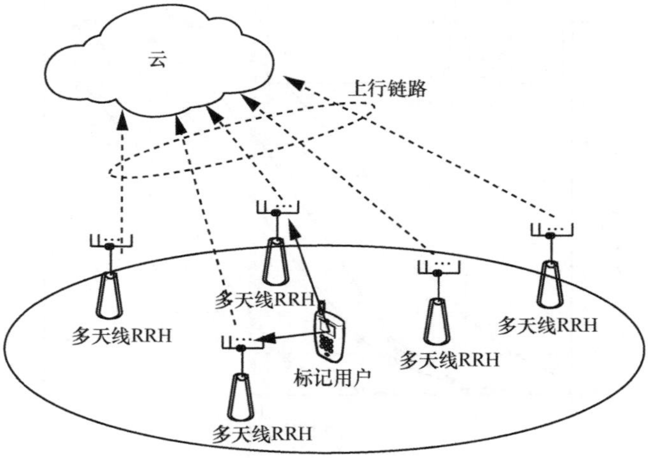

图 2-7　用户接入 C-RAN 上行室外场景系统模型

在通信阶段，假设用户接入第 i（ $i\in\Phi$ ）个 RRH，记为 RRH_i ，则其所接收到的信号为：

$$\boldsymbol{y}_i=\sqrt{P}\boldsymbol{h}_i r_i^{-\alpha/2}x+\boldsymbol{n}_i \tag{2-20}$$

其中， $\boldsymbol{y}_i$ 为在 RRH_i 处收到的 $L\times 1$ 维的向量； $r_i^{-\alpha/2}$ 为信道路径损耗用来表征大尺度衰落， α 为路径损耗因子， r_i 为用户 U 到 RRH_i 之间的距离； x 表示归一化的用

户发送信号；$\boldsymbol{n}_i$ 为 $L\times 1$ 维的加性高斯白噪声（Additive White Gaussian Noise，AWGN），服从 $\mathrm{CN}(0,\sigma^2\boldsymbol{I}_L)$；$\boldsymbol{h}_i$ 表示 U 到 RRH_i 之间 $L\times 1$ 维的信道向量，建模为零均值的循环平稳复高斯随机变量（Circularly Symmetric Zero Mean Complex Gaussian），服从 $\mathrm{CN}(0,\boldsymbol{I}_L)$。

由于用户的发射功率小且用户之间的距离较远，用户之间的相互干扰可以忽略不计，因此在上行场景中可以用接收信噪比（Signal to Noise Ratio，SNR）计算网络性能指标。另外，为了获得多天线的全增益，在 RRH 端采用最大比合并（Maximal Ratio Combining，MRC）的方式处理接收信号，在 RRH_i 处的 SNR 可以表示为：

$$\gamma_i = \frac{PH_i r_i^{-\alpha}}{\sigma^2} \tag{2-21}$$

其中，$H_i = \sum_{l=1}^{N}\left|h_l\right|^2$ 用来表征信道的小尺度衰落，服从 Gamma 分布[22]，即 $H_i \sim \Gamma(L,1)$，H_i 的概率密度可以写成：

$$f_{H_i}(h) = \frac{h^{L-1}\mathrm{e}^{-h}}{(L-1)!} \tag{2-22}$$

2.5.2 用户接入策略

在 C-RAN 中，用户可以在集中式 BBU 池的控制下，根据网络性能自适应地动态选择合适的接入节点接入网络，并采用合适的通信模式获得服务。特别是当最佳节点无法接入用户时，用户需要灵活接入其他节点。另外，分集技术可以有效对抗无线信道衰落对通信的影响，考虑到在 C-RAN 的架构下协作传输具有诸多优势，用户可采用协同的方式接入 RRH。因此，本节设计了 C-RAN 场景下的 3 种用户上行接入策略，具体介绍如下。

- 单独接入具有最佳接收信号的 RRH：这一策略与传统蜂窝网络的接入策略类似，用户选择平面 $\mathcal{D}^2$ 内分布的远端无线射频节点集合 Φ 中具有最大接收信号功率的 RRH 接入，被选中接入的 RRH 表示为：

$$\mathrm{RRH}_i^* = \underset{\mathrm{RRH}_i\in\Phi}{\arg\max}\left(\mathrm{P}r_i^{-\alpha}H_i\right) \tag{2-23}$$

此种接入方式在数学的随机几何理论分析时，可利用泊松—费列罗里模型下的费列罗里图的邻近特性进行推导。在此接入策略下进行的理论推导，既有符合实际应用的合理性，又有便于计算的简单性。

- 单独接入具有第 N 佳接收信号的 RRH：当接收功率最强的 RRH 节点由于过载或其他调度原因无法接入时，在集中式基带处理池的控制下，调度用户接入其他接收功率次强的 RRH 节点，被选中接入的 RRH 表示为：

$$\mathrm{RRH}_i^* = \arg \underset{\mathrm{RRH}_i \in \Phi}{N_{\mathrm{th}} \max} \left(\mathrm{P} r_i^{-\alpha} H_i \right) \tag{2-24}$$

- 协作接入前 N 佳接收信号 RRH：在 C-RAN 架构下，由于采用集中式 BBU 池，在实现协作传输上更加容易，用户可以充分利用多个 RRH 的资源，选择同时接入接收功率前 N 佳的 RRH。此种接入方式更加充分地利用了在空间中以一定密度随机分布的多个 RRH 的资源。用户从传统的接入单个基站的方式转变为接入多个基站，这种方案会带来通信质量及可靠性的改善。

进一步地，为了分析所提出的用户接入策略是否适用于 C-RAN 中的实际应用场景，需要对接入策略的算法复杂度进行分析，表 2-1 展示了本章提出的 3 种上行用户接入策略的算法复杂度，其中 M 表示二维平面空间 $\mathcal{D}^2$ 中的平均 RRH 数量。

表 2-1　室外上行接入算法复杂度

接入策略	平均复杂度
单独接入最佳接收信号 RRH	$\mathcal{O}[M\mathrm{lb}M]$
单独接入第 N 佳接收信号 RRH	$\mathcal{O}[M\mathrm{lb}N]$
协作接入前 N 佳接收信号 RRH	$\mathcal{O}[M\mathrm{lb}M+N]$

通过表 2-1 可以看出，单独接入第 N 佳接收信号 RRH 的接入策略拥有最低的平均复杂度，相应地，协作接入前 N 佳接收信号 RRH 的接入策略的算法复杂度最高。这是因为单独接入最佳和协作接入前 N 佳接收信号 RRH 的接入策略都需要确切的 RRH 的 SNR 排序，因此需要使用快速排序算法对 RRH 的接收 SNR 进行排序。另外，单独接入第 N 佳接收信号 RRH 的接入策略并不需要获知全部 RRH 的排序，仅需找出拥有第 N 佳接收信号的 RRH。

2.5.3　系统性能分析

基于 3 种不同用户接入方式在 C-RAN 上行场景的中断概率和容量，分析不同参数对性能的影响。

中断概率的表达式包含三重含义：第一，其表示被选 RRH 接收到的信噪比未达到目标信噪比值 Z 的概率；第二，其表示在任意时间被选 RRH 未达到目标信噪比值的平均分数；第三，其表示在任意时间网络区域未被覆盖的平均数。因此，可以表示为：

$$P_{\text{out}\_i} = \Pr\left[\gamma_i < Z\right] = \Pr\left[\frac{PH_i r_i^{-\alpha}}{\sigma^2} < Z\right] \tag{2-25}$$

其中，用户 U 到 RRH_i 之间的距离 r_i 的分布为：

$$f_{r_i}\left(r_i\right) = \frac{\left(\lambda\pi r_i^2\right)^{i-1}\text{e}^{-\lambda\pi r_i^2}}{(i-1)!}\text{d}\lambda\pi r_i^2 = \frac{2\left(\lambda\pi\right)^i r_i^{2i-1}\text{e}^{-\lambda\pi r_i^2}}{(i-1)!}\text{d}r_i \tag{2-26}$$

遍历容量被定义为最大平均互信息量的数学期望，可认为是对通信系统每个瞬时容量的均值。由遍历容量的定义可知，遍历容量取平均值的方法有效避免了过高或过低的极值。倘若在通信系统中，用过高的峰值速率或者过低的不理想速率来评估一个系统的性能是有失偏颇的，由此利用遍历容量来分析系统性能，是有其好处且必要的，而且在无线通信系统中商用评价系统性能的指标也往往不用峰值速率或者其他较差或特殊极值。在信道状态信息（Channel Status Information，CSI）已知的情况下，遍历容量可以表示为[1]：

$$C_{\text{ergodic}} = \int_0^\infty f_\gamma\left(\gamma\right)\ln(1+\gamma)\text{d}\gamma \tag{2-27}$$

其中，容量的单位为 nat/(s·Hz)，$f_\gamma\left(\cdot\right)$ 表示 SNR 的概率密度，可以由式（2-25）求导得到。

（1）单独接入最佳接收功率 RRH

首先，关注用户单独接入最佳接收功率 RRH 的策略（以下简称接入最佳 RRH）。在此接入策略下，中断概率和遍历容量由以下定理给出。

定理 2-1　单天线用户接入最佳 RRH 的中断概率为：

$$P_{\text{out\_Best}}^{\text{Uplink}} = \int_0^\infty \frac{\varepsilon\left(L, r_1^\alpha Z/\rho\right)}{(L-1)!}\text{e}^{-\lambda\pi r^2}2\pi\lambda r\text{d}r \tag{2-28}$$

其中，$\rho = \dfrac{P}{\sigma^2}$，$\varepsilon\left(a,b\right)$ 表示不完全伽马函数，$\varepsilon\left(a,b\right) = \int_0^b u^{a-1}\text{e}^{-u}\text{d}u$。

证明：利用中断概率的定义式（2-25），可通过如下计算过程得到最终计算式为：

$$P_{\text{out\_Best}}^{\text{Uplink}}=\Pr[\gamma<Z]=\Pr\left[H<\frac{\sigma^2R^\alpha Z}{P}\right]=\int_0^\infty F_H\left(\frac{\sigma^2r^\alpha Z}{P}\right)\mathrm{e}^{-\lambda\pi r^2}2\pi\lambda r\mathrm{d}r \quad (2\text{-}29)$$

其中，F_H 为 H 的累积分布概率（CCDF），$F_H(h)=\int_0^h\frac{t^{L-1}\mathrm{e}^{-t}}{(L-1)!}\mathrm{d}t$ 。至此，定理 2-1 得证。

尽管式（2-28）中的结果并非闭式表达式，但只包含一重积分，易于进行数值求解。更进一步，在路径损耗因子 $\alpha=4$ 条件下，用户接入最佳 RRH 的中断概率计算式可推导化简为：

$$\begin{aligned}P_{\text{out\_Best}}^{\text{Uplink}}&=\Pr[\gamma<Z]=\Pr\left[H<\frac{\sigma^2r^\alpha Z}{P}\right]\\&=2\pi\lambda\int_0^\infty\Gamma\left(L,\frac{Z}{\rho}r^\alpha\right)r\mathrm{e}^{-2\pi\lambda r^2}\mathrm{d}r\\&=2^{-L-2}\Gamma(2L)\mathrm{e}^{\frac{\pi^2\lambda^2\rho}{2Z}}D_{-2L}\left(4\pi\lambda\sqrt{\frac{\rho}{8Z}}\right)\\&\approx2^{-L-2}\Gamma(2L)\left(\frac{Z}{2\pi^2\lambda^2\rho}\right)^L\end{aligned}\quad(2\text{-}30)$$

其中，$D_p(z)$ 为抛物柱面函数，具体计算式在第 2.3.2 节中式（2-16）给出。从简化后的中断概率计算式中可以看出，影响性能的主要因素为 SNR 门限、RRH 密度以及每个 RRH 的天线数。

接下来，对用户接入最佳 RRH 的遍历容量进行推导。首先，根据中断概率定义，SNR 的 PDF 表达式可表示为：

$$\begin{aligned}f_\gamma(\gamma)&=\frac{\partial\left(\int_0^\infty\Pr\left[H<\frac{r^\alpha Z}{\rho}\right]\mathrm{e}^{-\lambda\pi r^2}2\pi\lambda r\,\mathrm{d}r\right)}{\partial Z}\\&=\int_0^\infty\frac{a^L(\gamma)^{L-1}\mathrm{e}^{-a\gamma}}{(L-1)!}\mathrm{e}^{-\lambda\pi r^2}2\pi\lambda r\,\mathrm{d}r\end{aligned}\quad(2\text{-}31)$$

其中，$a=\frac{r^\alpha}{\rho}$ 。对于用户接入最近的多天线 RRH 场景，对信道 CDF 求导可得 $\frac{\partial F_H(ax)}{\partial x}=\frac{a^L(x)^{L-1}\mathrm{e}^{-ax}}{(L-1)!}$ 。

在求得SNR的概率密度计算式后，可以推导出用户单独接入接收信号最佳RRH的容量计算式。

定理 2-2　用户接入最佳接收功率多天线 RRH 的遍历容量表达式为：

$$C_{\text{Best}}^{\text{Uplink}}=\int_0^\infty f_\gamma(x)\ln(1+x)\mathrm{d}x\approx\sum_{i=1}^{L-1}\frac{1}{i}-C+\frac{\alpha}{2}\left[\ln(\pi\lambda)+C\right]+\ln\rho \tag{2-32}$$

其中，第一项表征 RRH 天线对容量的影响，第二项 $C=0.577\,215$ 为欧拉常数，第三项表征 RRH 密度与路径损耗系数对容量的影响，最后一项表征发射功率与噪声对容量的影响。

证明：对用户接入最佳的多天线 RRH 的遍历容量进行理论推导，结果如下：

$$\begin{aligned}C_{\text{Best}}^{\text{Uplink}}&=E\left[\ln(1+\gamma)\right]=\int_0^\infty f_\gamma(x)\ln(1+x)\mathrm{d}x=\int_0^\infty\frac{\partial\left(\bar{F}_\gamma(x)\right)}{\partial x}\ln(1+x)\mathrm{d}x\\&=\int_0^\infty\frac{\partial\left(\int_0^\infty F_H(ax)\mathrm{e}^{-\lambda\pi r^2}2\pi\lambda r\mathrm{d}r\right)}{\partial x}\ln(1+x)\mathrm{d}x\\&=\int_0^\infty\int_0^\infty\frac{a^L(x)^{L-1}\mathrm{e}^{-ax}}{(L-1)!}\mathrm{e}^{-\lambda\pi r^2}2\pi\lambda r\mathrm{d}r\ln(1+x)\mathrm{d}x\end{aligned} \tag{2-33}$$

类似于定理 2-1 的处理方法，在高信噪比下进行理论公式的化简，用户接入最近多天线 RRH 的遍历容量可化简成：

$$\begin{aligned}C_{\text{Best}}^{\text{Uplink}}&\approx\int_0^\infty\int_0^\infty\frac{a^L(x)^{L-1}\mathrm{e}^{-ax}}{(L-1)!}\mathrm{e}^{-\lambda\pi r^2}2\pi\lambda r\mathrm{d}r\ln x\mathrm{d}x\\&=\int_0^\infty\frac{a^L}{(L-1)!}\mathrm{e}^{-\lambda\pi r^2}2\pi\lambda r\mathrm{d}r\int_0^\infty(x)^{L-1}\mathrm{e}^{-ax}\ln x\mathrm{d}x\\&=\int_0^\infty\frac{a^L}{(L-1)!}\mathrm{e}^{-\lambda\pi r^2}2\pi\lambda r\mathrm{d}r\left[\frac{(L-1)!}{a^L}\left[\sum_{i=1}^{L-1}\frac{1}{i}-C-\ln a\right]\right]\\&=\int_0^\infty\left[\sum_{i=1}^{L-1}\frac{1}{i}-C-\ln\left(\frac{r^\alpha}{\rho}\right)\right]\mathrm{e}^{-\lambda\pi r^2}2\pi\lambda r\mathrm{d}r\\&=\sum_{i=1}^{L-1}\frac{1}{i}-C-\int_0^\infty\ln\left(\frac{r^\alpha}{\rho}\right)\mathrm{e}^{-\lambda\pi r^2}2\pi\lambda r\mathrm{d}r\\&=\sum_{i=1}^{L-1}\frac{1}{i}-C+\frac{\alpha}{2}\left[\ln(\pi\lambda)+C\right]+\ln\rho\end{aligned} \tag{2-34}$$

至此，定理 2-2 得证。

由定理2-2可以看出，用户在接入最佳RRH时的遍历容量是一个简单的闭式解，其中的主要变量只与RRH分布密度和RRH天线数有关，因此在实际工程中具有非常大的指导意义。

（2）单独接入第N佳接收功率 RRH

接下来对用户单独接入第 N 佳接收功率 RRH 的策略（以下简称接入第 N 佳RRH）下的中断概率进行推导。类似于用户接入最佳 RRH 的中断概率推导过程，根据中断概率的定义可以得出用户接入第N佳RRH的中断概率为：

$$\begin{aligned} P_{\text{out\_}N_{\text{th}}\text{Best}}^{\text{Uplink}} &= \int_0^{\infty} \frac{\varepsilon\left(L, r^{\alpha} Z / \rho\right)}{(L-1)!} f_{r_i}\left(r_i\right) \mathrm{d} r_i \\ &= \int_0^{\infty} \frac{\varepsilon\left(L, r^{\alpha} Z / \rho\right)}{(L-1)!} \frac{2(\lambda \pi)^i (r)^{2i-1} \mathrm{e}^{-\lambda \pi (r)^2}}{(i-1)!} \mathrm{d} r \end{aligned} \tag{2-35}$$

其中，ρ、$\varepsilon(a,b)$的定义与接入最佳RRH中断概率表达式中的相同，$f_{r_i}\left(r_i\right)$的表达式如式（2-26）所示。

式（2-35）过于复杂，为进一步得到接入第N佳RRH中断概率的闭式解，可以根据二维 PPP 的性质将用户位置近似看作 RRH 位置分布中的一个点。因此，在此假设下发生中断意味着用户附近至少有（$M-N+1$）个RRH不能满足通信需求，其中M表示RRH的数目，因此用户接入第N佳RRH的中断概率闭式解可由以下定理得出。

定理 2-3 用户接入第N佳RRH的中断概率闭式解可以表示为：

$$P_{\text{out\_}N_{\text{th}}\text{Best}}^{\text{Uplink}} = \sum_{M=N}^{\infty} \sum_{k=0}^{N-1} \binom{M}{k} \left[\frac{\varepsilon(L, A)}{(L-1)!} - \frac{\varepsilon(L+2/\alpha, A)}{A^{2/\alpha}(L-1)!}\right]^{M-k} \left[1 - \frac{\varepsilon(L, A)}{(L-1)!} + \frac{\varepsilon(L+2/\alpha, A)}{A^{2/\alpha}(L-1)!}\right]^{k} \cdot \frac{\left(\lambda \pi R^2\right)^M}{M!} \mathrm{e}^{-\lambda \pi R^2} \tag{2-36}$$

其中，$A=\dfrac{\sigma^2}{P}R^{\alpha}Z$。

证明：首先由定义给出，用户单独接入第 N 佳 RRH 接入策略下的中断概率为：

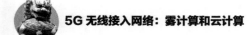

$$\begin{aligned}P_{\text{out\_}N_{\text{th}}\text{Best}}^{\text{Uplink}} &= \Pr\left(\gamma_k < Z\right) \\ &= \Pr\left(M\text{个RRH中至少}(M-N+1)\text{个}\ \gamma < Z\right) \\ &= \sum_{M=N}^{\infty}\sum_{k=0}^{N-1}\binom{M}{k}\Pr\left(\gamma_k < Z\right)^{M-k}\Pr\left(\gamma_k \geqslant Z\right)^{k}P\left(M\right)\end{aligned} \tag{2-37}$$

其中，$P\left(M\right)$ 表示在用户附近半径为 R 范围内 RRH 的数目，服从泊松分布，因此可以表示为：

$$P\left(M\right)=\frac{\left(\lambda\pi R^{2}\right)^{M}\mathrm{e}^{-\lambda\pi R^{2}}}{M!} \tag{2-38}$$

这里选出的 M 个 RRH 依然服从 PPP 分布，由于近似将用户看作 RRH 位置分布中 M 个点之一，其相互之间的距离服从均匀分布，因此距离的 CDF 可以表示为[24]：

$$P\left(r_k\right)=\frac{\lambda\pi r_k^{2}}{\lambda\pi R^{2}}=\frac{r_k^{2}}{R^{2}} \tag{2-39}$$

因此，可以得出距离的 PDF 为：

$$f_{r_k}\left(r_k\right)=\frac{2r_k}{R^{2}} \tag{2-40}$$

接下来按照中断概率的定义，对式（2-37）中 $\Pr\left(\gamma_k < Z\right)$ 部分进行求解：

$$\begin{aligned}\Pr\left(\gamma_k < T\right) &= \int_0^R \frac{\varepsilon\left(L, r_k^{\alpha}\left(x\right)T/\rho\right)}{\left(L-1\right)!}f_{r_k}\left(r_k\right)\mathrm{d}r_k \\ &= \frac{\varepsilon\left(L, R^{\alpha}T/\rho\right)}{\left(L-1\right)!}-\frac{\varepsilon\left(L+\dfrac{2}{\alpha}, R^{\alpha}T/\rho\right)}{\left(R^{\alpha}T/\rho\right)^{2/\alpha}\left(L-1\right)!}\end{aligned} \tag{2-41}$$

再将式（2-41）代入式（2-37），可得出定理 2-3 结果，至此证明结束。

由定理 2-3 可以看出，在此接入策略下中断概率的表达式是一个与 RRH 天线数、RRH 密度有关的闭式解。接下来，对用户接入第 N 佳 RRH 的遍历容量进行推导，结论由以下定理给出。

定理 2-4　用户接入第 N 佳接收功率多天线 RRH 的遍历容量为：

$$C_{N_{\text{th}}\text{Best}}^{\text{Uplink}}=\sum_{i=1}^{L-1}\frac{1}{i}-C+\frac{\alpha}{2}\left[\ln\left(\pi\lambda\right)+C-\sum_{j=1}^{N-1}\frac{1}{j}\right]+\ln\rho \tag{2-42}$$

其中，第一项表征 RRH 天线对容量的影响，第二项 $C=0.577\ 215$ 为欧拉常数，第三项表征 RRH 密度、路径损耗系数以及接入 RRH 的排序对容量的影响，最后一项表征发射功率与噪声对容量的影响。

对定理 2-4 的证明如下。

证明：首先利用用户接入第 N 佳的中断概率表达式（2-35）计算 SNR 的 PDF 表达式为：

$$
\begin{aligned}
f_\gamma(\gamma) &= \frac{\partial\left[P_{\text{out\_}N_{\text{th}}\text{Best}}^{\text{Uplink}}\right]}{\partial Z} \\
&= \int_0^\infty \frac{a^L \gamma^{L-1} \mathrm{e}^{-a\gamma}}{(L-1)!} \frac{2(\lambda\pi)^N r^{2N-1} \mathrm{e}^{-\lambda\pi r^2}}{(N-1)!} \mathrm{d}r
\end{aligned} \tag{2-43}
$$

再将此 PDF 代入遍历容量的定义式，可以得到：

$$
\begin{aligned}
C_{N_{\text{th}}\text{Best}}^{\text{Uplink}} &= \int_0^\infty \int_0^\infty \frac{a^L \gamma^{L-1} \mathrm{e}^{-a\gamma}}{(L-1)!} \frac{2(\lambda\pi)^N r^{2N-1} \mathrm{e}^{-\lambda\pi r^2}}{(N-1)!} \mathrm{d}r \ln\gamma \mathrm{d}\gamma \\
&= \int_0^\infty \frac{a^L}{(L-1)!} \frac{2(\lambda\pi)^N r^{2N-1} \mathrm{e}^{-\lambda\pi r^2}}{(N-1)!} \mathrm{d}r \int_0^\infty \gamma^{L-1} \mathrm{e}^{-a\gamma} \ln\gamma \mathrm{d}\gamma \\
&= \sum_{i=1}^{L-1} \frac{1}{i} - C + \frac{\alpha}{2}\left[\ln(\pi\lambda) + C - \sum_{j=1}^{N-1} \frac{1}{j}\right] + \ln\rho
\end{aligned} \tag{2-44}
$$

至此，定理 2-4 得证。

通过对比定理 2-4 的式（2-42）和定理 2-2 的式（2-32）可以发现，在两个不同用户接入算法下，遍历容量的表达式形式很类似，只有 $-\frac{\alpha}{2}\sum_{j=1}^{N-1}\frac{1}{j}$ 一项不同。如果假设 N=1，则第 N 佳接入的方式就蜕变为第一种接入方式。

（3）协作接入前 N 佳接收功率 RRH

在上面的分析基础上，研究用户选择同时接入其附近的 N 个 RRH 进行协作传输的接入策略下的系统性能。在 C-RAN 架构下，接收到的信号在集中式云服务器中进行联合解码，其在 BBU 池中采用最大比合并后的接收 SNR 信号可以表示为：

$$
\gamma_N = \sum_{i=1}^{N} \frac{PH_i r_i^{-\alpha}}{\sigma^2} \tag{2-45}
$$

① 同时接入 RRH 数量 N=2

为了简单起见，先对同时接入两个 RRH 的接入方式进行分析。在用户同时接入最佳和次佳两个 RRH 时，其距离 R_1、R_2 的联合概率密度函数由引理 2-1 给出。

引理 2-1　最佳和次佳 RRH 距离 R_1、R_2 的联合概率密度函数为：

$$f(r_1,r_2)=4\pi^2\lambda^2 r_1 r_2 \mathrm{e}^{-\pi\lambda r_2^2} \tag{2-46}$$

证明：首先对距离 R_1、R_2 的联合概率分布进行推导，距离 R_1、R_2 的联合概率分布意味着在 R_1 到 R_2 的环形区域内至多只能存在一个点，根据二维 PPP 分布的概率分布可以得出其联合概率分布为：

$$\begin{aligned}\Pr(r_1,r_2)&=\left(\mathrm{e}^{-\lambda\pi\left(r_2^2-r_1^2\right)}+\left(\lambda\pi\left(r_2^2-r_1^2\right)\right)\mathrm{e}^{-\lambda\pi\left(r_2^2-r_1^2\right)}\right)\mathrm{e}^{-\lambda\pi r_1^2}\\&=\left(\lambda\pi\left(r_2^2-r_1^2\right)+1\right)\mathrm{e}^{-\lambda\pi r_2^2}\end{aligned} \tag{2-47}$$

对式（2-47）中 R_1 到 R_2 的分布进行求导，得到用户到接入的两个RRH的距离 R_1、R_2 的联合分布概率密度为：

$$f(r_1,r_2)=4\pi^2\lambda^2 r_1 r_2 \mathrm{e}^{-\pi\lambda r_2^2} \tag{2-48}$$

根据式（2-48）距离的联合概率密度函数及接收信噪比的相关表达式，结合中断概率的定义可以求得用户接入最佳和次佳两个 RRH 的中断概率，以定理 2-5 的形式给出。

定理 2-5　单天线用户接入最佳及次佳的多天线 RRH 的中断概率为：

$$P_{\text{out\_2RRH}}^{\text{Uplink}}=\int_{\left(\frac{2L\rho}{Z}\right)^{\frac{1}{\alpha}}}^{\infty}\frac{2\pi^2\lambda^2 R_2}{\mathrm{e}^{\pi\lambda R_2^2}}\left[R_2^2-\left(\frac{\rho L R_2^{\alpha}}{Z R_2^{\alpha}-\rho L}\right)^{\frac{2}{\alpha}}\right]\mathrm{d}R_2 \tag{2-49}$$

证明：用户接入最佳及次佳的多天线 RRH 的中断概率可以通过如下计算过程得到：

$$\begin{aligned}P_{\text{out\_2RRH}}^{\text{Uplink}}&=\Pr[\gamma<Z]\\&=E_{H_1,H_2}\left[\Pr\left[\rho R_1^{-\alpha}H_1+\rho R_2^{-\alpha}H_2<Z\right]\middle|H_1,H_2\right]\\&=\int_0^{\infty}\int_0^{\infty}\Pr\left[\rho R_1^{-\alpha}H_1+\rho R_2^{-\alpha}H_2<Z\right]f_{H_2}(h_2)\mathrm{d}h_2 f_{H_1}(h_1)\mathrm{d}h_1\end{aligned} \tag{2-50}$$

其中，对中断率表达式的化简方式与第 2.5.2 节相同，引入中间变量 $t=\rho R_1^{-\alpha}H_1$、$v=\rho R_2^{-\alpha}H_2$，进行分步积分得：

$$\begin{aligned}\Pr\left[\rho R_1^{-\alpha}H_1+\rho R_2^{-\alpha}H_2<Z\right]&=\Pr\left[t+v<Z\right]\\&=\int_{\left(\frac{\rho H_1+\rho H_2}{Z}\right)^{\frac{1}{\alpha}}}^{\infty}\int_{\left(\frac{\rho H_1 R_2^{\alpha}}{ZR_2^{\alpha}-\rho H_2}\right)^{\frac{1}{\alpha}}}^{R_2}4\pi^2\lambda^2R_1R_2\mathrm{e}^{-\pi\lambda R_2^2}\mathrm{d}R_1\mathrm{d}R_2\\&=\int_{\left(\frac{\rho H_1+\rho H_2}{Z}\right)^{\frac{1}{\alpha}}}^{\infty}2\pi^2\lambda^2R_2\left[R_2^2-\left(\frac{\rho H_1R_2^{\alpha}}{ZR_2^{\alpha}-\rho H_2}\right)^{\frac{2}{\alpha}}\right]\mathrm{e}^{-\pi\lambda R_2^2}\mathrm{d}R_2\end{aligned}\tag{2-51}$$

进一步地，对信道衰落H_1和H_2取期望，$H_1\sim\Gamma(N_1,1)$、$H_2\sim\Gamma(N_2,1)$，故两者的期望值均为L。将式（2-51）代入式（2-50），并对H_1和H_2取期望，则最终得到式（2-49）的表达式。至此，定理 2-5 得证。

接下来结合遍历容量的定义，可得出用户接入最佳及次佳 RRH 的遍历容量表达式，由定理 2-6 给出。

定理 2-6 用户接入最佳及次佳多天线 RRH 的遍历容量为：

$$C_{\text{2RRH}}^{\text{Uplink},\alpha=4}=\ln\left(2\rho L+(\pi\lambda)^2\right)+\pi/2-2+2C\tag{2-52}$$

其中，第一项表征发射功率、噪声以及 RRH 天线数对容量的影响，其他项均为常数项。

证明：首先对用户接入两个多天线 RRH 信噪比的概率密度函数进行推导，可表示为：

$$p(z)=\int_{\left(\frac{2L\rho}{Z}\right)^{\frac{2}{\alpha}}}^{\infty}\frac{2\pi^2\lambda^2(L\rho)^{\frac{2}{\alpha}}}{\alpha}\left(Z-(L\rho)t^{-\frac{\alpha}{2}}\right)^{-\frac{2}{\alpha}-1}\mathrm{e}^{-\pi\lambda t}\mathrm{d}t\tag{2-53}$$

为了表述简单，式（2-53）中取$t=R_2^2$。

将式（2-53）代入遍历容量的定义式，可得：

$$\begin{aligned}C_{\text{2RRH}}^{\text{Uplink},\alpha=4}&=E\left[\ln(1+\gamma)\right]\\&=\int_0^{\infty}f_{\gamma}(Z)\ln(1+Z)\mathrm{d}Z\\&=\int_0^{\infty}\frac{\partial\left(\overline{F}_{\gamma}(Z)\right)}{\partial Z}\ln(1+Z)\mathrm{d}Z\\&=\int_0^{\infty}\int_{\left(\frac{2L\rho}{Z}\right)^{\frac{2}{\alpha}}}^{\infty}\frac{2\pi^2\lambda^2(L\rho)^{\frac{2}{\alpha}}}{\alpha}\left(Z-(L\rho)t^{-\frac{\alpha}{2}}\right)^{-\frac{2}{\alpha}-1}\mathrm{e}^{-\pi\lambda t}\ln(1+Z)\mathrm{d}t\mathrm{d}Z\end{aligned}\tag{2-54}$$

当路径损耗系数 $\alpha=4$ 时，可以进一步将（2-54）简化，得到遍历容量的闭式表达式解：

$$\begin{aligned} C_{2\text{RRH}}^{\text{Uplink},\alpha=4} &= \int_0^\infty \int_{\sqrt{\frac{2L\rho}{Z}}}^\infty \frac{\pi^2\lambda^2\sqrt{L\rho}}{2}\left(Z-(L\rho)t^{-2}\right)^{-\frac{3}{2}} \mathrm{e}^{-\pi\lambda t}\ln(1+Z)\,\mathrm{d}t\mathrm{d}Z \\ &= \ln(2\rho L)+2\ln(\pi\lambda)+\pi/2-2+2C \\ &= \ln\left(2\rho L+(\pi\lambda)^2\right)+\pi/2-2+2C \end{aligned} \tag{2-55}$$

至此，定理 2-6 得证。

② 同时接入 RRH 数量 N>2

接下来，将同时接入 RRH 数量推广至 N>2 的情况，用户同时接入距其最近的 N 个 RRH 的中断概率可表示为：

$$\begin{aligned} P_{\text{out\_}N\text{RRH}} &= \Pr[\gamma<Z] \\ &= E_{H_1,H_2,\cdots,H_N}\left[\Pr\left[\frac{P}{\sigma^2}\left(R_1^{-\alpha}H_1+R_2^{-\alpha}H_2+\cdots+R_N^{-\alpha}H_N\right)<Z\right] H_1,H_2,\cdots,H_N\right] \end{aligned} \tag{2-56}$$

可以看出，在 N>2 时，用户协作接入多个 RRH 的中断概率形式较复杂，无法求出简便的表达式。

在此种情况下，求解遍历容量的难点在于 SNR 的 PDF 表达式，难以利用遍历容量的定义式求出容量表达式。为了求解在此种情况下的遍历容量，可以利用对数函数的性质进行化简[25]：

$$E\left[\ln(1+A)\right]=\int_0^\infty \frac{1}{z}\left(1-\mathrm{e}^{-Az}\right)\mathrm{d}z \tag{2-57}$$

进而，可以计算在用户同时接入 N>2 个 RRH 策略下的遍历容量表达式，以定理 2-7 的形式给出。

定理 2-7　用户同时接入 N>2 个 RRH 策略下的遍历容量表达式为：

$$C_{N\text{RRH}}^{\text{Uplink}}=\int_0^\infty \frac{\mathrm{e}^{-z}}{z}\left(1-\mathfrak{L}_{\sum_{i=1}^N r_i^{-\alpha}}(z\rho L)\right)\mathrm{d}z \tag{2-58}$$

其中，$\mathcal{L}_A(s)=E_A\left[\exp(-sA)\right]$ 表示 A 的拉氏变换。

证明：按照式（2-38）将遍历容量的表达式写为：

$$\begin{aligned}C_{NRRH}^{\text{Uplink}} &= E_\phi\left[E_h\left[\ln\left(1+\rho\sum_{i=1}^{N}H_i r_i^{-\alpha}\right)\right]\right]\\&=\int_0^\infty\frac{\mathrm{e}^{-z}}{z}\left(1-E_\phi\left[E_h\left[\exp\left(-z\sum_{i=1}^{N}H_i r_i^{-\alpha}\right)\right]\right]\right)\mathrm{d}z\\&\overset{(a)}{=}\int_0^\infty\frac{\mathrm{e}^{-z}}{z}\left(1-L_{\sum_{i=1}^{N}r_i^{-\alpha}}\left(z\rho E_H\left[H\right]\right)\right)\mathrm{d}z\\&=\int_0^\infty\frac{\mathrm{e}^{-z}}{z}\left(1-L_{\sum_{i=1}^{N}r_i^{-\alpha}}\left(z\rho L\right)\right)\mathrm{d}z\end{aligned}\tag{2-59}$$

其中，步骤（a）根据拉普拉斯变换的定义得到，由于大尺度衰落和小尺度衰落是相互独立的，因此在表达式中对信道 H 的期望可以移至拉氏变换内部[26]。由前文可知，多天线 RRH 的信道期望为天线数目 L。至此，定理 2-7 证明完成。

对于定理 2-7 中的拉氏变换部分，可以在 $\alpha=4$ 的条件下进一步简化为：

$$\begin{aligned}\mathfrak{L}_{\sum_{i=1}^{N}r_i^{-\alpha}}\left(s\right)&=\mathfrak{L}_{\sum_{i=1}^{N}r_i^{-\alpha}}\left(z\rho L\right)\\&\overset{(a)}{=}\int_K\lambda^N\mathrm{e}^{-(\lambda\pi r_N)}\prod_{i=1}^{N}\frac{r_i^2}{r_i^2+z\rho L}\mathrm{d}r_1\cdots\mathrm{d}r_N\\&\overset{(b)}{=}\frac{(\lambda\pi)^{N+1}}{N!}\int_0^\infty\mathrm{e}^{-\lambda\pi r}\left[r-\sqrt{z\rho L}\arctan\left(r/\sqrt{z\rho L}\right)\right]^N\mathrm{d}r\end{aligned}\tag{2-60}$$

其中，步骤（a）中 $K=\left\{(r_1,\cdots,r_n)\middle|0\leqslant r_1\leqslant r_2\leqslant\cdots\leqslant r_n\right\}$，步骤（b）根据前 N 个 RRH 距离的联合概率密度得出[27]。

对于用户同时接入 N>2 个 RRH 策略下的遍历容量表达式来说，形式依然复杂。为了进一步分析在此接入策略下的网络性能，对其性能上界进行分析，以推论 2-1 的形式给出。

推论 2-1 用户同时接入 N 个 RRH 策略下的遍历容量上界为：

$$C_{NRRH}^{\text{Upper},\,\alpha=4}\approx C-\sum_{j=0}^{\infty}\frac{1}{(j+1)(2j+1)}+\ln\frac{L\rho\pi^3\lambda^4}{4}\tag{2-61}$$

通过式（2-61）可以看出，其表达式的前两项都是常数项，最后一项与天线数和 RRH 分布密度有关，且 RRH 密度的影响大于天线数。

证明：假定用户接入的 RRH 数量 $N\to\infty$，且 $\alpha=4$，则根据参考文献[28]可以得到 SNR 概率密度的闭式计算式为：

$$f\left(\gamma_{\infty}\right)=\frac{\pi\lambda\sqrt{L\rho}}{2\gamma_{\infty}^{3/2}}\exp\left(-\frac{L\rho\pi^{3}\lambda^{4}}{4\gamma_{\infty}}\right) \tag{2-62}$$

将其代入遍历容量的定义式（2-27），可以得到：

$$\begin{aligned} C_{NRRH}^{\text{Upper},\alpha=4} &= \int_{0}^{\infty}\frac{\pi\lambda\sqrt{L\rho}}{2\gamma_{\infty}^{3/2}}\exp\left(-\frac{L\rho\pi^{3}\lambda^{4}}{4\gamma_{\infty}}\right)\ln\left(1+\gamma_{\infty}\right)\mathrm{d}\gamma_{\infty} \\ &\approx C-\sum_{j=0}^{\infty}\frac{1}{\left(j+1\right)\left(2j+1\right)}+\ln\frac{L\rho\pi^{3}\lambda^{4}}{4} \end{aligned} \tag{2-63}$$

至此，推论 2-1 证明完毕。

2.5.4　数值仿真分析

采用 MATLAB 仿真软件对理论结果进行验证并分析 RRH 的节点密度、天线数等网络参数对性能的影响。其中室外场景如图 2-7 所示，多天线 RRH 以 PPP 分布于半径为 500 m 的圆形区域内。其他主要参数设置见表 2-2。

表 2-2　参数设置

参数	含义	默认值
λ_{outdoor}	室外场景 RRH 密度	$10^{-5}\sim10^{-4}$ 个/m²
α_o	室外场景路径损耗因子	4
P_u	用户发射功率	10 mW
L	RRH 天线数	2～10 根
σ^2	AWGN 噪声功率谱密度	−174 dBm/Hz

首先对室外上行场景的遍历容量性能进行仿真，图 2-8 是在不同用户接入策略下，C-RAN 的容量随 RRH 分布密度变化的仿真曲线，比较了用户单独接入最佳 RRH、次佳 RRH 以及采取协作方式同时接入 2 个和 4 个 RRH 时的遍历容量性能。其中，用户发射功率固定为 10 mW，每个 RRH 配备天线数为 8 根。图 2-8 中蒙特卡洛仿真结果证实了本节的理论推导。此外还可以看出，C-RAN 的上行容量随着 RRH 密度的增长单调递增，但增长的幅度逐渐减少，这是因为 RRH 密度的上升拉近了用户与 RRH 之间的距离，所以大尺度衰落减少。但随着密度继续增大，RRH 与用户间距离缩短的程度逐渐降低，因此性能增长放缓。通过比较用户接入最佳 RRH、次佳 RRH 以及同时接入 2 个和 4 个 RRH 进行协作传输的性能可以发现，协作传输的

接入策略可以有效提升用户的容量，但随着同时接入 RRH 数量的增长，其性能并不呈线性趋势，这是因为对于上行接入场景来说，用户性能主要受大尺度衰落影响，信号衰落很快，距离用户较近的 RRH 会对网络性能起主要作用。另外，用户单独接入次佳 RRH 的性能可以达到接入最佳 RRH 策略性能的 60%以上，因此在最佳 RRH 因调度或负载过大等因素接入受限时，接入次佳 RRH 的用户接入策略也可以获得可以接受的性能。

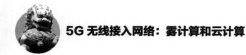

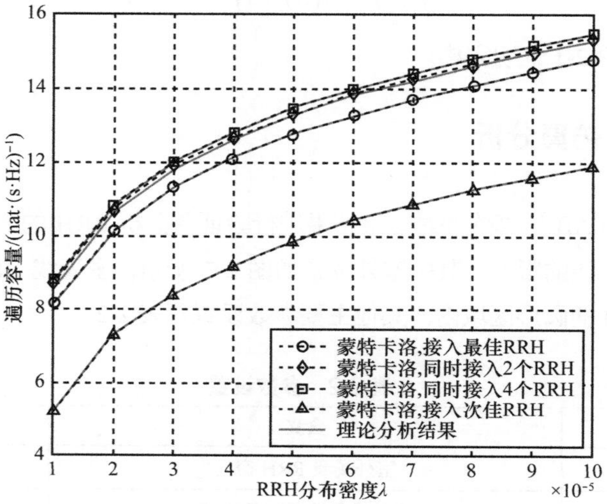

图 2-8　C-RAN 室外上行容量和不同 RRH 分布密度的关系

图 2-9 显示了用户单独接入最佳 RRH 以及同时接入多个 RRH 策略下，C-RAN 的上行容量随 RRH 天线数目变化的趋势。其中，考虑每个 RRH 配置 2~10 根天线，RRH 分布密度为 10^{-5} 个/m^2，用户的发射功率固定为 10 mW。从图 2-9 中蒙特卡洛仿真和理论分析仿真可以看出，C-RAN 的性能随着参与协作的 RRH 数量以及 RRH 天线数增加而单调递增，但随着参与协作的 RRH 数量增加，容量的增长趋势逐渐减缓，特别是当参与协作的 RRH 数量大于 4 个之后，容量性能开始缓慢向式（2-63）所推导的 C-RAN 的容量上界逼近，因此在实际 C-RAN 中建议参与协作的基站数不超过 4 个。

另外，通过横向比较可以看出，采用单独接入接收功率最佳策略并配备 8 根天线的容量性能，大致与同时接入 2 个配备 6 根天线的 RRH，或同时接入 4 个配置 5 根天线的 RRH 性能相等，这是因为参与协作的 RRH 天线数目增长带来的增益，

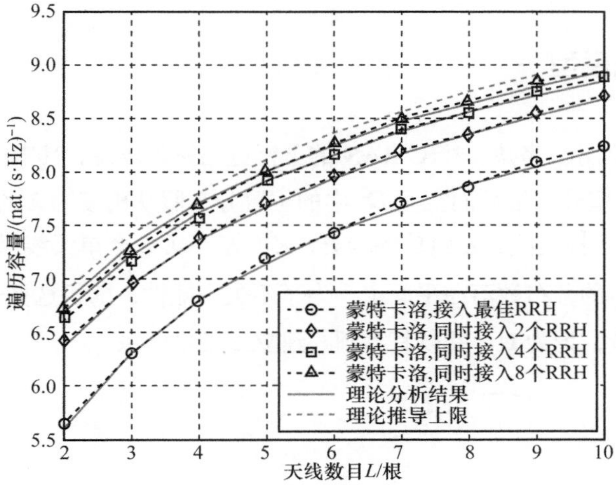

图 2-9　C-RAN 室外上行容量和不同 RRH 天线数目关系

会被距离分布带来的大尺度衰落所抵消，同时接入多个多天线 RRH 并不能实现容量性能的成倍增长。因此在实际的 C-RAN 中，需要考虑 RRH 配置天线数目与参与协作 RRH 的数量之间的平衡。

本节对基于 3 种不同用户接入方式的 C-RAN 上行场景的性能表达式进行了推导，并给出了一系列简单的闭式解形式。通过对比发现，C-RAN 的网络性能主要由 RRH 分布密度和 RRH 天线数决定。其中，对网络性能影响最大的是 RRH 的部署密度，因为在上行场景中并未考虑到其他用户对选定的典型用户的干扰，这时 RRH 的部署密度越大意味着 RRH 数目越多，即拉近了 RRH 与用户之间的距离，从而提升了网络性能。这也正达到了 C-RAN 通过拉近用户与网络的距离来提升网络性能的目的。

2.6　C-RAN 下行场景性能分析

第 2.5 节中主要分析了 C-RAN 上行场景的性能，在上行场景中考虑到用户的发射功率较小，因此为了简化分析忽略了用户之间的干扰。但在下行场景中，由于 RRH 采用全频率复用，且发射功率足够大到对用户产生影响，因此需要考虑用户所受到的来自其他 RRH 的下行干扰。

2.6.1 系统模型

如图 2-10 所示，考虑一个 C-RAN 的下行链路室外场景，其中一组 RRH（RRH 集合记为 Φ ）在室外二维平面空间 $\mathcal{D}^2$ 中的位置分布服从密度为 λ 的二维 PPP 分布，每个 RRH 配备 L 根天线，发射功率为 P_t。K（ $K \leqslant L$ ）个单天线用户（集合为 $\mathcal{K}$ ）以独立于 RRH 的分布散落在平面上，为了不失一般性，随机选择一个用户作为典型用户进行分析，记为 U，并以其为圆心建立二维坐标系。

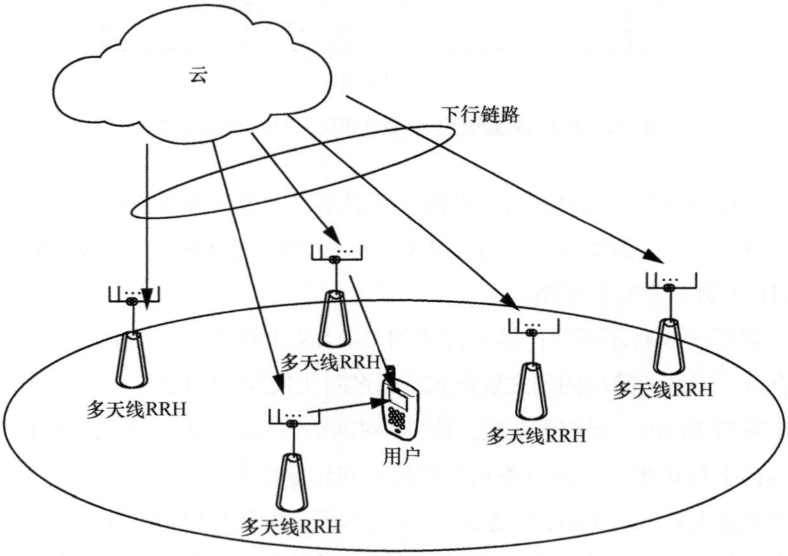

图 2-10　C-RAN 下行传输系统模型

对于位于坐标原点的用户来说，除了接收到接入 RRH 发来的有用信号外，还会受到其他 RRH 发来的干扰，因此用户接收到的信号可以表示为:

$$\boldsymbol{y}_i = \sqrt{P_t}\boldsymbol{h}_i r^{-\alpha/2}\boldsymbol{x}_i + \sqrt{P_t}\sum_{j\in\Phi/i}\boldsymbol{h}_j l_j^{-\alpha/2}\boldsymbol{x}_j + \boldsymbol{n}_i \tag{2-64}$$

其中，与上行场景的定义类似，$r_i^{-\alpha/2}$ 为信道路径损耗，用来表征大尺度衰落，$\boldsymbol{\alpha}$ 为路径损耗因子，r_i 是用户 U 到 RRH_i 之间的距离；$\boldsymbol{x}_i$ 表示 $L\times1$ 维归一化的发送信号；$\boldsymbol{h}_i$ 表示 U 到 RRH_i 之间 $L\times1$ 维的信道向量，服从 $\text{CN}(0,\boldsymbol{I}_L)$ ；$\sqrt{P}\sum_{j\in\Phi/i}\boldsymbol{g}_j l_j^{-\alpha/2}\boldsymbol{x}_j$ 为用

户接收到的来自于其他 RRH 发来的干扰信号，$\boldsymbol{h}_j$ 和 $\boldsymbol{x}_j$ 的都服从独立的 $\text{CN}(0,\boldsymbol{I}_L)$。

采用线性预编码（下行波束成形），令传输信号向量为 $\boldsymbol{x}=\sum_{i\in\mathcal{K}}\boldsymbol{w}_i s_i$，其中 s_i 是发送给第 i（$1\leqslant i\leqslant\mathcal{K}$）个用户的信号，$\boldsymbol{w}_i$ 是第 i 个用户 $L\times 1$ 维的归一化波束成形向量，采用迫零（Zero Forcing）方法生成矩阵，使得 $\boldsymbol{h}_i\boldsymbol{w}_j=0,\forall i\neq j,i\in\mathcal{K}$，则：

$$\boldsymbol{W}(\mathcal{K})=\boldsymbol{H}_{\text{comb}}(\mathcal{K})^{\text{H}}(\boldsymbol{H}_{\text{comb}}(\mathcal{K})\boldsymbol{H}_{\text{comb}}(\mathcal{K})^{\text{H}})^{-1} \tag{2-65}$$

其中，$\boldsymbol{H}_{\text{comb}}(\mathcal{K})$ 表示合并矩阵，通过将 $\boldsymbol{h}_1$ 作为第一行，将干扰信道矢量作为其余行构建而成。

考虑到相比于干扰因素对于下行信道性能的影响，噪声功率对下行信道性能的影响可以忽略，因此在下行场景中采用 SIR 来表征接收信号强度，接收 SIR 可以表示为：

$$\text{SIR}(x_i\to u)=\frac{P_t h_i r^{-\alpha}}{\sum_{j\in\Phi\backslash i}P_t h_j l^{-\alpha}} \tag{2-66}$$

其中，$h_i=|\boldsymbol{h}_i\boldsymbol{w}_i|^2$ 为第 i 个用户有用信号的小尺度衰落，其分布服从 $\Gamma\left(L-\left(\Psi_k-1\right),1\right)$[29]，$\Psi_k$ 是 RRH 同时服务的用户数。

2.6.2 用户接入策略

与 C-RAN 上行传输类似，本节设计了 C-RAN 下行传输下的两种用户接入策略，具体介绍如下。

- 单独接入最佳接收信号 RRH：这一策略与上行接入策略类似，用户选择平面 $\mathcal{D}^2$ 内分布的远端无线射频节点集合 Φ 中具有最大接收信号功率的 RRH 接入，同时也受到其他 RRH 发送信号的干扰。由于在每个时频资源上仅服务一个用户，也称为用户多输入单输出（Single-User Multiple Input Single Output，SU-MISO）传输，通过将波束对准到单个用户实现该用户的阵列增益和分集增益。在此种接入方式下，被选中接入的 RRH 表示为：

$$\text{RRH}_i^*=\underset{\text{RRH}_j\in\Phi}{\arg\max}\left(\text{P}r_i^{-\alpha}H_i\right) \tag{2-67}$$

- 多用户空分多址接入：在 C-RAN 下，由于采用集中式 BBU 池，因此在实现协作传输上更加容易，多个用户可以组成虚拟 MIMO 阵列，称为空分多址接入（Spatial Division Multiple Access，SDMA）。由于在每个时频资源上同时服务多用户，也称为多用户多输入单输出（Multi-User Multiple Input Single

Output，MU-MISO），可以实现复用增益并提升吞吐量。

2.6.3 系统性能分析

基于两种不同用户接入方式的 C-RAN 下行场景的中断概率，分析不同参数对性能的影响。

（1）单独接入最佳接收信号 RRH

首先，关注于用户接入最佳 RRH 的策略。在此接入策略下，用户收到的有用信号小尺度衰落转换为服从分布 $h_i \sim \Gamma(L,1)$，另外，干扰信道为指数分布 $h_j \sim \exp(1)$，则系统中断概率可以由以下定理给出。

定理 2-8 基于用户单独接入最佳接收信号 RRH 策略下的下行 C-RAN 的中断概率可以表示为：

$$P_{\text{out\_Best}}^{\text{Downlink}} = 1 - \sum_{i=0}^{L-1} \frac{1}{i!} \int_{r>0} \left(-r^\alpha Z\right)^i \frac{\partial^i}{\partial\left(r^\alpha Z\right)^i} \exp\left(-\pi\lambda r^2 \rho\left(Z,\alpha\right)\right) 2\pi\lambda r \mathrm{e}^{-\pi\lambda r^2} \mathrm{d}r \quad (2\text{-}68)$$

其中，Z 表示 SIR 的门限，$\rho\left(Z,\alpha\right) = Z^{2/\alpha} \int_{Z^{-2/\alpha}}^{\infty} \frac{1}{1+u^{\alpha/2}} \mathrm{d}u$。

证明：首先由中断概率的定义，可得：

$$P_{\text{out\_Best}}^{\text{Downlink}} = \Pr\left(\frac{P_t h_i r^{-\alpha}}{I} < Z\right) = \int_0^\infty E_I\left[\frac{\varepsilon\left(L, s\sum_{j\in\Phi\setminus i} h_j l^{-\alpha}\right)}{(L-1)!}\right] \mathrm{e}^{-\lambda\pi r^2} 2\pi\lambda r \mathrm{d}r \quad (2\text{-}69)$$

其中，$s = r^\alpha Z$，$I = \sum_{j\in\Phi\setminus i} P_t h_j l^{-\alpha}$ 为用户受到的干扰，$\varepsilon(a,b)$ 表示不完全伽马函数，与式（2-28）中定义相同。与上行场景不同的是，伽马函数中包含干扰项，为了进一步求解，需要对不完全伽马函数进行级数展开，可得：

$$\begin{aligned} P_{\text{out\_Best}}^{\text{Downlink}} &= \int_0^\infty E_I\left[\frac{\varepsilon\left(L, s\sum_{j\in\Phi\setminus i} h_j l^{-\alpha}\right)}{(L-1)!}\right] \mathrm{e}^{-\lambda\pi r^2} 2\pi\lambda r \mathrm{d}r \\ &= 1 - \int_{r>0} E_{\sum_{j\in\Phi\setminus i} h_j l^{-\alpha}}\left[\mathrm{e}^{-sI} \sum_{i=0}^{L-1} \frac{\left(s\sum_{j\in\Phi\setminus i} h_j l^{-\alpha}\right)^i}{i!}\right] \mathrm{e}^{-\lambda\pi r^2} 2\pi\lambda r \mathrm{d}r \qquad (2\text{-}70) \\ &= 1 - \sum_{i=0}^{L-1} \frac{1}{i!} \int_{r>0} E_I\left[\mathrm{e}^{-s\sum_{j\in\Phi\setminus i} h_j l^{-\alpha}} \left(s\sum_{j\in\Phi\setminus i} h_j l^{-\alpha}\right)^i\right] \mathrm{e}^{-\lambda\pi r^2} 2\pi\lambda r \mathrm{d}r \end{aligned}$$

再由拉氏变换的性质$t^n f(t) \leftrightarrow (-1)^n \frac{\partial^i}{\partial (s)^n} \mathcal{L}_f(s)$可得：

$$E_I\left[\mathrm{e}^{-sI}\left(s\sum_{j\in\Phi\backslash i} h_j l^{-\alpha}\right)^i\right] = s^i \mathcal{L}_{t^i f_{\sum_{j\in\Phi\backslash i} h_j l^{-\alpha}}(t)}(s) = (-s)^i \frac{\partial^i}{\partial (s)^i} \mathcal{L}_{\sum_{j\in\Phi\backslash i} h_j l^{-\alpha}}(s) \quad (2\text{-}71)$$

接下来对拉氏变换$\mathcal{L}_I(s)$进行推导：

$$\begin{aligned} \mathcal{L}_{\sum_{j\in\Phi\backslash i} h_j l^{-\alpha}}(s) &= E_{\Phi,h_j}\left[\prod_{j\in\Phi/i} \exp\left(-s h_j l_j^{-\alpha}\right)\right] \\ &\overset{(a)}{=} E_{\Phi}\left[\prod_{j\in\Phi/i} \frac{1}{1+s l_j^{-\alpha}}\right] \\ &\overset{(b)}{=} \exp\left(-2\pi\lambda \int_r^{\infty}\left(1-\frac{1}{1+s v^{-\alpha}}\right) v \mathrm{d}v\right) \\ &\overset{(c)}{=} \exp\left(-2\pi\lambda \int_r^{\infty}\left(\frac{Z}{Z+(v/r)^{-\alpha}}\right) v \mathrm{d}v\right) \end{aligned} \quad (2\text{-}72)$$

其中，步骤（a）根据$h_j \sim \exp(1)$而来，步骤（b）根据 PPP 分布的概率生成函数（Probability Generating Functional，PGFL）定义而来，步骤（c）将$s = r^{\alpha} Z$代入得到，经过数学代换$u = \left(v / r Z^{1/\alpha}\right)^2$，最终可以将拉氏变换简化为：

$$\mathfrak{L}_I(s) = \exp\left(-\pi\lambda r^2 \rho(Z,\alpha)\right) \quad (2\text{-}73)$$

将式（2-71）和式（2-73）代入式（2-70）即得到定理 2-8 的表达式，至此定理 2-8 证毕。

（2）多用户空分多址接入

接下来，本节将推导多用户空分多址接入方式下的 C-RAN 的中断概率，为了推导简便，假设采用完全（Full-SDMA）模式进行传输，也就是 RRH 的L根天线在一个资源上同时为L个用户进行服务。与前一种接入方式的不同之处在于，在 Full-SDMA 接入方式下，用户收到的有用信号的小尺度衰落转换为服从指数分布$h_i \sim \exp(1)$，另一方面干扰信道为 Gamma 分布$h_j \sim \Gamma(L,1)$，中断概率由定理 2-9 给出。

定理 2-9　多用户空分多址接入方式下的 C-RAN 中断概率可表示为：

$$P_{\text{out\_SDMA}}^{\text{Downlink}} = \frac{2Z^{2/\alpha}\zeta(L,\alpha)}{1+2Z^{2/\alpha}\zeta(L,\alpha)} \quad (2\text{-}74)$$

其中，$\zeta(L,\alpha)=\sum_{i=1}^{L}\binom{L}{i}\int_0^{\infty}\frac{u^{-\alpha i+1}}{\left(1+u^{-\alpha}\right)^L}\mathrm{d}u$ 。

证明：首先由中断概率定义得到：

$$\begin{aligned}P_{\text{out\_SDMA}}^{\text{Downlink}}&=1-\Pr\left(\frac{P_t h_i r^{-\alpha}}{I}>Z\right)\\&=1-\int_0^{\infty}\Pr\left(h>Zr^{-\alpha}\sum\nolimits_{j\in\Phi\backslash i}h_j l^{-\alpha}\right)\mathrm{e}^{-\lambda\pi r^2}2\pi\lambda r\mathrm{d}r\\&=1-\int_0^{\infty}E_I\left[\exp\left(Zr^{-\alpha}\sum\nolimits_{j\in\Phi\backslash i}h_j l^{-\alpha}\right)\right]\mathrm{e}^{-\lambda\pi r^2}2\pi\lambda r\mathrm{d}r\\&=1-\int_0^{\infty}\mathcal{L}_{\sum_{j\in\Phi\backslash i}h_j l^{-\alpha}}(s)\,\mathrm{e}^{-\lambda\pi r^2}2\pi\lambda r\mathrm{d}r\end{aligned}\tag{2-75}$$

其中，$s=r^{\alpha}Z$ 与式（2-69）中定义相同。

对于拉氏变换部分，根据 PGFL 函数可得：

$$\begin{aligned}\mathcal{L}_{\sum_{j\in\Phi\backslash i}h_j l^{-\alpha}}(s)&=E_{\Phi,h_j}\left[\prod_{j\in\Phi/i}\exp\left(-sh_j l_j^{-\alpha}\right)\right]\\&\overset{(a)}{=}\exp\left(-2\pi\lambda\int_{r>0}\left(1-\frac{1}{\left(1+sv^{-\alpha}\right)^L}\right)v\mathrm{d}v\right)\\&=\exp\left(-2\pi\lambda\int_{r>0}\frac{\left(1+sv^{-\alpha}\right)^L-1}{\left(1+sv^{-\alpha}\right)^L}v\mathrm{d}v\right)\\&\overset{(b)}{=}\exp\left(-2\pi\lambda\int_{r>0}\frac{\sum_{i=1}^{L}\binom{L}{i}\left(1+sv^{-\alpha}\right)^i}{\left(1+sv^{-\alpha}\right)^L}v\mathrm{d}v\right)\\&\overset{(c)}{=}\exp\left(-2\pi\lambda r^2 Z^{2/\alpha}\sum_{i=1}^{L}\binom{L}{i}\int_0^{\infty}\frac{u^{-\alpha i+1}}{\left(1+u^{-\alpha}\right)^L}\mathrm{d}u\right)\end{aligned}\tag{2-76}$$

其中，步骤（a）根据 Gamma 分布 $\Gamma(L,1)$ 的拉氏变换得到，步骤（b）根据二项式定理得到，步骤（c）根据代换 $u^{-\alpha}=Zr^{\alpha}v^{-\alpha}$ 得到。

将式（2-76）代入式（2-75），整理后可以得到多用户空分多址接入方式下的 C-RAN 的中断概率。至此，定理 2-9 证明完成。

2.6.4　数值仿真分析

为了验证 C-RAN 室外下行场景下相关性能表达式的正确性，并分析 SIR 门限和天线数网络参数对性能的影响，采用 MATLAB 仿真软件对理论结果进行验证。其中室外场景如图 2-10 中用户接入 C-RAN 下行场景的系统模型所示，配备的多天线 RRH 以 PPP 分布于半径为 500 m 的圆形区域内。其他主要参数设置见表 2-3。

表 2-3　参数设置

参数	含义	默认值
$\lambda_{outdoor}$	室外场景 RRH 密度	10^{-4} 个/m^2
α_o	室外场景路径损耗因子	4
P_r	RRH 发射功率	23 dBm
L	RRH 天线数	4、8 根
β_i	SIR 门限	−30 ~ 20 dB

图 2-11 为在 C-RAN 室外下行场景中不同用户接入策略下的中断概率性能和不同 SIR 门限的关系的仿真分析，同时比较了两种用户接入策略（用户 MISO 接入和完全 SDMA 接入）的性能区别。首先，通过蒙特卡洛仿真与理论数值仿真对比可以看出，仿真结果与理论推导值基本吻合。此外，通过对比两种用户接入策略下的系统性能可以看出，完全SDMA接入策略的中断概率要明显高于用户 MISO 的中断概率，这是因为在 MISO 的接入策略下，多天线 RRH 通过将波束对准到单个用户实现该用户的阵列增益和分集增益，而 SDMA 则分散服务于多个用户。值得注意的是，随着 RRH 天线数的增长，SDMA 的性能会恶化，并导致中断概率上升，而用户 MISO 的中断概率则会下降，这是因为随着天线数的上升，完全 SDMA 的接入策略要同时为更多的用户服务，故而单个用户的性能会受到影响，相应地，用户 MISO 的接入策略随着天线数上升会提升分集增益。另外，由于 MISO 策略下 RRH 的多根天线仅服务于一个用户也会造成一定的资源浪费，因此在 C-RAN 的实际部署中，要根据实际场景选择合适的下行用户接入策略，以取得服务用户数和性能的平衡。

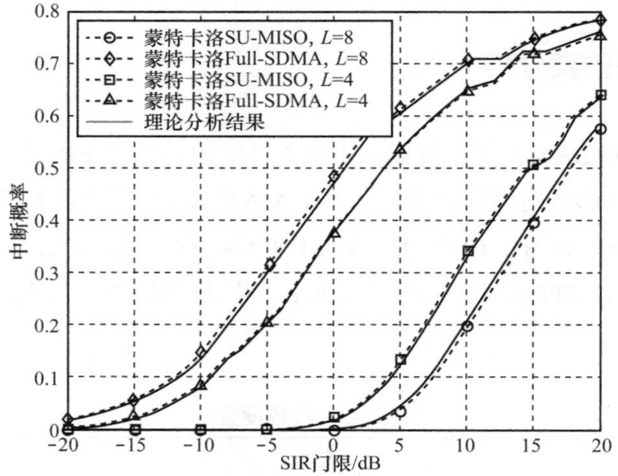

图 2-11　C-RAN 室外下行中断概率和不同 SIR 门限的关系

2.7　C-RAN 室内场景性能分析

第 2.5 节和第 2.6 节主要分析了 C-RAN 上/下行场景的性能，但主要讨论的是室外部署 RRH 的情况。C-RAN 的特征之一是 RRH 可以随时随地部署，以应对无线通信中遇到的各种状况。因此，本节将聚焦于 C-RAN 室内场景的性能。

2.7.1　系统模型

如图 2-12 所示，本节考虑一个 C-RAN 室内场景，RRH 被光纤分布式布置在室内，部署在一座 K 层的建筑内，每一层的 RRH 都相互独立铺设，在第 i（$i \in k = \{1, 2, \cdots, K\}$）层的 RRH 位置遵循二维 PPP 分布，密度为 λ_i，且每个 RRH 都是单天线配置，发射功率为常数 P_i。

假设该建筑内每一层的面积均为 πR^2，其中 R 为每一层建筑的半径，则在第 i 层的 RRH 数量 M_i 服从的分布可以表示为：

$$\Pr\left\{\Phi_i\left(\pi R^2\right) = M_i\right\} = \frac{\left(\lambda_i \pi R^2\right)^{M_i} \mathrm{e}^{-\lambda_i \pi R^2}}{\left(M_i\right)!} \tag{2-77}$$

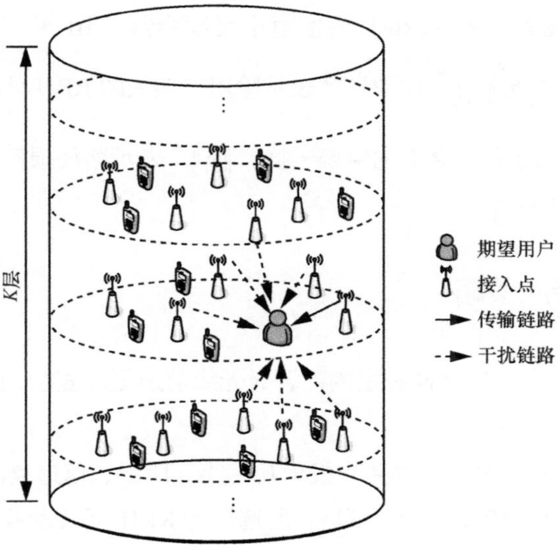

图 2-12　用户接入 C-RAN 室内场景系统模型

用户服从一个与 RRH 独立的 PPP 分布，密度为 λ_u，选定一个在第 i 层的用户作为典型用户进行分析，用户的发射功率固定为 P_u。

对上/下行进行分别考虑，上行时用户发送信号至 x_i 位置的 RRH。同室外场景类似，由于用户自身发射功率较小，因此不考虑来自其他用户的发送信号干扰，则 RRH 接收到的 SIR 可以表示为：

$$\mathrm{SIR}(u \to x_i) = \frac{P_u h_u r^{-\alpha} 10^{-\nu}}{\sigma^2} \tag{2-78}$$

其中，$10^{-\nu}$ 表示室内家具、建材等造成的阴影损耗，h_u 为信道小尺度衰落，由于在上行通信时用户与 RRH 的通信可以近似为视距通信，将其建模为莱斯分布，$\|x_i\|^{-\alpha}$ 为大尺度衰落，在上行场景中用户往往接入最近的 RRH，因此可以假定距离的数值是已知的。

在室内下行通信时，假设用户接入到来自 x_i 位置的 RRH 发来的信号，则用户的接收 SIR 可以表示为：

$$\mathrm{SIR}(x_i \to u) = \frac{P_{t,i} h_{x_i} \|x_i\|^{-\alpha} 10^{-\nu}}{\sum_{j=1}^{K} \sum_{y \in \Phi_j \setminus x} P_{t,y} h_y \|x_j\|^{-\alpha} 10^{-L_f(|j-i|)}} \tag{2-79}$$

区别于上行场景，$h_i \sim \exp(1)$ 为信道小尺度衰落，$10^{-L_f(|j-i|)}$ 表示室内的穿墙损耗，$\sum_{j=1}^{K}\sum_{y\in\Phi_j\setminus x} P_{t,y}h_y\|x_j\|^{-\alpha}10^{-L_f(|j-i|)}$ 表示除用户接入的 RRH 外其他同层 RRH 的干扰以及其余（K−1）层 RRH 的穿墙干扰，$\|x_i\|^{-\alpha}$ 表示路径损耗，$\|x_i\|$ 表示用户到第 i 个 RRH 之间的距离。

2.7.2 用户接入策略

与室外场景不同，C-RAN 在室内部署时无线信道更加复杂，因此需要根据各种状况设计不同的接入策略。

- 对于室内上行场景，考虑用户发射功率小，阴影、信道衰落强，因此只考虑接入最近一种 RRH 的接入策略，所选择的 RRH 可以表示为：

$$\mathrm{RRH}_i^* = \underset{\mathrm{RRH}_i\in\Phi_i}{\arg\min}\|x_i\| \tag{2-80}$$

- 对于室内下行场景，RRH 的发射功率较大，可以穿墙进行通信，因此与第 2.6 节类似，依然介绍两种用户接入策略，具体介绍如下。

下行接入同层接收信号最强 RRH：用户接入与其在同一层的最佳接收功率 RRH，是一种最典型的用户接入方式，在一般情况下可以获得好的性能，所选择的 RRH 可以表示为：

$$\mathrm{RRH}_i^* = \underset{\mathrm{RRH}_i\in\Phi_i}{\arg\max}\left(P_i h_{x_i}\|x_i\|^{-\alpha}10^{-\nu}\right) \tag{2-81}$$

下行接入接收信号最佳的 RRH：与第一种接入方式的不同之处在于，在这种接入策略下用户可以不受 RRH 位置的限制，可以在集中式云 BBU 池的调度下跨楼层接入，被选中接入的 RRH 表示为：

$$\mathrm{RRH}_i^* = \underset{\mathrm{RRH}_i\in\Phi_K}{\arg\max}\left(P_i h_{x_i}\|x_i\|^{-\alpha}10^{-\nu}\right) \tag{2-82}$$

表2-4展示了室内部署RRH下行场景中所介绍的两种用户接入策略的算法复杂度，其中 M_i 表示在第 i 层中的平均 RRH 数量。通过表 2-4 可以看出，下行接入同层接收信号最强 RRH 的策略同样需要获知本层 RRH 的 SIR 信息，需要使用快速排列算法进行排序。另一方面，允许用户跨层接入的下行接入接收信号最佳的 RRH 策略计算复杂度较高，这是由于需要集中式云计算服务器额外对邻近楼层的 RRH 进行相应的 SIR 排序，一般情况下可以取 K=3 来避免过高的计算复杂度。

表 2-4　室内下行接入算法复杂度

接入策略	平均复杂度
下行接入同层接收信号最强 RRH	$\mathcal{O}\left[M_i \mathrm{lb} M_i\right]$
下行接入接收信号最佳的 RRH	$\mathcal{O}\left[\sum_{i=1}^{K} M_i \mathrm{lb} M_i\right]$

2.7.3 性能分析

在室内场景中，用户更关注于所在位置信号的覆盖情况以及传输的可靠性，因此可以利用成功覆盖概率这一性能指标来表征系统性能。其中，成功覆盖概率定义为用户接入 RRH 后的 SNR 或 SIR 大于一个 QoS 门限的概率。为探究 C-RAN 在室内场景部署的性能，本节分别给出了一种用户上行接入方式和两种用户下行接入方式下，不同参数对成功覆盖概率性能的影响。为了突出与中断概率门限的区别，在本节中使用 β 表示门限。

（1）上行接入最近 RRH

首先关注用户上行接入同层最近 RRH 的策略。在此接入策略下，成功概率由以下定理给出。

定理 2-10　用户上行接入最近 RRH 的成功覆盖概率为：

$$P_{\text{success}}^{\text{Uplink}} = \sum_{k=0}^{\infty} \sum_{m=0}^{k} J(m,k) \rho^{k-m} \mathrm{e}^{-\rho} \tag{2-83}$$

其中，$\rho = \dfrac{\sigma^2 r^\alpha 10^\nu \beta}{P_u}$，$\beta$ 为传输成功的门限，$J(m,k) = \mathrm{e}^{-K} K^k m! \begin{pmatrix} m \\ k \end{pmatrix} /(k!)^2$。

证明：首先，根据成功覆盖概率的定义，可以得到：

$$P_{\text{success}}^{\text{Uplink}} = \Pr\left(\mathrm{SNR}(u \to x_i) > \beta\right) = \Pr\left(\frac{P_u h_u r^{-\alpha} 10^{-\nu}}{\sigma^2} > \beta\right) = 1 - F_{h_u}\left(\frac{\sigma^2 r^\alpha 10^\nu \beta}{P_u}\right) \tag{2-84}$$

其中，$F_{h_u}(\rho)$ 表示上行信道 h_u 的 CDF 函数，对莱斯的 PDF 表达式进行级数展开，可以得到：

$$f_{h_u}(\rho) = \exp(-K - \rho) \sum_{k=0}^{\infty} \frac{(K\rho)^k}{(k!)^2} \tag{2-85}$$

其中，K 为莱斯分布因子。

进而根据参考文献[30]中的公式，$F_{h_u}(\rho)$ 可以化简为：

$$F_{h_u}(\rho)=\mathrm{e}^{-K}\sum_{k=0}^{\infty}\frac{K^k}{(k!)^2}\left\{\mathrm{e}^{-\rho}\sum_{m=0}^{k}(-1)^{2m+1}m!\binom{m}{k}x^{k-m}+k!\right\}$$
$$=\sum_{k=0}^{\infty}\sum_{m=0}^{k}(-1)^{2m+1}J(m,k)\rho^{k-m}\mathrm{e}^{-\rho}+\sum_{k=0}^{\infty}\frac{K^k}{k!}\mathrm{e}^{-K} \tag{2-86}$$
$$\overset{(a)}{=}-\sum_{k=0}^{\infty}\sum_{m=0}^{k}J(m,k)\rho^{k-m}\mathrm{e}^{-\rho}+1$$

其中，步骤（a）是由泰勒级数$\sum_{k=0}^{\infty}K^k/k!=\mathrm{e}^K$合并得到的。

最后将式（2-86）代入式（2-84），可以得到上行传输的成功概率。至此，定理 2-10 证毕。

（2）下行接入同层接收信号最强 RRH

接下来对室内下行场景进行分析。首先，关注于用户接入同层接收信号最强 RRH 的策略。在本节中假设 K 层建筑的每一层都有自己独立的 QoS 门限 β_i。

在此接入策略下，覆盖概率由以下定理给出。

定理 2-11 用户下行接入同层最佳接收功率 RRH 的成功概率为：

$$P_{\text{success\_1floorBest}}^{\text{Downlink}}=\frac{1}{1+\rho(\beta_i,\alpha)+C(\alpha)\sum_{j\neq i}^{K}\frac{\lambda_j\left(P_j\beta_i10^{-L_f(|j-i|)}\right)^{2/\alpha}}{\lambda_i\left(P_i10^{-\nu}\right)^{2/\alpha}}} \tag{2-87}$$

其中，$\rho(\beta_i,\alpha)=\int_{\beta^{-\frac{2}{\alpha}}}^{\infty}\frac{\beta_i^{2/\alpha}}{1+v^{\alpha/2}}\mathrm{d}v$，$C(\alpha)=\frac{2\pi\csc(2\pi/\alpha)}{\alpha}$。

证明：由成功覆盖概率的表达式可得：

$$P_{\text{success\_1floorBest}}^{\text{Downlink}}$$
$$=\int_0^R\Pr\left(\mathrm{SIR}(x_i\to u)>\beta_i\right)\mathrm{e}^{-\pi\lambda_i r_1^2}2\pi\lambda_i r_1\mathrm{d}r_1$$
$$\overset{(a)}{=}\int_0^R L_{I_{j\neq i}}\left(\frac{r_1^{\alpha}10^{\nu}\beta_i}{P_i}\right)L_{I_i}\left(\frac{r_1^{\alpha}10^{\nu}\beta_i}{P_i}\right)\mathrm{e}^{-\pi\lambda_i r_1^2}2\pi\lambda_i r_1\mathrm{d}r_1$$
$$\overset{(b)}{=}\int_0^R\prod_{j\neq i}^{K}\exp\left(-\pi\lambda_j r_1^2C(\alpha)\left(\frac{P_j10^{-L_f(|j-i|)}\beta_i}{P_i10^{-\nu}}\right)^{\frac{2}{\alpha}}\right)\exp\left(-\pi\lambda_i r_1^2\rho(\beta_i,\alpha)\right)\mathrm{e}^{-\pi\lambda_i r_1^2}2\pi\lambda_i r_1\mathrm{d}r_1$$

$$=\frac{1}{1+\rho\left(\beta_i,\alpha\right)+C\left(\alpha\right)\sum_{j\neq i}^{K}\frac{\lambda_j\left(P_j\beta_i10^{-L_f\left(|j-i|\right)}\right)^{2/\alpha}}{\lambda_i\left(P_i10^{-\nu}\right)^{2/\alpha}}} \tag{2-88}$$

其中，步骤（a）根据室内下行信道服从指数分布 $h_i \sim \exp(1)$ 得到，其同层的 RRH 的干扰 I_i 与跨层 RRH 的干扰 $I_{j\neq i}$ 相互独立，步骤（b）根据拉氏变换的定义得到。至此，定理 2-11 证明完毕。

通过式（2-87）给出了室内下行用户接入最佳 RRH 方案的成功覆盖概率的闭式解，从式（2-87）中可以看出，成功覆盖概率随着与用户同层 RRH 密度的增加而增加，另一方面，随着楼层数的增加，成功覆盖概率降低。此外，楼层 K 对性能的影响要强于 RRH 在室内部署的密度。

（3）下行接入接收功率最佳的 RRH

最后，聚焦于下行接入接收功率最佳 RRH 的方案。在此种接入方案下，用户需要上报自身位置给集中式云服务器，继而可以在云服务器控制下接入拥有最佳接收功率的 RRH，而不受楼层的限制。在此接入策略下的系统成功覆盖概率可由以下定理给出。

定理 2-12　用户下行接入接收功率最佳 RRH 方案的成功覆盖概率为：

$$P_{\text{success\_}K\text{floorBest}}^{\text{Downlink}}=\frac{\lambda_1\left(P_1\beta_1^{-1}10^{-\nu}\right)^{\frac{2}{\alpha}}+\sum_{i=2}^{K}\lambda_i\left(P_i\ \beta_i^{-1}10^{-L_f\left(|j-i|\right)}\right)^{\frac{2}{\alpha}}}{C\left(\alpha\right)\left(\lambda_1\left(P_1\ 10^{-\nu}\right)^{\frac{2}{\alpha}}+\sum_{i=2}^{K}\lambda_i\left(P_i\ 10^{-L_f\left(|j-i|\right)}\right)^{\frac{2}{\alpha}}\right)} \tag{2-89}$$

证明：首先由成功覆盖概率的定义得到：

$$\begin{aligned}P_{\text{success\_}K\text{floorBest}}^{\text{Downlink}}&=\Pr\left(\bigcup_{i\in K,x_i\in\Phi_i}\text{SIR}\left(x_i\right)>\beta_i\right)\\&\overset{\text{(a)}}{=}\sum_{i=1}^{K}E\sum_{x_i\in\Phi_i}\left[1\left(\text{SIR}\left(x_i\right)>\beta_i\right)\right]\\&=\sum_{i=1}^{K}\lambda_i\int_{R^2}\Pr\left(\frac{P_ih_{x_i}\|x\|^{-\alpha}10^{-\nu}}{\sum_{j=1}^{K}\sum_{x\in\Phi_j\backslash x_i}P_jh_x\|x_j\|^{-\alpha}10^{-L_f\left(|j-i|\right)}}>\beta_i\right)\mathrm{d}x_i\end{aligned}$$

$$\stackrel{(b)}{=}\sum_{i=1}^{K}\lambda_i\int_{R^2}E\left[\exp\left(\frac{\beta_i\sum_{j=1}^{K}\sum_{x\in\Phi_j\backslash x_i}P_jh_x\left\|x_j\right\|^{-\alpha}10^{-L_f(|j-i|)}}{P_i\left\|x\right\|^{-\alpha}10^{-v}}\right)\right]\mathrm{d}x_i \tag{2-90}$$

$$\stackrel{(c)}{=}\sum_{i=1}^{K}\lambda_i\int_{R^2}\mathcal{L}_{I_{x_i}}\left(\frac{\beta_i}{P_i\left\|x\right\|^{-\alpha}10^{-v}}\right)\mathrm{d}x_i$$

其中，1(·)表示阶跃函数，步骤（a）是根据参考文献[31]的公式变形而来的，且假设每一层的 SIR 门限 $\beta_i>1$，步骤（b）是根据下行信道服从指数分布 $h_i\sim\exp(1)$ 而得到的，步骤（c）是根据拉氏变换的定义式而来的。

接下来对拉氏变换部分进行求解：

$$\begin{aligned}
\mathbb{L}_I(s)&=\prod_{j=1}^{K}E_{\Phi_j}\left[\prod\nolimits_{x_j\in\Phi_j\backslash x_i}E_h\left[\exp\left(-sP_jh_{x_j}\left\|x_j\right\|^{-\alpha}10^{-v}10^{-L_f(|j-i|)}\right)\right]\right]\\
&\stackrel{(a)}{=}\prod_{j=1}^{K}E_{\Phi_j}\left[\prod\nolimits_{x_j\in\Phi_j\backslash x_i}\frac{1}{1+sP_j\left\|x_j\right\|^{-\alpha}10^{-v}10^{-L_f(|j-i|)}}\right]\\
&\stackrel{(b)}{=}\prod_{j=1}^{K}\exp\left(-\lambda_i\int_{R^2}\left(1-\frac{1}{1+sP_j\left\|x_j\right\|^{-\alpha}10^{-v}10^{-L_f(|j-i|)}}\right)\mathrm{d}x_j\right)\\
&\stackrel{(c)}{=}\prod_{j=1}^{K}\exp\left(-2\pi\lambda_i\left(sP_j\left\|x_j\right\|^{-\alpha}10^{-v}10^{-L_f(|j-i|)}\right)^{\frac{2}{\alpha}}\int_0^{\infty}r\int_0^{\infty}\mathrm{e}^{\left(-t\left(1+r^{\alpha}\right)\right)}\mathrm{d}t\mathrm{d}r\right)\\
&=\exp\left(-s^{2/\alpha}10^{-2v/\alpha}E\left[h^{2/\alpha}\right]\Gamma\left(1-\frac{2}{\alpha}\right)\sum_{i=1}^{K}\lambda_jP_j^{2/\alpha}10^{-2L_f(|j-i|)/\alpha}\right)\\
&\stackrel{(d)}{=}\exp\left(-s^{2/\alpha}10^{-2v/\alpha}C(\alpha)\sum_{i=1}^{K}\lambda_jP_j^{2/\alpha}10^{-2L_f(|j-i|)/\alpha}\right)
\end{aligned} \tag{2-91}$$

其中，步骤（a）根据下行信道服从指数分布 $h_i\sim\exp(1)$ 得到，步骤（b）根据 PGHL 函数得到，步骤（c）是对坐标系进行极坐标变换根据伽马函数定义 $\Gamma(p)=\int_0^{\infty}t^{p-1}\mathrm{e}^{-t}\mathrm{d}t$ 得出的，步骤（d）是根据瑞利衰落 $E\left[h^{2/\alpha}\right]=\Gamma(1+2/\alpha)$ 以及伽马函数性质得出的。

将 $s=\dfrac{\beta_i}{P_i\left\|x\right\|^{-\alpha}10^{-v}}$ 先代入式（2-91），再代入式（2-90）可以得到定理 2-12，

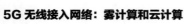

至此定理 2-12 证毕。

2.7.4 数值仿真分析

本节采用 MATLAB 仿真软件对所提 C-RAN 室内场景的上/下行接入策略下的覆盖概率性能结果进行验证，并分析 RRH 节点密度、SIR 门限等网络参数对性能的影响。C-RAN 的室内 RRH 部署场景如图 2-12 所示，多个单天线的 RRH 分布于一座 7 层高的立体建筑中，且假设每一层的 RRH 独立部署。其他主要参数设置见表 2-5。

表 2-5 参数设置

参数	含义	默认值
λ_{indoor}	室内场景 RRH 密度	$10^{-3}\sim10^{-2}$ 个/m^2
α_i	室内场景路径损耗因子	3.7
v	室内阴影因子	3 dB
$L_f(\lvert j-i\rvert)$	穿墙损耗因子	10 dB/层
P_r	RRH 发射功率	23 dBm
P_u	用户发射功率	10 mW
K	莱斯因子	2 dB
β_i	SIR 门限	−30 ~ 20 dB
σ^2	AWGN 噪声功率谱密度	−174 dBm/Hz

对室内部署 RRH 场景下不同用户接入策略下的 C-RAN 性能进行仿真分析。图 2-13 展示了室内上行用户接入 C-RAN 的成功覆盖概率性能，其中，用户发射功率固定为 10 mW，与 RRH 的距离固定为 15 m 和 18 m 两种情况。在用户室内上行接入时，信道建模为莱斯信道，从图 2-13 中可以看出，当莱斯信号参数 K 取值分别为 7 dB、2 dB 以及负无穷时，覆盖概率递减，当 K 取值为负无穷时，莱斯分布变为指数分布，其覆盖概率衰减的速度较为平缓。另一方面，对比用户与 RRH 距离为 15 m 和 18 m 的两种情况可以明显看出，RRH 与用户距离越近性能越好，这是因为影响覆盖成功概率的主要因素是大尺度衰落，而对应的 C-RAN 参数是 RRH 分布密度，因此在室内上行场景中 RRH 密度是需要重点考虑的因素。

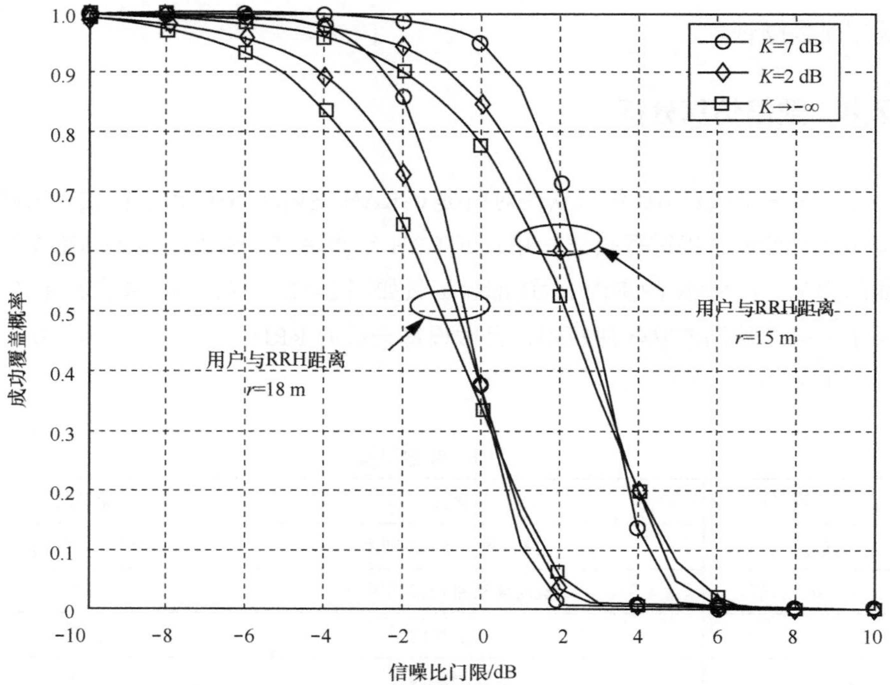

图 2-13　C-RAN 室内下行成功覆盖概率和不同 SNR 门限的关系

图 2-14 展示了在两种用户选择策略下，C-RAN 中室内场景成功覆盖概率和不同 RRH 分布密度的关系，假设每层 RRH 的分布都服从独立 PPP 分布。从图 2-14 中可以看出，采用蒙特卡洛仿真的曲线和采用式（2-87）以及式（2-89）进行理论仿真的曲线非常吻合，从而证明了推导的正确性。一方面，接入同层最佳 RRH 策略的成功覆盖概率随着 RRH 密度的增加单调递增，而接入最佳 RRH 策略的成功覆盖概率并不随 RRH 密度变化而变化。这是因为在接入最佳接收信号的策略下用户可以进行跨层接入，因此用户能够选择最佳的 RRH 接入，而不受 RRH 密度的影响，而对于只能接入同层最佳 RRH 的接入策略来说，RRH 密度的增加无形中拉近了用户与 RRH 间距离，因此其性能会逐渐提升直至接近最佳接入策略。另一方面，考虑到选择接入最佳的 RRH 虽然可以获得更好的性能，但其计算复杂度往往 3~4 倍于接入同层最佳 RRH 策略，因此在 C-RAN 实际部署中，接入同层最佳 RRH 的策略更适用于 RRH 密度较高的场景，而接入最佳 RRH 的策略更适用于集中式云计算服务器负载较轻的情况。

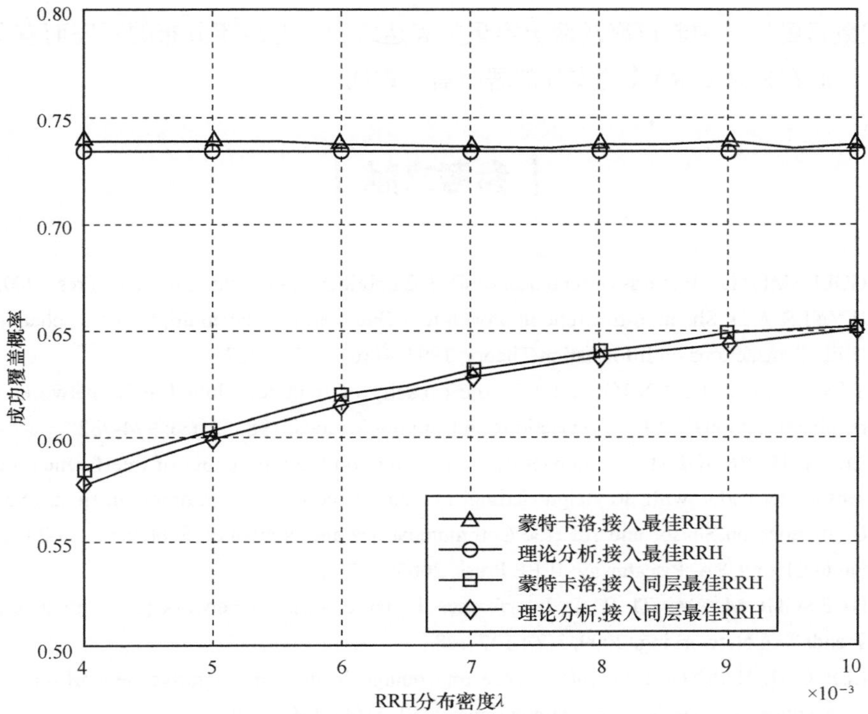

图 2-14　C-RAN 室内下行成功覆盖概率和不同 RRH 分布密度的关系

2.8　小结

本章首先构建了 C-RAN 中用户接入场景的系统模型，此系统模型全面考虑了用户接入 C-RAN 时 RRH 节点的室内/外场景下的部署。其次基于不同的 RRH 部署场景，针对 C-RAN 中的上/下行传输，分别提出了不同的用户接入策略，进而研究了 C-RAN 架构在不同用户接入策略下，包括中断概率、成功覆盖概率以及遍历容量等的重要理论性能指标，揭示了改善接入策略会带来 C-RAN 性能的提升。

在研究同构 C-RAN 中的系统中断概率及遍历容量等重要性能指标的过程中，绝大多数的性能指标都能够给出闭式解或简单积分的形式，通过仿真对理论分析结果进行了验证，并分析路径损耗因子、发射功率以及节点密度等网络参数对网络性能的影响。通过分析不难发现，针对不同的用户接入方案和不同的 RRH

天线数目配置，中断概率及遍历容量的表达式因信道衰落分布的不同而有所区别，因此在未来 C-RAN 的实际部署时需要重视。

参考文献

[1] GOLDSMITH A. Wireless communications[M]. Cambridge: Cambridge University Press, 2005.

[2] WYNER A D. Shannon-theoretic approach to a Gaussian cellular multiple-access channel[J]. IEEE Transactions on Information Theory, 1994, 40(6): 1713-1727.

[3] SILVESTER J, KLEINROCK L. On the capacity of multihop slotted aloha networks with regular structure[J]. IEEE Transactions on Communications, 1983, 31(8): 974-982.

[4] LIU X, HAENGGI M. The impact of the topology on the throughput of interference-limited sensor networks with Rayleigh fading[C]//2005 Second IEEE Communications Society Conference on Sensor and Ad Hoc Communications and Networks, September 26-29, 2005, Santa Clara, USA. Piscataway: IEEE Press, 2005: 317-327.

[5] HAENGGI M, GANTI R K. Interference in large wireless networks[J]. Foundations & Trends® in Networking, 2009, 3(2): 127-248.

[6] LEE C H, HAENGGI M. Interference and outage in poisson cognitive networks[J]. IEEE Transactions on Wireless Communications, 2012, 11(4): 1392-1401.

[7] JR R W H, WU T, KWON Y H, et al. Multiuser MIMO in distributed antenna systems with out-of-cell interference[J]. IEEE Transactions on Signal Processing, 2011, 10(59): 4885-4899.

[8] HAENGGI M. Stochastic geometry for wireless networks[M]. Cambridge: Cambridge University Press, 2012.

[9] WEBER S, ANDREWS J G. Transmission capacity of wireless networks[J]. Foundations & Trends® in Networking, 2012, 5(2-3): 3593-3604.

[10] ELSAWY H, HOSSAIN E, HAENGGI M. Stochastic geometry for modeling, analysis, and design of multi-tier and cognitive cellular wireless networks: a survey[J]. IEEE Communications Surveys & Tutorials, 2013, 15(3): 996-1019.

[11] KLEINROCK L, SILVESTER J A. Optimum transmission radii for packet radio networks or why six is a magic number [C]//National Telecommunication Conference, Dec 3-6, 1978, Birmingham, Alabama. [S.l.:s.n.], 1978: 1-5.

[12] WEBER S, ANDREWS J G, JINDAL N. The effect of fading, channel inversion, and threshold scheduling on Ad Hoc networks[J]. IEEE Transactions on Information Theory, 2012, 53(11): 4127-4149.

[13] HUNTER A M, ANDREWS J G, WEBER S. Transmission capacity of Ad Hoc networks with spatial diversity[J]. IEEE Transactions on Wireless Communications, 2007, 7(12): 5058-5071.

[14] ANDREWS J G, BACCELLI F, GANTI R K. A tractable approach to coverage and rate in cellular networks[J]. IEEE Transactions on Communications, 2010, 59(11): 3122-3134.

[15] JO H S, SANG Y J, XIA P, et al. Heterogeneous cellular networks with flexible cell association: a comprehensive downlink SINR analysis[J]. IEEE Transactions on Wireless Communications, 2012, 11(10): 3484-3495.

[16] COX D R. Point process[M]. London: Chapman&Hall, 1980.

[17] STOYAN D. Stochastic geometry and its applications[M]. Chichester: Johniley&Sons, 1986.

[18] MIN H, LEE J, PARK S, et al. Capacity enhancement using an interference limited area for device-to-device uplink underlaying cellular networks[J]. IEEE Transactions on Wireless Communications, 2011, 10(12): 3995-4000.

[19] LIN X, ANDREWS J G, GHOSH A. Spectrum sharing for device-to-device communication in cellular networks[J]. IEEE Transactions on Wireless Communications, 2014, 13(12): 6727-6740.

[20] HASHEMI H. The indoor radio propagation channel[J]. Proceedings of the IEEE, 1993, 81(7): 943-968.

[21] GRADSHTEYN I S, RYZHIK I M. Table of integrals, series and products[M]. New York: Academic Press, 2007.

[22] HUANG H, PAPADIAS C B, VENKATESAN S. MIMO communication for cellular networks[M]. New York: Springer, 2012.

[23] KINGMAN J F C. Poisson processes[M]. Oxford: Oxford University Press, 1993.

[24] YAN S, WANG W, ZHAO Z, et al. Investigation of cell association techniques in uplink cloud radio access networks[J]. Transactions on Emerging Telecommunications Technologies, 2016, 27(8): 1044-1054.

[25] HAMDI K A. Capacity of MRC on correlated rician fading channels[J]. IEEE Transactions on Communications, 2008, 56(5): 708-711.

[26] PENG M, LI Y, QUEK T Q S, et al. Device-to-device underlaid cellular networks under rician fading channels[J]. IEEE Transactions on Wireless Communications, 2014, 13(8): 4247-4259.

[27] HAENGGI M. A geometric interpretation of fading in wireless networks: theory and applications [J]. IEEE Transactions on Information Theory, 2008, 54(12): 5500-5510.

[28] SOUSA E, SILVESTER J. Optimum transmission ranges in a direct sequence spread-spectrum multihop packet radio network[J]. IEEE Journal on Selected Areas in Communications, 1990, 8(5): 762-771.

[29] ZHANG J, ANDREWS J G. Adaptive spatial intercell interference cancellation in multicell wireless networks[J]. IEEE Journal on Selected Areas in Communications, 2009, 28(9): 1455-1468.

[30] GRADSHTEYN I S, RYZHIK I M. Table of integrals[M]. New York: Cademic Press, 2007.

[31] DHILLON H S, GANTI R K, BACCELLI F, et al. Modeling and analysis of k-tier downlink heterogeneous cellular networks[J]. IEEE Journal on Selected Areas in Communications, 2011, 30(3): 550-560.

第3章

异构云无线接入网络理论性能

H-CRAN 缓解了 C-RAN 前传链路容量压力，也更好地支持了用户的移动性，但需要考虑 RRH 和宏基站间的协同。本章针对 H-CRAN 的特征，首先建模分析了用户模式选择对 H-CRAN 组网性能的影响，给出了相应的容量分析结果；然后，建模了不同大规模协同预编码对 H-CRAN 组网性能的确定性影响，给出了中断概率和遍历容量分析和仿真结果。

异构云无线接入网络（H-CRAN）是云无线接入网和异构无线网络优势互补的产物，高功率宏基站具有独立的处理能力，能够直接连接至核心网，并且能够提供较大范围的无缝覆盖，仅需新增一条与集中式云服务器相连的回传链路用于实现资源的协作分配。低功率的RRH通过前传链路连接至集中式BBU池，可以起到在高密度、大业务量需求的网络中提升容量的关键作用，并改善边缘用户性能。而且将云计算用于实现集中式、大规模协同处理，可以抑制同频干扰[1]。异构宏基站的存在也可以分担集中式BBU池的负担，部分业务在本地宏基站（MBS）进行处理，而不需要上传到BBU池，从而有效地降低前传链路的开销。

但由于H-CRAN部署方式下宏基站远端射频单元同时存在，也使得干扰情况会比同构C-RAN更加复杂。另外，移动用户面临更灵活复杂的接入网络选择问题。在传统蜂窝网络中，用户总是趋于接入功率最大基站，即在所有备选基站中，选择接收到的信噪比最大的基站进行接入。这种接入方式可以提供良好的通信质量，同时可以保证通信的可靠性。

为了保证基站处接收到尽可能大的信噪比，用户总是趋于接入距其较近的基站，这是因为缩减接收端与发射端间的距离可以有效减少信道的大尺度衰落。另外，这种接入策略在有效降低不必要的路径损耗及阴影衰落的基础上，还可以保证通信的可靠性及抗干扰特性。虽然宏基站能提供较大范围的覆盖，但是这种接入方式下用户性能在小区不同地方波动较大，存在容量有限和数据速率较低的缺点。而且如果最佳基站故障或负载过大导致无法接入时，用户的服务质量就难以保证。另外，虽然远端射频单元能够提供更高的传输速率，但是，因其覆盖范围较小，移动用户可能需要在低功率节点之间频繁切换，导致较高的切换失败率，影响服务质量。这些问题都对异构云无线接入网的性能分析提出了挑战。

对于异构网络的用户接入问题，参考文献[2]中将分层异构网络不同层的基站建模为独立分布的PPP，对异构网络的覆盖性能和容量性能进行了分析。参考文献[3]中建立了多层异构网络模型，并分别研究了用户基于距离的接入策略对网络性能的影响。参考文献[4-6]建立了两层异构网络模型，分别对资源分配、功率控制技术以及干扰对齐技术对网络性能的影响进行了理论分析。但值得注意的是，这些文献所研究的用户接入方式是基于接收信号强度的，在实际场景中，还需要结合未来移动通信中用户所需要的业务类型以及所需服务质量的差异性，从而分析基于服务优先级和基于缓存位置的接入策略对H-CRAN性能的影响。

有鉴于此，本章对基于用户接入选择的H-CRAN性能进行分析。分别给出了基于接收信号强度、基于服务优先级和基于缓存位置 3 种不同的用户接入策略。基于接收信号强度的接入策略，根据用户所接收到的来自MBS和RRH的下行信号强度进行接入判断。基于服务优先级的接入策略，根据所有用户的业务类型和所需要的服务速率进行排序，将服务优先级高的用户优先接入RRH，而将一般速率要求的用户优先接入MBS。基于缓存位置的接入策略根据用户所需文件缓存位置，选择RRH、MBS或接入RRH簇进行协作传输。

3.1 基于用户接入的 H-CRAN 理论性能

如图 3-1 所示，考虑一个H-CRAN下行链路场景。其中，异构宏基站（MBS集合表示为 Φ_M ）在室外二维平面空间 $\mathcal{D}^2$ 中位置分布服从密度为 λ_M 的二维PPP分布。一组远端射频单元（RRH集合记为 Φ_R ）按照与MBS独立的二维PPP分布在 $\mathcal{D}^2$ 中，密度为 λ_R 。MBS和RRH各自通过回传链路以及前传链路连接到集中式BBU池中。为了分析简便，假设MBS与RRH都配备单根天线，发射功率分别为 P_M 和 P_R 。此外，多个单天线用户（集合为 Φ_u ）以独立于MBS及RRH的分布散落在平面上，密度为 λ_u 。为了不失一般性，随机选择一个用户作为典型用户进行分析，记其为U，并以其为圆心建立二维坐标系。

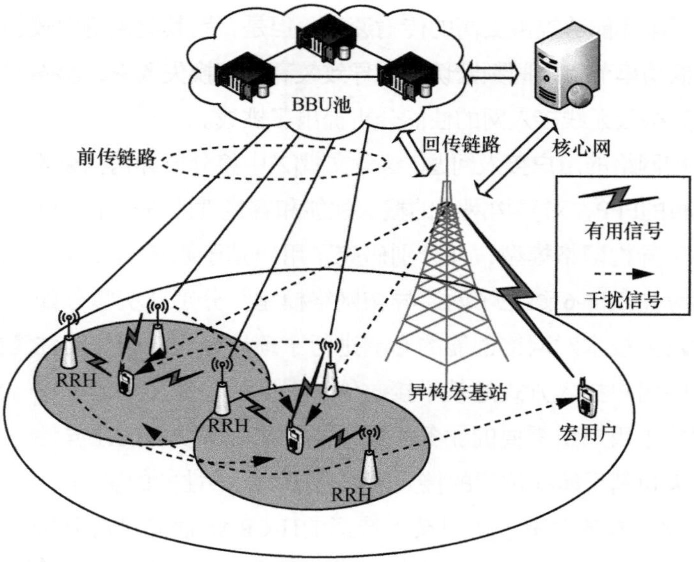

图 3-1　H-CRAN 下行场景系统模型

对于位于坐标原点的用户U来说，除了接收到接入的节点发来的有用信号外，还会受到其他发射节点发来的同层干扰与跨层干扰，因此对于不同类型的用户的接收SIR需要分别讨论。若用户接入RRH，其SIR可以表示为：

$$\mathrm{SIR}(U \to x_R) = \gamma_R = \frac{P_R h_R \|x_R\|^{-\alpha}}{I_{R,\mathrm{Ru}} + I_{M,\mathrm{Ru}}} \tag{3-1}$$

其中，$h_R \sim \exp(1)$ 为信道小尺度衰落，$\|x_R\|^{-\alpha}$ 表示路径损耗，$\|x_R\|$ 表示用户到其所接入的RRH之间的距离，α 为路径损耗因子，$I_{R,\mathrm{Ru}} = \sum_{i \in \Phi_R \backslash R} P_R g_i r_i^{-\alpha}$ 表示除用户接入的RRH外其他同层RRH干扰，$g_i \sim \exp(1)$，$r_i^{-\alpha}$ 表示其他RRH干扰信号的瑞利信道衰落及路径损耗，$I_{M,\mathrm{Ru}} = \sum_{j \in \Phi_M} P_M g_j l_j^{-\alpha}$ 表示来自MBS的干扰，其中，g_j 和 $l_j^{-\alpha}$ 表示来自MBS干扰信号的瑞利信道衰落及路径损耗。

另一方面，若用户接入MBS，其SIR可以表示为：

$$\mathrm{SIR}(U \to x_M) = \gamma_M = \frac{P_M h_M \|x_M\|^{-\alpha}}{I_{M,\mathrm{Mu}} + I_{R,\mathrm{Mu}}} \tag{3-2}$$

其中，$I_{M,\mathrm{Mu}} = \sum_{i \in \Phi_M \backslash M} P_M g_i l_i^{-\alpha}$ 表示除用户接入的MBS外其他同层MBS发射信号

的干扰，$I_{R,\mathrm{Mu}}=\sum_{j\in\Phi_R}P_R g_j r_j^{-\alpha}$ 表示来自RRH的跨层干扰，式中变量的定义与式（3-1）中定义类似。

3.1.1　用户接入策略

本节将分析基于 3 种不同用户接入策略下的异构云无线接入网性能。3 种接入策略分别是基于接收信号强度接入、基于用户服务优先级接入以及基于缓存位置接入。

具体来说，基于接收信号强度接入是指用户根据所接收到的来自MBS和RRH的下行信号强度进行接入判断。这种接入方式主要应用于异构网络下的用户接入选择，分为开式接入和闭式接入，其中闭式接入是指用户不进行比较而固定选择某一类型节点进行接入，而开式接入是指用户可以灵活接入节点而不受节点类型的限制。例如，在讨论下行室内场景接入时，接入同层接收信号最强RRH的接入策略就属于闭式接入，而下行接入接收功率最强的RRH策略由于不受楼宇楼层的限制，因此可以看作开式接入。考虑到闭式接入的性能推导过程与同构云无线接入网下性能推导的过程类似，另外为了体现出云无线接入网接入灵活的特征，在本章中主要考虑开式接入。另外，由于MBS的发射功率（43 dBm）比RRH的发射功率（23 dBm）要大得多，为了避免用户在此接入模式下全部接入MBS基站，引起MBS基站负载过大而集中式BBU池闲置的情况发生，需要引入一个偏转系数k，限制用户接入MBS基站。基于接收信号强度的接入策略可以表示为：

$$\begin{cases}U\to \mathrm{MBS}, & kP_M h_M l_M^{-\alpha}\geqslant P_R h_R r_R^{-\alpha}\\ U\to \mathrm{RRH}, & kP_M h_M l_M^{-\alpha}< P_R h_R r_R^{-\alpha}\end{cases}\tag{3-3}$$

经过变量替换$\tau=\left(\dfrac{P_R E\left[h_R\right]}{kP_M E\left[h_M\right]}\right)^{1/\alpha}$，式（3-3）可近似转化为基于距离的接入方式：

$$\begin{cases}U\to \mathrm{RRH}, & r_R<\tau l_M\\ U\to \mathrm{MBS}, & r_R\geqslant \tau l_M\end{cases}\tag{3-4}$$

基于接收信号强度的接入策略是一种常见的典型接入方式，在实际网络中得到了广泛的应用。但是，在C-RAN中由于网络节点部署的随机性，导致用户所受到的干扰问题也更加复杂，在此种状况下按照接收功率选择接入的网络性能会受到影响。

第二种接入策略是基于服务优先级的接入，考虑到未来移动通信中用户所需要的业务类型以及所需服务质量也具有差异性，因此需要设计基于不同服务优先级的用户接入策略。在异构云无线接入网中宏基站覆盖范围更广，通常用来提供低速无缝覆盖，而RRH可以提供热点地区高速的服务，但其覆盖范围有限。因此，接入策略需要根据所有用户 $u \in \Phi_u$ 的业务类型和所需要的服务速率进行排序，以便将服务优先级高的用户优先接入RRH，而将一般速率要求的用户接入MBS。为了进一步提升高优先级用户的服务质量，对接入RRH的用户考虑下行协作传输的方式，由用户附近多个RRH在集中式BBU池的控制下形成协作传输簇，共同为高优先级用户服务。每个用户的服务优先级可以用相互独立的标识 $m_x \sim [0,1]$，数字越小表示其所需服务的优先级越高，之后以每个标记后的用户为圆心、R 为半径画圆，若存在两个用户在同一个圆内，则将优先级靠前的用户保留在圆内而优先级靠后的用户剔除，最终剩下的用户选择接入其圆内所有RRH，而被剔除的低优先级用户接入MBS，被选中接入RRH的用户可以表示为：

$$\Psi_u = \left\{ y : y \in \Phi_u, m_y \leqslant m_x, \forall x \in B(y, R) \cap \Phi_u \right\} \tag{3-5}$$

用户服务优先级标记过程示意如图 3-2 所示。

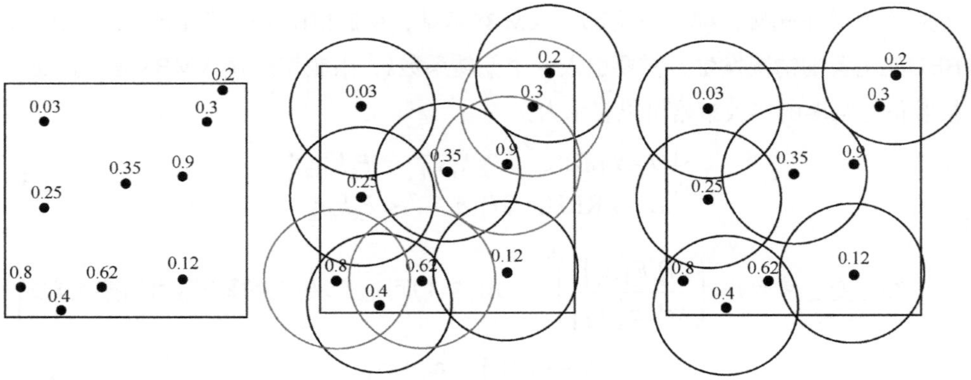

图 3-2　用户服务优先级标记过程示意

因此，基于服务优先级的接入策略可以表示为：

$$\begin{cases} U \to \text{RRH}, & U \in \Psi_u \\ U \to \text{MBS}, & U \notin \Psi_u \end{cases} \tag{3-6}$$

基于服务优先级的接入策略可以更好地为高速率、高质量要求的用户服务，因此可以在方便移动运营商为普通消费者提供基本服务的同时，为高消费群体定制高质量的增值业务，从而达到提升移动运营商收入的目的。但另一方面，在用户所需要的服务，特别是在线视频等业务需求量大的情况下会造成网络负载加重、传输时延增大，优先为高优先级用户服务会损害普通用户的服务体验。

第三种用户接入策略是基于缓存位置的接入，考虑到社交网络的兴起，用户越来越多地参与到视频下载与共享当中，特别是对于热点视频的推送与讨论会造成用户频繁地通过前传链路从集中式云处理器进行视频下载，从而导致前传链路负载加重、传输时延增大，影响网络性能。解决办法之一就是将一部分热点视频存储至网络边缘节点，用户可以选择接入这些边缘节点，或者通过前传链路接入云计算服务器的方式获取所需的视频文件。为了实现以上功能，需要将传统的MBS进行升级，使其具备一定的热点视频存储能力，假设升级后的MBS装配上的存储单元大小为 C_M 。在接入阶段，用户优先尝试通过距离最近的MBS本地缓存获取所需文件，若可以在MBS缓存找到所需文件且此时用户SIR满足传输门限要求，则接入最近MBS基站；否则，若用户没有在MBS找到所需视频文件或没有达到传输门限的要求，则通过RRH协作簇的形式，通过前传链路从云服务器获取所需文件 V 。

因此，基于缓存位置的接入策略可以表示为：

$$\begin{cases} U \to \mathrm{MBS}, V \in C_M, \gamma_M \geqslant T \\ U \to \mathrm{RRH}_C, \text{其他} \end{cases} \tag{3-7}$$

基于缓存位置的接入策略可以充分有效地利用边缘缓存的优势，减少集中式云服务器和前传链路的负载压力，提升系统的整体性能。

3.1.2　系统性能分析

本节对上述 3 种用户接入策略下的系统性能进行分析，并结合分析结果对不同的系统参数对性能的影响进行描述。

（1）基于最强接收信号强度的性能分析

首先给出基于接收信号强度的用户接入策略下的系统性能分析结果。参照单层节点的推导方法需要获取节点到用户距离的分布，但此时距离的分布为接入MBS或RRH的条件距离分布，因此不再适用单层节点的距离分布函数。根据式（3-4），可以得到用户接入RRH的条件距离分布表达式为：

$$\Pr\left(r \leqslant r_R \leqslant \tau l_M\right) \overset{(a)}{=} \int_r^{\infty} 2\pi v \lambda_R \exp\left(-\pi v^2 \lambda_R\right) \exp\left(-\pi v^2 \lambda_M / \tau^2\right) \mathrm{d}v \\ = \frac{\lambda_R \tau^2}{\lambda_M + \lambda_R \tau^2} \exp\left(-\pi r^2 \left(\lambda_M / \tau^2 + \lambda_R\right)\right) \tag{3-8}$$

其中，步骤（a）根据条件概率的定义以及距离分布 $f_{r_R}\left(r_R\right) = 2\pi\lambda_R r_R \exp\left(-\pi r_R^2 \lambda_R\right)$ 和 $f_{l_M}\left(r_M\right) = 2\pi\lambda_M l_M \exp\left(-\pi l_M^2 \lambda_R\right)$ 联合得到。对式（3-8）求导，可以获得在 $r_R < \tau l_M$ 条件下的距离分布CDF，表示为：

$$f_{r_R}\left(r \middle| r_R \leqslant \tau l_M\right) = 2\pi r \left(\lambda_M / \tau^2 + \lambda_R\right) \exp\left(-\pi r^2 \left(\lambda_M / \tau^2 + \lambda_R\right)\right) \tag{3-9}$$

同理，可以得到用户接入MBS的条件距离分布PDF为：

$$f_{l_M}\left(l \middle| r_R > \tau l_M\right) = 2\pi l \left(\lambda_M + \lambda_R \tau^2\right) \exp\left(-\pi l^2 \left(\lambda_M + \lambda_R \tau^2\right)\right) \tag{3-10}$$

对式（3-9）和式（3-10）分别积分，可以得到在基于最强接收信号强度用户接入策略下用户选择接入RRH以及MBS的概率分别为：

$$\begin{cases} \Pr\left(U \to \mathrm{RRH}\right) = p_{\mathrm{RRH}}^{\mathrm{Distance}} = \dfrac{\lambda_R \tau^2}{\lambda_M + \lambda_R \tau^2} \\ \Pr\left(U \to \mathrm{MBS}\right) = p_{\mathrm{MBS}}^{\mathrm{Distance}} = \dfrac{\lambda_M}{\lambda_M + \lambda_R \tau^2} \end{cases} \tag{3-11}$$

在获得距离的条件分布后，可以求出基于最强接收信号强度用户接入策略下的系统中断概率，以定理 3-1 的形式给出。

定理 3-1 基于最强接收信号强度用户接入策略下的系统中断概率可以表示为：

$$P_{\mathrm{out}}^{\mathrm{Distance}} = 1 - \frac{\tau^2 \lambda_R}{\lambda_M \left(1 + \rho\left(\dfrac{Z \tau^{\alpha} P_M}{P_R}, \alpha\right)\right) + \tau^2 \lambda_R \left(1 + \rho\left(Z, \alpha\right)\right)} \\ - \frac{\lambda_M}{\lambda_M \left(1 + \rho\left(Z, \alpha\right)\right) + \tau^2 \lambda_R \left(1 + \rho\left(\dfrac{Z P_R}{\tau^{\alpha} P_M}, \alpha\right)\right)} \tag{3-12}$$

其中，$\rho\left(Z, \alpha\right) = Z^{2/\alpha} \int_{Z^{-2/\alpha}}^{\infty} \frac{1}{1 + u^{\alpha/2}} \mathrm{d}u$。

证明：首先给出基于最强接收信号强度用户接入策略的中断概率定义，可以表示为：

$$P_{\text{out}}^{\text{Distance}} = p_{\text{RRH}}^{\text{Distance}} P_{\text{out}}^{\text{RRH}} + p_{\text{MBS}}^{\text{Distance}} P_{\text{out}}^{\text{MBS}} \tag{3-13}$$

其中，$P_{\text{out}}^{\text{RRH}}$ 和 $P_{\text{out}}^{\text{MBS}}$ 分别表示用户接入RRH和接入MBS时的条件中断概率，接下来分别进行求解：

$$\begin{aligned} P_{\text{out}}^{\text{RRH}} &= \Pr\left(\gamma_R < Z\right) = \Pr\left(\frac{P_R h_R \left\|x_R\right\|^{-\alpha}}{I_{R,Ru} + I_{M,Ru}} < Z\right) \\ &\overset{(a)}{=} 1 - \int_0^\infty E\left[\exp\left(-\frac{r^\alpha Z I_{R,Ru}}{P_R}\right)\right] E\left[\exp\left(-\frac{r^\alpha Z I_{M,Ru}}{P_R}\right)\right] \cdot \\ &\quad 2\pi r\left(\lambda_M / \tau^2 + \lambda_R\right)\exp\left(-\pi r^2\left(\lambda_M / \tau^2 + \lambda_R\right)\right)\mathrm{d}r \\ &\overset{(b)}{=} 1 - \int_0^\infty \mathcal{L}_{I_{R,Ru}}(s)\mathcal{L}_{I_{M,Ru}}(s) 2\pi r\left(\lambda_M / \tau^2 + \lambda_R\right)\exp\left(-\pi r^2\left(\lambda_M / \tau^2 + \lambda_R\right)\right)\mathrm{d}r \end{aligned} \tag{3-14}$$

其中，步骤（a）根据瑞利信道衰落 $h_R \sim \exp(1)$ 以及用变量 r 代替用户与RRH之间距离 $\left\|x_R\right\|$ 得到，步骤（b）由拉氏变换定义以及 $s = r^\alpha Z / P_R$ 得到。对于拉氏变换 $\mathcal{L}_{I_{R,Ru}}(s)$ 可进一步表示为：

$$\begin{aligned} \mathcal{L}_{I_{R,\text{Ru}}}(s) &= E_{\Phi_R, g_j}\left[\prod_{j \in \Phi_R / x_R} \exp\left(-s P_R g_j r_j^{-\alpha}\right)\right] \\ &\overset{(a)}{=} E_{\Phi_R}\left[\prod_{j \in \Phi_R / x_R} \frac{1}{1 + s P_R r_j^{-\alpha}}\right] \\ &\overset{(b)}{=} \exp\left(-2\pi\lambda_R \int_r^\infty \left(1 - \frac{1}{1 + s P_R v^{-\alpha}}\right) v \mathrm{d}v\right) \\ &\overset{(c)}{=} \exp\left(-2\pi\lambda_R \int_r^\infty \left(\frac{Z}{Z + \left(v / r\right)^{-\alpha}}\right) v \mathrm{d}v\right) \end{aligned} \tag{3-15}$$

其中，步骤（a）根据 $g_j \sim \exp(1)$ 得到，步骤（b）根据PPP分布的概率生成函数定义而来，步骤（c）是通过将 $s = r^\alpha Z / P_R$ 代入得到的，经过数学代换 $u = \left(v / r Z^{1/\alpha}\right)^2$，最终可以将拉氏变换简化为：

$$\mathcal{L}_{I_{R,\text{Ru}}}(s) = \exp\left(-\pi\lambda r^2 \rho\left(Z, \alpha\right)\right) \tag{3-16}$$

对于拉氏变换$\mathcal{L}_{I_{M,Ru}}(s)$，可进一步表示为：

$$\begin{aligned}\mathcal{L}_{I_{M,\mathrm{Ru}}}(s)&=E_{\Phi_M,g_j}\left[\prod_{j\in\Phi_M}\exp\left(-sP_M g_j l_j^{-\alpha}\right)\right]\\&\overset{(a)}{=}E_{\Phi_M}\left[\prod_{j\in\Phi_M}\frac{1}{1+sP_M l_j^{-\alpha}}\right]\\&\overset{(b)}{=}\exp\left(-2\pi\lambda_M\int_{r/\tau}^{\infty}\left(1-\frac{1}{1+sP_M v^{-\alpha}}\right)v\mathrm{d}v\right)\\&\overset{(c)}{=}\exp\left(-\pi\lambda_M\left(\frac{r}{\tau}\right)^2\rho\left(\frac{Z\tau^2P_M}{P_R},\alpha\right)\right)\end{aligned}\tag{3-17}$$

其中，类似于$\mathcal{L}_{I_{R,Ru}}(s)$推导，步骤（a）根据$g_j\sim\exp(1)$得到，步骤（b）根据PPP分布的PGFL函数定义且考虑到距离条件分布，即没有MBS距离在r/τ之内，步骤（c）通过将$s=r^{\alpha}Z/P_R$代入得到。

将式（3-16）和式（3-17）代入式（3-14），可以得出用户接入RRH时的条件中断概率为：

$$P_{\mathrm{out}}^{\mathrm{RRH}}=1-\frac{\lambda_M+\tau^2\lambda_R}{\lambda_M\left(1+\rho\left(\frac{Z\tau^{\alpha}P_M}{P_R},\alpha\right)\right)+\tau^2\lambda_R\left(1+\rho(Z,\alpha)\right)}\tag{3-18}$$

采用相似的方法，可以得出用户接入MBS时的条件中断概率为：

$$\begin{aligned}P_{\mathrm{out}}^{\mathrm{MBS}}&=\Pr(\gamma_M<Z)=1-\Pr\left(\frac{P_M h_M\|x_M\|^{-\alpha}}{I_{M,\mathrm{Mu}}+I_{R,\mathrm{Mu}}}\right)\\&\overset{(a)}{=}1-\int_0^{\infty}E\left[\exp\left(-\frac{l^{\alpha}ZI_{M,\mathrm{Mu}}}{P_M}\right)\right]E\left[\exp\left(-\frac{l^{\alpha}ZI_{R,\mathrm{Mu}}}{P_M}\right)\right]\cdot\\&\quad 2\pi l\left(\lambda_M+\lambda_R\tau^2\right)\exp\left(-\pi l^2\left(\lambda_M+\lambda_R\tau^2\right)\right)\mathrm{d}l\\&\overset{(b)}{=}1-\int_0^{\infty}\mathcal{L}_{I_{M,\mathrm{Mu}}}(s')\mathcal{L}_{I_{R,\mathrm{Mu}}}(s')2\pi l\left(\lambda_M+\lambda_R\tau^2\right)\exp\left(-\pi l^2\left(\lambda_M+\lambda_R\tau^2\right)\right)\mathrm{d}l\\&\overset{(c)}{=}1-\int_0^{\infty}\exp\left(-\pi l^2\lambda_M\rho\left(\frac{s'P_M}{l^{\alpha}},\alpha\right)\right)\exp\left(-\pi(\tau l)^2\lambda_R\rho\left(\frac{s'P_R}{(\tau l)^{\alpha}},\alpha\right)\right)\cdot\\&\quad 2\pi l\left(\lambda_M+\lambda_R\tau^2\right)\exp\left(-\pi l^2\left(\lambda_M+\lambda_R\tau^2\right)\right)\mathrm{d}l\end{aligned}$$

$$=1-\frac{\lambda_M+\tau^2\lambda_R}{\lambda_M\left(1+\rho(Z,\alpha)\right)+\tau^2\lambda_R\left(1+\rho\left(\frac{ZP_R}{\tau^\alpha P_M},\alpha\right)\right)} \tag{3-19}$$

其中，步骤（a）根据瑞利信道衰落 $h_M\sim\exp(l)$ 以及用变量 l 代替用户与MBS之间距离 $\|x_M\|$ 得到，步骤（b）由拉氏变换定义以及 $s'=l^\alpha Z/P_M$ 得到，步骤（c）由 $\mathcal{L}_{I_{M,\mathrm{Mu}}}(s')$ 和 $\mathcal{L}_{I_{R,\mathrm{Mu}}}(s')$ 的展开而来，其推导过程类似于接入RRH。

将式（3-18）和式（3-19）代入式（3-13），整理化简即可得出定理 3-1，至此定理 3-1 证毕。

通过定理 3-1 可以看出，在基于最强接收信号强度的用户接入方式下，可以推导出中断概率的简单闭式解，接下来将在中断概率的基础上对遍历容量进行推导，由定理 3-2 表示。

定理 3-2　基于最强接收信号强度用户接入策略下的系统遍历容量可以表示为：

$$\begin{aligned}C^{\mathrm{Distance}}=&\int_{\theta>0}\frac{\tau^2\lambda_R/(1+\theta)}{\lambda_M\left(1+\rho\left(\theta\tau^\alpha P_M/P_R,\alpha\right)\right)+\tau^2\lambda_R\left(1+\rho(\theta,\alpha)\right)}\mathrm{d}\theta+\\&\int_{\theta>0}\frac{\lambda_M/(1+\theta)}{\lambda_M\left(1+\rho(\theta,\alpha)\right)+\tau^2\lambda_R\left(1+\rho\left(\theta P_R/(\tau^\alpha P_M),\alpha\right)\right)}\mathrm{d}\theta\end{aligned} \tag{3-20}$$

证明：首先给出基于最强接收信号强度用户接入策略的遍历容量定义，可以表示为：

$$C^{\mathrm{Distance}}=p_{\mathrm{RRH}}^{\mathrm{Distance}}C_{\mathrm{RRH}}^{\mathrm{Distance}}+p_{\mathrm{MBS}}^{\mathrm{Distance}}C_{\mathrm{MBS}}^{\mathrm{Distance}} \tag{3-21}$$

其中，$C_{\mathrm{RRH}}^{\mathrm{Distance}}$ 和 $C_{\mathrm{MBS}}^{\mathrm{Distance}}$ 分别表示用户接入RRH和接入MBS时的条件遍历容量，接下来分别进行求解：

$$\begin{aligned}C_{\mathrm{RRH}}^{\mathrm{Distance}}&=E\left[\ln\left(1+\frac{P_Rh_R\|x_R\|^{-\alpha}}{I_{R,\mathrm{Ru}}+I_{M,\mathrm{Ru}}}\right)\right]\\&\overset{(a)}{=}\int_{r>0}\int_{t>0}\Pr\left(\ln\left(1+\frac{P_Rh_Rr^{-\alpha}}{I_{R,\mathrm{Ru}}+I_{M,\mathrm{Ru}}}\right)\geqslant t\right)f_{r_R}\left(r\middle|r_R\leqslant\tau l_M\right)\mathrm{d}t\mathrm{d}r\\&\overset{(b)}{=}\int_{r>0}\int_{\theta>0}\left[1-\Pr\left(\frac{P_Rh_Rr^{-\alpha}}{I_{R,\mathrm{Ru}}+I_{M,\mathrm{Ru}}}<\theta\right)\right]\frac{f_{r_R}\left(r\middle|r_R\leqslant\tau l_M\right)}{1+\theta}\mathrm{d}\theta\mathrm{d}r\\&\overset{(c)}{=}\int_{\theta>0}\frac{\left(\lambda_M+\tau^2\lambda_R\right)/(1+\theta)}{\lambda_M\left(1+\rho\left(\theta\tau^\alpha P_M/P_R,\alpha\right)\right)+\tau^2\lambda_R\left(1+\rho(\theta,\alpha)\right)}\mathrm{d}\theta\end{aligned} \tag{3-22}$$

其中，步骤（a）由遍历容量的定义变形 $E[X]=\int_{t>0}\Pr(X\geqslant t)\mathrm{d}t$ 得出；步骤（b）由代换 $\theta=\mathrm{e}^t-1$ 得到；步骤（c）由本节推导的RRH条件中断概率化简得到。

类似地，可以得到用户接入MBS的条件遍历容量为：

$$\begin{aligned}C_{\text{MBS}}^{\text{Distance}}&=E\left[\ln\left(1+\frac{P_M h_M\|x_M\|^{-\alpha}}{I_{M,\text{Mu}}+I_{R,\text{Mu}}}\right)\right]\\&=\int_{\theta>0}\frac{\left(\lambda_M+\tau^2\lambda_R\right)/(1+\theta)}{\lambda_M\left(1+\rho(\theta,\alpha)\right)+\tau^2\lambda_R\left(1+\rho\left(\theta P_R/\left(\tau^\alpha P_M\right),\alpha\right)\right)}\mathrm{d}\theta\end{aligned}\tag{3-23}$$

将式（3-22）和式（3-23）代入式（3-21），整理化简后即可得到定理 3-2 的结论，至此定理 3-2 证毕。

尽管基于最强接收信号强度的遍历容量结果并非闭式表达式，但该公式中只包含一重积分，易于进行数值求解。另一方面，对遍历容量起主要影响的变量主要包括RRH与MBS的密度及发射功率、偏转系数 τ 以及路径损耗因子 α。需要特别注意的是，对于偏转系数 τ，当 $k=1$ 时，可以转变为：

$$\tau=\left(\frac{P_R E[h_R]}{kP_M E[h_M]}\right)^{1/\alpha}=\left(\frac{P_R}{P_M}\right)^{1/\alpha}\tag{3-24}$$

在此条件下，系统的成功覆盖概率和遍历容量可以化简为：

$$P_{\text{out}}^{\text{Distance},k=1}=1-\frac{1}{1+\rho(Z,\alpha)}\tag{3-25}$$

$$C^{\text{Distance},k=1}=\int_{\theta>0}\frac{1}{\left(1+\rho(\theta,\alpha)\right)(1+\theta)}\mathrm{d}\theta\tag{3-26}$$

此时，在基于最强接收信号强度的用户接入策略下，中断概率只与SIR门限、路径损耗因子有关，而遍历容量仅受路径损耗系数的影响。

（2）基于服务优先级接入的性能分析

接下来对基于服务优先级的接入策略下系统性能进行分析，在此用户接入策略下，高优先级的用户通过在集中式云服务器的控制下接入附近多个RRH获得高质量的服务，而低优先级的用户则接入MBS基站来获得基本性能的服务。首先要对用户的优先级进行划分，用户获得高优先级的概率可以表示为：

$$
\begin{aligned}
p^{\text{Mark}} &\overset{(a)}{=} \Pr\left(\forall x \in B(y,R) \cap \Phi_u, m_y \leqslant m_x\right) \\
&\overset{(b)}{=} \int_0^1 \exp\left(-\lambda_u \pi R^2 t\right) \mathrm{d}t \\
&= \frac{1-\exp\left(-\lambda_u \pi R^2\right)}{\lambda_u \pi R^2}
\end{aligned} \tag{3-27}
$$

其中，步骤（a）是根据高优先级用户的定义得到，步骤（b）是由对高优先级用户被选中的概率的标记值取平均后得到，具体而言，对于每个用户的标记数值 $t \in [0,1]$，$E\left[(1-t)^n\right] = \exp\left(-\lambda_u \pi R^2 t\right)$ 表示有用户被选中的概率，n 为在 $\lambda_u \pi R^2$ 范围内的用户数量，服从泊松分布。

根据基于服务优先级的接入策略的定义，p^{Mark} 也同样可以用来表示在此策略下选择接入RRH的概率，相对地也可以求出用户接入MBS的概率，可以分别表示为：

$$
\begin{cases}
\Pr(U \to \text{RRH}) = p_{\text{RRH}}^{\text{Mark}} = \dfrac{1-\exp\left(-\lambda_u \pi R^2\right)}{\lambda_u \pi R^2} \\
\Pr(U \to \text{MBS}) = p_{\text{MBS}}^{\text{Mark}} = 1 - \dfrac{1-\exp\left(-\lambda_u \pi R^2\right)}{\lambda_u \pi R^2}
\end{cases} \tag{3-28}
$$

与基于最强接收信号强度接入策略的遍历容量定义类似，基于服务优先级接入策略下的遍历容量可以定义为：

$$
C^{\text{Mark}} = p_{\text{RRH}}^{\text{Mark}} C_{\text{RRH}}^{\text{Mark}} + p_{\text{MBS}}^{\text{Mark}} C_{\text{MBS}}^{\text{Mark}} \tag{3-29}
$$

其中，$C_{\text{RRH}}^{\text{Mark}}$ 和 $C_{\text{MBS}}^{\text{Mark}}$ 分别表示用户接入RRH簇和接入MBS时的条件遍历容量，接下来分别进行求解。

不同于用户接入单个RRH的情况，在基于服务优先级的用户接入策略下，被选中的高优先级用户会在集中式云服务器的控制下接入其附近范围内多个RRH，此时用户接收到的来自RRH协作簇的SIR表示为：

$$
\gamma_R^{\text{Cluster}} = \frac{\sum_{i \in \Phi_c} P_R h_i \left\| x_i \right\|^{-\alpha}}{I_{R,\text{Ru}}^{\text{Cluster}} + I_{M,\text{Ru}}} \tag{3-30}
$$

其中，$\Phi_c = \{x_c : x \in \Phi_R, \forall x \in B(U,R) \cap \Phi_R\}$ 表示在用户半径为R的范围内RRH所组成的集合，$I_{R,\text{Ru}}^{\text{Cluster}} = \sum_{i \in \Phi_R \setminus \Phi_c} P_R g_i r_i^{-\alpha}$ 表示来自簇外的RRH造成的同层干扰，$I_{M,\text{Ru}} = \sum_{j \in \Phi_M} P_M g_j l_j^{-\alpha}$ 表示来自MBS的跨层干扰。

用户在接入RRH协作簇后的遍历容量由定理 3-3 给出。

定理 3-3 在基于服务优先级的接入策略下，用户接入RRH协作簇后的遍历容量可以表示为：

$$C_{\mathrm{RRH}}^{\mathrm{Cluster}}=\int_0^{\infty}\frac{1}{s}\exp\left(-\pi\lambda_M C(\alpha)(P_M s)^{\frac{2}{\alpha}}\right)\left[\exp\left(-2\pi\lambda_R\int_R^{\infty}\frac{P_R s v}{v^{\alpha}+P_R s}\mathrm{d}v\right)-\exp\left(-\pi\lambda_R C(\alpha)(P_R s)^{\frac{2}{\alpha}}\right)\right]\mathrm{d}s \tag{3-31}$$

其中，$C(\alpha)=\dfrac{2\pi\csc(2\pi/\alpha)}{\alpha}$。

证明：由遍历容量的定义可以得出：

$$\begin{aligned}
C_{\mathrm{RRH}}^{\mathrm{Mark}}&=E\left[\ln\left(1+\frac{\sum_{i\in\Phi_c}P_R h_i\|x_i\|^{-\alpha}}{I_{R,\mathrm{Ru}}^{\mathrm{Cluster}}+I_{M,\mathrm{Ru}}}\right)\right]\\
&\overset{(a)}{=}E\left[\int_0^{\infty}\frac{\mathrm{e}^{-z}}{z}\left(1-\exp\left(-\frac{z\sum_{i\in\Phi_c}P_R h_i\|x_i\|^{-\alpha}}{I_{R,\mathrm{Ru}}^{\mathrm{Cluster}}+I_{M,\mathrm{Ru}}}\right)\right)\mathrm{d}z\right]\\
&\overset{(b)}{=}E_{\Phi,h,g}\left[\int_0^{\infty}\frac{1}{s}\exp\left(-s\left(I_{R,\mathrm{Ru}}^{\mathrm{Cluster}}+I_{M,\mathrm{Ru}}\right)\right)\left[1-\exp\left(-s\sum_{i\in\Phi_c}P_R h_i\|x_i\|^{-\alpha}\right)\right]\mathrm{d}s\right]\\
&\overset{(c)}{=}\int_0^{\infty}\frac{1}{s}\left\{E_{\Phi,h,g}\left[\exp\left(-s\left(I_{R,\mathrm{Ru}}^{\mathrm{Cluster}}+I_{M,\mathrm{Ru}}\right)\right)-\exp\left(-s\left(I_{M,\mathrm{Ru}}+\sum_{i\in\Phi_R}P_R h_i\|x_i\|^{-\alpha}\right)\right)\right]\right\}\mathrm{d}s\\
&\overset{(d)}{=}\int_0^{\infty}\frac{1}{s}\left\{\mathcal{L}_{I_{R,\mathrm{Ru}}^{\mathrm{Cluster}}}(s)\mathcal{L}_{I_{M,\mathrm{Ru}}}(s)-\mathcal{L}_{I_{M,\mathrm{Ru}}}(s)\mathcal{L}_{\sum_{i\in\Phi_R}P_R h_i\|x_i\|^{-\alpha}}(s)\right\}\mathrm{d}s\\
&\overset{(e)}{=}\int_0^{\infty}\frac{1}{s}\exp\left(-\pi\lambda_M C(\alpha)(P_M s)^{\frac{2}{\alpha}}\right)\left[\exp\left(-2\pi\lambda_R\int_R^{\infty}\frac{P_R s v}{v^{\alpha}+P_R s}\mathrm{d}v\right)-\exp\left(-\pi\lambda_R C(\alpha)(P_R s)^{\frac{2}{\alpha}}\right)\right]\mathrm{d}s
\end{aligned} \tag{3-32}$$

其中，步骤（a）由对数函数期望的定义 $E\left[\ln(1+A)\right]=\int_0^{\infty}\frac{1}{z}\left(1-\mathrm{e}^{-Az}\right)\mathrm{d}z$ 得出；步骤（b）由变量替换 $s=z\cdot(I_{R,\mathrm{Ru}}+I_{M,\mathrm{Ru}})$ 得到；步骤（c）通过簇内RRH节点加簇外RRH节点得到RRH全集从而得出，即 $\Phi_c\cup\{\Phi_R/\Phi_c\}=\Phi_R$；步骤（d）由拉式变换的定义得出；步骤（e）由拉式变换 $\mathcal{L}_{I_{M,\mathrm{Ru}}}(s)$、$\mathcal{L}_{I_{R,\mathrm{Ru}}^{\mathrm{Cluster}}}(s)$ 和 $\mathcal{L}_{\sum_{i\in\Phi_R}P_R h_i\|x_i\|^{-\alpha}}(s)$ 得出，分别为：

$$\mathcal{L}_{I_{M,\mathrm{Ru}}}(s)=\exp\left(-\pi\lambda_M C(\alpha)(P_M s)^{\frac{2}{\alpha}}\right)$$
$$\mathcal{L}_{I_{R,\mathrm{Ru}}^{\mathrm{Cluster}}}(s)=\exp\left(-2\pi\lambda_R\int_R^{\infty}\frac{P_R s v}{v^{\alpha}+P_R s}\mathrm{d}v\right) \tag{3-33}$$
$$\mathcal{L}_{\sum_{i\in\Phi_R}P_R h_i\|x_i\|^{-\alpha}}(s)=\exp\left(-\pi\lambda_R C(\alpha)(P_R s)^{\frac{2}{\alpha}}\right)$$

拉式变换的推导与之前推导类似，为节省篇幅在此省略。

至此，定理 3-3 证毕。

另一方面，对于低优先级的用户选择接入MBS，其遍历容量由定理 3-4 给出。

定理 3-4　在基于服务优先级的用户接入策略下，用户接入MBS的遍历容量可以表示为：

$$C_{\mathrm{MBS}}^{\mathrm{Mark}}=\int_{\theta>0}\frac{1}{1+\rho(\theta,\alpha)+(\lambda_R/\lambda_M)C(\alpha)(P_R\theta/P_M)^{2/\alpha}}\mathrm{d}\theta \tag{3-34}$$

证明：类似于基于最强接收信号强度接入策略下的遍历容量推导过程，根据遍历容量的定义，有如下表达式：

$$\begin{aligned}
C_{\mathrm{MBS}}^{\mathrm{Mark}}&=E\left[\ln\left(1+\frac{P_M h_M\|x_M\|^{-\alpha}}{I_{M,\mathrm{Mu}}+I_{R,\mathrm{Mu}}}\right)\right]=\int_{l>0}\int_{t>0}\Pr\left(\ln\left(1+\frac{P_M h_M l^{-\alpha}}{I_{M,\mathrm{Mu}}+I_{R,\mathrm{Mu}}}\right)>t\right)f_{l_M}(l)\mathrm{d}t\mathrm{d}l\\
&\overset{(a)}{=}\int_{l>0}\int_{\theta>0}\Pr\left(\frac{P_M h_M l^{-\alpha}}{I_{M,\mathrm{Mu}}+I_{R,\mathrm{Mu}}}>\theta\right)\frac{f_{l_M}(l)}{1+\theta}\mathrm{d}\theta\mathrm{d}l\\
&\overset{(b)}{=}\int_{\theta>0}\int_{l>0}E\left[\exp\left(-\frac{l^{\alpha}\theta I_{M,\mathrm{Mu}}}{P_M}\right)\right]E\left[\exp\left(-\frac{l^{\alpha}\theta I_{R,\mathrm{Mu}}}{P_M}\right)\right]\cdot\\
&\quad 2\pi l\lambda_M\exp\left(-\pi l^2\lambda_M\right)\mathrm{d}l\mathrm{d}\theta\\
&\overset{(c)}{=}\int_{\theta>0}\int_0^{\infty}\mathcal{L}_{I_{M,\mathrm{Mu}}}(s')\mathcal{L}_{I_{R,\mathrm{Mu}}}(s')2\pi l\lambda_M\exp\left(-\pi l^2\lambda_M\right)\mathrm{d}l\mathrm{d}\theta\\
&\overset{(d)}{=}\int_{\theta>0}\int_0^{\infty}\exp\left(-\pi l^2\lambda_M\rho(\theta,\alpha)\right)\exp\left(-\pi l^2\lambda_R C(\alpha)(P_R\theta/P_M)^{\frac{2}{\alpha}}\right)\cdot\\
&\quad 2\pi l\lambda_M\exp\left(-\pi l^2\lambda_M\right)\mathrm{d}l\mathrm{d}\theta\\
&=\int_{\theta>0}\frac{1}{1+\rho(\theta,\alpha)+(\lambda_R/\lambda_M)C(\alpha)(P_R\theta/P_M)^{\frac{2}{\alpha}}}\mathrm{d}\theta
\end{aligned} \tag{3-35}$$

其中，步骤（a）是根据变量替换 $\theta=\mathrm{e}^t-1$ 得到的；步骤（b）是由信道衰落

$h_M \sim \exp(1)$以及MBS基站距离分布 $f_{l_M}(l)=2\pi l\lambda_M\exp\left(-\pi l^2\lambda_M\right)$得到的；步骤（c）是根据拉氏变换定义得到的，$s'=l^\alpha I_{R,\mathrm{Mu}}/P_M$；步骤（d）由拉氏变换 $\mathcal{L}_{I_{M,\mathrm{Mu}}}(s')$和 $\mathcal{L}_{I_{R,\mathrm{Mu}}}(s')$得到，相应的推导过程与前文类似，在此省略。

至此，定理 3-4 证毕。

将式（3-34）和式（3-31）代入式（3-29），可以得到基于服务优先级用户接入策略下的遍历容量。通过表达式可以看出，影响遍历容量的主要因素包括RRH与MBS节点的分布密度、发射功率和路径损耗因子。在实际网络中，各节点发射功率和与外部环境有关的路径损耗因子都相对固定，这时遍历容量性能仅与RRH和MBS的密度比有关，这条结论可以指导云无线接入网的工程施工部署，更好地为用户提供服务。

（3）基于缓存位置优先接入的性能分析

最后，分析基于缓存位置的接入性能。在当今的日常生活中，用户越来越多地参与到视频下载共享当中，将热点视频缓存在网络边缘可以有效缓解集中式云服务器和前传链路的负载，从而减少传输时延。

假设共有 N 个视频文件缓存在集中式云服务器中。每个升级后的MBS基站可以缓存一部分视频文件到其本地的存储单元上，假设MBS的存储单元大小可以存储 C_M（$C_M<N$）个视频文件，且已有研究发现，用户更偏向于对热门的视频文件进行下载。也就是说 N 个视频文件中只有小部分被绝大多数用户高频下载[7]。因此，可以对流行视频的需求概率建模为Zipf分布，表示为：

$$f_i(\sigma,N)=\frac{1/i^\sigma}{\sum_{k=1}^{N}1/k^\sigma} \tag{3-36}$$

其中，i 表示文件的流行程度标号，标号越小，视频文件越流行，拥有更高的被用户请求的概率，即 $f_i(\sigma,N)>f_j(\sigma,N)$，$i<j$，Zipf分布参数 $\sigma>0$ 控制着用户对流行文件的请求集中性，σ 取值越大代表用户所请求的文件越集中于少量的热门流行视频文件。

在基于缓存位置的接入策略下，用户更优先接入具有所需视频文件的节点，这时需要首先获知文件缓存概率（Content Caching Probability）。文件缓存概率定义为用户可以在其所接入的节点内获得所需视频的概率，也就是 $p_c^x=\Pr(V\in C_x)$，其中 x 表示用户所接入的节点类型，V 表示用户所需视频文件。假设所有MBS都从集中式云服务器缓存当前最热门的视频文件，则文件缓存概率可以表示为：

$$p_c^M = \Pr(V \in C_M) = \sum_{i=1}^{C_M} f_i(\sigma, N) \tag{3-37}$$

在获得文件缓存概率之后，可以进一步得到在基于缓存位置接入策略下的用户接入不同类型节点的概率。由于用户选择接入最近MBS的条件为：用户可以在MBS存储单元内找到所需视频文件 V 且用户SIR也大于传输门限，因此用概率可以表示为：

$$\Pr\left(V \in C_M, \gamma_M \geqslant T\right) = p_{\text{MBS}}^{\text{Cache}} = p_c^{\text{MBS}} P_{\text{MBS}}^{\text{Cache}} \tag{3-38}$$

其中，$P_{\text{MBS}}^{\text{Cache}}$ 表示用户接入MBS时的成功传输概率。

若用户没有在MBS找到所需视频文件或不满足传输条件，则进一步通过RRH协作簇的形式，经前传链路从云服务器获取所需文件 V ，因此用户选择RRH协作簇接入的概率为：

$$p_{\text{Cluster}}^{\text{Cache}} = \left(1 - p_c^{\text{MBS}} P_{\text{MBS}}^{\text{Cache}}\right) \tag{3-39}$$

类似于前两种接入策略的遍历容量定义，基于缓存位置优先接入策略下的遍历容量可以定义为：

$$C^{\text{Cache}} = p_{\text{MBS}}^{\text{Cache}} C_{\text{MBS}}^{\text{Cache}} + p_{\text{Cluster}}^{\text{Cache}} C_{\text{Cluster}}^{\text{Cache}} \tag{3-40}$$

其中，$C_{\text{Cluster}}^{\text{Cache}}$ 表示用户接入RRH簇的遍历容量，有关 $C_{\text{Cluster}}^{\text{Cache}}$ 的推导过程可以参照定理 3-3，$C_{\text{MBS}}^{\text{Cache}}$ 表示用户接入MBS时，在SIR满足传输门限条件下的条件遍历容量，可以定义为 $C_x^{\text{Cache}} = E\left[\ln\left(1+\gamma_x\right) | \gamma_x \geqslant T\right]$ ，单位为nat/(s·Hz)，接下来对 $C_{\text{MBS}}^{\text{Cache}}$ 进行求解。

对于用户选择接入MBS的条件遍历容量由定理 3-5 给出。

定理 3-5 在基于缓存位置的用户接入策略下，用户接入RRH的遍历容量可以表示为：

$$C_{\text{MBS}}^{\text{Cache}} \approx \int_{\ln T}^{\infty} P_{\text{MBS}}^{\text{Cache}} \mathrm{e}^{\theta} \mathrm{d}\theta + \ln T \cdot P_{\text{MBS}}^{\text{Cache}} \tag{3-41}$$

证明：首先对 $P_{\text{MBS}}^{\text{Cache}}$ 进行推导，在基于缓存位置的用户接入策略下用户可选择接入其最近的MBS，因此在此范围内的RRH到用户距离分布已知，进而 $P_{\text{MBS}}^{\text{Cache}}$ 可以表示为：

$$P_{\text{MBS}}^{\text{Cache}} = \frac{1}{1 + \rho(T, \alpha) + \dfrac{\lambda_R}{\lambda_M} C(\alpha) \left(\dfrac{P_R T}{P_M}\right)^{2/\alpha}} \tag{3-42}$$

其推导过程与之前的成功覆盖概率类似，为节约篇幅在此省略。

令 $W=\ln T$ 以及 $A=\ln(1+\gamma_R)$，则根据条件遍历容量的定义可以得到：

$$\begin{aligned}E\left[A\middle|A\geqslant W\right]&=\int_W^\infty tf_A(t)\mathrm{d}t=\int_W^\infty\int_0^t f_A(t)\mathrm{d}a\mathrm{d}t\\&=\int_0^W\int_W^\infty f_A(t)\mathrm{d}t\mathrm{d}a+\int_W^\infty\int_a^\infty f_A(t)\mathrm{d}t\mathrm{d}a\\&=\int_0^W\Pr(A\geqslant W)\mathrm{d}a+\int_W^\infty\Pr(A\geqslant a)\mathrm{d}a\\&=W\Pr(A\geqslant W)+\int_W^\infty\Pr(A\geqslant a)\mathrm{d}a\end{aligned}\tag{3-43}$$

将式（3-42）代入式（3-43），整理后可得出定理 3-5 的结论，至此，定理 3-5 证毕。

尽管式（3-41）遍历容量结果并非闭式表达式，但该公式中只包含一重积分，易于进行数值求解。并且，在 $\alpha=4$ 且SIR门限大于 1 的特殊条件下，可以进一步化简为具有闭式解的情况。以推论 3-1 的形式给出。

推论 3-1 在 $\alpha=4$ 且SIR门限大于 1 的特殊条件下，用户接入MBS的遍历容量可以表示为：

$$C_{\mathrm{MBS}}^{\mathrm{Cache},\alpha=4,T>1}=\frac{4+2\ln T}{\pi\sqrt{T}\left(1+\dfrac{\lambda_R}{\lambda_M}\sqrt{\dfrac{P_R}{P_M}}\right)}\tag{3-44}$$

证明：首先对式（3-42）在 $\alpha=4$ 且SIR门限大于 1 的条件下进行化简，可以表示为：

$$\begin{aligned}P_{\mathrm{MBS}}^{\mathrm{Cache},\alpha=4,T>1}&=\frac{1}{1+\rho(T,\alpha)+\dfrac{\lambda_R}{\lambda_M}C(\alpha)\left(\dfrac{P_RT}{P_M}\right)^{2/\alpha}}=\frac{1}{1+\sqrt{T}\displaystyle\int_{1/\sqrt{T}}^\infty\frac{1}{1+v^2}\mathrm{d}v+\dfrac{\pi\lambda_R}{2\lambda_M}\sqrt{\dfrac{P_RT}{P_M}}}\\&=\frac{1}{1+\sqrt{T}\left[\dfrac{\pi}{2}-\arctan\left(1/\sqrt{T}\right)\right]+\dfrac{\pi\lambda_R}{2\lambda_M}\sqrt{\dfrac{P_RT}{P_M}}}\overset{(\mathrm{a})}{\approx}\frac{1}{1+\sqrt{T}\left[\dfrac{\pi}{2}-\left(1/\sqrt{T}\right)\right]+\dfrac{\pi\lambda_R}{2\lambda_M}\sqrt{\dfrac{P_RT}{P_M}}}\\&=\frac{2}{\pi\sqrt{T}\left(1+\dfrac{\lambda_R}{\lambda_M}\sqrt{\dfrac{P_R}{P_M}}\right)}\end{aligned}\tag{3-45}$$

其中，步骤（a）根据三角函数性质，在角度 A 小于 1 的情况下，反正切函数可以近似于 $\arctan A\approx A$，因此，在信干比传输判别门限 $T>1$ 的条件下可以得出 $\arctan\left(1/\sqrt{T}\right)\approx 1/\sqrt{T}$。

再将式（3-45）代入式（3-43），可以进一步化简为：

$$\begin{aligned}C_{\mathrm{MBS}}^{\mathrm{Cache},\alpha=4,T>1}&=\int_{\ln T}^{\infty}\frac{2}{\pi \mathrm{e}^{\frac{\theta}{2}}\left(1+\sqrt{P_R/P_M}\left(\lambda_R/\lambda_M\right)\right)}\mathrm{d}\theta+\ln(T)P_{\mathrm{MBS}}^{\mathrm{Cache},\alpha=4,T>1}\\&\approx\frac{4}{\pi\sqrt{T}\left(1+\frac{\lambda_R}{\lambda_M}\sqrt{\frac{P_R}{P_M}}\right)}+\frac{2\ln T}{\pi\sqrt{T}\left(1+\frac{\lambda_R}{\lambda_M}\sqrt{\frac{P_R}{P_M}}\right)}\\&=\frac{4+2\ln T}{\pi\sqrt{T}\left(1+\frac{\lambda_R}{\lambda_M}\sqrt{\frac{P_R}{P_M}}\right)}\end{aligned}\tag{3-46}$$

至此，推论 3-1 证毕。

3.1.3 数值仿真分析

采用MATLAB仿真软件对基于3种不同用户接入策略下的H-CRAN性能理论结果进行验证，并分析RRH节点密度、SIR门限等网络参数对性能的影响。仿真场景考虑如图 3-1 所示的异构云无线接入网，为了便于分析，在仿真中忽略噪声的影响，并且假设在半径为 1 km的距离内MBS基站与RRH位置服从独立的PPP分布，同时两层网络具有相同的路径损耗因子。其他主要参数设置见表 3-1。

表 3-1　参数设置

参数	含义	默认值
λ_M	MBS 密度	5×10^{-5} 个/m²
λ_R	RRH 密度	$1\times10^{-4}\sim4\times10^{-4}$ 个/m²
λ_u	用户密度	$1\times10^{-4}\sim3\times10^{-4}$ 个/m²
α	路径损耗因子	4
P_M	MBS 发射功率	43 dBm
P_R	RRH 发射功率	23 dBm
N	热门文件数量	1 000
C_M	MBS 缓存空间	200~800
τ	接入偏移值	0~1

图 3-3 中对基于接收信号强度接入策略的H-CRAN中断概率和不同SIR门限的

关系进行了仿真验证，其中，RRH密度为 2×10^{-4} 个/m^2，接入偏移值设定为固定值 $\tau=0.316$。从图 3-3 中可以看出，蒙特卡洛仿真与理论分析结果可以很好地拟合，从而可以证明在第 3.1.2 节中对式（3-12）的推导。另一方面，图 3-3 中对不同路径损耗系数下的中断概率进行了对比，不难看出随着路径损耗系数的升高，H-CRAN下的中断概率是递减的，这是因为路径损耗因子同时影响着用户接收SIR表达式中的信号项与干扰项，两者相比对干扰项的影响更大，因此随着路径损耗的增加，较远处RRH和MBS基站的干扰信号就会相应减少，从而使用户受到的整体干扰信号水平降低。

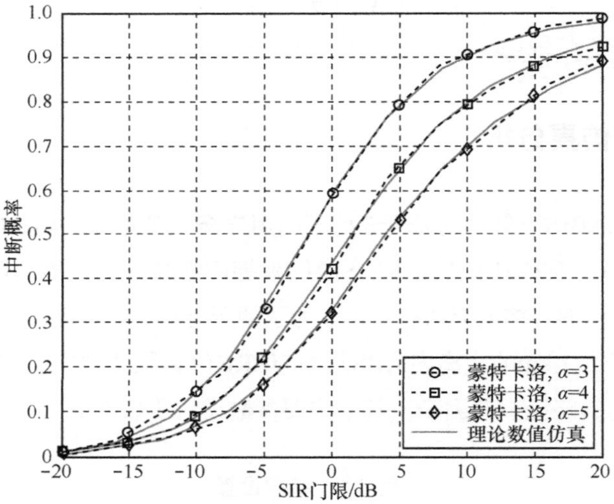

图 3-3 基于最佳接收功率策略下中断概率和不同 SIR 门限的关系

图 3-4 比较了基于接收信号强度接入与基于服务优先级接入两种用户接入策略下的H-CRAN系统遍历容量，其中，协作簇半径固定为 50 m。从图 3-4 中可以看出，采用蒙特卡洛仿真的曲线和采用式（3-20）以及式（3-31）和式（3-34）进行理论仿真的曲线可以很好地吻合，从而证明了推导的正确性。另一方面也可以看出，当RRH密度增加时基于服务优先级接入策略的遍历容量会迅速上升，而基于接收信号强度接入策略的遍历容量却随着RRH密度的增加而增长缓慢。

此外，当RRH密度较低时，基于接收信号强度接入策略会优于基于服务优先级的接入策略。这是因为当RRH密度较低时，基于服务优先级策略下的用户接入协作簇的竞争会更加激烈，导致更多的用户优于服务优先级靠后而只能接入提供一般服务

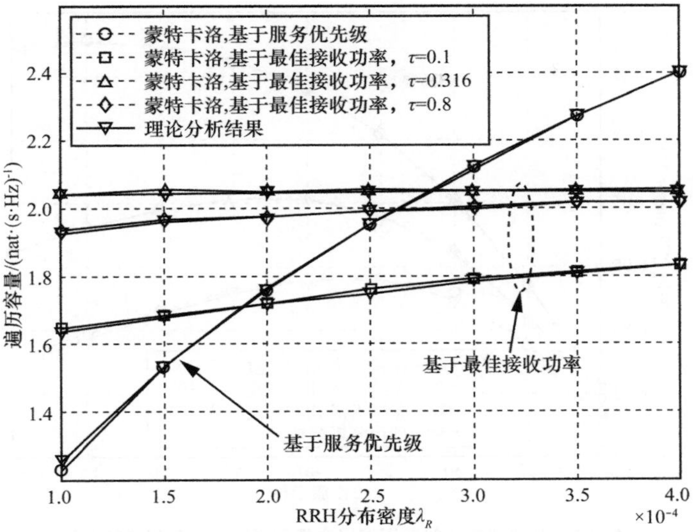

图 3-4 两种接入策略下遍历容量和不同 RRH 密度的关系

的MBS基站，从而使整体性能降低，而在基于接收信号强度的接入策略下，用户无论是RRH还是MBS，总可以选择最佳的节点，故而受节点密度影响很小。通过比较接入偏移值可以发现，当偏移值$\tau=\left(P_R/P_M\right)^{1/\alpha}\approx 0.316$时，基于接收信号强度接入的策略可以获得最佳的容量性能，且不受RRH密度的影响。综上所述，在H-CRAN实际部署时，建议在RRH密度较低时采用基于接收信号强度的接入策略，而在RRH密度较高时采用基于服务优先级的接入策略。

图 3-5 比较了基于服务优先级接入策略下H-CRAN遍历容量和不同协作簇半径的关系。从图 3-5 中可以看出，在基于服务优先级接入策略下的遍历容量性能随着协作簇半径的增加先增长后减少。这是因为随着协作簇半径的增加，在簇内会有更多的RRH参与协作为用户传输，但同时也加剧了簇内高优先级用户间的竞争，导致用户有更高的概率只能选择接入MBS基站。通过仿真可以看出，在协作簇半径较小时，协作传输带来的优势占主导地位，从而导致整体容量性能的提升，而当RRH协作簇过大时，用户竞争带来的性能下降占主导地位，因此导致整体性能的下降。

另一方面，通过比较用户密度和容量的关系可以看出，用户的遍历容量性能随着用户密度的增长反而减小。这同样因为在相同协作簇半径下，越多的用户数量会导致越激烈的优先级竞争，使得就每个用户而言有更大概率只能从MBS基站处获得

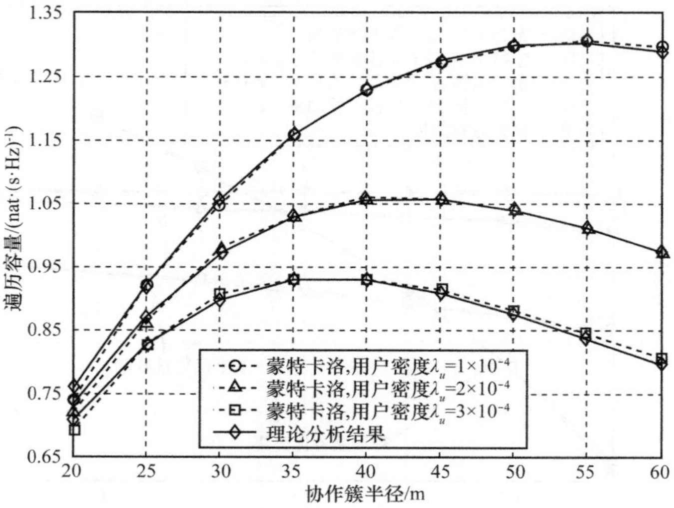

图 3-5　优先级接入策略下遍历容量和不同协作簇半径的关系

一般服务，由式（3-21）可知，此时低速的MBS容量占主导地位，从而使得用户整体的容量性能下降。但应当注意的是，由于用户数增长网络整体吞吐量依然会增长，以协作半径 35 m时为例，此时将用户密度 3×10^{-4} 个/m^2 与 1×10^{-4} 个/m^2 相比，容量下降 17%，但相应的用户数增长 3 倍，因此网络整体吞吐量会增长。

综上所述，在H-CRAN实际部署时，要充分考虑用户密度和协作簇半径对基于服务优先级策略性能的影响，将协作簇半径设置在恰当的数值以获得最优的容量性能。

图 3-6 仿真了H-CRAN中协作簇半径在不同的MBS边缘缓存空间下与遍历容量之间的关系。其中，RRH的密度固定为 2×10^{-4} 个/m^2，RRH与MBS基站的SIR门限均为 1。从图 3-6 可以看出，随着MBS基站所存储的文件增多以及参与协作的RRH数量增多，系统的遍历容量也随之增长。通过更具体地横向对比 $C_M=200$ 和 $C_M=500$ 两条仿真曲线可以看出，在相同遍历容量的情况下，MBS基站多存储 300 个文件的效果约等于参与协作的簇半径增长 5 m，这种趋势随着遍历容量的增长更加明显。但另一方面也要注意到，随着MBS存储的缓存数继续增高到 $C_M=500$ 和 $C_M=800$，两者的差距就不再特别明显。因此在H-CRAN进行基于缓存位置接入时，需要注意边缘缓存文件数与协作簇半径之间的相互影响，找到两者之间的平衡点。

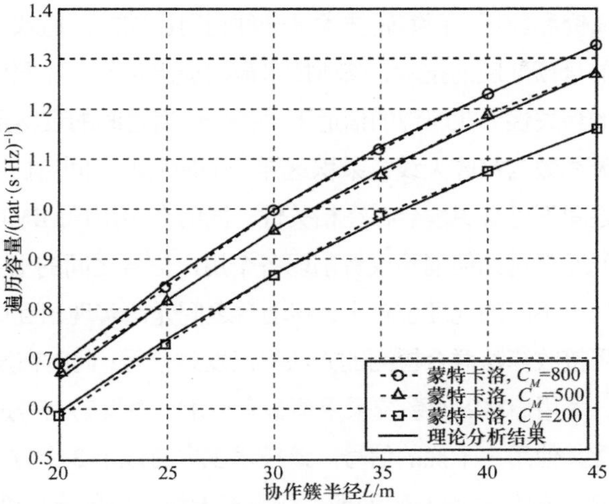

图 3-6　基于缓存位置接入策略下遍历容量与不同协作簇半径的关系

3.2　基于预编码策略的中断概率性能

在分析H-CRAN性能之前，首先需要对系统信道衰落进行建模。一般来说，信道衰落包括大尺度衰落和小尺度衰落两个部分，其中大尺度衰落反映在相对较大的距离上所引起的平均接收功率的变化情况，而小尺度衰落则主要表征由于信号的多径传播效应所导致的接收平均功率在波长数量级距离上的变化情况。大尺度衰落包括路径损耗和阴影效应，为简化研究暂时忽略阴影效应带来的影响，将大尺度衰落简单地建模为标准路径损耗模型。同时考虑到小尺度衰落对复杂多样的信道传播环境比较敏感，不同的信道传播环境会对接收信号产生不同程度的影响，因而小尺度衰落的建模也是多种多样的，由于不同的小尺度衰落建模分析方法是一样的，故采用瑞利衰落模型来反映无线网络的信道传播环境，本节的研究重点在于分析宏基站端采用不同预编码方法的性能差异。

3.2.1　预编码技术

现代无线通信对数据传输速率提出了越来越高的要求，这促进了新型和复杂的信号处理技术的研究和应用。预编码技术是一种利用已知的信道状态信息，在发送端对发送符号进行信号预处理的技术，该项技术最初提出是为了克服单用户MIMO系统下各个信道之间的相关性。在理想的信道下，各个信道之间的衰落是相互独立的，系统可以获得发射天线数与接收天线数乘积这样一个最大的空间自由度；而在实际的信道中，各个天线之间不可避免地会存在相关性；同时在多用户MIMO系统中，还需要考虑的一个主要问题就是如何消除或者削弱各个用户信号之间的相互干扰。在下行链路中各移动台分散于不同的地理位置上，移动台之间无法实现相互协作，因此无法像上行链路那样采用接收算法联合检测的方法得出发射信号；此时在发射端利用估计到的信道状态信息，多用户MIMO系统采用预编码技术，对发射信号进行预处理，使得接收端接收到不受其他用户干扰的信号。该技术主要有以下 3 个方面的优势。

一是通过发射端的信号预编码处理，利用多天线提供的方向性增益使得不同用户之间的信道满足正交性，因而可以有效地消除多用户之间的干扰，从而大大提高系统容量。

二是通过采用预编码的方式极大地简化了接收机的算法，将消除干扰的任务放在基站端，避免了移动台体积过大的问题，同时也解决了移动台的功耗问题，使得移动台的部署更加方便快捷，并且带来了较强的移动便利性。

三是由于发射端可以知道各用户的信道状态信息，在获得理想的信道状态信息后，编码器将输入信号解相关为相互正交的子数据流，并使之与新到的特征方向相匹配。在发射端利用反馈干扰抵消的方法使得误码扩散问题得以克服，达到网络性能优化的目的。

脏纸编码是一种比较常见的非线性预编码方法，在信息发送之前已经了解了信道的基本情况，经过发射端处理的接收端不存在干扰，但是这种预编码方式的复杂度较高，在实际的设计过程中也比较困难，因此实际通信系统一般采用线性编码。迫零（ZF）编码是一种次优的线性预编码算法，这种算法通过将预编码矩阵设置为信道矩阵的零空间子集来达到消除小区间干扰的目的，如果在发送端收集到的信道状态信息近乎理想时，迫零预编码方法的性能接近于理论最大系统容量。

3.2.2 系统模型

本节描述了不同预编码策略下的H-CRAN的中断概率。如图 3-7 所示，考虑一

个H-CRAN的下行传输系统，包含一个宏基站（MBS）和 M 个远端无线射频端（RRH）：在一段特定的无线资源块，MBS服务 K 个宏基站用户（MUE），每个MUE配置单天线；每个RRH服务一个RRH终端用户（RUE），并且每个RRH与其服务的RUE用同样的标记表示。为了服务多个MUE，并有效抑制下行链路中RUE受到的层间干扰，宏基站配备 N_{B} 根天线。其中，MBS每根天线的传输功率表示为 P_M，RRH的发射功率表示为 P_R，对于第 j 个MUE和第 i 个RUE的发射信号分别表示为 s_{M_j} 和 s_i，并且满足归一化条件：$E\left[\left\|s_{M_j}\right\|^2\right]=E\left[\left\|s_i\right\|^2\right]=1$，那么第 k 个MUE和第 i 个RUE接收到的信号分别表示为：

$$\begin{aligned}
y_{\mathrm{MM}_k} &= \sum_{j}^{K}\sqrt{P_M}h_{\mathrm{MM}_k}w_j s_{M_j} + \sum_{i}^{M}\sqrt{P_R}h_{R_iM_k}s_i + n_{\mathrm{MM}_k} \\
y_{\mathrm{RR}_i} &= \sqrt{P_R}g_{\mathrm{RR}_i}s_i + \sum_{j}^{K}\sqrt{P_M}g_{\mathrm{MR}_i}w_j s_{M_j} + n_{\mathrm{RR}_i}
\end{aligned} \tag{3-47}$$

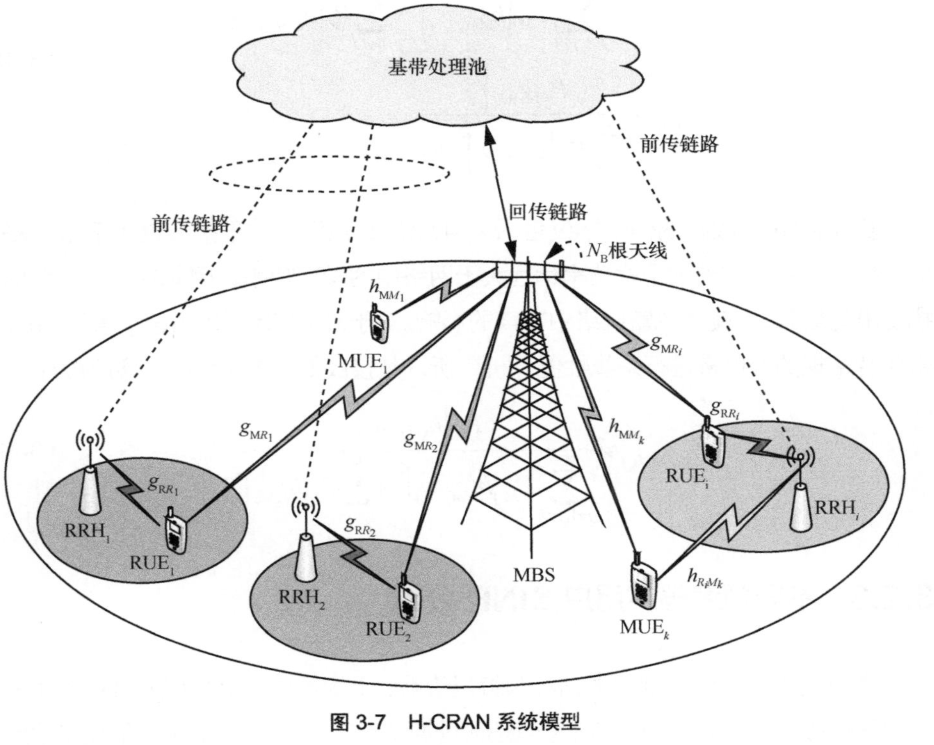

图 3-7　H-CRAN 系统模型

其中，$h_{\mathrm{MM}_k} \in C^{1\times N_\mathrm{B}}$ 表示从MBS到第 k 个MUE的无线链路信道信息，$h_{R_iM_k}$ 表示从第 i 个RRH到第 k 个MUE的干扰链路信道信息，$g_{\mathrm{MR}_i} \in C^{1\times N_\mathrm{B}}$ 表示从MBS到第 i 个RUE之间的干扰链路，g_{RR_i} 表示第 i 个RRH到第 i 个RUE的无线链路。考虑前传链路的情况，通过BBU池的协作式信号处理，RRH之间的干扰可以忽略。为了简化分析，假设无线链路经历瑞利分布，因此 h_{MM_k} 和 g_{MR_i} 中的每个元素服从 $\mathrm{CN}(0,1)$ 分布，即 $h_{R_iM_k} \sim \mathrm{CN}(0,1)$，$g_{\mathrm{RR}_i} \sim \mathrm{CN}(0,1)$，同时 n_{MM_k} 和 n_{RR_i} 分别是第 k 个MUE和第 i 个RUE经历的独立加性高斯白噪声，均值为 0、方差为 1，即 $n_{\mathrm{MM}_k} \sim \mathrm{CN}(0,1)$、$n_{\mathrm{RR}_i} \sim \mathrm{CN}(0,1)$。$w_j \in C^{N_\mathrm{B}\times 1}$ 表示MBS端对 j 个MUE户采用的预编码向量。

根据式（3-47），第 k 个MUE和第 i 个RUE接收信号的信干噪比（SINR）可以表示为：

$$\gamma_{\mathrm{MM}_k} = \frac{P_M \left| h_{\mathrm{MM}_k} w_k \right|^2}{\sum\limits_{j=1, j\neq k}^{K} P_M \left| h_{\mathrm{MM}_k} w_j \right|^2 + \sum\limits_{i=1}^{M} P_R \left| h_{R_iM_k} \right|^2 + 1}$$

$$\gamma_{\mathrm{RR}_i} = \frac{P_R \left| g_{\mathrm{RR}_i} \right|^2}{\sum\limits_{j=1}^{K} P_M \left| g_{\mathrm{MR}_i} w_j \right|^2 + 1} \tag{3-48}$$

由于MUE接收到的信号不仅包括来自MUE其他用户的干扰，也包括来自RRH的干扰，导致接收到的干扰功率远远大于网络中的噪声功率，因此本节中将考虑干扰受限的场景，也就是忽略网络中噪声的影响。对于MUE来说，采用信干噪比（SINR）来代替常规的SNR来进行系统性能分析，所以其接收信号的SINR可以近似为：

$$\gamma_{\mathrm{MM}_k} \approx \frac{P_M \left| h_{\mathrm{MM}_k} w_k \right|^2}{\sum\limits_{j=1, j\neq k}^{K} P_M \left| h_{\mathrm{MM}_k} w_j \right|^2 + \sum\limits_{i=1}^{M} P_R \left| h_{R_iM_k} \right|^2} \tag{3-49}$$

3.2.3 不同预编码下用户 SINR 分布

本节主要描述MBS部署的两种预编码策略：干扰协调（IC）和波束成形（BF），其中干扰协调（IC）策略的核心思想是通过抑制对其他MUE和RUE的干扰来达到增强性能增益的目的，而波束成形（BF）的目的在于最大化期望用户接收到的有用信号强度，而不是通过消除收到的干扰信号功率。接下来分别分析这两种策略下MUE和RUE端接收信号SINR的分布。

（1）干扰协调（IC）策略下用户端接收信号的SINR分布

在MBS部署IC策略，预编码向量 w_k 的设计是为了完全消除对其他MUE和RUE的干扰，即 $w_k \in \mathrm{Null}(\tilde{G}_k)$，其中 $\tilde{G}_k = [g_{\mathrm{MR}_1}^{\mathrm{H}},\cdots,g_{\mathrm{MR}_M}^{\mathrm{H}},h_{\mathrm{MM}_1}^{\mathrm{H}},\cdots,h_{\mathrm{MM}_{k-1}}^{\mathrm{H}},\quad h_{\mathrm{MM}_{k+1}}^{\mathrm{H}},\cdots,h_{\mathrm{MM}_K}^{\mathrm{H}}]^{\mathrm{H}} \in C^{(M+K-1)\times N_{\mathrm{B}}}$，$\mathrm{Null}(\tilde{G}_k) = \{v \in C^{N_{\mathrm{B}}\times 1} : \tilde{G}_k v = 0\}$，其中，$(\cdot)^{\mathrm{H}}$ 表示共轭转置。进而可知，$g_{\mathrm{MR}_i} w_k = 0, h_{\mathrm{MM}_j} w_k = 0\ (\forall j \in K, j \neq k)$。式（3-49）中的 γ_{MM_k} 和式（3-48）中的 γ_{RR_i} 可以分别化简为：

$$
\begin{aligned}
\gamma_{\mathrm{RR}_i}^{\mathrm{IC}} &= P_R \left|g_{\mathrm{RR}_i}\right|^2 \\
\gamma_{\mathrm{MM}_k}^{\mathrm{IC}} &= \frac{P_M \left|h_{\mathrm{MM}_k} w_k\right|^2}{\sum_{i=1}^{M} P_R \left|h_{R_i M_k}\right|^2}
\end{aligned} \tag{3-50}
$$

从式（3-50）得知，$\gamma_{\mathrm{RR}_i}^{\mathrm{IC}} \sim P_R \chi_{\mathrm{RR}_i}^2$，其中，$\chi_{\mathrm{RR}_i}^2$ 表示自由度为 2 的卡方分布的随机变量。如果向量 $\tilde{G}_k$ 的零空间的维度大于 1，也就是说，$\dim(\mathrm{Null}(\tilde{G}_k)) > 1$，那么可以进一步优化预编码向量 w_k 来使得 $\left|h_{\mathrm{MM}_k} w_k\right|^2$ 最大化。那么这个优化问题可以构建为：

$$
\begin{aligned}
w_k^{\mathrm{opt}} &= \arg\max \left|h_{\mathrm{MM}_k} w_k\right|^2 \\
\text{s.t.} \quad & \left\|w_k\right\|^2 = 1, w_k \in \mathrm{Null}(\tilde{G}_k)
\end{aligned} \tag{3-51}
$$

定义 $C_k = \mathrm{Null}(\tilde{G}_k)$，式（3-51）中的优化问题就等同为：

$$
\begin{aligned}
x_k^{\mathrm{opt}} &= \arg\max \left|h_{\mathrm{MM}_k} C_k x\right|^2 \\
\text{s.t.} \quad & \left\|x\right\|^2 = 1
\end{aligned} \tag{3-52}
$$

其中，x满足 $w_k = C_k x$。这个问题的解为 $x_{\mathrm{opt}} = \dfrac{(h_{\mathrm{MM}_k} C_k)^{\mathrm{H}}}{\left\|h_{\mathrm{MM}_k} C_k\right\|}$，即 $w_k^{\mathrm{opt}} = C_k \dfrac{(h_{\mathrm{MM}_k} C_k)^{\mathrm{H}}}{\left\|h_{\mathrm{MM}_k} C_k\right\|}$。

由于 $\left|h_{\mathrm{MM}_k} w_k^{\mathrm{opt}}\right|^2 \sim \chi_{2(N_{\mathrm{B}}-(K+M-1))}^2$，$\left|h_{R_i M_k}\right|^2 \sim \chi_{R_i M_k}^2(2)$，因此IC策略下MBS接收信号SINR的统计分布可以表示为：

$$
\gamma_{\mathrm{MM}_k}^{\mathrm{IC}} \sim \frac{P_M \chi_{2(N_{\mathrm{B}}-(K+M-1))}^2}{P_R \chi_{2M}^2} \tag{3-53}
$$

（2）波束成形（BF）策略下用户端接收信号的SINR分布

在单小区的场景下，波束成形对于多天线系统是最优的。对于第 k 个MUE来说，预编码矩阵 w_k 表示为 $w_k = \frac{h_{MM_k}^{H}}{\left\| h_{MM_k} \right\|}$，进一步得到 $\left| h_{MM_k} w_k \right|^2 \sim \chi_{2N_B}^2$。因为预编码向量 w_j 和信道矩阵 h_{MM_k} 之间是相互独立的，而且 w_j 是单位化的向量，可以得到 $\left| h_{MM_k} w_j \right|^2 \sim \chi_2^2$。采用波束成形预编码策略时，MUE的 γ_{MM_k} 统计特性可以表示为：

$$\gamma_{MM_k}^{BF} \sim \frac{P_M \chi_{2N_B}^2}{P_M \chi_{2(K-1)}^2 + P_R \chi_{2M}^2} \tag{3-54}$$

同时由于 g_{MR_i} 和 w_j 是相互独立的，并且 $\left\| w_j \right\| = 1$，因此可以得到干扰信号的分布 $\left| g_{MR_i} w_j \right|^2 \sim \chi_{MR_i}^2(2)$，进一步可知RUE接收信号的SINR服从以下分布：

$$\gamma_{RR_i}^{BF} \sim \frac{P_R \chi_2^2}{P_M \chi_{2K}^2 + 1} \tag{3-55}$$

3.2.4 两种预编码策略下的系统中断概率

当系统中所有存在的链路，包括连接MBS和连接RRH中任意一条链路中接收SINR值低于SINR阈值时，系统中断发生。本节采用系统中断概率的性能指标来评估两种预编码方案的性能，表示为：

$$\begin{aligned} P_{out} &= \Pr\{\min(\gamma_{MM_1}, \cdots, \gamma_{MM_K}, \gamma_{RR_1}, \cdots, \gamma_{RR_M}) < \gamma_{th}\} \\ &= 1 - \Pr\{\gamma_{MM_1} > \gamma_{th}, \cdots, \gamma_{MM_K} > \gamma_{th}, \gamma_{RR_1} > \gamma_{th}, \cdots, \gamma_{RR_M} > \gamma_{th}\} \end{aligned} \tag{3-56}$$

其中，γ_{th} 是SINR的阈值。

考虑到每一对的发送端和接收端之间的信道元素都是相互独立的，式（3-56）可以写成：

$$\begin{aligned} P_{out} &= 1 - \prod_{k=1}^{K} \Pr\{\gamma_{MM_K} > \gamma_{th}\} \prod_{i=1}^{M} \Pr\{\gamma_{RR_i} > \gamma_{th}\} \\ &= 1 - [1 - P_{\gamma_{MM_k}}(\gamma_{th})]^K [1 - P_{\gamma_{RR_i}}(\gamma_{th})]^M \end{aligned} \tag{3-57}$$

（1）基于IC预编码的系统中断概率

根据IC预编码策略以及不同类型用户（MBS用户MUE和RRH用户RUE）接收信号的SINR分布，可以进一步分析出IC策略下系统的中断概率。

引理 3-1　根据式（3-53）和RUE接收信号的SINR分布，系统中断概率可以表示为：

$$P_{\text{out}}^{\text{IC}}=1-\left[\frac{1}{(M-1)!}\sum_{k=0}^{N_{\text{B}}-K-M}\frac{(a\gamma_{\text{th}})^{k}}{k!}(a\gamma_{\text{th}}+1)^{-(k+M)}\Gamma(k+M)\right]^{K}\text{e}^{-\frac{M\gamma_{\text{th}}}{P_{R}}}\tag{3-58}$$

证明：考虑两个独立的随机变量 X 和 Y，分别满足 $X\sim\chi_{2L}^{2}$ 和 $Y\sim\chi_{2M}^{2}$，则变量 X 的累积分布函数为：

$$F_{X}(x)=1-\text{e}^{-x}\sum_{k=0}^{L-1}\frac{x^{k}}{k!}\tag{3-59}$$

同时变量 Y 的概率密度函数为：

$$f_{Y}(y)=\text{e}^{-y}\frac{y^{M-1}}{(M-1)!}\tag{3-60}$$

定义变量 $Z=\dfrac{X}{aY+b}$，那么变量 Z 的概率密度函数为：

$$\begin{aligned}F_{Z}(z)&=\iint\limits_{0\leqslant\frac{x}{ay+b}\leqslant z}f(x,y)\text{d}x\text{d}y\\&=\int_{0}^{\infty}f_{Y}(y)\int_{0}^{ayz+bz}f_{X}(x)\text{d}x\text{d}y\\&=\int_{0}^{\infty}F_{X}(ayz+bz)f_{Y}(y)\text{d}y\\&=\int_{0}^{\infty}(1-\text{e}^{-(ayz+bz)}\sum_{k=0}^{L-1}\frac{(ayz+bz)^{k}}{k!})\cdot\text{e}^{-y}\frac{y^{M-1}}{(M-1)!}\text{d}y\\&=1-\frac{\text{e}^{-bz}}{(M-1)!}\sum_{k=0}^{L-1}\frac{(az)^{k}}{k!}\sum_{i=0}^{k}C_{k}^{i}\left(\frac{b}{a}\right)^{i}(az+1)^{-(k+M-i)}\Gamma(k+M-i)\end{aligned}\tag{3-61}$$

对于 $\gamma_{\text{MM}_k}\sim\dfrac{P_{M}\chi_{2(N_{\text{B}}-(K+M-1))}^{2}}{P_{R}\chi_{2M}^{2}}$，对应系数可以得知 $a=\dfrac{P_{R}}{P_{M}}$、$b=0$，代入可得：

$$P_{\gamma_{\text{MM}_k}}(\gamma_{\text{th}})=1-\frac{1}{(M-1)!}\sum_{k=0}^{N_{\text{B}}-K-M}\frac{(a\gamma_{\text{th}})^{k}}{k!}(a\gamma_{\text{th}}+1)^{-(k+M)}\Gamma(k+M)\tag{3-62}$$

同时 $\gamma_{\text{RR}_i}\sim P_{R}\chi_{2}^{2}$，那么很容易得到：

$$P_{\gamma_{\mathrm{RR}_i}}(\gamma_{\mathrm{th}})=1-\mathrm{e}^{-\frac{\gamma_{\mathrm{th}}}{P_R}} \tag{3-63}$$

将式（3-62）的 $P_{\gamma_{\mathrm{MM}_k}}(\gamma_{\mathrm{th}})$ 和式（3-63）的 $P_{\gamma_{\mathrm{RR}_i}}(\gamma_{\mathrm{th}})$ 代入式（3-57）后得到：

$$\begin{aligned}P_{\mathrm{out}}^{\mathrm{IC}}&=1-[1-P_{\gamma_{\mathrm{MM}_k}}(\gamma_{\mathrm{th}})]^K[1-P_{\gamma_{\mathrm{RR}_i}}(\gamma_{\mathrm{th}})]^M\\&=1-\left[\frac{1}{(M-1)!}\sum_{k=0}^{N_{\mathrm{B}}-K-M}\frac{(a\gamma_{\mathrm{th}})^k}{k!}(a\gamma_{\mathrm{th}}+1)^{-(k+M)}\Gamma(k+M)\right]^K\mathrm{e}^{-\frac{M\gamma_{\mathrm{th}}}{P_R}}\end{aligned} \tag{3-64}$$

证明结束。

（2）基于BF预编码的系统中断概率

根据BF预编码策略以及不同类型用户（MBS用户MUE和RRH用户RUE）接收信号的SINR分布，可以进一步分析出BF策略下系统的中断概率。

引理 3-2 根据式（3-54）中MUE和式（3-55）中RUE接收信号的SINR分布，基于BF预编码策略的系统中断概率为：

$$\begin{aligned}P_{\mathrm{out}}^{\mathrm{BF}}=1-&\left[\frac{\mathrm{e}^{-(K-1)\gamma_{\mathrm{th}}}}{(M-1)!}\sum_{k=0}^{N_{\mathrm{B}}-1}\frac{(a\gamma_{\mathrm{th}})^k}{k!}\sum_{0}^{k}C_k^i\left(\frac{K-1}{a}\right)^i(a\gamma_{\mathrm{th}}+1)^{-(k+M-i)}\right.\\&\left.\Gamma(k+M-i)\right]^K\left[\mathrm{e}^{-\frac{\gamma_{\mathrm{th}}}{P_R}}\left(\frac{\gamma_{\mathrm{th}}}{a}+1\right)\right]^{-KM}\end{aligned} \tag{3-65}$$

证明：考虑3个独立的随机变量 X、Y_1 和 Y_2，分别满足 $X\sim\chi_{2L}^2$、$Y_1\sim\chi_{2M}^2$ 和 $Y_2\sim\chi_{2N}^2$，定义变量 $U\triangleq aY_1$、$V\triangleq bY_2$，那么U和V的概率密度函数分别表示为：

$$\begin{aligned}f_U(u)&=\frac{1}{a^M}\mathrm{e}^{-\frac{u}{a}}\frac{u^{M-1}}{(M-1)!}\\f_V(v)&=\frac{1}{b^N}\mathrm{e}^{-\frac{v}{b}}\frac{v^{N-1}}{(N-1)!}\end{aligned} \tag{3-66}$$

定义变量 $Y\triangleq U+V$，那么 Y 的概率密度函数为：

$$f_Y(y)=\frac{1}{\Gamma(M)\Gamma(N)a^Mb^N}\mathrm{e}^{\frac{y}{b}}\int_0^y u^{M-1}(y-u)^{N-1}\mathrm{e}^{-\left(\frac{1}{a}-\frac{1}{b}\right)u}\mathrm{d}u \tag{3-67}$$

根据式（3-67）可得：

$$\int_0^u x^{\nu-1}(u-x)^{\mu-1}\mathrm{e}^{\beta x}\mathrm{d}x=B(\mu,\nu)u^{\mu+\nu-1}{}_1F_1(\nu;\mu+\nu:\beta u) \tag{3-68}$$

其中，${}_1F_1(\alpha;\gamma:z)=1+\dfrac{\alpha}{\gamma}\dfrac{z}{1!}+\dfrac{\alpha(\alpha+1)}{\gamma(\gamma+1)}\dfrac{z^2}{2!}+\dfrac{\alpha(\alpha+1)(\alpha+2)}{\gamma(\gamma+1)(\gamma+2)}\dfrac{z^3}{3!}+\cdots$ 是一种常用的特殊函数。式（3-67）可以表示为：

$$f_Y(y)=\frac{1}{\Gamma(M+N)a^M b^N}\mathrm{e}^{-\frac{y}{b}}y^{M+N-1}{}_1F_1\left(M;N+M:-\left(\frac{1}{a}-\frac{1}{b}\right)\right) \tag{3-69}$$

定义变量 $Z\triangleq\dfrac{X}{Y}$，因为变量 X 和 Y 是相互独立的，那么Z的累积分布函数为：

$$F_Z(z)=\int_0^z\frac{a^M b^N x^{L-1}}{\Gamma(L)\Gamma(M+N)}I(M,N,L,a,b,x)\mathrm{d}x \tag{3-70}$$

其中：

$$I(M,N,L,a,b,x)=\int_0^\infty x^{M+N+L-1}\mathrm{e}^{-\left(y+\frac{1}{b}\right)y}{}_1F_1\left(M;N+M:-\left(\frac{1}{a}-\frac{1}{b}\right)y\right)\mathrm{d}y \tag{3-71}$$

为了简化研究，这里的变量 Z 可以近似为 $Z\approx\dfrac{X}{aY_1+bN}$，根据引理 3-1 的证明，变量 Z 的累积概率分布为：

$$F_Z(z)=1-\frac{\mathrm{e}^{-(K-1)z}}{(M-1)!}\sum_{k=0}^{N_\mathrm{B}-1}\frac{(az)^k}{k!}\sum_{i=0}^{k}C_k^i\left(\frac{bN}{a}\right)^i(az+1)^{-(k+M-i)}\Gamma(k+M-i) \tag{3-72}$$

对于 $\gamma_{\mathrm{MM}_k}^{\mathrm{BF}}\sim\dfrac{P_M\chi_{2N_\mathrm{B}}^2}{P_M\chi_{2(K-1)}^2+P_R\chi_{2M}^2}$，对应系数可以得知 $a=\dfrac{P_R}{P_M}$、$bN=K-1$，代入可得：

$$P_{\gamma_{\mathrm{MM}_k}}^{\mathrm{BF}}(\gamma_{\mathrm{th}})=1-\frac{\mathrm{e}^{-(K-1)\gamma_{\mathrm{th}}}}{(M-1)!}\sum_{k=0}^{N_\mathrm{B}-1}\frac{(a\gamma_{\mathrm{th}})^k}{k!}\sum_{i=0}^{k}C_k^i\left(\frac{K-1}{a}\right)^i(a\gamma_{\mathrm{th}}+1)^{-(k+M-i)}\Gamma(k+M-i) \tag{3-73}$$

同时 $\gamma_{\mathrm{RR}_i}^{\mathrm{BF}}\sim\dfrac{P_R\chi_2^2}{P_M\chi_{2K}^2+1}$，那么很容易得到：

$$P_{\gamma_{\mathrm{RR}_i}}^{\mathrm{BF}}(\gamma_{\mathrm{th}})=1-\mathrm{e}^{-\frac{\gamma_{\mathrm{th}}}{P_R}}\left(\frac{\gamma_{\mathrm{th}}}{a}+1\right)^{-K} \tag{3-74}$$

将式（3-73）的 $P_{\gamma_{\mathrm{MM}_k}}^{\mathrm{BF}}(\gamma_{\mathrm{th}})$ 和式（3-74）的 $P_{\gamma_{\mathrm{RR}_i}}^{\mathrm{BF}}(\gamma_{\mathrm{th}})$ 代入式（3-57）：

$$P_{\text{out}}^{\text{BF}}=1-[1-P_{\gamma_{\text{MM}_k}}^{\text{BF}}(\gamma_{\text{th}})]^K[1-P_{\gamma_{\text{RR}_i}}^{\text{BF}}(\gamma_{\text{th}})]^M$$
$$=1-\left[\frac{\mathrm{e}^{-(K-1)\gamma_{\text{th}}}}{(M-1)!}\sum_{k=0}^{N_{\text{B}}-1}\frac{(a\gamma_{\text{th}})^k}{k!}\sum_{0}^{k}C_k^i\left(\frac{K-1}{a}\right)^i(a\gamma_{\text{th}}+1)^{-(k+M-i)}\cdot\right. \tag{3-75}$$
$$\left.\Gamma(k+M-i)\right]^K\left[\mathrm{e}^{-\frac{\gamma_{\text{th}}}{P_R}}(\frac{\gamma_{\text{th}}}{a}+1)\right]^{-KM}$$

3.2.5 仿真结果分析

本节考虑H-CRAN的下行场景，包含一个MBS服务一个MUE，M 个RRH服务 M 个RUE。MBS位于半径为 500 m的小区的中心位置，MUE和RRH均匀地分布在整个小区中，同时RUE均匀分布在以它连接的RRH为中心、以 50 m为半径的圆形区域中。为了验证理论分析结果，采用 5 000 次撒点的蒙特卡洛仿真绘制宏基站用户和RRH用户的中断概率，分别如图 3-8 和图 3-9 所示。由图 3-8、图 3-9 可知，理论分析结果与蒙特卡洛仿真结果是一致的，从而验证了系统中断概率的推导结果。图 3-8 描述了干扰协调和波束成形下单独考虑MUE中断概率的曲线。由于波束成形可以增强MUE接收端的有用信号强度，提高了MUE接收端的SINR，因此比干扰协调策略下宏基站用户的中断概率更小。图 3-9 描述了干扰协调和波束成形下单独考虑RRH用户中断概率的曲线。由于干扰协调的预编码矩阵的设定，有效地消除了MBS对RUE的干扰，提高了RUE端接收的SINR，因此相较于波束成形策略，RUE的中断概率更小。

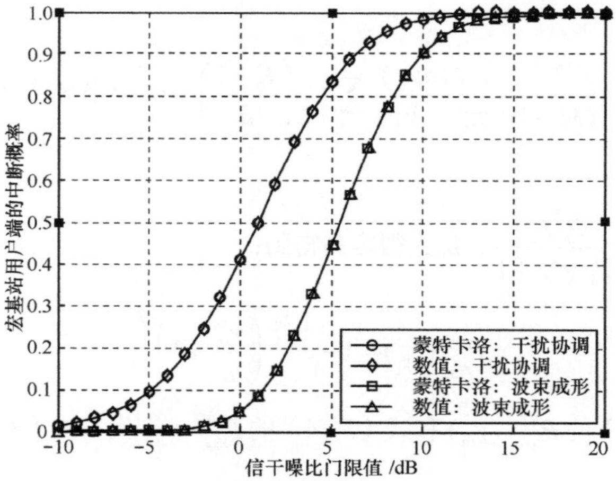

图 3-8 两种预编码策略下宏基站用户的中断概率与信干噪比门限值的关系

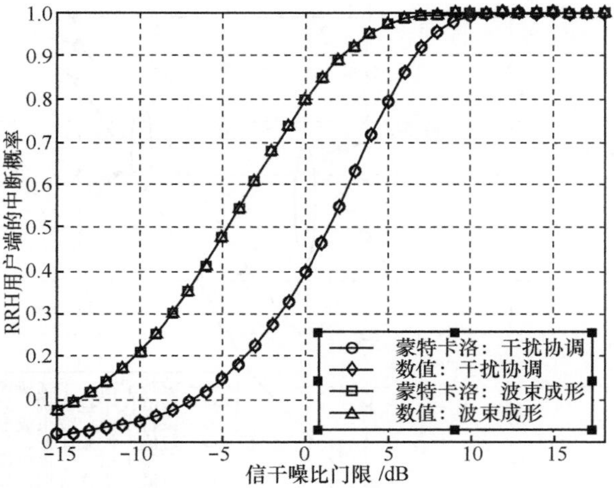

图 3-9　两种预编码策略下的 RRH 用户中断概率与信干噪比门限的关系

图 3-10 描述了以SINR阈值 γ_{th} 为变量，宏基站采用不同预编码策略时系统中断概率的变化趋势，很明显可以看到，系统中断概率随SINR阈值的增加而增加。将MBS端的天线数目设置为 6，考虑一个MUE，可以看出蒙特卡洛仿真和理论分析得到的中断概率表达式的闭式解结论完全吻合。通过改变系统参数，当RRH的数目设置成 3 时，BF预编码策略的性能优于IC，这是由于它具有增强有用信号强度的能力；而当RRH的数目设置成 5 时，IC预编码策略更优一些，这是因为它可以消除作为主导因素的干扰信号。同时，IC预编码策略对于 $M=3$ 和 $M=5$ 之间的中断概率的差异要远远大于BF预编码策略，这表明，IC策略对于RRH的数目变化更为敏感。图 3-11 展示了宏基站端的天线数目对于系统中断概率的影响，RRH数目M设为 2，将接收信号的SINR阈值 γ_{th} 设置为 0 dB。可以得到，系统中断概率随着宏基站天线数目的增长而增长。当 N_B 数值相对较大时，由于式（3-52）中的优化策略，IC预编码策略性能相对较好；反之当 N_B 数值相对较小时，BF预编码策略优于IC。仿真结果表明，当RRH数目固定时，宏基站端可以采用部署较多数目的天线来增加系统的可靠性。

3.3　基于预编码策略的容量和误比特率性能

在基站端进行预编码处理，目的在于消除多天线以及多用户之间的干扰，提高

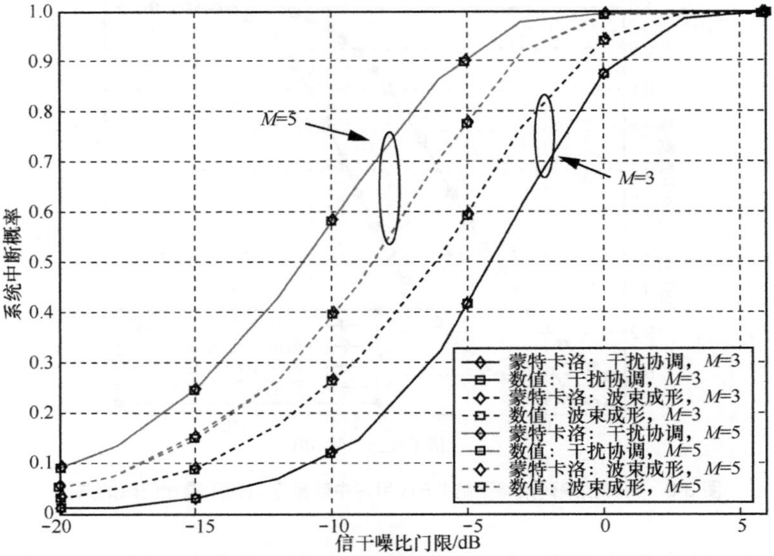

图 3-10　不同 M 值下的系统中断概率与信干噪比门限的关系

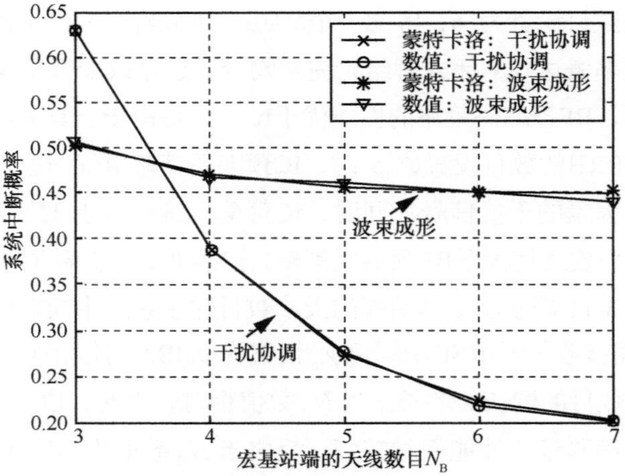

图 3-11　两种预编码策略下系统中断概率与宏基站端天线数目的关系

系统频谱效率和能效。本节将进一步给出两种预编码策略下的系统容量以及平均误比特率两个性能指标结果。

在宏基站端配置多天线技术，可以通过天线端口之间有效的信号处理和检测方法来有效地抑制干扰，提高有限频谱资源上的小区吞吐量、增大网络容量，同时还能增加小区边缘频谱利用率。在链路传输过程中，使用多天线技术可以得到多种性能增益：分集复用增益以及阵列增益等。最早的多天线技术部署在接收端，在接收端有多根天线，这样可以形成多条接收通道，考虑到多条接收通道同时处于深度衰落的可能性要小于单条接收通道的可能性，从而能对抗无线信道的深度衰落。因此可以改善传输质量，提高无线传输的可靠性。然而考虑到在手机终端部署多个天线对于移动端的成本以及便携性是一个极大的挑战，因而提出了在基站发送端部署多天线，手机移动端依旧只部署一根天线，成本以及功耗都由基站端来承担。但是问题随之而来，如果只是单纯地通过在发射端利用多个天线来发射相同的数据流，实际上各个数据流之间是相互干扰的，起不到分集的作用，反而会造成相互抵消。为了避免这种相互作用，使得多天线发射能够起到提供增益的作用，需要特别的信号处理技术。

基站端进行预编码处理，目的在于消除基站以及多天线之间的干扰，提高系统频谱效率和能效。脏纸编码可以极大地实现容量的提升，但是对于大规模的C-RAN来说其复杂度太高，所以通常采用线性的预编码来做信号预处理。本节主要讨论分析并比较两种预编码策略的性能：干扰协调以及波束成形。干扰协调预编码策略主要采用迫零预编码的思想，根据获知到的信道状态矩阵，将预编码矩阵设置为信道矩阵的零空间的子集，同时优化有用信号；波束成形预编码策略同时作为一种基于天线阵列的信号预处理技术，它的核心思想区别于干扰协调，并不是通过消除或者减轻来自基站间的干扰或者多用户之间的干扰，而是将预编码矩阵通过调整天线阵列中每个阵元的加权系数产生具有指向性的波束，从而能够获得明显的天线阵列增益。

接下来的内容是分析H-CRAN的系统容量和平均误比特率，并比较两种预编码策略的优劣。

3.3.1 两种预编码的系统容量

信道容量的数学理论最早是由香农于 20 世纪 40 年代末建立的，信道容量给出了不考虑编译码时延和复杂度的前提下，误码率趋于无限小的最高传输速率。本节使用信道容量作为衡量系统性能的指标，考虑一个H-CRAN的下行传输信道模型，假设MBS的发射功率和RRH发射功率是确定的，整个网络中，基站到用户端点到点的信道衰落由大尺度衰落和小尺度衰落构成。大尺度衰落建模为标准的路径损耗衰落模型，小尺度衰落则建模为常见的瑞利衰落模型。

整个网络的系统容量总和可以表示为：

$$R=\sum_{k=1}^{K}E[\mathrm{lb}(1+\gamma_{\mathrm{MM}_k})]+\sum_{i=1}^{M}E[\mathrm{lb}(1+\gamma_{\mathrm{RR}_i})] \tag{3-76}$$

根据在基于干扰协调预编码策略下，不同类型用户（宏基站用户和RRH用户）接收信号的信干噪比分布，进一步分析干扰协调策略下系统的系统容量。

（1）基于IC的系统容量分析

引理 3-3 在H-CRAN中，MBS采用IC预编码技术，系统的容量表达式为：

$$R^{\mathrm{IC}}=KR_1\left(\frac{P_R}{P_M},0,N_{\mathrm{B}}-M,M\right)+MR_2(P_R) \tag{3-77}$$

其中，$R_1(\cdot)$ 表示为：

$$\begin{aligned}&R_1(a,b,L,M)\triangleq E[\mathrm{lb}(1+Z)]\\&=\frac{1}{\ln 2(M-1)!}\sum_{k=0}^{L-1}\frac{(a)^{i-M}}{k!}\sum_{i=0}^{k}C_k^i\left(\frac{b}{a}\right)\Gamma(k+M-i)\\&\left[\left(\frac{1}{a}\right)^{-k-M+i}\mathrm{e}^b\Gamma(k+1)\Gamma(-k,b)-\sum_{j=1}^{k+M-i}\sum_{m=0}^{k}C_k^m\left(-\frac{1}{a}\right)^m\right.\\&\left.a^{-k+m+j-1}\mathrm{e}^{\frac{b}{a}}\Gamma\left(k-i-j+1,\frac{b}{a}\right)\left(\frac{1}{a}-1\right)^{-k+i+j-1-M}\right]\end{aligned} \tag{3-78}$$

其中，$R_2(\cdot)$ 表示为：

$$R_2(\delta)\triangleq E\left[\mathrm{lb}(1+Y)\right]=\frac{1}{\ln 2}\mathrm{e}^{\frac{1}{\delta}}E_1\left(\frac{1}{\delta}\right) \tag{3-79}$$

证明：两个相互独立分布的随机变量X、Y，分别满足 $X\sim\chi_{2L}^2$、$Y\sim\chi_{2M}^2$，定义变量 $Z=\dfrac{X}{aY+b}$、$a>0$、$b>0$，由式（3-61）得到Z的累计分布函数：

$$\begin{aligned}F_Z(z)&=\int_0^{\infty}F_X(ayz+bz)f_Y(y)\mathrm{d}y\\&=\int_0^{\infty}(1-\mathrm{e}^{-(ayz+bz)}\sum_{k=0}^{L-1}\frac{(ayz+bz)^k}{k!})\mathrm{e}^{-y}\frac{y^{M-1}}{(M-1)!}\mathrm{d}y\\&=1-\frac{\mathrm{e}^{-bz}}{(M-1)!}\sum_{k=0}^{L-1}\frac{(az)^k}{k!}\sum_{i=0}^{k}C_k^i\left(\frac{b}{a}\right)^i(az+1)^{-(k+M-i)}\Gamma(k+M-i)\end{aligned} \tag{3-80}$$

基于式（3-80），进一步得出：

$$E[\text{lb}(1+z)] = \frac{1}{\ln 2}\int_0^{\infty}\frac{1-F_Z(z)}{1+z}\mathrm{d}z$$
$$= \frac{1}{\ln 2(M-1)!}\sum_{k=0}^{L-1}\frac{(a)^{i-M}}{k!}\sum_{i=0}^{k}C_k^i\left(\frac{b}{a}\right)^i \tag{3-81}$$
$$\Gamma(k+M-i)\int_0^{\infty}\frac{z^k\mathrm{e}^{-bz}}{(z+1)\left(z+\frac{1}{a}\right)^{k+M-i}}\mathrm{d}z$$

利用式（3-82）中的级数分解：

$$\frac{1}{(z+1)\left(z+\frac{1}{a}\right)^{k+M-i}} = \frac{\left(\frac{1}{a}-1\right)^{i-M-k}}{z+1} - \sum_{j=1}^{k-i+M}\frac{\left(\frac{1}{a}-1\right)^{i+j-M-k-1}}{\left(z+\frac{1}{a}\right)^j} \tag{3-82}$$

式（3-81）可以进一步化简为：

$$E[\text{lb}(1+Z)] = \frac{1}{\ln 2(M-1)!}\sum_{k=0}^{L-1}\frac{(a)^{i-M}}{k!}\sum_{i=0}^{k}C_k^i\left(\frac{b}{a}\right)^i\Gamma(k+M-i)\cdot$$
$$\left[\int_0^{\infty}\frac{\left(\frac{1}{a}-1\right)^{i-M-k}z^k\mathrm{e}^{-bz}}{z+1}\mathrm{d}z - \sum_{j=1}^{k-i+M}\sum_{m=0}^{k}C_k^m\left(\frac{1}{a}-1\right)^{i+j-M-k+1}\left(-\frac{1}{a}\right)^m\int_0^{\infty}\left(z+\frac{1}{a}\right)^{k-m-j}\mathrm{e}^{-bz}\mathrm{d}z\right] \tag{3-83}$$

$$= \frac{1}{\ln 2(M-1)!}\sum_{k=0}^{L-1}\frac{(a)^{i-M}}{k!}\sum_{i=0}^{k}C_k^i\left(\frac{b}{a}\right)^i\Gamma(k+M-i)\left[\left(\frac{1}{a}-1\right)^{i-M-k}\mathrm{e}^b\Gamma(k+1)\Gamma(-k,b)-\right.$$
$$\left.\sum_{j=1}^{k-i+M}\sum_{m=0}^{k}C_k^m\left(\frac{1}{a}\right)^m a^{-k+m+j-1}\mathrm{e}^{\frac{b}{a}}\Gamma\left(k-i-j+1,\frac{b}{a}\right)\left(\frac{1}{a}-1\right)^{i+j-M-k-1}\right] \tag{3-84}$$

其中，式（3-83）通过对$\left(z+\frac{1}{a}\right)^k$进行级数展开得到。

对于随机变量满足 $X\sim\chi_2^2$、$Y=\delta X$、$\delta>0$：

$$R_2(\delta)\triangleq E[\text{lb}(1+Y)] = \frac{1}{\ln 2}\mathrm{e}^{\frac{1}{\delta}}E_1\left(\frac{1}{\delta}\right) \tag{3-85}$$

其中，$E_1(z)=\int_z^{\infty}\frac{\mathrm{e}^{-t}}{t}\mathrm{d}t$ 是一阶的指数积分函数。

根据卡方分布的概率密度函数，可以得到变量 Y 的累积分布函数：

$$F_Y(y)=1-\mathrm{e}^{-\frac{y}{\delta}} \tag{3-86}$$

基于累计分布函数的表达式，可以得到：

$$E\left[\mathrm{lb}(1+Y)\right]=\frac{1}{\ln 2}\int_0^{\infty}\frac{1-F_Y(y)}{1+y}\mathrm{d}y=\frac{1}{\ln 2}\int_0^{\infty}\frac{\mathrm{e}^{-\frac{y}{\delta}}}{1+y}\mathrm{d}y=\frac{1}{\ln 2}\mathrm{e}^{\frac{1}{\delta}}E_1\left(\frac{1}{\delta}\right) \tag{3-87}$$

对于 $\gamma_{\mathrm{MM}_k}^{\mathrm{IC}}\sim\frac{P_M\chi^2_{2(N_\mathrm{B}-(K+M-1))}}{P_R\chi^2_{2M}}$，根据式（3-84）可以得知：

$$E[\mathrm{lb}(1+\gamma_{\mathrm{MM}_k}^{\mathrm{IC}})]=R_1\left(\frac{P_R}{P_M},0,N_\mathrm{B}-M,M\right) \tag{3-88}$$

对于 $\gamma_{\mathrm{RR}_i}^{\mathrm{IC}}\sim P_R\left|g_{\mathrm{RR}_i}\right|^2$，根据式（3-87）可以得知：

$$E[\mathrm{lb}(1+\gamma_{\mathrm{RR}_i}^{\mathrm{IC}})]=R_2(P_R) \tag{3-89}$$

所以基于干扰协调预编码策略的H-CRAN，系统的容量表达式为：

$$\begin{aligned}R^{\mathrm{IC}}&=\sum_{k=1}^{K}E[\mathrm{lb}(1+\gamma_{\mathrm{MM}_k})]+\sum_{i=1}^{M}E[\mathrm{lb}(1+\gamma_{\mathrm{RR}_i})]\\&=KR_1\left(\frac{P_R}{P_M},0,N_\mathrm{B}-M,M\right)+MR_2(P_R)\end{aligned} \tag{3-90}$$

证明结束。

（2）基于BF的系统容量分析

对于 $\gamma_{\mathrm{MM}_k}^{\mathrm{BF}}\sim\frac{P_M\chi^2_{2N_\mathrm{B}}}{P_M\chi^2_{2(K-1)}+P_R\chi^2_{2M}}$，根据引理 3-3 可以得知：

$$E[\mathrm{lb}(1+\gamma_{\mathrm{MM}_k}^{\mathrm{BF}})]=R_1\left(\frac{P_R}{P_M},K-1,N_\mathrm{B},M\right) \tag{3-91}$$

对于 $\gamma_{\mathrm{RR}_i}^{\mathrm{BF}}\sim\frac{P_R\chi^2_2}{P_M\chi^2_{2K}+1}$，根据引理 3-3 可以得知：

$$E[\mathrm{lb}(1+\gamma_{\mathrm{RR}_i}^{\mathrm{BF}})]=R_1\left(\frac{P_M}{P_R},\frac{1}{P_R},1,K\right) \tag{3-92}$$

所以基于BF预编码策略的H-CRAN，系统的容量表达式为：

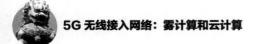

$$R^{\mathrm{BF}} = KR_1\left(\frac{P_R}{P_M}, K-1, N_{\mathrm{B}}, M\right) + MR_1\left(\frac{P_M}{P_R}, \frac{1}{P_R}, 1, K\right) \tag{3-93}$$

3.3.2 两种预编码的平均误比特率

平均误比特率（BER）定义为所有无线链路的平均误比特率，数学表达式为：

$$B_e \triangleq \frac{1}{K+M}\left(\sum_{k=1}^{K} B_M^k + \sum_{i=1}^{M} B_R^i\right) \tag{3-94}$$

其中，B_M^k 表示宏基站和它的第k个用户之间链路的BER，B_R^i 表示第i个小区中RRH和RRH用户之间链路的BER。需要说明的是，两个终端之间的BER是由其中性能最差的那条链路来决定的，因此可以近似地将BER写为：

$$B_e \approx \frac{1}{K+M}\max\{B_M^1, \cdots, B_M^K, B_R^1, \cdots, B_R^M\} \tag{3-95}$$

对于常用的调制模式，每一条链路的平均误比特率为：

$$B_b = E[\beta_1 Q(\sqrt{2\beta_2\gamma})] = \int_0^{+\infty} \beta_1 Q(\sqrt{2\beta_2 z}) p_\gamma(z)\mathrm{d}z \tag{3-96}$$

其中，β_1 和 β_2 是对应于调制模式的参数。$Q(x) = \frac{1}{\sqrt{2\pi}}\int_x^{\infty}\exp\left(-\frac{u^2}{2}\right)\mathrm{d}u$ 是标准正态分布的tail（尾部分布）概率。为了简化模型，本节只考虑BPSK调制方式，即满足 $\beta_1 = \beta_2 = 1$。对于其他的调制模式，可以得到相似的结论。注意到当 $x \geqslant 0$ 时，$Q(x)$ 是单调递减的。因此可以得到BER为：

$$B_e \approx \frac{1}{2(K+M)\sqrt{\pi}}\int_0^{+\infty} \frac{\mathrm{e}^{-z}}{\sqrt{z}} P_{\gamma_e}(z)\mathrm{d}z \tag{3-97}$$

其中，$\gamma_e = \min\{\gamma_{\mathrm{MM}_1}, \cdots, \gamma_{\mathrm{MM}_K}, \gamma_{\mathrm{RR}_1}, \cdots, \gamma_{\mathrm{RR}_M}\}$。那么变量 γ_e 的累积概率分布可以表示为：

$$\begin{aligned} P_{\gamma_e}(z) &= \Pr\{\min\{\gamma_{\mathrm{MM}_1}, \cdots, \gamma_{\mathrm{MM}_K}, \gamma_{\mathrm{RR}_1}, \cdots, \gamma_{\mathrm{RR}_M}\} < z\} \\ &= 1 - [1 - P_{\gamma_{\mathrm{MM}_k}}(z)]^K [1 - P_{\gamma_{\mathrm{RR}_i}}(z)]^M \end{aligned} \tag{3-98}$$

（1）基于IC的平均误比特率

把式（3-62）和式（3-63）代入式（3-98），接着代入式（3-97），H-CRAN中基于IC的BER的表达式为：

$$B_e^{\mathrm{IC}} \approx \frac{1}{2(K+M)\sqrt{\pi}} \int_0^{+\infty} \frac{\mathrm{e}^{-z}}{\sqrt{z}} P_{\gamma_e}^{\mathrm{IC}}(z)\mathrm{d}z \tag{3-99}$$

其中：

$$P_{\gamma_e}^{\mathrm{IC}}(z) = 1 - \left[\frac{1}{(M-1)!}\sum_{k=0}^{N_{\mathrm{B}}-K-M}\frac{(az)^k}{k!}(az+1)^{-(k+M)}\Gamma(k+M)\right]^K \mathrm{e}^{-\frac{Mz}{P_R}} \tag{3-100}$$

（2）基于BF的平均误比特率

把式（3-73）和式（3-74）代入式（3-98），接着代入式（3-97），H-CRAN中基于BF的BER的表达式为：

$$B_e^{\mathrm{BF}} \approx \frac{1}{2(K+M)\sqrt{\pi}} \int_0^{+\infty} \frac{\mathrm{e}^{-z}}{\sqrt{z}} P_{\gamma_e}^{\mathrm{BF}}(z)\mathrm{d}z \tag{3-101}$$

其中：

$$P_{\gamma_e}^{\mathrm{BF}}(z) =$$

$$1 - \left[\frac{\mathrm{e}^{-(K-1)z}}{(M-1)!}\sum_{k=0}^{N_{\mathrm{B}}-1}\frac{(az)^k}{k!}\sum_{0}^{k} C_k^i \left(\frac{K-1}{a}\right)^i (az+1)^{-(k+M-i)}\Gamma(k+M-i)\right]^K \left[\mathrm{e}^{-\frac{z}{P_R}}\left(\frac{z}{a}+1\right)\right]^{-KM} \tag{3-102}$$

3.3.3 性能分析

本节中考虑一个H-CRAN的场景，包含一个MBS服务一个MUE，M个RRH服务M个RUE。MBS位于半径为 500 m的小区的中心，MUE和RRH都均匀地分布在整个小区中，同时RUE均匀分布在以它连接的RRH为中心、以 50 m为半径的圆形区域中。

图 3-12 描绘了以宏基站端SINR为变量，干扰协调和波束成形两种预编码策略下系统容量的变化曲线，其中系统参数设置为：$M=2$，$N_{\mathrm{B}}=6$，可以得出系统容量随着宏基站端SINR的增加而增加。根据仿真结果，蒙特卡洛仿真和理论分析得到的系统容量表达式完全吻合，同时可以看出在低SINR的区域，由于BF预编码策略增强有用信号强度的能力，有效地增加了宏基站用户接收端的信干噪比，因此在性能方面是优于IC策略的；然后在中高SINR的区域，因为IC预编码策略可以减少对MBS其他用户以及RUE的干扰，所以IC在性能上更优一些。

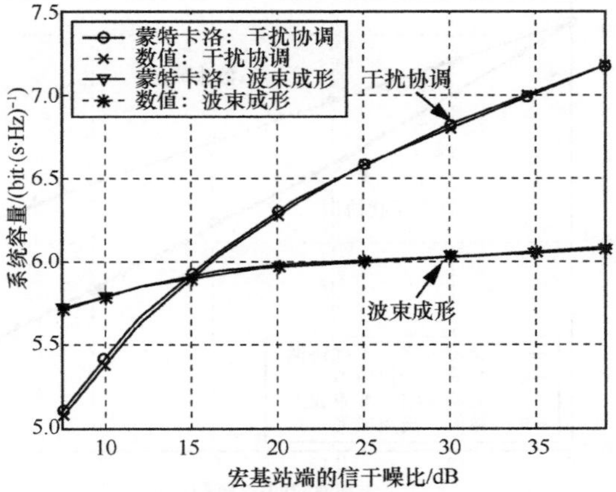

图 3-12 基于两种预编码的系统容量与宏基站端的信干噪比的关系

图 3-13 描绘了以宏基站的天线数目为变量，不同的预编码策略下系统容量的变化曲线。其中部署更多天线提高了对空间资源的利用程度，从图 3-13 中也可以很明显看到系统容量随着宏基站端天线数目的增加而增加。当 N_B 数值相对较大时，由于式（3-52）的优化问题，IC预编码策略性能相对较好；反之当 N_B 数值相对较小时，BF预编码策略优于IC。仿真结果表明，当RRH的数目固定时，宏基站端可以采用较大数目的天线部署来提升系统的容量。同时在图 3-14 中评估了系统平均误比特率随宏基站端SINR的变化趋势。可以很明显地得到，平均误比特率随着宏基站端SINR的增加而增加，同时在高SINR区域，由于IC预编码策略消除掉干扰信号的能力，它的平均误比特率比BF策略下要低很多。

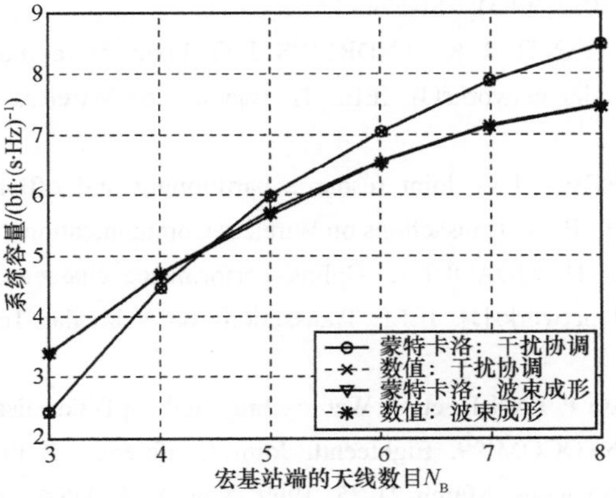

图 3-13 基于两种预编码的系统容量与宏基站天线数目的关系

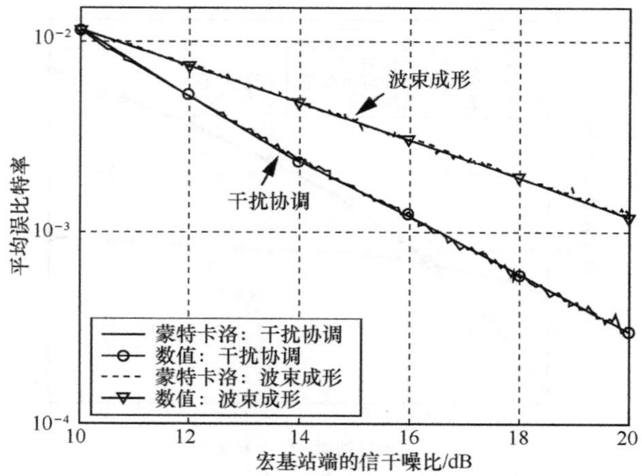

图 3-14　基于两种预编码的平均误比特率与宏基站端的信干噪比的关系

参考文献

[1] PENG M, LI Y, ZHAO Z, et al. System architecture and key technologies for 5G heterogeneous cloud radio access networks[J]. IEEE Network, 2014, 29(2): 6-14.

[2] DHILLON H S, GANTI R K, BACCELLI F, et al. Modeling and analysis of k-tier downlink heterogeneous cellular networks[J]. IEEE Journal on Selected Areas in Communications, 2011, 30(3): 550-560.

[3] WANG C C, QUEK T Q S, KOUNTOURIS M. Throughput optimization, spectrum allocation, and access control in two-tier femtocell networks[J]. IEEE Journal on Selected Areas in Communications, 2012, 30(3): 561-574.

[4] DHILLON H S, GANTI R K, ANDREWS J G. Load-aware modeling and analysis of heterogeneous cellular networks[J]. IEEE Transactions on Wireless Communications, 2013, 12(4): 1666-1677.

[5] SINGH S, ANDREWS J G. Joint resource partitioning and offloading in heterogeneous cellular networks[J]. IEEE Transactions on Wireless Communications, 2014, 13(2): 888-901.

[6] CHAKCHOUK N, HAMDAOUI B. Uplink performance characterization and analysis of two-tier femtocell networks[J]. IEEE Transactions on Vehicular Technology, 2012, 61(9): 4057-4068.

[7] BRESLAU L, CAO P, FAN L, et al. Web caching and Zipf-like distributions: evidence and implications[C]//INFOCOM'99, Eighteenth Joint Conference of the IEEE Computer and Communications Societies, March 21-25, 1999, New York, USA. Piscataway: IEEE Press, 1999: 126-134.

第 4 章 雾无线接入网络理论性能

F-RAN 组网性能不仅和网络节点密度、用户接入模式、大规模协作预编码等有关，还与缓存及缓存内容等密切相关，且除了传统容量，还关注传输时延等。本章首先给出了基于随机几何的 F-RAN 理论传输性能，包括典型用户接入特定 RRH 和 RRH 协作簇两种情形下的有效容量和能量效率。然后，建模分析了基于内容缓存的 F-RAN 平均遍历速率和时延性能，给出了相应的性能分析结果。

有别于前面介绍的 C-RAN 和 H-CRAN，雾无线接入网络（F-RAN）的性能需要考虑用户接入模式、边缘缓存等影响，组网性能也不仅仅只追求频谱效率，还需要考虑时延等因素影响。本章刻画了 F-RAN 的本地边缘缓存和远端集中缓存的关系，具体而言，提出了“分簇”内容缓存策略，其中，处于同一簇的远端无线射频单元（RRH）共享一个公共的本地“分簇”内容缓存装置。

本章给出了 F-RAN 中基于“分簇”内容缓存的有效容量和能量效率。现有的关于有效容量的性能分析大多关注于确定的网络拓扑结构，因为在不定形的 F-RAN 网络中难以刻画干扰对性能的影响。本章介绍了基于随机几何的网络模型，推导得出有效容量、平均有效容量与平均能耗比例的可解表达式。

为更进一步地提高 F-RAN 中“分簇”内容缓存带来的性能增益，本章将针对无线资源单元及 RRH 的分配进行联合优化设计，将研究问题构造为联盟，形成博弈问题，其目标是通过有效的方式提高业务质量。

4.1　基于随机几何的 F-RAN 理论传输性能

为改善实时业务质量，需要在 F-RAN 中部署内容缓存装置。在传统的 C-RAN 中，云端将部署一个基于云的内容缓存装置，如图 4-1 所示，云端部署 BBU 池以及一个集中控制器。RRH 通过前传链路连接基带处理池，而 BBU 池通过回传链路连接内容中心。在这种完全集中式的网络架构中，云端与 RRH 间大规模的数据交换将造成前传链路与回传链路上的繁重负担，从而增加了能量消耗和传输时延。为解决这一问题，本章给出了一种基于“分簇”内容缓存的 F-RAN。如图 4-1 所示，在边缘云中部分集中的部署基带处理功能和控制功能可以有效平衡回传及前传链路上的负载。更多地，因为一部分用户请求可以在本地部署的低成本内容缓存装置中得到满足，所以在每个簇中部署缓存能有效改善语音质量和能效。

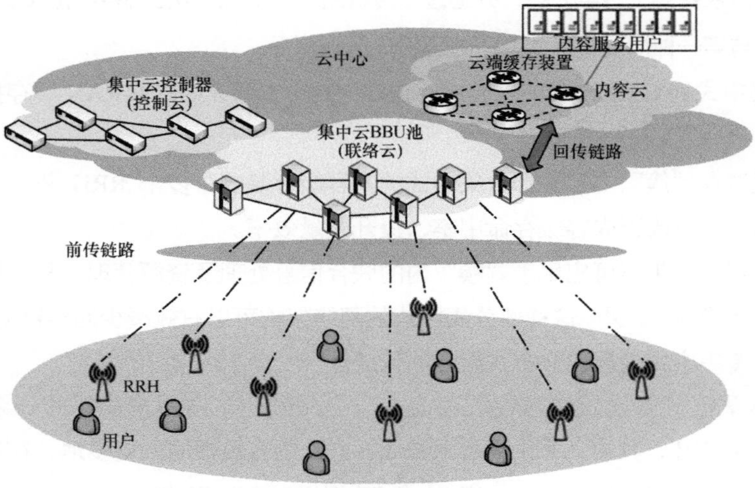

(a) 传统C-RAN的网络架构

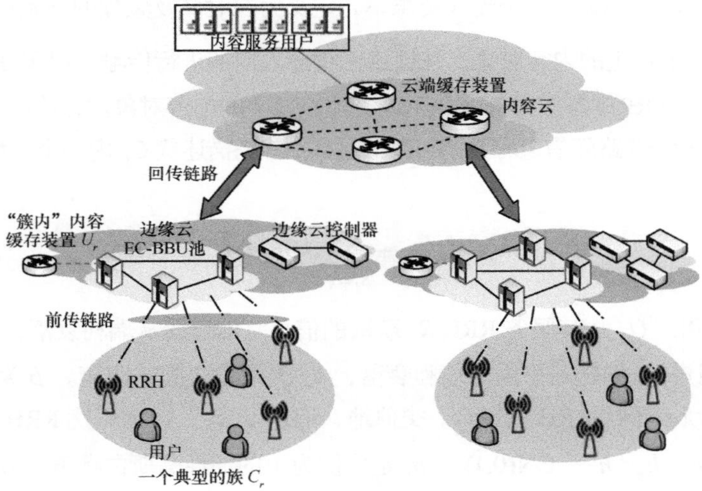

(b) 基于边缘缓存的F-RAN的网络架构

图 4-1　传统 C-RAN 与基于边缘缓存的 F-RAN

为了不失一般性，本章关注一个典型的簇 C_T，如图 4-1 所示，其中，RRH 连接到一个共同的边缘云中，以“簇”为范围进行联合管理，如应用调度及资源分配等。同时部署“簇内”内容缓存装置 μ_T 及云端缓存装置，以充分利用 C-RAN 中内容缓存的潜在价值。簇 C_T 中边缘云集中处理服务用户的请求，并根据以下策略进行处理：首先，簇 C_T 检查本地内容缓存装置 μ_T，若其中缓存有用户请求内容，则可以及时服务。否则，用户请求将会上传至云端，并通过回传链路进行响应，从云端传到簇 C_T，至此，系统将以与第一种情况相似的办法处理用户请求。

与集中式的 C-RAN 中的内容缓存策略对比，本章介绍的 F-RAN 缓存技术有如下优势。

- 通过在“簇”中部署部分集中式的内容缓存装置，多个 RRH 将共享缓存内容，其可改善内容缓存命中率，提升能量效率。
- 内容缓存策略可应用于“簇”内的联合信号处理及资源管理，从而提高传输性能增益。另外，这种部分集中式的网络架构可以有效减少回传链路的负载，平衡集中式处理和分布式缓存的优缺点。

在本章中，假设云端内容缓存为 μ_C，存储簇 C_T 内用户需要的一系列内容 $\Omega_C=\{S_1,\cdots,S_L\}$，其中，每个内容对象 $S_1,\cdots,S_L$ 的容量相同。更多地，存储在本地“簇”内缓存装置 μ_T 的内容对象可视为属于子集合 Ω_C 的成员，即 $\Omega_T=\{S_{T_1},\cdots,S_{T_K}\}\subseteq\Omega_C$。一个无线资源单元定义为在时域及频域的一系列资源，可将其分配给一个特定的内容对象，并通过无线接入信道进行传输。由于 RRH 部署单天线，则每个 RRH 只能服务一个无线资源单元中的内容对象。为给出 F-RAN 中 RRH 到用户无线链路间信道容量的可解表达式，首先描述簇 C_T 内一个典型用户 U_T 的接收信号为：

$$y_T=\sqrt{\rho}h_m d_m^{-\beta/2}s_m+\sum_{R_j\in I_R}\sqrt{\rho}h_j d_j^{-\beta/2}s_j+n_T \tag{4-1}$$

其中，s_m 为用户 U_T 从其服务 RRH R_m 获取的信息，信道服从瑞利衰落，即 h_m 为从 RRH R_m 到用户 U_T 的链路平坦的瑞利衰落，d_m 为两者之间的距离。β 为路径损耗系数，I_R 为所有干扰 RRH 的集合。类似地，记 h_j、d_j、s_j 为干扰 RRH R_j 的相关参数，$j\neq m$，h_m、$h_j\sim\mathrm{CN}(0,1)$。n_T 是均值为 1 的加性高斯白噪声，ρ 是平均信噪比。根据式（4-1），信道容量可表示为：

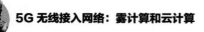

$$C=\mu W\,\mathrm{lb}(1+\gamma),\ \gamma=\frac{\rho d_m^{-\beta}\left|h_m\right|^2}{\sum_{R_j\in I_R}\rho d_j^{-\beta}\left|h_j\right|^2+\sigma^2} \tag{4-2}$$

其中，W 为无线资源单元的信道带宽，μ 为频谱效率。特别地，μ 可评估每个无线资源单元可以服务多少内容的对象，例如：$\mu=L/M$ 表示 L 内容对象在 M 无线资源单元中服务。

F-RAN 中内容传输的排队模型如图 4-2 所示。由图 4-2 可知，信道容量是基于理想的时延假设，其不能刻画所需内容的业务质量，为找出一个可行的无线信道业务质量参数，下文采用有效容量概念。

(a) 无分簇内容缓存的内容传输

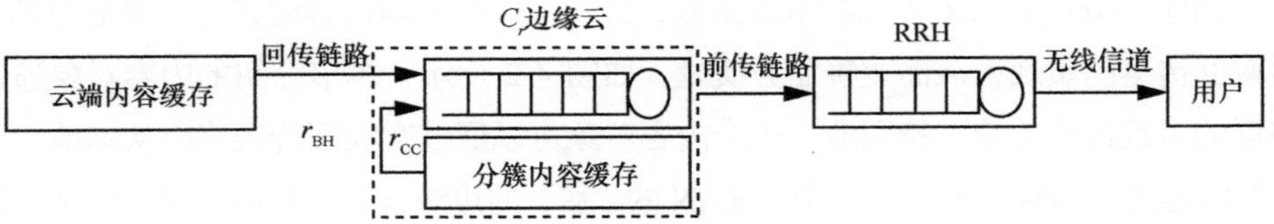

(b) 有分簇内容缓存的内容传输

图 4-2 F-RAN 中内容传输的排队模型

（1）无线信道中的有效容量理论

鉴于非固定的传输情况，无线信道中的业务质量很难度量。参考文献[3]引入了有效容量的概念，从而证明了该问题的可解性。特别地，假设队列是以一个常数速率到达有限长度的，则定义有效容量为一个描述在特定业务质量保证下的无线信道支持的最大到达速率的有效参数，其可定义如下：

$$E(\theta)=-\lim_{t\to\infty}\frac{1}{\theta t}\mathrm{lb}E\left\{\mathrm{e}^{-\theta S(t)}\right\} \tag{4-3}$$

其中，$S(t)=\sum_{0=t_0<t_1<\cdots<t_n=t}\int_{t_{i-1}}^{t_i}r(\tau)\mathrm{d}\tau$ 为在时间间隔 $[0,t)$ 中无线信道的服务数据量，$r(\tau)$ 为在时隙 τ 的信道容量，θ 为业务质量参数。为了刻画时延限制，θ 定义为一个随机队列长度 Q 的尾部分布的衰落速率：

$$\theta = \lim_{q\to\infty}\frac{\text{lbPr}\{Q>q\}}{q} \tag{4-4}$$

对一个相对较大的阈值 $q_{\max}$ 而言，基于大数定理，缓存区域大于阈值概率可近似表示为 $\Pr\{Q>q_{\max}\}\approx e^{-\theta q_{\max}}$，并且时延大于阈值的概率可表示为 $\Pr\{D>d_{\max}\}\leqslant c\sqrt{\Pr\{Q>q_{\max}\}}$。其中，$c$ 为有关到达速率的正常数。因此，越小的 θ 意味着越宽松的业务质量需求，而越大的 θ 则标志着越严格的业务质量需求。根据式（4-3），有效容量可以表征时延体验和无线信道容量间的关系。

基于块衰落假设，在单位无线资源中每个信道系数可视为一个常数，有效容量的表达式可进一步化简为：

$$E(\theta) = -\frac{1}{\theta W\overline{T}}\ln E\{(1+\gamma)^{-\mu\theta W\overline{T}}\} \tag{4-5}$$

其中，$\overline{T}=T/\ln 2$，并且 T 为一个无线资源单元的时间长度。

（2）“分簇”内容缓存策略中回传链路的容量限制

由于部分内容对象可以在本地获取，故“分簇”本地内容缓存可以降低时延、缓解回传链路负载，从而改善业务质量。如图 4-2 所示，本节介绍的内容对象通过串联的多跳链路传输。特别地，一个内容对象可以通过有线回传链路或从本地“分簇”内容缓存装置传输到每一个 F-RAN 的“簇”的边缘云中。其到达速率分别记为 r_{BH} 和 r_{CC}。内容将通过前传链路传输至 RRH，从而最终通过无线信道传输至用户。因此，一个特定的内容对象的整个传输网络由两跳构成，并且具有固定的到达速率。下述命题给出相关的时延。

命题 4-1 假设网络承载着分组数据传输，其包含 N_{h} 跳。给定固定数据速率 r 的到达过程和固定的数据分组大小 B，网络中数据传输经历的端到端时延 D 可表示为：

$$\lim_{D_{\max}\to\infty}\frac{\text{lbPr}\{D>D_{\max}\}}{D_{\max}-(N_h B)/r} = -\theta \tag{4-6}$$

其中，如式（4-4）所示，θ 定义为业务质量系数，有效容量满足 $E(\theta/r)=r$。基于式（4-6），针对较大的时延阈值 $D_{\max}$，可得到以下近似：

$$\Pr\{D>D_{\max}\}\approx e^{-\theta\left(D_{\max}-\frac{N_h B}{r}\right)} \tag{4-7}$$

命题 4-1 指出：高数据到达速率 r 导致较小的业务质量系数 θ，降低了时延。针对从“簇”内容缓存装置 μ_T 或云端缓存装置 μ_C 应答的一个内容对象 S_l 的业务质

量分别记为 θ_l^T 和 θ_l^C，根据命题 4-1，关于两者关系的定理描述如下。

定理 4-1　为实现相同的时延体验，从“簇”内容缓存装置或云端缓存装置传输一个特定的内容对象 S_l，其业务质量系数需要满足以下条件：

$$\theta_l^C = \frac{1}{1-\dfrac{2B_l}{r_{\mathrm{BH}}D_{\max}}}\theta_l^T \tag{4-8}$$

其中，B_l 为内容对象 S_l 的数据大小，r_{BH} 为回传链路的数据速率。

证明：基于式（4-6），云端内容缓存的业务质量系数可表示为：

$$\theta_l^C = -\lim_{D_{\max}\to\infty}\frac{\mathrm{lbPr}\{D > D_{\max}\}}{D_{\max}-(2B_l)/r_{\mathrm{BH}}} \tag{4-9}$$

同理，“簇”内的内容缓存的业务质量可表示为：

$$\theta_l^T = -\lim_{D_{\max}\to\infty}\frac{\mathrm{lbPr}\{D > D_{\max}\}}{D_{\max}-(2B_l)/r_{\mathrm{CC}}} \overset{(a)}{\approx} -\lim_{D_{\max}\to\infty}\frac{\mathrm{lbPr}\{D > D_{\max}\}}{D_{\max}} \tag{4-10}$$

其中，式（4-10）中步骤（a）的近似是因为内容存储在本地 F-RAN 簇中时，到达速率 r_{CC} 趋近于无穷，到达过程中的时延可忽略。当云端和“簇”内缓存策略共享时延体验时，式（4-9）中的 θ_l^C 可以进一步化简为：

$$\frac{1}{\theta_l^C} = -\lim_{D_{\max}\to\infty}\frac{D_{\max}-(2B_l)/r_{\mathrm{BH}}}{\mathrm{lbPr}\{D > D_{\max}\}} = \frac{1}{\theta_l^T} + \lim_{D_{\max}\to\infty}\frac{(2B_l)/r_{\mathrm{BH}}}{\mathrm{lbPr}\{D > D_{\max}\}} \tag{4-11}$$

回顾命题 4-1 中的式（4-7），时延超过阈值的概率可表示为 $\lim_{D_{\max}\to\infty}\mathrm{Pr}\{D > D_{\max}\} \approx \mathrm{e}^{-\theta_l^T D_{\max}}$，此时，式（4-11）可化简为：

$$\frac{1}{\theta_l^C} = \frac{1}{\theta_l^T} + \frac{(2B_l)/r_{\mathrm{BH}}}{\mathrm{lbe}^{-\theta_l^T D_{\max}}} = \left(1-\frac{2B_L}{r_{\mathrm{BH}}D_{\max}}\right)\frac{1}{\theta_l^T} \tag{4-12}$$

至此证明完成。

定理 4-1 说明“分簇”内容缓存可以减少回传链路负载。特别地，基于式（4-8），回传链路的容量必须满足以下条件限制：

$$C_{\mathrm{BH}} \geqslant r_{\mathrm{BH}} = \frac{2B_l}{D_{\max}(1-\dfrac{\theta_l^T}{\theta_l^C})} \tag{4-13}$$

这说明缩短部署“分簇”内容缓存与未部署情况下的业务质量保证性能差异的

方法是扩大回传链路的容量。特别地，由于云端内容缓存的业务质量保证接近于“分簇”内容缓存，如 $\frac{\theta_l^T}{\theta_l^C} \to 1$，故回传链路的容量趋于无穷。因此，部署“分簇”内容缓存装置可以减少回传链路的负载，改善业务质量。

命题 4-1 给出了有效容量的限制，RRH 与用户之间的无线信道成为串联模型的瓶颈，其与实际系统环境是一致的。第 4.2 节将重点介绍相关的性能分析。

为评估 F-RAN 中“分簇”内容缓存的性能，本节将在一个典型的干扰网络场景下进行建模，分析有效容量。为此给出一个准确的理论分析模型，将 RRH 的位置建模为一个密度为 λ_R 的齐次泊松点过程 Ψ_R。将用户位置建模为一个密度为 λ_u 的有标识值的齐次泊松点过程 $\Phi_u(M_n)$，其中，标识值 M_n 为第 n 个用户的内容类型，记为 U_n。本节中，每“簇”通过共享一个公共内容缓存装置进行缓存协作，且暂不考虑协作信号处理，如协作多点传输和网络波束成形。

4.1.1 典型用户接入特定 RRH 的有效容量

根据位置服从 PPP 分布，每个协作信道的干扰服从一个独立的分布，每个簇 C_T 内用户可被视为一个典型用户。为了不失一般性，考虑簇 C_T 中第 i 个用户 U_i 为典型用户，其连接一个给定 RRH 获取请求内容的服务。

回顾式（4-5），分析有效容量的关键步骤是分析表达式 $Z=(1+\gamma)^{-\mu\theta j\bar{T}}$，其可通过下述的近似推导得出。特别地，接收信号干扰噪声比例 γ 的范围可划分为 N 个互不相交的区间，例如，第 n 个区间可表示为 $I_n=[\gamma_n,\gamma_{n+1}), n=1,\cdots,N, 0=\gamma_1<\cdots<r_{N+1}=\gamma_{\max}<\infty$，则当时信号干扰噪声比例 γ 可以由第 n 个典型值 $\bar{\gamma}_n$ 代替。因此，可近似表示为：

$$E\{Z\} \approx \sum_{n=1}^{N}(\Pr\{\gamma<\gamma_{n+1}\}-\Pr\{\gamma<\gamma_n\})(1+\bar{\gamma}_n)^{-\mu\theta j\bar{T}} \tag{4-14}$$

这种近似与模拟信号标量化相似，根据参考文献[4]中的量化方法，典型信号干扰噪声比例的最优值可设定为 $\bar{\gamma}_n=(\gamma_n+\gamma_{n+1})/2$。根据式（4-14），一个典型用户的有效容量可由如下定理表示。

定理 4-2 考虑一个典型用户 U_i，其接入一个特定的 RRH R_m，获取所需的内容 S_j，则有效容量可表示为：

$$E_{i,m}(\theta_j,d_m)=-\frac{1}{\theta_j W\overline{T}}\ln(G(\theta_j,d_m)) \tag{4-15}$$

其中，θ_j 表示内容对象 S_j 的业务质量，d_m 表示所研究典型用户到 R_m 的距离。

$$G(\theta_j,d_m)=\sum_{n=1}^{N}(\mathrm{e}^{-2\pi A(\beta)\gamma_n^{\frac{2}{\beta}}\lambda_R d_m^2-\frac{\gamma_n d_m^{\beta}\sigma^2}{\rho}}-\mathrm{e}^{-2\pi A(\beta)\gamma_{n+1}^{\frac{2}{\beta}}\lambda_R d_m^2-\frac{\gamma_{n+1} d_m^{\beta}\sigma^2}{\rho}})(1+\overline{\gamma}_n)^{-\mu\theta j\overline{T}} \tag{4-16}$$

其中，μ 表示关联系数，γ_n 和 $\overline{\gamma}_n$ 由式（4-14）表示，$A(\beta)=\frac{1}{\beta}\Gamma\left(\frac{2}{\beta}\right)\Gamma\left(1-\frac{2}{\beta}\right)$，$\Gamma(x)$ 表示伽马函数。

证明：为获得一个典型用户有效容量的可行解，需求得中断概率 $\Pr\{\gamma<\gamma_n\}$。根据参考文献[5]中相似的数学模式，其可推导如下：

$$\Pr\{\gamma<\gamma_n\}=E_{\Psi_R,h_m,R_j\in\Psi_R/R_m}\{\Pr\{|h_m|^2<\frac{\gamma_n d_m^{\beta}}{\rho}(L+\sigma^2)\}\}=1-\underbrace{E_{\Psi_R,h_m,R_j\in\Psi_R/R_m}\{\mathrm{e}^{-\frac{\gamma_n d_m^{\beta}}{\rho}(L+\sigma^2)}\}}_{K_1} \tag{4-17}$$

其中，$L=\sum_{R_j\in\Psi_R/R_m}\rho d_j^{-\beta}|h_j|^2$ 为同频干扰。式（4-17）中的 K_1 可以表示为：

$$\begin{aligned}K_1&=\mathrm{e}^{-\frac{\gamma_n d_m^{\beta}\sigma^2}{\rho}}E_{\Psi_R}\{\prod_{R_j\in\Psi_R/R_m}E_{h_j}\{\mathrm{e}^{-\gamma_i d_m^{\beta}d_j^{-\beta}|h_j|^2}\}\}\\&=\mathrm{e}^{-\frac{\gamma_n d_m^{\beta}\sigma^2}{\rho}}E_{\Psi_R}\{\prod_{R_j\in\Psi_R/R_m}\frac{1}{1+\gamma_n d_m^{\beta}d_j^{-\beta}}\}\end{aligned} \tag{4-18}$$

式（4-18）是根据瑞利衰落系数是独立同分布的假设推导得出的。基于 PPP 的概率矩母函数可表示为：

$$K_1=\prod_{l=1}^{L}\mathrm{e}^{-\frac{\gamma_n d_m^{\beta}\sigma^2}{\rho}}J_1 \tag{4-19}$$

其中，$J_1=\exp\left[-2\pi\lambda_R\int_0^{\infty}\left(1-\frac{1}{1+\gamma_n d_m^{\beta}d_j^{-\beta}}\right)d_j\mathrm{d}d_j\right]$，将 $y=(\gamma_n^{-1/\beta}/d_m)d_j$ 代入式（4-19），可得到一个准确计算式：

$$J_1=\exp\left(-2\pi\lambda_R\gamma_n^{\frac{2}{\beta}}d_m^2\int_0^{\infty}\frac{y}{y^{\beta}+1}\mathrm{d}y\right)=\mathrm{e}^{-2\pi\lambda_R A(\beta)\gamma_n^{\frac{2}{\beta}}d_m^2} \tag{4-20}$$

基于式（4-17）、式（4-19）和式（4-20），$\Pr\{\gamma<\gamma_n\}$可以表示为：

$$\Pr\{\gamma<\gamma_n\}=1-\mathrm{e}^{-2\pi\lambda_R A(\beta)\gamma_n^{\frac{2}{\beta}}d_m^2-\frac{\gamma_n d_m^{\beta}\sigma^2}{\rho}} \tag{4-21}$$

将式（4-21）代入式（4-14），定理 4-2 可以得证。

式（4-14）的近似是根据量化理论的一个固有方法，其广泛应用于信号压缩理论。量化理论的准确性主要取决于平方误差畸变，其可通过缩小区间来改善。另外，第 4.3 节的仿真结果显示，当最大值γ设置为$\gamma_{\max}=5\times10^4$，区间数目设置为$N=10^6$时，理论结果与蒙特卡洛仿真结果吻合。

4.1.2 典型用户接入 RRH 协作簇的平均有效容量

平均有效容量是一个 F-RAN 中“分簇”性能评估的参数。首先，“分簇”内容缓存装置的命中率记为P_{hit}，其描述用户请求在分簇内容缓存装置中能够满足和实现的概率：$P_{\text{hit}}=\sum\limits_{l\in\mu_T}P_l$。

其中，P_l是指内容对象S_l被用户请求的概率，可由内容S_l的受欢迎程度来描述。内容受欢迎程度的总和记为 1，因此，命中率服从一个概率测度约束$P_{\text{hit}}=\sum\limits_{l\in\mu_T}P_l\leqslant\sum_{l\in\Omega_C}P_l=1$。内容对象$S_1$的平均有效容量可以表示为：

$$\overline{E_l}=P_{\text{hit}}\overline{E}(\theta_l^T)+(1-P_{\text{hit}})\overline{E}(\theta_l^C) \tag{4-22}$$

其中，$\overline{E}(\theta_l^T)$和$\overline{E}(\theta_l^C)$分别为μ_T和μ_C的平均有效容量。由于每个内容对象的受欢迎程度不同，平均有效容量可表示为$\overline{E_T}=\sum\limits_{l=1}^{L}P_l\overline{E_l}$。在每个无线资源单元，每个 RRH 只能服务一个内容对象，因此$\varPsi_R$中的 RRH 可被分为L个互不相交的部分。对服务一个特定内容对象的 RRH 的集合的规划，可将其视为一个齐次泊松点过程的随机稀释过程，即 PPP $\varPsi_R$，其依然是一个密度为λ_l的齐次泊松点过程，且$\sum\limits_{l=1}^{L}\lambda_l=\lambda_R$。为使所介绍策略下接收信号功率最大，每个用户接入最近的可提供其所需内容的 RRH。

基于上述假设和定理 4-2 中的结论，可以求得式（4-22）中$\overline{E}(\theta_l^T)$和$\overline{E}(\theta_l^C)$的可行解，下述推论描述平均“分簇”有效容量。

推论 4-1 当用户接入最近的 RRH 获取所需内容对象时，一个典型簇C_T的平均有效容量可写为：

$$\overline{E}_T = P_{\text{hit}}\sum_{l=1}^{L}\overline{E}(\theta_l^T) + (1-P_{\text{hit}})\sum_{l=1}^{L}\overline{E}(\theta_l^C) \tag{4-23}$$

其中，$\overline{E}(\theta_l^T)$ 和 $\overline{E}(\theta_l^C)$ 可表示为：

$$\overline{E}(\theta_l) = P_l\sum_{n=1}^{N}\left[\mathcal{L}_l(\gamma_n) - \mathcal{L}_l(\gamma_{n+1})\right]\left(1+\overline{\gamma}_n\right)^{-\mu\theta_l\overline{T}},\ \theta_l = \theta_l^T, \theta_l^C \tag{4-24}$$

其中，P_l 为内容对象 S_l 的受欢迎程度，$\mathcal{L}_l(\gamma_n)$ 可写为：

$$\mathcal{L}_l(\gamma_n) = 1 - 2\pi\lambda_l\int_0^\infty d_m \mathrm{e}^{-(2\pi A(\beta)\gamma_n^{\frac{2}{\beta}}\lambda_R+\pi\lambda_l)d_m^2}\mathrm{e}^{-\frac{\gamma_n d_m^\beta\sigma^2}{\rho}}\mathrm{d}d_m \tag{4-25}$$

其中，$\mu(\gamma_n,\beta) = {\gamma_n}^{2/\beta}\int_{\gamma_n^{-2/\beta}}^{\infty}(1+x^{\beta/2})^{-1}\mathrm{d}x$。在干扰受限的 C-RAN[6]场景中，$\mathcal{L}_l(\gamma_n)$ 的确切表达式为：

$$\mathcal{L}_l(\gamma_n) = 1 - \frac{1}{2A(\beta)\gamma_n^{2/\beta}/q_l + 1} \tag{4-26}$$

证明：根据式（4-24）中 $\overline{E}(\theta_l^T)$ 和 $\overline{E}(\theta_l^C)$ 的定义，其可表示为 $\overline{E}(\theta_l) = P_l E_{d_m}\{E_{i,m}(\theta_l,d_m)\}\theta_l = \theta_l^T,\theta_l^C$。关键步骤是得到 $\mathcal{L}_l(\gamma_n)$ 的表达式，其实际表示传输内容 S_l 的中断概率，即接收信号干扰噪声比例 SINR 小于一个预定门限值 γ_n 的概率。为得到一个可行解，需要对计算式中随机变量 d_m 的可能性条件进行转换。不同于定理 4-2，每个用户需接入最近的 RRH 以最大化平均有效容量，式（4-19）中的 K_1 可表示为：

$$K_1 = \mathrm{e}^{-\frac{\gamma_n d_m^\beta\sigma^2}{\rho}} J_2\prod_{k\neq l}J_1 \tag{4-27}$$

其中，J_1 在式（4-20）中给定，J_2 可表示为：

$$J_2 = \exp[-2\pi\lambda_R\int_{d_j}^{\infty}\left(1-\frac{1}{1+\gamma_n d_m^\beta d_j^{-\beta}}\right)d_j\mathrm{d}d_j] = \mathrm{e}^{-\pi\lambda_l\mu(\gamma_n,\beta)d_m^2} \tag{4-28}$$

鉴于最近接入策略，d_m 的概率密度函数可表示为 $f(d_m) = 2\pi\lambda_i d_m \mathrm{e}^{-\pi\lambda_l d_m^2}$，进一步推导得到：

$$\mathcal{L}_l(\gamma_n) = Pr\{\gamma<\gamma_n\} = 1 - 2\pi\lambda_l\int_0^\infty d_m \mathrm{e}^{-(2\pi A(\beta)\gamma_n^{\frac{2}{\beta}}\lambda_R+\pi\lambda_l)d_m^2}\mathrm{e}^{-\frac{\gamma_n d_m^\beta\sigma^2}{\rho}}\mathrm{d}d_m \tag{4-29}$$

在干扰受限场景下，噪声的影响可以忽略，因此可表示为：

$$\mathcal{L}_l(\gamma_n)=1-2\pi\lambda_l\int_0^{\infty}d_m \mathrm{e}^{-(2\pi A(\beta)\gamma_n^{2/\beta}\lambda_R+\pi\lambda_l)d_m^2}\mathrm{d}d_m=1-\frac{1}{2A(\beta)\gamma_n^{2/\beta}/q_l+1} \quad (4\text{-}30)$$

至此推论 4-1 得证。

当 $P_{\text{hit}}=0$ 时，$\overline{E_T}=\sum_{l=1}^{L}\overline{E}(\theta_l^C)$ 是 F-RAN 中无“分簇”内容缓存策略下的有效容量。如上文介绍，“分簇”内容缓存策略可以提供较好的时延体验，其服务质量系数满足 $\theta_l^L\leqslant\theta_l^C$，因为时延可通过避免云端到“分簇”缓存装置链路的回传链路传输得到减少。因此，基于推论 4-1，通过 F-RAN 中“分簇”内容缓存策略改善的有效容量的性能可表示为：

$$\begin{aligned}\Delta\overline{E}_T&=\overline{E}_T-\overline{E}_T\mid_{P_{\text{hit}}=0}=P_{\text{hit}}\left[\sum_{l=1}^{L}\left(\overline{E}(\theta_l^T)-\overline{E}(\theta_l^C)\right)\right]\\&=P_{\text{hit}}\left\{\sum_{l=1}^{L}P_l\left[\sum_{n=1}^{N}\left(\mathcal{L}_l(\gamma_n)-\mathcal{L}_l(\gamma_{n+1})\right)\left(\left(1+\overline{\gamma}_n\right)^{-\mu\theta_l^T\overline{T}}-\left(1+\overline{\gamma}_n\right)^{-\mu\theta_l^C\overline{T}}\right)\right]\right\}\end{aligned} \quad (4\text{-}31)$$

如式（4-31）所示，当本地缓存的命中率 $\Delta\overline{E}_T$ 增加时，性能增益也随之线性增加。特别地，当所有内容可以在本地缓存装置 μ_T 中存储时，如 $M=L$，本地内容缓存将接近其性能上限。由于内容数量巨大以及“簇”内的内容缓存大小受限，所以将所有内容都缓存在本地缓存装置中是不切实际的。假设用户请求的所有内容对象都具有相同的业务质量系数，当缓存装置需选择其所覆盖区域中最流行的内容对象进行缓存时，可更好地改善有效容量。

4.1.3 典型用户接入 RRH 协作簇的能量效率

平均能量效率是对一个典型簇 C_T 的平均能量消耗比率，其可描述在一个特定的业务系数下的能量效率：

$$\eta_T^{\text{CC}}=\frac{\overline{E}_T}{\overline{P_T^{\text{CC}}}}=\frac{P_{\text{hit}}\sum_{l=1}^{L}\overline{E}(\theta_l^T)+(1-P_{\text{hit}})\sum_{l=1}^{L}\overline{E}(\theta_l^C)}{\lambda_R\pi r_T^2P_R+P_{\text{CC}}+(1-P_{\text{hit}})P_{\text{BH}}} \quad (4\text{-}32)$$

其中，$\overline{E}_T$ 为推论 4-1 中描述的 C_T 的平均有效容量，$\overline{P_T^{\text{CC}}}$ 是“分簇”内容缓存场景下的平均总能量消耗，P_R 为每个 RRH 的基带处理和无线传输的功率消耗，r_T 为所研究簇的半径，P_{CC} 为本地“分簇”内容缓存功率消耗，P_{BH} 为通过回传链路获得所需内容的功率消耗。相似地，没有“分簇”内容缓存场景下的有效容量与平均功率消耗的比率可表示为：

$$\eta_T^{\text{No-CC}} = \frac{\overline{E}_T|_{P_{\text{hit}}=0}}{\overline{P_T}^{\text{No-CC}}} = \frac{\sum_{l=1}^{L}\overline{E}(\theta_l^C)}{\lambda_R \pi r_T^2 P_R + P_{\text{Cor}}} \tag{4-33}$$

两种不同的缓存策略下的功率消耗的差可表示为：

$$\overline{P_T}^{\text{CC}} - \overline{P_T}^{\text{No-CC}} = P_{\text{CC}} - P_{\text{hit}} P_{\text{BH}} \leqslant 0 \tag{4-34}$$

式（4-34）的最后一个不等式是依据 $P_{\text{CC}} < P_{\text{Cor}}$，比如，$P_{\text{Cor}}$ 在混合光交换网络中大于 10 W，同时 P_{CC} 小于 1 W。更多地，回顾式（4-32），其显示本节所研究的“分簇”内容缓存策略可以达到更高的有效容量，如 $\overline{E}_T \geqslant \overline{E}_T|_{P_{\text{hit}}=0}$。因此，基于式（4-33）和式（4-34），以有效方式运用“分簇”缓存装置可以改善 F-RAN 中的业务质量。

另外，扩大缓存规模、本地缓存流行的内容、提高“分簇”内容缓存带来的有效容量的增益还可通过无线资源分配得到改善。例如，随着服务 RRH 的增加，一个特定内容对象的有效容量可以得到改善。因此，基于推论 4-1 和式（4-33），受欢迎程度有很大区别的内容对象需同时采用有限的无线资源进行传输。然而，在实际系统中，一些属于相同簇的本地信息，如 CSI，在“簇”内成员中可以共享，控制无线资源分配变得复杂。

4.1.4 基于博弈理论的传输性能优化

无线资源分配策略将影响“分簇”内容缓存的业务质量保证，如对每个内容的服务 RRH 的分配和内容传输的 RRH 的分配。两种 RRH 的分配建模为一个对偶整数规划问题，这是一个 NP 难问题。为得出一个有效解，服务 RRH 分配及无线资源单元分配可建模为一个联盟形成博弈问题，它们的联合设计被建模为一个嵌套的联盟形成博弈。

（1）服务 RRH 的分配策略

假设存在一个内容子集 Ω_C，如 $\Omega_j = \{S_{j_1}, \cdots, S_{j_M}\}$，其成员共享一个无线资源块 RB_j，因此簇 C_T 中 RRH 形成 M 个不相交的子集，记为 $R_{j_1}, \cdots, R_{j_M}$，以传输 Ω_C 中的相关内容对象。根据参考文献[3]，一个特定用户接入最近服务 RRH 时，其有效容量可达到最大。记 W_{j_m} 是“簇” C_T 内需要内容对象 S_{j_m} 的用户集合。服务于 RRH 的内容对象 S_{j_m} 的有效容量的期望为 $\overline{E}(R_{j_m})$，当 R_{j_m} 和 W_{j_m} 中成员的位置信息可知时，其可表示为：

$$\overline{E}(R_{j_m})=\begin{cases}\sum\limits_{U_i\in W_{j_m}} E(\theta_{j_m}^T,d_i),S_{j_m}\text{位于}\mu_T\text{内}\\ \sum\limits_{U_i\in W_{j_m}} E(\theta_{j_m}^C,d_i),S_{j_m}\text{位于}\mu_C\text{内}\end{cases}\tag{4-35}$$

其中，$E(\theta_{j_m}^T,d_i)$ 和 $E(\theta_{j_m}^C,d_i)$ 为定理 4-2 中的一个特定用户的有效容量，d_i 为用户 U_i 和其服务 RRH R_{j_m} 的距离。$\theta_{j_m}^T$ 和 $\theta_{j_m}^C$ 为从本地“分簇”缓存装置或云端缓存装置中获取的内容对象 S_{j_m} 的业务质量系数。如式（4-35）所示，W_{j_m} 中用户的业务质量保证主要取决于 R_{j_m} 中的 RRH，其主要受到与参数 d_i 有关的路径损耗的影响。

效用函数公式：在 F-RAN 场景中，RRH 被视为用户为改善业务质量保证而竞相争取的稀缺资源。因此，服务 RRH 的分配问题可以建模为一个联盟形成博弈问题，其中，簇 C_T 内的 RRH 可视为玩家，每个远端无线射频分配结果可记为划分 $\Pi=\{R_{j_1},\cdots,R_{j_M}\}$。第 k 个 RRH R_k 联合 R_{j_m} 的汇报可以记为在此种划分下的有效容量的改善，相关效用函数可表示为：

$$\phi_k(\mathcal{R}_{j_m})=\begin{cases}\overline{E}(\mathcal{R}_{j_m}\cup R_k)-\overline{E}(\mathcal{R}_{j_m})-\underbrace{c_{\mathrm{RH}}\Big(P_R^{\mathrm{act}}+\frac{1}{\mathcal{O}(\mathcal{R}_{j_m})}P_{\mathrm{T}}\Big)}_{\text{消耗部分}\,\tau_k},S_{j_m}\text{位于}\mu_T\text{内}\\ \overline{E}(\mathcal{R}_{j_m}\cup R_k)-\overline{E}(\mathcal{R}_{j_m})-\underbrace{c_{\mathrm{RH}}\Big(P_R^{\mathrm{act}}+\frac{1}{\mathcal{O}(\mathcal{R}_{j_m})}P_{\mathrm{C}}\Big)}_{\text{消耗部分}\,\tau_k},S_{j_m}\text{位于}\mu_C\text{内}\end{cases}\tag{4-36}$$

其中，τ_k 是联合 $\mathcal{R}_{j_m}$ 的代价，其取决于总的功率消耗。特别地，P_R^{act} 为服务特定内容的活跃 RRH 的总功率消耗，P_T 表示在“分簇”内容缓存装置 μ_T 中缓存内容 S_{j_m} 的功率消耗，而 P_C 为从 μ_C 中请求一个内容对象的功率消耗。c_{RH} 是控制代价部分 τ_k 影响的能效系数。假设簇 C_T 中多个 RRH 共同请求一个内容对象，因此请求其的代价将根据“簇”内相关联的 RRH 的划分如式（4-36）所示。因此每个联盟的整体效用函数可写为：

$$v(\mathcal{R}_{j_m})=\sum_{R_k\in\mathcal{R}_{j_m}}\phi_k(\mathcal{R}_{j_m})\tag{4-37}$$

分布式联盟形成算法：基于式（4-37）给出的效用函数，R_k 联合 $\mathcal{R}_{j_m}$ 的回报只取决于 $\mathcal{R}_{j_m}$ 中的成员。因此 RRH 分配联盟博弈问题可以建模为一个享乐联盟形成问题，利用偏好关系可以完成联盟形成过程。基于参考文献[4]中的定义，偏好关系意味着一个 RRH 严格偏好于接入一个特定的联盟而不是另一个。比如，考虑两个联盟 $\mathcal{R}_{j_m}$ 和 $\mathcal{R}_{j_n}$，当给定联盟满足偏好关系 $\mathcal{R}_{j_m} \succ k\mathcal{R}_{j_n}$ 时，R_k 将选择联合 $\mathcal{R}_{j_m}$。根据参考文献[4]，偏好关系决定的标准可建立如下：

$$\begin{aligned}\mathcal{R}_{j_m} \succ_k \mathcal{R}_{j_n} \Leftrightarrow\ & \mathrm{C1}: \phi_k(\mathcal{R}_{j_m}) > \phi_k(\mathcal{R}_{j_n}) \\ & \mathrm{C2}: v(\mathcal{R}_{j_m}) + v(\mathcal{R}_{j_n} \setminus \{R_k\}) > v(\mathcal{R}_{j_n}) + v(\mathcal{R}_{j_m} \setminus \{R_k\})\end{aligned} \tag{4-38}$$

其中，C1表示 R_k 追求更高的个人收益，而C2 可以避免因移开 R_k 带来总的效用损失。

式（4-38）中的条件保证在每一个 F-RAN“分簇”中，可以通过一个基于联盟形成博弈的RRH分配策略，算法4-1描述的相关分布式远端无线射频资源分配算法，可以获得显著的业务质量性能增益。特别的，在初始化阶段，RRH 被分派来服务内容对象 $S_{j_1},\cdots,S_{j_M}$。RRH 转而与其他潜在联盟谈判，决定是否基于式（4-38）的准则加入一个新的联盟，直至获得的划分结果收敛为止。以下定理声明算法将收敛于一个“纳什稳定”划分。

算法 4-1　基于享乐联盟形成博弈的服务 RRH 分配算法

初始化：对一个给定内容对象子集 $\Omega_j^{\text{sub}} = \{S_{j_1},\cdots,S_{j_M}\}$，$C_T$ 中所有的 RRH 可分为 M 个独立的联盟 $R_{j_1},\cdots,R_{j_M}$。

重复：针对每个联盟 R_{j_m} 中的 RRH。R_{j_m} 中每个 RRH（如 R_k）与其他联盟谈判 R_{j_n}，$j_m \neq j_n$，分别基于式（4-36）和式（4-37）得到独立和总体联盟的效用函数值；

若得到效用函数值满足式（4-38）的偏好关系标准，则 R_k 离开 R_{j_m}，加入 R_{j_n}。

结束：成员联盟 $R_{j_1},\cdots,R_{j_M}$ 保持不变时。

定理 4-3　从任意的初始化 RRH 划分出发，基于一个联盟形成博弈的享乐解法的算法 4-1 总可以收敛到“纳什稳定”划分。

（2）无线资源块的分配策略

除了服务 RRH 分配策略以外，无线接入信道的性能也受到无线资源块分配策略的影响。与 RRH 分配相似，无线资源块的分配也可被建模为一个联盟形成博弈问题。特别地，内容对象 $S_1,\cdots,S_L$ 可视为玩家，其可与彼此谈判以形成互不相交的联盟。相同联盟的内容共享一个公共的无线资源块。

效用函数公式：为了不失一般性，本节重点关注一个联盟 $\mathcal{T}_i=\{S_{i_1},\cdots,S_{i_M}\}$，其成员是共同分享了第 i 个无线资源块的内容对象。联盟 $\mathcal{T}_i$ 的收益可定义为所考虑簇 C_T 的总有效容量，因此，相关的效用函数可表示为：

$$\psi(\mathcal{T}_i)=\left[\sum_{S_{i_n}\in\mathcal{T}_i}\bar{E}(\mathcal{R}_{i_n})-\underbrace{c_{\mathrm{RB}}\Big(\sum_{S_{i_n}\in\mathcal{T}_i}O(\mathcal{R}_{i_n})P_R+O(S_{i_n}\in\mu_T)P_T+O(S_{i_n}\in\mu_C)P_C\Big)}_{\text{消耗部分}}\right]^{+} \tag{4-39}$$

其中，$\bar{E}(\mathcal{R}_{i_n})$ 是式（4-35）中给定内容对象 S_{i_n} 的有效容量，$O(\mathcal{R}_{i_n})$ 为 $\mathcal{R}_{i_n}$ 中 RRH 的数目，$O(S_{i_n}\in\mu_T)$ 和 $O(S_{i_n}\in\mu_C)$ 为内容对象 μ_T 和 μ_C 的数目。ρ_i 为形成联盟 $\psi(\mathcal{T}_i)$ 的代价，c_{RB} 是控制代价影响的一个能效系数，并且 $(a)^+=\max(a,0)$。

如图 4-1 所示，当 RRH 的覆盖稀疏时，传输一个内容 S_{i_n} 的代价与回报的评估非常准确，因为所有 RRH 都需要进行传输，而根据定理 4-2，干扰 RRH 的密度趋近于 λ_R。当 λ_R 增加时，只有一部分 RRH 参与内容传输是很有可能的。式（4-39）给出了一个效用值的下界，且仍是一个可靠的指标。无线资源分配策略可影响远端无线射频的分配，因为其决定什么内容对象与其他为服务 RRH 竞争。更多地，频谱效率也与划分结果相关，其与内容传输所运用的正交无线资源块的数目成反比，可定义为：

$$\mu=\frac{1}{O(\mathcal{T}_i\neq\varnothing)} \tag{4-40}$$

其中，$O(\mathcal{T}_i\neq\varnothing)$ 记为非空的内容联盟 $\mathcal{T}_i$ 的数目。

不同于服务 RRH 分配问题，每个无线资源分配中内容的收益不只取决于自己所在联盟的成员，因为式（4-39）中的频谱效率取决于通过联盟形成过程划分的结果。因此，享乐联盟形成算法并不适用于此。更多地，由于开销代价的存在，所介绍的博弈是一个“具备空核的非超可加博弈”，因此不会形成一个大的联盟。为有效解决无线资源块分配问题，下文将主要介绍一种分布式的合并和分割算法。

所介绍算法的关键步骤在于仅通过合并和分割操作形成内容对象的联盟。为了不失一般性，本节考虑前 l 个联盟作为典例，合并和分割操作的方法介绍如下。

合并规则：如果联盟的效用函数 $T_1,\cdots,T_l$ 满足 $\psi(\mathcal{T}_j)<\psi(\bigcup_{j=1}^{l}T_j)$，则将 $T_1,\cdots,T_l$ 合并为一个簇 $\bigcup_{j=1}^{l}T_j$。

分割规则：如果一个联盟存在一个划分 $T_j=\{P_1,\cdots,P_m\}$，使其效用函数满足 $\psi(\mathcal{T}_j)<\sum_{i=1}^{m}\psi(\mathcal{P}_j)$，则 T_j 分割为 m 个互不相交的联盟 $P_1,\cdots,P_m$。

（3）基于嵌套联盟形成博弈的性能优化算法

回顾式（4-39），内容传输的平均有效容量总和由 RRH 和无线资源块的分配共同决定。因此，两个相关的联盟形成博弈耦合。为获得解决问题的可行解，将介绍一种基于算法的嵌套联盟形成博弈。特别地，式（4-35）中给出每个内容对象的有效容量 $\bar{E}(\mathcal{R}_{j_m})$，其为式（4-36）中的收益部分，可认为是 RRH 逐渐加入联盟 $\bar{E}(\mathcal{R}_{j_m})$ 的累计有效容量改善。例如：

$$\bar{E}(\mathcal{R}_{j_m})=\bar{E}(\mathcal{R}_{j_m})-\bar{E}(\varnothing)=\sum_{R_k\in\mathcal{R}_{j_m}}\left[\bar{E}(\mathcal{R}_{j_m}\cup R_k)-\bar{E}(\mathcal{R}_{j_m})\right] \tag{4-41}$$

这样的解释与 RRH 分配过程吻合。因此，当代价控制系数满足 $c_{\mathrm{RH}}=c_{\mathrm{RB}}=c_0$ 时，将建立以下两种联盟博弈效用函数的关系：

$$\psi(\mathcal{T}_i)=[\sum_{S_{i_n}\in\mathcal{T}_i}v(\mathcal{R}_{i_n})]^+=[\sum_{S_{i_n}\in\mathcal{T}_i}\sum_{R_k\in\mathcal{R}_{i_n}}\phi_k(\mathcal{R}_{i_n})]^+ \tag{4-42}$$

式（4-42）表明，可利用 RRH 分配的效用函数获得无线资源块的分配的效用。更多地，鉴于式（4-38）中给定的偏好关系准则，保证了 F-RAN 内容传输的总体收益，确保了服务 RRH 划分结果，为无线资源联盟博弈提供了一个可靠的效用。因此可以将无线资源块和 RRH 的分配联合设计建模为一个嵌套的联盟形成问题。如算法 4-2 所示，所有需要的内容对象可随机分配在正交的无线资源块上，在初始化阶段形成 K 个互不相交的联盟。在迭代阶段，内容联盟任意地进行合并和分割操作。基于 RRH 分配的享乐联盟博弈算法将嵌套为在每次迭代过程中提供一个总的效用值。获取一个最终划分结果以后，簇中每个 RRH 需为用户检查最近的服务 RRH，并有选择地转换为睡眠模式以改善能效。

算法 4-2　基于嵌套的联盟形成博弈的算法

步骤 1　RRB 和 RRH 的联合分配

初始化：随机形成 K 个内容对象 $T_1,\cdots,T_K$ 的独立联盟，$1\leqslant K\leqslant L$。

重复：针对每个联盟 $T_i\left(T_i\neq\varnothing\right)$。

合并操作：与其他内容联盟谈判，如 $j_1,\cdots,j_n\neq i$。根据式（4-42）和算法 4-1，得到效用函数值 $\psi\left(T_i\right),\psi\left(T_{j_1}\right)\cdots,\psi\left(T_{j_l}\right)$ 和 $\psi\left(T_i\cup T_{j_1}\cdots\cup T_{j_l}\right)$，其中，RRH 的初始划分由式（4-43）给出，RRH 联盟和其成员服从下文规定的谈判顺序。

若 $\psi\left(T_i\right)+\sum_{p=1}^{l}\psi\left(T_{j_p}\right)<\psi\left(T_i\cup T_{j_1}\cdots\cup T_{j_l}\right)$，$T_i=\left\{T_i\cup T_{j_1}\cdots\cup T_{j_l}\right\}$，$T_{j_1}=\cdots=T_{j_l}=\varnothing$。

分割操作：对 T_i 中的每个子集 $T_{i_n}^{\text{sub}}$ 根据式（4-42）和算法 4-1，得到效用函数值 $\psi\left(T_i\right)$、$\psi\left(T_{i_n}^{\text{sub}}\right)$ 和 $\psi\left(T_i/T_{i_n}^{\text{sub}}\right)$，其中，RRH 的初始划分由式（4-43）给出，RRH 联盟和其成员服从下文规定的谈判顺序。

若 $\psi\left(T_{i_n}^{\text{sub}}\right)+\psi\left(T_i/T_{i_n}^{\text{sub}}\right)>\psi\left(T_i\right)$，$T_i=T_i/T_{i_n}^{\text{sub}}$，则形成一个新的内容联盟 $T_i=T_{i_n}^{\text{sub}}$。

结束：成员联盟 $R_{j_1},\cdots,R_{j_M}$ 保持不变时。

步骤 2 定义未被任何用户请求的 RRH，将其调整为睡眠模式。

不同于传统的联盟形成博弈，嵌套联盟形成博弈取决于 RRH 和无线资源的联合划分，其会影响性能的收敛性。例如，T_i 和 T_j 合并为一个联盟 $T_{i\cup j}$，因为在特定的迭代中效用函数可依合并规则合并。然而，基于 RRH 的分配算法的纳什均衡划分不一定是特解，不同的 RRH 初始划分或谈判顺序将导致不同的内容联盟收益值，其将改变 $\psi(T_i\cup T_j)$ 与 $\psi(T_i)+\psi(T_j)$ 的关系。因此，存在 $T_{i\cup j}$ 再一次分割为 T_i 和 T_j 的可能，所以算法不能收敛。为避免效用值的不稳定性，在 RRH 分配算法中要给定初始划分和谈判顺序。特别地，在初始化和迭代过程中，所考虑从集合 $B=\{b_{k_1},\cdots,b_{k_L}\}$ 的谈判顺序根据成员标注递增，比如，$\varLambda: b_{k_1}\rightarrow\cdots\rightarrow b_{k_l}\rightarrow\cdots\rightarrow b_{k_L}, b_{k_1},\cdots,b_{k_L}\in B,\ k_1<\cdots<k_l<\cdots<k_L$。

因此，算法 4-2 中 RRH 的初始划分如下，其中，鼓励 RRH 加入一个可在 RRH 分配的初试阶段获得最大效用的联盟：

$$\begin{aligned}&R_k\in\mathcal{R}_{j_m}\\&\text{s.t.}\ \phi_k(\mathcal{R}_{j_m})=\max_{S_{j_n}\in\Omega_C^j}(\phi_k(\mathcal{R}_{j_n})), R_k\in\mathcal{R}\times\varLambda\end{aligned}\tag{4-43}$$

其中，$\mathcal{R}\times\Lambda$ 为基于 $\mathcal{R}$ 的一个给定顺序 Λ 定义下的顺序集合。为证明基于一个嵌套的联盟形成博弈的联合分布算法收敛性，可证明以下推论。

定理 4-4　联合分配算法可通过解一个嵌套的联盟形成博弈获得，收敛到一个 D_{hp} 稳定的划分，其意味着所有可能的划分不能再发生另外的合并与分割操作。

证明：假设最后的划分结果不是 D_{hp} 稳定的划分，则存在一个划分 $\Pi^*=\{T_1^*,\cdots,T_K^*\}$，可在迭代过程中重发生，相关的转换可表示为：

$$\Pi^*\rightarrow\Pi_1\rightarrow\cdots\Pi_i\rightarrow\cdots\rightarrow\Pi^* \tag{4-44}$$

由合并和分割规则知，由其带来的内容传输的总体效用值可一直保持增长。因此，基于式（4-44）中给出的划分转换带来的联盟效益的转换，现存在 Π^* 的一个子集 $T_{j_1}{}^*,\ldots,T_{j_l}{}^*$，成员的效用值满足如下关系：

$$\sum_{p=1}^{l}\psi_1(\mathcal{T}_{j_p}^*)<\sum_{p=1}^{l}\psi_2(\mathcal{T}_{j_p}^*) \tag{4-45}$$

其中，$\psi_1(\mathcal{T}_{j_p}^*)$ 为 $\mathcal{T}_{j_p}^*$ 的效用，其 Π^* 首先在式（4-44）的转换过程中体现，同理，$\psi_2(\mathcal{T}_{j_p}^*)$ 为 Π^* 的第二偏好。由于式（4-45），至少存在一个内容联盟 $\mathcal{T}_{j_p}^*$，其效用服从关系 $\psi_1(\mathcal{T}_{j_p}^*)<\psi_2(\mathcal{T}_{j_p}^*)$。两种偏好下的频谱效率保持相同，主要因为无线资源块的分配结果相互独立。划分分别为：$\Xi_1=\{R_{i_1}{}^1,\ldots,R_{i_M}{}^1\}$ 和 $\Xi_2=\{R_{i_1}{}^2,\ldots,R_{i_M}{}^2\}$。如算法 4-2 的描述，初始化和谈判步骤已给出，Ξ_2 可从 Ξ_1 有限步的划分转换得出，即：

$$\Xi_1\rightarrow\Xi_{s_1}\rightarrow\cdots\rightarrow\Xi_2 \tag{4-46}$$

如式（4-46）所示，基于式（4-38）定义的偏好关系，存在一个 RRH 希望离开现有联盟而加入一个新联盟，因此 Ξ_1 不是“纳什稳定”，为第一种偏好的最终 RRH 划分结果。这样的结果与推论 4-1 中的结论相反，因此算法 4-2 收敛于一个 D_{hp} 稳定的结果，定理得证。

集中式的策略不能获得全局信息，将给前传链路造成较大的负载开销，与其相比，本节将介绍以分布式的方法进行 RRH 及无线资源块的分配，故只需本地信息。更多地，所介绍的联盟博弈的两种解是基于成对谈判的，其可行的区域集中式优化更小。因此，本节所介绍的算法可以在较低的算法复杂度下实现较大的性能增益。

（4）低算法复杂度的次优算法

尽管算法 4-2 可以在有限的迭代次数上收敛到一个稳定解，嵌套的结构意味着内容传输的总收益将通过在每次迭代过程中求解一个基于RRH分配问题的可行解来获得。因此，为减少过程复杂度，将问题解耦合为两个独立的联盟形成问题。下文将介绍一个无线资源块的分配的次优算法，其效用函数不取决于服务RRH的分配划分结果。

① 基于“夏普利值”的效用函数

由前文可知，簇 C_T 中的内容传输性能部分取决于服务RRH分配的结果，所以难以在不考虑RRH分配结果的基础上，求解无线资源分配问题。为降低计算复杂度，需为无线资源块的分配建立一种效用函数。

对RRH的兴趣与需要考虑无线资源分配的内容对象冲突，特别是当与无线资源块的兴趣冲突的内容对象倾向于共享一个无线资源时。因此，为描述每个RRH中的特定内容对象 S_i 的兴趣，需要评价每个RRH对内容对象 S_i 的重要性，联盟博弈中的“夏普利值”将应用于效用函数公式中。

在所介绍的无线资源块分配问题中，“夏普利值”可理解为每个RRH对传输 S_i 的期望边际贡献。特别地，在一个典型的F-RAN簇 C_T 中，传输内容 S_i 将由一个所有RRH组成的大联盟 N 构成，R_j 的“夏普利值”定义为当其以随机顺序加入这个大联盟的边际贡献，其可表示如下：

$$v_{i,j}=\sum\nolimits_{\mathcal{N}_s\subseteq\mathcal{N}\setminus\{R_j\}}\frac{|\mathcal{N}_s|!(|\mathcal{N}|-|\mathcal{N}_s|-1)!}{|\mathcal{N}|}[\bar{E}(\mathcal{N}_s\cup R_j)-\bar{E}(\mathcal{N}_s)] \tag{4-47}$$

其中，$|A|$为有限集合 A 的势，$E(A)$ 为式（4-35）中定义的有效容量的期望。在式（4-47）中，$\bar{E}(\mathcal{N}_s\cup R_j)-\bar{E}(\mathcal{N}_s)$ 是联盟 $\mathcal{N}_s$ 中 R_j 的边际贡献。$\frac{|\mathcal{N}_s|!(|\mathcal{N}|-|\mathcal{N}_s|-1)!}{|\mathcal{N}|}$ 是当RRH以一个随机顺序加入一个大联盟时，子集 $\mathcal{N}_s$ 出现的概率。

对于一个特定内容对象，每个RRH的重要性可由“夏普利值”来评估。例如，拥有较高“夏普利值” $v_{i,j}$ 的 R_j 对 S_i 来说更重要。因此，无线资源块分配的效用函数可基于共享相同资源块的所有内容对象的兴趣冲突来标识，当给定内容对象 S_j 想要加入联盟 $T_i=\{S_{i_1},\cdots,S_{i_N}\},S_j\notin T_i$ 时，其可表示为：

$$\varphi_j(T_i)=\sum_{S_{i_n}\in T_i}\left(\sum_{k=1}^{K}|v_{j,k}-v_{i_n,k}|\right)-\rho_i \tag{4-48}$$

其中，代价部分 ρ_i 服从式（4-39）定义，其与 T_i 内成员数目成正比。如式（4-48）

所示，$\varphi_j(\mathcal{T}_i)$ 的第一个部分可理解为内容 S_j 加入联盟 T_i 的收益，特别地，当 $v_{j,k}=v_{i_n,k}$ 对每个 RRH 时，意味着 S_j 和 S_{i_n} 对 RRH 分配有着相同的兴趣。随着不同的“夏普利值”的增长，RRH 在 S_j 和 S_{i_n} 之间的兴趣冲突会消失，因此 S_j 的收益会增加。记无线资源块共享的代价是同信道干扰造成的损失，其随着所考虑联盟 $\mathcal{T}$ 的势的增加而变得严重。因此，形成大联盟意味着所有内容对象共享一个公共的无线资源块，在大多数场景下这不是最佳选择。式（4-48）的代价部分可以由每个联盟的规模进行有效控制。

② 次优的无线资源块的分配算法

在之前的章节中已经给出了无线资源分配的效用函数，其可描述对 RRH 兴趣冲突的影响。相似地，其可建模为一个联盟形成博弈。基于式（4-48），每个对象的收益函数只与联盟内的成员有关，因此可通过享乐博弈理论求解。为建立式(4-35）中的偏好关系准则，$\mathcal{T}_i$ 的总的效用函数可写为：

$$u(\mathcal{T}_i)=\sum_{S_j\in\mathcal{T}_i}\varphi_j(\mathcal{T}_i) \tag{4-49}$$

基于式（4-35）、式（4-48）和式（4-49），可给出一个无线资源块的分配算法的享乐联盟博弈，与算法 4-1 相似，其划分结果的纳什稳定性可通过定理 4-3 保证。

算法 4-3 给出了一个低算法复杂度的次优解，其中，RRH 和无限资源分配的联合设计被解耦合为两个独立的联盟形成博弈。特别地，次优算法由 3 个步骤组成。第一步是通过运用式（4-49）中的效用函数分配无线资源块，接下来通过算法 4-1 获得 RRH 分配结果，最后将不需要的 RRH 调成睡眠模式以避免不必要的功率开销。对比算法 4-2，式（4-49）中建立的效用函数不能准确地描述 RRH 分配结果的影响，这会导致在无线资源分配的联盟形成博弈中造成性能损失。但是因为无线资源分配与 RRH 划分的结果不直接相关，所以计算复杂度将会减小，并且可避免嵌套的迭代结构。

算法 4-3　基于一个次优联盟形成博弈的算法

步骤 1　无线资源块的分配

初始化：C_T 中所有内容对象可分为 K 个独立的联盟 $T_1,\cdots,T_K$；

重复：针对每个联盟 T_K。

每个 T_K 中的内容对象 S_j 与其他联盟 $T_m, m \neq k$，则根据式（4-48）可得出 $\varphi_j(T_k)$ 和 $\varphi_j(T_m)$，基于式（4-49）可得出相关联盟的总效用函数值；

若得到效用函数值满足式（4-38）的偏好关系标准，则 S_j 交换到一个新的联盟 T_m 中。

结束：成员 $T_1,\cdots,T_K$ 保持不变时。

步骤 2 RRH 的分配

根据算法 4-1 获得分配结果。

步骤 3 定义未被任何用户请求的 RRH，将其调整为睡眠模式。

4.1.5 仿真结果与分析

本节中的仿真结果将证明性能分析的准确性和优化资源分配带来的性能增益。特别地，信道在每个无线资源块上是块衰落的，其中，RRH 和用户的位置服从圆域内的齐次泊松点过程，半径为 1 000 m。

为验证分析理论结果的精确性，以图 4-3 所示的典型用户的有效容量来展示。由图 4-3 可知，基于定理 4-2 的理论结果与蒙特卡洛结果吻合，其显示了理论推导的有效性。更多地，随着业务质量系数的增加，典型用户的有效容量下降，这是因为所需业务质量的保证在上升。仿真结果也说明，在所考虑的干扰网络场景下，有效容量受到 RRH 密度的影响。特别地，由于无线接入链路质量的改善，对干扰消除有很好的作用，一个典型用户的有效容量随着干扰 RRH 的衰减而增加。

图 4-4 揭示了平均有效容量与缓存内容规模的关系。所需内容集合的势为 $L=4$。内容簇的业务质量系数记为 $\theta_l^T=0.05$，其中，$B_L=10\,\text{Mbit/s}$，$D_{\max}=1\,\text{s}$。根据推论 4-1 的理论结果可获得平均有效容量。回传链路数据速率的改善可支持更好的业务质量保证。因此，平均有效容量在增长。更多地，当“分簇”内容缓存装置 μ_L 的命中率增长时，这意味着 μ_L 的容量将扩大。因为更多的内容对象将通过本地“分簇”进行传输，则平均有效容量得到改善。仿真结果显示，当回传链路数据速率 r_{BH} 和“簇”内容缓存容量 M 增加时，有效容量接近性能上界，这显示了“分簇”内容缓存的性能增益。

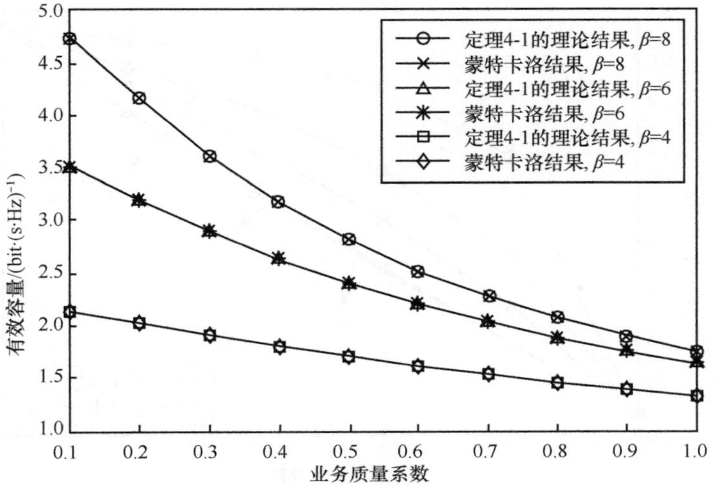

图 4-3　典型用户的有效容量

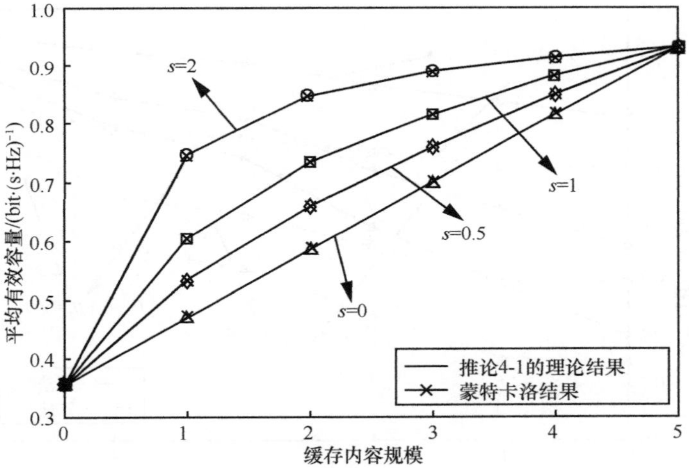

图 4-4　有效容量与缓存内容规模

为更进一步评估“分簇”内容缓存的性能增益，介绍一种 RRH 和无线资源块的分配算法。图 4-5 和图 4-6 显示了平均有效容量和功耗的比值与缓存内容规模及平均有效容量性能。所需内容集合的“基势”是$L=5$，且定义 RRH 和用户的密度分别为$\lambda_R=\lambda_U=5\times10^{-6}$。平均有效容量与功耗比例如图 4-7 所示，算法的有效容量随着“分簇”内容缓存的命中率的增加或者业务质量系数θ_l^C的减少而增长。

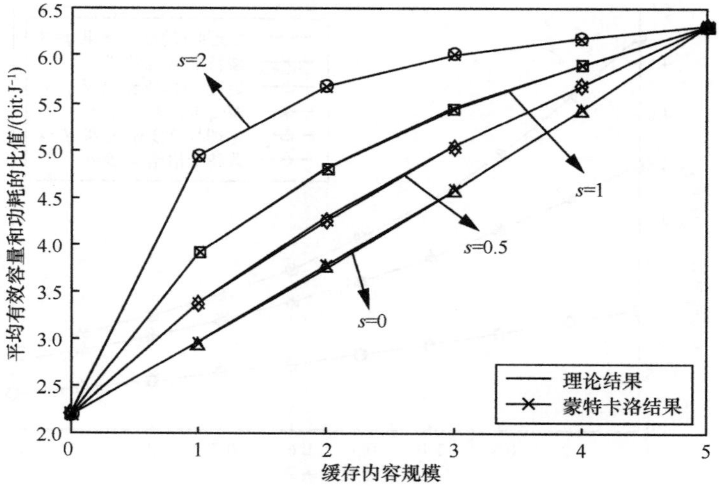

图 4-5　平均有效容量和功耗的比值与缓存内容规模

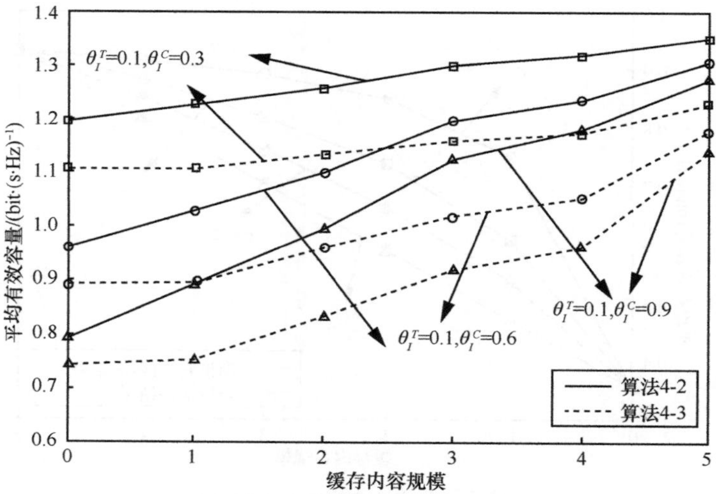

图 4-6　平均有效容量性能

图 4-7 显示了平均有效容量与功率消耗的比例，以此来展示“分簇”内容缓存的能效，对第 i 个无线资源块，其可定义为：

$$\eta_i = \sum_{S_l} \overline{E}\left(R_{S_l}\right) \Big/ \sum_{S_l} O\left(R_{S_l}\right) P_R^{\text{act}} + \left(N_T - \sum_{S_l} O\left(R_{S_l}\right)\right) P_R^{\text{sle}} + O\left(S_l \in U_T\right) P_T + O\left(S_l \in U_C\right) P_C, S_l \in T_i \tag{4-50}$$

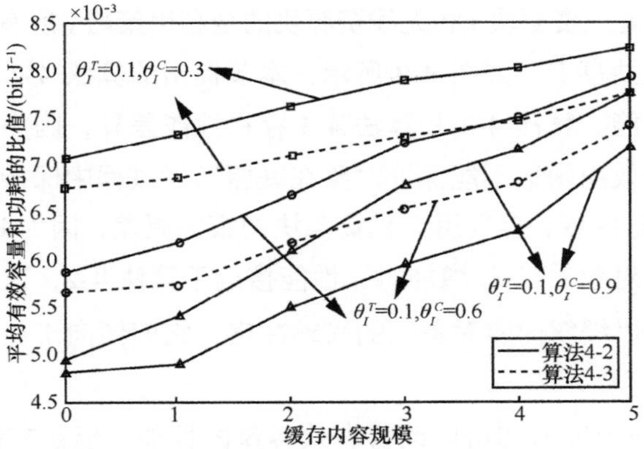

图 4-7 平均有效容量与功耗比例

其中，RRH 在活跃和休眠状态下的功率消耗分别是 $P_R^{\mathrm{act}}=104\ \mathrm{W}$ 和 $P_R^{\mathrm{sle}}=56\ \mathrm{W}$，$P_C=10\ \mathrm{W}$，$P_L=0.15\ \mathrm{W}$。与图 4-8 相似，有效容量与功率消耗比率随着命中率 P_{hit} 的增加和业务服务质量系数 θ_l^C 的减少而增加。这样的结果显示“分簇”内容缓存有助于在更低的功率花销下实现更高的有效容量，其证明“分簇”内容缓存是改善 F-RAN 中业务质量保证的有效手段。

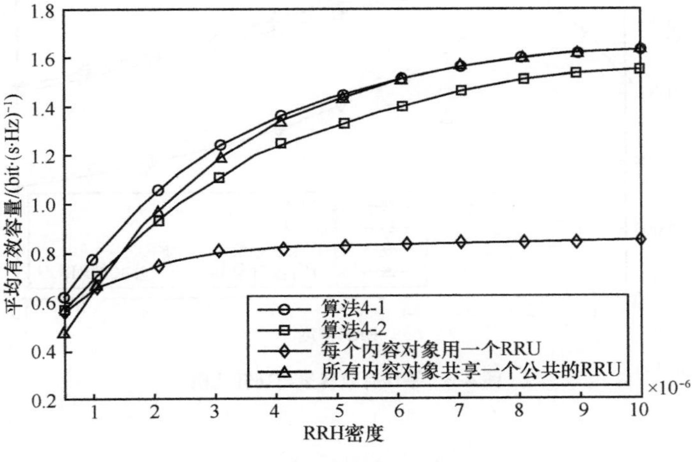

图 4-8 平均有效容量性能

图 4-8 和图 4-9 给出不同的 RRH 和无线资源块的分配策略下的性能比较。对比之前提出的两种分配策略，其分别为正交无线资源块的分配策略（每个内容

对象用一个正交无线资源块）和无线资源块的全利用策略（所有内容在一个公共的无线资源块上共享）。如图 4-9 所示，本节提出的算法 4-2 总可以获得最佳平均有效容量性能。算法 4-2 和算法 4-3 存在性能差异，因为算法 4-3 中的无线资源块分配的效用函数不能保证对象在联盟形成过程中保持最佳的选择。在 RRH 的低密度 λ_R 区域，全复用无线资源块的策略更差，因为 RRH 不足以同时服务全部的内容对象。当 λ_R 增加时，性能接近于算法 4-2，这意味着，越密集的 RRH 覆盖可以缓解内容对象间的兴趣冲突，它们倾向于在一个公共的无线资源块中传输。

尽管 RRH 的密度增加可以改善有效容量的性能，但是在能效方面其并不是最佳选择。如图 4-9 所示，在低密度 λ_R 区域，有效容量与功率消耗的比值增加，但在高密度 λ_R 区域内保持下降。有效容量与功率消耗的比值性能下降的原因是当密度 λ_R 增大时，睡眠模式 RRH 的功耗增加，其降低了对有效性能的改善。

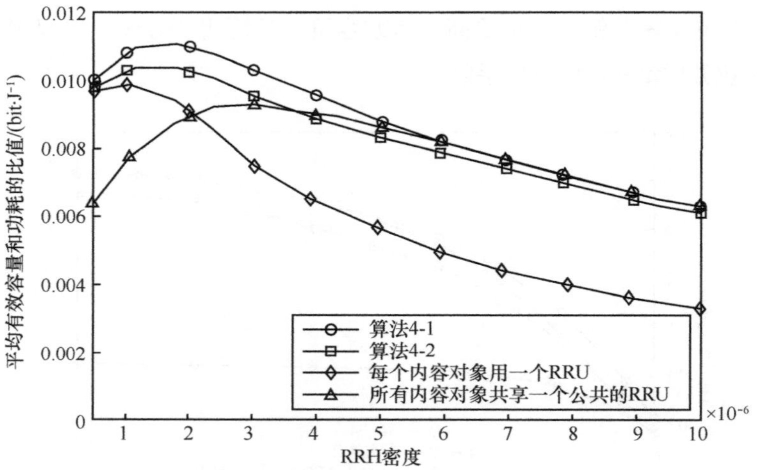

图 4-9 平均有效容量与功耗比例

| 4.2 F-RAN 中基于内容缓存的传输方法 |

充分利用类似于 RRH 及 UE 等边缘缓存设备的本地信号处理及存储功能，

被视为一种在 F-RAN 中成功缓解前传链路和 BBU 池的负载，这是一种很有发展前景的方法。“边缘云计算”是将一部分必要的存储、通信、控制、配置、测量和管理功能部署在边缘设备中，以此取代为利用集中云缓存而建立的信道[3]。换言之，就是当相邻的 RRH 中缓存有与请求内容相同的内容时，用户不需要连接 BBU 池去获得数据分组[4]。无线网络由以基站为中心的架构逐步进化为以用户为中心的网络架构[5]，与此同时，从以链接为目的发展为以内容传输为目的[6]。

鉴于作为 C-RAN 替代的“雾计算”的诸多优点，参考文献[7]中提出 F-RAN，其可视为参考文献[8]中提出的 H-CRAN 的演进。与传统的无线网络架构不同，以内容为中心的网络架构更注重数据服务的用户体验，如传输时延和时延概率。尽管内容缓存策略是减少传输时延的有效方法，但是从边缘缓存装置的角度，找到确切的传输时延的改善或者一个公认的时延评估指标仍然困难。例如，已有的研究工作中[8]不能刻画内容缓存对传输时延的影响。另外，参考文献[9]对等待时延进行了分析，目的是克服评估物理层信道模型传输时延的困难。

尽管 F-RAN 在改善遍历速率和降低传输时延方面有很大潜力，但是性能指标和相关增益的关系依然不清晰。事实上，现有大量工作关注传统蜂窝网络及 F-RAN 的遍历速率的分析[10]，然而，基于边缘缓存的“分簇”协作策略，对于 F-RAN 中遍历速率的影响依然不清楚，与此同时，反映时延和容量的指标在参考文献[11-12]中讨论过，然而怎样利用 F-RAN 中的这些指标评价传输时延一直是阻碍雾无线接入网发展的障碍。另一方面，需要对边缘缓存装置上的内容部署进行优化以平衡存储容量和缓存命中率[12]。作为结果，应设计一个改进的边缘缓存装置的内容部署策略以改善 F-RAN 的性能。

为解决上面的各种挑战及问题，本节介绍一种 F-RAN 中的分层内容缓存策略，以减轻前传链路的容量限制，缩短传输时延。与此同时，本节介绍的内容传输策略和相关性能分析结果，包括遍历速率和传输时延。主要贡献总结如下。

为在分层内容缓存策略中充分利用集中和分布式的缓存装置，需描述通过 RRH 和 F-AP 的内容传输。特别地，RRH 形成多个“分簇”进行协作式的内容传输，并且同一个“分簇”内的所有 RRH 共享一个本地的“分簇”内容缓存装置。更多地，针对 F-RAN 中下行链路的内容接入协议：当 F-AP 中缓存有所请求内容时，用户倾向于接入它获取，否则，用户接入 RRH 簇。为评估该接入协议的性能增益，需给出遍历速率的理论表达式。更多地，部署边缘缓存装置的“分簇”协作策略对遍历速率的影响也将在本节中讨论。

为评估分层内容缓存机制带来的确切传输时延增益，将等待时延和时延概率定为两个评价边缘缓存装置的时延评价指标。利用随机几何方法和排队论，用户请求单个内容对象的等待时延和时延概率可推导得出。更多地，利用得出的指标可评价前传链路容量限制对 F-RAN 中传输时延的影响。分析的结果直接展示了分层内容缓存机制不仅可以减轻前传链路负载，还可以有效改善传输时延，因为部分请求可以直接在边缘缓存装置处得到满足。

为更进一步增加本地内容缓存带来的传输性能增益，将优化平衡存储容量和缓存命中率的边缘缓存装置的内容部署。基于改进的内容部署策略，介绍了 3 种内容传输策略，其中不同的内容对象将通过 F-AP 或 RRH “簇”进行传输。特别地，还关注用户请求多个内容对象的等待时延。因此，内容传输策略的时延将得到进一步的分析并被简单表达出来，其给出影响时延性能的关键因素。

本节重点关注 F-RAN 的下行传输场景，如图 4-10 所示。不同于传统的 F-RAN[13]，边缘计算分散在雾无线接入网中的 F-AP 处。所有 F-RAN 的接入节点可分为未部署边缘缓存装置的 RRH 和部署了边缘缓存装置的 F-AP。特别地，基带处理单元管理集中在一个公共边缘云特定的 RRH 簇，同时，拥有完整信号处理功能和边缘缓存装置的其他无线接入节点可视为 F-AP。

假设每个用户请求一个内容对象，其可由雾无线接入节点（F-AP）或 RRH 服务。为充分利用 F-RAN 的潜在性能，将利用分层的内容缓存机制。如图 4-10 所示，每个 F-AP 部署独立的内容缓存装置，因此一部分用户需求可在本地得到满足。更多地，其可部署 M 根天线以传输最多 M 个不同的内容对象。由于缺少 BBU 池，所以 RRH 不能独立处理用户需求，并且需在每个云端 BBU 池处部署一个边缘云缓存，其可被多个 RRH 所共享。在本节中，F-AP 和被服务的用户将被建模为两个独立的齐次泊松点过程 Φ_F 和 Ψ_F，密度分别为 λ_F 和 μ_F。同样地，Φ_R 和 Ψ_R 为 RRH 及其服务用户定义的齐次泊松点过程，其密度分别为 λ_R 和 μ_R。

为了不失一般性，本节研究一个典型“分簇” F_T，其覆盖范围可定义为圆形区域 $D(O,l_F)$，其中 O 和 l_F 分别是 $D(O,l_F)$ 的圆心和半径。所有的簇 F_T 中用户请求的内容对象可记为集合 $C=\{c_1,\cdots,c_N\}$。

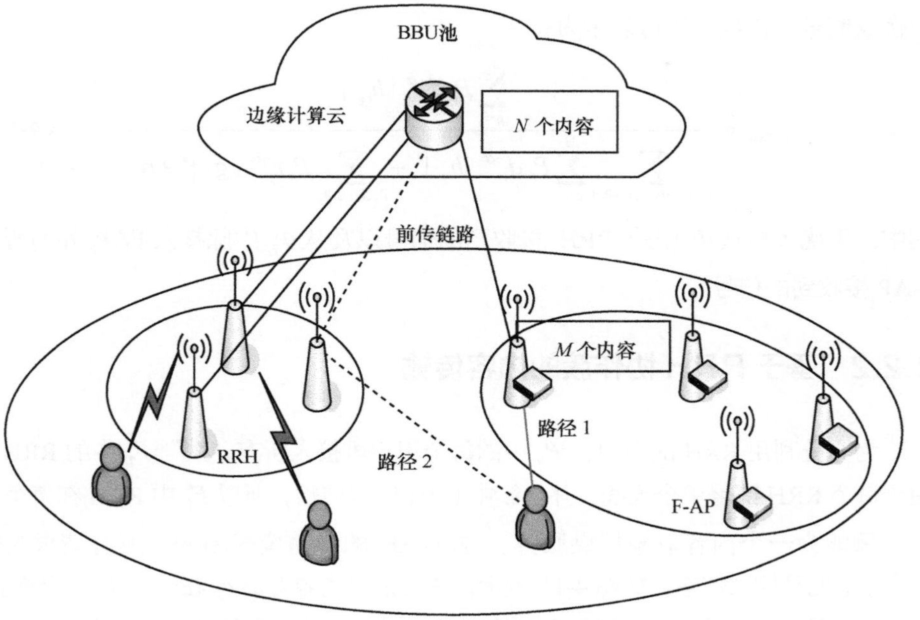

图 4-10　F-RAN 系统模型

4.2.1　基于 F-AP 的内容传输

为最优化传输性能，Ψ_F 中的每个用户接入最近的 F-AP。为了不失一般性，簇 F_T 中第 k 个 F-AP 记为 FAP_k。由于配置多天线，在每个时隙，FAP_k 可以传输一个或最多 M 个不同的内容对象，其中，M 是天线数目。所有请求的内容对象 $c_1,\cdots,c_N$ 依次传输。如图 4-10 所示，如果服务内容对象 c_n 在 FAP_k 的本地缓存，当 FAP_k 传输 c_n 时，请求 c_n 的典型用户 $\mathrm{U}_{\mathrm{FAP}}^T$ 接收到的信号可表示为：

$$
\begin{aligned}
y_{\mathrm{FAP}} = & \sum_{g=1}^{M} \sqrt{P_F}\, d_k^{-\frac{\alpha}{2}} h_{kg} c_n + \sum_{\mathrm{FAP}_i \in \Phi_F / \{\mathrm{FAP}_k\}} \sum_{g=1}^{M} \sqrt{P_F}\, d_i^{-\frac{\alpha}{2}} h_{ig} c_m + \\
& \sum_{\mathrm{RRH}_j \in \Phi_R} \sqrt{P_R}\, r_j^{-\frac{\alpha}{2}} g_j c_s + w_{\mathrm{FAP}}
\end{aligned} \quad (4\text{-}51)
$$

其中，$\{c_m, c_s\} \in C$。P_F 和 P_R 记为 F-AP 和 RRH 的传输功率。$\{d_k, h_k\} \in \mathrm{CN}(0,1)$，记为从 FAP_k 到 $\mathrm{U}_{\mathrm{FAP}}^T$ 的无线链路距离以及平坦瑞利衰落系数，α 是路径损耗系数，$w_{\mathrm{FAP}} \sim \mathrm{CN}(0,\sigma^2)$ 是用户 $\mathrm{U}_{\mathrm{FAP}}^T$ 处的加性高斯白噪声。根据式（4-51），用户 $\mathrm{U}_{\mathrm{FAP}}^T$ 处

的接收信号干扰噪声比可表示为：

$$\gamma_{\mathrm{FAP}} = \frac{\sum_{g=1}^{M} P_F d_k^{-\alpha} |h_{kg}|^2}{\sum_{\mathrm{FAP}_i \in \Phi_F / \{\mathrm{FAP}_k\}} \sum_{g=1}^{M} P_F d_i^{-\alpha} |h_{ig}|^2 + \sum_{\mathrm{RRH}_j \in \Phi_R} P_R r_j^{-\alpha} |g_j|^2 + \sigma^2} \tag{4-52}$$

其中，干扰包括从 Φ_R 中的 RRH 接收到的信号以及从 Φ_F 中除接入 FAP_k 外的所有 F-AP 接收到的信号。

4.2.2 基于 RRH 协作簇的内容传输

为充分利用 RRH 的潜力，Ψ_R 中的每个用户可接入所有“簇” F_T 中的 RRH。由于每个 RRH 部署单个天线，并且簇中 RRH 协作传输，所以 F_T 中 RRH 在每个时隙中只能为一个内容对象提供服务。与 F-AP 的传输模式相同，所有请求内容 $c_1,\cdots,c_N$ 也是依次传输。如图 4-11 所示，假设请求内容对象 c_n 在一个边缘云缓存，其可被“簇”中多个 RRH 所共享。然后，F_T 中的 RRH 直接从云端缓存处通过前传链路取回请求内容对象 c_n，并且协作传输给用户。典型用户 $\mathrm{U}_{\mathrm{RRH}}^T$ 处的接收信号可表示为：

$$\begin{aligned} y_{\mathrm{RRH}} = & \sum_{\mathrm{RRH}_k \in F_T} \sqrt{P_R} d_k^{-\alpha/2} g_k c_n + \sum_{\mathrm{FAP}_i \in \Phi_F} \sum_{g=1}^{M} \sqrt{P_F} d_i^{-\alpha/2} h_{ig} c_m + \\ & \sum_{\mathrm{RRH}_j \in \Phi_R / F_T} \sqrt{P_R} r_j^{-\alpha/2} g_j c_s + w_{\mathrm{RRH}} \end{aligned} \tag{4-53}$$

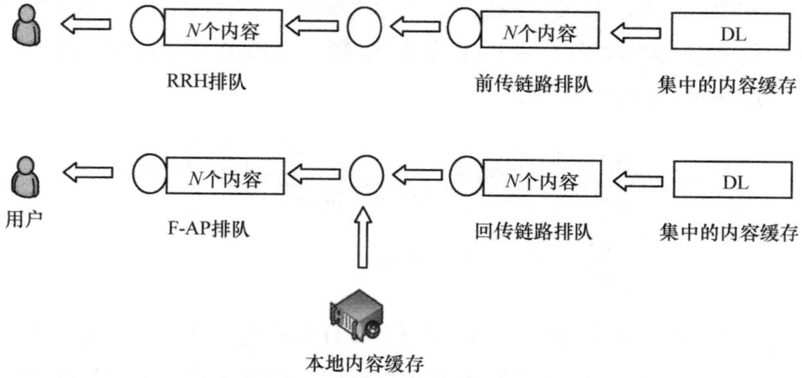

图 4-11 F-RAN 排队模型

其中，d_k 和 g_k 记为 RRH_k 到用户 U_{RRH}^T 的无线链路的距离和平坦瑞利衰落系数，对干扰节点 FAP_i、RRH_j 也同样定义。$\{g_k, h_{ig}, g_j\} \in CN(0,1)$，$\alpha$ 为路径损耗系数，$w_{\text{RRH}} \sim \text{CN}(0,\sigma^2)$ 为加性高斯白噪声，则 U_{RRH}^T 处接收到的信号干扰噪声比可表示为：

$$\gamma_{\text{RRH}} = \frac{\sum\limits_{\text{RRH}_k \in F_T} P_R d_k^{-\alpha} |g_k|^2}{\sum\limits_{\text{FAP}_i \in \Phi_F} \sum\limits_{g=1}^{M} P_F d_i^{-\alpha} |h_{ig}|^2 + \sum\limits_{\text{RRH}_j \in \Phi_R / F_T} P_R r_j^{-\alpha} |g_j|^2 + \sigma^2} \tag{4-54}$$

不同于式（4-52），用户 U_{RRH}^T 处接收到的信号是通过“簇” F_T 中 RRH 的协作机制来评估的。F-RAN 系统拓扑结构如图 4-12 所示。

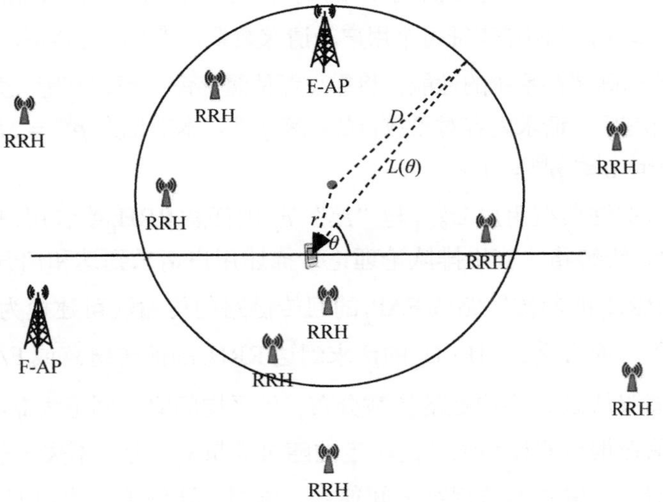

图 4-12　F-RAN 系统拓扑结构

4.2.3　内容接入策略和缓存部署方法

事实上，大部分用户只接入少量的内容对象[13]。缓存的部署取决于内容的接入规则并可用缓存命中率来评估。缓存命中率定义为在一段时间内，缓存装置命中的用户请求与总请求的比值。F-AP 的缓存命中率可在用户接入过程中的一段时间内建立。为描述每个内容对象的受欢迎程度，对每个内容对象 $i \in N$，其受欢迎程度为

$p_i(0 \leqslant p_i \leqslant 1)$。所有 N 个内容对象中最受欢迎的前 M 个内容对象将在 F-AP 中进行缓存，其受欢迎程度可表示为 $\{p_1 \geqslant p_2 \geqslant \cdots \geqslant p_M\}$。

下面将分析请求到达和离开的动态过程以及内容传输的遍历速率。与此同时，基于已得到的结果，将给出平均等待时延和时延比率这两项重要的业务质量系数。

4.2.4 服务簇的传输需求量

考虑"簇" F_T 中不同用户的有限集合 $u=\{\mathrm{U}_1,\mathrm{U}_2,\cdots,\mathrm{U}_U\}$，其中，$U$ 表示服务簇中的用户数目，根据不同的接入节点 F-AP 和 RRH，其可分别计算为 $U_F=\mu_F\pi l_F^2$ 和 $U_R=\mu_R\pi l_F^2$。针对根据位置标记的每个用户，用户请求结构可表示为 $Z=\{z_1,z_2,\cdots,z_U\}$，此向量表征每个用户的请求数量，其中，z_u 是用户 U_u 的请求数量。为更好地刻画缓存系统的性能，将重点评估缓存命中率，其定义为缓存命中的请求数目和所有用户请求内容对象数目的比率 p^{hit}。本节记为 $p^{\mathrm{hit}}=M/N$，显然在用户接入过程中 $0 \leqslant p^{\mathrm{hit}} \leqslant 1$。

特别地，关注典型用户 $\mathrm{U}_{\mathrm{RRH}}^T$ 与"簇" F_T 内任意 RRH_i 或者用户 $\mathrm{U}_{\mathrm{FAP}}^T$ 与特定 FAP_j 之间的无线链路。应用排队论理论，描述用户请求到达和离开的动态传输特征。到达 RRH_i 的前传链路或 FAP_j 的回传链路的传输流可建模为以速率 v_u 到达的泊松过程。换言之，用户 U_u 的请求到达 RRH_i 的前传链路或 FAP_j 的回传链路的时间间隔服从以 v_u 为参数的指数分布，且平均间隔时间记为 $1/v_u$。另外，用户请求的传输数据量假设为独立的确定的随机变量 s_u。为了不失一般性，假设间隔时间、所请求传输数据量相互之间独立。根据上述假设，用户 U_u 的传输需求可表示为 $\rho_u=v_u s_u$。因为前传链路和回传链路请求到达过程被建模为泊松过程，所以到达 RRH_i 的前传链路和 FAP_j 回传链路的传输请求是"簇"内所有用户请求的加和，其也是一个泊松点过程。服务"簇"内总的数据传输需求可分别记为 $\rho_{\mathrm{RRH}}=\sum_{u=1}^{U_R}\rho_u$ 以及 $\rho_{\mathrm{FAP}}=\sum_{u=1}^{U_F}\rho_u$。

考虑受限的前传链路和回传链路，假设其上的数据速率在用户接入的一段时间内是一个常数是很合理的。两条链路的数据速率分别记为 R_{front} 和 R_{back}。根据以上假设，前传链路和回传链路上的数据传输时间（即服务时间）服从指数分布。因此，两条链路上的数据传输可抽象为$M/M/1$队列系统。

对于运输流的离开，根据“波克定理”[14]，前传链路和回传链路传输流离开的过程也可建模为泊松过程。更多地，平均离开速率等于平均到达速率。因此，在RRH_i和FAP_j处，平均传输到达速率为v_u。考虑FAP_j的缓存系统的命中率p^{hit}，从回传链路传输来的数据只占用户U_u全部传输需求的$1-\frac{M}{N}$。因此，从FAP_j到U_u的平均传输流离开速率可记为$v'_u = v_u \Big/ (1-\frac{M}{N})$。用户数据速率可表示为接收信号干扰噪声比值的对数形式。不同位置的用户具有不同的数据传输速率，其主要取决于不同的信道状态。因为用户数据速率服从一般性的分布，所以在服务时间内也是服从一般性分布的。RRH_i或FAP_j的下行传输过程可建模为一个$M/G/1$多处理器共享排队系统。其中，多个用户共享RRH_i或FAP_j的下行无线资源，一个位置的用户表示为一类[15]。为简化，用户到达相同接入节点的请求将依据罗宾规则一个接一个地进行响应。

4.2.5　内容传输的平均遍历速率

综合考虑空间的泊松点过程和衰落分布[15]，RRH“簇”分配给用户的比特速率为平均遍历速率$\mathcal{R}_{\text{C-RAN}}$，可表示如下：

$$\mathcal{R}_{\text{C-RAN}} = E_{\Phi_R,\Phi_F,h,g}[\ln(1+\gamma_{\mathrm{RRH}})] \tag{4-55}$$

基于式（4-55），$\mathcal{R}_{\text{C-RAN}}$可由如下定理推导得出。

定理 4-5　当一个典型用户$\mathrm{U}_{\mathrm{RRH}}^T$接入协作RRH簇时，传输的遍历速率可表示为：

$$\begin{aligned}\mathcal{R}_{\text{C-RAN}} = &\int_0^\infty \frac{1}{b}\mathrm{e}^{-b\sigma^2}\exp\{\pi\lambda_F(bP)^{\frac{2}{\alpha}}\int_0^\infty W^M\mathrm{d}w\}\{\exp\{\frac{1}{2}\lambda_R(bP)^{\frac{2}{\alpha}}\cdot \\ &\int_0^{2\pi}\int_{l(\theta)^2(bP)^{-\frac{2}{\alpha}}}^\infty W\mathrm{d}w\mathrm{d}\theta\}-\exp\{\pi\lambda_R(bP)^{\frac{2}{\alpha}}\int_0^\infty W\mathrm{d}w\}\}\mathrm{d}b\end{aligned} \tag{4-56}$$

其中，$W^M=(1+w^{-\frac{\alpha}{2}})^{-M}-1$，$W=(1+w^{-\frac{\alpha}{2}})^{-1}-1$。$l(\theta)=\sqrt{l_F^2-r^2\cos^2\theta}+r\sin\theta$记为$\mathrm{U}_{\mathrm{RRH}}^T$到服务簇的边缘的距离，其是一个关于角$\theta$、“分簇”半径$r$和用户$\mathrm{U}_{\mathrm{RRH}}^T$到原点距离的函数。

证明：回顾式（4-55）和式（4-56），可推导为：

$$
\begin{aligned}
\mathcal{R}_{\text{C-RAN}} &= E_{\Phi_R,\Phi_F,h,g}[\ln(1+\frac{\sum\limits_{\text{RRH}_i\in F_T} P_i|h_i|^2 d_i^{-\alpha}}{\sum\limits_{\text{RRH}_j\in\Phi_R/F_T} P_j|h_j|^2 d_j^{-\alpha}+\sum\limits_{\text{FAP}_k\in\Phi_F}\sum\limits_{g=1}^{M}P_{kg}|h_{kg}|^2 d_k^{-\alpha}+\sigma^2})] \\
&= E[\int_0^\infty \frac{\mathrm{e}^{-a}}{a}\{1-\exp[\frac{-a\sum\limits_{\text{RRH}_i\in F_T} P_i|h_i|^2 d_i^{-\alpha}}{\sum\limits_{\text{RRH}_j\in\Phi_R/F_T} P_j|h_j|^2 d_j^{-\alpha}+\sum\limits_{\text{FAP}_k\in\Phi_F}\sum\limits_{g=1}^{M}P_{kg}|h_{kg}|^2 d_k^{-\alpha}+\sigma^2}]\}\mathrm{d}a] \\
&= E[\int_0^\infty \frac{1}{b}\exp[-b(\sum\limits_{\text{RRH}_j\in\Phi_R/F_T} P_j|h_j|^2 d_j^{-\alpha}+\sum\limits_{\text{FAP}_k\in\Phi_F}\sum\limits_{g=1}^{M}P_{kg}|h_{kg}|^2 d_k^{-\alpha}+\sigma^2)] \\
&\quad \{1-\exp[-b\sum\limits_{\text{RRH}_i\in F_T} P_i|h_i|^2 d_i^{-\alpha}]\}\mathrm{d}b]
\end{aligned}
\tag{4-57}
$$

其中，第二个等式依据 $\ln(1+x)=\int_0^\infty \frac{\mathrm{e}^{-a}}{a}(1-\mathrm{e}^{-xa})$。通过以下变量替换得到第 3 个等式：

$$
b = a(\sum_{\text{RRH}_j\in\Phi_R/F_T} P_j|h_j|^2 d_j^{-\alpha}+\sum_{\text{FAP}_k\in\Phi_F}\sum_{g=1}^{M}P_{kg}|h_{kg}|^2 d_k^{-\alpha}+\sigma^2) \tag{4-58}
$$

通过富比尼定理，进一步对计算式进行化简如下：

$$
\begin{aligned}
& E[\int_0^\infty \frac{1}{b}\exp[-b(\sum\limits_{\text{RRH}_j\in\Phi_R/F_T} P_j|h_j|^2 d_j^{-\alpha}+\sum\limits_{\text{FAP}_k\in\Phi_F}\sum\limits_{g=1}^{M}P_{kg}|h_{kg}|^2 d_k^{-\alpha}+\sigma^2)] \\
& \{1-\exp[-b\sum\limits_{\text{RRH}_i\in F_T} P_i|h_i|^2 d_i^{-\alpha}]\}\mathrm{d}b] \\
&= \int_0^\infty \frac{1}{b}\mathrm{e}^{-b\sigma^2} E_{\Phi_R,h}\{\exp[-b\sum\limits_{\text{RRH}_j\in\Phi_R/F_T} G_j]\} E_{\Phi_F,h}\{\exp[-b\sum\limits_{\text{FAP}_k\in\Phi_F}\sum\limits_{g=1}^{M} G_{kg}]\} \\
& \{1-E_{\Phi_R,h}\{\exp[-b\sum\limits_{\text{RRH}_i\in F_T} G_i]\}\}\mathrm{d}b
\end{aligned}
\tag{4-59}
$$

其中，$G_i = P_i|h_i|2d_i^{-\alpha}$。

式（4-60）主要基于衰落信道的独立特性以及齐次泊松点过程的独立性得出：

$$
\begin{aligned}
& E_{\Phi_R,h}\{\exp[-b\sum\limits_{\text{RRH}_j\in\Phi_R/F_T} G_j]\} \\
&= E_{\Phi_R}\{\prod\limits_{\text{RRH}_j\in\Phi_R/F_T} E_h\{\exp[-bG_j]\}\}
\end{aligned}
\tag{4-60}
$$

同理可得，对 F-AP：

$$E_{\Phi_F,h}\{\exp[-b\sum_{\mathrm{FAP}_k\in\Phi_F}\sum_{g=1}^{M}G_{kg}]\} = E_{\Phi_F}\{\prod_{\mathrm{FAP}_k\in\Phi_F}E_h\{\exp[-b\sum_{g=1}^{M}G_k g]\}\} \tag{4-61}$$

同时，对第 i 个 RRH，其可表示为：

$$E_{\Phi_R,h}\{\exp[-b\sum_{\mathrm{RRH}_i\in F_T}G_i]\}=E_{\Phi_R}\{\prod_{\mathrm{RRH}_i\in F_T}E_h\{\exp[-bG_i]\}\} \tag{4-62}$$

根据参考文献[16]，K 个独立且服从指数分布的随机变量从总体来看，服从均值为 μ 的 Erlang-K 分布，其概率密度函数为：

$$f_{\sum_g}(x;K,u)=\frac{x^{K-1}\mathrm{e}^{-\frac{x}{\mu}}}{\mu^K(K-1)!} \tag{4-63}$$

对此分布的随机变量求期望，式（4-57）可简化为：

$$\mathcal{R}_{\text{C-RAN}}=\int_0^\infty\frac{1}{b}\mathrm{e}^{-b\sigma^2}E_{\Phi_R}\{\prod_{\mathrm{RRH}_j\in\Phi_R/F_T}H_j^{-1}\}E_{\Phi_F}\{\prod_{\mathrm{FAP}_k\in\Phi_F}H_{kg}^{-M}\}\{1-E_{\Phi_R}\{\prod_{\mathrm{RRH}_i\in F_T}H_i^{-1}\}\}\mathrm{d}b \tag{4-64}$$

其中，$H_i=1+bP_id_i^{-\alpha}$。基于随机几何理论，式（4-64）可以进一步化简为：

$$\begin{aligned}\mathcal{R}_{\text{C-RAN}}&=\int_0^\infty B\exp\{\lambda_R\int_0^{2\pi}\int_{l(\theta)}^\infty(H^{-1}-1)v\mathrm{d}v\mathrm{d}\theta\}\exp\{\lambda_F\int_0^{2\pi}\int_0^\infty(H^{-M}-1)v\mathrm{d}v\mathrm{d}\theta\}\\&\quad\{1-\exp\{\lambda_R\int_0^{2\pi}\int_0^{l(\theta)}(H^{-1}-1)v\mathrm{d}v\mathrm{d}\theta\}\}\mathrm{d}b\\&=\int_0^\infty B\exp\{\pi\lambda_F(bP)^{\frac{2}{\alpha}}\int_0^\infty W^M\mathrm{d}w\}\{\exp\{\frac{1}{2}\lambda_R(bP)^{\frac{2}{\alpha}}\int_0^{2\pi}\int_{l(\theta)^2(bP)^{-\frac{2}{\alpha}}}^\infty W\mathrm{d}w\mathrm{d}\theta\}-\\&\quad\exp\{\pi\lambda_R(bP)^{\frac{2}{\alpha}}\int_0^\infty W\mathrm{d}w\}\}\mathrm{d}b\end{aligned} \tag{4-65}$$

其中，$B=\frac{1}{b}\mathrm{e}^{-b\sigma^2}$，$H=1+bPv^{-\alpha}$。

式（4-59）主要依据泊松点过程 Φ 的概率矩母函数（PFGL）以及极坐标变换得到。式（4-65）则是通过变量替换 $w=(bp)^{-\frac{2}{\alpha}}v^2$ 得到的，至此，定理 4-5 得证。

为简化遍历速率的表达式，考虑干扰受限场景，假设 $\alpha=4$，$\sigma^2=0$，$P_i=P_j=P_{kg}=P=1$。根据定理 4-5 的结论可得推论 4-2。

推论 4-2 在干扰受限场景下，当典型用户 U_{RRH}^{T} 接入 RRH 簇时，遍历速率可化简为：

$$\mathcal{R}_{\text{C-RAN}}=\int_0^{\infty}\frac{1}{b}\exp\{\pi\lambda_F b^{\frac{1}{2}}\int_0^{\infty}[(1+w^{-2})^{-M}-1]\mathrm{d}w\}\exp\{-\frac{1}{2}\lambda_R b^{\frac{1}{2}}\}(\exp\{\frac{1}{2}\lambda_R b^{\frac{1}{2}}\tau(b)\}-1)\,\mathrm{d}b \tag{4-66}$$

其中，$\tau(b)=\int_0^{2\pi}\arctan[l^2(\theta)b^{-\frac{1}{2}}]\mathrm{d}\theta$。

不同于前面对 $\mathcal{R}_{\text{C-RAN}}$ 的讨论，遍历数据速率 $\mathcal{R}_{\text{F-RAN}}$ 是在 FAP_j 部署 M 根天线，并且每个服务“簇”内平均只部署一个 F-AP 的场景下进行研究的。如式（4-66）定义，平均遍历数据速率 $\mathcal{R}_{\text{F-RAN}}$ 可由如下定理得出。

定理 4-6 当 U_{FAP}^{T} 接入服务“分簇” F_T 中的 F-AP 时，遍历速率可表示为：

$$\begin{aligned}\mathcal{R}_{\text{F-RAN}}=&\int_0^{\infty}B\exp\{\pi\lambda_R(bP)^{\frac{2}{\alpha}}\int_0^{\infty}W\mathrm{d}w\}\{\exp\{\frac{1}{2}\lambda_F(bP)^{\frac{2}{\alpha}}\cdot\\&\int_0^{2\pi}\int_{l(\theta)^2(bP)^{-\frac{2}{\alpha}}}^{\infty}W^M\mathrm{d}w\mathrm{d}\theta\}-\exp\{\pi\lambda_F(bP)^{\frac{2}{\alpha}}\int_0^{\infty}W^M\mathrm{d}w\}\}\mathrm{d}b\end{aligned} \tag{4-67}$$

证明：回顾式（4-55），$\mathcal{R}_{\text{F-RAN}}$ 可定义为：

$$\begin{aligned}\mathcal{R}_{\text{F-RAN}}&=E_{\Phi_R,\Phi_F,h}[\ln(1+\gamma_{\text{FAP}})]\\&=E\left[\ln\left(1+\frac{\sum\limits_{\text{FAP}_i\in F_T}\sum\limits_{g=1}^{M}P_i|h_i|^2d_i^{-\alpha}}{\sum\limits_{\text{RRH}_j\in\Phi_R}P_j|h_j|^2d_j^{-\alpha}+\sum\limits_{\text{FAP}_k\in\Phi_F/F_T}\sum\limits_{g=1}^{M}P_{kg}|h_{kg}|^2d_k^{-\alpha}+\sigma^2}\right)\right]\end{aligned} \tag{4-68}$$

与式（4-65）的 $\mathcal{R}_{\text{C-RAN}}$ 推导相似，本节对具体推导过程不赘述。F-AP 传输的平均遍历速率可表示为：

$$\begin{aligned}\mathcal{R}_{\text{F-RAN}}=&\int_0^{\infty}B\exp\{\pi\lambda_R(bp)^{\frac{2}{\alpha}}\int_0^{\infty}W\mathrm{d}w\}\{\exp\{\frac{1}{2}\lambda_F(bp)^{\frac{2}{\alpha}}\cdot\\&\int_0^{2\pi}\int_{l(\theta)^2(bp)^{-\frac{2}{\alpha}}}^{\infty}W^M\mathrm{d}w\mathrm{d}\theta\}-\exp\{\pi\lambda_F(bp)^{\frac{2}{\alpha}}\int_0^{\infty}W^M\mathrm{d}w\}\}\mathrm{d}b\end{aligned} \tag{4-69}$$

考虑与推论 4-2 相同的场景，可得出推论 4-3。

推论 4-3 令 $\alpha=4$，$\sigma^2=0$，$P_i=P_j=P_{kg}=P=1$，平均遍历速率可化简为：

$$\mathcal{R}_{\text{F-RAN}}=\int_0^{\infty}\frac{1}{b}\exp\{-\frac{\pi^2}{2}\lambda_R b^{\frac{1}{2}}\}\{\exp\{\frac{1}{2}\lambda_F b^{\frac{1}{2}}.\int_0^{2\pi}\int_{l(\theta)^2 b^{-\frac{1}{2}}}^{\infty}W^M\mathrm{d}w\mathrm{d}\theta\}-\exp\{\pi\lambda_F b^{\frac{1}{2}}\int_0^{\infty}W^M\mathrm{d}w\}\}\mathrm{d}b \tag{4-70}$$

4.2.6　传输的等待时延和时延比率

期望时延可表示为：

$$\overline{T_u}=\overline{T_{u(\text{waiting})}}+\overline{T_{u(\text{service})}} \tag{4-71}$$

其中，$\overline{T_{u(\text{service})}}=\dfrac{s_u}{\mathcal{R}_u}$ 为满足用户传输需求的服务时间。R_u 为不同链路上的数据速率的统一标记。根据利特定理[16]，期望时延可定义为在服务簇中，满足任意用户 U_u 的全部请求所需要的时间：

$$\overline{T_u}=\frac{E[z_u]}{v_u} \tag{4-72}$$

基于以上分析，等待时延可表示为：

$$\overline{T_{u(\text{waiting})}}=\overline{T_u}-\overline{T_{u(\text{service})}}=\frac{E[z_u]}{v_u}-\frac{s_u}{\mathcal{R}_u} \tag{4-73}$$

第 4.2.5 节已给出不同的遍历速率，为推导出式（4-73）中等待时延的准确计算式，需计算用户请求的平均数目 $E[z_u]$。

传输数据容量服从指数分布，描述位于不同位置的用户的需求数目可建模为一个有确定状态空间的时间连续的马尔可夫过程 $Z(t)(t\geqslant 0)$，其产生过程如下：

$$\begin{cases}q(\mathcal{Z}(t),\mathcal{Z}(t+\Delta t)+e_u(t+\Delta t))=v_u,\Delta t\to 0\\ q(\mathcal{Z}(t),\mathcal{Z}(t+\Delta t)-e_u(t+\Delta t))=\dfrac{\mathcal{R}_u z_u}{s_u\sum\limits_{u=1}^{U}z_u},\Delta t\to 0\end{cases} \tag{4-74}$$

其中，$e_u(t)=(0,\cdots,1,\cdots,0)$ 表示时隙 t 在位置 u 处为 1、其余位置为 0 的向量。$Z_U=\sum\limits_{u=1}^{U}z_u$ 表示队列中的全部用户需求数目。

接下来的定理描述平稳状态下的用户请求，以便计算请求期望数目。

定理 4-7　过程 $Z(t)(t\geqslant 0)$ 是规律且不可约的，其可由一个不变量测量：

$$\xi(z)=(\sum_{u=1}^{U}z_u)!\prod_{u\in\{1,\cdots,U\}}\frac{(v_u s_u/\mathcal{R}_u)^{z_u}}{z_u\,!} \tag{4-75}$$

令$v_u s_u/\mathcal{R}_u=\rho_u/\mathcal{R}_u=\rho'_u$，显而易见$\sum_{u=1}^{U}\rho'_u=\rho'<1$，因此$\sum_z\xi(z)=\frac{1}{1-\rho'}$。

证明：

$$\frac{1}{1-\rho'}=\sum_{n=0}^{\infty}(\rho')^n=\sum_{n=0}^{\infty}(\sum_{u=\{1,\cdots,U\}}\rho'_u)^n \tag{4-76}$$

以式（4-76）为基础，进行一定的数学变换，可化简为：

$$\begin{aligned}\frac{1}{1-\rho'}&=\sum_{n=0}^{\infty}\sum_{Z_U=n}n!\sum_{u=\{1,\cdots,U\}}\frac{(\rho'_u)^{z_u}}{z_u\,!}\\&=\sum_z Z_U\,!\sum_{u=\{1,\cdots,U\}}\frac{(\rho'_u)^{z_u}}{z_u\,!}=\sum_z\xi(z)\end{aligned} \tag{4-77}$$

此处可推理得，若$\rho'<1$，过程$Z(t);t\geqslant 0$将以$\pi(z)=(1-\rho')\xi(z)$作为不变分布。$\pi(z)$满足$(1-\rho')\sum_z\xi(z)=\sum_z(1-\rho')\xi(z)=1$。因此不变分布可表示为：

$$\pi(x)=(1-\rho')\sum_z Z_U\,!\sum_{u=\{1,\cdots,U\}}\frac{(\rho'_u)^{z_u}}{z_u\,!} \tag{4-78}$$

在稳定状态下，$Z(t)=(z_1,\cdots,z_U)$表示用户请求数目的向量具有π分布，因此$z_U=n$的概率可表示为：

$$\begin{aligned}P(Z_U=n)&=\sum_{Z_U=n}\pi(z)\\&=(1-\rho')\sum_{Z_U=n}n!\sum_{u=\{1,\cdots,U\}}\frac{(\rho'_u)^{z_u}}{z_u\,!}=(1-\rho')\rho'^n\end{aligned} \tag{4-79}$$

这个参数为（$1-\rho'$）的超几何分布。基于前提$\rho'=\sum_{u=1}^{U}\rho'_u=\sum_{u=1}^{U}(v_u s_u/\mathcal{R}_u)<1$，可得出$\frac{\rho}{\rho'}=\frac{\rho}{\sum_{u=1}^{U}(v_u s_u/\mathcal{R}_u)}>\rho$。令$\rho_{\lim}=\frac{\rho}{\rho'}$作为临界值且$\rho<\rho_{\lim}$。此时，“簇”内用户请求数目非空的概率为$\rho'=\frac{\rho}{\rho_{\lim}}$，其定义为服务小区的传输负载。

在之前分析基础上，用户U_u请求数目的平均数可由引理 4-1 得出。

引理 4-1 用户U_u请求的平均数目可计算为：

$$E[Z_u]=\frac{\rho_u\rho_{\lim}}{\mathcal{R}_u(\rho_{\lim}-\rho)} \tag{4-80}$$

证明：用户 U_u 请求的平均数目定义为：

$$E[Z_u]=\sum_z z_u\pi(z) \tag{4-81}$$

将式（4-78）代入式（4-81），可得到：

$$\begin{aligned}E[Z_u]&=\sum_z z_u\pi(z)\\&=\sum_{z:z_u\neq 0}(1-\rho')Z_U!z_u\sum_{i\in\{1,\cdots,U\}}\frac{(\rho_u')^{z_u}}{z_u!}\end{aligned} \tag{4-82}$$

运用变量替换 $Z_i'=\begin{cases}z_i(i\neq u)\\z_i-1(i=u)\end{cases}$，式（4-82）可进一步简化为：

$$\begin{aligned}E[Z_u]&=\sum_{z'}(1-\rho')(Z_u'+1)Z_U!\sum_{u=\{1,\cdots,U\}}\frac{(\rho_u')^{z_u}}{z_u!}\\&=\sum_{z'}(Z_u'+1)\pi(z')\rho_u'=\rho'E[Z_U+1]=\frac{\rho_u\rho_{\lim}}{\mathcal{R}_u(\rho_{\lim}-\rho)}\end{aligned} \tag{4-83}$$

因此，引理 4-1 可得证。

基于式（4-73）的定义，定理 4-8 可表示等待时延。

定理 4-8　用户请求单个内容的等待时延可表示为：

$$\overline{T_{u(\text{waiting})}}=\frac{\sum_{u=1}^{U}\left(\frac{v_u s_u}{\mathcal{R}_u}\right)s_u}{1-\sum_{u=1}^{U}\left(\frac{v_u s_u}{\mathcal{R}_u}\right)\mathcal{R}_u} \tag{4-84}$$

证明：为得到平均等待时延的准确计算式，首先需要得到期望时延，将式（4-80）代入式（4-72）可得：

$$\overline{T_u}=\frac{E[Z_u]}{v_u}=\frac{\rho_{\lim}\rho_u}{(\rho_{\lim}-\rho)\mathcal{R}_u v_u}=\frac{\rho_{\lim}s_u}{(\rho_{\lim}-\rho)\mathcal{R}_u} \tag{4-85}$$

回顾定义 $\overline{T_{u(\text{service})}}=\frac{s_u}{R_u}$，平均等待时延可表示为：

$$\overline{T_{u(\text{waiting})}}=\overline{T_u}-\overline{T_{u(\text{service})}}=\frac{s_u}{\mathcal{R}_u}(\frac{\rho}{\rho_{\lim}-\rho}) \tag{4-86}$$

将 $\rho_{\text{lim}} = \frac{\rho}{\rho'} = \rho_{\text{lim}} = \frac{\rho}{\sum_{u=1}^{U}(\frac{v_u s_u}{\mathcal{R}_u})}$ 代入式（4-86），平均等待时延可进一步简化为：

$$\overline{T_{u(\text{waiting})}} = \frac{s_u}{\mathcal{R}_u}\left(\frac{\rho}{\frac{\rho}{\sum_{u=1}^{U}(\frac{v_u s_u}{\mathcal{R}_u})} - \rho}\right) = \frac{\sum_{u=1}^{U}\left(\frac{v_u s_u}{\mathcal{R}_u}\right)s_u}{1-\sum_{u=1}^{U}\left(\frac{v_u s_u}{\mathcal{R}_u}\right)\mathcal{R}_u} \tag{4-87}$$

假设每个用户的传输需求 ρ_u 是相同的，在 RRH_i 的前传链路或 FAP_j 的回传链路可分别计算为：

$$\rho_R = \sum_{u=1}^{U_R}\rho_u = \mu_R \pi l_F^2 s_u v_u \tag{4-88}$$

$$\rho_F = \sum_{u=1}^{U_F}\rho_u = \mu_F \pi l_F^2 s_u v_u \tag{4-89}$$

其中，μ_R 和 μ_F 为 RRH 服务用户和 F-AP 用户的密度，用户在其服务“分簇”内均匀分布，l_F 为服务“分簇”半径。由于前传链路和回传链路的容量受限，对 RRH_i 的前传链路或 FAP_j 的回传链路的传输需求 ρ_u 的平均等待时间可表示为：

$$\overline{T_{u(\text{waiting})}^{\text{front}}} = \frac{\mu_R \pi l_F^2 v_u s_u^2}{\mathcal{R}_{\text{front}}^2 - \mu_R \pi l_F^2 v_u s_u \mathcal{R}_{\text{front}}} \tag{4-90}$$

$$\overline{T_{u(\text{waiting})}^{\text{back}}} = \frac{\mu_F \pi l_F^2 v_u s_u^2}{\mathcal{R}_{\text{back}}^2 - \mu_F \pi l_F^2 v_u s_u \mathcal{R}_{\text{back}}} \tag{4-91}$$

RRH_i 和 FAP_j 到不同用户 U_u 的链路的遍历容量取决于不同的信道条件。基于前面给出的遍历容量的计算式，RRH_i 中对于传输需求 ρ_u 的平均等待时延可表示为：

$$\overline{T_{u(\text{waiting})}^{\text{RRH}\to\text{user}}}=\frac{\mu_R\pi l_F^2 E\left[\frac{v_u s_u}{\mathcal{R}_u}\right]s_u}{\left\{1-\mu_R\pi l_F^2 E\left[\frac{v_u s_u}{\mathcal{R}_u}\right]\right\}\mathcal{R}_u}$$

$$=\frac{s_u\mu_R\pi l_F^2\int_0^{l_F}\frac{2rv_u s_u}{l_F{}^2\mathcal{R}_{\text{C-RAN}}}\mathrm{d}r}{\mathcal{R}_{\text{C-RAN}}\left\{1-\mu_R\pi l_F^2\int_0^{l_F}\frac{2rv_u s_u}{l_F{}^2\mathcal{R}_{\text{C-RAN}}}\mathrm{d}r\right\}} \tag{4-92}$$

$$=\frac{\mu_R\pi l_F^2 v_u s_u^2\int_0^{l_F}\frac{2r}{l_F{}^2\mathcal{R}_{\text{C-RAN}}}\mathrm{d}r}{\mathcal{R}_{\text{C-RAN}}\left\{1-\mu_R\pi l_F^2 v_u s_u\int_0^{l_F}\frac{2r}{l_F{}^2\mathcal{R}_{\text{C-RAN}}}\mathrm{d}r\right\}}$$

相同地，对 FAP_j 的传输需求 ρ_u 的等待时延可表示为：

$$\overline{T_{u(\text{waiting})}^{\text{FAP}\to\text{user}}}=\frac{\mu_F\pi l_F^2 E\left[\frac{v_u s_u}{\mathcal{R}_u}\right]s_u}{\left\{1-\mu_F\pi l_F^2 E\left(\frac{v_u s_u}{\mathcal{R}_u}\right)\right\}\mathcal{R}_u}$$

$$=\frac{s_u\mu_F\pi l_F^2\int_0^{l_F}\frac{2rv_u s_u}{l_F{}^2\mathcal{R}_{\text{F-RAN}}}\mathrm{d}r}{\mathcal{R}_{\text{F-RAN}}\left\{1-\mu_F\pi l_F^2\int_0^{l_F}\frac{2rv_u s_u}{l_F{}^2\mathcal{R}_{\text{F-RAN}}}\mathrm{d}r\right\}} \tag{4-93}$$

$$=\frac{\mu_F\pi l_F^2 v_u s_u^2\int_0^{l_F}\frac{2r}{l_F{}^2\mathcal{R}_{\text{F-RAN}}}\mathrm{d}r}{\mathcal{R}_{\text{F-RAN}}\left\{1-\mu_F\pi l_F^2 v_u s_u\int_0^{l_F}\frac{2r}{l_F{}^2\mathcal{R}_{\text{F-RAN}}}\mathrm{d}r\right\}}$$

综上所述，用户请求单个内容对象时的等待时延可由引理 4-2 表示。

引理 4-2　若用户所请求的内容对象缓存在 F-AP 中，等待时延可表示为：

$$\overline{T_{u(\text{waiting})}^{\text{FAP}}}=\overline{T_{u(\text{waiting})}^{\text{FAP}\to\text{user}}}=\frac{\mu_F\pi l_F^2 v_u s_u^2\int_0^{l_F}\frac{2r}{l_F{}^2\mathcal{R}_{\text{F-RAN}}}\mathrm{d}r}{\mathcal{R}_{\text{F-RAN}}\left\{1-\mu_F\pi l_F^2 v_u s_u\int_0^{l_F}\frac{2r}{l_F{}^2\mathcal{R}_{\text{F-RAN}}}\mathrm{d}r\right\}} \tag{4-94}$$

同理，若所需内容对象未缓存在 F-AP 中，其需要通过协作的 RRH 从云端取得，等待时延可表示为：

$$\begin{aligned}\overline{T_{u(\text{waiting})}^{\text{RRH}}} &= \overline{T_{u(\text{waiting})}^{\text{RRH}\to\text{user}}} + \overline{T_{u(\text{waiting})}^{\text{front}}} \\ &= \frac{\mu_R \pi l_F^2 v_u s_u^2 \int_0^{l_F} \frac{2r}{l_F{}^2 \mathcal{R}_{\text{C-RAN}}} \mathrm{d}r}{\mathcal{R}_{\text{C-RAN}}\{1-\mu_R \pi l_F^2 v_u s_u \int_0^{l_F} \frac{2r}{l_F{}^2 \mathcal{R}_{\text{C-RAN}}} \mathrm{d}r\}} + \frac{\mu_R \pi l_F^2 v_u s_u^2}{\mathcal{R}_{\text{front}}^2 - \mu_R \pi l_F^2 v_u s_u \mathcal{R}_{\text{front}}}\end{aligned} \tag{4-95}$$

更多地，本节中还给出了时延比率。其定义为每单位服务时间所需要等待的时间，记为 $\overline{L_{u(\text{waiting})}} = \frac{\overline{T_{u(\text{waiting})}}}{T_{u(\text{service})}}$，因此用户请求单个内容对象的时延比率可分别表示为：

$$\overline{L_{u(\text{waiting})}^{\text{FAP}}} = \frac{\mu_F \pi l_F^2 v_u s_u \int_0^{l_F} \frac{2r}{l_F{}^2 \mathcal{R}_{\text{F-RAN}}} \mathrm{d}r}{1-\mu_F \pi l_F^2 v_u s_u \int_0^{l_F} \frac{2r}{l_F{}^2 \mathcal{R}_{\text{F-RAN}}} \mathrm{d}r} \tag{4-96}$$

$$\overline{L_{u(\text{waiting})}^{\text{RRH}}} = \frac{\mu_R \pi l_F^2 v_u s_u \int_0^{l_F} \frac{2r}{l_F{}^2 \mathcal{R}_{\text{C-RAN}}} \mathrm{d}r}{1-\mu_R \pi l_F^2 v_u s_u \int_0^{l_F} \frac{2r}{l_F{}^2 \mathcal{R}_{\text{C-RAN}}} \mathrm{d}r} + \frac{\mu_R \pi l_F^2 v_u s_u}{\mathcal{R}_{\text{front}} - \mu_R \pi l_F^2 v_u s_u} \tag{4-97}$$

4.2.7 面向时延性能的传输方法分析

本节将分析请求多个内容对象的用户时延，分别用 $\overline{T_{u(\text{waiting})}^{\text{RRH}\to\text{user}}}$、$\overline{T_{u(\text{waiting})}^{\text{FAP}\to\text{user}}}$、$\overline{T_{u(\text{waiting})}^{\text{front}}}$、$\overline{T_{u(\text{waiting})}^{\text{back}}}$ 表示 RRH_i、FAP_j、RRH_i 前传链路，FAP_j 回传链路的时延。为刻画传递用户传输需求的时延效应，将采用各个传输链路的等待时延 $\overline{T_{u(\text{waiting})}^{\text{multi}}}$ 的和作为建模业务质量的平均等待时延。

回顾前面提出的缓存部署策略，不同的协作传输机制可分为 3 种。首先，给出一种最普通的机制，最受欢迎的 M 个内容对象存储在配置了缓存装置的 FAP_j 中，并直接由其传输给用户。其他（$N-M$）个内容对象通过回传链路和无线接入链路从云端传至用户。特别地，由于 FAP_j 的缓存命中率为 $\frac{M}{N}$，则在回传链路上的数据传输量占到用户 U_u

的总链路负载的$1-\frac{M}{N}$。因此，从FAP_j到U_u的平均传输到达速率为$v_u'=\frac{v_u}{1-\frac{M}{N}}$，则此种传输机制的平均等待时延为：

$$\overline{T_{u(\text{waiting})}^{\text{F-RAN}}}=\overline{T_{u(\text{waiting})}^{\text{FAP}\to\text{user}}}+\frac{N-M}{N}\overline{T_{u(\text{waiting})}^{\text{back}}}$$
$$=\frac{\mu\pi l_F^2\frac{v_u}{1-\frac{M}{N}}s_u^2\int_0^{l_F}\frac{2r}{D^2\mathcal{R}_{\text{F-RAN}}}\text{d}r}{\mathcal{R}_{\text{F-RAN}}\{1-\mu\pi l_F^2\frac{v_u}{1-\frac{M}{N}}s_u\int_0^{l_F}\frac{2r}{{l_F}^2\mathcal{R}_{\text{F-RAN}}}\text{d}r\}}+\frac{(N-M)\mu\pi l_F^2 v_u s_u^2}{N(\mathcal{R}_{\text{back}}^2-\mu\pi l_F^2 v_u s_u\mathcal{R}_{\text{back}})}\tag{4-98}$$

其中，μ为请求多个内容对象的用户密度。

另一个典型机制为所有N个内容对象通过 RRH“簇”传输，其类似于 F-RAN 的传输机制，平均等待时延可表示为：

$$\overline{T_{u(\text{waiting})}^{\text{C-RAN}}}=\overline{T_{u(\text{waiting})}^{\text{RRH}\to\text{user}}}+\overline{T_{u(\text{waiting})}^{\text{front}}}$$
$$=\frac{\mu\pi l_F^2 v_u s_u^2\int_0^{l_F}\frac{2r}{{l_F}^2\mathcal{R}_{\text{C-RAN}}}\text{d}r}{\mathcal{R}_{\text{C-RAN}}\{1-\mu\pi l_F^2 v_u s_u\int_0^{l_F}\frac{2r}{{l_F}^2\mathcal{R}_{\text{C-RAN}}}\text{d}r\}}+\frac{\mu\pi l_F^2 v_u s_u^2}{\mathcal{R}_{\text{front}}^2-\mu\pi l_F^2 v_u s_u\mathcal{R}_{\text{front}}}\tag{4-99}$$

最后一种传输机制为缓存的M个内容对象可通过FAP_j传输，余下的（N–M）个对象通过协作的 RRH 传输，平均等待时延可表示为：

$$\overline{T_{u(\text{waiting})}^{\text{mix}}}=\frac{M}{N}\overline{T_{u(\text{waiting})}^{\text{FAP}\to\text{user}}}+\frac{N-M}{N}\overline{T_{u(\text{waiting})}^{\text{RRH}\to\text{user}}}+\frac{N-M}{N}\overline{T_{u(\text{waiting})}^{\text{front}}}$$
$$=\frac{M\mu\pi l_F^2 v_u s_u^2\int_0^{l_F}\frac{2r}{{l_F}^2\mathcal{R}_{\text{F-RAN}}}\text{d}r}{N\mathcal{R}_{\text{F-RAN}}\{1-\mu\pi l_F^2 v_u s_u\int_0^{l_F}\frac{2r}{{l_F}^2\mathcal{R}_{\text{F-RAN}}}\text{d}r\}}+\frac{(N-M)\mu\pi l_F^2 v_u s_u^2\int_0^{l_F}\frac{2r}{{l_F}^2\mathcal{R}_{\text{C-RAN}}}\text{d}r}{N\mathcal{R}_{\text{C-RAN}}\{1-\mu\pi l_F^2 v_u s_u\int_0^{l_F}\frac{2r}{{l_F}^2\mathcal{R}_{\text{C-RAN}}}\text{d}r\}}+$$
$$\frac{(N-M)\mu\pi l_F^2 v_u s_u^2}{M(\mathcal{R}_{\text{front}}^2-\mu\pi l_F^2 v_u s_u\mathcal{R}_{\text{front}})}\tag{4-100}$$

4.3 仿真结果与分析

本节给出的仿真结果将验证性能分析的准确性，并刻画缓存策略带来的性能增益。特别地，运用蒙特卡洛仿真方法，F-AP 和 RRH 服从齐次泊松点过程分布，路径损耗系数 α=4，干扰受限场景下，加性高斯白噪声的功率谱密度为 $\sigma^2=0$。运输流到达前传或回传链路的过程建模为泊松过程，速率为 $v_u=10^{-3}$ Mbit/s，传输数据容量为 $s_u=10$ nat。

4.3.1 推论 4-2 和推论 4-3 的平均遍历速率的准确性验证

为验证理论分析的准确性，两个推论得到的平均遍历速率计算式的数值仿真如图 4-13 所示。基于理论推导的数值结果与仿真结果吻合，验证了理论分析的准确性。更多地，随着服务“分簇”的半径的增加，F-AP 和 RRH 簇的传输速率均增加。仿真结果还说明遍历速率受到 F-AP 所配置的天线数目影响。特别地，由于 RRH 的服务簇的协作机制可以有效地抑制干扰，随着干扰 RRH 的减少，用户的遍历速率将增加。

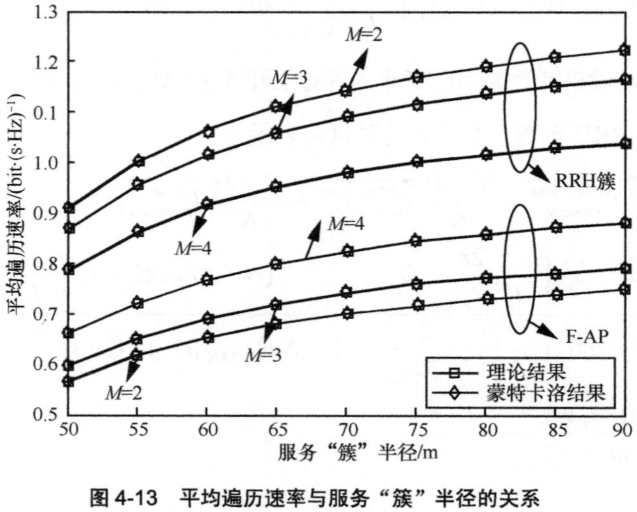

图 4-13　平均遍历速率与服务“簇”半径的关系

4.3.2 用户请求单个内容对象的等待时延

图 4-14 显示了 F-AP 传输的等待时延与部署 RRH 和 F-AP 密度比值的关系。F-AP 配置的天线数目分别是 $M=3$、$M=5$、$M=7$。等待时延的计算式可由引理 4-2 得出。部署 RRH 和 F-AP 的密度比的增加导致 F-AP 传输受到严重的干扰，因此 RRH 的等待时延如图 4-15 所示，随着密度比增加而增长。更多地，随着 F-AP 天线数目的增加，传输信号增强，等待时延随着传输速率的增加而得到改善。另一方面，随着密度比的增加，RRH 的时延性能得到改善。理论分析结果表明，时延性能很大程度取决于 RRH 和 F-AP 的密度比。

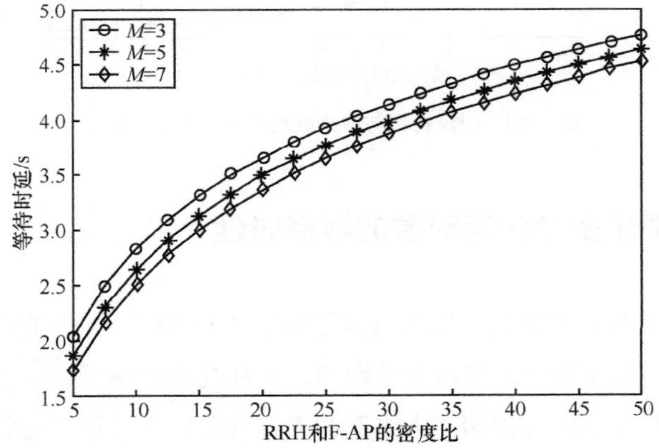

图 4-14　F-AP 的等待时延与 RRH 和 F-AP 的密度比关系

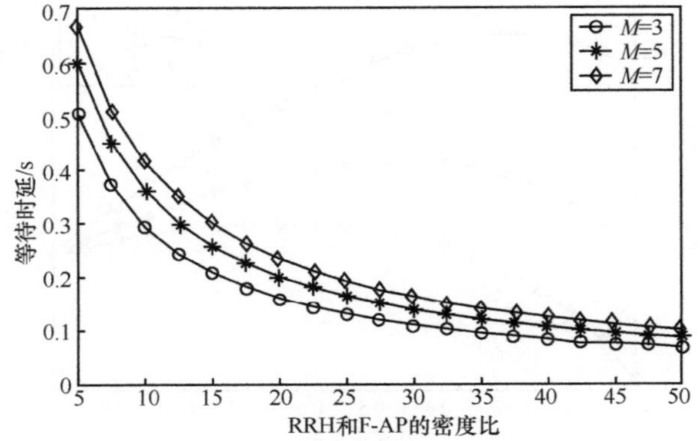

图 4-15　RRH 的等待时延与 RRH 和 F-AP 的密度比关系

为进一步评估 F-RAN 中分层内容缓存策略带来的性能改善，图 4-16 中给出了 RRH 和 F-AP 的时延比率。如图 4-16 所示，随着前传链路传输速率的增加，时延比率可得到有效的改善。前传链路的高传输速率使得 RRH 和 F-AP 的传输时延性能都得到显著改善。

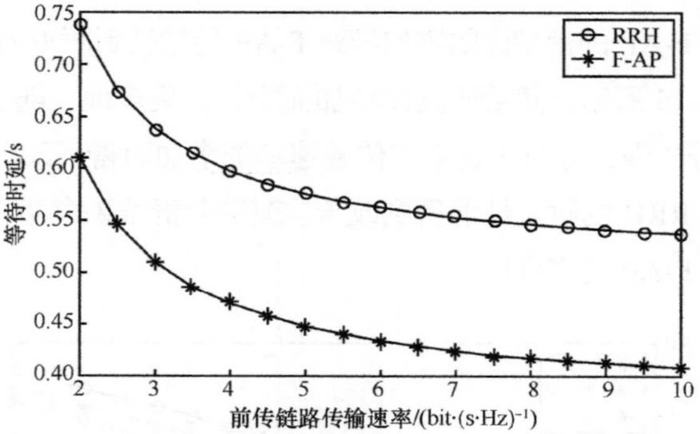

图 4-16　时延比率与前传链路传输速率的关系

4.3.3　用户请求多个内容对象的等待时延

用户请求多个内容对象的平均等待时延如图 4-17 所示，在低的缓存命中率的区域中，混合传输情况下的平均等待时延增加，而在高命中率区域时下降。平均等待时延增加的原因是 F-AP 处存储了大比例的内容对象，可以直接避免回传链路的传输，从而改善时延。

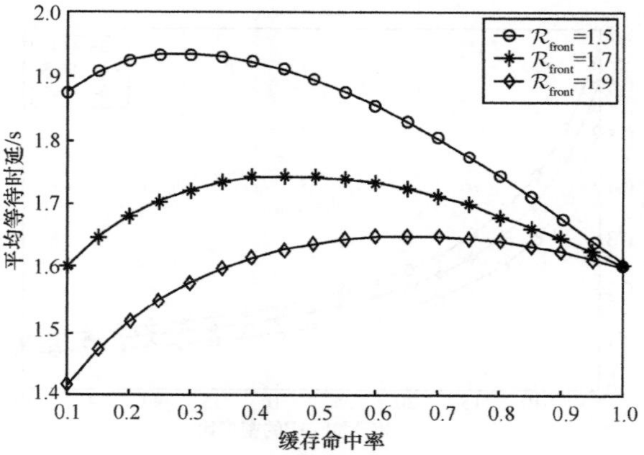

图 4-17　平均等待时延与缓存命中率的关系

图 4-17 给出了混合传输模式下的平均等待时延，但还需要讨论 3 种传输模式下的时延性能。如图 4-18 所示，当前传链路的遍历速率较低时，通过 F-AP 传输内容对象可获得较好的性能。然而，随着前传链路速率增加，通过协作的 RRH“簇”传输多个内容对象可得到更好的时延性能。

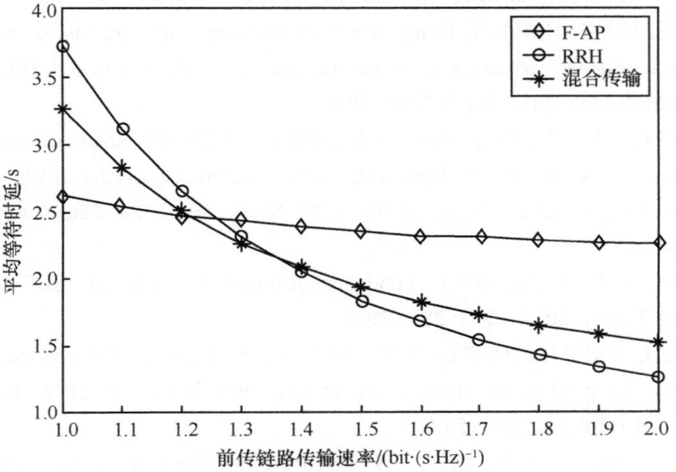

图 4-18　平均等待时延与前传链路传输速率的关系

参考文献

[1] GUESTRINC, KOLLER D, PARR R, et al. Efficient solutional algorithms for factored MDPs[J]. Journal of Artificial Intelligence Research, 2003: 399-468.

[2] BETHANABHOTLA D, CAIRE G, NEELY M J. Adaptive video streaming for wireless networks with multiple users and helpers[J]. IEEE Transactions on Communications, 2015, 63(1): 268-285.

[3] FRICKER C, ROBERT P, ROBERTS J. A versatile and accurate approximation for LRU cache performance[C]//International Teletraffic Congress, September 4-7, 2012, Krakow, Poland. Piscataway: IEEE Press, 2012: 8.

[4] PUTERMAN M L. Markov decision processes: discrete stochastic dynamic programming[J]. John Wiley&Sons Inc, 1994, 37(3): 353.

[5] KOOLE G. Monotonicity in Markov reward and decision chains: theory and applications[J]. Foundations & Trends® in Stochastic Systems, 2007, 1(1): 1-76.

[6] PENG M, SUN Y, LI X, et al. Recent advances in cloud radio access networks: system architectures, key techniques, and open issues[J]. IEEE Communications Surveys & Tutorials, 2016, 18(3): 2282-2308.

[7] LITTMAN M L, DEAN T L, KAELBLING L P. On the complexity of solving Markov decision problems[C]//Eleventh Conference on Uncertainty in Artificial Intelligence, August 18-20, 1995, Montréal, Canada. New York: ACM Press, 2013: 394-402.

[8] YING C, LAU V K N, WU Y. Delay-aware BS discontinuous transmission control and user scheduling for energy harvesting downlink coordinated MIMO systems[J]. IEEE Transactions on Signal Processing, 2012, 60(7): 3786-3795.

[9] BRESLAU L, CAO P, FAN L, et al. Web caching and Zipf-like distributions: evidence and implications[C]//INFOCOM'99 Eighteenth Joint Conference of the IEEE Computer and Communications Societies, March 21-25, 1999, New York, USA. Piscataway: IEEE Press, 1999: 126-134.

[10] MADDAH-ALI M A, NIESEN U. Fundamental limits of caching[J]. IEEE Transactions on Information Theory, 2012, 60(5): 2856-2867.

[11] HACHEM J, KARAMCHANDANI N, DIGGAVI S. Multi-level coded caching[C]//IEEE International Symposium on Information Theory, June 29-July 4, 2014, Honolulu, USA. Piscataway: IEEE Press, 2014: 56-60.

[12] JIANG J, MARUKALA N, LIU T. Symmetrical multilevel diversity coding and subset entropy inequalities[J]. IEEE Transactions on Information Theory, 2011, 60(1): 84-103.

[13] BORST S, GUPTA V, WALID A. Distributed caching algorithms for content distribution networks[C]//IEEE International Conferenceon Computer Communications (INFOCOM), March 14-19, 2010, San Diego, USA. Piscataway: IEEE Press, 2010: 1478-1486.

[14] JI M, TULINO A M, LLORCA J, et al. On the average performance of caching and coded multicasting with random demands[C]//International Symposium on Wireless Communications Systems, August 26-29, 2014, Barcelona, Spain. Piscataway: IEEE Press, 2014: 922-926.

[15] AHLGREN B, DANNEWITZ C, IMBRENDA C, et al. A survey of information-centric networking[J]. IEEE Communications Magazine, 2011, 50(7): 26-36.

[16] LI M, YANG Z, LOU W. Codeon: cooperative popular content distribution for vehicular networks using symbol level network coding[J]. IEEE Journal on Selected Areas in Communications, 2012, 29(1): 223-235.

第 5 章 云无线接入网络信道估计技术

在 C-RAN 中，前传链路有时可以使用无线传输，这时在 BBU 池不仅需要具有全局的无线接入链路的时变信道状态信息，也需要基于无线传输的前传链路的信道状态信息。由于 RRH 密集，如采用传统导频设计方法，C-RAN 易发生导频污染问题。为了解决 C-RAN 导频污染问题，本章首先介绍了分段导频传输方案和信道估计算法，然后描述了数据接收检测方案和导频优化设计，通过仿真分析验证了相关方案和算法的性能增益。

本章主要介绍在云无线接入网络（C-RAN）[1]中，上行分段导频传输过程的设计和相应的信道估计算法。具体地，本章首先给出 C-RAN 中接入链路和前传链路的信道模型建立，设计了基于虚拟 MIMO 系统协作的导频和数据信号传输方法。为了将信道估计的处理集中在云端 BBU 池，并减轻 RRH 的信号处理负担，本章介绍了分段导频的传输机制。利用分段导频对接入链路和前传链路导频时域分隔的性质，云端利用顺序最小均方差的估计方法分别对其信道状态信息进行估计。通过与卡曼滤波器相结合，利用信道的时间相关性和已接收导频信号的先验信息，顺序最小均方差估计方法可以实现比最小均方差方法更高的估计精度。最后，本章分析接入链路和前传链路信道参数克拉美罗界的推导。通过与克拉美罗界比较，顺序最小均方差估计方法的有效性可以得到更好的验证。同时，最优导频序列的设计也可以通过最小化克拉美罗界得到。

5.1 信道估计技术概述

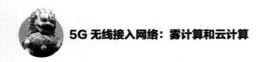

在移动通信网络中，信道估计技术是对抗数据传输过程所经历的信道衰落的关键。无线信号传输环境复杂，其在信号传输中会产生反射、衍射等现象，进而接收端的信号产生多径效应。同时，无线信号在传播过程还会有路径损耗、阴影效应等能量消耗过程，其构成了无线信道的慢衰落。由于数据信号经历了一定的衰落效应，接收端信号会发生严重的畸变。为了保证接收信号的准确检测，接收端需要合理补

偿由信道衰落导致的信号失真。为此，需要利用信道估计技术获取实时的信道衰落信息，用于增强无线数据信号的接收性能。同时，信道估计技术是无线通信系统其他关键技术实现的基石，例如在 C-RAN 中，协作多点传输和波束成形就建立在信道状态信息准确获取的前提下[2]。因此，信道估计技术对 C-RAN 实际网络性能起关键作用。在 C-RAN 中，信道估计技术一般基于 3 种方法，分别为基于导频辅助、基于叠加导频序列和盲或半盲信道估计。接下来，本章就从这 3 个方面介绍 C-RAN 的信道估计技术原理、性能和发展情况。

5.1.1　导频辅助的信道估计

一般来说，根据信道估计算法是否使用导频序列，可以将其划分两种：导频辅助的信道估计、盲或半盲信道估计。由于基于导频序列的信道估计技术估计精度高、复杂度低，其在无线通信系统中较为常用。基于导频的信道估计是发送端发送已知的导频序列，接收端根据已知的导频序列和接收信号对无线信道进行估计。在无线信道建模中，信道一般被视为分段衰落，导频符号被放置在几个数据符号前，接收端利用已知的导频序列估计出信道参数，最后再进行内插获取无线信道的衰落信息。由于在基于导频的信道估计算法中，导频序列在时间上是周期性插入的，其可以获取信道的实时信息，非常适用于时变信道的估计，常用于现有的移动通信系统。因此，在 C-RAN 中，基于导频的信道估计技术的应用前景也最广。

在 C-RAN 中，基于导频的信道估计主要在时域上周期性插入块状导频，以数据帧为传输单元，每个数据帧包括导频序列和数据符号，其工作模式由训练模式和数据传输两个阶段组成。在训练模式下，发送端周期性发送收发端已知的导频序列，接收端根据接收的导频信号对瞬时信道状态信息进行估计。在 C-RAN 中，导频除了在时域周期性插入，还可以在频域和时频二维插入，其主要应用于 OFDM 调制的无线网络中，通过在频域中插入梳状导频符号，使得 OFDM 符号子载波中都放置有导频符号。基于频域导频的信道估计技术能及时地更新信道状态信息，可用于快衰落信道的估计。最后一种基于导频的信道估计算法是在时域和频域不连续插入导频符号。该估计技术是根据系统性能最优来优化导频的插入位置，而导频插入位置与系统瞬时状态相关而不固定。虽然该估计技术能取得理论最优的估计性能，但在实际系统中导频插入位置实时变化的设计复杂度过高，其在实际应用中存在较大困难。

在 C-RAN 中，基于导频的信道估计算法研究主要基于以下两个方面：一方面是导频序列优化设计，由于导频序列结构优化使得信道估计算法精确性提高，设计优良的导频序列及其分布能极大地提高系统性能[3]。在 C-RAN 中，导频的优化分为对导频序列结构优化以及导频插入位置。关于导频符号的放置，应根据实际无线信道中频率选择性衰落和时间选择性衰落所占比重，确定在频域或时域进行插入。当无线信道为准静态信道时，时域均匀分布的导频序列能取得好的估计精度。当信道变化较快时，C-RAN 需要不断地插入导频序列用于信道估计，不仅造成了大量频谱资源的占用，导致计算资源的消耗，而且此时得到的估计结果仍有较大误差。因此，快时变信道适合采用基于频域导频的信道估计技术。当导频信号在频域上进行插入时，最优导频应该满足在时频域上等功率、等间距并且相互正交的条件。除了导频插入位置的优化，导频序列本身结构也影响信道估计算法的精度。在 C-RAN 中，当导频符号选择在时域插入，其位置方案为周期性插入数据帧中。而导频结构的优化可以依据最小化信道估计误差的准则得到，如何根据提出的估计算法设计最优导频序列结构是一大热点和难点。

在完成导频优化设计后，C-RAN 中信道估计算法的设计是另一方面，需要设计出高精度、低复杂度的估计算法，从而使得瞬时的信道状态信息能够被估计出来。最经典的两类线性估计算法分别为最小二乘（Least Square，LS）信道估计以及线性最小均方误差估计（Linear Minimum Mean-Square-Error，LMMSE）。LS 算法计算复杂度低，且在移动通信网络中属于最基本的信道估计技术。但是，由于 LS 估计算法容易受到接收等效噪声的影响，如果在 C-RAN 中应用 LS 估计算法，其估计精确度较低，无法满足系统性能提升的要求。由于无线信道间存在较大相关性，信道在时域和频域的相关性可用于降低估计误差，以减轻等效噪声或干扰对 LS 算法精度的影响。为了进一步获取估计性能和计算复杂度的折中，C-RAN 可以使用 LMMSE 算法进行估计[4]。该算法由于基于最小平均估计误差得出，其估计精度较 LS 算法高，但相应地，计算复杂度不高，被广泛用于无线通信系统的信道估计中。

5.1.2 基于叠加导频的信道估计

由上述内容可知，基于导频的信道估计是低复杂度、高效的信道状态信息获取方法。然而，基于导频的信道估计技术有一定局限性，一方面，导频符号需要占用用于数据传输的频谱资源，降低了 C-RAN 的频谱效率；另一方面，当需要估计两跳甚至多跳信号时，C-RAN 使用传统的基于导频的信道估计方案时，需要将点对点信道信息回传到 BBU 池，增加了估计产生的误差。为了进一步提高系统频谱效率，C-RAN 还可以使用基于叠加导频的信道估计方法获取信道状态信息。

叠加导频序列是指在时域上，发送端将导频序列叠加到数据符号上，二者同时发送出去。然后，接收端利用发送导频的固有性质获取导频，并估计得到无线信道参数。在上述信道估计算法中，导频符号以及数据符号共享无线资源，使得系统的频谱效率得到较大的提升。由于基于叠加导频的信道估计也需要导频序列用于信道参数的估计，因此其是基于导频的信道估计算法的变种形式，适用于频谱资源较为紧张的情况。基于叠加导频的信道估计技术针对信道估计精度和系统频谱效率取得很好的平衡，适用于 C-RAN 的信道估计。当 C-RAN 需要获取多跳信道的参数时，基于导频的信道估计技术需占用几个时隙，用于多段导频序列的发送。此时，基于叠加导频的信道估计技术较传统信道估计技术具有很大优势，通过将导频与数据的叠加替换为导频与导频的叠加，其相应地便可无需占用额外的时隙完成多跳信道的估计。

尽管基于叠加导频的信道估计技术有频谱利用率高的优势，但该方法也有本身的限制。首先是基于叠加导频的信道估计技术的估计精度较传统信道估计技术低。由于导引序列和数据符号相互叠加，在接收导频信号中，未知的数据符号相当于等效噪声，直接降低了信道估计的精度。而导频与导频相叠加的情况类似，两段导频各自进行信道估计时，另一段导频成为了加性干扰，影响了信道估计的性能。此时，系统可以通过将两段导频序列设计为相互正交的，以减少两段导频间的相互干扰对信道估计的影响。同时，在接收端对数据符号进行检测时，导频序列同样会作为接收数据信号的干扰，影响数据检测的误码率。最后，由于叠加导频和数据符号共享发送信号，无论是信道估计还是数据检测，接收端的有效信噪比都会下降，影响了系统的整体性能。C-RAN 导频结构如图 5-1 所示。

如图 5-1 所示，为了弥补叠加导频机制对系统整体性能的影响，C-RAN 对多跳信道进行估计时，还可以使用基于分段导频以及两种导频机制混合的信道估计技术。分段导频是叠加导频序列的另一种形式，其中，两段导频序列不再在时域上相互叠加，而是利用时分复用进行分隔。由于两段导频相互独立，且不用分享发送功率，因此，基于分段导频的信道估计技术可以实现较高的估计精度。然而，在分段导频

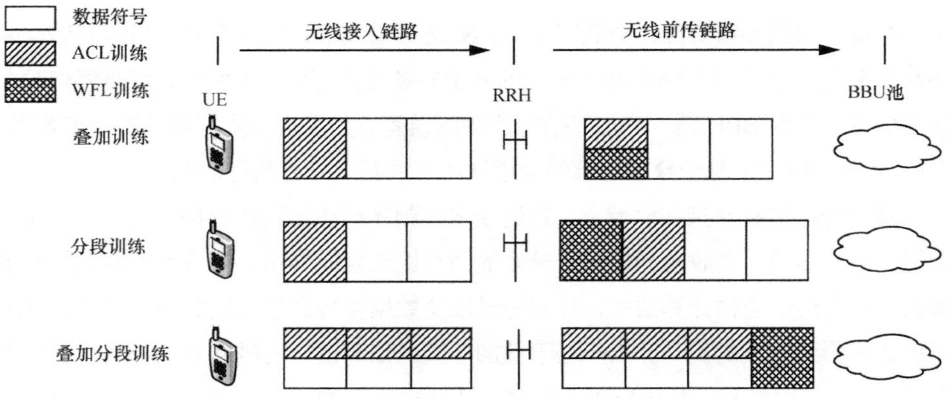

图 5-1 C-RAN 导频结构

序列中，两段导频序列仍然需要分配额外频谱资源用于导频传输，较基于叠加导频的信道估计方法降低了系统频谱效率。为了能进一步提升导频传输效率，参考文献[5]提出了在 C-RAN 中，基于叠加导频和分段导频的信道估计算法。该算法根据 C-RAN 的信道特性，分别用分段导频估计无线接入链路的信道状态信息，用叠加导频获取前传链路的信道状态。由于无线接入链路的信道参数较难估计，分段导频的机制可以提升信道估计精度；而使用叠加导频则可以提升前传链路回传的频谱效率，降低其带宽要求，从而提升系统整体性能。

5.1.3 盲或半盲信道估计

虽然基于叠加导频的信道估计技术能有效提高系统频谱效率，但其对于信道估计精度的提升有限，且导频序列的开销会降低系统性能。因此，在 C-RAN 中，当频谱资源紧张时，盲估计或半盲信道估计技术可用来获取信道状态信息。盲信道估计[6]的最大优势在于不用专门发送导频序列，其利用发射数据信号和接收信号的固有统计特性进行信道估计。这些统计特性包括数据信号的非高斯分布特性、循环平稳、常模量、有限符号集等。由于无需分配额外的频谱资源给导频序列，盲信道估计的频谱效率高。盲信道估计主要分为基于子空间法、最大似然估计法和常模量法。虽然盲信道估计频谱效率高，但其也有固有的不足，如计算复杂度高、估计所需的数据符号多、观测时间长、算法收敛缓慢、信号处理的时延长、易受噪声影响等，基于子空间的盲信道估计还存在相位模糊的问题。盲信道估计主要是利用信号的二阶统计量和高阶统计量进行估计。基于高阶统计量的盲信道技术虽然估计精度较高，但其算法复杂度高，且收敛缓慢，影响了实际应用。因此，盲信道估计技术主要是基于信号的二级统计量进行估计。在盲信道估计技术实施过程中，接收端首先对接收数据信号进行采样，再利用采样信号的循环平稳特性，根据信号的二阶统计量获取信道状态信息。基于子空间的盲信道估计技术是利用二阶统计量进行估计，其在慢时变信道下可以实现较高的估计精度和算法收敛性。尽管盲信道估计能较好地改善基于导频的信道估计对系统频谱效率的影响，但盲信道估计的复杂性在一定程度上限制了其实用性，在 C-RAN 应用也存在困难。

在盲信道估计中，如果无线通信系统能提供较好的初始估计值，则盲信道估计技术能较快地收敛到估计结果。盲信道估计这一特性使得半盲信道估计技术诞生了[7]。半盲信道估计是将基于导频的信道估计和盲信道估计相结合，也叫判决导频信道估计或者决策反馈信道估计。其中，半盲信道估计需要少量的导频序列，用来获取初始估计值，再将初始估计值代入盲信道估计得到最终结果。目前，半盲信道估计主要集中为 3 种，分别为基于自适应滤波器的半盲信道估计、基于子空间的半盲信道估计和基于联合检测的半盲信道估计。基于自适应滤波器的半盲信道估计复杂度较低，其先用少量的导频序列获取信道估计初始值，再用自适应滤波器获取无线信道参数。基于子空间的半盲信道估计是基于导频的信道估计和基于子空间的信道估计的结合，其首先利用导频对接收数据信号的自相关矩阵进行迭代估计，然后根据子空间分解，通过基于子空间的盲信道估计，结合更新的自相关矩阵，估计出信道状态信息。基于联合检测的半盲信道估计是一种数据检测器和信道估计器之间的迭代技术。首先使用少量的导频序列以获取信道估计初始值，估计初始值再在信道估计器和检测器之间迭代以提升估计精度，最终获取估计结果。由于需要将检测器结果反馈到信道估计器中，基于联合检测的半盲信道估计虽然估计精度高，但相应地系统复杂度也较高。由于半盲信道估计是基于导频的估计和盲信道估计的折中，既有较高的频谱效率，又能将盲信道估计复杂度降低，收敛较快，因此，其在 C-RAN 中半盲信道估计的应用前景较广。

在 C-RAN 中，为了降低系统复杂度，同时保持较高的估计精度，较盲或半盲信道估计，基于导频的信道估计应用前景更大。虽然基于导频的信道估计会降低系统频谱利用率，但该技术顽健性强、计算法复杂度低，且估计精度较高，非常适用于现有 C-RAN。同时，在基于导频的信道估计技术中，信道估计算法本身和导频序列设计还有很大的优化空间。本章基于 C-RAN 的性质，进一步对基于导频的信道估计技术进行介绍，并通过优化设计导频序列，提升 C-RAN 的整体性能。

5.2 分段导频传输方案和信道估计算法研究

为了更好地协调 C-RAN 的传输和干扰管理，C-RAN 需要在 RRH 处进行如波束成形等信号处理。上述信号处理技术的实现建立在较高精度的信道状态信息基础上。为此，C-RAN 需利用相应的信道估计算法获取无线链路的信道状态信息。本节主要介绍了基于分段导频的信道估计技术，详细展示了 C-RAN 下的信道建模、导频传输机制和信道估计算法的分析过程，为 C-RAN 信道估计提供一种可行的解决方案。

无论在工业界或学术界，基于导频的信道估计技术都受到了广泛的研究与应用。结合传统导频结构，C-RAN 上行信道估计技术可以得到很好的解决。然而，传统导频结构的局限性导致基于传统导频的信道估计方案只能获取发送端到接收端的联合信道信息。一般来说，接收端仅仅知道联合信道信息并不能支持系统的最优设计，例如，在大规模 C-RAN 预编码设计[8]中，用户发送端到 RRH 处的信道状态被设定为已知，以完成之后的相关设计。因此，点对点链路的信道状态信息对于 C-RAN 接收端也至关重要。考虑到传统导频结构已经无法满足上述需求，应用分段导频（Segment Training）[9]的结构实现信道估计。图 5-2 介绍了分段导频的结构，在时域上，原整体导频分为导频 1 和导频 2 两段序列，接收端先后利用这两段序列，分别估计点对点的信道状态信息。首先，导频 1 用于估计第一段链路的信道状态信息；基于第一段的估计结果，导频 2 再完成第二段链路的信道状态信息的估计。

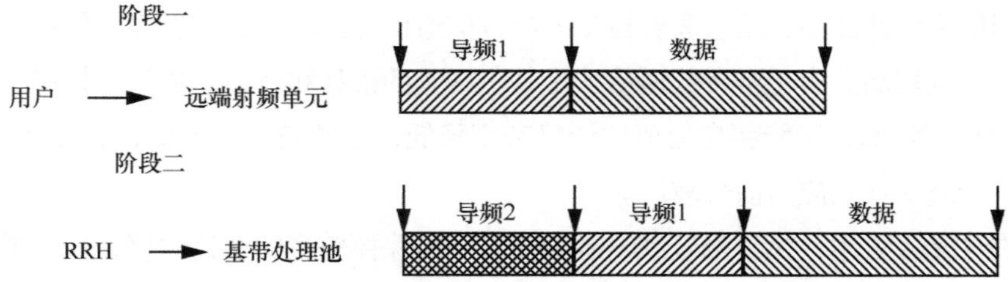

图 5-2　分段导频的系统结构

基于分段导频结构的估计是基于导频估计的一种特殊形式，相应地，基于叠加导频的估计方案也可实现点对点信道链路的估计。较于分段导频结构，叠加导频的方案无需占用额外的频谱资源来传输导频序列，极大地提高系统的频谱效率。但基于叠加导频的方案存在固有的不足。如在信道估计时，由于两段导频在同一时域上相互叠加，无关的导频序列相当于加性噪声，会导致信道估计的质量下降；同时，两段叠加的导频序列共享发送能量，降低接收信噪比，进一步影响接收端的准确估计。为此，本节主要介绍基于分段导频的方案。在分段导频结构中，两段导频序列分别位于两段独立的时隙中，互相不产生影响，同时两段导频的发送功率相同，能够保证接收信噪比，并提升信道估计的准确度。

为了接近实际链路的信道状态，本节设定的信道模型在时域和空域均相关。根据信道状态信息在不同时隙间的相关性和已经接收到的导频序列，本节引入了卡曼滤波器（Kalman Filter）[10]追踪信道状态信息的变化，以提高信道估计的准确性。卡曼滤波器在通信系统、电力系统、雷达信号处理等许多方面有着广泛的应用。卡曼滤波理论在已知每个时刻系统扰动（系统间的时间相关性）和观察误差（即噪声）的统计性质后，通过总结过去所有的输入，在平均意义上求得误差最小的真实信号的估计值。在信道估计方面，应用卡曼滤波器对时域波动的信道进行估计，在假定了信道时域相关系数和噪声的统计特性后，就可以用卡曼滤波器以递归的方式从接收的导频信号中提取均方差最小的真实信道状态信息的估计值。

本节针对 C-RAN 的上行链路，为了实现对每条点对点链路的信道状态信息进行估计，介绍了一种基于分段导频的信道估计方案。在此方案中，不仅用户端需要发送导频序列，RRH 也需叠加一段导频序列回传到云端；云端利用分段导频序列分别估计两条链路的信道状态信息。为了进一步提升信道估计的精度，同时利用信道之间的时间相关性，本节还利用卡曼滤波器，根据已接收的导频信号，估计出均方差最小的信道估计值，极大地提升了信道估计的精度。最后仿真结果表明信道估计算法能有效计算出信道参数。

5.2.1　系统建模

图 5-3 为 C-RAN 信道估计的系统结构，其架构主要由 K 个共享频谱资源的用户（User Equipment，UE）、M 个相互协作式 RRH 和云端的 BBU 池构成。为了简化分析，假定图 5-3 中只包含了 K 个 UE，这些用户和 RRH 均配置为单天线，在云

端 BBU 池处架设有 N 根接收天线。在此，所有的 RRH 均假定在时域上同步。由于本节主要分析导频结构和信道估计设计，RRH 的同步能通过很多已经在分布式天线和虚拟多天线系统成功应用的频偏补偿技术实现。如参考文献[11]中应用于分布式天线系统的符号同步协议，便可有效地解决 RRH 的同步问题。本节考虑 C-RAN 的上行信号传输，假定其链路为块衰落信道，即每个资源块内信道为平衰落。在每个资源块内，信道的相干时间设定为 L，前 T 个符号用于导频序列的传输，剩下的 $(L-T)$ 个符号用于数据信号的传输。由图 5-3 可知，用户到云端 BBU 池间没有直接的通信链路，整个 C-RAN 由两段通信链路组成：无线接入链路（Radio Access Link）和无线前传链路（Fronthaul Link）。因此，对于信道建模，需要在上述两段链路上分别展开。

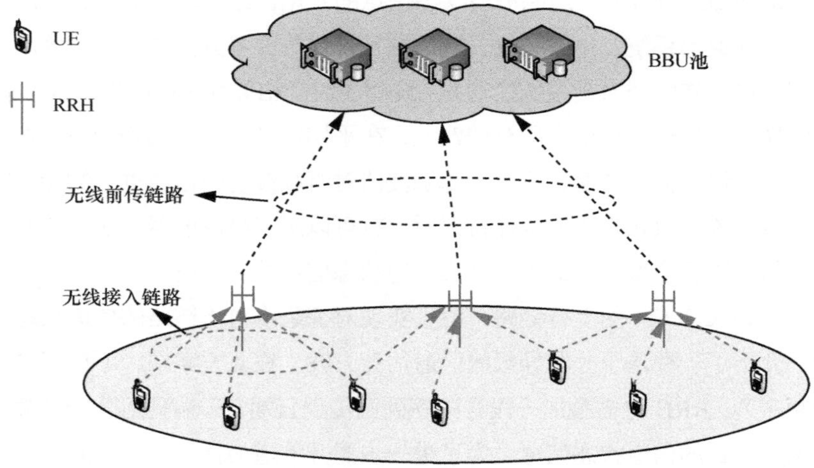

图 5-3　C-RAN 的系统结构

在上述 C-RAN 中，用户节点 UE k 同时在相同频带通过无线接入链路接入 RRH，并且向 RRHm 发送数据，其中，$1 \leqslant k \leqslant K$，$1 \leqslant m \leqslant M$。由于用户间的频带是共享的，用户 k 的数据传输业务将被其他用户干扰。虽然使用同一频带对不同用户间的业务进行数据传输，可以有效地提高频谱利用效率，但是数据信号间产生的同频干扰会大大降低 BBU 池接收端的正确译码率，使得实际的频谱效率大为降低。另一方面，RRH 主要用于扩大覆盖范围，并实现用户无缝接入，往往 RRH 选择为小型节点，处理能力十分有限，同时电池容量受限，发送功率也十分有限。因此，在

C-RAN 中，RRH 主要作为转发节点，所有信号处理均在云端的 BBU 池单元完成。

综上因素，通过引入 RRH 进行转发，C-RAN 能够合理地利用空间分集增益。同时由于 RRH 在地理位置上离散分布，组成虚拟天线阵列，接收端可以合理地设计信号接收矩阵，最大化接收信号与干扰信号的比值，从而提升整个网络的资源利用效率。

RRH 通过前传链路接入云端的 BBU 池，利用云端服务器强大的处理能力实现大规模信号处理。同时所有 RRH 均相互协作，云端的 BBU 池通过前传链路向其回传信息，实现全局性的统一资源调度分配，并有效地减少相互间的干扰和提升协作增益和频谱效率。一般而言，C-RAN 中的前传链路可以由光纤链路或无线链路组成。考虑到无线链路十分便宜且部署方便，在接下来的章节中，前传链路的信道模型主要为无线链路信道。

5.2.2　信道建模

整个 C-RAN 导频和数据传输需要经过两跳链路。第一跳为无线接入链路，主要用于用户接入 RRH。在第一跳接入链路传输中，用户节点 UE k（$1 \leqslant k \leqslant K$）同时向 M 个分布式的 RRH 发送信号。为了便于表示，接入链路信道矩阵表示为 $M \times K$ 的矩阵 $\boldsymbol{G}_{r1}$。假定信道矩阵 $\boldsymbol{G}_{r1}$ 的元素在时域和空域上均不相关，则将其表示为：

$$\boldsymbol{G}_{r1} = \boldsymbol{\Gamma}_1 \odot \boldsymbol{H}_{r1} \tag{5-1}$$

其中，$\odot$ 表示矩阵的点积，$\boldsymbol{\Gamma}_1$ 为 $M \times K$ 的大尺度衰落系数矩阵，矩阵 $\boldsymbol{\Gamma}_1$ 的第 i 行第 j 列元素为 $\sqrt{\kappa_{ij}}$，并表示为 $[\boldsymbol{\Gamma}_1]_{ij} = \sqrt{\kappa_{ij}}$。由于大尺度衰落系数 κ_{ij} 一般与发送端到接收端的距离成反比，考虑用户移动范围较小，在此假定在多个相干时间内均保持不变。而且 κ_{ij} 的值可以通过很多实验验证的经验模型计算得到，例如可以利用参考文献[12]中的 Okumura 模型计算 κ_{ij} 的值，因此假定 κ_{ij} 为接收端已知的先验信息。其中，$\boldsymbol{H}_{r1}$ 为 $M \times K$ 的快衰落系数矩阵。根据快衰落的性质，假定 $\boldsymbol{H}_{r1}$ 中的元素为非相关的圆对称的复高斯随机变量，且均值为 0、方差为 1。

C-RAN 的第二跳链路为前传链路，主要用于传输 RRH 前传用户信息。此时，M 个 RRH 同时向 BBU 池回传接收到的用户信息。利用云端强大的计算能力，BBU 池再对用户信息进行统一调度、资源分配和干扰管理，以提升系统的频谱效率和能量效率。对于前传链路，假定 N 根集中式天线被部署于 BBU 池，用于加强信号的接收。为此，RRH 到 BBU 池间链路可以表示为 $N\times M$ 的信道矩阵 $\boldsymbol{G}_{r2}$，其具体形式为：

$$\boldsymbol{G}_{r2}=\boldsymbol{H}_{r2}\boldsymbol{\Gamma}_{2} \tag{5-2}$$

其中，$\boldsymbol{H}_{r2}$ 是 $N\times M$ 的快衰落系数矩阵，而 $\boldsymbol{\Gamma}_{2}$ 为 $M\times M$ 大尺度衰落系数矩阵。不同于接入链路的大尺度衰落矩阵 $\boldsymbol{\Gamma}_{1}$，前传链路 $\boldsymbol{\Gamma}_{2}$ 被设定为对角矩阵，其中，第 i 个对角元素为 $\sqrt{\beta_i}$，$i=1,\cdots,M$。同样考虑大尺度衰落的性质，β_i 假定为在多个相干时间内保持不变，并且为接收端已知值。由于接收端天线为集中式部署，且每个用户到 N 根天线的大尺度衰落近似，所以大尺度衰落系数的不同仅在于 RRH 所分布的地理位置不同，导致前传链路的距离不同。因此，根据 M 个 RRH 分布式部署，大尺度衰落系数矩阵 $\boldsymbol{\Gamma}_{2}$ 假定为 $M\times M$ 对角形式矩阵。

为了更加贴合实际信道，$\boldsymbol{H}_{r2}$ 的元素假定为在时域和空域均相关。本节使用经典的克罗内克模型（Kronecker Model）表示 $\boldsymbol{H}_{r2}$ 的空域相关性，因此 $\boldsymbol{H}_{r2}$ 为以下形式：

$$\boldsymbol{H}_{r2}=\boldsymbol{R}^{1/2}\boldsymbol{H}_{w} \tag{5-3}$$

其中，$\boldsymbol{R}$ 为已知的 $N\times N$ 的接收相关性矩阵，且 $\boldsymbol{R}$ 满足 $\boldsymbol{R}=\boldsymbol{R}^{1/2}\boldsymbol{R}^{H/2}$。$\boldsymbol{H}_{w}$ 是 $N\times M$ 高斯随机矩阵，其元素为零均值、方差为 1 的独立同分布高斯变量。由于相关矩阵 $\boldsymbol{R}$ 是 Hermitian 正定矩阵，它可以分解为以下形式 $\boldsymbol{R}=\boldsymbol{U}\boldsymbol{\Lambda}\boldsymbol{U}^{\mathrm{H}}$。其中，$\boldsymbol{U}$ 是 $N\times N$ 特征值向量矩阵，且 $\boldsymbol{U}$ 也是酉矩阵。而 $\boldsymbol{\Lambda}=\mathrm{diag}\left(\left[\lambda_{0,1},\lambda_{0,2},\cdots,\lambda_{0,N}\right]\right)$ 是降序排列的特征值矩阵，其中，$\mathrm{diag}\{\ \}$ 表示以花括号中的元素为对角元素的对角矩阵。同时，考虑到信道的时间相关性，假设 $\boldsymbol{H}_{r2}$ 在相邻资源块间在时域上也是相关的。在此，用 $\boldsymbol{h}_{r2,i}$ 表示信道矩阵 $\boldsymbol{H}_{r2}$ 在第 i 个时隙资源块的向量形式，其中，$i=0,1,\cdots$。根据式（5-3），信道矩阵 $\boldsymbol{H}_{r2}$ 的向量形式为 $\mathrm{vec}\{\boldsymbol{H}_{r2}\}=\left(\boldsymbol{I}\otimes\boldsymbol{R}^{1/2}\right)\boldsymbol{h}_{w}$，其中，$\mathrm{vec}\{\ \}$ 为对矩阵向量化，$\boldsymbol{h}_{w}$ 是矩阵 $\boldsymbol{H}_{w}$ 的向量化形式。由于 $\boldsymbol{h}_{r2,i}$ 在时域相关的动态过程，为了更好地刻画 $\boldsymbol{h}_{r2,i}$ 的状态空间模型，本节使用高斯马尔可夫模型（Gauss-Markov Model）[13]表示信道向量序列 $\{\boldsymbol{h}_{r2,i},i=0,1,\cdots\}$ 随时间的演化过程。因此，根据高斯马尔可夫模型，在第 i 个资源块的信道向量 $\boldsymbol{h}_{r2,i}$ 可以表示为如下的状态空间形式：

$$\boldsymbol{h}_{r2,0}=\left(\boldsymbol{I}\otimes\boldsymbol{R}^{1/2}\right)\boldsymbol{v}_{0} \tag{5-4}$$

$$\boldsymbol{h}_{r2,i}=\eta\boldsymbol{h}_{r2,i-1}+\sqrt{1-\eta^{2}}\left(\boldsymbol{I}\otimes\boldsymbol{R}\right)\boldsymbol{v}_{i},i\geqslant 1 \tag{5-5}$$

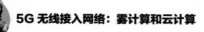

其中，$0 \leqslant \eta \leqslant 1$表示时间相关系数，当$\eta=0$ 时，各个资源块间的信道在时域上相互独立；当$\eta=1$ 时，各个资源块间的信道完全相等。其中，$\boldsymbol{v}_i$ 是独立的随机过程，且满足$\boldsymbol{v}_i \sim \mathrm{CN}(\boldsymbol{0}, \boldsymbol{I}_{MN})$。对于任意的$i \geqslant 1$，$\boldsymbol{h}_{r2,0}$与$\boldsymbol{v}_i$是两个相互独立的随机过程。具体有关于如何得到上述高斯马尔可夫模型的式子，参见参考文献[14]的附录。根据式（5-4）和式（5-5），下一个时隙$\boldsymbol{h}_{r2,i}$的产生既有上个时隙$\boldsymbol{h}_{r2,i-1}$的影响，也有独立的随机过程$\boldsymbol{v}_i$的影响。因此，通过对$\left\{\boldsymbol{h}_{r2,i}, i=0,1,\cdots\right\}$状态空间的建模，可以更加贴合实际信道中快衰落的动态变化。

5.2.3　分段导频传输

在完成对信道链路进行建模后，本节主要是设计分段导频的传输机制。由于需要分别获取接入链路$\boldsymbol{H}_{r1}$和前传链路$\boldsymbol{H}_{r2}$的信道状态信息，C-RAN 使用两段独立的导频序列进行传输。在此，设计的分段导频结构如图 5-4 所示，分为两个阶段，每个阶段单独占有一个时隙，实现两段导频序列的独立分割。在导频传输阶段一（Phase I）时，用户发送导频序列和数据符号到 RRH。假定用户k发送导频序列为$\boldsymbol{\phi}_1$，数据符号为$\boldsymbol{s}$，其中，导频序列$\boldsymbol{\phi}_1$占据的符号长度为τ_1。如图 5-4 所示，$\boldsymbol{\phi}_1'$和$\boldsymbol{s}_1'$分别为$\boldsymbol{\phi}_1$和$\boldsymbol{s}$在 RRH 处相对应的接收信号。在导频传输阶段二（Phase II），RRH 再在时域上附加另一段导频序列$\boldsymbol{\phi}_2$到接收导频序列$\boldsymbol{\phi}_1'$前面，然后将复合信号回传到云端的 BBU 池。其中，$\boldsymbol{\phi}_2$占据的符号长度为τ_2，并且两段导频序列的长度和为T。首先，RRH 在阶段一所接收的导频信号为：

$$\boldsymbol{Y}_{r1} = \boldsymbol{G}_{r1}\boldsymbol{\Psi} + \boldsymbol{N}_{r1} \tag{5-6}$$

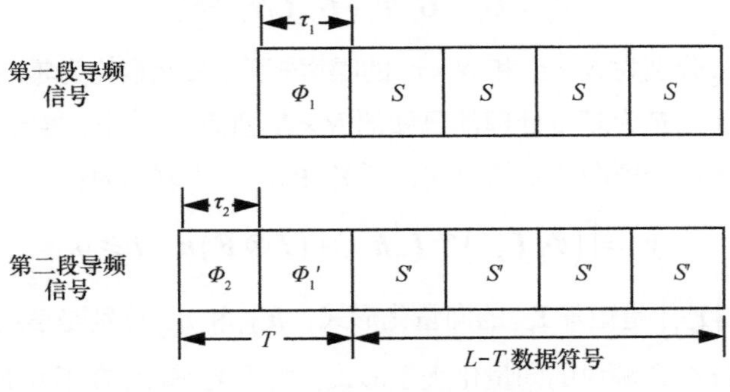

图 5-4　分段导频信号的帧结构

其中，$\boldsymbol{\Psi}$ 为 K 个用户发送的导频序列 ϕ_1 组成的 $K\times\tau_1$ 导频矩阵，$\boldsymbol{N}_{r1}$ 为噪声矩阵，其元素为零均值、方差为 σ_n^2 的加性高斯白噪声。通过将接收到的导频信号向量化，$\boldsymbol{Y}_{r1}$ 可以表示为：

$$\boldsymbol{y}_{r1}=\left(\boldsymbol{\psi}^{\mathrm{T}}\otimes\boldsymbol{I}_M\right)\boldsymbol{D}^{1/2}\boldsymbol{h}_{r1}+\boldsymbol{n}_{r1} \tag{5-7}$$

其中，$\boldsymbol{y}_{r1}=\mathrm{vec}\left\{\boldsymbol{Y}_{r1}\right\}$、$\boldsymbol{h}_{r1}=\mathrm{vec}\left\{\boldsymbol{H}_{r1}\right\}$、$\boldsymbol{n}_{r1}=\mathrm{vec}\{\boldsymbol{N}_{r1}\}$ 分别是接收导频信号 $\boldsymbol{Y}_{r1}$、信道矩阵 $\boldsymbol{H}_{r1}$ 和噪声矩阵 $\boldsymbol{N}_{r1}$ 的向量形式。其中，矩阵 $\boldsymbol{D}$ 代表大尺度衰落系数矩阵 $\boldsymbol{\Gamma}_1$ 的对角矩阵，且 $\boldsymbol{D}=\mathrm{diag}\left\{\mathrm{vec}\left(\boldsymbol{\Gamma}_1\odot\boldsymbol{\Gamma}_1\right)\right\}$。

在导频传输阶段二，RRH 接收到 $\boldsymbol{Y}_{r1}$ 后，再附加另一个导频矩阵 $\boldsymbol{\Phi}$ 在接收信号前面。导频矩阵 $\boldsymbol{\Phi}$ 由 RRH 处的导频序列 ϕ_2 组成，为 $M\times\tau_2$ 的矩阵。两段导频矩阵 $\boldsymbol{\Phi}$ 和 $\boldsymbol{\Psi}$ 通过时分多址复用（Time Division Multiple Access，TDMA）技术分隔，保证两段导频序列的独立性。在接收端处，由于两段导频序列互不影响，对于无线接入链路和前传链路的估计效率将大大提升。此时，RRH 射频信号转发的符号导频信号可表示为：

$$\boldsymbol{\Psi}_1=[\boldsymbol{\Phi},\boldsymbol{C}\boldsymbol{Y}_{r1}] \tag{5-8}$$

其中，$\boldsymbol{\Psi}_1$ 是 $M\times T$ 的矩阵，$\boldsymbol{C}$ 为 $M\times M$ 的转换矩阵。为了使接收端能成功地估计出信道矩阵 $\boldsymbol{H}_{r1}$ 和 $\boldsymbol{H}_{r2}$，RRH 需要引入转换矩阵 $\boldsymbol{C}$ 协助估计。通过设计矩阵 $\boldsymbol{C}$，C-RAN 可有效地避免重传 RRH 接收噪声的影响。同样，参考文献[15]也介绍了引入转换矩阵 $\boldsymbol{C}$ 来保证有效地对两跳信道进行估计的必要性。接下来，RRH 再将复合导频信号 $\boldsymbol{\Psi}_1$ 转发到云端的 BBU 池，BBU 池接收的信号可以分解为两个部分：

$$\boldsymbol{Y}_r=\boldsymbol{F}\boldsymbol{G}_{r2}\boldsymbol{\Phi}+\boldsymbol{F}\boldsymbol{N}_r \tag{5-9}$$

$$\boldsymbol{Y}_d=\boldsymbol{G}_{r2}\boldsymbol{C}\boldsymbol{G}_{r1}\boldsymbol{\Psi}+\boldsymbol{G}_{r2}\boldsymbol{C}\boldsymbol{N}_{r1}+\boldsymbol{N}_{r2} \tag{5-10}$$

其中，$\boldsymbol{N}_r$ 和 $\boldsymbol{N}_{r2}$ 分别为 $N\times\tau_1$ 和 $N\times\tau_2$ 的噪声矩阵，其元素均为零均值、方差为 σ_n^2 的高斯随机变量。$\boldsymbol{F}$ 为基带处理池已知的 $N\times N$ 酉矩阵。对于接收导频信号 $\boldsymbol{Y}_r$，用 $\boldsymbol{Y}_{r,i}$ 表示其在第 i 个资源块中的形式，则 $\boldsymbol{Y}_{r,i}$ 的向量化表示为：

$$\boldsymbol{y}_i=\left[\left(\boldsymbol{\Phi}_i^{\mathrm{T}}\boldsymbol{\Gamma}_2^{1/2}\right)\otimes\boldsymbol{I}\right]\boldsymbol{h}_{r2,i}+\left(\boldsymbol{I}\otimes\boldsymbol{F}\right)\boldsymbol{n}_{r,i},i\geqslant 0 \tag{5-11}$$

其中，$\boldsymbol{y}_i=\mathrm{vec}\left\{\boldsymbol{Y}_{r,i}\right\}$ 是矩阵 $\boldsymbol{Y}_{r,i}$ 的向量化形式，$\boldsymbol{h}_{r2,i}$ 和 $\boldsymbol{n}_{r,i}$ 分别是信道矩阵 $\boldsymbol{H}_{r2}$ 和噪声矩阵 $\boldsymbol{N}_r$ 在第 i 个资源块的向量化表示形式。由于 $\boldsymbol{Y}_r$ 和 $\boldsymbol{Y}_d$ 在不同时隙接收，两段导频信号相互不影响，避免了叠加导频机制带来的导频干扰问题。云端的 BBU 池

可以先依据导频信号 $\boldsymbol{Y}_r$ 估计出前传链路信道状态信息 $\hat{\boldsymbol{G}}_{r2}$，再通过 $\boldsymbol{G}_{r2}$ 的估计值和另一段接收导频信号 $\boldsymbol{Y}_d$ 估计出接入链路信道状态信息 $\hat{\boldsymbol{G}}_{r1}$。通过分段估计的方式，云端 BBU 池便可充分利用分段导频的机制，分别获取两跳链路的信道状态信息。

5.2.4　数据信号传输

在完成导频信号的传输后，本节主要讨论的是数据符号的传输。不同于导频传输的复杂信号处理，数据符号的传输过程相对简单。同导频传输一样，上行数据信号的传输也分为两个阶段。在阶段一，用户发送 $K\times 1$ 数据符号向量 $\boldsymbol{s}$ 到远端射频单元。数据向量 $\boldsymbol{s}$ 满足一定的功率受限条件，即 $E\left\{\boldsymbol{s}\boldsymbol{s}^{\mathrm{H}}\right\}=p_s\boldsymbol{I}_K$。其中，$p_s$ 代表每个用户的发送功率上限，$E\{\ \}$ 表示对花括号内的内容取期望。此时，在 RRH 接收的数据信号为：

$$\boldsymbol{r}_1=\boldsymbol{G}_{r1}\boldsymbol{s}+\boldsymbol{n}_1 \tag{5-12}$$

其中，$\boldsymbol{n}_1\sim \mathrm{CN}(\boldsymbol{0},\sigma_n^2\boldsymbol{I}_M)$ 是 RRH 的加性噪声向量。同样地，RRH 处也有一定的功率限定。RRH 转发数据信号时，需要引入功率控制因子保证不超过额定发送功率。假设 P_r 是 RRH 发送的额定功率，相应的功率控制因子 a 可推导为：

$$a=P_r\Big/\mathrm{tr}\left\{p_s\boldsymbol{G}_{r1}\boldsymbol{G}_{r1}^{\mathrm{H}}+\sigma_n^2\boldsymbol{I}_M\right\} \tag{5-13}$$

其中，$\mathrm{tr}\{\ \}$ 为矩阵的迹。因此，第二阶段中 RRH 将接收的数据信号 $\boldsymbol{r}_1$ 乘以功率因子 $\sqrt{a}$，再发送到云端的 BBU 池。相应地，云端接收的数据信号可以表示为：

$$\boldsymbol{r}_2=\sqrt{a}\boldsymbol{G}_{r2}\boldsymbol{G}_{r1}\boldsymbol{s}+\sqrt{a}\boldsymbol{G}_{r2}\boldsymbol{n}_1+\boldsymbol{n}_2 \tag{5-14}$$

其中，$\boldsymbol{n}_2$ 为接收端 $N\times 1$ 的噪声向量，元素均为零均值、方差为 σ_n^2 的高斯随机变量。为了优化系统的性能，特别是频谱效率和能量效率，系统需要分别知道 $\boldsymbol{G}_{r1}$ 和 $\boldsymbol{G}_{r2}$ 的信道参数来设计相应的检测矩阵。考虑到式（5-14）中 $\boldsymbol{G}_{r2}\boldsymbol{n}_1$ 项，接收端使用最大比合并（MRC）、迫零（ZF）和最小均方差（MMSE）等算法设计接收检测矩阵时，相应的无线接入链路和前传链路的信道状态信息是必需预知的。

至此，C-RAN 上行信号传输过程完结。接下来，云端的基带处理池根据接收到的导频和数据信号对链路进行信道估计和导频结构优化。整个传输过程中，RRH 仅仅对信号进行转发回传，并不做复杂的信号处理工作。这种处理方式将原来 RRH 需要处理的工作转移到云端，实现了云端的统一资源调度和分配，提升了系统协作增益。同时，远端射频单元需要的信号处理计算量大大减少，这符合了 RRH 结构简单、信号处理能力低的特点。因此，整个信号传输过程针对 C-RAN 进行设计，通过利用 C-RAN 的结构特性，既有效地利用了云端的强大处理能力，又减轻了 RRH 的信号处理负担，提升了系统性能。接下来主要针对接收的导频和数据信号进行算法介绍。

5.2.5 信道估计算法设计

在本节中，分别针对云端接收的导频信号 $\boldsymbol{Y}_r$ 和 $\boldsymbol{Y}_d$，设计相应的信道估计算法，完成 C-RAN 中接入链路和前传链路信道状态信息提取方案的设计。考虑到线性最小均方差（LMMSE）估计方法复杂度低、估计精度高，以下的估计算法均基于 LMMSE 估计。首先，接收端对前传链路的信道状态信息 $\boldsymbol{H}_{r2}$ 进行估计。得到 $\boldsymbol{H}_{r2}$ 的估计值后，接收端依据估计值对接入链路 $\boldsymbol{H}_{r1}$ 进行估计。

（1）前传链路信道估计

对于前传链路 $\boldsymbol{H}_{r2}$ 的估计，考虑信道间的时间相关性，前传链路的信道状态信息跟之前时隙的状态有关。根据式（5-4）和式（5-5）描述的信道状态信息演化，对于前传链路 $\boldsymbol{H}_{r2}$ 的估计同动态系统状态估计一样，可以依据之前时隙接收的导频信号序列 $\{y_k\}_{k=0}^{i}$。在此，可以引入卡曼滤波器对整个状态空间进行最小均方差估计。假设此时接收端已知当前时隙和之前时隙所有的接收导频信号 $\{y_k\}_{k=0}^{i}$，且信道间的时间相关系数 η 已知。为了符号表示方便，对于任意的 $i_1 \geqslant i_2$，给定了已知的接收导频序列 $\{y_k\}_{k=0}^{i_2}$，定义 $\hat{\boldsymbol{h}}_{r2,i_1|i_2}$ 为 $\boldsymbol{h}_{r2,i_1}$ 的估计值。同时定义 $\tilde{\boldsymbol{\Phi}}_i = \left(\boldsymbol{\Phi}_i^{\mathrm{T}}\boldsymbol{\Gamma}_2^{1/2}\right)\otimes \boldsymbol{F}$ 代表在第 i 个时隙的等效导频矩阵，其中，$\boldsymbol{\Phi}_i$ 为第 i 个时隙的导频矩阵，上标 T 为对相应的矩阵取转置。

依据之前时隙的导频信号 $\{y_k\}_{k=0}^{i}$，利用卡曼滤波器和基于最小均方差 LMMSE 估计，本节介绍一种顺序最小均方差（Sequential Minimum Mean-Square-Error，SMMSE）的估计方法。该方法利用卡曼滤波器估计出前传链路 $\boldsymbol{h}_{r2,i}$ 的信道状态空间，每个当前时隙 $\boldsymbol{h}_{r2,i}$ 状态估计都是由之前时隙的 $\boldsymbol{h}_{r2,i-1}$ 状态和自身统计特性决定，通过最小化均方差给出相应的估计。由于利用之前时隙的状态，在对 $\boldsymbol{h}_{r2,i}$ 不断迭代估计后，$\boldsymbol{h}_{r2,i}$ 的估计精度随着时隙增加不断提高，大大优化了系统性能。同时，云端 BBU

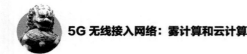

池利用 SMMSE 估计误差可更有效地设计导频序列结构。接下来，整个 SMMSE 估计算法的计算过程将给出。

首先，设定信道向量 $\boldsymbol{h}_{r2,i}$ 状态空间的初始状态值为零向量，即：

$$\hat{\boldsymbol{h}}_{r2,0|-1}=\boldsymbol{0} \tag{5-15}$$

相应地，当接收导频信号第一个时隙时，即 i=0，根据信道向量 $\boldsymbol{h}_{r2}$ 的统计特性，其自相关矩阵为：

$$\boldsymbol{R}_{0|-1}=E\left[\boldsymbol{h}_{r2,0}\boldsymbol{h}_{r2,0}^{\mathrm{H}}\right]=\boldsymbol{I}_M\otimes\boldsymbol{R} \tag{5-16}$$

由于初始状态设定为零向量，从式（5-16）可以看出，此时 $\boldsymbol{h}_{r2,0}$ 的自相关矩阵只由随机过程 $\boldsymbol{v}_0$ 决定。在得到估计值的初始状态后，接下来的处理主要是依据上一个时隙的估计值，利用 LMMSE 估计得到当前时隙的估计值。假设当前接收的导频信号所在时隙为 i，并且前一个时隙的信道向量 $\boldsymbol{h}_{r2,i-1}$ 的估计值 $\hat{\boldsymbol{h}}_{r2,i-1|i-1}$ 为已知。根据式（5-5），给定上一个时隙信道估计值 $\hat{\boldsymbol{h}}_{r2,i-1|i-1}$ 后，当前时隙的信道估计值为：

$$\hat{\boldsymbol{h}}_{r2,i|i-1}=\eta\hat{\boldsymbol{h}}_{r2,i-1|i-1} \tag{5-17}$$

相应地，预测值 $\hat{\boldsymbol{h}}_{r2,i|i-1}$ 的自相关矩阵为：

$$\boldsymbol{R}_{i|i-1}=\eta^2\boldsymbol{R}_{i-1|i-1}+(1-\eta^2)\left(\boldsymbol{I}_M\otimes\boldsymbol{R}\right) \tag{5-18}$$

此时 $\boldsymbol{R}_{i|i-1}$ 由上一个时隙的信道自相关矩阵 $\boldsymbol{R}_{i-1|i-1}$ 与随机过程 $\boldsymbol{v}_i$ 的自相关矩阵 $\boldsymbol{I}_M\otimes\boldsymbol{R}$ 组成，二者的比例由时间相关系数 η 决定。根据上述预测状态信息的自相关矩阵 $\boldsymbol{R}_{i|i-1}$，利用 LMMSE 估计，通过最小化均方差可以获得当前时隙的状态量。当前时隙的卡曼增益矩阵可以表示为：

$$\boldsymbol{K}_i=\boldsymbol{R}_{i|i-1}\tilde{\boldsymbol{\Phi}}_i^{\mathrm{H}}\left(\sigma_n^2\boldsymbol{I}_{N\tau_2}+\tilde{\boldsymbol{\Phi}}_i\boldsymbol{R}_{i|i-1}\tilde{\boldsymbol{\Phi}}_i^{\mathrm{H}}\right)^{-1} \tag{5-19}$$

根据卡曼增益矩阵 $\boldsymbol{K}_i$ 和预测值 $\hat{\boldsymbol{h}}_{r2,i|i-1}$，当前时隙信道向量 $\boldsymbol{h}_{r2,i}$ 的估计值为：

$$\hat{\boldsymbol{h}}_{r2,i|i}=\hat{\boldsymbol{h}}_{r2,i|i-1}+\boldsymbol{K}_i\left(\boldsymbol{y}_i-\tilde{\boldsymbol{\Phi}}_i\hat{\boldsymbol{h}}_{r2,i|i-1}\right) \tag{5-20}$$

根据估计值 $\hat{\boldsymbol{h}}_{r2,i|i}$，可以计算出当前时隙的信道向量相关矩阵为：

$$\boldsymbol{R}_{i|i}=\left(\boldsymbol{I}_{MN}-\boldsymbol{K}_i\tilde{\boldsymbol{\Phi}}_i\right)\boldsymbol{R}_{i|i-1} \tag{5-21}$$

以上计算为顺序最小均方差的估计过程，可以看出，当前时隙 $\boldsymbol{h}_{r2,i}$ 的估计量与上一个时隙的估计量有关。因此，顺序最小方差估计通过利用已接收的导频序列的先验信息，进一步提升估计精度。联合上述信道建模和估计过程，可以得到上行 C-RAN 前传链路的估计求解算法，顺序最小均方差算法估计流程如图 5-5 所示。

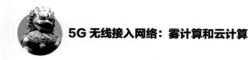

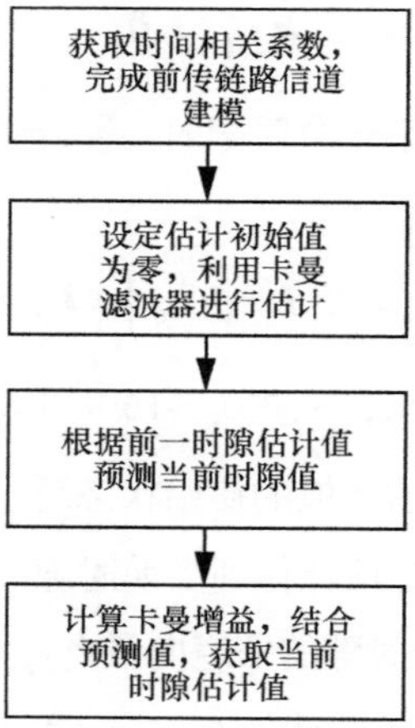

图 5-5　顺序最小均方差估计算法流程

在顺序最小均方差的估计中，对于当前时隙信道向量 $\boldsymbol{h}_{r2,i}$ 的估计值都是由之前接收的导频信号决定，即 $\{y_k\}_{k=0}^{i}$。如果接收端获取了整个导频序列 $\{y_k\}_{k=0}^{\tau_2}$，接收端便可以利用正反向卡曼滤波器（Forward-Backward Kalman Filter，FB 卡曼滤波器）实现更高精度的估计。FB 卡曼滤波器包括正向估计和反向估计两个过程。正向估计的处理步骤和传统卡曼滤波器一样，可参见图 5-5 所示流程。所不同的是，FB 卡曼滤波器添加了反向估计的过程。在接收完所有导频序列后，反向估计开始执行，从最后一个时隙信道状态估计值开始，推导出前一个时隙的估计值。在此，引入一个新的变量 $\boldsymbol{\varpi}_{\tau_2+1|\tau_2}$ 表示整个状态空间的最后一个状态，同样设定其为零值。通过反向地计算 $\boldsymbol{\varpi}_{i|\tau_2}$，接收端便可以获取 $\boldsymbol{h}_{r2,i|\tau_2}$ 的估计值，其中 $i=\tau_2,\tau_2-1,\cdots,0$。整个反向估计流程可表示为：

$$\boldsymbol{\varpi}_{i|\tau_2} = \eta\left(\boldsymbol{I} - \tilde{\boldsymbol{\Phi}}_i^{\mathrm{H}} \boldsymbol{K}_i^{\mathrm{H}}\right)\boldsymbol{\varpi}_{i+1|\tau_2} + \tilde{\boldsymbol{\Phi}}_i \boldsymbol{R}_{e,i}^{-1}\left(\boldsymbol{y}_i - \tilde{\boldsymbol{\Phi}}_i \hat{\boldsymbol{h}}_{r2,i|i-1}\right) \tag{5-22}$$

$$\boldsymbol{h}_{r2,i|\tau_2} = \boldsymbol{h}_{r2,i|i-1} + \boldsymbol{R}_{i|i-1}\boldsymbol{\varpi}_{i|\tau_2} \tag{5-23}$$

其中，$\boldsymbol{R}_{e,i} = \sigma_n^2 \boldsymbol{I}_{N\tau_2} + \tilde{\boldsymbol{\Phi}}_i \boldsymbol{R}_{i|i-1} \tilde{\boldsymbol{\Phi}}_i^{\mathrm{H}}$。因此，在给定接收的所有导频信号后，$\boldsymbol{h}_{r2,i}$ 的估计

可通过正反向卡曼滤波器更加准确地获取。虽然正反向卡曼滤波器可以提供较高的估计精度，但由于需要在完成接收所有导频信号后开始执行估计过程，导致一定时延，无法像卡曼滤波器一样进行实时估计。同时，接收端需要存储所有接收到的导频信号，对整个系统硬件要求较高。鉴于上述因素，正反向卡曼滤波器可以作为卡曼滤波器的一种替代方案。当对信道系数估计精度要求较高时，系统使用正反向卡曼滤波器，一般场景下，普通卡曼滤波器即可满足估计要求。至此，C-RAN 完成前传链路的估计，通过卡曼滤波器结合信道的时间相关性，实现了估计精度的提高。

（2）接入链路信道估计

在完成阶段一对前传链路 $\boldsymbol{G}_{r2}$ 的估计后，接收端便获取到相应估计值 $\hat{\boldsymbol{G}}_{r2}$。利用已知的 $\hat{\boldsymbol{G}}_{r2}$ 代入接收导频信号 $\boldsymbol{Y}_d$ 中，云端基带处理池便可以估计出接入链路 $\boldsymbol{G}_{r1}$ 的信道状态信息。假设系统分配给导频矩阵 $\boldsymbol{\Phi}$ 的功率足够高，$\hat{\boldsymbol{G}}_{r2}$ 的估计精度足够高，接近真实值 $\boldsymbol{G}_{r2}$。因此，忽略估计误差的影响，使用 $\boldsymbol{G}_{r2}$ 代替估计值 $\hat{\boldsymbol{G}}_{r2}$ 用于接入链路的估计。此时，第二阶段的接收导频信号 $\boldsymbol{Y}_d$ 可以向量化为：

$$\boldsymbol{y}_d = \mathrm{vec}\left(\boldsymbol{Y}_d\right) = \left(\boldsymbol{\psi}^{\mathrm{T}} \otimes \boldsymbol{G}_{r2}\boldsymbol{C}\right)\boldsymbol{D}^{1/2}\boldsymbol{h}_{r1} + \left(\boldsymbol{I} \otimes \boldsymbol{G}_{r2}\boldsymbol{C}\right)\boldsymbol{n}_{r1} + \boldsymbol{n}_{r2} \tag{5-24}$$

其中，$\boldsymbol{n}_{r2}$ 为噪声矩阵 $\boldsymbol{N}_{r2}$ 的向量形式。根据接收导频信号 y_d 的线性形式，云端接收导频可以使用最小均方差方法估计 $\boldsymbol{h}_{r1}$。假设导频矩阵 $\boldsymbol{\Psi}$ 和转换矩阵 $\boldsymbol{C}$ 已知，根据最小均方差的性质[16]，$\boldsymbol{h}_{r1}$ 的估计值为 $\hat{\boldsymbol{h}}_{r1} = \boldsymbol{R}_{\boldsymbol{h}_{r1}\boldsymbol{y}_d^{\mathrm{H}}}\boldsymbol{R}_{\boldsymbol{y}_d\boldsymbol{y}_d^{\mathrm{H}}}^{-1}\boldsymbol{y}_d$。相应地，相关矩阵可以表示为：

$$\boldsymbol{R}_{\boldsymbol{h}_1\boldsymbol{y}_d^{\mathrm{H}}} = \boldsymbol{D}^{1/2}\left[\boldsymbol{\Psi}^{*} \otimes \left(\boldsymbol{C}^{\mathrm{H}}\boldsymbol{G}_{r2}^{\mathrm{H}}\right)\right] \tag{5-25}$$

$$\boldsymbol{R}_{\boldsymbol{y}_d\boldsymbol{y}_d^{\mathrm{H}}} = \sigma_n^2\boldsymbol{I}_{N\tau_1} + \tilde{\boldsymbol{\Psi}}\boldsymbol{D}\tilde{\boldsymbol{\Psi}}^{\mathrm{H}} + \sigma_n^2\boldsymbol{I}_{\tau_1} \otimes \boldsymbol{G}_{r2}\boldsymbol{C}\boldsymbol{C}^{\mathrm{H}}\boldsymbol{G}_{r2}^{\mathrm{H}} \tag{5-26}$$

其中，$\tilde{\boldsymbol{\Psi}} = \boldsymbol{\Psi}^{\mathrm{T}} \otimes \left(\boldsymbol{G}_{r2}\boldsymbol{C}\right)$。已知最小均方差估计值后，其估计误差的自相关矩阵可写为：

$$\boldsymbol{R}_{\delta\boldsymbol{h}_{r1}\delta\boldsymbol{h}_{r1}^{\mathrm{H}}} = \boldsymbol{R}_{\boldsymbol{h}_{r1}\boldsymbol{h}_{r1}^{\mathrm{H}}} - \boldsymbol{R}_{\boldsymbol{h}_{r1}\boldsymbol{y}_d^{\mathrm{H}}}\boldsymbol{R}_{\boldsymbol{y}_d\boldsymbol{y}_d^{\mathrm{H}}}^{-1}\boldsymbol{R}_{\boldsymbol{h}_{r1}\boldsymbol{y}_d^{\mathrm{H}}}^{\mathrm{H}} \tag{5-27}$$

其中，$\delta\boldsymbol{h}_{r1} = \boldsymbol{h}_{r1} - \hat{\boldsymbol{h}}_{r1}$。已知估计误差自相关矩阵后，系统可根据最小化 $\mathrm{tr}\left\{\boldsymbol{R}_{\delta\boldsymbol{h}_{r1}\delta\boldsymbol{h}_{r1}^{\mathrm{H}}}\right\}$ 设计最优导频序列，相关讨论在接下来的章节中介绍。

结合分段导频的结构，基于最小均方差的线性估计方法，基带处理池成功地提取出接入链路和前传链路的信道状态信息，以用于接下来的系统优化和设计。对于所提算法的估计性能，需要一个通用准则来评估其估计精度的优良，以测试其有效性。因此在下面的章节引入了克拉美罗界（Cramer-Rao Bound，CRB）来评估所提估计算法的性能，并给出了相应的无线接入链路和前传链路的克拉美罗界的推导过程。

5.2.6 克拉美罗界

在信道估计中，所得估计量是实际信道状态量的函数。由于实际状态量是随机函数，所得估计量也是相应的随机函数。对于任意非随机参量 θ 的无偏估计量 $\hat{\theta}$ 的方差 $\mathrm{Var}(\hat{\theta})$，即均方误差 $E\{|\theta-\hat{\theta}|^2\}$，均恒小于由似然函数 $p(x\mid\theta)$ 的统计特性所决定的数，即克拉美罗界下界。由于克拉美罗界表示无偏估计算法估计误差均方差的下界，其可以用于评估第 5.2.5 节所提估计算法性能的基准。本节的主要内容是分析了费舍尔信息矩阵（Fisher Information Matrix），并给出了用其来推导克拉美罗界的过程，相应地计算了无线接入链路和前传链路信道参数的克拉美罗界。通过比较克拉美罗界和所提信道估计算法的估计误差，顺序最小均方差估计算法的性能便可以得到验证。同时，本节给出了通过克拉美罗界优化导频序列结构的方法。

（1）费舍尔信息矩阵

费舍尔信息矩阵是用于表示以一定分布的随机变量组成的随机量或函数所含信息量的矩阵。对于任意一个需要估计的变量，通过求出其费舍尔信息矩阵，便可以获取相应的克拉美罗界。在对无线接入链路和前传链路估计值的克拉美罗界求解中，系统通过对接入链路和前传链路的信道参数进行偏导，求出费舍尔信息矩阵的具体表达式，然后对费舍尔信息矩阵进行求逆运算，便可以获取相应的克拉美罗界。在此，假设两段导频序列 ϕ_1 和 ϕ_2 的长度相同，即 $\tau_1=\tau_2=\tau$。定义向量 $\boldsymbol{\theta}=\left[\boldsymbol{h}_w^{\mathrm{T}},\boldsymbol{h}_{r1}^{\mathrm{T}}\right]^{\mathrm{T}}$ 为所需估计的信道参数向量，其中，$\boldsymbol{h}_w$ 是信道矩阵 $\boldsymbol{H}_w$ 的向量形式。估计向量 $\boldsymbol{\theta}$ 满足 $\boldsymbol{\theta}=\mathfrak{R}\{\boldsymbol{\theta}\}+\mathrm{j}\mathcal{I}\{\boldsymbol{\theta}\}$，其中，$\mathfrak{R}\{\boldsymbol{\theta}\}$ 和 $\mathcal{I}\{\boldsymbol{\theta}\}$ 分别为 $\boldsymbol{\theta}$ 的实部和虚部。同时，定义向量 $\boldsymbol{y}=\left[\boldsymbol{y}_r^{\mathrm{T}},\boldsymbol{y}_d^{\mathrm{T}}\right]^{\mathrm{T}}$ 为整体接收导频信号向量，其中，$\boldsymbol{y}_r$ 是接收导频信号 $\boldsymbol{Y}_r$ 的向量形式。

对于 C-RAN 的信道估计，除了最小均方差的准则，信道状态信息的估计也可以通过最大后验概率（Maximum a Posteriori Probability，MAP）的估计方法。相应地，信道向量$\boldsymbol{\theta}$的估计值可表示为：

$$\hat{\boldsymbol{\theta}} = \arg\max_{\boldsymbol{\theta}} \ln p(\boldsymbol{y},\boldsymbol{\theta}) \tag{5-28}$$

其中，$p(\boldsymbol{y},\boldsymbol{\theta})$是$\boldsymbol{y}$和$\boldsymbol{\theta}$的联合概率密度函数。最大后验概率估计算法通过最大化接收导频信号和估计值的联合概率密度函数得出信道估计值，从理论意义上说，最大后验概率算法是最优信道估计方法。但在实际中，联合概率密度函数$p(\boldsymbol{y},\boldsymbol{\theta})$很难求出闭式解，而且接收导频信号$\boldsymbol{y}$与估计量$\boldsymbol{\theta}$的关系是非线性的，最大后验概率估计算法也是非线性估计方法，实际应用非常困难。根据最大后验概率估计算法，可以计算相应的费舍尔信息矩阵，通过费舍尔信息矩阵可获取克拉美罗界。考虑到克拉美罗界是无偏估计的下界，其可以作为评估次优估计算法性能优良的基准。本节通过求出接入链路和前传链路的克拉美罗界，评估所提顺序最小均方差估计算法的性能。

根据参考文献[17]，费舍尔信息矩阵可以表示为：

$$\mathcal{F} = E\left\{\frac{\partial \ln p(\boldsymbol{y},\boldsymbol{\theta})}{\partial \boldsymbol{\theta}^*}\left(\frac{\partial \ln p(\boldsymbol{y},\boldsymbol{\theta})}{\partial \boldsymbol{\theta}^*}\right)^{\mathrm{H}}\right\} \tag{5-29}$$

其中，整个期望值的计算是通过联合概率密度函数$p(\boldsymbol{y},\boldsymbol{\theta})$。由于信道向量$\boldsymbol{\theta}$克拉美罗界为其费舍尔信息矩阵$\mathcal{F}$的逆。

根据贝叶斯估计性质，联合概率密度函数满足$p(\boldsymbol{y},\boldsymbol{\theta}) = p(\boldsymbol{y}\,|\,\boldsymbol{\theta}) + p(\boldsymbol{\theta})$。相应地，信道向量$\boldsymbol{\theta}$的估计值可表示为：

$$\hat{\boldsymbol{\theta}} = \arg\max_{\boldsymbol{\theta}} \left[\ln p(\boldsymbol{y}\,|\,\boldsymbol{\theta}) + \ln p(\boldsymbol{\theta})\right] \tag{5-30}$$

其中，$p(\boldsymbol{y}\,|\,\boldsymbol{\theta})$是相应的条件概率密度函数，$\ln p(\boldsymbol{y}\,|\,\boldsymbol{\theta})$是信道向量$\boldsymbol{\theta}$的对数似然函数，$p(\boldsymbol{\theta})$是信道向量$\boldsymbol{\theta}$的先验信息。由式（5-30）可知，较于线性最小均方差准则，最大后验概率估计算法是通过最大化似然函数和先验信息来获取信道状态信息。在此，假定信道向量$\boldsymbol{\theta}$已经给定，则对于任意一给定的$\boldsymbol{\theta}$，信道向量$\boldsymbol{\theta}$的估计和费舍尔信息矩阵可以等效为：

$$\hat{\boldsymbol{\theta}} = \arg\max_{\boldsymbol{\theta}} \ln p(\boldsymbol{y}\,|\,\boldsymbol{\theta}) \tag{5-31}$$

$$\mathcal{F} = E\left\{\frac{\partial \ln p(\boldsymbol{y}\,|\,\boldsymbol{\theta})}{\partial \boldsymbol{\theta}^*}\left(\frac{\partial \ln p(\boldsymbol{y}\,|\,\boldsymbol{\theta})}{\partial \boldsymbol{\theta}^*}\right)^{\mathrm{H}}\right\} \tag{5-32}$$

此时，最大后验概率估计等效于最大似然估计（Maximum Likelihood，ML），同时费舍尔信息矩阵 $\mathcal{F}$ 也由对数似然函数 $\ln p(\boldsymbol{y}\,|\,\boldsymbol{\theta})$ 决定。由于分段导频的结构是通过时分复用（TDMA）分隔的，在云端的接收导频信号 $\boldsymbol{y}_r$ 和 $\boldsymbol{y}_d$ 也是在时域上分隔的，二者是相互独立的随机过程。因此，对数似然函数 $\ln p(\boldsymbol{y}\,|\,\boldsymbol{\theta})$ 也可以分隔为以下形式：

$$\ln p(\boldsymbol{y}\,|\,\boldsymbol{\theta}) = \ln p(\boldsymbol{y}_r\,|\,\boldsymbol{\theta}) + \ln p(\boldsymbol{y}_d\,|\,\boldsymbol{\theta}) \tag{5-33}$$

相应地，费舍尔信息矩阵 $\mathcal{F}$ 根据两段导频信号 $\boldsymbol{y}_r$ 和 $\boldsymbol{y}_d$ 也可以分解为两部分，其表示为：

$$\begin{aligned}\mathcal{F} = E&\left\{\frac{\partial \ln p(\boldsymbol{y}_r\,|\,\boldsymbol{\theta})}{\partial \boldsymbol{\theta}^*}\left(\frac{\partial \ln p(\boldsymbol{y}_r\,|\,\boldsymbol{\theta})}{\partial \boldsymbol{\theta}^*}\right)^{\mathrm{H}}\right\} + \\ E&\left\{\frac{\partial \ln p(\boldsymbol{y}_d\,|\,\boldsymbol{\theta})}{\partial \boldsymbol{\theta}^*}\left(\frac{\partial \ln p(\boldsymbol{y}_d\,|\,\boldsymbol{\theta})}{\partial \boldsymbol{\theta}^*}\right)^{\mathrm{H}}\right\} = \begin{pmatrix} \mathcal{F}_{11} & \mathcal{F}_{12} \\ \mathcal{F}_{21} & \mathcal{F}_{22} \end{pmatrix}\end{aligned} \tag{5-34}$$

由于假定信道向量 $\boldsymbol{\theta}$ 为给定的，接收导频信号的分布由加性噪声决定，即高斯分布的随机量。因此，接收导频信号 $\boldsymbol{y}_r$ 和 $\boldsymbol{y}_d$ 的条件概率密度函数 $p(\boldsymbol{y}_r\,|\,\boldsymbol{\theta})$ 和 $p(\boldsymbol{y}_d\,|\,\boldsymbol{\theta})$ 可以分别表示为：

$$p\left(\boldsymbol{y}_r\,|\,\boldsymbol{\theta}\right) = \frac{1}{\left(\pi\sigma_n^2\right)^{N\tau}}\exp\left\{-\frac{\left(\boldsymbol{y}_r - \boldsymbol{u}_r\right)^{\mathrm{H}}\left(\boldsymbol{y}_r - \boldsymbol{u}_r\right)}{\sigma_n^2}\right\} \tag{5-35}$$

$$p\left(\boldsymbol{y}_d\,|\,\boldsymbol{\theta}\right) = \frac{1}{\pi^{N\tau}\,|\boldsymbol{R}_{\boldsymbol{n}_r|\boldsymbol{\theta}}|}\exp\left\{-\left(\boldsymbol{y}_d - \boldsymbol{u}_d\right)^{\mathrm{H}}\boldsymbol{R}_{\boldsymbol{n}_r|\boldsymbol{\theta}}^{-1}\left(\boldsymbol{y}_d - \boldsymbol{u}_d\right)\right\} \tag{5-36}$$

其中，$\boldsymbol{u}_r$ 是接收导频信号 $\boldsymbol{y}_r$ 的均值，为 $\boldsymbol{u}_r = \left[\left(\boldsymbol{\Phi}^{\mathrm{T}}\boldsymbol{\Gamma}_2^{1/2}\right)\otimes \boldsymbol{F}\boldsymbol{R}^{1/2}\right]\boldsymbol{h}_w$，$\boldsymbol{u}_d$ 是接收导频信号 $\boldsymbol{y}_d$ 的均值，为 $\boldsymbol{u}_d = \left(\boldsymbol{\Psi}^{\mathrm{T}}\otimes \boldsymbol{G}_{r2}\boldsymbol{C}\right)\boldsymbol{D}^{1/2}\boldsymbol{h}_{r1}$，自相关矩阵 $\boldsymbol{R}_{\boldsymbol{n}_r|\boldsymbol{\theta}} = \sigma_n^2\left(\boldsymbol{I}_\tau \otimes \boldsymbol{G}_{r2}\boldsymbol{C}\boldsymbol{C}^{\mathrm{H}}\boldsymbol{G}_{r2}^{\mathrm{H}} + \boldsymbol{I}_{N\tau}\right)$。

根据式（5-34），定义矩阵 $\mathcal{F}_1$ 为接收导频信号 $\boldsymbol{y}_r$ 的费舍尔信息矩阵，即 $\mathcal{F}$ 的第一部分。同时，定义 $\mathcal{F}_2$ 为接收导频信号 $\boldsymbol{y}_d$ 的费舍尔信息矩阵，即 $\mathcal{F}$ 的第二部分。矩阵 $\mathcal{F}_1$ 和 $\mathcal{F}_2$ 第 i 行第 j 列元素可通过式（5-37）、式（5-38）计算：

$$[\mathcal{F}_1]_{i,j} = \frac{1}{\sigma_n^2}\frac{\partial \boldsymbol{u}_r^{\mathrm{H}}}{\partial \theta_i^*}\frac{\partial \boldsymbol{u}_r}{\partial \theta_j} \tag{5-37}$$

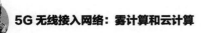

$$[\mathcal{F}_2]_{i,j}=\frac{\partial \boldsymbol{u}_d^{\mathrm{H}}}{\partial \theta_i^*}\boldsymbol{R}_{n_r|\theta}^{-1}\frac{\partial \boldsymbol{u}_d^{\mathrm{H}}}{\partial \theta_j}+\operatorname{tr}\left(\boldsymbol{R}_{n_r|\theta}^{-1}\frac{\partial \boldsymbol{R}_{n_r|\theta}}{\partial \theta_i^*}\boldsymbol{R}_{n_r|\theta}^{-1}\frac{\partial \boldsymbol{R}_{n_r|\theta}}{\partial \theta_j}\right) \tag{5-38}$$

由于信道向量$\boldsymbol{\theta}$由$\boldsymbol{h}_w$和$\boldsymbol{h}_{r1}$组成，结合矩阵$\mathcal{F}_1$的求解表达式（5-37），其具体形式可以表示为对信道向量$\boldsymbol{h}_w$和$\boldsymbol{h}_{r1}$求导的分块矩阵：

$$\mathcal{F}_1=\frac{1}{\sigma_n^2}\begin{bmatrix}\frac{\partial \boldsymbol{u}_r^{\mathrm{H}}}{\partial \boldsymbol{h}_w^*}\frac{\partial \boldsymbol{u}_r}{\partial \boldsymbol{h}_w^{\mathrm{T}}} & \frac{\partial \boldsymbol{u}_r^{\mathrm{H}}}{\partial \boldsymbol{h}_w^*}\frac{\partial \boldsymbol{u}_r}{\partial \boldsymbol{h}_{r1}^{\mathrm{T}}}\\ \frac{\partial \boldsymbol{u}_r^{\mathrm{H}}}{\partial \boldsymbol{h}_{r1}^*}\frac{\partial \boldsymbol{u}_r}{\partial \boldsymbol{h}_w^{\mathrm{T}}} & \frac{\partial \boldsymbol{u}_r^{\mathrm{H}}}{\partial \boldsymbol{h}_{r1}^*}\frac{\partial \boldsymbol{u}_r}{\partial \boldsymbol{h}_{r1}^{\mathrm{T}}}\end{bmatrix} \tag{5-39}$$

此时为了表示方便，根据式（5-38）的计算结构，矩阵$\mathcal{F}_2$也可以分解为两个矩阵，分别为：

$$\mathcal{F}_2=\mathcal{F}_s+\mathcal{F}_r \tag{5-40}$$

同矩阵$\mathcal{F}_1$一样，根据对信道向量$\boldsymbol{h}_w$和$\boldsymbol{h}_{r1}$求导的不同，$\mathcal{F}_s$的具体形式也分为4个分块矩阵，为：

$$\mathcal{F}_s=\begin{bmatrix}\frac{\partial \boldsymbol{u}_d^{\mathrm{H}}}{\partial \boldsymbol{h}_w^*}\boldsymbol{R}_{n_r|\theta}^{-1}\frac{\partial \boldsymbol{u}_d}{\partial \boldsymbol{h}_w^{\mathrm{T}}} & \frac{\partial \boldsymbol{u}_d^{\mathrm{H}}}{\partial \boldsymbol{h}_w^*}\boldsymbol{R}_{n_r|\theta}^{-1}\frac{\partial \boldsymbol{u}_d}{\partial \boldsymbol{h}_{r1}^{\mathrm{T}}}\\ \frac{\partial \boldsymbol{u}_d^{\mathrm{H}}}{\partial \boldsymbol{h}_{r1}^*}\boldsymbol{R}_{n_r|\theta}^{-1}\frac{\partial \boldsymbol{u}_d}{\partial \boldsymbol{h}_w^{\mathrm{T}}} & \frac{\partial \boldsymbol{u}_d^{\mathrm{H}}}{\partial \boldsymbol{h}_{r1}^*}\boldsymbol{R}_{n_r|\theta}^{-1}\frac{\partial \boldsymbol{u}_d}{\partial \boldsymbol{h}_{r1}^{\mathrm{T}}}\end{bmatrix} \tag{5-41}$$

式（5-40）中，矩阵$\mathcal{F}_r$为一个新定义的矩阵，用于表示式（5-38）的第二部分，其第i行第j列元素为：

$$\left[\mathcal{F}_r\right]_{ij}=\operatorname{tr}\left(\boldsymbol{R}_{n_r|\theta}^{-1}\frac{\partial \boldsymbol{R}_{n_r|\theta}}{\partial \theta_i^*}\boldsymbol{R}_{n_r|\theta}^{-1}\frac{\partial \boldsymbol{R}_{n_r|\theta}}{\partial \theta_j}\right) \tag{5-42}$$

至此，信道向量$\boldsymbol{\theta}$的费舍尔矩阵$\mathcal{F}$的具体形式便已得到。接下来的工作主要是计算费舍尔矩阵$\mathcal{F}$中，均值向量$\boldsymbol{u}_r$和$\boldsymbol{u}_d$对信道向量$\boldsymbol{h}_w$和$\boldsymbol{h}_{r1}$的偏导结果和自相关矩阵$\boldsymbol{R}_{n_r|\theta}$对估计向量$\boldsymbol{\theta}$的元素求导结果。根据上述的求导结果，可将信道向量$\boldsymbol{\theta}$的费舍尔矩阵$\mathcal{F}$具体表达式计算出，继而完成对接入链路和前传链路克拉美罗界的计算。

（2）克拉美罗界计算

首先，计算矩阵$\mathcal{F}_1$的具体表达式。为了计算方便，利用克罗内克积的性质，信道均值向量$\boldsymbol{u}_d$可等效地转换为：

$$\left(\boldsymbol{\Psi}^{\mathrm{T}} \otimes \boldsymbol{G}_{r2}\boldsymbol{C}\right)\boldsymbol{D}^{1/2}\boldsymbol{h}_{r1} = \left(\boldsymbol{\Psi}^{\mathrm{T}}\boldsymbol{G}_{r1}^{\mathrm{T}}\boldsymbol{C}^{\mathrm{T}}\boldsymbol{\Gamma}_{2}^{1/2} \otimes \boldsymbol{R}^{1/2}\right)\boldsymbol{h}_{w} \tag{5-43}$$

根据向量求导的性质，信道均值向量 $\boldsymbol{u}_d$ 和 $\boldsymbol{u}_r$ 分别对 $\boldsymbol{h}_w$ 和 $\boldsymbol{h}_{r1}$ 求导的结果分别表示为：

$$\frac{\partial \boldsymbol{u}_r}{\partial \boldsymbol{h}_w^{\mathrm{T}}} = \left[\left(\boldsymbol{\Phi}_i^{\mathrm{T}}\boldsymbol{\Gamma}_2^{1/2}\right) \otimes \boldsymbol{F}\boldsymbol{R}^{1/2}\right] \tag{5-44}$$

$$\frac{\partial \boldsymbol{u}_r}{\partial \boldsymbol{h}_{r1}^{\mathrm{T}}} = \boldsymbol{0}_{N\tau\times MK} \tag{5-45}$$

$$\frac{\partial \boldsymbol{u}_d}{\partial \boldsymbol{h}_w^{\mathrm{T}}} = \left(\boldsymbol{\Psi}^{\mathrm{T}}\boldsymbol{G}_{r1}^{\mathrm{T}}\boldsymbol{C}^{\mathrm{T}}\boldsymbol{\Gamma}_2^{1/2} \otimes \boldsymbol{R}^{1/2}\right) \tag{5-46}$$

$$\frac{\partial \boldsymbol{u}_d}{\partial \boldsymbol{h}_{r1}^{\mathrm{T}}} = \left(\boldsymbol{\Psi}^{\mathrm{T}} \otimes \boldsymbol{G}_{r2}\boldsymbol{C}\right)\boldsymbol{D}^{1/2} \tag{5-47}$$

其中，$\boldsymbol{0}_{N\tau\times MK}$ 是 $N\tau \times MK$ 的零矩阵。而自相关矩阵 $\boldsymbol{R}_{\boldsymbol{n}_r|\boldsymbol{\theta}}$ 对信道向量 $\boldsymbol{h}_w$ 和 $\boldsymbol{h}_{r1}$ 的第 i 个元素 $h_{r1,i}$ 和 $h_{w,i}$ 的求导结果为：

$$\frac{\partial \boldsymbol{R}_{\boldsymbol{n}_r|\boldsymbol{\theta}}}{\partial h_{w,i}} = \boldsymbol{0}_{N\tau\times N\tau} \tag{5-48}$$

$$\frac{\partial \boldsymbol{R}_{\boldsymbol{n}_r|\boldsymbol{\theta}}}{\partial h_{r1,i}} = \sigma_n^2\left(\boldsymbol{I}_\tau \otimes \boldsymbol{E}_i\boldsymbol{C}\boldsymbol{C}^{\mathrm{H}}\boldsymbol{G}_{r2}^{\mathrm{H}}\right) \tag{5-49}$$

其中，$\boldsymbol{E}_i$ 是 $N \times M$ 矩阵，其第 $i - N[i]_N$ 行第 $[i]_N + 1$ 列的元素设定值为 1，其他元素的值均设定为零。式（5-49）中，$[i]_N$ 表示元素 i 对整数 N 取模。将自相关矩阵 $\boldsymbol{R}_{\boldsymbol{n}_r|\boldsymbol{\theta}}$ 的求导结果代入式（5-42）中，$[\boldsymbol{\mathcal{F}}_r]_{i,j}$ 可以表示为：

$$[\boldsymbol{\mathcal{F}}_r]_{i,j} = \sigma_n^4 \mathrm{tr}\left(\boldsymbol{R}_{\boldsymbol{n}_r|\boldsymbol{\theta}}^{-1}\boldsymbol{B}_i\boldsymbol{R}_{\boldsymbol{n}_r|\boldsymbol{\theta}}^{-1}\boldsymbol{B}_j^{\mathrm{H}}\right) \tag{5-50}$$

其中，$\boldsymbol{B}_i = \boldsymbol{I}_\tau \otimes \boldsymbol{E}_i\boldsymbol{C}\boldsymbol{C}^{\mathrm{H}}\boldsymbol{G}_{r2}^{\mathrm{H}}$。

同样，将 $\boldsymbol{u}_d$ 和 $\boldsymbol{u}_r$ 对 $\boldsymbol{h}_w$ 和 $\boldsymbol{h}_{r1}$ 的求导结果代入矩阵 $\boldsymbol{\mathcal{F}}_1$ 和 $\boldsymbol{\mathcal{F}}_2$ 中，计算费舍尔矩阵 $\boldsymbol{\mathcal{F}}$ 中分块矩阵的具体表达式。经过一定的矩阵运算后，费舍尔矩阵 $\boldsymbol{\mathcal{F}}_1$ 可以表示为：

$$\boldsymbol{\mathcal{F}}_1 = \frac{1}{\sigma_n^2}\begin{bmatrix}\left(\boldsymbol{\Gamma}_2^{1/2}\boldsymbol{\Phi}_i^{*}\boldsymbol{\Phi}_i^{\mathrm{T}}\boldsymbol{\Gamma}_2^{1/2}\right)\otimes\boldsymbol{\Lambda} & \boldsymbol{0}\\ \boldsymbol{0} & \boldsymbol{0}\end{bmatrix} \tag{5-51}$$

再将求导结果代入矩阵 $\boldsymbol{\mathcal{F}}_s$ 中，则 $\boldsymbol{\mathcal{F}}_s$ 可以写为：

$$\mathcal{F}_s=\begin{bmatrix}\boldsymbol{\Xi}^{\mathrm{H}}\boldsymbol{R}_{\boldsymbol{n}_r|\boldsymbol{\theta}}^{-1}\boldsymbol{\Xi} & \left(\boldsymbol{\Gamma}_2^{1/2}\boldsymbol{C}^*\boldsymbol{G}_{r1}^*\boldsymbol{\Psi}^*\otimes\boldsymbol{R}_2^{\mathrm{H}/2}\right)\boldsymbol{R}_{\boldsymbol{n}_r|\boldsymbol{\theta}}^{-1}\boldsymbol{\Pi}\\ \left[\left(\boldsymbol{\Gamma}_2^{1/2}\boldsymbol{C}^*\boldsymbol{G}_{r1}^*\boldsymbol{\Psi}^*\otimes\boldsymbol{R}_2^{\mathrm{H}/2}\right)\boldsymbol{R}_{\boldsymbol{n}_r|\boldsymbol{\theta}}^{-1}\boldsymbol{\Pi}\right]^{\mathrm{H}} & \boldsymbol{D}^{\mathrm{H}/2}\left(\boldsymbol{\Psi}^*\otimes\boldsymbol{C}\boldsymbol{G}_{r2}^{\mathrm{H}}\right)\boldsymbol{R}_{\boldsymbol{n}_r|\boldsymbol{\theta}}^{-1}\boldsymbol{\Pi}\end{bmatrix} \tag{5-52}$$

其中，矩阵 $\boldsymbol{\Xi}$ 和 $\boldsymbol{\Pi}$ 分别为 $\boldsymbol{\Xi}=\boldsymbol{\Psi}^{\mathrm{T}}\boldsymbol{G}_{r1}^{\mathrm{T}}\boldsymbol{C}^{\mathrm{T}}\boldsymbol{\Gamma}_2^{1/2}\otimes\boldsymbol{R}^{1/2}$ 和 $\boldsymbol{\Pi}=\left(\boldsymbol{\Psi}^{\mathrm{T}}\otimes\boldsymbol{G}_{r2}\boldsymbol{C}\right)\boldsymbol{D}^{1/2}$。将以上推导代入费舍尔矩阵 $\mathcal{F}$ 中，其分块矩阵 $\mathcal{F}_{11}$、$\mathcal{F}_{12}$ 和 $\mathcal{F}_{21}$ 具体表达式便可分别得出。由于自相关矩阵 $\boldsymbol{R}_{\boldsymbol{n}_r|\boldsymbol{\theta}}$ 对 $h_{w,i}$ 的偏导结果为零，矩阵 $\mathcal{F}_r$ 只存在于分块矩阵 $\mathcal{F}_{11}$ 中。结合 $\mathcal{F}_1$ 和 $\mathcal{F}_2$，分块矩阵 $\mathcal{F}_{11}$ 的具体表达式可以写为：

$$\mathcal{F}_{11}=\frac{1}{\sigma_n^2}\left(\boldsymbol{\Gamma}_2^{1/2}\boldsymbol{\Phi}_i^*\boldsymbol{\Phi}_i^{\mathrm{T}}\boldsymbol{\Gamma}_2^{1/2}\right)\otimes\boldsymbol{\Lambda}+\boldsymbol{\Xi}^{\mathrm{H}}\boldsymbol{R}_{\boldsymbol{n}_r|\boldsymbol{\theta}}^{-1}\boldsymbol{\Xi}+\mathcal{F}_r \tag{5-53}$$

同样地，基于上述求导结果，将矩阵 $\mathcal{F}_1$ 和 $\mathcal{F}_2$ 结合，分块矩阵 $\mathcal{F}_{12}$ 和 $\mathcal{F}_{22}$ 的具体表达式可以写为：

$$\mathcal{F}_{12}=\left(\boldsymbol{\Gamma}_2^{1/2}\boldsymbol{C}^*\boldsymbol{G}_{r1}^*\boldsymbol{\Psi}^*\otimes\boldsymbol{R}_2^{\mathrm{H}/2}\right)\boldsymbol{R}_{\boldsymbol{n}_r|\boldsymbol{\theta}}^{-1}\boldsymbol{\Pi} \tag{5-54}$$

$$\mathcal{F}_{22}=\boldsymbol{D}^{\mathrm{H}/2}\left(\boldsymbol{\Psi}^*\otimes\boldsymbol{C}\boldsymbol{G}_{r2}^{\mathrm{H}}\right)\boldsymbol{R}_{\boldsymbol{n}_r|\boldsymbol{\theta}}^{-1}\boldsymbol{\Pi} \tag{5-55}$$

考虑到矩阵 $\mathcal{F}_{12}$ 和 $\mathcal{F}_{21}$ 是共轭对称的，在此 $\mathcal{F}_{21}$ 的结果可以直接参照式（5-54）。经过上述计算，信道向量 $\boldsymbol{\theta}$ 的费舍尔矩阵 $\mathcal{F}$ 的具体表达式已经给出。由定义知，$\boldsymbol{\theta}$ 的克拉美罗界满足：

$$\mathrm{CRB}_{\boldsymbol{\theta}}=\mathrm{tr}\left(\mathcal{F}^{-1}\right) \tag{5-56}$$

因此，对于前传链路 $\boldsymbol{h}_w$ 和接入链路 $\boldsymbol{h}_{r1}$ 的克拉美罗界，通过式（5-54），其可以分别表示为：

$$\mathrm{CRB}_{\boldsymbol{h}_w}=\sum_{i=1}^{NM}\left[\mathcal{F}^{-1}\right]_{ii} \tag{5-57}$$

$$\mathrm{CRB}_{\boldsymbol{h}_{r1}}=\sum_{i=NM}^{NM+MK}\left[\mathcal{F}^{-1}\right]_{ii} \tag{5-58}$$

由上述结果可知，由于费舍尔信息矩阵 $\mathcal{F}$ 的逆矩阵具体表达式很难求出，同样无法给出前传链路 $\boldsymbol{h}_w$ 和接入链路 $\boldsymbol{h}_{r1}$ 的克拉美罗界的闭式解。由矩阵 $\mathcal{F}$ 的表达式可知，其为分段导频矩阵 $\boldsymbol{\Psi}$ 和 $\boldsymbol{\Phi}$ 以及转换矩阵 $\boldsymbol{C}$ 的函数。因此，分段导频结构的优化设计，不仅可以通过最小化所提估计算法的估计误差，也可由最小化相应的克拉美罗界得出。但由于式（5-57）和式（5-58）无法给出闭式解，分段导频矩阵 $\boldsymbol{\Psi}$ 和 $\boldsymbol{\Phi}$ 最优结构的解析结果难以根据克拉美罗界得到。第 5.3 节的主要工作是根据所介绍的估计算法设计最优导频序列结构。在此，很可惜无法通过克拉美罗界验证最优导频结构。虽然如此，克拉美罗界依然可以作为评估所提估计算法性能的基准。通过比较估计误差的均方差和相应的克拉美罗界，估计算法的性能优良一目了然。由于克拉美罗界是无偏估计算法估计误差的下界，顺序最小均方差算法是基于 LMMSE 的有偏估计，因此其均方差可能会低于克拉美罗界。

至此，本节介绍完了前传链路和接入链路的克拉美罗界的计算。由于克拉美罗界的闭式解难以得到，接下来的仿真工作利用数值方法计算克拉美罗界，并用其作为评估顺序最小均方差算法有效性的基准。通过对 $\boldsymbol{h}_w$ 和 $\boldsymbol{h}_{r1}$ 的估计均方差 MSE 和 CRB 进行比较，顺序最小均方差算法的有效性便可验证。

5.3 数据接收检测方案和导频优化设计研究

本节基于最小化信道估计误差介绍相应的导频结构优化算法，给出满足功率受限情形下 C-RAN 中导频结构的优化设计方案，提升所提估计算法的估计精度。同时，为了进一步提高系统性能，本节还基于最大化上行数据传输速率，对分段导频中两段导频长度分配进行优化。在保证一定估计精度情况下，实现导频估计精度和数据传输效率的折中。

在现代无线通信基于导频的信道估计技术中，导频结构的优化设计极大地影响了估计算法的精度[18]。如在大规模天线系统中，为了充分利用宝贵的频谱资源，不同小区间的用户是频率复用的[19]。如果不对用户间发送导频序列进行优化设计，则不同小区间的用户发送导频序列将无法实现相互正交。此时，不同小区的导频序列产生了同频干扰，增加了对接收导频信号的干扰，极大地影响了信道估计精度和系统数据传输速率。为此，需要通过对导频序列结构进行设计，将其影响降到最低，并实现系统性能的最优化。

在现代无线通信系统中，有关导频的结构设计与优化已经被广泛地研究，尤其是多天线系统和中继网络。很多文献已经验证了导频结构的优化设计对提升估计精度和整个系统性能的关键影响[20-23]。例如，参考文献[24]针对单向中继网络提出了相应的信道估计和导频设计算法，通过利用最大似然算法和线性最小均方差算法，分别估计出了单向中继网络的联合信道信息，并根据最小化信道估计误差设计了最优导频序列，验证了当导频序列正交时可以实现最优的估计精度。接下来，参考文献[25]在单向中继网络中，应用叠加导频的传输机制和最小均方差的估计方法，分别获取了发送端到中继和中继到接收端的信道状态信息。其通过最小化估计误差和信道参数的克拉美罗界，实现了导频序列结构的最优化设计。在多天线系统中，参考文献[26]通过对不同小区间的信道自相关矩阵建模，设计了相应的最优导频序列结构，消除了不同小区导频序列间的同频干扰，极大地提升了系统性能。

在 C-RAN 中，用于信道估计的导频设计对于实现精准的信号检测非常重要。然而，大多数有关 C-RAN 的文献很少涉及导频优化设计。例如，参考文献[27]针对 C-RAN，提出了叠加导频和分段导频混合结构，并利用最大后验概率的估计算法分别得到了接入链路和前传链路的信道状态信息，但却没有进一步设计导频序列结构，提升迭代算法的估计精度。有鉴于此，C-RAN 同其他无线通信系统一样，仅仅设计信道估计算法不能保证足够的估计精度和系统性能。如图 5-6 所示，考虑 C-RAN 一般为多用户场景，用户共享频谱资源，同时发送导频序列。如果用户间的发送导频存在一定相关性，则导频间的干扰会影响接收端对信道状态信息的估计。因此，对于基于导频的估计算法，导频结构的进一步优化设计十分必要。通过降低导频间序列的相关性带来的干扰，估计算法的性能可以得到一定提升[28-29]。

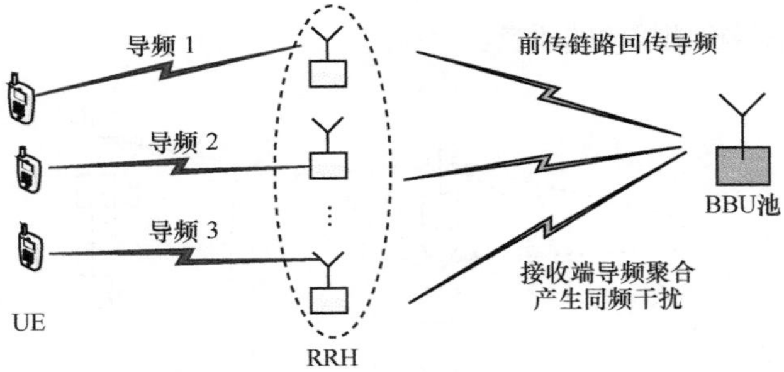

图 5-6　C-RAN 中导频的同频干扰

根据第 5.2 节介绍的顺序最小均方差的估计算法，本节通过最小化接入链路和前传链路的信道估计误差，设计了相应的最优导频序列结构。同时，本节考虑了用户端和 RRH 处发送功率额定的情况。在功率受限下，分别得出了对应于两跳链路的最优导频序列。在满足最优导频序列结构和信道相关时间固定的情况下，本节还对两段导频序列的长度进行优化。考虑到导频越长，其所占用的发送功率和数据帧符号长度等无线资源越多。相应地，导频越长，接收端的估计误差越小，同时，数据传输速率越慢以及频谱效率越低。因此，本节通过最大化接收端的数据传输速率和频谱效率，优化两段导频间长度的分配，并给出数据符号长度和导频序列二者的折中。

5.3.1 数据检测和导频结构设计

本节的研究场景与第 5.2.1 节一样，也是 C-RAN 的上行信号传输，详细的场景图可以参见图 5-3。在此，导频信号的传输过程采用第 5.2.1 节的分段导频传输机制。本节对数据传输过程进行扩充，并在接收端部署接收检测矩阵，消除多用户传输的同频干扰。整个数据传输的流程由图 5-7 进行说明。在该场景下，系统模型中同样包括 K 个共享频谱资源的 UE、M 个相互协作的 RRH，RRH 通过前传链路接入云端 BBU 池。基带处理池部署了集中式的接收天线，共有 N 个天线阵元。同第 5.2.1 节一样，系统采用分段导频的传输结构，整个导频传输过程不再赘述。在数据传输过程中，多个用户共同接入 C-RAN，向所有的 RRH 传输数据。同时 RRH 接收到用户信息后，再通过前传链路将信息转发到云端。云端由各个天线阵元接收数据信号。由于用户间的频谱资源是共享的，为了有效地减轻不同数据业务传输产生的同频干扰，并降低数据传输过程的损耗，云端的 BBU 池设计了相应的接收检测矩阵，提升信号检测接收的质量。

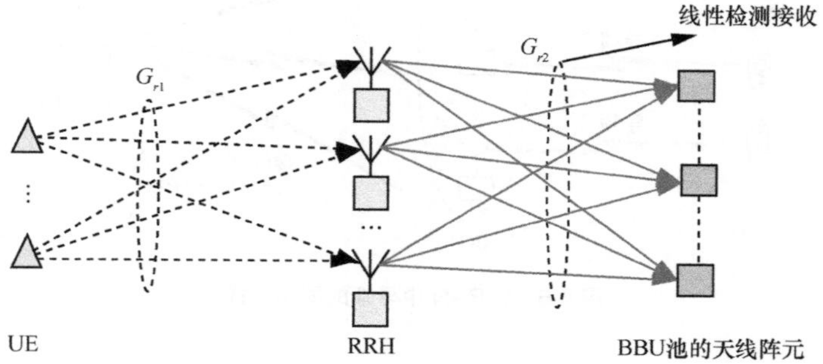

图 5-7 C-RAN 中数据符号传输流程

5.3.2 系统模型与信道建模

在上述数据传输模型中，令 $\boldsymbol{G}_{r1}$ 为接入链路的传输信道矩阵，其中，$\boldsymbol{g}_k \in C^{M\times 1}$

（$1 \leqslant k \leqslant K$）为用户 UE k 到 M 个 RRH 的传输信道向量。令 $\boldsymbol{G}_{r2}$ 为前传链路的传输信道矩阵，假设向量 $\boldsymbol{h}_m \in C^{N\times1}$（$1 \leqslant m \leqslant M$）为第 m 个 RRH 到云端 BBU 池集中式天线 N 个阵元的传输信道向量。在本节中，用户端和 RRH 处发送功率设为额定值。假设系统分配给 UE 的额定功率为 P_s，在 RRH 处，假设系统分配的额定功率为 P_r。相应地，每个用户的额定功率为 $p_s = P_s / K$，每个 RRH 的额定功率为 $p_r = P_r / M$。在云端，BBU 池根据接收数据信号设计相应的接收检测矩阵。通过接收检测矩阵，云端的 BBU 池便可提取出数据信号。

与传统无线网络类似，接收端设计检测矩阵前，必须事先获取传输链路的信道信息。在实际系统中，对于频分复用系统，链路的信道状态信道的获取由信道反馈，而时分复用系统使用信道的互异性得到。在 C-RAN 中，由于利用了分段导频的传输机制，所有有关信道估计的信息处理均集中在云端，系统无需利用信道反馈或信道互异性获取信道。在云端应用了上述顺序最小均方差估计算法后，BBU 池获得了接入链路和前传链路信道参数的估计值，分别为 $\hat{\boldsymbol{G}}_{r1}$ 和 $\hat{\boldsymbol{G}}_{r2}$。

考虑到信道估计的误差，对于非理想信道模型，接入链路和前传链路的信道模型可以表示为：

$$\hat{\boldsymbol{G}}_{r1} = \boldsymbol{G}_{r1} + \boldsymbol{\Omega}_1 \tag{5-59}$$

$$\hat{\boldsymbol{G}}_{r2} = \boldsymbol{G}_{r2} + \boldsymbol{\Omega}_1 \tag{5-60}$$

其中，$\boldsymbol{\Omega}_1$ 和 $\boldsymbol{\Omega}_2$ 为对应的估计误差矩阵。

根据参考文献[30-33]，信道误差矩阵 $\boldsymbol{\Omega}_1$ 和 $\boldsymbol{\Omega}_2$ 与信道估计值 $\hat{\boldsymbol{G}}_{r1}$ 和 $\hat{\boldsymbol{G}}_{r2}$ 为相互独立的随机矩阵。由于最小均方差估计算法是线性的，信道误差矩阵 $\boldsymbol{\Omega}_1$ 和 $\boldsymbol{\Omega}_2$ 中的元素也满足高斯分布。

5.3.3　上行数据信号检测矩阵

假设云端的基带处理池利用相应的估计算法，获取了信道估计值 $\hat{\boldsymbol{G}}_{r1}$ 和 $\hat{\boldsymbol{G}}_{r2}$。云端为了利用信道估计值检测出接收的数据符号，需要设计相应的接收检测矩阵。同信道估计算法一样，接收端可以利用最大似然的检测算法获取最优的检测性能。然而，最大似然检测算法的复杂度和用户数 K 成正比。当用户数量较多时，由于最大似然检测算法的复杂度过高，其给系统硬件和处理时延带来了很大影响，导致其在实际数据检测中并不实用。此时，复杂度较低的线性检测器可以用来替代最大似然检测，如最大比合并（MRC）、迫零（ZF）和最小均方差（MMSE）等算法。

假设矩阵 $\boldsymbol{A}$ 为 $N \times K$ 的线性检测矩阵，$\boldsymbol{G} = \boldsymbol{G}_{r2}\boldsymbol{G}_{r1}$ 为 $N \times K$ 用户到云端的 BBU 池的等效信道矩阵。根据第 5.2 节中给出的云端接收数据信号形式 $\boldsymbol{r}_2$，将系统应用检测矩阵 $\boldsymbol{A}$ 与 $\boldsymbol{r}_2$ 相乘，将 $\boldsymbol{r}_2$ 根据用户数分隔为不同的数据流。相应的结果可以写为：

$$\boldsymbol{r} = \boldsymbol{A}^{\mathrm{H}}\boldsymbol{r}_2 \tag{5-61}$$

利用传统的线性检测算法可知 MRC、ZF 和 MMSE 以及信道等效估计值 $\hat{\boldsymbol{G}} = \hat{\boldsymbol{G}}_{r2}\hat{\boldsymbol{G}}_{r1}$，矩阵 $\boldsymbol{A}$ 可表示为：

$$\boldsymbol{A} = \begin{cases} \hat{\boldsymbol{G}} & ,\mathrm{MRC} \\ \boldsymbol{G}\left(\hat{\boldsymbol{G}}^{\mathrm{H}}\hat{\boldsymbol{G}}\right)^{-1} & ,\ \mathrm{ZF} \\ \hat{\boldsymbol{G}}\left(\hat{\boldsymbol{G}}^{\mathrm{H}}\hat{\boldsymbol{G}} + \dfrac{\sigma_n^2}{p_s}\boldsymbol{I}\right)^{-1} & ,\mathrm{MMSE} \end{cases} \tag{5-62}$$

对于上述线性接收矩阵 $\boldsymbol{A}$，接收信号 $\boldsymbol{r}$ 可以重写为：

$$\boldsymbol{r} = \boldsymbol{A}^{\mathrm{H}}\left(\hat{\boldsymbol{G}}\boldsymbol{s} - \boldsymbol{\varOmega}\boldsymbol{s} + \boldsymbol{n}\right) \tag{5-63}$$

其中，$\boldsymbol{\varOmega}$ 和 $\boldsymbol{n}$ 分别为等效估计误差矩阵和等效噪声向量。由于 $\boldsymbol{r}$ 为 $K \times 1$ 的向量，对于其第 k 个元素可以表示为：

$$r_k = \boldsymbol{a}_k\hat{\boldsymbol{g}}_k s_k + \sum_{i=1,i\neq k}^{K}\boldsymbol{a}_i\hat{\boldsymbol{g}}_i s_i - \sum_{i=1,i\neq k}^{K}\boldsymbol{a}_i^{\mathrm{H}}\boldsymbol{\omega}_i s_i + \boldsymbol{a}_k^{\mathrm{H}}\boldsymbol{n} \tag{5-64}$$

其中，$\hat{\boldsymbol{g}}_k$ 和 $\boldsymbol{\omega}_k$ 分别为 $\hat{\boldsymbol{G}}_k$ 和 $\boldsymbol{\varOmega}$ 的第 k 列向量。由于估计信道 $\hat{\boldsymbol{G}}$ 和估计误差 $\boldsymbol{\varOmega}$ 是相互独立的，相应地，检测矩阵 $\boldsymbol{A}$ 与估计误差 $\boldsymbol{\varOmega}$ 也是独立的。如果把估计信道当作实际信道处理，式（5-64）中的最后 3 项看作用户间的同频干扰和噪声。因此，对于用户 k，其上行数据传输速率可以写为：

$$R_{\mathrm{IP},k} = E\left\{\mathrm{lb}\left(1 + \frac{p_s\left|\boldsymbol{a}_k^{\mathrm{H}}\hat{\boldsymbol{g}}_k\right|^2}{p_s\sum\limits_{i=1,i\neq k}^{K}\left|\boldsymbol{a}_i^{\mathrm{H}}\hat{\boldsymbol{g}}_i\right|^2 + p_s\sum\limits_{i=1,i\neq k}^{K}\left|\boldsymbol{a}_i^{\mathrm{H}}\boldsymbol{\omega}_i\right|^2 + \left\|\boldsymbol{a}_k\right\|^2}\right)\right\} \tag{5-65}$$

由式（5-65）可知，估计误差为数据符号检测时的等效噪声。为了提升数据传输速率，系统需要提高信道矩阵的估计精度，并减少估计误差对接收时等效信干噪比（Signal-to-Interference-and-Noise Ratio，SINR）的影响。由第 5.2 节的估计算法内容可知，估计误差受到了导频结构设计的极大影响。同时，在一定功率受限的情形下，信道估计算法的估计精度也由导频结构决定。因此，系统需要对发送端和 RRH 处的导频矩阵 $\boldsymbol{\Psi}$ 和 $\boldsymbol{\Phi}$ 进行优化设计，提高接收 SINR 并有效提高系统的信号检测准确性，进而提升系统频谱效率。

5.3.4　前传链路导频结构设计

根据分段导频的结构，云端的 BBU 池需要先估计出前传链路的信道状态信息，再对无线接入链路的信道状态信息进行估计。因此，用于前传链路的导频矩阵 $\boldsymbol{\Phi}$ 首先被设计，再根据设计结果将其应用于接入链路的导频设计中。在此，导频矩阵 $\boldsymbol{\Phi}$ 的设计准则是在满足功率受限的条件，根据最小估计误差得到。根据卡曼滤波器的估计过程，对于第 i 个时隙的估计误差为：

$$\mathcal{M}_i = \mathrm{tr}\left\{\left(\boldsymbol{I}_{MN} - \boldsymbol{K}_i\tilde{\boldsymbol{\Phi}}\right)\boldsymbol{R}_{i|i-1}\right\} = \mathrm{tr}\left\{\boldsymbol{R}_{i|i}\right\} \tag{5-66}$$

在满足用户发送功率受限的前提下，在 C-RAN 中，第 i 个时隙接入链路导频矩阵 $\boldsymbol{\Phi}_i$ 的最优设计建模如下：

$$\begin{aligned}\boldsymbol{\Phi}_i &= \min_{\boldsymbol{X}_i \geqslant 0}\ \mathcal{M}_i \\ \text{s.t.}\quad & \mathrm{tr}\left\{\boldsymbol{X}_i\right\} \leqslant \tau_2 P_r\end{aligned} \tag{5-67}$$

其中，$\boldsymbol{X}_i = \boldsymbol{\Phi}_i^{*}\boldsymbol{\Phi}_i^{\mathrm{T}} \geqslant 0$ 是半正定功率矩阵。由式（5-67）可知，第 i 时刻的导频矩阵 $\boldsymbol{\Phi}_i$ 的最优设计是凸优化问题。由于在顺序最小均方差估计算法中，估计过程是按照每个时隙发生的顺序迭代进行，即 $i = 0,1,2,\cdots$。因此，首先从第一个时隙开始计算其最优的导频矩阵 $\boldsymbol{\Phi}_0$。

假定 $\mathcal{M}_0$ 为第一个时隙（$i = 0$）的估计均方差，并设定分段导频传输阶段矩阵 $\boldsymbol{F}$ 为单位酉矩阵，即 $\boldsymbol{F} = \boldsymbol{U}^{\mathrm{H}}$。利用矩阵恒等式，$\left(\boldsymbol{I} + \boldsymbol{AB}\right)^{-1} = \boldsymbol{I} - \boldsymbol{A}(\boldsymbol{I} + \boldsymbol{BA})^{-1}\boldsymbol{B}$，在第一个时隙的估计误差 $\mathcal{M}_0$ 可以写为：

$$\mathcal{M}_0 = \mathrm{tr}\left\{\left(\boldsymbol{I} \otimes \boldsymbol{R}^{\mathrm{H}/2}\boldsymbol{R}^{1/2}\right)\left(\boldsymbol{I}_{MN} + \frac{1}{\sigma_n^2}\left(\boldsymbol{\Gamma}_2^{1/2}\boldsymbol{\Phi}_0^{*}\boldsymbol{\Phi}_0^{\mathrm{T}}\boldsymbol{\Gamma}_2^{1/2}\right) \otimes \left(\boldsymbol{R}^{\mathrm{H}/2}\boldsymbol{R}^{1/2}\right)\right)\right\} \tag{5-68}$$

由于上述最优导频矩阵的求解是凸优化问题，相应地考虑功率约束条件下，最优导频矩阵设计的拉格朗日函数可写为：

$$
\begin{aligned}
L(\boldsymbol{\Phi}_0,\mu)&=\mathrm{tr}\left\{\left(\boldsymbol{I}_{MN}+\frac{1}{\sigma_n^2}\left(\boldsymbol{\Gamma}_2^{1/2}\boldsymbol{\Phi}_0^*\boldsymbol{\Phi}_0^{\mathrm{T}}\boldsymbol{\Gamma}_2^{1/2}\right)\otimes(\boldsymbol{\Lambda})\right)^{-1}\left(\boldsymbol{I}_M\otimes\boldsymbol{\Lambda}\right)\right\}+\mu\left[\mathrm{tr}\left(\boldsymbol{\Phi}_0^*\boldsymbol{\Phi}_0^{\mathrm{T}}\right)-\tau_2 P_r\right] \\
&=\sum_k^N\lambda_{0,k}\mathrm{tr}\left\{\left(\boldsymbol{I}_M+\frac{\lambda_{0,k}}{\sigma_n^2}\left(\boldsymbol{\Gamma}_2^{1/2}\boldsymbol{\Phi}_0^*\boldsymbol{\Phi}_0^{\mathrm{T}}\boldsymbol{\Gamma}_2^{1/2}\right)\right)^{-1}\right\}+\mu\left[\mathrm{tr}\left(\boldsymbol{\Phi}_0^*\boldsymbol{\Phi}_0^{\mathrm{T}}\right)-\tau_2 P_r\right]
\end{aligned}
\tag{5-69}
$$

接下来，需要用上述拉格朗日函数对导频矩阵 $\boldsymbol{\Phi}_0$ 进行求导，获取最优导频矩阵的形式。由于 $L(\boldsymbol{\Phi}_0,\mu)$ 为二次函数的形式，仅拉格朗日函数对 $\boldsymbol{\Phi}_0^{\mathrm{H}}$ 是有效的。根据库恩—塔克（Karush-Kuhnn-Tucker，KKT）条件，拉格朗日函数 $L(\boldsymbol{\Phi}_0,\mu)$ 的求导式为：

$$
\frac{\partial L}{\partial \boldsymbol{\Phi}_0^{\mathrm{H}}}=\boldsymbol{\Phi}_0^{\mathrm{T}}\left\{-\sum_k^N\frac{\lambda_{0,k}^2}{\sigma_n^2}\boldsymbol{\Gamma}_2^{1/2}\left(\boldsymbol{I}_M+\frac{\lambda_{0,k}}{\sigma_n^2}\left(\boldsymbol{\Gamma}_2^{1/2}\boldsymbol{\Phi}_0^*\boldsymbol{\Phi}_0^{\mathrm{T}}\boldsymbol{\Gamma}_2^{1/2}\right)\right)^{-2\mathrm{T}}\boldsymbol{\Gamma}_2^{1/2}+\mu\boldsymbol{I}\right\} \tag{5-70}
$$

$$
\mu\left[\mathrm{tr}\left(\boldsymbol{\Phi}_0^*\boldsymbol{\Phi}_0^{\mathrm{T}}\right)-\tau_2 P_r\right]=0 \tag{5-71}
$$

其中，μ 为拉格朗日因子，且满足 $\mu\geqslant 0$。根据 KKT 条件，将拉格朗日求导式设为零，通过求解上述方程便可以得出最优的导频矩阵 $\boldsymbol{\Phi}_0$。因此，式（5-71）可以重写为：

$$
\sum_k^N\frac{\lambda_{0,k}^2}{\sigma_n^2}\left(\boldsymbol{I}_M+\frac{\lambda_{0,k}}{\sigma_n^2}\left(\boldsymbol{\Gamma}_2^{1/2}\boldsymbol{\Phi}_0^*\boldsymbol{\Phi}_0^{\mathrm{T}}\boldsymbol{\Gamma}_2^{1/2}\right)\right)^2=\mu\boldsymbol{\Gamma}_2^{-1} \tag{5-72}
$$

根据式（5-72）和功率约束条件，对于任意的 $\mu>0$，最优导频矩阵的乘积为对角阵，且满足 $\boldsymbol{\Phi}_0^*\boldsymbol{\Phi}_0^{\mathrm{T}}=\tau_2 p_r\boldsymbol{I}_M$。式（5-72）证明了用户间发送的导频序列需要互相正交。当用户间的导频满足正交性后，导频间的相关性消失。此时，多用户发送的导频信号相互间不影响，使得接收有效信噪比最大，进而提升了系统估计精度[34]。因此，在前传链路的导频设计中，用户只需使用一组正交性的向量即可，例如离散傅里叶变换（Discrete Fourier Transformation，DFT）矩阵。但用户导频间的正交性条件也有一定的局限性，其需要保证导频序列长度大于用户数。当用户数量较多时，正交性条件无法满足，导频序列间的相关性需增强。如何在用户数量较多时，给出优化的导频矩阵也是 C-RAN 的核心任务之一。

接下来，假设满足导频正交性条件，且时隙 $i=0$ 时，最优导频矩阵 $\boldsymbol{\Phi}_0$ 已经在云端获取。将正交导频矩阵 $\boldsymbol{\Phi}_0$ 代入卡曼滤波器中，继续完成对下一个时隙 $i=1$ 的信道估计工作。此时，对当前时隙估计误差 $\mathcal{M}_0$ 的最小化操作，可以转换为最大化以下表达式：

$$\operatorname{tr}\left\{\left(\sigma_n^2\boldsymbol{I}_{N\tau_2}+\tilde{\boldsymbol{\Phi}}_0\tilde{\boldsymbol{U}}\tilde{\boldsymbol{\Lambda}}\tilde{\boldsymbol{U}}^{\mathrm{H}}\tilde{\boldsymbol{\Phi}}_0^{\mathrm{H}}\right)^{-1}\tilde{\boldsymbol{\Phi}}_0\tilde{\boldsymbol{U}}\tilde{\boldsymbol{\Lambda}}^2\tilde{\boldsymbol{U}}^{\mathrm{H}}\tilde{\boldsymbol{\Phi}}_0^{\mathrm{H}}\right\} \tag{5-73}$$

其中，$\tilde{\boldsymbol{U}}=\boldsymbol{I}\otimes\boldsymbol{R}$，$\tilde{\boldsymbol{U}}=\boldsymbol{I}\otimes\boldsymbol{U}$，$\tilde{\boldsymbol{\Lambda}}=\boldsymbol{I}\otimes\boldsymbol{\Lambda}$。对于下一个时隙 $i=1$ 时，最优导频矩阵 $\boldsymbol{\Phi}_1$ 的设计可以根据上一时隙结果递归求出，首先，根据卡曼滤波的过程，预测自相关矩阵 $\boldsymbol{R}_{1|0}$ 可写为：

$$\begin{aligned}\boldsymbol{R}_{1|0}&=\eta\boldsymbol{R}_{0|0}+\left(1-\eta^2\right)\tilde{\boldsymbol{R}}\\&=\tilde{\boldsymbol{U}}\operatorname{diag}\left(\lambda_{0,1}-\frac{\eta^2\tau_2p_r\beta_1\lambda_{0,1}^2}{\sigma_n^2+{}_2\,p_r\beta_1\lambda_{0,1}^2},\ldots,\lambda_{0,1}-\frac{\eta^2\tau_2p_r\beta_{\tau_2}\lambda_{0,1}^2}{\sigma_n^2+{}_2\,p_r\beta_{\tau_2}\lambda_{0,1}^2},\ldots,\right.\\&\left.\lambda_{0,\tau_2}-\frac{\eta^2\tau_2p_r\beta_1\lambda_{0,1}^2}{\sigma_n^2+{}_2\,p_r\beta_1\lambda_{0,1}^2},\ldots,\lambda_{0,\tau_2}-\frac{\eta^2\tau_2p_r\beta_{\tau_2}\lambda_{0,\tau_2}^2}{\sigma_n^2+{}_2\,p_r\beta_{\tau_2}\lambda_{0,\tau_2}^2},\lambda_{0,\tau_2+1},\ldots,\lambda_{0,N}\right)\tilde{\boldsymbol{U}}^{\mathrm{H}}\end{aligned} \tag{5-74}$$

由式（5-74）可知，矩阵 $\boldsymbol{R}_{1|0}$ 的形式和 $\tilde{\boldsymbol{R}}$ 一样，皆可以用特征值分解的形式表示。相应地，$\boldsymbol{R}_{1|0}$ 可写为 $\boldsymbol{R}_{1|0}=\tilde{\boldsymbol{U}}\tilde{\boldsymbol{\Lambda}}_1\tilde{\boldsymbol{U}}^{\mathrm{H}}$。此时，对于时隙 $i=1$，导频矩阵 $\boldsymbol{\Phi}_1$ 最优结构的求解过程和 $\boldsymbol{\Phi}_0$ 一样，只是对角矩阵 $\tilde{\boldsymbol{\Lambda}}$ 转变为 $\tilde{\boldsymbol{\Lambda}}_1$。通过迭代求解，导频矩阵 $\boldsymbol{\Phi}_1$ 的最优结构同样可以验证为正交的。因此，对于时隙 $i>1$，导频矩阵 $\boldsymbol{\Phi}_i$ 均为正交的，且满足 $\boldsymbol{\Phi}_i^*\boldsymbol{\Phi}_i^{\mathrm{T}}=\tau_2p_r\boldsymbol{I}_M$。

将最优导频矩阵 $\boldsymbol{\Phi}_i$ 代入卡曼滤波器中，第 i 个时隙的估计均方差 $\mathcal{M}_i$ 的一般表达形式可写为：

$$\begin{aligned}\mathcal{M}_i&=\operatorname{tr}\left\{\boldsymbol{R}_{i|i-1}-\left(\sigma_n^2\boldsymbol{I}_{N\tau_2}+\tilde{\boldsymbol{\Phi}}_i\boldsymbol{R}_{i|i-1}\tilde{\boldsymbol{\Phi}}_i^{\mathrm{H}}\right)^{-1}\tilde{\boldsymbol{\Phi}}_i\boldsymbol{R}_{i|i-1}^2\tilde{\boldsymbol{\Phi}}_i^{\mathrm{H}}\right\}\\&=\left(\tau_2\sum_{j=1}^{N}\lambda_{0,j}-\sum_{p=0}^{i}\sum_{j=1}^{\tau_2}\sum_{k=1}^{\tau_2}\frac{\eta^{2(i-p)}\tau_2p_r\beta_j\lambda_{p,(j-1)\tau_2+k}^2}{\sigma_n^2+\tau_2p_r\beta_j\lambda_{p,(j-1)\tau_2+k}}\right)\end{aligned} \tag{5-75}$$

其中，$\lambda_{i,j}$ 是自相关矩阵 $\boldsymbol{R}_{i|i-1}$ 的第 j 个特征值。由式（5-75）可以得出，当固定发射功率 p_r、导频序列长度 τ_2 和信道相关性矩阵 $\boldsymbol{R}$，随着时隙 i 的增加，估计误差 $\mathcal{M}_i$ 的值会越来越小。因此，在顺序最小均方差估计算法中，通过应用卡曼滤波器和之前接收导频信号的先验信息，较传统的最小均方差估计方法，能极大地提升系统的

估计精度。

同时，由式（5-75）可知，增加导频长度也可以减小估计误差 $\mathcal{M}_i$ 的值。但考虑到信道相关时间固定，分配更多符号给导频将会占有更多用于数据符号传输的资源，降低数据传输的质量。因此，导频序列和数据符号长度需要进一步优化。通过合理地分配导频序列和数据符号，系统既能保证一定信道估计误差，又能提升数据传输速率，在此，考虑上行数据传输速率这一代表系统整体性能的指标，分段导频序列的长度可得到进一步的优化。

5.3.5　接入链路导频结构设计

根据第 5.2 节接入链路的估计结果，固定导频矩阵 $\boldsymbol{\Psi}$ 和转换矩阵 $\boldsymbol{C}$，其估计误差的自相关矩阵可以表示为：

$$\boldsymbol{R}_{\delta \boldsymbol{h}_{r1}\delta \boldsymbol{h}_{r1}^{\mathrm{H}}} = \boldsymbol{I} - \boldsymbol{D}^{1/2}\tilde{\boldsymbol{\Psi}}^{\mathrm{H}}\left(\sigma_n^2 \boldsymbol{I}_{N\tau_1} + \tilde{\boldsymbol{\Psi}}\boldsymbol{D}\tilde{\boldsymbol{\Psi}}^{\mathrm{H}} + \sigma_n^2 \boldsymbol{I}_{\tau_1} \otimes \boldsymbol{G}_{r2}\boldsymbol{C}\boldsymbol{C}^{\mathrm{H}}\boldsymbol{G}_{r2}^{\mathrm{H}}\right)\tilde{\boldsymbol{\Psi}}\boldsymbol{D}^{1/2} \tag{5-76}$$

其中，$\tilde{\boldsymbol{\Psi}} = \boldsymbol{\Psi}^{\mathrm{T}} \otimes \left(\boldsymbol{G}_{r2}\boldsymbol{C}\right)$。

同样，系统根据最小化估计误差，设计最优接入链路导频矩阵 $\boldsymbol{\Psi}$ 和转换矩阵 $\boldsymbol{C}$。考虑在用户端和 RRH 处功率受限，此时满足功率约束的最优导频设计可以表示为：

$$\begin{aligned}
&\min_{\boldsymbol{\Psi},\boldsymbol{C}} \ \mathcal{M} = \mathrm{tr}\left(\boldsymbol{R}_{\delta \boldsymbol{h}_{r1}\delta \boldsymbol{h}_{r1}^{\mathrm{H}}}\right) \\
&\text{s.t.} \ \ \mathrm{tr}\left\{\boldsymbol{\Psi}\boldsymbol{\Psi}^{\mathrm{H}}\right\} \leqslant \tau_1 P_s, \\
&\qquad E\left\{\mathrm{tr}\left(\boldsymbol{y}_s \boldsymbol{y}_s^{\mathrm{H}}\right)\right\} \leqslant \tau_1 P_r
\end{aligned} \tag{5-77}$$

其中，$\boldsymbol{y}_s$ 是矩阵 $\boldsymbol{C}\boldsymbol{Y}_r$ 的向量形式，用户端功率受限为 $P_s = Kp_s$。上述优化问题中，在 RRH 的功率约束可以写为：

$$E\left\{\mathrm{tr}\left(\boldsymbol{y}_s \boldsymbol{y}_s^{\mathrm{H}}\right)\right\} = \mathrm{tr}\left\{\boldsymbol{D}\left(\boldsymbol{\Psi}^*\boldsymbol{\Psi}^{\mathrm{T}}\right) \otimes \left(\boldsymbol{C}^{\mathrm{H}}\boldsymbol{C}\right) + \sigma_n^2\left(\boldsymbol{I} \otimes \boldsymbol{C}^{\mathrm{H}}\boldsymbol{C}\right)\right\} \leqslant \tau_1 P_r \tag{5-78}$$

不同于对导频 $\boldsymbol{\Phi}$ 的优化，无线接入链路导频 $\boldsymbol{\Psi}$ 和转换矩阵 $\boldsymbol{C}$ 的优化问题是非凸的，凸优化中的库恩—塔克条件不能使用。为了解决此优化问题，使用特征值分解（Eigenvalue Decomposition，EVD）的方法对 $\boldsymbol{\Psi}$ 和 $\boldsymbol{C}$ 进行求解。矩阵 $\boldsymbol{\Psi}^*\boldsymbol{\Psi}^{\mathrm{T}}$ 和 $\boldsymbol{G}_{r2}\boldsymbol{C}\boldsymbol{C}^{\mathrm{H}}\boldsymbol{G}_{r2}^{\mathrm{H}}$ 的特征值分解形式为：

$$\boldsymbol{\Psi}^{\mathrm{T}}\boldsymbol{\Psi}^* = \boldsymbol{U}_1 \boldsymbol{\Lambda}_1 \boldsymbol{U}_1^{\mathrm{H}} \tag{5-79}$$

$$G_{r2}CC^{\mathrm{H}}G_{r2}^{\mathrm{H}}=U_2\Lambda_2U_2^{\mathrm{H}} \tag{5-80}$$

其中，U_1 和 U_2 是特征向量矩阵，且均为酉矩阵，而 Λ_1 和 Λ_2 为特征值对角阵，其对角元元素是降序排列的。根据上述特征分解的结果，导频矩阵 Ψ 和 $G_{r2}C$ 可以分别表示为：

$$\Psi^{\mathrm{T}}=U_1\Lambda_1^{1/2}Q_1 \tag{5-81}$$

$$G_{r2}C=U_2\Lambda_2^{1/2}Q_2 \tag{5-82}$$

其中，Q_1 和 Q_2 均为酉矩阵。对于信道矩阵 G_{r2}，通过奇异值分解（Singular Value Decomposition，SVD），其可以表示为：

$$G_{r2}=U_g\Lambda_gQ_g^{\mathrm{H}} \tag{5-83}$$

其中，Λ_g 是奇异值对角矩阵，U_g 和 Q_g 为相应的酉矩阵。

由于上述优化问题是最小化估计误差矩阵，且第一项为单位矩阵，Ψ 和 C 的优化问题可以等效为对其第二项元素的最大化。相应地，代价函数可以简化并等效为最大化式（5-84）：

$$\begin{aligned}\tilde{\mathcal{M}}&=\mathrm{tr}\left\{D^{1/2}\tilde{\Psi}^{\mathrm{H}}\left(\sigma_n^2I_{N\tau_1}+\tilde{\Psi}D\tilde{\Psi}^{\mathrm{H}}+\sigma_n^2I_{\tau_1}\otimes G_{r2}CC^{\mathrm{H}}G_{r2}^{\mathrm{H}}\right)\tilde{\Psi}D^{1/2}\right\}\\&=\mathrm{tr}\left\{\left[\sigma_n^2I_{N\tau_1}+\sigma_n^2I_N\otimes\Lambda_2+\left(\Lambda_1^{1/2}\otimes\Lambda_2^{1/2}\right)\left(Q_1\otimes Q_2\right)\cdot\right.\right.\\&\qquad\left.D\left(Q_1^{\mathrm{H}}\otimes Q_2^{\mathrm{H}}\right)\left(\Lambda_1^{\mathrm{H}/2}\otimes\Lambda_2^{\mathrm{H}/2}\right)\right]^{-1}\left[\left(\Lambda_1^{1/2}\otimes\Lambda_2^{1/2}\right)\cdot\right.\\&\qquad\left.\left.\left(Q_1\otimes Q_2\right)D\left(Q_1^{\mathrm{H}}\otimes Q_2^{\mathrm{H}}\right)\left(\Lambda_1^{\mathrm{H}/2}\otimes\Lambda_2^{\mathrm{H}/2}\right)\right]\right\}\end{aligned} \tag{5-84}$$

从式（5-84）可知，$\tilde{\mathcal{M}}$ 相对于酉矩阵 U_1 和 U_2 是不变的。因此，对于矩阵 Ψ 和 C 的最优设计，酉矩阵 U_1 和 U_2 可以为任意值。而 $\tilde{\mathcal{M}}$ 由矩阵 Λ_1、Λ_2、Q_1 和 Q_2 决定。根据参考文献[35]中的定理可知，在 RRH 处，功率约束条件可以表示为：

$$\begin{aligned}&\mathrm{tr}\left\{D\left(Q_1^{\mathrm{H}}\Lambda_1Q_1\right)\otimes\left(Q_2^{\mathrm{H}}\Lambda_2^{\mathrm{H}/2}U_2^{\mathrm{H}}U_g\Lambda_g^{-2}U_g^{\mathrm{H}}\Lambda_2^{1/2}Q_2\right)\right\}+\tau_1\,\mathrm{tr}\left(\Lambda_g^{-2}U_g^{\mathrm{H}}U_2\Lambda_2U_g\right)\geqslant\\&\mathrm{tr}\left\{D\left(Q_1^{\mathrm{H}}\otimes Q_2^{\mathrm{H}}\right)\left(\Lambda_1\otimes\Lambda_2^{\mathrm{H}/2}\Lambda_g^{-2}\Lambda_2^{1/2}\right)\left(Q_1\otimes Q_2\right)\right\}+\tau_1\,\mathrm{tr}\left(\Lambda_g^{-2}\Lambda_2\right)\geqslant\\&\mathrm{tr}\left\{D\left(\Lambda_1\otimes\Lambda_2^{\mathrm{H}/2}\Lambda_g^{-2}\Lambda_2^{1/2}\right)\right\}+\tau_1\,\mathrm{tr}\left(\Lambda_g^{-2}\Lambda_2\right)\end{aligned} \tag{5-85}$$

其中，$\Lambda_g^2=\Lambda_g\Lambda_g^{\mathrm{H}}$。在上述功率受限条件中，当 $U_2=U_g^{\mathrm{H}}$ 和 $Q_1\otimes Q_2=I$ 时，上述功率值不等式下界分别取等号。因此，当 $\tilde{\mathcal{M}}$ 值的最大化时，Q_1 和 Q_2 相应地满足 $Q_1\otimes Q_2=I$，也即，当估计误差矩阵最小时，最优的矩阵可选择为 $Q_1=I$、$Q_2=I$

和 $\boldsymbol{U}_2=\boldsymbol{U}_g^{\mathrm{H}}$ ，使得 RRH 处消耗功率值最小。同时，由于代价函数和用户的功率受限条件和矩阵 $\boldsymbol{U}_1$ 没有关系，因此，$\boldsymbol{U}_1$ 可以为任意酉矩阵。根据上述推导结果，取 $\boldsymbol{Q}_1$ 和 $\boldsymbol{Q}_2$ 为单位阵以及 $\boldsymbol{U}_2=\boldsymbol{U}_g^{\mathrm{H}}$ ，则最优的导频矩阵 $\boldsymbol{\Psi}$ 和转换矩阵 $\boldsymbol{C}$ 可以表示为：

$$\boldsymbol{\Psi}=\boldsymbol{U}_1\boldsymbol{\Lambda}_1^{1/2} \tag{5-86}$$

$$\boldsymbol{C}=\boldsymbol{Q}_g\boldsymbol{\Lambda}_g^{-1}\boldsymbol{\Lambda}_2^{1/2} \tag{5-87}$$

此时，将无线接入链路的导频设计问题转化为寻找最优的 $\boldsymbol{\Lambda}_1$ 和 $\boldsymbol{\Lambda}_2$ ，使得估计误差最小。根据上述结果，导频设计优化问题可等效为：

$$\begin{aligned}
&\max_{\boldsymbol{\Lambda}_1,\boldsymbol{\Lambda}_2}\ \mathrm{tr}\left\{\left[\sigma_n^2\boldsymbol{I}_{\tau_1}\otimes\boldsymbol{\Lambda}_2+\left(\boldsymbol{\Lambda}_1^{1/2}\otimes\boldsymbol{\Lambda}_2^{1/2}\right)\boldsymbol{D}\left(\boldsymbol{\Lambda}_1^{\mathrm{H}/2}\otimes\boldsymbol{\Lambda}_2^{\mathrm{H}/2}\right)+\sigma_n^2\boldsymbol{I}_{N\tau_1}\right]^{-1}\cdot\right.\\
&\qquad\left.\left(\boldsymbol{\Lambda}_1^{1/2}\otimes\boldsymbol{\Lambda}_2^{1/2}\right)\boldsymbol{D}\left(\boldsymbol{\Lambda}_1^{\mathrm{H}/2}\otimes\boldsymbol{\Lambda}_2^{\mathrm{H}/2}\right)\right\}\\
&\text{s.t.}\quad \mathrm{tr}\left\{\boldsymbol{\Lambda}_1\right\}\leqslant\tau_1P_s,\\
&\qquad \mathrm{tr}\left\{\boldsymbol{D}\left(\boldsymbol{\Lambda}_1\otimes\boldsymbol{\Lambda}_2^{\mathrm{H}/2}\boldsymbol{\Lambda}_g^{-2}\boldsymbol{\Lambda}_2^{1/2}\right)\right\}+\tau_1\sigma_n^2\mathrm{tr}\left(\boldsymbol{\Lambda}_g^{-2}\boldsymbol{\Lambda}_2\right)\leqslant\tau_1P_r
\end{aligned} \tag{5-88}$$

定义 $\lambda_1(i)$ 、$\lambda_2(i)$ 和 $\lambda_g(i)$ 分别为对角矩阵 $\boldsymbol{\Lambda}_1$ 、$\boldsymbol{\Lambda}_2$ 和 $\boldsymbol{\Lambda}_g$ 的第 i 个对角元素，并加上信道矩阵 $\boldsymbol{G}_{r2}$ 为满秩的。将 $\lambda_1(i)$ 、$\lambda_2(j)$ 和 $\lambda_g(i)$ 代入上述优化问题中，其结果可以进一步写为：

$$\begin{aligned}
&\max_{\lambda_1(i)\geqslant0,\lambda_1(j)\geqslant0}\sum_{i=1}^{\tau_1}\sum_{j=1}^{N}\frac{\kappa_{ij}\lambda_1(i)\lambda_2(j)}{\sigma_n^2+\sigma_n^2\lambda_2(j)+\kappa_{ij}\lambda_1(i)\lambda_2(j)}\\
&\text{s.t.}\quad \sum_{i=1}^{\tau_1}\lambda_1(i)\leqslant\tau_1P_s,\\
&\qquad \sum_{i=1}^{\tau_1}\sum_{j=1}^{N}\frac{\kappa_{ij}\lambda_1(i)\lambda_2(j)}{\lambda_g(j)^2}+\tau_1\sigma_n^2\sum_{j=1}^{N}\frac{\lambda_2(j)}{\lambda_g(j)^2}\leqslant\tau_1P_r
\end{aligned} \tag{5-89}$$

上述 $\lambda_1(i)$ 和 $\lambda_2(j)$ 的优化问题是非凸的。如果对于任意 i ，固定 $\lambda_1(i)$ 的值，那么对于 $\lambda_2(j)$ 的优化问题便转化为凸优化问题，且只有 RRH 处一个功率约束条件。同样地，对于任意的 j ，固定 $\lambda_2(j)$ 的值，$\lambda_1(i)$ 的优化问题也转为凸优化问题。通过顺序迭代求解这个两次优化问题，$\lambda_1(i)$ 和 $\lambda_2(j)$ 的局部最优解可以求出。同时，由于上述代价函数是有上界的，每次迭代中代价函数的值都是增加的，因此整个迭代是收敛的，$\lambda_1(i)$ 和 $\lambda_2(j)$ 的局部最优解是可以求出的。为了求出上述的非凸问题，首先，假定 $\lambda_1(i)$（ $i=1,\cdots,\tau_1$ ）是固定的，并满足 $\sum_{i=1}^{\tau_1}\lambda_1(i)=\tau_1P_s$ 。此时，$\lambda_2(j)$ 的优化问题只需要满足 RRH 处的功率限制。相应地，对于$\lambda_2(j)$的优化转变为凸优化问题，利用库恩—塔克条件求解，$\lambda_2(j)$的解满足以下方程：

$$\sum_{i=1}^{\tau_1}\frac{\kappa_{ij}\lambda_1(i)}{\varsigma^2}=\nu\left[\sum_{i=1}^{\tau_1}\kappa_{ij}\lambda_1(i)\lambda_g(j)^{-2}+\tau_1\sigma_n^2\lambda_g(j)^{-2}\right] \tag{5-90}$$

$$\sum_{i=1}^{\tau_1}\sum_{j=1}^{N}\kappa_{ij}\lambda_1(i)\lambda_g(j)^{-2}\lambda_2(j)+\tau_1\sigma_n^2\sum_{j=1}^{N}\frac{\lambda_2(j)}{\lambda_g(j)^2}=\tau_1 P_r \tag{5-91}$$

其中，$\varsigma=1+\lambda_2(j)+\kappa_{ij}\lambda_1(i)\lambda_2(j)/\sigma_n^2$，$\nu$为拉格朗日乘子，且$\nu>0$。同时，$\lambda_2(j)$的值满足为零值或者任意正数。对于任意给定的大于零的ν，$\lambda_2(j)$要么是第一个方程的正数解，要么等于零。此时，最优的ν可以通过将$\lambda_2(j)$的解代入第二个方程中求解得到。

同样地，$\lambda_1(i)$的优化可以通过固定$\lambda_2(j)$（$j=1,2,\cdots,N$）得到。相应地，通过求解库恩—塔克条件，最优的$\lambda_1(i)$满足以下方程：

$$\sum_{j=1}^{N}\frac{\kappa_{ij}\lambda_2(j)\left[1+\lambda_2(j)\right]}{\varsigma^2}=\nu_1+\nu_2\sum_{j=1}^{N}\kappa_{ij}\frac{\lambda_2(j)}{\lambda_g(j)^2} \tag{5-92}$$

其中，ν_1和ν_2是分别为第一个和第二个约束条件的拉格朗日乘子，且满足$\nu_1\geqslant 0$和$\nu_2\geqslant 0$。对于任意给定的ν_1和ν_2，$\lambda_1(i)$的最优值满足上述方程的解或者等于零。为了能找到最优的ν_1和ν_2的值，当两个功率约束条件均满足时，可以固定其中一个值，再通过二分查找求出另外一个值。通过相互迭代，最优的ν_1和ν_2值便可以得到。需要注意的是，求解过程中，ν_1和ν_2必须满足$\nu_1>0$和$\nu_2>0$。

如果$\nu_1=0$或$\nu_2=0$时上述结果成立，这两种情况需要事先进行检测。

由上述求解结果可知，无线接入链路的最优导频设计跟前传链路的信道状态信息有关。这是由于在上行导频接收信号中，RRH 转发产生的噪声项$\boldsymbol{G}_{r2}\mathbf{CN}_{r1}$的影响。为了避免最优导频序列设计和瞬时信道状态信息有关，对无线接入链路的估计误差基于$\boldsymbol{G}_{r2}$求期望。此时，无线接入链路的最优导频设计可以等效为最大化式（5-93）：

$$\mathcal{M}_1=E\left\{\mathrm{tr}\left\{\boldsymbol{D}^{1/2}\tilde{\boldsymbol{\varPsi}}^{\mathrm{H}}\left(\sigma_n^2\boldsymbol{I}_{N\tau_1}+\tilde{\boldsymbol{\varPsi}}\boldsymbol{D}\tilde{\boldsymbol{\varPsi}}^{\mathrm{H}}+\sigma_n^2\boldsymbol{I}_{\tau_1}\otimes\boldsymbol{G}_{r2}\boldsymbol{C}\boldsymbol{C}^{\mathrm{H}}\boldsymbol{G}_{r2}^{\mathrm{H}}\right)\tilde{\boldsymbol{\varPsi}}\boldsymbol{D}^{1/2}\right\}\right\} \tag{5-93}$$

为了便于理论推导分析，矩阵$\boldsymbol{D}$和$\boldsymbol{\varGamma}_2$均假定为单位阵。此时，$\mathcal{M}_1$可以等效地表示为：

$$\begin{aligned}\mathcal{M}_1 &= E\left\{\mathrm{tr}\left[\left(\boldsymbol{\Lambda}_1 \otimes \boldsymbol{G}_{r2}\boldsymbol{C}\boldsymbol{C}^{\mathrm{H}}\boldsymbol{G}_{r2}^{\mathrm{H}}\right)\left(\sigma_n^2 \boldsymbol{I}_{N\tau_1} + \left(\boldsymbol{\Lambda}_1 + \sigma_n^2 \boldsymbol{I}_{\tau_1}\right)\otimes \boldsymbol{G}_{r2}\boldsymbol{C}\boldsymbol{C}^{\mathrm{H}}\boldsymbol{G}_{r2}^{\mathrm{H}}\right)^{-1}\right]\right\} \\ &= E\left\{\mathrm{tr}\left(\sigma_n^{-1}\boldsymbol{\Lambda}_1^{-1} \otimes \left(\boldsymbol{G}_{r2}\boldsymbol{C}\boldsymbol{C}^{\mathrm{H}}\boldsymbol{G}_{r2}^{\mathrm{H}}\right)^{-1} + \left(\boldsymbol{\Lambda}_1^{-1} + \sigma_n^2 \boldsymbol{I}\right)\otimes \boldsymbol{I}\right)^{-1}\right\}\end{aligned} \tag{5-94}$$

由于式（5-94）中的逆矩阵难以求解，在此，通过对式（5-94）利用标准泰勒展开公式进行近似。对于任意一个半正定共轭矩阵 $\boldsymbol{S}$，其逆矩阵可以近似地展开为[36]：

$$\boldsymbol{S}^{-1} = \alpha\sum_{l=0}^{\infty}\left(\boldsymbol{I}-\alpha\boldsymbol{S}\right)^l \approx \alpha\sum_{l=0}^{L}\left(\boldsymbol{I}-\alpha\boldsymbol{S}\right)^l \tag{5-95}$$

其中，α 是放缩因子，其取值范围为 $0<\alpha<2/\lambda_{\max}(\boldsymbol{S})$。$\lambda_{\max}(\boldsymbol{S})$ 是矩阵 $\boldsymbol{S}$ 的最大特征值。此时，$\mathcal{M}_1$ 可以进一步表示为：

$$\tilde{\mathcal{M}}_1 = E\left\{\mathrm{tr}\left(\sum_{l=0}^{L}\alpha\left(\boldsymbol{I}-\alpha\boldsymbol{S}_1\right)^l\right)\right\} \tag{5-96}$$

其中，$\boldsymbol{S}_1$ 可以表示为：

$$\boldsymbol{S}_1 = \sigma_n^{-1}\boldsymbol{\Lambda}_1^{-1} \otimes \left(\boldsymbol{G}_{r2}\boldsymbol{C}\boldsymbol{C}^{\mathrm{H}}\boldsymbol{G}_{r2}^{\mathrm{H}}\right)^{-1} + \left(\boldsymbol{\Lambda}_1^{-1} + \sigma_n^2\boldsymbol{I}\right)\otimes\boldsymbol{I} \tag{5-97}$$

在逆矩阵的近似表达式中，L 设定为 1，则相应地，最大化 $\mathcal{M}_1$ 可等效为最小化式（5-98）：

$$\tilde{\mathcal{M}}_2 = E\left\{\mathrm{tr}\left(\boldsymbol{\Lambda}_1^{-1}\otimes\boldsymbol{S}_2\right)\right\} \tag{5-98}$$

其中，$\boldsymbol{S}_2 = \boldsymbol{I} + \left(\boldsymbol{G}_{r2}\boldsymbol{C}\boldsymbol{C}^{\mathrm{H}}\boldsymbol{G}_{r2}^{\mathrm{H}}\right)^{-1}$。根据威舍特矩阵（Wishart Matrix）的性质，矩阵 $\boldsymbol{S}_2$ 的期望值为：

$$E\left\{\boldsymbol{S}_2\right\} = \mathrm{tr}\left[\left(\boldsymbol{C}^{\mathrm{H}}\boldsymbol{C}\right)^{-1}\right]\frac{N}{N-M}\boldsymbol{I} \tag{5-99}$$

相应地，矩阵 $\boldsymbol{\Lambda}_1$ 和 $\boldsymbol{C}$ 的优化问题可以等效为：

$$\begin{aligned}&\min_{\boldsymbol{\Lambda}_1,\boldsymbol{C}}\ \tilde{\mathcal{M}}_2 = \mathrm{tr}\left(\boldsymbol{\Lambda}_1^{-1}\otimes\boldsymbol{S}_2\right)\\ &\ \mathrm{s.t.}\ \ \mathrm{tr}\left\{\boldsymbol{\Lambda}_1\right\} \leqslant \tau_1 P_s \\ &\qquad\ \mathrm{tr}\left\{\left(\boldsymbol{\Lambda}_1 + \sigma_n^2\boldsymbol{I}\right)\otimes\boldsymbol{C}\boldsymbol{C}^{\mathrm{H}}\right\} \leqslant \tau_1 P_r\end{aligned} \tag{5-100}$$

同 $\lambda_1(i)$ 和 $\lambda_2(j)$ 的求解类似，矩阵 $\boldsymbol{\Lambda}_1$ 和 $\boldsymbol{C}$ 优化可以通过交替固定 $\boldsymbol{\Lambda}_1$ 或 $\boldsymbol{C}$ 的值。假定固定矩阵 $\boldsymbol{\Lambda}_1$，则矩阵 $\boldsymbol{C}$ 的优化问题可以直接通过在功率受限条件

$\left(\mathrm{tr}\left(\boldsymbol{C}\boldsymbol{C}^{\mathrm{H}}\right) \leqslant P_r / P_s + \sigma_n^2\right)$ 下最小化 $\mathrm{tr}\left[\left(\boldsymbol{C}\boldsymbol{C}^{\mathrm{H}}\right)^{-1}\right]$。根据参考文献[37]，逆矩阵的迹满足以下不等式：

$$\mathrm{tr}\left(\boldsymbol{J}^{-1}\right) \geqslant \sum_{i=0}^{M}\left(\boldsymbol{J}_{ii}\right)^{-1} \tag{5-101}$$

其中，$\boldsymbol{J}$ 为任意的 $M \times M$ 正定矩阵。上述不等式当且仅当 $\boldsymbol{J}$ 为对角阵时，等号成立。因此，最小化逆矩阵的迹，通过式（5-101）可知，最优的 $\boldsymbol{C}\boldsymbol{C}^{\mathrm{H}}$ 满足：

$$\boldsymbol{C}\boldsymbol{C}^{\mathrm{H}} = \frac{P_r}{P_s + \sigma_n^2}\boldsymbol{I} \tag{5-102}$$

此时，转换矩阵 $\boldsymbol{C}$ 同样也满足正交性。类似地，通过固定 $\boldsymbol{C}$，最优的 $\boldsymbol{\Lambda}_1$ 也可以求出。由上述分析可以看出，对于接入导频 $\boldsymbol{\Psi}$ 和转换矩阵 $\boldsymbol{C}$，其相应的次优设计均为正交的。考虑到在实际应用中，导频设计应该与瞬时信道状态信息不相关，系统应采用次优的正交导频序列和转换矩阵。

导频结构的最优设计均基于最小估计误差的准则，然而，最小估计误差的准则只是给出了信道估计算法的精度，并不能有效地评估系统整体性能。在上行数据信号检测中，信道估计误差作为接收信号的干扰项，会影响接收端等效信噪比，导致上行数据传输速率下降。信道估计误差可以通过增加导频长度降低，但导频长度的增加导致数据符号数目减少；相应地，系统频谱效率随之降低。因此，为提升系统整体性能，基于最小估计误差的准则不再有效。

选择最大化上行数据传输的遍历容量作为基准，优化分段导频的长度分配以及导频符号和数据符号长度的折中设计。在 C-RAN 的接收端，BBU 池使用联合最大合并比和迫零算法（MRC-ZF）检测数据符号。将第 5.3.4 节得出的最优接入链路导频 $\boldsymbol{\Psi}$ 和前传链路导频 $\boldsymbol{\Phi}$ 应用于分段导频信号的传输中。考虑到接入导频最优设计难以得到闭式解，且与信道瞬时状态信息有关。在此，导频 $\boldsymbol{\Psi}$ 和转换矩阵 $\boldsymbol{C}$ 采用正交的次优设计。同时对于无线接入链路 $\boldsymbol{G}_{r1}$，假设用户 k 到任一 RRH 的大尺度衰落系统相等，且设定为 $\sqrt{\tilde{\kappa}_k}$。而对于前传链路 $\boldsymbol{G}_{r2}$，假设不同时隙的信道间没有时间相关性，且估计误差矩阵 $\boldsymbol{\Omega}_2$ 是第一个时隙的估计误差。根据顺序最小均方差的性质，估计误差矩阵 $\boldsymbol{\Omega}_2$ 第 i 列元素为零均值的高斯随机变量，且方差为 $\sigma_n^2\beta_i / \left(\tau_2 p_r \beta_i + \sigma_n^2\right)$。

5.3.6 联合 MRC-ZF 接收检测

接收端信号为数据符号和无线接入链路与前传链路的联合信道 $\boldsymbol{G}_{r2}\boldsymbol{G}_{r1}$ 的卷积，为了使接收端有效检测出此信号，可以使用传统的联合最大比合并和迫零（MRC-ZF）线性检测算法[38]。相应地，接收检测矩阵 $\boldsymbol{W}$ 可以表示为：

$$\boldsymbol{W}^{\mathrm{H}} = \hat{\boldsymbol{G}}_{r1}^{\mathrm{H}}\,\hat{\boldsymbol{G}}_{r2}^{\dagger} \tag{5-103}$$

其中，$\hat{\boldsymbol{G}}_{r2}^{\dagger} = (\hat{\boldsymbol{G}}_{r2}^{\mathrm{H}}\,\hat{\boldsymbol{G}}_{r2})^{-1}\,\hat{\boldsymbol{G}}_{r2}^{\mathrm{H}}$。因此，将接收检测矩阵 $\boldsymbol{W}$ 应用于第 5.2 节的数据信号传输中，在云端 BBU 池的数据接收信号可表示为：

$$\boldsymbol{r} = \sqrt{a}\boldsymbol{W}^{\mathrm{H}}\boldsymbol{G}_{r2}\left(\boldsymbol{G}_{r1}\boldsymbol{s} + \boldsymbol{n}_1\right) + \boldsymbol{W}^{\mathrm{H}}\boldsymbol{n}_2 \tag{5-104}$$

对于无线接入链路信道矩阵 $\boldsymbol{G}_{r1}$，假设用户发送端导频矩阵 $\boldsymbol{\Psi}$ 满足正交性，即 $\boldsymbol{\Psi}\boldsymbol{\Psi}^{\mathrm{H}} = \tau_1 p_s \boldsymbol{I}_K$，且转换矩阵 $\boldsymbol{C}$ 设定为 $\boldsymbol{C} = \sqrt{a}\boldsymbol{I}_M$。此时，通过将接收导频信号 $\boldsymbol{Y}_d$ 投影到导频矩阵 $\boldsymbol{\Psi}$ 上，接收端即可获取接入链路 $\boldsymbol{G}_{r1}$ 的最小均方差估计值：

$$\tilde{\boldsymbol{Y}} = \frac{1}{\sqrt{\tau_1 p_s}}\boldsymbol{Y}_d\boldsymbol{\Psi}^{\mathrm{H}} = \sqrt{\tau_1 p_s a}\boldsymbol{G}_{r2}\boldsymbol{G}_{r1} + \sqrt{a}\boldsymbol{G}_{r2}\boldsymbol{V}_1 + \boldsymbol{V}_2 \tag{5-105}$$

其中，$\boldsymbol{V}_1 = 1\big/\sqrt{\tau_1 p_s}\,\boldsymbol{N}_{r1}\boldsymbol{\Psi}^{\mathrm{H}}$ 和 $\boldsymbol{V}_2 = 1\big/\sqrt{\tau_1 p_s}\,\boldsymbol{N}_{r2}\boldsymbol{\Psi}^{\mathrm{H}}$。矩阵 $\boldsymbol{V}_1$ 和 $\boldsymbol{V}_2$ 的元素均为独立同分布的随机变量，均值为零、方差为 σ_n^2。因此，假定 $\boldsymbol{h}_{r1,k}$ 为接入链路信道矩阵 $\boldsymbol{G}_{r1}$ 的第 k 列向量，$\tilde{\boldsymbol{y}}_k$ 为接收信号 $\tilde{\boldsymbol{Y}}$ 的第 k 列向量。式（5-105）中的接收导频信号可以写为以下向量的形式：

$$\tilde{\boldsymbol{y}}_k = \sqrt{\tau_1 p_s a}\boldsymbol{G}_{r2}\boldsymbol{h}_{r1,k}\sqrt{\boldsymbol{r}} + \sqrt{a}\boldsymbol{G}_{r2}\boldsymbol{v}_{1,k} + \boldsymbol{v}_{2,k} \tag{5-106}$$

其中，$\boldsymbol{v}_{1,k}$ 和 $\boldsymbol{v}_{2,k}$ 分别为矩阵 $\boldsymbol{V}_1$ 和 $\boldsymbol{V}_2$ 第 k 列向量。信道向量 $\boldsymbol{h}_{r1,k}$ 的最小均方差估计可以写为：

$$\hat{\boldsymbol{h}}_{r1,k} = \sqrt{\tau_1 p_s a\tilde{\kappa}_k}\left\{\left(\tau_1 p_s a\tilde{\kappa}_k + \sigma_n^2\right)\boldsymbol{G}_{r2}^{\mathrm{H}}\boldsymbol{G}_{r2} + \sigma_n^2\boldsymbol{I}_M\right\}^{-1}\boldsymbol{G}_{r2}^{\mathrm{H}}\tilde{\boldsymbol{y}}_k \tag{5-107}$$

假设用户发送端的功率足够大，式（5-107）中的噪声项可以忽略。因此，信道向量 $\boldsymbol{h}_{r1,k}$ 可以近似估计为：

$$\hat{\boldsymbol{h}}_{r1,k} \approx \frac{1}{\sqrt{\tau_1 p_s a\tilde{\kappa}_k}}\left(\boldsymbol{G}_{r2}^{\mathrm{H}}\boldsymbol{G}_{r2}\right)^{-1}\boldsymbol{G}_{r2}^{\mathrm{H}}\tilde{\boldsymbol{y}}_k \tag{5-108}$$

此时，无线接入链路 $\boldsymbol{G}_{r1}$ 的估计值可以表示为：

$$\begin{aligned}\hat{\boldsymbol{G}}_{r1} &= \frac{1}{\sqrt{\tau_1 p_s a\tilde{\kappa}_k}}\left(\boldsymbol{G}_{r2}^{\mathrm{H}}\boldsymbol{G}_{r2}\right)^{-1}\boldsymbol{G}_{r2}^{\mathrm{H}}\tilde{\boldsymbol{Y}} \\ &= \boldsymbol{G}_{r1} + \frac{1}{\sqrt{\tau_1 p_s}}\boldsymbol{V}_1 + \frac{1}{\sqrt{\tau_1 p_s a}}\boldsymbol{G}_{r2}^{\dagger}\boldsymbol{V}_2\end{aligned} \tag{5-109}$$

将上述估计值代入接收检测数据信号 $\boldsymbol{r}$ 中，并忽略二阶噪声项，此时数据接收信号 $\boldsymbol{r}$ 可以表示为：

$$\boldsymbol{r} = \sqrt{a}\boldsymbol{G}_{r1}^{\mathrm{H}}\boldsymbol{G}_{r1}\boldsymbol{s} + \sqrt{a}\boldsymbol{\Omega}_1^{\mathrm{H}}\boldsymbol{G}_{r1}\boldsymbol{s} - \sqrt{a}\boldsymbol{G}_{r1}^{\mathrm{H}}\hat{\boldsymbol{G}}_{r2}^{\dagger}\boldsymbol{\Omega}_2\boldsymbol{G}_{r1}\boldsymbol{s} + \sqrt{a}\boldsymbol{G}_{r1}^{\mathrm{H}}\boldsymbol{n}_1 + \boldsymbol{G}_{r1}^{\mathrm{H}}\hat{\boldsymbol{G}}_{r2}^{\dagger}\boldsymbol{n}_2 \tag{5-110}$$

对于联合 MRC-ZF 检测，上述数据接收信号 $\boldsymbol{r}$ 可以简写为：

$$\boldsymbol{r} = \sqrt{a}\boldsymbol{H}\boldsymbol{s} + \tilde{\boldsymbol{n}} \tag{5-111}$$

其中，$\boldsymbol{H} = \boldsymbol{G}_{r1}^{\mathrm{H}}\boldsymbol{G}_{r1}$，$\tilde{\boldsymbol{n}}$ 为等效噪声向量，具体表达式为：

$$\tilde{\boldsymbol{n}} = \sqrt{\frac{a}{\tau_1 p_s}}\boldsymbol{V}_1^{\mathrm{H}}\boldsymbol{G}_{r1}\boldsymbol{s} + \sqrt{\frac{1}{\tau_1 p_s}}\boldsymbol{V}_2^{\mathrm{H}}\left(\boldsymbol{G}_{r2}^{\dagger}\right)^{\mathrm{H}}\boldsymbol{G}_{r1}\boldsymbol{s} + \sqrt{a}\boldsymbol{G}_{r1}^{\mathrm{H}}\boldsymbol{n}_1 - \sqrt{a}\boldsymbol{G}_{r1}^{\mathrm{H}}\hat{\boldsymbol{G}}_{r2}^{\dagger}\boldsymbol{\Omega}_2\boldsymbol{G}_{r1}\boldsymbol{s} + \boldsymbol{G}_{r1}^{\mathrm{H}}\hat{\boldsymbol{G}}_{r2}^{\dagger}\boldsymbol{n}_2 \tag{5-112}$$

对于给定的无线接入链路和前传链路信道矩阵 $\boldsymbol{G}_{r1}$ 和 $\boldsymbol{G}_{r2}$，等效噪声 $\tilde{\boldsymbol{n}}$ 的自相关矩阵可以表示为：

$$E\left\{\tilde{\boldsymbol{n}}\tilde{\boldsymbol{n}}^{\mathrm{H}}\right\} = \left[\frac{a\sigma_n^2}{\tau_1}\mathrm{tr}\left(\boldsymbol{H}\right) + \frac{\sigma_n^2}{\tau_1}\mathrm{tr}\left(\boldsymbol{P}_1\right)\right]\boldsymbol{I}_K + \left[ap_s\mathrm{tr}\left(\boldsymbol{G}_{r1}^{\mathrm{H}}\boldsymbol{\Theta}\boldsymbol{G}_{r1}\right) + \sigma_n^2\right]\boldsymbol{P}_2 + a\sigma_n^2\boldsymbol{H} \tag{5-113}$$

其中，矩阵 $\boldsymbol{P}_1 = \boldsymbol{G}_{r1}^{\mathrm{H}}\left(\boldsymbol{G}_{r2}^{\mathrm{H}}\boldsymbol{G}_{r2}\right)^{-1}\boldsymbol{G}_{r1}$、$\boldsymbol{P}_2 = \boldsymbol{G}_{r1}^{\mathrm{H}}(\hat{\boldsymbol{G}}_{r2}^{\mathrm{H}}\hat{\boldsymbol{G}}_{r2})^{-1}\boldsymbol{G}_{r1}$ 和 $\boldsymbol{\Theta}$ 是 $M \times M$ 的对角阵，其对角元素为 $\sigma_n^2\beta_m/\left(\tau_2 p_r\beta_m + \sigma_n^2\right)$。

通过将等效噪声 $\tilde{\boldsymbol{n}}$ 建模成独立于数据符号 $\boldsymbol{s}$ 的高斯随机变量，此时第 k 个用户的瞬时信噪比（Signal-to-Noise Ratio，SNR）可以表示为：

$$\gamma_k = \frac{a\left(\boldsymbol{H}\right)_{k,k}^2 p_s}{\left[\frac{a\sigma_n^2}{\tau_1}\mathrm{tr}\left(\boldsymbol{H}\right) + \frac{\sigma_n^2}{\tau_1}\mathrm{tr}\left(\boldsymbol{P}_1\right) + ap_s\mathrm{tr}\left(\boldsymbol{G}_{r1}^{\mathrm{H}}\boldsymbol{\Theta}\boldsymbol{G}_{r1}\right)[\boldsymbol{P}_1]_{kk} + a\sigma_n^2[\boldsymbol{H}]_{kk} + \sigma_n^2[\boldsymbol{P}_2]_{kk}\right]} \tag{5-114}$$

在上述瞬时信噪比表达式中，其分母的前两项代表由信道估计误差造成的等效噪声。这两项跟用户端发射功率和导频序列的长度有关。当发射功率固定时，导频长度越长，相应地，估计误差引起的等效噪声值越小。根据瞬时信噪比γ_k，第k个用户的上行数据传输的遍历容量可表示为：

$$R_k = E\left\{\text{lb}\left(1+\gamma_k\right)\right\} \tag{5-115}$$

由于R_k是凸函数，根据詹森不等式（Jensen's Inequality），第k个用户的上行数据传输的遍历容量下界可表示为：

$$R_k \geqslant \tilde{R}_k = \text{lb}\left(1+\frac{1}{E\left\{1/\gamma_k\right\}}\right) \tag{5-116}$$

为了简化对遍历容量的推导，假设功率控制因子a是固定值，以保持在数据传输过程中，RRH 转发功率值不超过功率限。对于联合 MRC-ZF 检测，功率控制因子a为：

$$a = \frac{p_r}{p_s \text{tr}\left(\boldsymbol{\Sigma}\right)+\sigma_n^2} \tag{5-117}$$

其中，$\boldsymbol{\Sigma}$是对角矩阵，其对角元素由$\boldsymbol{\Sigma} = \text{diag}\left\{\tilde{\kappa}_1, \tilde{\kappa}_2, \cdots, \tilde{\kappa}_K\right\}$组成。

由于矩阵$\boldsymbol{G}_{r2}$和$\hat{\boldsymbol{G}}_{r2}$与信道矩阵$\boldsymbol{G}_{r1}$均为相互独立的随机矩阵，为方便求解，可先对矩阵$\boldsymbol{G}_{r2}$和$\hat{\boldsymbol{G}}_{r2}$取期望值。矩阵$\boldsymbol{G}_{r2}^{\text{H}}\boldsymbol{G}_{r2}$是$M \times M$的零均值的威舍特复数矩阵，其自由度为$N$，协方差矩阵$\boldsymbol{\Pi} = \text{diag}\left\{\beta_1^2, \beta_2^2, \cdots, \beta_M^2\right\}$，也即$\boldsymbol{G}_{r2}^{\text{H}}\boldsymbol{G}_{r2} \sim \mathcal{W}_M\left(N, \boldsymbol{\Pi}\right)$。根据威舍特矩阵的性质，矩阵$\boldsymbol{G}_{r2}^{\text{H}}\boldsymbol{G}_{r2}$逆的期望值可以表示为：

$$E\left\{\left(\boldsymbol{G}_{r2}^{\text{H}}\boldsymbol{G}_{r2}\right)^{-1}\right\} = \frac{1}{N-M}\boldsymbol{\Gamma}_2^{-1}, N \geqslant M+1 \tag{5-118}$$

相应地，矩阵$\hat{\boldsymbol{G}}_{r2}^{\text{H}}\hat{\boldsymbol{G}}_{r2}$也满足威舍特分布，其期望值同样可以给出：

$$E\{(\hat{\boldsymbol{G}}_{r2}^{\text{H}}\hat{\boldsymbol{G}}_{r2})^{-1}\} = \frac{1}{N-M}\boldsymbol{\Gamma}_3^{-1}, N \geqslant M+1 \tag{5-119}$$

其中，$\boldsymbol{\Gamma}_3$是对角矩阵，其对角元素由$\boldsymbol{\Gamma}_3 = \text{diag}\left\{\frac{\sigma_n^2\beta_1^2}{\tau_2 p_r \beta_1 + \sigma_n^2}, \frac{\sigma_n^2\beta_2^2}{\tau_2 p_r \beta_2 + \sigma_n^2}, \cdots, \frac{\sigma_n^2\beta_M^2}{\tau_2 p_r \beta_M + \sigma_n^2}\right\}$组成。

将上述$\boldsymbol{G}_{r2}^{\text{H}}\boldsymbol{G}_{r2}$和$\hat{\boldsymbol{G}}_{r2}^{\text{H}}\hat{\boldsymbol{G}}_{r2}$逆的期望值代入上行遍历下界对瞬时信噪比$\gamma_k$的求解中，此时上行遍历容量下界$\tilde{R}_k$可表示为：

$$\tilde{R}_k = \mathrm{lb}\left(1 + E\left\{\frac{\dfrac{a\sigma_n^2}{\tau_1}\mathrm{tr}\left(\boldsymbol{H}\right) + \dfrac{\sigma_n^2}{\tau_1}\mathrm{tr}\left(\tilde{\boldsymbol{P}}_1\right) + \left[ap_s\mathrm{tr}\left(\boldsymbol{G}_{r1}^{\mathrm{H}}\boldsymbol{\Theta}\boldsymbol{G}_{r1}\right) + \sigma_n^2\right][\tilde{\boldsymbol{P}}_2]_{kk} + a\sigma_n^2[\boldsymbol{H}]_{kk}}{a\left(\boldsymbol{H}\right)_{k,k}^2 p_s}\right\}\right) \tag{5-120}$$

其中，矩阵 $\tilde{\boldsymbol{P}}_1$ 和 $\tilde{\boldsymbol{P}}_2$ 分别满足 $\tilde{\boldsymbol{P}}_1 = 1/\left(N-M\right)\boldsymbol{G}_{r1}^{\mathrm{H}}\boldsymbol{\Gamma}_2^{-1}\boldsymbol{G}_{r1}$ 和 $\tilde{\boldsymbol{P}}_3 = 1/\left(N-M\right)$ $\boldsymbol{G}_{r1}^{\mathrm{H}}\boldsymbol{\Gamma}_3^{-1}\boldsymbol{G}_{r1}$。

假设接入链路信道矩阵 $\boldsymbol{G}_{r1}$ 的第 k 列信道向量为 $\boldsymbol{g}_k$。在云端 BBU 池处，根据上述结果，第 k 个用户的瞬时信噪比可进一步表示为如下向量形式：

$$\gamma_k = \frac{ap_s\left\|\boldsymbol{g}_k\right\|^4}{\dfrac{a\sigma_n^2}{\tau_1}\sum_i^K\left\|\boldsymbol{g}_i\right\|^2 + \dfrac{\sigma_n^2}{\tau_1\left(N-M\right)}\sum_i^K\boldsymbol{g}_i^{\mathrm{H}}\boldsymbol{\Gamma}_2^{-1}\boldsymbol{g}_i + \dfrac{ap_s\left(\sum_i^K\boldsymbol{g}_i^{\mathrm{H}}\boldsymbol{\Theta}\boldsymbol{g}_i\right) + \sigma_n^2}{N-M}\boldsymbol{g}_k^{\mathrm{H}}\boldsymbol{\Gamma}_3^{-1}\boldsymbol{g}_k + a\sigma_n^2\left\|\boldsymbol{g}_k\right\|^2} \tag{5-121}$$

对于任意的 $i \neq k$，信道向量 $\boldsymbol{g}_i$ 都是与 $\boldsymbol{g}_k$ 相互独立的，且 $\boldsymbol{g}_i$ 中元素是零均值、方差为 $\tilde{\kappa}_i$ 的随机量。在上述瞬时信噪比中，先对所有的 $\boldsymbol{g}_i$（$i \neq k$）取期望，再将结果代入遍历容量下界 $\tilde{R}_k$ 中。此时，$\tilde{R}_k$ 可以写为：

$$\tilde{R}_k = \mathrm{lb}\left(1+E\left\{\frac{\tilde{a}_1\boldsymbol{g}_k^{\mathrm{H}}\boldsymbol{\Gamma}_2^{-1}\boldsymbol{g}_k + \tilde{a}_2\left\|\boldsymbol{g}_k\right\|^2 + \tilde{a}_3\boldsymbol{g}_k^{\mathrm{H}}\boldsymbol{\Gamma}_3^{-1}\boldsymbol{g}_k + \tilde{a}_4}{ap_s\left\|\boldsymbol{g}_k\right\|^4}\right\}\right) \tag{5-122}$$

其中，系数 $\tilde{a}_1$、$\tilde{a}_2$、$\tilde{a}_3$ 和 $\tilde{a}_4$ 分别满足：

$$\tilde{a}_1 = \frac{\sigma_n^2}{\tau_1\left(N-M\right)},\quad \tilde{a}_2 = a\sigma_n^2 + \frac{a\sigma_n^2}{\tau_1} \tag{5-123}$$

$$\tilde{a}_3 = \frac{1}{N-M}\left(ap_s\mathrm{tr}\left(\boldsymbol{\Theta}\right)\sum_{i=1,i\neq k}^K\tilde{\kappa}_i + ap_s\boldsymbol{g}_k^{\mathrm{H}}\boldsymbol{\Theta}\boldsymbol{g}_k + \sigma_n^2\right) \tag{5-124}$$

$$\tilde{a}_4 = \left[\frac{a\sigma_n^2}{\tau_1}M + \frac{\sigma_n^2}{\tau_1\left(N-M\right)}\mathrm{tr}\left(\boldsymbol{\Gamma}_2^{-1}\right)\right]\sum_{i=1,i\neq k}^K\tilde{\kappa}_i \tag{5-125}$$

为了方便求解遍历容量的下界，假设所有的 RRH 的大尺度衰落因子均等于最小值 β，即 $\beta_m = \beta, m = 1,2,\cdots,M$。将值代入 $\tilde{R}_k$ 中，此时上行数据传输遍历容量下界 $\tilde{R}_k$ 可以表示为：

$$\tilde{R}_k = \mathrm{lb}\left(1+E\left\{\frac{a_1\left\|\boldsymbol{g}_k\right\|^4+a_2\left\|\boldsymbol{g}_k\right\|^2+a_3}{ap_s\left\|\boldsymbol{g}_k\right\|^4}\right\}^{-1}\right) \tag{5-126}$$

其中，系数 a_1 、a_2 和 a_3 可分别表示为：

$$a_1=\frac{ap_s\sigma_n^2}{(N-M)\tau_2 p_r\beta}, a_3=M\left(\frac{a\sigma_n^2}{\tau_1}+\frac{\sigma_n^2}{(N-M)\tau_1\beta}\right)\sum_{i=1,i\neq k}^{K}\tilde{\kappa}_i \tag{5-127}$$

$$a_2=\frac{Map_s\sigma_n^2}{(N-M)\tau_2 p_r\beta}\sum_{i=1,i\neq k}^{K}\tilde{\kappa}_i+\frac{\sigma_n^2}{(N-M)\tau_1\beta}+\frac{\sigma_n^2\left(\tau_2 p_r\beta+\sigma_n^2\right)}{(N-M)\tau_2 p_r\beta^2}+\frac{(1+\tau_1)a\sigma_n^2}{\tau_1} \tag{5-128}$$

由于信道向量 $\boldsymbol{g}_k$ 的协方差矩阵为 $\tilde{\kappa}_k\boldsymbol{I}_M$,则随机量 $2/\tilde{\kappa}_k\left\|\boldsymbol{g}_k\right\|^2$ 满足自由度为 $2M$ 的卡方分布。假定信道向量二次范数 $\left\|\boldsymbol{g}_k\right\|^2$ 值为 x 。相应地，x 为卡方分布，其概率密度分布函数为：

$$p(x)=\frac{1}{(M-1)!\tilde{\kappa}_k^M}x^{M-1}\exp\left(-\frac{x}{\tilde{\kappa}_k}\right),\ x\geqslant 0 \tag{5-129}$$

此时，上行数据传输遍历容量下界 $\tilde{R}_k$ 中的期望值为：

$$\begin{aligned}E\left\{\frac{a_1\left\|\boldsymbol{g}_k\right\|^4+a_2\left\|\boldsymbol{g}_k\right\|^2+a_3}{ap_s\left\|\boldsymbol{g}_k\right\|^4}\right\}&=\frac{a_1}{ap_s}+\frac{a_2}{ap_s}E\left\{\frac{1}{\left\|\boldsymbol{g}_k\right\|^2}\right\}+\frac{a_3}{ap_s}E\left\{\frac{1}{\left\|\boldsymbol{g}_k\right\|^4}\right\}\\&=\frac{a_1}{ap_s}+\frac{a_2}{ap_s(M-1)\tilde{\kappa}_k}+\frac{a_3}{ap_s(M-1)(M-2)\tilde{\kappa}_k^2}\end{aligned} \tag{5-130}$$

将期望值再代入 $\tilde{R}_k$ 中，相应地，$\tilde{R}_k$ 的具体表达式可以表示为：

$$\tilde{R}_k=\mathrm{lb}\left(1+\frac{ap_s(M-1)(M-2)\tilde{\kappa}_k^2}{a_1(M-1)(M-2)\tilde{\kappa}_k^2+a_2(M-2)\tilde{\kappa}_k+a_3}\right) \tag{5-131}$$

根据上述计算结果，在非理想信道状态信息下，综合所有用户的系统频谱效率，可以得出：

$$R_s=\frac{L-T}{L}\sum_{k=1}^{K}\tilde{R}_k \tag{5-132}$$

由式（5-132）可知，在发射功率固定的情况下，上行数据传输速率下界为导频长度τ_1和τ_2的函数。因此，根据系统性能最优的原则，在固定导频序列分配长度T的情况下，可以通过最大化系统频谱效率R_s优化τ_1和τ_2的分配。在接下来的章节中，根据最大化联合 MRC-ZF 接收得到系统频谱效率R_s，在满足正交导频的条件下，导频长度τ_1和τ_2的分配得到进一步的优化。

5.3.7　基于频谱效率的导频设计

根据最大化频谱效率R_s的准则，接入链路和前传链路的导频长度τ_1和τ_2分配问题可以写为如下优化问题：

$$\begin{aligned}&\max_{\tau_1 \geqslant 0, \tau_2 \geqslant 0} \quad R_s \\ &\text{s.t.} \ \ \tau_1 + \tau_2 = T\end{aligned} \tag{5-133}$$

在上述优化问题中，由于每个用户的大尺度系数不同，相应地，对于不同k值，$\tilde{R}_k$的值也不同。此时，频谱效率R_s分别对τ_1和τ_2的求导表达式无法求出闭式解，也即上述优化关于导频τ_1和τ_2的优化问题与用户数k有关。此时，最大化系统频谱效率R_s的问题，不仅涉及对导频长度的求导，还需要对每个用户进行资源调度。根据用户离 RRH 的远近，系统进行相应的资源分配来优化频谱效率。由于本节主要探讨导频长度优化问题，用户的资源分配这里暂不讨论。为了分析合理，假设每个用户离 RRH 处的距离差异较小，大尺度衰落对系统接收信噪比影响较小，则上述最大化系统频谱效率可以等效为最大化频谱效率的下界：

$$R_s \geqslant \tilde{R}_s = \frac{L-T}{L} K \tilde{R}_k \tag{5-134}$$

通过将目标函数转换，上述导频长度优化问题也相应可以求解。根据约束条件，前传链路的导频长度τ_2可用$T-\tau_1$替代。此时，导频优化问题等效于根据最大化遍历容量$\tilde{R}_k$来最优设计接入链路导频长度τ_1。由于$\tilde{R}_k$只有τ_1这一个变量，因此$\tilde{R}_k$对τ_1求导方程的解必定在 0~T 的范围内。然而，分段导频机制中无线接入链路和前传链路的导频必须存在，则$\tau_1 = 0$和$\tau_1 = T$这两种情况均不可取。此时，$\tilde{R}_k$对于导频长度τ_1的求导结果为：

$$\frac{\partial \tilde{R}_k}{\partial \tau_1} = \frac{1}{\gamma_k \ln 2} \frac{\partial \gamma_k}{\partial \tau_1} \tag{5-135}$$

由式（5-135）可知，$\tilde{R}_k$对于导频长度τ_1的求导，等效于信噪比γ_k对τ_1的求

导。经过分析推导，γ_k 对 τ_1 的求导值可表示为：

$$\frac{\partial \gamma_k}{\partial \tau_1}=\frac{\omega\left[c_1\left(T-\tau_1\right)^2-\tau_1^2\right]}{\left[\tau_1+c_1\left(T-\tau_1\right)+c_2\left(T-\tau_1\right)\tau_1\right]^2} \tag{5-136}$$

其中，ξ 、ω 、c_2 和 c_1 分别为：

$$\xi=\frac{(M-2)\tilde{\kappa}_k a p_s \sigma_n^2}{(N-M)p_r\beta}\left[M\sum_{i=1}^{K}\tilde{\kappa}_i-\tilde{\kappa}_k+\frac{\sigma_n^2}{a p_s \beta}\right] \tag{5-137}$$

$$\omega=\frac{a p_s (M-1)(M-2)\tilde{\kappa}_k^2}{\xi} \tag{5-138}$$

$$c_2=\frac{1}{\xi}\left[a\sigma_n^2+\frac{\sigma_n^2}{(N-M)\beta}\right](M-2)\tilde{\kappa}_k \tag{5-139}$$

$$c_1=c_2+\frac{M}{\xi}\left[a\sigma_n^2+\frac{\sigma_n^2}{(N-M)\beta}\right]\sum_{i=1}^{K}\tilde{\kappa}_i \tag{5-140}$$

由于求 γ_k 的最大值，将 γ_k 对 τ_1 的求导表达式设定为零，则相应地，一元二次方程的根有两个，分别为：

$$\tau_{1,1}=\frac{\sqrt{c_1}T}{\sqrt{c_1}+1},\quad \tau_{1,2}=\frac{\sqrt{c_1}T}{\sqrt{c_1}-1} \tag{5-141}$$

由上述结果可知，当 $\tau_{1,1}$ 趋于零时，γ_k 对 τ_1 的求导表达式趋于大于零的值；而当 $\tau_{1,2}$ 趋于 T 时，γ_k 对 τ_1 的求导表达式趋于小于零的值。因此，对于求解最大的 γ_k，$\tau_{1,1}$ 为局部最优解。因此，最大化上行数据传输遍历容量 $\tilde{R}_k$，最优导频长度 τ_1 等于：

$$\tau_{1,\text{opt}}=\frac{T}{1+1/\sqrt{c_1}} \tag{5-142}$$

根据约束条件，最优前传链路导频长度 τ_2 可以表示为：

$$\tau_{2,\text{opt}}=\frac{T}{1+\sqrt{c_1}} \tag{5-143}$$

将上述最优导频长度 $\tau_{1,\text{opt}}$ 和 $\tau_{2,\text{opt}}$ 代入频谱效率 $\tilde{R}_s$ 中，$\tilde{R}_s$ 的表达式可表示为：

$$\tilde{R}_s=\frac{L-T}{L}K\text{lb}\left(1+\frac{\omega_1 T}{T+\omega_2}\right) \tag{5-144}$$

其中，ω_1 和 ω_2 分别满足：

$$\omega_1 = \frac{ap_s}{c_2}(M-1)(M-2)\tilde{\kappa}_k^2,\ \omega_2 = \left(\sqrt{c_1}+1\right)^2 \Big/ c_2 \tag{5-145}$$

在完成接入链路和前传链路导频长度分配后，总导频长度 T 所占信道相关时间 L 的比例也可以继续优化。由第 5.3.6 节的分析可知，导频越长，信道估计误差越小，接收等效信噪比越大；然而导频长度的增加会导致系统频谱效率降低。如何取得估计精度和频谱效率的平衡，对系统性能是否提升非常关键。在此，根据最大化系统频谱效率的原则，最优总导频序列长度 T 也相应求解出。根据上述 $\tilde{R}_s$ 的表达式，其对 T 的求导值为：

$$\frac{\partial \tilde{R}_s}{\partial T} = \frac{K\omega_1\omega_2(L-T)}{L(T+\omega_2)(T+\omega_1 T+\omega_2)} \tag{5-146}$$

对于式（5-146），当 T 趋于零时，$\tilde{R}_s$ 对 T 的求导值大于零；当 T 趋于信道相干时间 L 时，其求导值小于零。因此，设定 $\tilde{R}_s$ 对 T 的求导表达式为零，T 的局部最优解必定在 0~L 的范围内。最优的 T 值可以通过求解以下方程得到：

$$\frac{\omega_1\omega_2(L-T)}{(T+\omega_2)(T+\omega_1 T+\omega_2)} = \mathrm{lb}\left(1+\frac{\omega_1 T}{T+\omega_2}\right) \tag{5-147}$$

由于上述方程很难求出闭式解，相应地，最优导频长度 T 的值可以通过数值求解得到。由第 5.4 节数值分析可知，系统频谱效率随 T 的变化是驼峰型的。当 T 的值太小或太大时，系统频谱效率都较低。当 T 大致为总相干时间 L 时，系统频谱效率最高。

5.4 仿真评估与性能验证

本节主要针对第 5.2 节、第 5.3 节介绍的 C-RAN 中信道估计算法和导频优化方案进行性能仿真验证。首先，给出了系统的仿真场景以及相应的仿真参数设置。在此基础上，分别对无线接入链路和前传链路的信道估计算法性能进行仿真，验证顺序最小均方差算法的有效性。同时，对于第 5.3 节给出的导频优化设计方案，也使用不同的导频结构进行信道估计仿真，并对其估计精度进行比较，以验证正交性设计的导频序列估计精度最高。最后，给出了在不同长度的导频序列的情况下 C-RAN

频谱效率的仿真结果，验证了导频序列的长度优化设计可以有效提升系统频谱效率。

5.4.1 仿真场景设置

C-RAN 的仿真场景示意如图 5-8 所示，网络包含 K 个单天线 UE、M 个相互协作配置单天线的 RRH 以及 1 个 BBU 池。BBU 池属于云端服务器，配有集中式的接收天线，天线数量为 N。仿真中，考虑的信号传输过程为上行导频和数据信号混合传输。用户 k 同时向所有的 RRH 发送数据；RRH 再将接收到的数据通过前传链路转发到云端 BBU 池。BBU 池通过集中式天线接收无线信号。

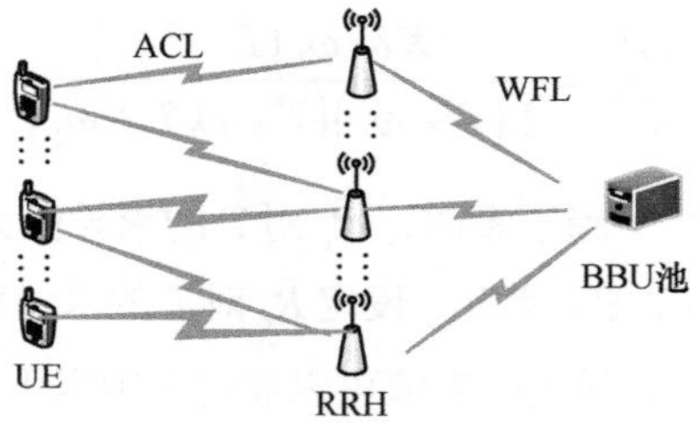

图 5-8　C-RAN 传输仿真场景

考虑到用户端和 RRH 处功率受限，仿真设定其功率上限一致，即 $p_s = p_r = P = 1\text{ W}$。发送端 SNR 定义为 $\text{SNR}=P/\sigma_n^2$。用户数目和 RRH 数目均等于 4，基带处理池接收天线数目设定为 8 根。仿真结果均经过10^5次蒙特卡洛仿真结果平均后得到。考虑到在实际仿真中，导频符号数目均为整数，而导频长度分配实际上对两段导频序列进行功率分配。在仿真中，用于接入链路和前传链路的导频序列长度相等，分别为$\tau_1 = \tau_2 = \tau = T/2$。最优导频序列长度设计可以用最优功率分配替代。根据第 5.3 节的分析结果，分段导频的最优功率分配方案可表示为：

$$\boldsymbol{\varPsi}_1 = \left[\sqrt{\varepsilon}\boldsymbol{\varPhi}, \sqrt{2-\varepsilon}\boldsymbol{C}\boldsymbol{Y}_{r1}\right] \tag{5-148}$$

其中，ε 为功率分配因子，$\varepsilon = 2\Big/\left(1+\sqrt{c_1}\right)$。

对于前传链路信道矩阵 $\boldsymbol{H}_{r2}$ 的估计，仿真设定每次迭代中有 10 个时隙的信道在时域和空域上是相关的。空间相关矩阵 $\boldsymbol{R}$ 设定为$\left[\boldsymbol{R}\right]_{i,j} = r^{|i-j|}$，$|r| = 0.2$。时域相关系数 η 设定为 0.988 1[39]。信道矩阵 $\boldsymbol{H}_{r1}$ 和 $\boldsymbol{H}_{r2}$ 归一化的估计误差均方差（Normalized MSE）定义为$1/N\tau\mathcal{M}_i$ 和$1/(N\tau)\mathcal{M}$。其中，信道矩阵 $\boldsymbol{H}_{r1}$ 归一化估计误差均方差

的计算是通过实现 100 次信道 $\boldsymbol{H}_{r2}$ 平均得到。为了简化大尺度衰落模型，大尺度衰落因子 β_m 和 κ_{km} 分别定义为[40]：

$$\beta_m = z_m \Big/ \left(r_m / r_0\right)^{\nu}, \ \kappa_{km} = z_{km} \Big/ \left(r_{km} / r_0\right)^{\nu} \tag{5-149}$$

其中，z_m 和 z_{mk} 均为对数正态分布的随机量，标准差为 8 dB，而 r_m 为第 m 个 RRH 到 BBU 池的距离。r_{km} 为第 k 个用户到第 m 个 RRH 的距离。r_0 取值为 100 m，路损系数 $\nu = 3.8$。

5.4.2 信道估计算法的仿真实现与性能验证

本节分别对 C-RAN 中无线接入链路和前传链路估计算法的估计精度进行仿真验证。通过与克拉美罗界进行对比，接入链路和前传链路信道估计误差均与之接近，验证了分段导频传输方案和估计算法的有效性以及其对于改善 C-RAN 中的导频传输效率和提高系统估计精度的优势。仿真中，基于卡曼滤波器的顺序最小均方差算法也被实现。通过比较其估计精度随着时隙的变化，仿真结果表明，顺序最小均方差算法的估计误差随着时隙增加而减少，验证了理论分析中顺序最小均方差算法较于传统估计算法的性能提升。同时，基于正反向卡曼滤波器的估计算法也被实现。通过和基于卡曼滤波器算法对比，仿真结果表明，基于正反向卡曼滤波器的估计算法的估计精度较高，同样验证了理论分析的结论。但基于正反向卡曼滤波器的估计算法需要在接收完整的导频序列后，开始执行相应的信道估计过程，因此，较于基于卡曼滤波器的估计算法有一定时延。实际中，由于实时性较好，基于卡曼滤波器的估计算法应用更为广泛。

在信道估计算法性能仿真中，导频的结构均为互为正交的导频序列，但分段导频间的不同功率分配方案被引入进行比较。通过对比优化和非优化的导频方案，最优结构的导频序列在仿真结果中均能取得较高的估计精度，验证了导频序列的优化设计对系统估计精度的提升。同时，不同长度的导频序列也被引入信道估计算法的仿真中。由仿真结果可知，导频序列的长度越长，系统的信道估计精度越高，验证了第 5.3 节的理论分析结果。但导频序列长度的增加使得数据符号长度缩短，导致系统频谱效率的下降。在第 5.4.3 节中的仿真内容，导频序列长度对系统性能的影响将被展现。

图 5-9 给出了前传链路 $\boldsymbol{H}_{r2}$ 的归一化估计误差与用户端发送 SNR 之间的变化关系，图 5-10 是接入链路 $\boldsymbol{H}_{r1}$ 的归一化估计误差与用户端发送 SNR 之间的变化关系。

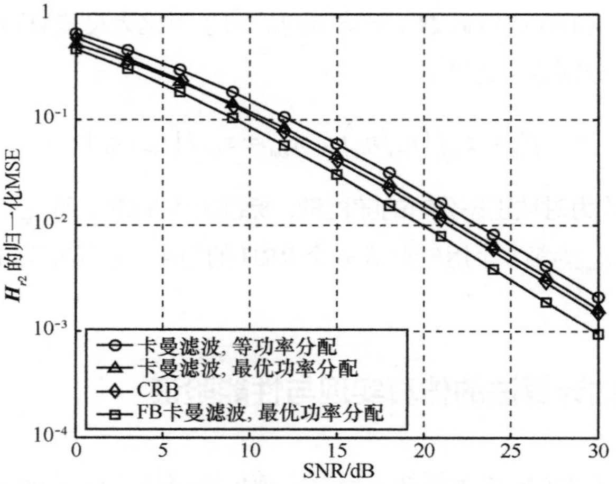

图 5-9　用户传输 SNR 与 H_{r2} 归一化均方差之间的关系曲线

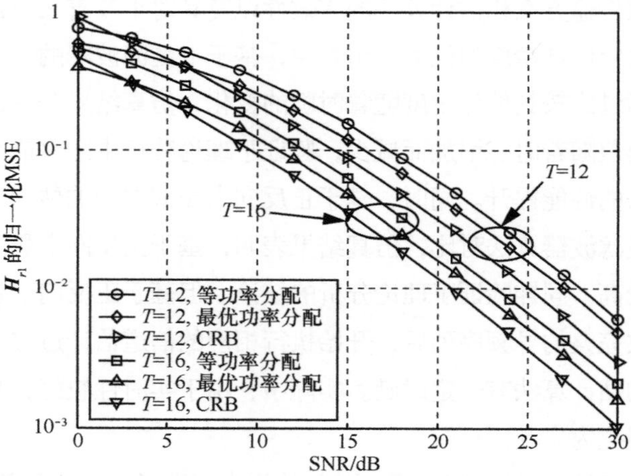

图 5-10　用户传输 SNR 与 H_{r1} 归一化均方差之间的关系曲线

图 5-9 中，基于卡曼滤波器和正反向卡曼滤波器的顺序最小均方差的估计算法分别被评估。前传链路 $\boldsymbol{H}_{r2}$ 的克拉美罗界也被给出，用于评估上述两种估计算法性能的基准。为了避免导频结构优化设计对估计算法性能的影响，在图 5-9 的仿真中，导频序列均设定为正交序列，且导频序列的总长度设定为 12。图 5-9 分段导频的功率分配方案分为最优功率分配和平均功率分配两种方案。对于最优功率分配方案，两段导频序列的功率分配按照第 5.3 节给出的最优设计进行，即功率分配因子 ε 满足

$\varepsilon = 2\Big/\left(1+\sqrt{c_1}\right)$。对于平均功率分配方案，功率分配因子 ε 满足 $\varepsilon = 1$。其中，克拉美罗界和基于正反向的顺序最小均方差的估计算法均是在最优功率分配方案下得出。

图 5-9 表明，随着用户发送端 SNR 的提高，顺序最小均方差估计算法的估计精度不断提高，验证了所提估计算法在 C-RAN 中的有效性。在最优功率分配方案下，基于卡曼滤波器的顺序最小均方差估计算法的估计误差小于平均功率分配方案下的误差。上述结果验证了通过对导频优化设计，信道估计的算法的性能得到进一步的提升。图 5-9 中，在正交性的导频结构下，前面介绍的估计算法的估计误差均接近克拉美罗界，验证了该估计算法能取得较高的估计精度。

图 5-9 还表明，基于正反向卡曼滤波器估计算法的估计精度均高于基于卡曼滤波器的算法，这与实际情况相吻合。由于基于正反向卡曼滤波器的估计算法基于更多的先验信息进行估计，其估计精度也顺应地高于其他算法。随着用户端发送 SNR 的提高，基于正反向卡曼滤波的性能提升也越大。图 5-9 中，基于正反向卡曼滤波器的估计算法精度较克拉美罗界更好。由于克拉美罗界是无偏估计算法的下界，而最小均方差估计是有偏估计。因此，随着估计精度的提升，基于正反向卡曼滤波器的有偏估计算法的估计精度更高。

图 5-10 中，根据转换矩阵 $\boldsymbol{C}$ 的不同形式，接入链路 $\boldsymbol{H}_{r1}$ 的最小均方差估计算法的性能分别被评估。为了避免导频结构设计的影响，发送端的导频 $\boldsymbol{\Psi}$ 满足正交性。同时，导频序列长度分别设定为 $T = 12$ 和 $T = 16$ 用于比较，且最优功率分配和平均功率分配的方案被使用。在仿真中，接入链路的克拉美罗界也相应地给出，用于评估估计算法的性能。其中，克拉美罗界也是在最优导频功率分配的条件下得出。由于最优矩阵设计应该和信道瞬时状态无关，转移矩阵 $\boldsymbol{C}$ 选择次优的设计方案，设定其为正交的，且满足：

$$\boldsymbol{C}^{\mathrm{H}}\boldsymbol{C} = \frac{P}{\tilde{\kappa}P + \sigma_n^2}\boldsymbol{I} \tag{5-150}$$

其中，$\tilde{\kappa}$ 是所有大尺度衰落系数 κ_{ij} 的平均值。图 5-10 表明，随着用户端发送 SNR 的增加，无线接入链路的归一化均方差一直递减。该结果表明了前面介绍的信道估计算法能有效地完成接入链路的信道状态信息的获取。通过比较导频序列长度 $T = 12$ 和 $T = 16$ 的仿真结果，当 $T = 16$ 时，信道估计误差明显小于导频长度较短的情况。以上结果说明增加导频长度能有效地提升信道估计的精度。然而，导频长度的增加必然导致系统频谱性能的降低。因此，在接下来的仿真中，导频长度对系统整体性能影响将被介绍。同时，图 5-10 表明前面介绍的估计算法得到的均方差曲线和克拉美罗界较为接近，进一步验证了该估计算法的性能较好。在图 5-10 中，最优功率分配方案下，系统的估计精度较高，这说明分配给用于接入链路导频序列功率较前传链路高。由于接入链路的信道状态经历了两跳衰落信道，要实现精度较高的估计更加困难，因此相应地分配较高的功率以实现估计。

图 5-11 给出了前传链路 $\boldsymbol{H}_{r2}$ 随着接收时隙 i 的变化关系曲线。图 5-11 中发送 SNR 设定为 0 dB，导频序列的长度分别设定为 $T=14$ 和 $T=16$。同样地，接入链路和前传链路的导频序列结构均正交，最优功率分配和平均功率分配两种方案同时被使用。图 5-11 中仿真使用的基于卡曼滤波器的信道估计算法。由图 5-11 中可知，随着接收时隙数 i 数目增加，前传链路的估计误差随之降低。上述仿真结果验证了基于卡曼滤波器的估计算法能进一步提升估计精度。这是因为随着接收导频序列个数的增加，可用的先验信息随之增加。由于卡曼滤波器基于之前时隙的接收导频序列预测当前状态的信息，随着先验信息增加，其估计的精度随之增加，相应地，前传链路的估计误差随时隙数减少。图 5-11 中，最优导频功率分配方案下，估计精度要小于平均分配方案，验证了导频的优化设计对估计精度的提升。同时，同图 5-10 所示，当 $T=16$ 时，系统的估计精度明显高于 $T=14$ 的情况，验证了导频长度的增加能有效减少估计误差。

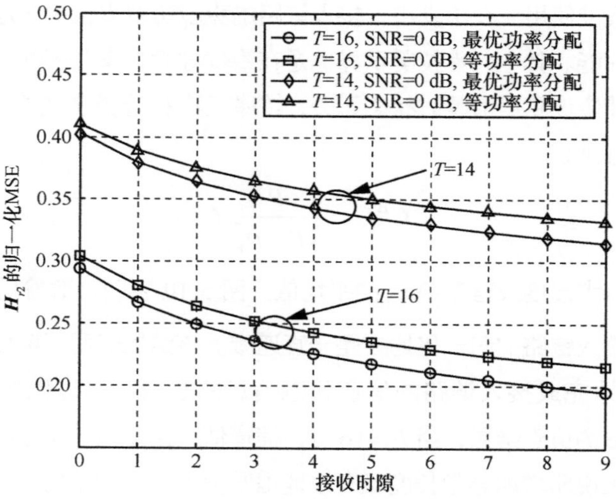

图 5-11　$\boldsymbol{H}_{r2}$ 归一化均方差和接收时隙 i 之间的关系曲线

综合以上仿真结果，接入链路和前传链路的信道状态信息均能通过所提的估计算法有效地获取。通过利用克拉美罗界评估仿真结果，上述估计算法的估计精度均较为接近克拉美罗界，验证了相关算法的有效性。其中，基于正反向卡曼滤波器的估计算法精度最高，但受限于其内在机制，会有较大时延。而基于卡曼滤波器的估计算法能达到实时性处理，且估计精度随着接收时隙的增加而提升，适用于实际系统。根据上述仿真结果，导频序列长度的增加均能提高系统的估计精度，但会占用数据符号资源，降低频谱效率。如何合理地分配导频序列长度是实现系统性能整体提升的关键。最后，仿真也比较了不同功率分配方案对仿真的结果影响。由仿真结果可知，最优功率分配方案均能有效地提升系统估计性能，验证了所提功率分配方案的有效性。

5.4.3　导频结构优化设计的仿真实现与性能验证

本节进一步仿真验证 C-RAN 中导频结构的优化设计对估计精度和系统整体性能的影响。系统模型和信道仿真参数设置和第 5.4.2 节一致，均为用户端到 RRH、RRH 再回传到云端基带处理池的上行信号传输。由于本节需要比较不同导频结构对信道估计误差的影响，在此用相关系数 ρ 表征导频序列间的相关性。相关系数 ρ 的幅角部分对导频正交性没有影响，本节只对 ρ 的模进行定义：

$$|\rho|_{ij}=\frac{\phi_2(i)^{\mathrm{H}}\phi_2(j)}{\left\|\phi_2(i)\right\|^2} \tag{5-151}$$

其中，$|\rho|_{ij}$ 表明了导频矩阵 $\boldsymbol{\Phi}$ 中第 i 列向量和第 j 列向量的相关性。当 $|\rho|_{ij}=0$ 时，两导频序列正交；当 $|\rho|_{ij}=1$ 时，导频序列完全相关。接下来，本节通过比较估计误差和导频相关系数 ρ 的关系，验证了正交性的导频序列较于其他情况，能取得最优的估计精度。仿真中，基于联合 MRC-ZF 的接收检测算法也被实现，用于体现导频优化设计对系统性能的影响。通过比较上行数据传输速率随接入链路导频长度的变化，仿真结果表明，上行传输速率一开始随着导频长度增加而提升，而到达峰值后又随之递减，验证了理论分析中存在的最优分段导频分配对系统性能的影响。同时，C-RAN 中接收端的数据误比特率（Bit Error Rate，BER）也被实现。仿真中，以理想信道状态信息为基准，不同导频功率分配方案下的数据误比特率被比较。仿真结果验证了最优导频功率分配方案下，系统的数据符号误比特率最小，即分段导频间长度优化分配影响着系统整体性能。最后，系统的频谱效

率随着导频序列长度变化的关系曲线也相应得出。在一定范围内，系统频谱效率随着导频序列长度的增加而增加，到达峰值。随后，随着导频序列长度增加，系统频谱效率递减。上述仿真结果验证了第 5.3 节的理论分析结果，表明了导频序列长度的优化设计可有效地提升系统性能。

图 5-12 给出了前传链路 $\boldsymbol{H}_{r2}$ 的归一化估计误差随导频序列相关系数模 $|\rho|$ 变化的关系曲线。图 5-12 和图 5-13 给出了云端 BBU 池接收误比特率随用户发送端 SNR 变化的关系曲线。

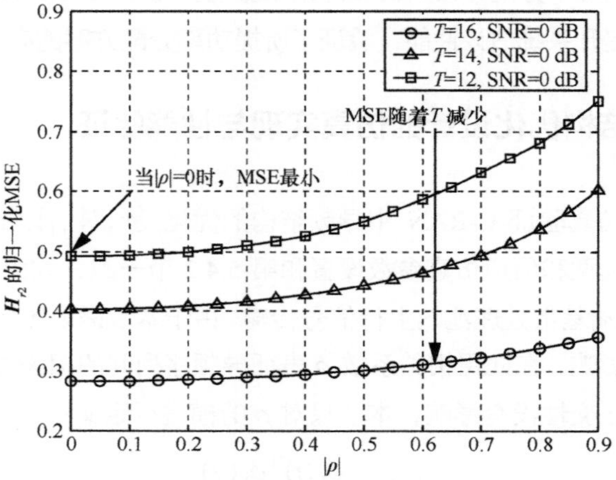

图 5-12　$\boldsymbol{H}_{r2}$ 归一化均方差与导频序列相关系数 $|\rho|$ 之间的关系曲线

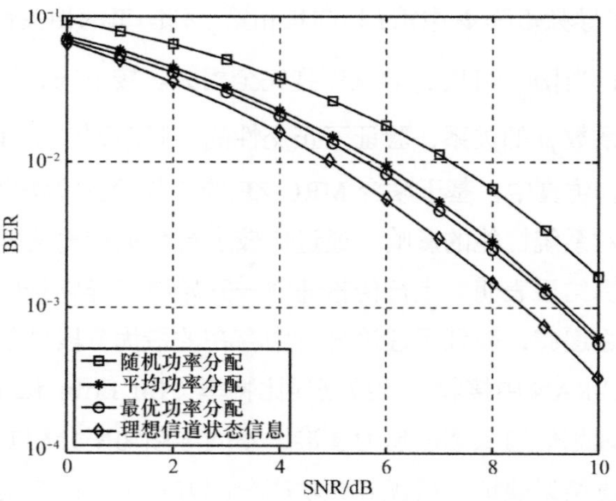

图 5-13　接收端误比特率和发送端用户 SNR 的关系曲线

在图 5-12 的仿真中，用户端发送 SNR 固定为 0 dB，前传链路 $\boldsymbol{H}_{r2}$ 的归一化均方差是在接收时隙 $i=0$ 时获取。对于导频矩阵 $\boldsymbol{\Phi}$，其任意两列的导频序列向系数相等，即 $|\rho|_{ij}=|\rho|$。为了避免不同导频功率分配方案的影响，仿真采用最优导频分配方案，功率分配因子 ε 满足 $\varepsilon=2\Big/\left(1+\sqrt{c_1}\right)$。同时，在仿真中，导频序列长度 T 分别取 $T=12$、$T=14$ 和 $T=16$ 用于比较，所用的信道估计算法是基于卡曼滤波器的顺序最小均方差估计。图 5-12 表明，随着导频序列间相关系数 $|\rho|$ 增加，前传链路 $\boldsymbol{H}_{r2}$ 归一化均方差也随之增加。当 $|\rho|=0$ 时，即导频序列相互正交时，对于任意长度的导频序列情况下，估计算法所得的估计误差值均为最小。上述仿真结果验证了正交性的导频结构对估计算法估计精度提升是最优的结论。该结果和第 5.3 节中的导频结构设计的理论分析结果一致。图 5-12 还表明，随着导频序列长度的增加，系统的估计误差随之减少。该结果契合了信道估计算法仿真中的结论，进一步验证了导频长度的增加能有效提升估计精度。

图 5-13 的仿真给出了在不同导频功率优化方案下，C-RAN 的接收误比特率的性能。仿真中，用户端的发送数据设定为通过相移键控（PSK）进行调制，使用的是 8PSK 的调制方法。在云端 BBU 池，仿真设定使用最大似然的数据检测算法。对于信道状态信息的估计，仿真中采用基于卡曼滤波器的顺序最小均方差算法，且导频结构满足正交性。由于比较不同导频功率分配方案对接收误比特率的影响，仿真中导频序列总长度固定为 16。仿真分别使用了随机功率分配（Random Power Allocation）、平均功率分配、最优功率分配和理想信道状态信息（Perfect Channel State Information）4 种方案。其中，随机功率分配方案将功率分配因子 ε 取为最优功率分配因子的 0.5 倍。在理想信道状态信息条件下，接收检测不考虑信道估计误差的误差影响。相应地，理想信道状态信息下系统接收误比特率最小。在仿真中，理想信道状态信息下的误比特率被当作下界，评估其他导频功率分配方案的性能。

图 5-13 表明，随着用户端发送 SNR 的增加，系统接收信噪比在不同导频功率分配方案中均随之下降，验证了所提导频优化设计方案的有效性。其中，较于其他导频分配方案，最优导频功率分配方案下系统的接收误比特率最低，并且接近于理想情况下的接收误比特率。同时，在随机导频功率分配方案下，系统接收误比特率性能较理想情况相差较大。上述仿真结果证明了导频序列优化设计对系统整体性能提升的重要性。顺序最小均方差算法和导频优化设计能有效地改善信道估计误差导

致的性能损失。

图 5-14 给出了用户上行数据传输速率随接入链路的导频长度 τ_1 变化的关系曲线，图 5-15 给出了 C-RAN 的频谱效率随导频序列总长度 T 变化的关系曲线。

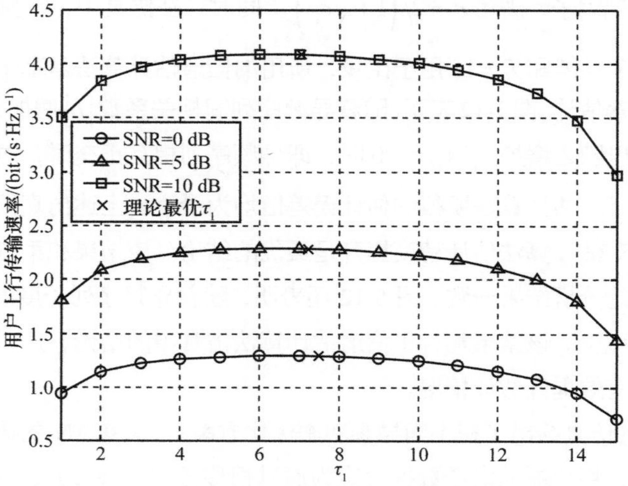

图 5-14　接入导频长度 τ_1 和用户上行传输速率之间的关系曲线

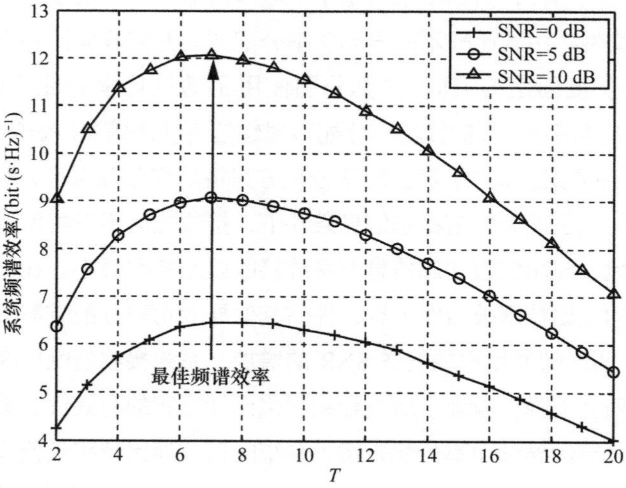

图 5-15　导频序列总长度 T 和系统频谱效率之间的关系曲线

图 5-14 中，仿真实现了基于 MRC-ZF 接收检测的用户上行传输速率。仿真中，

用户端接入链路的导频序列长度设定为不同，用以评估导频长度优化设计对系统整体性能的影响。用户发送端 SNR 固定为 3 个不同值，分别为 0 dB、5 dB 和 10 dB。导频序列总长度T固定为16，且均满足正交性条件。仿真中，对于接入链路和前传链路在时域和空域上的相关性设定为零值，基于卡曼滤波器的顺序最小均方差估计算法用于信道状态信息的获取。在图 5-14 中，导频序列长度τ_1的理论最优值由叉线标记。图 5-14 表明，当导频序列长度τ_1较短时，用户上行传输速率随导频长度的增加而增加。当τ_1增加到一定值后，用户上行传输速率便达到峰值，并随着τ_1的增加而下降。图 5-14 中标记的τ_1理论最优点和数值仿真最优的τ_1值较为接近，验证了导频长度优化的有效性。同时，由图 5-14 中关系曲线变化趋势可知，不仅是导频结构的优化，导频长度的设计也影响着 C-RAN 的整体性能。由于导频序列长度一般为整数，分段导频序列长度的分配等效导频间功率分配，实际系统可通过图 5-13 的最优导频序列功率分配方案实现导频长度的优化设计。

图 5-15 中，系统频谱效率随着导频序列总长度T的变化被实现。和图 5-14 仿真类似，用户发送端的 SNR 分别设定为 0 dB、5 dB 和 10 dB。信道相关时间L值设定为 32，导频序列结构满足正交性，且最优导频功率分配方案被应用。顺序最小均方差算法用于获取信道状态信息，且信道间的相关性设定为零。图 5-15 表明，当导频序列长度T较小时，3 条系统频谱效率曲线随着T值的增加而显著上升。上述趋势表明，随着导频长度增加，估计算法的估计精度随之上升。相应地，数据检测的准确性随着接收等效信噪比的增加而提升，弥补了信道估计误差给系统带来的损失。而随着导频序列长度T继续增加，系统频谱效率达到峰值，然后随着导频长度T增加而缓慢衰减。该现象说明信道估计误差减少对系统性能的提升无法抵消数据符号数量减少带来的影响。相应地，随着发送的数据符号减少，系统的频谱效率随之下降。图 5-15 表明，即使导频序列结构的优化能提升信道估计算法的估计精度，却不能使得系统性能一直提升。在对导频设计优化的同时，导频长度的分配也是影响系统性能的关键因素。结合二者进行资源配置，C-RAN 的性能便能得到较大的提升。

参考文献

[1] PENG M, SUN Y, LI X, et al. Recent advances in cloud radio access networks: system architectures, key techniques, and open issues[J]. IEEE Communications Surveys & Tutorials,

2016, 18(3): 2282-2308.

[2] SHI Y, ZHANG J, LETAIEF K B. Robust group sparse beamforming for multicast green cloud-RAN with imperfect CSI[J]. IEEE Transactions on Signal Processing, 2015, 63(17): 4647-4659.

[3] BIGUESH M, GERSHMAN A B. Training-based MIMO channel estimation: a study of estimator tradeoffs and optimal training signals[J]. IEEE Transactions on Signal Processing, 2006, 54(3): 884-893.

[4] EDFORS O, SANDELL M, JAN-JAAP V D B, et al. OFDM channel estimation by singular value decomposition[J]. IEEE Transactions on Communications, 1996, 46(7): 931-939.

[5] XIE X, PENG M, WANG W, et al. Training design and channel estimation in uplink cloud radio access networks[J]. IEEE Signal Processing Letter, 2015, 22(8): 1060-1064.

[6] SHIN C, HEATH J, ROBERT W, et al. Blind channel estimation for MIMO-OFDM systems[J]. IEEE Transactions on Vehicular Technology, 2007, 56(2): 670-685.

[7] ABDALLAH S, PSAROMILIGKOS I. Semi-blind channel estimation with superimposed training for OFDM-based AF two-way relaying[J]. IEEE Transactions on Wireless Communications, 2014, 13(5): 2468-2477.

[8] LIU A, LAU V. Joint power and antenna selection optimization in large cloud radio access networks[J]. IEEE Transactions on Signal Processing, 2014, 62(5): 1319-1328.

[9] ZHANG S, GAO F, PEI C, et al. Segment training based individual channel estimation in one-way relay network with power allocation[J]. IEEE Transactions on Wireless Communications, 2013, 12(3): 1300-1309.

[10] KOMNINAKIS C, FRAGOULI C, SAYED A H, et al. Multi-input multi-output fading channel tracking and equalization using Kalman estimation[J]. IEEE Transactions on Signal Processing, 2002, 50(5): 1065-1076.

[11] SICHITIU M L, VEERARITTIPHAN C. Simple, accurate time synchronization for wireless sensor networks[C]//IEEE Wireless Communications and Networking Conference, March 16-20, 2003, New Orleans, USA. Piscataway: IEEE Press, 2003: 1266-1273.

[12] OKUMURA Y, OHMORI E, KAWANO T, et al. Fieldstrength and its variability in VHF and UHF land mobile radio service[J]. Review of the Electrical Communications Laboratories, 1968, 16(9-10): 825.

[13] AL-NAFFOURI T Y, QUADEER A A. A forward-backward Kalman filter-based STBC MIMO OFDM receiver[J]. Eurasip Journal on Advances in Signal Processing, 2008(1): 1-14.

[14] AL-NAFFOURI T Y. An EM-based forward-backward Kalman for the estimation of time-variant channels in OFDM[J]. IEEE Transactions on Signal Processing, 2007, 55(7), 3924-3930.

[15] MA J, ORLIK P, ZHANG J, et al. Pilot matrix design for interim channel estimation in two hop MIMO AF relay systems[C]//IEEE International Conference on Communications, June 14-18, 2009, Dresden, Germany. Piscataway: IEEE Press, 2009: 1-5.

[16] KAY S. Fundamentals of statistical signal processing: estimation theory[M]. Englewood Cliffs NJ: Prentice Hall, 1987.

[17] POOR H V. An introduction to signal detection and estimation-second edition[M]. New York: Springer, 1994.

[18] MUHAIDAT H, UYSAL M, ADVE R. Pilot-symbol-assisted detection scheme for distributed orthogonal space-time block coding[J]. IEEE Transactions on Wireless Communications, 2009, 8(3): 1057-1061.

[19] HUANG H, TRIVELLATO M, HOTTINEN A, et al. Increasing downlink cellular throughput with limited network MIMO coordination[J]. IEEE Transactions on Wireless Communications, 2009, 8(6): 2983-2989.

[20] HASSIBI B, HOCHWALD B. How much training is needed in multiple antenna wireless links?[J]. IEEE Transactions on Information Theory, 2003, 49(4): 951-963.

[21] MINN H, AL-DHAHIR N. Optimal training signals for MIMO OFDM channel estimation[J]. IEEE Transactions on Wireless Communications, 2006, 5(6): 1158-1168.

[22] BIGUESH M, GERSHMAN A B. Training based MIMO channel estimation: a study of estimator tradeoffs and optimal training signals[J]. IEEE Transactions on Signal Processing, 2006, 54(3): 884-893.

[23] WONG T F, PARK B. Training sequence optimization in MIMO systems with colored interference[J]. IEEE Transactions on Communications, 2004, 52(11): 1939-1947.

[24] GAO F, CUI T, NALLANATHAN A. On channel estimation and optimal training design for amplify and forward relay networks[J]. IEEE Transactions on Wireless Communications, 2008, 7(5): 1907-1916.

[25] GAO F, ZHANG R, LIANG Y. Optimal channel estimation and training design for two-way relay networks[J]. IEEE Transactions on Communications, 2009, 57(10): 3024-3033.

[26] YIN H, GESBERT D, FILIPPOU M, et al. A coordinated approach to channel estimation in large-scale multiple-antenna systems[J]. IEEE Journal on Selected Areas in Communications, 2013, 31(2): 264-273.

[27] XIE X, PENG M, GAO F, et al. Superimposed training based channel estimation for uplink multiple access relay networks[J]. IEEE Transactions on Wireless Communications, 2015, 3(99): 1298-1309.

[28] BJORNSON E, OTTERSTEN B. A framework for training-based estimation in arbitrarily correlated Rician MIMO channels with Rician disturbance[J]. IEEE Transactions on Signal Processing, 2010, 58(3): 1807-1820.

[29] FITZEK F H P, HEIDE J, PEDERSEN M V, et al. Implementation of network coding for social mobile clouds[J]. IEEE Signal Processing Magazine, 2013, 30(1): 159-164.

[30] ZHENG G, WONG K K, OTTERSTEN B. Robust cognitive beamforming with bounded channel uncertainties[J]. IEEE Transactions on Signal Processing, 2009, 57(12): 4871-4881.

[31] GHARAVOL E A, LIANG Y C, MOUTHAAN K. Robust downlink beamforming in

multiuser MISO cognitive radio networks with imperfect channel-state information[J]. IEEE Transactions on Vehicular Technology, 2010, 59(6): 2852-2860.

[32] DU H, RATNARAJAH T. Robust utility maximization and admission control for a MIMO cognitive radio network[J]. IEEE Transactions on Vehicular Technology, 2013, 62(4): 1707-1718.

[33] RUSEK F, PERSSON D, LAU B K, et al. Scaling up MIMO: opportunities and challenges with very large arrays[J]. IEEE Signal Processing Magazine, 2013(30): 40-60.

[34] SANTIPACH W, HONIG M L. Optimization of training and feedback overhead for beamforming over block fading channels[J]. IEEE Transactions on Information Theory, 2010, 56(12): 6103-6115.

[35] MARSHALL A W, OLKIN I. Inequalities: theory of majorization and its applications[M]. New York: Academic Press, 1979.

[36] JOSSE N L, LAOT C, AMIS K. Efficient series expansion for matrix inversion with application to MMSE equalization[J]. IEEE Communications Letters, 2008, 12(1): 35-37.

[37] TULINO A M, VERDÚ S. Random matrix theory and wireless communications[J]. Communications & Information Theory, 2004, 1(1): 1-182.

[38] GRAY R M, DAVISSON L D. An introduction to statistical signal processing[M]. Cambridge: Cambridge University Press, 2004.

[39] CHOI J, LOVE D, BIDIGARE P. Downlink training techniques for FDD massive MIMO systems: open-loop and closed-loop training with memory[J]. IEEE Journal on Selected Topics in Signal Processing, 2014, 8(5): 802-814.

[40] NGO H Q, LARSSON E G, MARZETTA T L. Energy and spectral efficiency of very large multiuser MIMO systems[J]. IEEE Transactions on Communications, 2013, 61(4): 1436-1449.

第 6 章
云无线接入网络的半盲信道估计

采用传统的基于导频的相关信道估计方法，由于需要在接入链路和基于无线传输的前传链路分配大量正交的导频符号，导致开销大、系统效率低。为了节省导频开销，在 C-RAN 中可以采用半盲信道估计技术。本章首先介绍了理想前传链路下的半盲信道估计方法及对应的性能，然后描述了非理想无线前传链路下的半盲信道估计方法及性能结果。最后，考虑到半盲信道估计方法复杂度过高，特别介绍了非理想无线前传链路下的低复杂度半盲信道估计方法及性能。

在上行云无线接入网络（C-RAN）中，需要对用户（UE）与远端无线射频单元（RRH）之间的无线接入链路（Radio Access Link，RAL）和 RRH 与云基带处理（BBU）池之间的前传链路分别进行信道估计，得到二者独立的信道状态信息[1]。由于无线链路部署价格低廉且灵活度较高，使得无线前传链路在 C-RAN 的实际应用中更有优势。然而，当前传链路为无线链路时，其容量和时延受限问题对于 C-RAN 的性能有很大的影响。并且，由于 RRH 的协作规模太大会带来高计算复杂度的问题，射频单元之间的协作规模也受到限制。

由于 C-RAN 具有信号集中处理的特点，其前传链路负载较重，基于导频信号的信道估计方法对导频的需求高，会加重前传链路的负载。而盲信道估计方法计算复杂，难以满足 C-RAN 的实时性要求。综合考虑导频开销和计算复杂度问题，半盲信道估计方法在 C-RAN 场景下更为实用。在现有的半盲信道估计算法研究成果中，子空间法和最优矩法结合导频进行信道估计的方法较为常见。其中，子空间法利用了信号子空间与噪声子空间之间的正交性构造优化目标函数，通过对该函数进行求解获得信道状态信息，在求解过程中需要使用导频信息对模糊度进行处理。最优矩法则是通过将信号的时间、空间、频率等维度信息与多维矩阵的维度进行关联，基于分解具有唯一性的特点，拟合构造的多维矩阵模型，利用少量导频信号获得信道估计值。但是，这两类方法对信道或者信号本身的潜在结构特征仍有依赖。本章将介绍一种结合 C-RAN 特点的适用于通用场景的半盲信道估计方法。

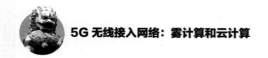

6.1　理想前传链路下的半盲信道估计

考虑如图 6-1 所示的 C-RAN 的上行传输系统模型，其中，包括 K 个 UE、M 个 RRH 和一个 BBU 池。用户通过 RRH 向 BBU 池发送上行信息，且用户与 BBU 池之间不存在直传链路。用户与 RRH 之间的链路为无线接入链路（ACL），RRH 与 BBU 池之间的链路为前传链路，接入链路和前传链路均为瑞利衰落信道。其中，为用户和 RRH 均配置单天线，为 BBU 池配置多天线，其天线数量记为 D。为了避免前传链路中的信道间干扰，令 BBU 池配置的天线数量满足约束条件 $D \geqslant M$。

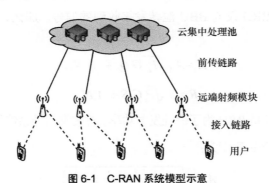

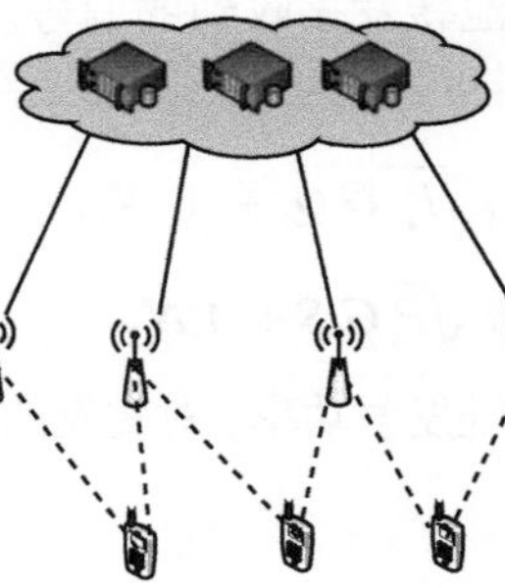

图 6-1　C-RAN 系统模型示意

6.1.1　C-RAN 传输方法

在 C-RAN 中，上行信号传输包含两个阶段。在第一阶段中，用户同时向 RRH 发送导频信号和数据信号，导频信号采用分段导频的传输形式。RRH 接收到的数据信号和导频信号可以分别表示为：

$$\boldsymbol{Y}_1=\sqrt{P_{q1}}\boldsymbol{G}_1\boldsymbol{Q}_1+\boldsymbol{N}_1 \tag{6-1}$$

$$\boldsymbol{Y}_2=\sqrt{P_s}\boldsymbol{G}_1\boldsymbol{S}+\boldsymbol{N}_2 \tag{6-2}$$

其中，$\boldsymbol{Q}_1=\left[\boldsymbol{q}_{1,1}^{\mathrm{H}}\cdots\boldsymbol{q}_{1,K}^{\mathrm{H}}\right]^{\mathrm{H}}$ 表示用户发送的导频向量组成的 $K\times L_1$ 的导频矩阵，L_1 满足约束条件 $L_1\geqslant K$，$\boldsymbol{S}=\left[\boldsymbol{s}_{1,1}^{\mathrm{H}}\cdots\boldsymbol{s}_{1,K}^{\mathrm{H}}\right]^{\mathrm{H}}$ 表示用户发送的数据向量组成的 $K\times L_d$

的数据矩阵。其中，$\boldsymbol{q}_{1,i}$ 和 $\boldsymbol{s}_{1,i}$ 分别表示第 i 个用户发送的 $1\times L_1$ 的导频向量和 $1\times L_d$ 的数据向量，P_{q1} 和 P_s 分别表示用户发送导频信号和数据信号的发送功率，$\boldsymbol{G}_1$ 表示 $M\times K$ 的接入链路信道矩阵，$\boldsymbol{N}_1$ 和 $\boldsymbol{N}_2$ 分别表示 RRH 接收到的加性高斯白噪声。

接入链路 $\boldsymbol{G}_1$ 的信道模型可以表示为：

$$\boldsymbol{G}_1=\left[d_{i,j}^{-\alpha/2}h_{i,j}\right]_{M\times K}=\left[d_{i,j}^{-\alpha/2}\right]_{M\times K}\odot\left[h_{i,j}\right]_{M\times K}=\boldsymbol{D}_1\odot\boldsymbol{H}_1 \tag{6-3}$$

其中，$\boldsymbol{A}\odot\boldsymbol{B}$ 代表 $\boldsymbol{A}$ 矩阵和 $\boldsymbol{B}$ 矩阵的哈达马（Hadamard）乘积，$\boldsymbol{D}_1$ 和 $\boldsymbol{H}_1$ 分别表示路径损耗矩阵和平坦瑞利衰落矩阵，$d_{i,j}^{-\alpha/2}$ 和 $h_{i,j}$ 表示第 i 个用户到第 j 个 RRH 的路径损耗和平坦瑞利衰落，α 表示路径损耗系数。

假设 RRH 与 BBU 池之间的前传链路为理想信道，无需进行信道估计，因此，在第二阶段，RRH 仅向 BBU 池转发接收到的信号。那么，BBU 池接收到的信号可以表示为：

$$\boldsymbol{Z}_1=A_{q1}\sqrt{P_{q1}}\boldsymbol{G}_1\boldsymbol{Q}_1+A_{q1}\boldsymbol{N}_1 \tag{6-4}$$

$$\boldsymbol{R}_1=A_s\sqrt{P_s}\boldsymbol{G}_1\boldsymbol{S}+A_s\boldsymbol{N}_2 \tag{6-5}$$

其中，A_{q1} 和 A_s 分别是 RRH 为了保证发射功率，对转发的导频信号和数据信号进行放大的系数，可以分别表示为：

$$A_{q1}=\sqrt{P_{R,q1}L_{q1}\Big/E\left\{\mathrm{tr}\left(\boldsymbol{Y}_1\boldsymbol{Y}_1^{\mathrm{H}}\right)\right\}} \tag{6-6}$$

$$A_s=\sqrt{P_{R,s}L_s\Big/E\left\{\mathrm{tr}\left(\boldsymbol{Y}_2\boldsymbol{Y}_2^{\mathrm{H}}\right)\right\}} \tag{6-7}$$

6.1.2 C-RAN 半盲信道估计算法

本节介绍利用导频信号和数据信号进行估计的半盲信道估计算法。根据最大似然准则[2]，BBU 池对接收到的导频和数据信号进行处理，那么，用来估计接入链路 $\boldsymbol{G}_1$ 的优化目标函数可以表示为：

$$\mathcal{M}\left(\hat{\boldsymbol{G}}_1\right)=\arg\max\left\{\mathrm{lb}\left(F\left(\boldsymbol{Z}_1,\boldsymbol{R}_1;\boldsymbol{G}_1\right)\right)\right\} \tag{6-8}$$

由 $\boldsymbol{Q}_1$ 与 $\boldsymbol{S}$ 之间相互独立可知，$\boldsymbol{Z}_1$ 和 $\boldsymbol{R}_1$ 之间也相互独立，那么，式（6-6）中的联合似然函数可以表示为：

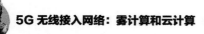

$$F\left(\boldsymbol{Z}_1,\boldsymbol{R}_1;\boldsymbol{G}_1\right)=F\left(\boldsymbol{Z}_1;\boldsymbol{G}_1\right)F\left(\boldsymbol{R}_1;\boldsymbol{G}_1\right) \tag{6-9}$$

根据式（6-4）和式（6-5），BBU 池接收到的信号 $\boldsymbol{Z}_1$ 和 $\boldsymbol{R}_1$ 的似然函数可以分别表示为：

$$F\left(\boldsymbol{Z}_1;\boldsymbol{G}_1\right)=\prod_{i=1}^{L_1}\frac{1}{\pi^D\left|\Sigma_{\boldsymbol{Z}_1}\right|}\exp\left\{\left(z_1(i)-\overline{z}_1(i)\right)^{\mathrm{H}}\Sigma_{\boldsymbol{Z}_1}^{-1}\left(z_1(i)-\overline{z}_1(i)\right)\right\} \tag{6-10}$$

$$F\left(\boldsymbol{R}_1;\boldsymbol{G}_1\right)=\prod_{j=1}^{L_s}\frac{1}{\pi^D\left|\Sigma_{\boldsymbol{R}_1}\right|}\exp\left\{\left(\boldsymbol{r}_1(j)-\overline{\boldsymbol{r}}_1(j)\right)^{\mathrm{H}}\Sigma_{\boldsymbol{R}_1}^{-1}\left(\boldsymbol{r}_1(j)-\overline{\boldsymbol{r}}_1(j)\right)\right\} \tag{6-11}$$

其中，$z_1(i)$ 和 $\overline{z}_1(i)$ 分别表示 $\boldsymbol{Z}_1$ 和 $\overline{\boldsymbol{Z}}_1$ 的第 i 列向量，$\overline{\boldsymbol{Z}}_1$ 和 $\Sigma_{\boldsymbol{Z}_1}$ 分别表示 $\boldsymbol{Z}_1$ 的均值矩阵和方差矩阵，同理可知 $\boldsymbol{r}_1(j)$、$\overline{\boldsymbol{r}}_1(j)$、$\overline{\boldsymbol{R}}_1$ 和 $\Sigma_{\boldsymbol{R}_1}$ 的相关定义。$\boldsymbol{Z}_1$ 和 $\boldsymbol{R}_1$ 的均值矩阵和方差矩阵可以分别表示为：

$$\overline{\boldsymbol{Z}}_1=A_{q1}\sqrt{P_{q1}}\boldsymbol{G}_1\boldsymbol{Q}_1,\quad \Sigma_{\boldsymbol{Z}_1}=A_{q1}^2\sigma_n^2\boldsymbol{I}_D \tag{6-12}$$

$$\overline{\boldsymbol{R}}_1=A_s\sqrt{P_s}\boldsymbol{G}_1\boldsymbol{S},\quad \Sigma_{\boldsymbol{R}_1}=A_s^2\sigma_n^2\boldsymbol{I}_D \tag{6-13}$$

将式（6-10）~式（6-13）代入式（6-8），优化目标函数可以表示为：

$$\mathcal{M}\left(\hat{\boldsymbol{G}}_1\right)=\arg\min\left\{\sum_{i=1}^{L_1}\left(z_1^{\Delta}(i)\right)^{\mathrm{H}}\Sigma_{\boldsymbol{Z}_1}^{-1}z_1^{\Delta}(i)+\sum_{j=1}^{L_s}\left(\boldsymbol{r}_1^{\Delta}(j)\right)^{\mathrm{H}}\Sigma_{\boldsymbol{R}_1}^{-1}\boldsymbol{r}_1^{\Delta}(j)\right\} \tag{6-14}$$

其中，$z_1^{\Delta}(i)=z_1(i)-\overline{z}_1(i)$，$\boldsymbol{r}_1^{\Delta}(j)=\boldsymbol{r}_1(j)-\overline{\boldsymbol{r}}_1(j)$。

通过对式（6-14）进行分析可知，最大对数似然函数准则将对接入链路 $\boldsymbol{G}_1$ 的信道估计问题转化为了求解一个无约束的非凸优化问题的最优解的过程。在非凸优化问题的求解方法中，牛顿法[3]及拟牛顿法[4]的使用最为广泛。在牛顿法中，计算复杂度主要在于通过对优化目标函数求二阶导数获得用于计算搜索方向的海森（Hession）矩阵及其逆矩阵。拟牛顿法对这一步骤进行了优化，在拟牛顿法中，海森矩阵及其逆矩阵不需要通过复杂的二阶求导获得，而是通过一种简单的迭代的方法得到近似结果，降低了计算复杂度。最早的拟牛顿法为 DFP（Davidon Fletcher and Powell）算法[5]，由于 DFP 算法对一维搜索的准确度要求较高，使得计算结果的数据稳定性较差。BFGS（Brayben Fletcher Goldfarb and Shanno）方法降低了一维搜索的精度要求，并且迭代产生的近似矩阵奇异的概率降低，使得计算结果的数值稳定性得到了提高。在 BFGS 算法中，使用的线性迭代方法的约束条件保证了算法的局部收敛性[6]。

针对非凸优化问题，BFGS 算法对初始值较为敏感，初始值的选取决定了算法的全局收敛性能。

由参考文献[6]可知，BFGS 算法具有收敛速度较快且计算复杂度较低的优势，目前已成为解决无约束非凸优化问题的常用方法。针对式（6-14）提出的无约束的非凸优化问题，本章采用了 BFGS 算法进行求解。使用的 BFGS 算法的算法流程可以表示如下。

算法 6-1 BFGS 算法

步骤 1 初始化：通过最小二乘（Least Square，LS）信道估计方法获得初始信道估计矩阵 $\boldsymbol{G}_1^0$，设逆海森矩阵为 $\boldsymbol{B}_0=\boldsymbol{I}_D$，算法的收敛阈值为 ε。

步骤 2 计算搜索方向：$\boldsymbol{d}_k=-\boldsymbol{B}_k^{-1}\nabla_{\boldsymbol{G}_1^{\mathrm{H}}}\mathcal{M}$。

步骤 3 计算步长并更新估计值：$\lambda_k=\arg\min f\left(\boldsymbol{x}_k+\lambda\boldsymbol{d}_k\right)$，$\boldsymbol{x}_{k+1}=\boldsymbol{x}_k+\lambda_k\boldsymbol{d}_k$。

步骤 4 如果$\left\|\nabla_{\boldsymbol{G}_1^{\mathrm{H}}}\mathcal{M}\Big|_{\boldsymbol{G}_1=\boldsymbol{G}_1^{k+1}}\right\|<\varepsilon$，停止迭代。

步骤 5 更新逆海森矩阵：$\boldsymbol{B}_{k+1}=\boldsymbol{B}_k+\dfrac{\left(\boldsymbol{v}_k^{\mathrm{H}}\boldsymbol{u}_k+\boldsymbol{u}_k^{\mathrm{H}}\boldsymbol{B}_k\boldsymbol{u}_k\right)\boldsymbol{v}_k\boldsymbol{v}_k^{\mathrm{H}}}{\left(\boldsymbol{v}_k^{\mathrm{H}}\boldsymbol{u}_k\right)^2}-\dfrac{\boldsymbol{B}_k\boldsymbol{u}_k\boldsymbol{v}_k^{\mathrm{H}}+\boldsymbol{v}_k\boldsymbol{u}_k^{\mathrm{H}}\boldsymbol{B}_k}{\boldsymbol{v}_k^{\mathrm{H}}\boldsymbol{u}_k}$，

其中，$\boldsymbol{u}_k=\nabla_{\boldsymbol{G}_1^{\mathrm{H}}}\mathcal{M}\Big|_{\boldsymbol{G}_1=\boldsymbol{G}_1^{k+1}}-\nabla_{\boldsymbol{G}_1^{\mathrm{H}}}\mathcal{M}\Big|_{\boldsymbol{G}_1=\boldsymbol{G}_1^{k}}$，$\boldsymbol{v}_k=\lambda_k\boldsymbol{d}_k$。

步骤 6 重复步骤 2。

由于在进行半盲信道估计过程中需要使用数据信号，因此在估计前需要对数据信号进行检测，本章采用线性最小均方误差信号检测方法[7]。首先，通过 LS 方法获得初始信道估计值 $\boldsymbol{G}_{1,\mathrm{LS}}$，那么，线性 MMSE 检测矩阵 $\boldsymbol{G}$ 可以表示为：

$$\boldsymbol{G}=\arg\min E\left\|\boldsymbol{G}\boldsymbol{Z}_1-\boldsymbol{S}\right\|^2=\left(\boldsymbol{G}_{1,\mathrm{LS}}^{\mathrm{H}}\boldsymbol{G}_{1,\mathrm{LS}}+\sigma_n^2\boldsymbol{I}\right)^{-1}\boldsymbol{G}_{1,\mathrm{LS}}^{\mathrm{H}} \tag{6-15}$$

从而可以得到检测所得数据信号的表示形式为：

$$\tilde{\boldsymbol{S}}=\boldsymbol{G}\boldsymbol{Z}_1 \tag{6-16}$$

6.1.3 仿真结果与分析

在本节，对半盲信道估计方法的估计性能进行了仿真验证，为了证明该方法的性能优势，选取 LS 信道估计方法作为对照。在仿真中采用的参数设置如下，其中，用户数为 $K=5$，RRH 数为 $M=6$，云集中处理池天线数设为 $D=7$。导频长度 $L_1=7$，数据长度 $L_d=10$，数据信号采用正交相移键控（Quadrature Phase Shift Keying，QPSK）调制方法，路径损耗系数为 α=4。噪声功率为 σ_n^2=1 dBm。用户和 RRH 的发送功率分别为 P_{q1}=P_s=25 dBm，$P_{R,q1}$=$P_{R,s}$=40 dBm。

图 6-2 和图 6-3 分别给出了半盲信道估计方法与 LS 信道估计方法的 MSE 性能的比较结果。由图 6-2 所示的仿真结果可知，当使用的导频长度相同时，半盲信道估计方法的 MSE 性能要优于 LS 信道估计方法的 MSE 性能。半盲信道估计方法相对于 LS 信道估计方法存在性能优势的原因可以解释为：在半盲信道估计方法中，以 LS 信道估计值为初始值进行迭代更新，由于使用的数据信号包含额外的信道状态信息，使最终的估计结果更为精确。

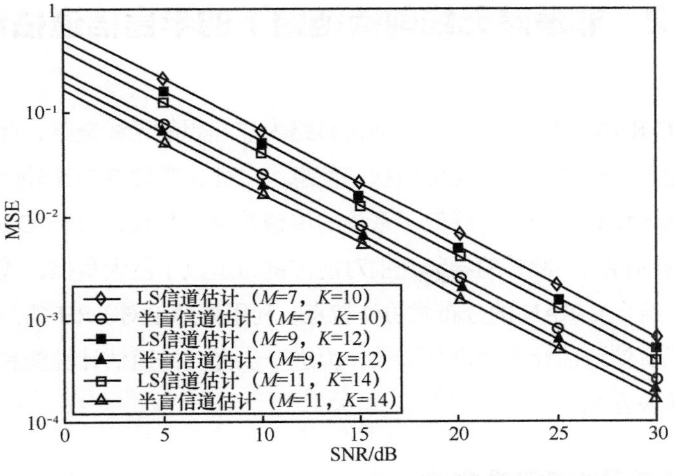

图 6-2　使用相同导频长度时，信道估计方法 MSE 性能比较

图 6-3 给出了半盲信道估计使用的导频信号和数据信号长度之和与 LS 信道估计方法使用的导频长度相等时，两种方法的估计性能比较。从图 6-3 中可以看出，半盲信道估计的估计性能与 LS 信道估计方法的估计性能相近，但此时半盲信道估计方法使用的导频长度更短，仿真结果表明，该方法在保证估计性能的同时可以减少导频开销，提高系统传输效率。

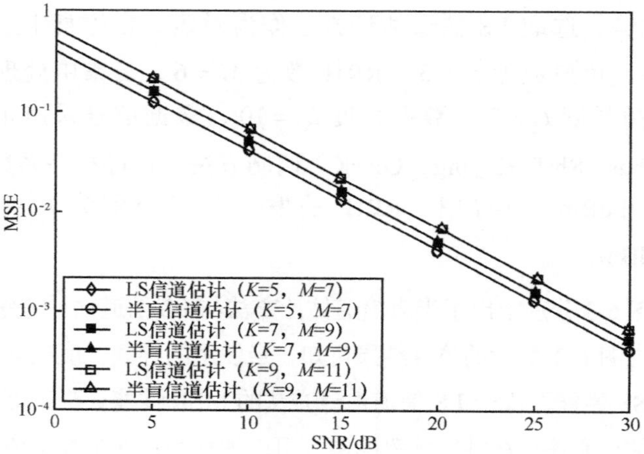

图 6-3　使用相同估计信号长度时，信道估计方法 MSE 性能比较

6.2　非理想无线前传链路下的半盲信道估计

在上行 C-RAN 的一般场景下，前传链路为非理想的无线链路，此时需要分别获得接入链路和前传链路的独立信道状态信息。由此，需要增加额外的导频开销，占用了更多的无线频谱资源，降低了系统的传输效率。并且，由于 C-RAN 对数据进行集中处理的特点，额外的导频开销对前传链路造成了巨大负担，成为提升系统容量的瓶颈。结合 C-RAN 的分布式协作特点，利用博弈论对 RRH 的协作形式进行优化，并对半盲信道估计方法进行设计，为进一步提升信道估计性能和系统传输速率提供一个解决方案。

6.2.1　系统模型与传输方法

考虑如图 6-4 所示的 C-RAN 系统模型，其中包括 K 个用户通过 M 个 RRH 向 BBU 池发送信号。M 个 RRH 被划分为 N 个独立的簇 $C_1,\cdots,C_N$，令簇的数量满足约束条件 $N \leqslant M$。用户和 RRH 均为单天线配置，BBU 池配置 D 根天线，且满足约束条件 $D \geqslant M$。假设用户与 BBU 池之间不存在直传链路，同时，由于用户的发射功率较低，只有与用户距离较近的 RRH 为用户提供转发服务。这使得同一簇中的 RRH 的传输环境基本相同，可以保证在该场景下信号传输的同步性。接入链路和前传链路均采用瑞利衰落信道模型。

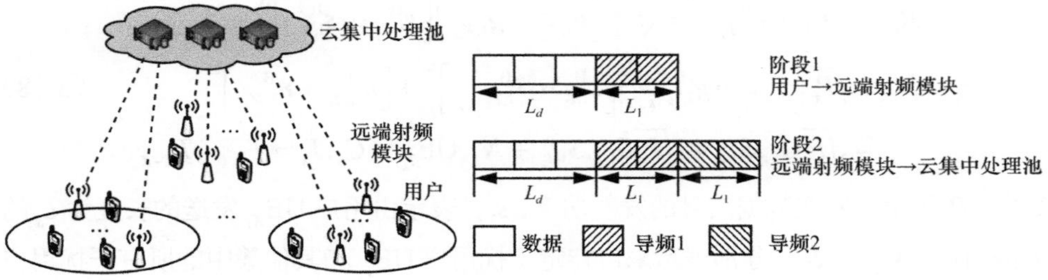

图 6-4　C-RAN 的系统模型和本章使用的导频传输方法

为了实现集中式信号处理，BBU 池需要获得每个簇的信道状态信息。用户和 RRH 需要分别发送独立的导频信号，从而在接收信号中估计出两跳信道各自独立的信道状态信息。为了避免导频污染，假设所有用户和 RRH 均使用正交导频序列。

为了不失一般性，选取簇 C_n 作为一个典型簇，对该簇的信道估计方法进行讨论。簇 C_n 包含 M_n 个 RRH 和 K_n 个用户，可以分别表示为 $\mathrm{RRH}_{M_1},\cdots,\mathrm{RRH}_{M_n}$ 和 $\mathrm{UE}_{K_1},\cdots,\mathrm{UE}_{K_n}$。C-RAN 中的上行信号传输包括两个阶段。如图 6-4 所示，在这两个传输过程中，导频信号均采用了分段导频的传输方法。因此，基于同步传输的假设，可以完全避免第一阶段与第二阶段中传输导频的相互干扰。同时，假设每个簇中的 RRH 通过正交频谱资源转发信号，可以保证在第二个传输阶段中不存在簇间干扰。

在第一阶段，用户同时向 RRH 发送导频和数据信号，簇 C_n 中的 RRH 接收到的导频信号可以表示为：

$$\begin{aligned}\boldsymbol{Y}_{1,n}&=\left[\boldsymbol{y}_{1,M_1}^{\mathrm{H}}\cdots\boldsymbol{y}_{1,M_n}^{\mathrm{H}}\right]^{\mathrm{H}}=\sqrt{P_{q1}}\left[\boldsymbol{g}_{1,K_1}\cdots\boldsymbol{g}_{1,K_n}\right]\left[\boldsymbol{q}_{1,K_1}^{\mathrm{H}}\cdots\boldsymbol{q}_{1,K_n}^{\mathrm{H}}\right]^{\mathrm{H}}+\left[\boldsymbol{w}_{1,M_1}^{\mathrm{H}}\cdots\boldsymbol{w}_{1,M_n}^{\mathrm{H}}\right]^{\mathrm{H}}\\&=\sqrt{P_{q1}}\boldsymbol{G}_{1,n}\boldsymbol{Q}_{1,n}+\boldsymbol{W}_{1,n}\end{aligned}\tag{6-17}$$

其中，P_{q1} 表示用户发送导频信号的发射功率，$\boldsymbol{q}_{1,K_i}$ 表示用户 UE_{K_i} 发送的长度为 L_1 的导频序列，且满足约束条件 $L_1 \geqslant K$。$\boldsymbol{G}_{1,n}$ 表示 $M_n \times K_n$ 的接入链路矩阵，$\boldsymbol{g}_{1,K_i}$ 表示用户 UE_{K_i} 到簇 C_n 中全部 RRH 的 $M_n \times 1$ 的信道向量，$\boldsymbol{Y}_{1,n}$ 表示 C_n 中全部 RRH 接收的 $M_n \times L_1$ 的观察矩阵，$\boldsymbol{y}_{1,M_j}$ 表示 RRH_{M_j} 接收到的 $L_1 \times 1$ 的观察向量。$\boldsymbol{W}_{1,n}$、$\boldsymbol{w}_{1,M_j}$ 分别表示 C_n 和 RRH_{M_j} 接收到的加性高斯白噪声，且 $\boldsymbol{W}_{1,n} \sim \mathrm{CN}\left(0,\sigma_n^2\boldsymbol{I}_{M_n}\right)$，

$\boldsymbol{w}_{1,M_j} \sim \mathrm{CN}\left(0, \sigma_n^2 \boldsymbol{I}_{L_1}\right)$。

簇 C_n 中 RRH 接收到的数据信号可以表示为：

$$\begin{aligned}\boldsymbol{R}_{1,n} &= \left[\boldsymbol{r}_{1,1}^{\mathrm{H}} \cdots \boldsymbol{r}_{1,M_n}^{\mathrm{H}}\right]^{\mathrm{H}} = \sqrt{P_s}\left[\boldsymbol{g}_{1,K_1} \cdots \boldsymbol{g}_{1,K_n}\right]\left[\boldsymbol{s}_{1,K_1}^{\mathrm{H}} \cdots \boldsymbol{s}_{1,K_n}^{\mathrm{H}}\right]^{\mathrm{H}} + \\ &\sqrt{P_s}\left[\tilde{\boldsymbol{g}}_{1,T_1} \cdots \tilde{\boldsymbol{g}}_{1,T_{K-K_n}}\right]\left[\boldsymbol{s}_{1,T_1}^{\mathrm{H}} \cdots \boldsymbol{s}_{1,T_{K-K_n}}^{\mathrm{H}}\right]^{\mathrm{H}} + \left[\boldsymbol{n}_{1,M_1}^{\mathrm{H}} + \boldsymbol{n}_{1,M_n}^{\mathrm{H}}\right]^{\mathrm{H}} \\ &= \sqrt{P_s}\boldsymbol{G}_{1,n}\boldsymbol{S}_{1,n} + \sqrt{P_s}\tilde{\boldsymbol{G}}_{1,I_n}\boldsymbol{S}_{1,I_n} + \boldsymbol{N}_1, \mathrm{UE}_{T_k} \notin C_n, T_k = T_1, \cdots, T_{K-K_n}\end{aligned} \tag{6-18}$$

其中，P_s 是用户发送数据信号的发射功率，$\boldsymbol{s}_{1,K_i}$ 表示由用户 UE_{K_i} 发送的长度为 L_s 的数据向量。$\boldsymbol{s}_{1,T_k}$ 和 $\boldsymbol{S}_{1,I_n}$ 分别表示来自特定干扰用户 UE_{T_k} 和其他簇中的所有干扰用户的数据信号。$\tilde{\boldsymbol{g}}_{1,T_k}$ 表示从干扰用户 UE_{T_k} 到簇 C_n 中 RRH 的信道向量，所有干扰用户到簇 C_n 中 RRH 的信道向量构成了 $M_n \times \left(K - K_n\right)$ 的信道矩阵 $\tilde{\boldsymbol{G}}_{1,I_n}$。$\boldsymbol{n}_{1,M_j}^{\mathrm{H}}$ 和 $\boldsymbol{N}_1$ 分别代表 RRH_{M_j} 和簇 C_n 中全部 RRH 接收的加性高斯白噪声，且 $\boldsymbol{n}_{1,M_j} \sim \mathrm{CN}\left(0, \sigma_n^2 \boldsymbol{I}_{L_s}\right)$，$\boldsymbol{N}_1 \sim \mathrm{CN}\left(0, \sigma_n^2 \boldsymbol{I}_{M_n}\right)$。

在第二阶段，RRH 为保证发射功率，对接收到的信号进行放大处理并通过无线前传链路转发给 BBU 池。同时，为了获得前传链路的信道状态信息，每个 RRH 在对接收信号进行转发前，以分段叠加方式叠加了各自的导频信号。为了保证前传链路的传输性能，分配给每个簇的导频资源是正交的，避免了簇间的导频干扰。BBU 池接收到的用户和 RRH 发送的导频信号可以分别表示为：

$$\boldsymbol{Z}_{1,n} = A_{q1}\sqrt{P_{q1}}\boldsymbol{G}_{2,n}\boldsymbol{G}_{1,n}\boldsymbol{Q}_{1,n} + A_{q1}\boldsymbol{G}_{2,n}\boldsymbol{W}_{1,n} + \boldsymbol{V}_{1,n} \tag{6-19}$$

$$\boldsymbol{Z}_{2,n} = \sqrt{P_{q2}}\boldsymbol{G}_{2,n}\boldsymbol{Q}_{2,n} + \boldsymbol{V}_{2,n} \tag{6-20}$$

其中，$\boldsymbol{Q}_{2,n} = \left[\boldsymbol{q}_{2,M_1}^{\mathrm{H}} \cdots \boldsymbol{q}_{2,M_n}^{\mathrm{H}}\right]^{\mathrm{H}}$ 表示 RRH 发送的 $M_n \times L_2$ 的导频矩阵，$\boldsymbol{q}_{2,M_i}$ 表示 RRH_{M_i} 发送的长度为 L_2 的导频向量，$\boldsymbol{G}_{2,n} = \left[\boldsymbol{g}_{2,M_1} \cdots \boldsymbol{g}_{2,M_n}\right]$ 表示簇 C_n 中 $D \times M_n$ 的无线前传链路矩阵，$\boldsymbol{g}_{2,M_i}$ 表示 RRH_{M_i} 到 BBU 池之间 $D \times 1$ 的信道向量，$\boldsymbol{V}_{1,n}$ 和 $\boldsymbol{V}_{2,n}$ 表示 BBU 池接收到的加性高斯白噪声，P_{q2} 表示 RRH 发送导频信号的功率，A_{q1} 表示 RRH 转发 $\boldsymbol{Q}_{1,n}$ 信号的放大系数。该放大系数是一个与 RRH 接收信号的期望相关的定值，可以表示为：

$$A_{q1} = \sqrt{\frac{P_{R,q1}L_1}{E\left\{\mathrm{tr}\left(\boldsymbol{Y}_{1,n}\boldsymbol{Y}_{1,n}^{\mathrm{H}}\right)\right\}}} \tag{6-21}$$

其中，$P_{R,q1}$ 表示 RRH 转发 $\boldsymbol{Q}_{1,n}$ 信号的功率。

BBU 池接收到的数据信号可以表示为：

$$\boldsymbol{R}_{2,n} = A_s\sqrt{P_s}\boldsymbol{G}_{2,n}\boldsymbol{G}_{1,n}\boldsymbol{S}_{1,n} + A_s\sqrt{P_s}\boldsymbol{G}_{2,n}\tilde{\boldsymbol{G}}_{1,I_n}\boldsymbol{S}_{1,I_n} + A_s\boldsymbol{G}_{2,n}\boldsymbol{N}_1 + \boldsymbol{N}_2 \tag{6-22}$$

其中，放大系数 $A_s = \sqrt{\left(P_{R,s}L_s\right)/E\left\{\mathrm{tr}\left(\boldsymbol{R}_{1,n}\boldsymbol{R}_{1,n}^{\mathrm{H}}\right)\right\}}$，$\boldsymbol{N}_2$ 表示加性高斯白噪声。

信道建模中，包括路径损耗和平坦瑞利衰落两部分，$\boldsymbol{G}_{1,n}$ 和 $\boldsymbol{G}_{2,n}$ 的信道模型可以分别表示为：

$$\boldsymbol{G}_{1,n} = \left[d_{M_i,K_j}^{-\alpha/2}h_{M_i,K_j}\right]_{M_n\times K_n} = \left[d_{M_i,K_j}^{-\alpha/2}\right]_{M_n\times K_n} \odot \left[h_{M_i,K_j}\right]_{M_n\times K_n} = \boldsymbol{D}_{1,n}\odot\boldsymbol{H}_{1,n} \tag{6-23}$$

$$\boldsymbol{G}_{2,n} = \left[d_{c,M_1}^{-\alpha/2}\boldsymbol{h}_{2,M_1}\ldots d_{c,M_n}^{-\alpha/2}\boldsymbol{h}_{2,M_n}\right] = \left[h_{D_i,M_j}\right]_{D_n\times M_n}\mathrm{diag}\left[d_{c,M_1}^{-\alpha/2}\ldots d_{c,M_n}^{-\alpha/2}\right] = \boldsymbol{H}_{2,n}\boldsymbol{D}_{2,n} \tag{6-24}$$

其中，$\boldsymbol{D}_{1,n}$ 和 $\boldsymbol{H}_{1,n}$ 分别表示接入链路的路径损耗矩阵和平坦瑞利衰落矩阵，$d_{M_i,K_j}^{-\alpha/2}$ 和 h_{M_i,K_j} 分别表示从 UE_{K_j} 到 RRH_{M_i} 的路径损耗和平坦瑞利衰落。同样，$\boldsymbol{D}_{2,n}$ 和 $\boldsymbol{H}_{2,n}$ 分别表示前传链路的路径损耗矩阵和平坦瑞利衰落矩阵，其中，d_{c,M_j} 表示 RRH_{M_j} 到 BBU 池的距离，h_{D_i,M_j} 表示 RRH_{M_j} 到 BBU 池第 D_i 根天线信道的平坦瑞利衰落，α 表示路径损耗系数。

6.2.2　半盲信道估计优化算法

本节利用 C-RAN 的 RRH 的分布式协作特点，对 RRH 的协作形式进行合理设计，控制协作簇的规模，并讨论对两跳信道进行估计的半盲信道估计算法。

6.2.2.1　建模与分析

在联盟博弈[8]中，可以通过减少部分用户的收益或者通过抑制部分用户的收益增量来换取系统整体的收益提升。通过保证节点间有效合作，使整体收益取得最大值。在 C-RAN 中，信号集中处理和协作无线电等技术的应用，使得基于合作的信道估计方法可以获得更好的估计性能和系统性能。将 RRH 之间的协作建模为一个合作联盟博弈问题[9]，通过解决这一问题来优化半盲信道估计算法的性能。

在联盟形成的过程中，需要权衡性能增益与协作规模，这是由于在 C-RAN 中，RRH 之间协作带来的性能增益依赖于合作规模的扩大，这会导致较高的计算复杂度，并且给前传链路带来沉重的导频传输负担。在半盲信道估计优化算法中，半盲信道估计方法能够降低导频开销，规模恰当的分簇能够控制算法整体的计算复杂度，由此，为上述问题提供了良好的解决方案。

为了平衡传输效率和估计性能，本节介绍的联合优化问题的效益函数可以表示为：

$$\max_{C_n,\hat{G}_{1,n},\hat{G}_{2,n}} \sum_{n=1}^{N} \underbrace{\left[r(C_n) - \mu\mathcal{M}\left(\hat{\boldsymbol{G}}_{1,n},\hat{\boldsymbol{G}}_{2,n}\right)\right]}_{u(C_n)} \\ \text{s.t.} \sum_{n=1}^{N} K_n = K, \sum_{n=1}^{N} M_n = M \tag{6-25}$$

其中，$r(C_n)$表示簇C_n中的传输速率总和，$\mathcal{M}\left(\hat{\boldsymbol{G}}_{1,n}, \hat{\boldsymbol{G}}_{2,n}\right)$表示簇$C_n$中的信道估计误差，这一参数主要取决于估计量$\hat{\boldsymbol{G}}_{1,n}$和$\hat{\boldsymbol{G}}_{2,n}$，系数$\mu$用来控制开销在效益函数中的影响。如式（6-25）所示，$r(C_n)$作为每个簇的收益，$\mathcal{M}\left(\hat{\boldsymbol{G}}_{1,n}, \hat{\boldsymbol{G}}_{2,n}\right)$作为每个簇的开销。如果将$\mathcal{M}\left(\hat{\boldsymbol{G}}_{1,n}, \hat{\boldsymbol{G}}_{2,n}\right)$从效益函数中移除，新的 RRH 的加入将会增加一个簇的收益，这将导致最终形成一个完全联盟，使得计算复杂度和服务质量无法得到保证。因此，$\mathcal{M}\left(\hat{\boldsymbol{G}}_{1,n}, \hat{\boldsymbol{G}}_{2,n}\right)$在效益函数中作为开销，可以控制每个簇的大小，保持性能和计算复杂度之间的平衡。由于$r(C_n)$和$\mathcal{M}\left(\hat{\boldsymbol{G}}_{1,n}, \hat{\boldsymbol{G}}_{2,n}\right)$的量级不同，为了使效益函数更为有效，引入系数$\mu$对开销的影响进行控制。

引理 6-1 在效益函数中，传输速率$r(C_n)$的下限可以表示为：

$$r(C_n)^{\text{low}} = \sum_{i=1}^{K_n} r_i^{\text{low}} \tag{6-26}$$

$$r_i^{\text{low}} = \log(1+\gamma_i) \geqslant \\ \log\left(1+\frac{\mathcal{T}_1}{\mathcal{T}_3\left(\psi_i^2\mathcal{T}_2+\varphi^2\mathcal{T}_1+\psi_i^2\varphi^2+\sum_{t=1}^{K-1}(\mathcal{T}_2+\varphi)\mathcal{S}_t+\left(\mathcal{T}_2+\varphi+A_s^{-2}\right)\beta\right)}\right) \tag{6-27}$$

其中，r_i^{low} 表示簇 C_n 中第 i 个用户的数据速率下限，$\mathcal{T}_1 = \text{tr}(\hat{\boldsymbol{g}}_{1,n}(i)\ \hat{\boldsymbol{g}}_{1,n}^{\text{H}}(i))$，$\mathcal{T}_2 = \text{tr}(\hat{\boldsymbol{G}}_{2,n}\ \hat{\boldsymbol{G}}_{2,n}^{\text{H}})$，$\mathcal{T}_3 = \text{tr}(\hat{\boldsymbol{G}}_{2,n}^{\dagger}\left(\hat{\boldsymbol{G}}_{2,n}^{\dagger}\right)^{\text{H}})$，$\mathcal{S}_t = \text{tr}(\boldsymbol{g}_{1,n}^{u}(t)\boldsymbol{g}_{1,n}^{u}(t)^{\text{H}})$，$\beta = D\sigma^2/P_s$。

证明：在 BBU 池中，需要首先对数据信号进行检测。$\boldsymbol{r}_{2,n}(k)$表示簇C_n中由所有用户发送的第k个数据组成的向量，根据式（6-22），$\boldsymbol{r}_{2,n}(k)$可以表示为：

$$\begin{aligned}
\boldsymbol{r}_{2,n}(k) &= A_s\sqrt{P_s}\boldsymbol{G}_{2,n}\boldsymbol{g}_{1,n}(i)s_{1,n}(k,i)+\sum_{j\neq i}^{K_n}A_s\sqrt{P_s}\boldsymbol{G}_{2,n}\boldsymbol{g}_{1,n}(j)s_{1,n}(k,j)+\\
&\quad\sum_{m=1}^{K\text{-}K_n}A_s\sqrt{P_s}\boldsymbol{G}_{2,n}\tilde{\boldsymbol{g}}_{1,I_n}(m)s_{1,I_n}(k,m)+A_s\boldsymbol{G}_{2,n}\boldsymbol{n}_1(k)+\boldsymbol{n}_2(k)\\
&= A_s\sqrt{P_s}\boldsymbol{G}_{2,n}\boldsymbol{g}_{1,n}(i)s_{1,n}(k,i)+\sum_{t=1}^{K-1}A_s\sqrt{P_s}\boldsymbol{G}_{2,n}\boldsymbol{g}_{1,n}^{u}(t)s_{1,n}^{u}(k,t)+\\
&\quad A_s\boldsymbol{G}_{2,n}\boldsymbol{n}_1(k)+\boldsymbol{n}_2(k),\qquad i=1,\cdots,L_s
\end{aligned}\tag{6-28}$$

其中，$\boldsymbol{G}_{1,n}^{u}=\left[\boldsymbol{g}_{1,n}(1)\cdots\boldsymbol{g}_{1,n}(i-1)\boldsymbol{g}_{1,n}(i+1)\cdots\boldsymbol{g}_{1,n}(K_n)\tilde{\boldsymbol{g}}_{1,I_n}(1)\cdots\tilde{\boldsymbol{g}}_{1,I_n}(K-K_n)\right]$，$\boldsymbol{S}_{1,n}^{u}=\left[\boldsymbol{s}_{1,n}(1)\cdots\ \boldsymbol{s}_{1,n}(i-1)\boldsymbol{s}_{1,n}(i+1)\cdots\boldsymbol{s}_{1,n}(K_n)\tilde{\boldsymbol{s}}_{1,I_n}(1)\cdots\tilde{\boldsymbol{s}}_{1,I_n}(K-K_n)\right]$，$\boldsymbol{g}_{1,n}^{u}(t)$表示$\boldsymbol{G}_{1,n}^{u}$的第$t$列，$s_{1,n}(k,i)$ 表示$\boldsymbol{S}_{1,n}^{u}$的第k行第i列的元素，$s_{1,I_n}(k,m)$ 表示$\boldsymbol{S}_{1,I_n}^{u}$的第$k$行第$m$列的元素，$\boldsymbol{n}_1(k)$ 和 $\boldsymbol{n}_2(k)$ 分别表示 $\boldsymbol{N}_1$ 和 $\boldsymbol{N}_2$ 的第 k 列，且$\boldsymbol{n}_1(k),\boldsymbol{n}_2(k)\sim\mathrm{CN}\left(\boldsymbol{0},\sigma_n^2\boldsymbol{I}_D\right)$。

对$s_{1,n}(k,i)$ 进行检测的检测矩阵可以表示为：

$$\begin{aligned}
\boldsymbol{W}&=\frac{\hat{\boldsymbol{g}}_{1,n}^{\mathrm{H}}(i)}{\left|\hat{\boldsymbol{g}}_{1,n}(i)\right|}\frac{\hat{\boldsymbol{G}}_{2,n}^{\dagger}}{\sqrt{\operatorname{tr}(\boldsymbol{\Gamma}_1)}}=\breve{\boldsymbol{g}}_{1,n}^{\mathrm{H}}(i)\breve{\boldsymbol{G}}_{2,n}^{\dagger},\\
\boldsymbol{W}\boldsymbol{W}^{\mathrm{H}}&=\frac{\hat{\boldsymbol{g}}_{1,n}^{\mathrm{H}}(i)\boldsymbol{\Gamma}_1\hat{\boldsymbol{g}}_{1,n}(i)}{\operatorname{tr}(\boldsymbol{\Gamma}_1)\operatorname{tr}(\boldsymbol{\Gamma}_2)}\overset{(\mathrm{a})}{\leqslant}1
\end{aligned}\tag{6-29}$$

其中，$\boldsymbol{\Gamma}_1=\hat{\boldsymbol{G}}_{2,n}^{\dagger}\left(\hat{\boldsymbol{G}}_{2,n}^{\dagger}\right)^{\mathrm{H}}$，$\hat{\boldsymbol{G}}_{2,n}^{\dagger}$表示$\hat{\boldsymbol{G}}_{2,n}$的伪逆矩阵，$\boldsymbol{\Gamma}_2=\hat{\boldsymbol{g}}_{1,n}(i)\ \hat{\boldsymbol{g}}_{1,n}^{\mathrm{H}}(i)$，不等式（a）表示利用了半正定矩阵$\boldsymbol{A}$和$\boldsymbol{B}$的不等式性质$\operatorname{tr}(\boldsymbol{AB})\leqslant\operatorname{tr}(\boldsymbol{A})\operatorname{tr}(\boldsymbol{B})$。

那么，对$s_{1,n}(k,i)$ 的检测结果可以表示为：

$$\begin{aligned}
\hat{s}_{1,n}(k,i)&=\frac{A_s\sqrt{P_s}\left|\hat{\boldsymbol{g}}_{1,n}(i)\right|}{\sqrt{\operatorname{tr}(\boldsymbol{\Gamma}_1)}}s_{1,n}(k,i)+A_s\sqrt{P_s}s_{1,n}(k,i)\boldsymbol{W}\left(\hat{\boldsymbol{G}}_{2,n}\boldsymbol{e}_1(i)+\boldsymbol{E}_2\hat{\boldsymbol{g}}_{1,n}(i)+\boldsymbol{E}_2\boldsymbol{e}_1(i)\right)+\\
&\quad\sum_{t=1}^{K-1}A_s\sqrt{P_s}\boldsymbol{W}\left(\hat{\boldsymbol{G}}_{2,n}+\boldsymbol{E}_2\right)\boldsymbol{g}_{1,n}^{u}(t)s_{1,n}^{u}(k,t)+A_s\boldsymbol{W}\boldsymbol{G}_{2,n}\boldsymbol{n}_1(k)+\boldsymbol{W}\boldsymbol{n}_2(k)
\end{aligned}\tag{6-30}$$

其中，$E\left\{\boldsymbol{E}_2\boldsymbol{E}_2^{\mathrm{H}}\right\}=\operatorname{diag}\left\{\varphi_1^2,\cdots,\varphi_{M_n}^2\right\}=\boldsymbol{\Phi}_2$，$E\left\{\boldsymbol{e}_1(i)\boldsymbol{e}_1^{\mathrm{H}}(i)\right\}=\psi_i^2\boldsymbol{I}_{D_n}$，$\boldsymbol{E}_2$和$\boldsymbol{e}_1(i)$分别表示$\hat{\boldsymbol{G}}_{2,n}$和$\hat{\boldsymbol{g}}_{1,n}(i)$的信道估计误差，$\varphi_j^2$和$\psi_i^2$分别表示$\boldsymbol{e}_2(j)$和$\boldsymbol{e}_1(i)$的方差。那么，$s_{1,n}(k,i)$ 对应的传输速率和信干噪比（Signal to Interference and Noise Ratio，SINR）可以分别表示为：

$$r_i=\log\left(1+\gamma_i\right)\ ,\quad \gamma_i=\frac{\left|\hat{\boldsymbol{g}}_{1,n}\left(i\right)\right|^2}{tr\left(\boldsymbol{\Gamma}_1\right)\left(\mathcal{I}_1+\mathcal{I}_2+\mathcal{N}\right)/\left(A_s^2P_s\right)} \tag{6-31}$$

其中，$\mathcal{I}_1$ 表示信道估计误差引起的干扰，$\mathcal{I}_2$ 表示簇间干扰，$\mathcal{N}$ 表示噪声功率。为了得到一个易于计算的信干噪比表达式，对 $\mathcal{I}_1$、$\mathcal{I}_2$ 和 $\mathcal{N}$ 进行简化处理，从而得到的相应上限可以分别表示为：

$$\begin{aligned}\mathcal{I}_1=A_s^2P_s\left(\psi_i^2\mathrm{tr}\left(\boldsymbol{W}\boldsymbol{\Gamma}_3\boldsymbol{W}^{\mathrm{H}}\right)+\mathrm{tr}\left(\boldsymbol{W}\boldsymbol{E}_2\boldsymbol{\Gamma}_2\boldsymbol{E}_2^{\mathrm{H}}\boldsymbol{W}^{\mathrm{H}}\right)+\psi_i^2\mathrm{tr}\left(\boldsymbol{W}\boldsymbol{\Phi}_2\boldsymbol{W}^{\mathrm{H}}\right)\right)\leqslant\\ A_s^2P_s\left(\psi_i^2\mathrm{tr}\left(\boldsymbol{\Gamma}_3\right)+\varphi^2\mathrm{tr}\left(\boldsymbol{\Gamma}_2\right)+\psi_i^2\varphi^2\right)\end{aligned} \tag{6-32}$$

$$\begin{aligned}\mathcal{I}_2=\sum_{t=1}^{K-1}A_s^2P_s\left(\mathrm{tr}\left(\boldsymbol{W}\hat{\boldsymbol{G}}_{2,n}\ \boldsymbol{\Gamma}_4\hat{\boldsymbol{G}}_{2,n}^{\mathrm{H}}\boldsymbol{W}^{\mathrm{H}}\right)+\mathrm{tr}\left(\boldsymbol{W}\boldsymbol{E}_2\boldsymbol{\Gamma}_4\boldsymbol{E}_2^{\mathrm{H}}\boldsymbol{W}^{\mathrm{H}}\right)\right)\leqslant\\ \sum_{t=1}^{K-1}A_s^2P_s\left(\mathrm{tr}\left(\boldsymbol{\Gamma}_3\right)tr\left(\boldsymbol{\Gamma}_4\right)+\varphi\mathrm{tr}\left(\boldsymbol{\Gamma}_4\right)\right)\end{aligned} \tag{6-33}$$

$$\begin{aligned}\mathcal{N}=A_s^2\boldsymbol{W}\hat{\boldsymbol{G}}_{2,n}\boldsymbol{n}_1\left(k\right)\left(\boldsymbol{W}\hat{\boldsymbol{G}}_{2,n}\boldsymbol{n}_1\left(k\right)\right)^{\mathrm{H}}+A_s^2\boldsymbol{W}\boldsymbol{E}_2\boldsymbol{n}_1\left(k\right)\left(\boldsymbol{W}\boldsymbol{E}_2\boldsymbol{n}_1\left(k\right)\right)^{\mathrm{H}}+\\ \boldsymbol{W}\boldsymbol{n}_2\left(k\right)\left(\boldsymbol{W}\boldsymbol{n}_2\left(k\right)\right)^{\mathrm{H}}\leqslant\left(A_s^2\mathrm{tr}\left(\boldsymbol{\Gamma}_3\right)+A_s^2\mathrm{tr}\left(\boldsymbol{\Phi}_2\right)+1\right)D\sigma^2\end{aligned} \tag{6-34}$$

其中，$\boldsymbol{\Gamma}_3=\hat{\boldsymbol{G}}_{2,n}\hat{\boldsymbol{G}}_{2,n}^{\mathrm{H}}$，$\boldsymbol{\Gamma}_4=\boldsymbol{g}_{1,n}^u\left(t\right)\boldsymbol{g}_{1,n}^u\left(t\right)^{\mathrm{H}}$，$\varphi^2$ 表示 $\boldsymbol{\Phi}_2$ 的迹。

通过将式（6-32）~式（6-34）代入式（6-31），对引理 6-1 的证明完毕。

通过对效益函数进行分析可以看出，效益函数中包含瞬时信道状态信息，这导致分簇过程与半盲信道估计在这一问题中紧密耦合，难以通过一个集中的优化算法得到全局最优解。因此，先将式（6-25）中的优化问题分解为信道估计和分簇两个子问题，再通过提供一个可行的联合算法作为该优化问题的解决方案。

6.2.2.2 半盲信道估计

与其他信道估计方法相比较，半盲信道估计方法在导频开销和算法复杂度上取得了折中，能够使用较短的导频序列获得信道状态信息，从而减轻前传链路的传输负担。

如图 6-5 所示，本节介绍的半盲信道估计优化算法仍然基于对接收信号 $\boldsymbol{Z}_{1,n}$、$\boldsymbol{Z}_{2,n}$、$\boldsymbol{R}_{2,n}$ 的最大似然处理，其似然函数可以分别表示为：

$$F\left(\boldsymbol{Z}_{1,n};\boldsymbol{G}_{1,n},\boldsymbol{G}_{2,n}\right)=\prod_{i=1}^{L_1}\frac{1}{\left(2\pi\left|\Sigma_{\boldsymbol{Z}_{1,n}}\right|\right)^{D/2}}\exp\left\{-\frac{1}{2}\left(\boldsymbol{z}_{1,n}^{\Delta}\left(i\right)\right)^{\mathrm{H}}\Sigma_{\boldsymbol{Z}_{1,n}}^{-1}\left(\boldsymbol{z}_{1,n}^{\Delta}\left(i\right)\right)\right\} \tag{6-35}$$

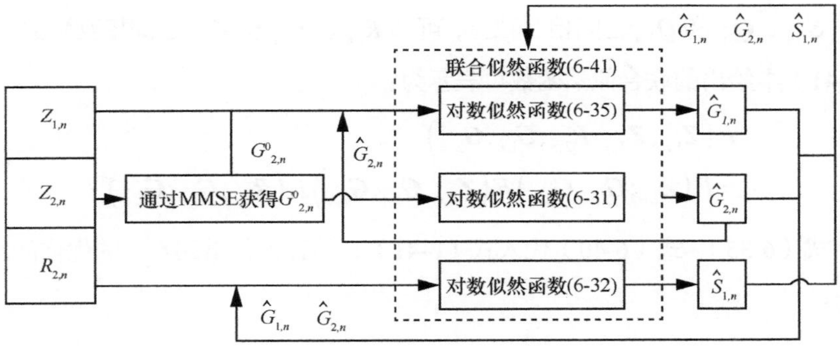

图 6-5　半盲信道估计方法流程

$$F\left(\boldsymbol{Z}_{2,n};\boldsymbol{G}_{1,n},\boldsymbol{G}_{2,n}\right)=\prod_{j=1}^{L_2}\frac{1}{\left(2\pi\left|\Sigma_{\boldsymbol{Z}_{2,n}}\right|\right)^{D/2}}\exp\left\{-\frac{1}{2}\left(\boldsymbol{z}_{2,n}^{\Delta}(j)\right)^{\mathrm{H}}\Sigma_{\boldsymbol{Z}_{2,n}}^{-1}\left(\boldsymbol{z}_{2,n}^{\Delta}(j)\right)\right\} \tag{6-36}$$

$$F\left(\boldsymbol{R}_{2,n};\boldsymbol{G}_{1,n},\boldsymbol{G}_{2,n}\right)=\prod_{k=1}^{L_s}\frac{1}{\left(2\pi\left|\Sigma_{\boldsymbol{R}_{2,n}}\right|\right)^{D/2}}\exp\left\{-\frac{1}{2}\left(\boldsymbol{r}_{2,n}^{\Delta}(k)\right)^{\mathrm{H}}\Sigma_{\boldsymbol{R}_{2,n}}^{-1}\left(\boldsymbol{r}_{2,n}^{\Delta}(k)\right)\right\} \tag{6-37}$$

其中，$\boldsymbol{z}_{1,n}^{\Delta}(i)=\boldsymbol{z}_{1,n}(i)-\overline{\boldsymbol{z}}_{1,n}(i)$，$\boldsymbol{z}_{2,n}^{\Delta}(j)=\boldsymbol{z}_{2,n}(j)-\overline{\boldsymbol{z}}_{2,n}(j)$，$\boldsymbol{r}_{2,n}^{\Delta}(k)=\boldsymbol{r}_{2,n}(k)-\overline{\boldsymbol{r}}_{2,n}(k)$。$\boldsymbol{z}_{1,n}(i)$和$\overline{\boldsymbol{z}}_{1,n}(i)$分别表示$\boldsymbol{Z}_{1,n}$和$\overline{\boldsymbol{Z}}_{1,n}$的第$i$列向量，$\overline{\boldsymbol{Z}}_{1,n}$和$\Sigma_{\boldsymbol{Z}_{1,n}}$分别表示$\boldsymbol{Z}_{1,n}$的均值矩阵和方差矩阵。同理可知$F\left(\boldsymbol{Z}_{2,n};\boldsymbol{G}_{1,n},\boldsymbol{G}_{2,n}\right)$和$F\left(\boldsymbol{R}_{2,n};\boldsymbol{G}_{1,n},\boldsymbol{G}_{2,n}\right)$中的$\boldsymbol{z}_{2,n}(j)$、$\overline{\boldsymbol{z}}_{2,n}(j)$、$\Sigma_{\boldsymbol{Z}_{2,n}}$和$\boldsymbol{r}_{2,n}(k)$、$\overline{\boldsymbol{r}}_{2,n}(k)$、$\Sigma_{\boldsymbol{R}_{2,n}}$的相应定义。其中，$\boldsymbol{Z}_{1,n}$、$\boldsymbol{Z}_{2,n}$和$\boldsymbol{R}_{2,n}$的均值矩阵和方差矩阵可以分别表示为：

$$\overline{\boldsymbol{Z}}_{1,n}=A_{q1}\sqrt{P_{q1}}\boldsymbol{G}_{2,n}\boldsymbol{G}_{1,n}\boldsymbol{Q}_{1,n}\text{，}\quad \Sigma_{\boldsymbol{Z}_{1,n}}=A_{q1}^2\boldsymbol{G}_{2,n}\boldsymbol{G}_{2,n}^{\mathrm{H}}+\boldsymbol{I}_D \tag{6-38}$$

$$\overline{\boldsymbol{Z}}_{2,n}=\sqrt{P_{q2}}\boldsymbol{G}_{2,n}\boldsymbol{Q}_{2,n}\text{，}\quad \Sigma_{\boldsymbol{Z}_{2,n}}=\boldsymbol{I}_D \tag{6-39}$$

$$\overline{\boldsymbol{R}}_{2,n}=A_s\sqrt{P_s}\boldsymbol{G}_{2,n}\boldsymbol{G}_{1,n}\boldsymbol{S}_{1,n}+A_s\sqrt{P_s}\boldsymbol{G}_{2,n}\tilde{\boldsymbol{G}}_{1,I_n}\boldsymbol{S}_{1,I_n}\text{，}\quad \Sigma_{\boldsymbol{R}_{2,n}}=A_s^2\boldsymbol{G}_{2,n}\boldsymbol{G}_{2,n}^{\mathrm{H}}+\boldsymbol{I}_D \tag{6-40}$$

如图 6-5 所示，接入链路$\boldsymbol{G}_{1,n}$的估计值是通过求解式（6-35）中最大似然问题获得的，数据矩阵$\boldsymbol{S}_{1,n}$的检测值是通过求解式（6-37）给出的最大似然问题获得的，而前传链路$\boldsymbol{G}_{2,n}$的估计值则通过接收信号的联合似然函数获得。相应的接收信号的联合似然函数可以表示为：

$$\left\{\hat{\boldsymbol{G}}_{2,n}\right\}=\arg\max\left\{\mathrm{lb}\left(F\left(\boldsymbol{Z}_{1,n},\boldsymbol{Z}_{2,n},\boldsymbol{R}_{2,n};\boldsymbol{G}_{1,n},\boldsymbol{G}_{2,n}\right)\right)\right\} \tag{6-41}$$

由 $\boldsymbol{S}_{1,n}$、$\boldsymbol{Q}_{1,n}$ 和 $\boldsymbol{Q}_{2,n}$ 之间相互独立，可知 $\boldsymbol{R}_{1,n}$、$\boldsymbol{Z}_{1,n}$ 和 $\boldsymbol{Z}_{2,n}$ 之间相互独立。因此，式（6-41）中给出的联合似然函数可表示为：

$$\begin{aligned}&F\left(\boldsymbol{Z}_{1,n},\boldsymbol{Z}_{2,n},\boldsymbol{R}_{2,n};\boldsymbol{G}_{1,n},\boldsymbol{G}_{2,n}\right)\\&=F\left(\boldsymbol{Z}_{1,n};\boldsymbol{G}_{1,n},\boldsymbol{G}_{2,n}\right)F\left(\boldsymbol{Z}_{2,n};\boldsymbol{G}_{1,n},\boldsymbol{G}_{2,n}\right)F\left(\boldsymbol{R}_{2,n};\boldsymbol{G}_{1,n},\boldsymbol{G}_{2,n}\right)\end{aligned}\tag{6-42}$$

将式（6-35）~式（6-40）代入式（6-41），估计前传链路 $\boldsymbol{G}_{2,n}$ 的优化问题可以表示为：

$$\begin{aligned}\left\{\hat{\boldsymbol{G}}_{2,n}\right\}=\arg\min&\left\{\sum_{i=1}^{L_1}\left(\boldsymbol{z}_{1,n}^{\Delta}(i)\right)^{\mathrm{H}}\Sigma_{\boldsymbol{Z}_{1,n}}^{-1}\left(\boldsymbol{z}_{1,n}^{\Delta}(i)\right)+\sum_{j=1}^{L_2}\left(\boldsymbol{z}_{2,n}^{\Delta}(j)\right)^{\mathrm{H}}\Sigma_{\boldsymbol{Z}_{2,n}}^{-1}\left(\boldsymbol{z}_{2,n}^{\Delta}(j)\right)+\right.\\&\left.\sum_{k=1}^{L_s}\left(\boldsymbol{r}_{2,n}^{\Delta}(k)\right)^{\mathrm{H}}\Sigma_{\boldsymbol{R}_{2,n}}^{-1}\left(\boldsymbol{r}_{2,n}^{\Delta}(k)\right)+L_1\mathrm{lb}\left|\Sigma_{\boldsymbol{Z}_{1,n}}\right|+L_2\mathrm{lb}\left|\Sigma_{\boldsymbol{Z}_{2,n}}\right|+L_s\mathrm{lb}\left|\Sigma_{\boldsymbol{R}_{2,n}}\right|\right\}\end{aligned}\tag{6-43}$$

当分簇的形式固定时，本节介绍的算法性能全取决于信道估计性能。对于一个簇 C_n，其半盲信道估计性能取决于式（6-35）~式（6-37）给出的最大对数似然函数准则。使式（6-25）中的效益函数最大等价于解决如下问题：

$$\begin{aligned}\min_{\hat{G}_{1,n},\hat{G}_{2,n}}\mathcal{M}\left(\hat{\boldsymbol{G}}_{1,n},\hat{\boldsymbol{G}}_{2,n}\right)=&\left\{\sum_{i=1}^{L_1}\left(\boldsymbol{z}_{1,n}^{\Delta}(i)\right)^{\mathrm{H}}\Sigma_{\boldsymbol{Z}_{1,n}}^{-1}\boldsymbol{z}_{1,n}^{\Delta}(i)+\sum_{j=1}^{L_2}\left(\boldsymbol{z}_{2,n}^{\Delta}(j)\right)^{\mathrm{H}}\Sigma_{\boldsymbol{Z}_{2,n}}^{-1}\boldsymbol{z}_{2,n}^{\Delta}(j)+\right.\\&\left.\sum_{k=1}^{L_s}\left(\boldsymbol{r}_{2,n}^{\Delta}(k)\right)^{\mathrm{H}}\Sigma_{\boldsymbol{R}_{2,n}}^{-1}\boldsymbol{r}_{2,n}^{\Delta}(k)+L_1\log\left|\Sigma_{\boldsymbol{Z}_{1,n}}\right|+L_2\log\left|\Sigma_{\boldsymbol{Z}_{2,n}}\right|+L_s\log\left|\Sigma_{\boldsymbol{R}_{2,n}}\right|\right\}\end{aligned}\tag{6-44}$$

式（6-44）是一个非线性的非凸优化问题。为了获得 $\boldsymbol{G}_{1,n}$ 和 $\boldsymbol{G}_{2,n}$ 各自的估计值，式（6-44）被划分为两个独立的估计问题，其相应的迭代算法如下。

（1）固定 $\boldsymbol{G}_{2,n}$，估计 $\boldsymbol{G}_{1,n}$

根据式（6-35）和式（6-44），接入链路 $\boldsymbol{G}_{1,n}$ 对应的优化问题可以表示为：

$$\begin{aligned}\min_{\hat{G}_{1,n}}\mathcal{M}\left(\hat{\boldsymbol{G}}_{1,n},\hat{\boldsymbol{G}}_{2,n}\right)_{\boldsymbol{G}_{1,n}}&=\min_{\hat{G}_{1,n}}\sum_{i=1}^{L_1}\left(\boldsymbol{G}_{2,n}\boldsymbol{G}_{1,n}\boldsymbol{q}_{1,n}(i)\right)^{\mathrm{H}}\Sigma_{\boldsymbol{Z}_{1,n}}^{-1}\left(\boldsymbol{G}_{2,n}\boldsymbol{G}_{1,n}\boldsymbol{q}_{1,n}(i)\right)\\&=\min_{\hat{G}_{1,n}}\sum_{i=1}^{L_1}\boldsymbol{G}_{1,n}^{\mathrm{H}}\left(\boldsymbol{G}_{2,n}^{\mathrm{H}}\Sigma_{\boldsymbol{Z}_{1,n}}^{-1}\boldsymbol{G}_{2,n}\right)\boldsymbol{G}_{1,n}\left(\boldsymbol{q}_{1,n}(i)\boldsymbol{q}_{1,n}^{\mathrm{H}}(i)\right)\end{aligned}\tag{6-45}$$

其中，与 $\mathcal{M}\left(\hat{\boldsymbol{G}}_{1,n},\hat{\boldsymbol{G}}_{2,n}\right)_{\boldsymbol{G}_{1,n}}$ 对应的 4 个海森矩阵分别可以表示为：

$$\nabla_{\boldsymbol{G}_{1,n}^{\mathrm{H}},\boldsymbol{G}_{1,n}}\mathcal{M}\left(\hat{\boldsymbol{G}}_{1,n},\hat{\boldsymbol{G}}_{2,n}\right)_{\boldsymbol{G}_{1,n}}=\left(\boldsymbol{q}_{1,n}(i)\boldsymbol{q}_{1,n}^{\mathrm{H}}(i)\right)\left(\boldsymbol{G}_{2,n}^{\mathrm{H}}\Sigma_{\boldsymbol{Z}_{1,n}}^{-1}\boldsymbol{G}_{2,n}\right)\tag{6-46}$$

$$\nabla_{\boldsymbol{G}_{1,n},\boldsymbol{G}_{1,n}^{\mathrm{H}}}\mathcal{M}\left(\hat{\boldsymbol{G}}_{1,n},\hat{\boldsymbol{G}}_{2,n}\right)_{\boldsymbol{G}_{1,n}}=\left(\boldsymbol{G}_{2,n}^{\mathrm{H}}\Sigma_{\boldsymbol{Z}_{1,n}}^{-1}\boldsymbol{G}_{2,n}\right)\left(\boldsymbol{q}_{1,n}(i)\boldsymbol{q}_{1,n}^{\mathrm{H}}(i)\right) \tag{6-47}$$

$$\nabla_{\boldsymbol{G}_{1,n},\boldsymbol{G}_{1,n}}\mathcal{M}\left(\hat{\boldsymbol{G}}_{1,n},\hat{\boldsymbol{G}}_{2,n}\right)_{\boldsymbol{G}_{1,n}}=\nabla_{\boldsymbol{G}_{1,n}^{\mathrm{H}},\boldsymbol{G}_{1,n}^{\mathrm{H}}}\mathcal{M}\left(\hat{\boldsymbol{G}}_{1,n},\hat{\boldsymbol{G}}_{2,n}\right)_{\boldsymbol{G}_{1,n}}=\boldsymbol{0} \tag{6-48}$$

那么，海森矩阵可以表示为如下的分块矩阵形式：

$$\mathcal{H}_{\boldsymbol{G}_{1,n}}=\begin{pmatrix}\left(\boldsymbol{q}_{1,n}(i)\boldsymbol{q}_{1,n}^{\mathrm{H}}(i)\right)\left(\boldsymbol{G}_{2,n}^{\mathrm{H}}\Sigma_{\boldsymbol{Z}_{1,n}}^{-1}\boldsymbol{G}_{2,n}\right) & \boldsymbol{0}\\ \boldsymbol{0} & \left(\boldsymbol{G}_{2,n}^{\mathrm{H}}\Sigma_{\boldsymbol{Z}_{1,n}}^{-1}\boldsymbol{G}_{2,n}\right)\left(\boldsymbol{q}_{1,n}(i)\boldsymbol{q}_{1,n}^{\mathrm{H}}(i)\right)\end{pmatrix} \tag{6-49}$$

如式（6-49）所示，优化问题对应的海森矩阵 $\mathcal{H}_{\boldsymbol{G}_{1,n}}$ 是半正定矩阵，因此 $\mathcal{M}(\hat{\boldsymbol{G}}_{1,n},\hat{\boldsymbol{G}}_{2,n})$ 是关于 $\boldsymbol{G}_{1,n}$ 的凸函数，可以通过多种计算软件有效解决对 $\boldsymbol{G}_{1,n}$ 的估计问题，本章采用了参考文献[10]中提供的优化包对该问题进行求解。

（2）固定 $\boldsymbol{G}_{1,n}$，估计 $\boldsymbol{G}_{2,n}$

通过分析 $\mathcal{M}(\hat{\boldsymbol{G}}_{1,n},\hat{\boldsymbol{G}}_{2,n})_{\boldsymbol{G}_{2,n}}$ 可知，前传链路 $\boldsymbol{G}_{2,n}$ 对应的优化问题是一个非线性的非凸优化问题，很难求得其二阶导数。同时，由于这一优化问题是无约束的，在本章仍采用 BFGS 算法解决估计 $\boldsymbol{G}_{2,n}$ 对应的优化问题。

算法 6-2 基于 BFGS 的半盲信道估计算法估计 $\boldsymbol{G}_{2,n}$

步骤 1 初始化：初始化 $\boldsymbol{G}_{2,n}$，记为 $\hat{\boldsymbol{G}}_{2,n}=\boldsymbol{G}_{2,n}^{0}$，初始近似逆海森矩阵 $\boldsymbol{B}_0=\boldsymbol{I}_D$，设置算法的收敛阈值为 $\varepsilon_{\boldsymbol{G}_{2,n}}$。

步骤 2 循环迭代：在第 k 次迭代中：

- 利用式（6-50）和式（6-51）更新搜索方向 $\boldsymbol{d}_k$；
- 利用式（6-52）更新搜索步长 λ_k 和 $\boldsymbol{G}_{2,n}$；
- 利用式（6-53）更新逆海森矩阵，得到 $\boldsymbol{B}_{k+1}$。

步骤 3 收敛终止：当 $\left\|\nabla_{\boldsymbol{G}_{2,n}^{\mathrm{H}}}\mathcal{M}\right\|\leqslant\varepsilon_{\boldsymbol{G}_{2,n}}$ 时，返回 $\hat{\boldsymbol{G}}_{2,n}=\boldsymbol{G}_{2,n}^{k}$，算法结束。

在算法 6-2 中，第 k 次迭代的搜索方向的计算方法为：

$$\boldsymbol{d}_k=-\boldsymbol{B}_k^{-1}\nabla_{\boldsymbol{G}_{2,n}^{\mathrm{H}}}\mathcal{M} \tag{6-50}$$

其中，$\boldsymbol{B}_k$ 表示第 k 次迭代中使用的近似逆海森矩阵，$\nabla_{\boldsymbol{G}_{2,n}^{\mathrm{H}}}\mathcal{M}$ 是 $\mathcal{M}(\hat{\boldsymbol{G}}_{1,n},\hat{\boldsymbol{G}}_{2,n})$ 对 $\boldsymbol{G}_{2,n}^{\mathrm{H}}$ 的一阶偏导数，可以表示为：

$$\nabla_{G_{2,n}^{H}}\mathcal{M}=\sum_{i=1}^{L_1}\left\{\Sigma_{Z_{1,n}}^{-1}z_{1,n}^{\Delta}(i)q_{1,n}^{\mathrm{H}}(i)G_{1,n}^{\mathrm{H}}G_{2,n}^{\mathrm{H}}\Sigma_{Z_{1,n}}^{-1}A_{q1}^{2}G_{2,n}-A_{q1}\Sigma_{Z_{1,n}}^{-1}z_{1,n}^{\Delta}(i)q_{1,n}^{\mathrm{H}}(i)G_{1,n}^{\mathrm{H}}\right\}+$$
$$\sum_{k=1}^{L_s}\left\{\Sigma_{R_{2,n}}^{-1}r_{1,n}^{\Delta}(k)s_{1,n}^{\mathrm{H}}(k)G_{1,n}^{\mathrm{H}}G_{2,n}^{\mathrm{H}}\Sigma_{R_{2,n}}^{-1}A_{s}^{2}G_{2,n}-A_{s}\Sigma_{R_{2,n}}^{-1}r_{2,n}^{\Delta}(k)s_{1,n}^{\mathrm{H}}(k)G_{1,n}^{\mathrm{H}}\right\}-$$
$$\sum_{j=1}^{L_2}z_{2,n}^{\Delta}(j)q_{2,n}^{\mathrm{H}}(j)+L_1A_{q1}^{2}G_{2,n}+L_sA_s^2G_{2,n} \tag{6-51}$$

在 BFGS 算法中，用于计算步长的线性搜索方法可以保证算法收敛到局部最优解。在第 k 次迭代中，搜索步长 λ_k 和 $G_{2,n}$ 可以通过以下的线性回归搜索方法进行更新：

$$\lambda_k=\arg\min f\left(x_k+\lambda_k d_k\right),G_{2,n}^{k+1}=G_{2,n}^{k}+\lambda_k d_k \tag{6-52}$$

近似逆海森矩阵对应的更新方法为：

$$B_{k+1}=B_k+\frac{\left(v_k^{\mathrm{H}}u_k+u_k^{\mathrm{H}}B_k u_k\right)v_k v_k^{\mathrm{H}}}{\left(v_k^{\mathrm{H}}u_k\right)^2}-\frac{B_k u_k v_k^{\mathrm{H}}+v_k u_k^{\mathrm{H}}B_k}{v_k^{\mathrm{H}}u_k} \tag{6-53}$$

其中，$u_k=\nabla_{G_{2,n}^{\mathrm{H}}}\mathcal{M}|_{G_{2,n}=G_{2,n}^{k+1}}-\nabla_{G_{2,n}^{\mathrm{H}}}\mathcal{M}|_{G_{2,n}=G_{2,n}^{k}}$，$v_k=\lambda_k d_k$。参考文献[6]证明了 BFGS 算法的收敛性能，保证了半盲信道估计算法估计 $G_{2,n}$ 能够收敛到局部最优解。

（3）$G_{1,n}$ 和 $G_{2,n}$ 的迭代估计算法

在利用 BFGS 算法对前传链路进行估计时，通过选取合适的 $G_{2,n}$ 的初始值可以保证算法获得全局最优解。为了提升半盲信道估计方法的信道估计性能，前传链路 $G_{2,n}$ 的初始值可以设置为：

$$G_{2,n}^{0}=\sqrt{P_{q2}}Z_{2,n}\left(P_{q2}Q_{2,n}^{\mathrm{H}}R_{G_{2,n}}Q_{2,n}+DI_{L_2}\right)^{-1}Q_{2,n}^{\mathrm{H}}R_{G_{2,n}} \tag{6-54}$$

由于在半盲信道估计方法中需要使用数据信号，因此在估计之前需要检测数据矩阵。基于参考文献[11]中所提出的最大似然检测方法，数据信号的检测问题可以表示为如下最小值问题进行求解：

$$\hat{S}_{1,n}=\min_{\hat{S}_{1,n}}\left(R_{2,n}-A_s\sqrt{P_s}G_{2,n}G_{1,n}S_{1,n}\right)^{\mathrm{H}}\Sigma_{R_{2,n}}^{-1}\left(R_{2,n}-A_s\sqrt{P_s}G_{2,n}G_{1,n}S_{1,n}\right) \tag{6-55}$$

在迭代过程中，由于 $G_{1,n}$、$G_{2,n}$ 和 $S_{1,n}$ 的最优解逐渐收敛于全局最优解，目标优化函数递减。并且，最大对数似然函数的下界可以达到 0，并且不能取负值，保证了该迭代算法的收敛性。

算法 6-3　$\boldsymbol{G}_{1,n}$ 和 $\boldsymbol{G}_{2,n}$ 的迭代算法

步骤 1　初始化：初始化的 $\boldsymbol{G}_{1,n}$ 和 $\boldsymbol{G}_{2,n}$ 可以分别表示为 $\hat{\boldsymbol{G}}_{1,n}^{1}(0)=\boldsymbol{0}_{M_n\times K_n}$、$\hat{\boldsymbol{G}}_{2,n}^{1}(0)=\boldsymbol{0}_{D_n\times N_n}$，算法的收敛阈值为 ε。

步骤 2　迭代循环：在第 m 次迭代中：

- 令 $\hat{\boldsymbol{G}}_{1,n}^{2}(m)=\hat{\boldsymbol{G}}_{1,n}^{1}(m-1)$，$\hat{\boldsymbol{G}}_{2,n}^{2}(m)=\hat{\boldsymbol{G}}_{2,n}^{1}(m-1)$；
- 通过解决式（6-35）的凸优化问题，更新 $\hat{\boldsymbol{G}}_{1,n}^{1}(m)$；
- 通过式（6-54）获得 $\boldsymbol{G}_{2,n}$ 的初始值，利用算法 3-1 更新 $\hat{\boldsymbol{G}}_{2,n}^{1}(m)$；
- 通过式（6-55）中的最大似然方法更新 $\hat{\boldsymbol{S}}_{1,n}(m)$；
- 更新 $\varepsilon_I(m)=\left|\mathcal{M}(\hat{\boldsymbol{G}}_{1,n}^{1}(m),\hat{\boldsymbol{G}}_{2,n}^{1}(m))-\mathcal{M}(\hat{\boldsymbol{G}}_{1,n}^{2}(m),\hat{\boldsymbol{G}}_{2,n}^{2}(m))\right|$。

步骤 3　收敛终止：当 $\varepsilon_I(m)\leqslant\varepsilon_I$ 时，返回 $\hat{\boldsymbol{G}}_{1,n}=\hat{\boldsymbol{G}}_{1,n}^{1}(m)$，$\hat{\boldsymbol{G}}_{2,n}=\hat{\boldsymbol{G}}_{2,n}^{1}(m)$，算法结束。

6.2.2.3　基于联盟博弈的分簇算法

在实际的 C-RAN 中，各个簇只需要知道自身的信道状态信息。因此，本节不采用传统的集中式优化算法，而采用分布式分簇方案，并将分簇问题转化为联盟博弈问题进行求解。在联盟博弈中，RRH 作为玩家，通过相互谈判形成合作联盟，同一簇中的 RRH 协作传输信息并共享信道状态信息。为了保证每个联盟的效益函数的非负性，式（6-25）中的效益函数 $u(C_n)$ 可以被重写为：

$$u(C_n)=[r(C_n)-\mu\mathcal{M}(\hat{\boldsymbol{G}}_{1,n},\hat{\boldsymbol{G}}_{2,n})]^{+} \tag{6-56}$$

其中，$(a)^{+}=\max(a,0)$。

由式（6-56）可知，每个 RRH 的收益不仅和自己所在簇的成员有关，也受到其他簇中成员的影响。这是由于分簇的结果决定了簇内用户的协作，也决定了簇间产生的干扰。在合并的过程中，新成员的加入会使效益函数中的开销增大，保证了本章建立的联盟博弈问题具备空核，是非超加的，不会最终形成完全协作的模式。为了有效地解决分簇问题，采用了合并分解方法。

以 n 个簇 $C_1,\cdots,C_n$ 为例，合并分解规则表示如下。

- 合并规则：如果 $C_1,\cdots,C_n$ 的效益函数满足 $\sum_{i=1}^{n}u(C_i)<u\left(\bigcup_{i=1}^{n}C_i\right)$，则将

$C_1,\cdots,C_n$ 合并为一个簇 $\bigcup_{i=1}^{n} C_i$ 。

- 分解规则：如果 $C_1,\cdots,C_n$ 的效益函数满足 $u\left(\bigcup_{k=1}^{m} C_k\right) < \sum_{k=1}^{m} u\left(C_k\right)$，则将该簇分解为 m 个独立的簇 $C_1,\cdots,C_m$。

6.2.2.4 算法优化设计

本章给出的基于联盟博弈的分簇算法中，每个簇的效益函数由分簇结果和半盲信道估计的估计精度共同决定。如算法 6-4 所示，本章介绍了一种半盲信道估计优化算法，其中，分簇过程中所需的效益函数值根据算法 6-3 中的半盲信道估计算法得到。算法 6-4 所示的半盲信道估计优化算法只需要估计每个簇内的信道状态信息，不同簇的信道估计可以同时进行，使得算法的复杂度只与最大簇的规模有关。并且，在算法 6-2 和算法 6-3 中使用确定的初始值，可以使指定簇的效益函数值最终保持不变，因此，该优化算法不会进入死循环，保证了算法的稳定性。

结论 6-1：半盲信道估计优化算法收敛于 $\mathcal{D}_{\text{hp}}$ 稳定的结果，在合并和划分操作中，不会重复出现某一分簇结果。在参考文献[8,12]中已经给出证明，$\mathcal{D}_{\text{hp}}$ 稳定的算法，其收敛性可以得到保证。

算法 6-4 半盲信道估计的优化算法

步骤 1 初始化：M 个 RRH 被划分为 N 个相互独立的簇 $C_1,\cdots,C_N$，满足约束条件 $N \leqslant M$。

步骤 2 循环：对于任意一个簇 $C_n\left(C_n \neq \varnothing\right)$

（1）合并：与其他簇谈判，例如 $C_{m_1},\cdots,C_{m_k}$，$m_1,\cdots,m_k \neq n$；

- 基于式（6-56）和式（6-44）得到效益函数值 $u\left(C_n\right),u\left(C_{m_1}\right),\cdots,u\left(C_{m_k}\right)$ 和 $u\left(C_n \cup C_{m_1} \cdots \cup C_{m_k}\right)$，其中，$\mathcal{M}(\hat{\boldsymbol{G}}_{1,n}, \hat{\boldsymbol{G}}_{2,n})$、$\hat{\boldsymbol{G}}_{1,n}$ 和 $\hat{\boldsymbol{G}}_{2,n}$ 可以通过算法 3-2 估计获得。
- 如果 $u\left(C_n\right)+\sum_{l=1}^{k} u\left(C_{ml}\right) < u\left(C_n \cup C_{m_1} \cdots \cup C_{m_k}\right)$，那么合并为 $C_n=\left\{C_n \cup C_{m_1} \cdots \cup C_{m_k}\right\}$，$C_{m1}=\cdots=C_{mk}=\varnothing$。

（2）拆分：对于簇 C_n 中的任一子集 $\tilde{C}_{ni}$

- 通过式（6-56）和式（6-44）得到效益函数值 $u\left(C_n\right)$、$u\left(\tilde{C}_{ni}\right)$ 和 $u\left(C_n/\tilde{C}_{ni}\right)$，

其中，$\mathcal{M}(\hat{\boldsymbol{G}}_{1,n}, \hat{\boldsymbol{G}}_{2,n})$、$\hat{\boldsymbol{G}}_{1,n}$和$\hat{\boldsymbol{G}}_{2,n}$可以通过算法 3-2 估计获得。

- 如果$u\left(\tilde{C}_{ni}\right)+u\left(C_n/\tilde{C}_{ni}\right)>u\left(C_n\right)$，那么$C_n=C_n/\tilde{C}_{ni}$，并且生成一个新的簇$C_k=\tilde{C}_{ni}$。

步骤 3　终止：当任意 C-RAN 簇的成员不再改变，算法终止。

6.2.3　仿真结果与分析

本节通过蒙特卡洛仿真对半盲信道估计优化算法的性能进行评估，以验证该算法的收敛性。为了证明该算法的性能优势，选取两种信道估计方法进行性能对比，一种是使用叠加导频传输方式的最大后验（Maximum a Posteriori，MAP）信道估计算法[13]，另一种是同样使用分段导频传输方法的连续最小均方误差（Sequence Minimum Mean Square Error，SMMSE）估计算法[14]。在仿真中使用的具体参数设置如下：路径损耗系数α=4；云集中处理池的接收天线数量D=7；数据信号采用正交相移键控调制，其长度设置为L_s=30；用户和 RRH 发送的导频长度分别是L_1=10、L_2=10；噪声功率σ_n^2=1 dBm；用户和 RRH 的发送功率分别为$P_{q1}=P_s$=25 dBm、$P_{q2}=P_{R,q1}=P_{R,s}$=40 dBm。

图 6-6 和图 6-7 给出了半盲信道估计优化算法与对比算法在 MSE 性能和传输性能两方面的比较。在图 6-6 中，随着平均信噪比的增加，本章介绍的优化算法对$\boldsymbol{G}_1$和$\boldsymbol{G}_2$估计的 MSE 性能持续上升，并且与对比算法相比较始终存在优势。同时可以看出，优化算法对前传链路$\boldsymbol{G}_2$估计性能的提升更为显著。性能提升的原因可以解释如下：在半盲信道估计优化算法中，对前传链路$\boldsymbol{G}_2$的估计使用了用户发送的导频和数据信号以及 RRH 发送的导频信号，在对比算法中，估计前传链路$\boldsymbol{G}_2$仅使用了 RRH 发送的导频信号，半盲信道估计优化算法充分利用了前传链路中传输的有效信息，提升该跳信道的估计性能。仿真结果表明，通过使用半盲信道估计优化算法，信道估计性能显著提升。根据信道估计的结论，图 6-7 给出了本章介绍的优化算法与对比算法关于数据传输性能方面的比较结果。由于半盲信道估计优化算法较对比算法可以获得更为精确的信道状态信息，因此，获得的数据传输速率更高。如图 6-7 所示，当平均信噪比为 20 dB 时，半盲信道估计优化算法较 MAP 方法的平均数据传输速率提高了 0.55 bit/(s·Hz)，较 SMMSE 方法的平均数据传输速率提高了 0.34 bit/(s·Hz)。

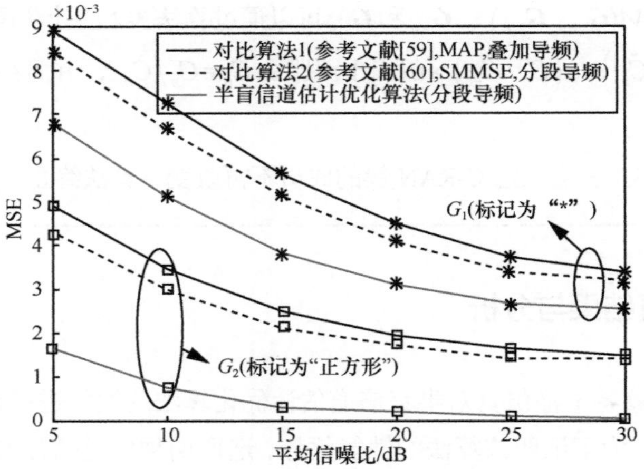

图 6-6　G_1 和 G_2 的 MSE 性能随平均信噪比的变化

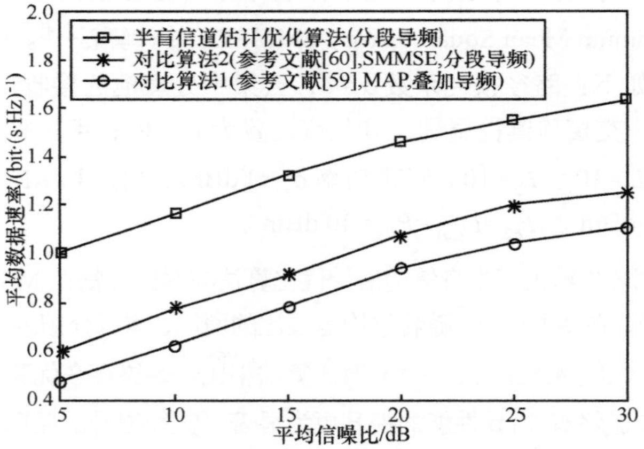

图 6-7　平均数据传输速率随平均信噪比的变化

图 6-8 给出了当衰落系数 α =3、4 时，采用不同分簇方案时的数据传输性能比较。不协作方案和完全协作方案作为对比方案，与半盲信道估计优化算法中所得分簇方案进行了数据传输性能对比。仿真结果表明，当衰落系数不同时，算法 6-4 总可以获得最佳数据传输性能。当平均信噪比为 20 dB 且 α=4 时，数据传输速率较完全协作方案和不协作方案分别得到了 1.01 bit/s 和 2.6 bit/s 的提升。同时在仿真中可以看出，随着 α 的增大，信道估计带来的增益减小，这说明在 C-RAN 中，信道的衰落特性对传输性能有重要影响。

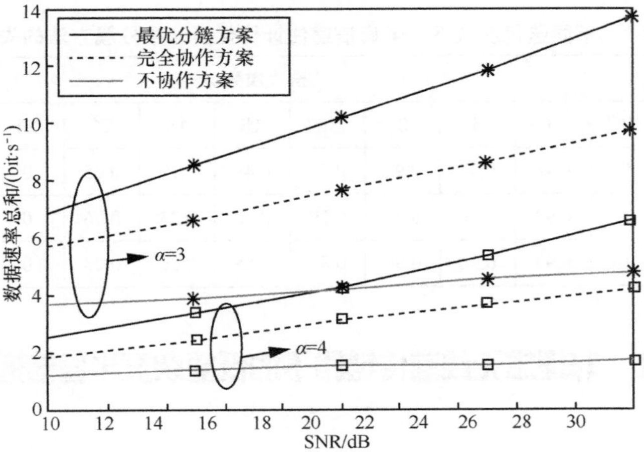

图 6-8　不同衰落系数下，不同分簇方案的传输速率对比

在图 6-9 中对半盲信道估计优化算法中分簇部分的收敛性进行了仿真验证，其中，初始簇随机生成，用户数量分别设置为 K=3、5、7。仿真结果表明，基于联盟博弈的分簇算法最终总能够收敛到一个稳定的分簇结果，证明了结论 6-1 中根据 $\mathcal{D}_{\text{hp}}$ 收敛性质得到的结论。同时，所有给出的分簇方法的仿真都经过了约 21 次迭代收敛到稳定的分簇结果。表 6-1 中给出了不同迭代次数下该分簇方法的失败率，由表 6-1 中数据可知，经过 21 次迭代后的分簇方法的失败率减小到 0。

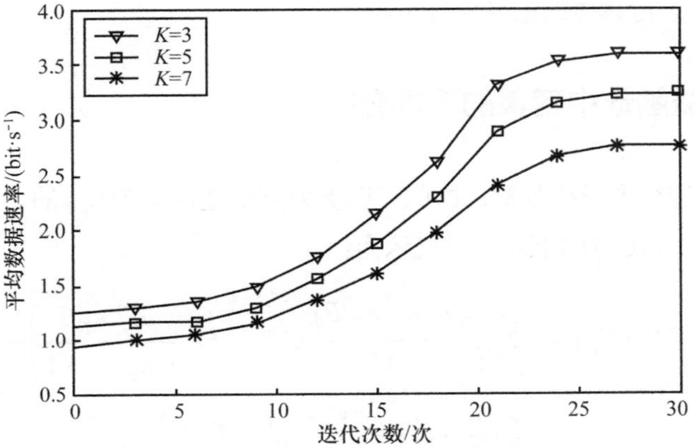

图 6-9　不同用户数量时，半盲信道估计优化算法的收敛性

表 6-1 不同迭代次数下，半盲信道估计优化算法中分簇方法的失败率

用户数量	迭代次数/次										
	0	3	6	9	12	15	18	21	24	27	30
K=3	1	0.98	0.97	0.92	0.72	0.48	0.19	0.05	0	0	0
K=5	1	0.99	0.98	0.95	0.79	0.50	0.23	0.06	0	0	0
K=7	1	0.99	0.98	0.96	0.81	0.55	0.25	0.08	0	0	0

6.3 非理想无线前传链路下的低复杂度半盲信道估计

正如算法 6-4 所示，式（6-56）中的效益函数需要使用瞬时信道状态信息，因此分簇过程与半盲信道估计紧密耦合，这导致该算法具有较高的计算复杂度。为了有效地解决这一问题，本章介绍了一种低复杂度的半盲信道估计优化算法，在这一算法中，效益函数仅与传输信道的期望特性相关。

对式（6-56）提出的效益函数进行处理，通过对效益函数 $u\left(C_n\right)$ 求期望，可以移除信道状态信息的瞬时性，从而对原算法中的分簇和半盲信道估计部分进行解耦。通过该方法得到的新的效益函数可以表示为：

$$\overline{u}(C_n)=E\left\{u(C_n)\right\}=[\overline{r}(C_n)-\mu\overline{\mathcal{M}}(\hat{\boldsymbol{G}}_{1,n},\ \hat{\boldsymbol{G}}_{2,n})]^{+} \tag{6-57}$$

其中，$\overline{r}(C_n)=E\left\{u(C_n)\right\}$，$\overline{\mathcal{M}}(\hat{\boldsymbol{G}}_{1,n},\ \hat{\boldsymbol{G}}_{2,n})=E(\mathcal{M}(\hat{\boldsymbol{G}}_{1,n},\ \hat{\boldsymbol{G}}_{2,n}))$。下面对 $\overline{r}(C_n)$ 和 $\overline{\mathcal{M}}(\hat{\boldsymbol{G}}_{1,n},\ \hat{\boldsymbol{G}}_{2,n})$ 进行具体的推导和分析。

6.3.1 效益函数中容量的下界分析

对 $\overline{r}(C_n)$ 进行推导和分析，由此可以更为方便地计算 $\overline{r}(C_n)$ 的下界。

引理 6-2 $\overline{r}(C_n)$ 的下界可以表示为：

$$\begin{aligned}\overline{r}^{\text{low}}\left(C_n\right)=&-\sum_{i=1}^{K_n}\sum_{j=1}^{M_n}\frac{c_j\ln\left(\varepsilon_{T_3}\mathcal{I}\right)}{\ln 2}\mathrm{e}^{\frac{d_{j,i}^{\alpha}\varepsilon_{T_3}\mathcal{I}}{\varepsilon_{T_3}\varphi^2+1}}Ei\left(-\frac{d_{j,i}^{\alpha}\varepsilon_{T_3}\mathcal{I}}{\varepsilon_{T_3}\varphi^2+1}\right)+\\&\sum_{i=1}^{K_n}\sum_{j=1}^{M_n}\frac{c_j\ln\mathcal{I}}{\ln 2}\mathrm{e}^{\frac{d_{j,i}^{\alpha}\mathcal{I}}{\varphi^2}}Ei\left(-\frac{d_{j,i}^{\alpha}\mathcal{I}}{\varphi^2}\right)-\mathrm{lb}\left(\varepsilon_{T_3}\right)\end{aligned} \tag{6-58}$$

其中，$\mathcal{I}=\psi_i^2\varepsilon_{\mathcal{T}_2}+\psi_i^2\varphi^2+\sum_{t=1}^{K-1}\left(\varepsilon_{\mathcal{T}_2}+\varphi\right)\varepsilon_{\mathcal{S}_t}+\left(\varepsilon_{\mathcal{T}_2}+\varphi+A_s^{-2}\right)\beta$，$\varepsilon_{\mathcal{T}_2}=D_n\left(\sum_{i=1}^{M_n}d_{c,i}^{-\alpha}\right)$，$\varepsilon_{\mathcal{S}_t}=\sum_{t=1}^{K-1}\sum_{s=1}^{M_n}d_{1,n}^{u}\left(t,s\right)^{-\alpha}$，$d_{1,n}^{u}\left(t,s\right)^{-\alpha}$ 表示式（6-28）中定义的信道矩阵 $\boldsymbol{G}_{1,n}^{u}$ 的第 s 行第 t 列的路径损耗，且：

$$\varepsilon_{\mathcal{T}_3}=\frac{M_n\sum_{i=1}^{M_n}\sum_{j=1}^{M_n}\left(D-M_n+j-1\right)!d_i^{D-M_n+j}\lambda^{D-M_n+j-1}\mathrm{e}^{-\lambda/d_i}}{M_n\det\boldsymbol{D}_{2,n}^{D}\sum_{l=1}^{M_n}\left(D-l\right)!\prod_{k<l}^{M_n}\left(d_l^{-1}-d_k^{-1}\right)} \tag{6-59}$$

证明：根据式（6-27），$\overline{r}\left(C_n\right)$ 可以表示为：

$$\overline{r}\left(C_n\right)\geqslant\sum_{i=1}^{K_n}E_{\mathcal{T}_1}\left\{\mathrm{lb}\left(1+\frac{\mathcal{T}_1}{\mathcal{T}_3\left(\psi_i^2\mathcal{T}_2+\varphi^2\mathcal{T}_1+\psi_i^2\varphi^2+\sum_{t=1}^{K-1}\left(\mathcal{T}_2+\varphi+A_s^{-2}\right)\beta\right)}\right)\right\}\overset{(a)}{\geqslant}$$

$$\sum_{i=1}^{K_n}E_{\mathcal{T}_1}\left\{\mathrm{lb}\left(1+\frac{\mathcal{T}_1}{\varepsilon_{\mathcal{T}_3}\left(\mathcal{I}+\varphi^2\mathcal{T}_1\right)}\right)\right\} \tag{6-60}$$

其中，$\varepsilon_{\mathcal{T}_2}=E\left\{\mathcal{T}_2\right\}$，$\varepsilon_{\mathcal{T}_3}=E\left\{\mathcal{T}_3\right\}$，$\varepsilon_{\mathcal{S}_t}=E\left\{\mathcal{S}_t\right\}$，不等式(a)表示利用詹森（Jensen）不等式中 $\log\left(1+a/x\right)$ 对 x 的凹凸性的性质。$\varepsilon_{\mathcal{T}_2}$ 和 $\varepsilon_{\mathcal{S}_t}$ 可以分别通过每条无线链路的独立同分布的平坦瑞利衰落特性获得。$\varepsilon_{\mathcal{T}_3}$ 则可以表示为：

$$\varepsilon_{\mathcal{T}_3}=E\{\mathrm{tr}(\hat{\boldsymbol{G}}_{2,n}^{\dagger}\ (\hat{\boldsymbol{G}}_{2,n}^{\dagger})^{\mathrm{H}})\}=E\left\{\sum_{l=1}^{M_n}\frac{1}{\lambda_l}\right\}=M_nE\left\{\frac{1}{\lambda}\right\} \tag{6-61}$$

其中，λ 表示维希特（Wishart）矩阵 $\boldsymbol{G}_{2,n}^{\mathrm{H}}\boldsymbol{G}_{2,n}$ 的特征值，$\boldsymbol{G}_{2,n}\sim\mathrm{CN}\left(\boldsymbol{0},\boldsymbol{D}_{2,n}\otimes\boldsymbol{I}\right)$ [15]。由参考文献[16]可知，λ 的概率密度函数可以表示为：

$$f\left(\lambda\right)=\frac{\sum_{i=1}^{M_n}\sum_{j=1}^{M_n}\left(D-M_n+j-1\right)!d_i^{D-M_n+j}\varGamma\left(D-M_n+j-2\right)d^{D-M_n+j-1}}{M_n\det\boldsymbol{D}_{2,n}^{D}\sum_{l=1}^{M_n}\left(D-l\right)!\prod_{k<l}^{M_n}\left(d_l^{-1}-d_k^{-1}\right)} \tag{6-62}$$

其中，d_i 表示 $\boldsymbol{D}_{2,n}$ 对角线上的第 i 个元素。将式（6-62）代入式（6-61），$\varepsilon_{\mathcal{T}_3}$ 可以被重写为：

$$\varepsilon_{\mathcal{T}_3}=M_n\int_0^{\infty}\frac{1}{\lambda}f\left(\lambda\right)\mathrm{d}\lambda=\frac{\sum_{i=1}^{M_n}\sum_{j=1}^{M_n}\left(D-M_n+j-1\right)!d_i^{D-M_n+j}\lambda^{D-M_n+j-1}\mathrm{e}^{-\lambda/d_i}}{\det D_{2,n}^{D}\sum_{l=1}^{M_n}\left(D-l\right)!\prod_{k<l}^{M_n}\left(d_l^{-1}-d_k^{-1}\right)} \tag{6-63}$$

根据式（6-26）可知，$\mathcal{T}_1$ 是一个由 M_n 个独立同分布的指数随机变量组成的线性组合，其概率密度函数可以表示为：

$$f\left(\mathcal{T}_1\right)=\sum_{j=1}^{M_n} c_j d_{j,i}^{\alpha} \mathrm{e}^{-d_{j,i}^{\alpha}\mathcal{T}_1} \tag{6-64}$$

其中，$c_j=\left(d_{j,i}^{-\alpha}\right)^{M_n-1} \Big/ \prod_{m\neq j}^{M_n}\left(-d_{i,j}^{\alpha}-d_{m,i}^{\alpha}\right)$。将式（6-64）代入式（6-60），$\overline{r}\left(C_n\right)$ 的下界可以表示为：

$$\begin{aligned}\overline{r}\left(C_n\right)^{\text{low}} &= -\sum_{i=1}^{K_n}\left(E_{\mathcal{T}_1}\left\{\text{lb}\left(\left(\varepsilon_{\mathcal{T}_3}\varphi^2+1\right)\mathcal{T}_1+\varepsilon_{\mathcal{T}_3}\mathcal{I}\right)\right\}+E_{\mathcal{T}_1}\left\{\text{lb}\left(\varphi^2\mathcal{T}_1+\mathcal{I}\right)\right\}\right)-\text{lb}\left(\varepsilon_{\mathcal{T}_3}\right)\\ &=\sum_{i=1}^{K_n}\sum_{j=1}^{M_n}\left(\frac{c_j\ln\mathcal{I}}{\ln 2}\mathrm{e}^{\frac{d_{j,i}^{\alpha}\mathcal{I}}{\varphi^2}}Ei\left(-\frac{d_{j,i}^{\alpha}\mathcal{I}}{\varphi^2}\right)-\frac{c_j\ln\left(\varepsilon_{\mathcal{T}_3}\mathcal{I}\right)}{\ln 2}\mathrm{e}^{\frac{d_{j,i}^{\alpha}\varepsilon_{\mathcal{T}_3}\mathcal{I}}{\varepsilon_{\mathcal{T}_3}\varphi^2+1}}Ei\left(-\frac{d_{j,i}^{\alpha}\varepsilon_{\mathcal{T}_3}\mathcal{I}}{\varepsilon_{\mathcal{T}_3}\varphi^2+1}\right)\right)-\text{lb}\left(\varepsilon_{\mathcal{T}_3}\right)\end{aligned} \tag{6-65}$$

引理 6-2 得证。

6.3.2 效益函数中信道估计精度的上界分析

对 $\bar{\mathcal{M}}(\hat{\boldsymbol{G}}_{1,n},\ \hat{\boldsymbol{G}}_{2,n})$ 进行推导和分析，并由此可以更为方便地计算 $\bar{\mathcal{M}}(\hat{\boldsymbol{G}}_{1,n},\ \hat{\boldsymbol{G}}_{2,n})$ 的上界。

引理 6-3 $\bar{\mathcal{M}}(\hat{\boldsymbol{G}}_{1,n},\ \hat{\boldsymbol{G}}_{2,n})$ 的上界可以表示为：

$$\bar{\mathcal{M}}(\hat{\boldsymbol{G}}_{1,n},\ \hat{\boldsymbol{G}}_{2,n})^{\text{up}}=\mathcal{J}_{\boldsymbol{Z}_{1,n}}+\mathcal{J}_{\boldsymbol{Z}_{2,n}}+\mathcal{J}_{\boldsymbol{R}_{2,n}}+\mathcal{K}_{\boldsymbol{Z}_{1,n}}^{\text{up}}+\mathcal{K}_{\boldsymbol{Z}_{2,n}}^{\text{up}}+\mathcal{K}_{\boldsymbol{R}_{2,n}}^{\text{up}} \tag{6-66}$$

其中：

$$\mathcal{J}_U=\frac{\sum_{i=1}^{M_n}\sum_{j=1}^{M_n}(D-M_n+j-1)!\,d_i^{2(D-M_n+j)}G_{3,2}^{1,3}\left(A_U^2 d_i\,\Big|_{1,0}^{M_n-D-j+1,1,1}\right)}{\ln 2\det D_{2,n}^{D}\prod_{l=1}^{M_n}(D-l)!\prod_{k<l}^{M_n}\left(d_l^{-1}-d_k^{-1}\right)} \tag{6-67}$$

$$\mathcal{K}_U^{\text{up}}=\sum_{i=1}^{L_U}\left\{\text{tr}\left(\boldsymbol{u}(i)\boldsymbol{u}^{\text{H}}(i)\right)\mathcal{L}_{A_U}+\mathcal{L}_D-\frac{\mathcal{L}_D}{M_n+D\sum_{j=1}^{M_n}d_j^{-\alpha}}\right\} \tag{6-68}$$

$$\mathcal{L}_{A_U}=\frac{\sum_{l=1}^{M_n}\sum_{k=1}^{M_n}\frac{J_{l,k}}{\Gamma(Q)}\sum_{t=1}^{Q-1}\left[-\frac{(t-1)!\,d_l^t}{A_U^{2(Q-1-t)}}+\frac{(-1)^{Q-2}}{A_U^{2(Q-1)}}\mathrm{e}^{\frac{1}{d_l A_U^2}}E_i\left(-\frac{1}{d_l A_U^2}\right)\right]}{\prod_{i<j}^{M_n}\left(d_j-d_i\right)} \tag{6-69}$$

$$\mathcal{J}_{\boldsymbol{Z}_{2,n}} = E\left\{L_2 \text{lb}\left|\Sigma_{\boldsymbol{Z}_{2,n}}\right|\right\} = E\left\{L_2 \text{lb}\left|\boldsymbol{I}_D\right|\right\} = 0 \tag{6-70}$$

$$\mathcal{J}_U = \frac{\sum_{i=1}^{M_n}\sum_{j=1}^{M_n}(D-M_n+j-1)!d_i^{2(D-M_n+j)}G_{3,2}^{1,3}\left(A_U^2 d_i\,\Big|_{1,0}^{M_n-D-j+1,1,1}\right)}{\ln 2\det D_{2,n}^D \prod_{l=1}^{M_n}(D-l)!\prod_{k<l}^{M_n}\left(d_l^{-1}-d_k^{-1}\right)} \tag{6-71}$$

其中，$U \in \left\{\boldsymbol{Z}_{1,n}, \boldsymbol{R}_{2,n}\right\}$，$L_U \in \left\{L_1, L_s\right\}$，$\boldsymbol{U}_Q \in \left\{\boldsymbol{Q}_{1,n}, \boldsymbol{S}_{1,n}\right\}$，$A_U \in \left\{A_{q1}, A_s\right\}$，$\boldsymbol{J}_{l,k}$ 表示 $M_n \times M_n$ 的矩阵 $\boldsymbol{J}$ 的第 l 行第 k 列元素，矩阵 $\boldsymbol{J}$ 的第 m 行第 n 列元素可以表示为 $\{\boldsymbol{J}\}_{m,n} = d_m^{n-1}$，$\Gamma(Q)=\int_0^\infty \mathrm{e}^{-t}t^{Q-1}\mathrm{d}t$，$Q=D+k-M_n$，$\mathcal{L}_D = A_U^2 \boldsymbol{U}_Q^{\mathrm{H}}(i)\left(\boldsymbol{D}_{1,n}^{\frac{T}{2}}\boldsymbol{D}_{1,n}^{\frac{1}{2}} \odot \boldsymbol{I}_{K_n}\right)\boldsymbol{U}_Q(i)$。

证明：根据式（6-44）和式（6-57），$\bar{\mathcal{M}}(\hat{\boldsymbol{G}}_{1,n}, \hat{\boldsymbol{G}}_{2,n})$ 可以表示为：

$$\begin{aligned}\bar{\mathcal{M}}(\hat{\boldsymbol{G}}_{1,n}, \hat{\boldsymbol{G}}_{2,n}) = &\underbrace{E\left\{L_1 \text{lb}\left|\Sigma_{\boldsymbol{Z}_{1,n}}\right|\right\}}_{\mathcal{J}_{\boldsymbol{Z}_{1,n}}} + \underbrace{E\left\{L_2 \text{lb}\left|\Sigma_{\boldsymbol{Z}_{2,n}}\right|\right\}}_{\mathcal{J}_{\boldsymbol{Z}_{2,n}}} + \underbrace{E\left\{L_s \text{lb}\left|\Sigma_{\boldsymbol{R}_{2,n}}\right|\right\}}_{\mathcal{J}_{\boldsymbol{R}_{2,n}}} + \\ &\underbrace{E\left\{\sum_{i=1}^{L_1}\left(\boldsymbol{z}_{1,n}^{\Delta}(i)\right)^{\mathrm{H}}\Sigma_{\boldsymbol{Z}_{1,n}}^{-1}\boldsymbol{z}_{1,n}^{\Delta}(i)\right\}}_{\mathcal{K}_{\boldsymbol{Z}_{1,n}}} + \underbrace{E\left\{\sum_{j=1}^{L_2}\left(\boldsymbol{z}_{2,n}^{\Delta}(j)\right)^{\mathrm{H}}\Sigma_{\boldsymbol{Z}_{2,n}}^{-1}\boldsymbol{z}_{2,n}^{\Delta}(j)\right\}}_{\mathcal{K}_{\boldsymbol{Z}_{2,n}}} + \\ &\underbrace{E\left\{\sum_{k=1}^{L_s}\left(\boldsymbol{r}_{2,n}^{\Delta}(k)\right)^{\mathrm{H}}\Sigma_{\boldsymbol{R}_{2,n}}^{-1}\boldsymbol{r}_{2,n}^{\Delta}(k)\right\}}_{\mathcal{K}_{\boldsymbol{R}_{2,n}}}\end{aligned} \tag{6-72}$$

根据式（6-38）和式（6-40），$\mathcal{J}_U$ 可以表示为：

$$\begin{aligned}\mathcal{J}_U &= L_U E\left\{\text{lb}\left|A_U^2 \boldsymbol{G}_{2,n}\boldsymbol{G}_{2,n}^{\mathrm{H}} + \boldsymbol{I}_D\right|\right\} = L_U E\left\{\text{lb}\left|A_U^2 \boldsymbol{G}_{2,n}\boldsymbol{G}_{2,n}^{\mathrm{H}} + \boldsymbol{I}_{M_n}\right|\right\} \\ &= L_U E\left\{\sum_{i=1}^{M_n}\text{lb}\left(1 + A_U^2\lambda_i\right)\right\} = M_n L_U E\left\{\text{lb}\left(1 + A_U^2\lambda\right)\right\}\end{aligned} \tag{6-73}$$

其中，λ 表示 Wishart 矩阵 $\boldsymbol{G}_{2,n}^{\mathrm{H}}\boldsymbol{G}_{2,n}$ 的特征值，其概率密度函数见式（6-62）。将式（6-62）代入式（6-73），$\mathcal{J}_U$ 可以表示为：

$$\begin{aligned}\mathcal{J}_U &\overset{(a)}{=} \frac{M_n}{\ln 2}\int_0^\infty G_{2,2}^{1,2}\left(A_U^2\lambda\Big|_{1,0}^{1,1}\right)f(\lambda)\mathrm{d}\lambda \\ &= \frac{\sum_{i=1}^{M_n}\sum_{j=1}^{M_n}(D-M_n+j-1)!d_i^{2(D-M_n+j)}G_{3,2}^{1,3}\left(A_U^2 d_i\,\Big|_{1,0}^{M_n-D-j+1,1,1}\right)}{\ln 2\det D_{2,n}^D \prod_{l=1}^{M_n}(D-l)!\prod_{k<l}^{M_n}\left(d_l^{-1}-d_k^{-1}\right)}\end{aligned} \tag{6-74}$$

其中，等式(a)依据的是 $\log\left(1+A_U^2\lambda\right)$ 与 Meijers G 函数的等价关系，$\log\left(1+A_U^2\lambda\right)=G_{2,2}^{1,2}\left(A_U^2\lambda\left|{}_{1,0}^{1,1}\right.\right)$。

根据式（6-38）和式（6-44），$\mathcal{K}_{\boldsymbol{z}_{1,n}}$ 可以表示为：

$$\begin{aligned}\mathcal{K}_{\boldsymbol{z}_{1,n}}&=E\left\{\sum_{i=1}^{L_1}\left(\boldsymbol{z}_{1,n}(i)-\overline{\boldsymbol{z}}_{1,n}(i)\right)^{\mathrm{H}}\Sigma_{\boldsymbol{z}_{1,n}}^{-1}\left(\boldsymbol{z}_{1,n}(i)-\overline{\boldsymbol{z}}_{1,n}(i)\right)\right\}\\&\overset{(a)}{=}\sum_{i=1}^{L_1}E\left\{\boldsymbol{z}_{1,n}^{\mathrm{H}}(i)\Sigma_{\boldsymbol{z}_{1,n}}^{-1}\boldsymbol{z}_{1,n}(i)\right\}+\sum_{i=1}^{L_1}E\left\{\overline{\boldsymbol{z}}_{1,n}^{\mathrm{H}}(i)\Sigma_{\boldsymbol{z}_{1,n}}^{-1}\overline{\boldsymbol{z}}_{1,n}(i)\right\}\\&\overset{(b)}{=}\underbrace{\sum_{i=1}^{L_1}E\left\{\boldsymbol{z}_{1,n}^{\mathrm{H}}(i)\Sigma_{\boldsymbol{z}_{1,n}}^{-1}\boldsymbol{z}_{1,n}(i)\right\}}_{\mathcal{L}_1}+\underbrace{\sum_{i=1}^{L_1}E\left\{A_{q1}^2\boldsymbol{q}_{1,n}^{\mathrm{H}}(i)\boldsymbol{G}_{1,n}^{\mathrm{H}}\boldsymbol{G}_{2,n}^{\mathrm{H}}\Sigma_{\boldsymbol{z}_{1,n}}^{-1}\boldsymbol{G}_{2,n}\boldsymbol{G}_{1,n}\boldsymbol{q}_{1,n}(i)\right\}}_{\mathcal{L}_2}\end{aligned}\tag{6-75}$$

其中，等式(a)依据的是 $\boldsymbol{G}_{1,n}$ 与 $\boldsymbol{G}_{2,n}$ 之间的相互独立关系，且 $E\left\{\boldsymbol{G}_{1,n}\right\}=0$。等式(b)通过将式（6-38）代入式（6-75）获得。由于 $\boldsymbol{z}_{1,n}(i)$ 是云集中处理池的接收信号，可以认为是一个由常量组成的向量，那么，式（6-75）中的 $\mathcal{L}_1$ 的上界可以表示为：

$$\begin{aligned}\mathcal{L}_1&=\sum_{i=1}^{L_1}E\left\{\boldsymbol{z}_{1,n}^{\mathrm{H}}(i)\Sigma_{\boldsymbol{z}_{1,n}}^{-1}\boldsymbol{z}_{1,n}(i)\right\}\overset{(a)}{\leqslant}\sum_{i=1}^{L_1}\mathrm{tr}\left(\boldsymbol{z}_{1,n}(i)\boldsymbol{z}_{1,n}^{\mathrm{H}}(i)\right)E\left\{\mathrm{tr}\left(\Sigma_{\boldsymbol{z}_{1,n}}^{-1}\right)\right\}\\&=\sum_{i=1}^{L_1}\mathrm{tr}\left(\boldsymbol{z}_{1,n}(i)\boldsymbol{z}_{1,n}^{\mathrm{H}}(i)\right)E\left\{\sum_{d=1}^{D}\frac{1}{1+A_{q1}^2\lambda_d}\right\}=\sum_{i=1}^{L_1}\mathrm{tr}\left(\boldsymbol{z}_{1,n}(i)\boldsymbol{z}_{1,n}^{\mathrm{H}}(i)\right)DE\left\{\frac{1}{1+A_{q1}^2\lambda}\right\}\end{aligned}\tag{6-76}$$

其中，不等式(a)依据半正定矩阵 $\boldsymbol{A}$、$\boldsymbol{B}$ 具有的 $\mathrm{tr}(\boldsymbol{AB})\leqslant\mathrm{tr}(\boldsymbol{A})\mathrm{tr}(\boldsymbol{B})$ 性质。为了得到一个计算更为简单的 $\mathcal{L}_1$ 的表达式，对式（6-76）中的 λ 进行处理。根据参考文献[17]可知，λ 的概率密度函数可以表示为：

$$f(\lambda)=\frac{1}{D\prod_{k<l}^{M_n}\left(d_l^{-1}-d_k^{-1}\right)}\sum_{i=1}^{M_n}\sum_{j=1}^{M_n}\frac{d_i^{k-D-1}\boldsymbol{J}_{l,k}}{\Gamma(Q)}\lambda^{Q-1}\mathrm{e}^{-\frac{\lambda}{d_l}}\tag{6-77}$$

将式（6-77）代入式（6-76），式（6-76）中的 $E\left\{\frac{1}{1+A_{q1}^2\lambda}\right\}$ 可以表示为：

$$\begin{aligned}E\left\{\frac{1}{1+A_{q1}^2\lambda}\right\}&=\int_0^{\infty}\frac{1}{1+A_{q1}^2\lambda}f(\lambda)\mathrm{d}\lambda\\&=\frac{\sum_{l=1}^{M_n}\sum_{k=1}^{M_n}\frac{\boldsymbol{J}_{l,k}}{\Gamma(Q)}\sum_{t=1}^{Q-1}\left[-\frac{(t-1)!d_l^t}{A_{q1}^{2(Q-1-t)}}+\frac{(-1)^{Q-2}}{A_{q1}^{2(Q-1)}}\mathrm{e}^{-\frac{1}{d_lA_{q1}^2}}Ei\left(-\frac{1}{d_lA_{q1}^2}\right)\right]}{D\prod_{k<l}^{M_n}\left(d_l^{-1}-d_k^{-1}\right)}\end{aligned}\tag{6-78}$$

其中，$Ei(\pm x)=\pm \mathrm{e}^{\pm x}\int_0^1 \frac{\mathrm{d}t}{x\pm\ln t}$。

将式（6-78）代入式（6-76），即可得到 $\mathcal{L}_1$ 的上界。

基于式（6-38），$\mathcal{L}_2$ 可以表示为：

$$\begin{aligned}\mathcal{L}_2&=\sum_{i=1}^{L_1}A_{q1}^2E\left\{\boldsymbol{q}_{1,n}^{\mathrm{H}}(i)\boldsymbol{G}_{1,n}^{\mathrm{H}}\left(\boldsymbol{G}_{2,n}^{\mathrm{H}}\left(\boldsymbol{G}_{2,n}\boldsymbol{G}_{2,n}^{\mathrm{H}}+\boldsymbol{I}_D\right)^{-1}\boldsymbol{G}_{2,n}\right)\boldsymbol{G}_{1,n}\boldsymbol{q}_{1,n}(i)\right\}\\&\overset{(a)}{=}\sum_{i=1}^{L_1}A_{q1}^2E\left\{\boldsymbol{q}_{1,n}^{\mathrm{H}}(i)\boldsymbol{G}_{1,n}^{\mathrm{H}}\left(\boldsymbol{I}_{M_n}-\left(\boldsymbol{I}_{M_n}+\boldsymbol{G}_{2,n}^{H}\boldsymbol{G}_{2,n}\right)^{-1}\right)\boldsymbol{G}_{1,n}\boldsymbol{q}_{1,n}(i)\right\}\\&=\sum_{i=1}^{L_1}A_{q1}^2E\left\{\boldsymbol{q}_{1,n}(i)\boldsymbol{q}_{1,n}^{\mathrm{H}}(i)\boldsymbol{G}_{1,n}^{\mathrm{H}}\boldsymbol{G}_{1,n}\right\}-\\&\quad\sum_{i=1}^{L_1}A_{q1}^2E\left\{\mathrm{tr}\left[\left(\boldsymbol{I}_{M_n}+\boldsymbol{G}_{2,n}^{\mathrm{H}}\boldsymbol{G}_{2,n}\right)^{-1}\boldsymbol{G}_{1,n}\boldsymbol{q}_{1,n}(i)\boldsymbol{q}_{1,n}^{\mathrm{H}}(i)\boldsymbol{G}_{1,n}^{\mathrm{H}}\right]\right\}\end{aligned}\tag{6-79}$$

其中，等式(a)表示依据规则 $(\boldsymbol{I}+\boldsymbol{AB})^{-1}=\boldsymbol{I}-\boldsymbol{A}(\boldsymbol{I}+\boldsymbol{BA})^{-1}\boldsymbol{B}$。那么，式（6-79）中 $\mathcal{L}_2$ 的第一部分可以表示为：

$$\begin{aligned}&\sum_{i=1}^{L_1}A_{q1}^2E\left\{\boldsymbol{q}_{1,n}(i)\boldsymbol{q}_{1,n}^{\mathrm{H}}(i)\boldsymbol{G}_{1,n}^{\mathrm{H}}\boldsymbol{G}_{1,n}\right\}\\&=\sum_{i=1}^{L_1}A_{q1}^2\boldsymbol{q}_{1,n}^{\mathrm{H}}(i)E\left\{\boldsymbol{G}_{1,n}^{\mathrm{H}}\boldsymbol{G}_{1,n}\right\}\boldsymbol{q}_{1,n}(i)\\&=\sum_{i=1}^{L_1}A_{q1}^2\boldsymbol{q}_{1,n}^{\mathrm{H}}(i)\left(\boldsymbol{D}_{1,n}^{\frac{T}{2}}\boldsymbol{D}_{1,n}^{\frac{1}{2}}\odot\boldsymbol{I}_{K_n}\right)\boldsymbol{q}_{1,n}(i)\end{aligned}\tag{6-80}$$

$\mathcal{L}_2$ 的第二部分可以表示为：

$$\begin{aligned}&\sum_{i=1}^{L_1}A_{q1}^2E\left\{\mathrm{tr}\left[\left(\boldsymbol{I}_{M_n}+\boldsymbol{G}_{2,n}^{\mathrm{H}}\boldsymbol{G}_{2,n}\right)^{-1}\boldsymbol{G}_{1,n}\boldsymbol{q}_{1,n}(i)\boldsymbol{q}_{1,n}^{\mathrm{H}}(i)\boldsymbol{G}_{1,n}^{\mathrm{H}}\right]\right\}\overset{(a)}{\geqslant}\\&\sum_{i=1}^{L_1}A_{q1}^2E\left\{\frac{\mathrm{tr}\left\{\boldsymbol{G}_{1,n}\boldsymbol{q}_{1,n}(i)\boldsymbol{q}_{1,n}^{\mathrm{H}}(i)\boldsymbol{G}_{1,n}^{\mathrm{H}}\right\}}{\mathrm{tr}\left(\boldsymbol{I}_{M_n}+\boldsymbol{G}_{2,n}^{\mathrm{H}}\boldsymbol{G}_{2,n}\right)}\right\}\overset{(b)}{\geqslant}\\&\sum_{i=1}^{L_1}A_{q1}^2\frac{E\left\{\boldsymbol{G}_{1,n}\boldsymbol{q}_{1,n}(i)\boldsymbol{q}_{1,n}^{\mathrm{H}}(i)\boldsymbol{G}_{1,n}^{\mathrm{H}}\right\}}{E\left\{\mathrm{tr}\left(\boldsymbol{I}_{M_n}+\boldsymbol{G}_{2,n}^{\mathrm{H}}\boldsymbol{G}_{2,n}\right)\right\}}\\&=\sum_{i=1}^{L_1}\frac{A_{q1}^2}{M_n+D\sum_{j=1}^{M_n}d_j^{-\alpha}}\boldsymbol{q}_{1,n}^{\mathrm{H}}(i)\left(\boldsymbol{D}_{1,n}^{\frac{T}{2}}\boldsymbol{D}_{1,n}^{\frac{1}{2}}\odot\boldsymbol{I}_{K_n}\right)\boldsymbol{q}_{1,n}(i)\end{aligned}\tag{6-81}$$

其中，不等式(a)表示服从 $\mathrm{tr}\left(\boldsymbol{AB}^{-1}\right)\geqslant\mathrm{tr}(\boldsymbol{A})/\mathrm{tr}(\boldsymbol{B})$，$\boldsymbol{B}$ 满足半正定矩阵；不等式(b)

依据詹森不等式性质。将式（6-76）~式（6-81）代入式（6-75），即可得到$\mathcal{K}_{Z_{1,n}}^{\text{up}}$，$\mathcal{K}_{R_{2,n}}^{\text{up}}$ 可以通过相同的计算方法得到，从而式（6-68）中的$\mathcal{K}_{U}^{\text{up}}$得证。

$\mathcal{K}_{Z_{2,n}}^{\text{up}}$ 的推导方法如下：

$$\begin{aligned}\mathcal{K}_{Z_{2,n}}^{\text{up}} &= \sum_{i=1}^{L_2}\left(E\left\{\boldsymbol{q}_{2,n}^{\text{H}}(j)\boldsymbol{G}_{2,n}^{\text{H}}\boldsymbol{G}_{2,n}\boldsymbol{q}_{2,n}(j)\right\}+\boldsymbol{z}_{2,n}^{\text{H}}(j)\boldsymbol{z}_{2,n}(j)\right)\\ &= \sum_{i=1}^{L_2}\left(\boldsymbol{q}_{2,n}^{\text{H}}(j)\boldsymbol{D}_{2,n}^{2}\boldsymbol{q}_{2,n}(j)+\boldsymbol{z}_{2,n}^{\text{H}}(j)\boldsymbol{z}_{2,n}(j)\right)\end{aligned} \tag{6-82}$$

综上所述，引理 6-3 得证。

根据引理 6-2 和引理 6-3 所得的式（6-58）和式（6-66），可以得到一个新的效益函数， $u(C_n)$ 期望值的下限可以表示为：

$$\overline{u}(C_n)^{\text{sub}} = [\overline{r}(C_n)^{\text{low}} - \mu\overline{\mathcal{M}}(\hat{\boldsymbol{G}}_{1,n}, \hat{\boldsymbol{G}}_{2,n})^{\text{up}}]^{+} \tag{6-83}$$

根据式（6-83）可知，$\overline{u}(C_n)^{\text{sub}}$ 只与变化缓慢并且容易获取的路径损耗有关。因此，算法 6-4 中的分簇和半盲信道估计之间的耦合关系被解除，在本章的低复杂度半盲信道估计优化算法的设计中，可以将分簇和半盲信道估计划分为两个独立的子问题进行求解，如算法 6-5 所示。

算法 6-5 低复杂度的半盲信道估计优化算法

步骤 1 分簇

（1）初始化

M 个 RRH 被划分为 N 个相互独立的簇 $C_1,\cdots,C_N$，满足约束条件 $N \leqslant M$；

（2）循环

对于任意一个簇 $C_n\left(C_n \neq \varnothing\right)$

- 合并：与其他任意簇进行谈判，例如 $C_{m_1},\cdots,C_{m_k}$， $m_1,\cdots,m_k \neq n$，如果其效益函数满足不等式 $\overline{u}^{\text{sub}}\left(C_n\right)+\sum_{l=1}^{k}\overline{u}^{\text{sub}}\left(C_{ml}\right)<\overline{u}^{\text{sub}}\left(C_n \cup C_{m_1}\cdots\cup C_{m_k}\right)$，那么将其合并为 $C_n=\left\{C_n \cup C_{m_1}\cdots\cup C_{m_k}\right\}$， $C_{m1}=\cdots=C_{mk}=\varnothing$；
- 拆分：对于 C_n 中的任一子集 $\tilde{C}_{ni}$，如果其效益函数满足不等式 $\overline{u}^{\text{sub}}\left(\tilde{C}_{ni}\right)+\overline{u}^{\text{sub}}\left(C_n/\tilde{C}_{ni}\right)>\overline{u}^{\text{sub}}\left(C_n\right)$，那么令 $C_n=C_n/\tilde{C}_{ni}$，并且生成一个新的簇 $C_k=\tilde{C}_{ni}$。

（3）终止

当任意 C-RAN 中 RRH 簇的成员不再改变时，算法终止。

步骤 2　每个簇根据算法 6-3 独立地进行信道估计。

与算法 6-4 相似，C-RAN 中 RRH 簇仅通过合并拆分方法形成。根据结论 6-1 可知，算法 6-5 的分簇结果也是 $\mathcal{D}_{\text{hp}}$ 稳定的，拆分和合并过程中不会出现重复的分簇结果，使算法陷入死循环。

算法 6-4 和算法 6-5 的计算复杂度取决于分簇和半盲信道估计的流程。分簇问题通过转化为联盟博弈问题使用合并拆分方法进行求解，由该方法 $\mathcal{D}_{\text{hp}}$ 稳定性质可知，分簇过程最多产生 2^M 次的拆分合并。在算法 6-4 中，每一次谈判都需要通过半盲信道估计获得各个簇的效益函数值，对 $\boldsymbol{G}_{1,n}$、$\boldsymbol{G}_{2,n}$ 和 $\boldsymbol{S}_{1,n}$ 的估计决定了半盲信道估计的复杂度。根据式（6-45）和式（6-49），通过求解凸优化问题的 KKT 方程获得 $\boldsymbol{G}_{1,n}$ 的估计值，该方法主要复杂度为矩阵求逆过程，因此其计算复杂度为 $O(M^3)$ [18]。在参考文献[2]中，给出了基于正交频分复用系统的 BFGS 算法计算复杂度分析，其中每个子信道分别进行信道参数估计。并且，参考文献[2]中所提算法的估计原则与本文近似，例如参考文献[2]中的式（9），与本文中式（6-44）相似，这一计算式决定了 BFGS 方法的计算复杂度。因此，基于参考文献[2]，可以得到对前传链路 $\boldsymbol{G}_{2,n}$ 基于 BFGS 方法进行信道估计的计算复杂度为 $O\left(D^2+L_2D\text{lb}D\right)$。同时，通过最大似然准则检测数据信号 $\boldsymbol{S}_{1,n}$ 的计算复杂度为 $O\left(L_sK^2\right)$ [19]。由于算法 6-4 中，$\boldsymbol{G}_{1,n}$、$\boldsymbol{G}_{2,n}$ 和 $\boldsymbol{S}_{1,n}$ 需要在分簇过程中迭代更新，因此该算法的整体计算复杂度可以表示为 $O\left[2^M\left(M^3+D^2+L_2D\text{lb}D+L_sK^2\right)\right]$。而在算法 6-5 中，分簇与半盲信道估计之间相互独立，那么该算法的整体计算复杂度可以表示为 $O\left(2^M+M^3+D^2+L_2D\text{lb}D+L_sK^2\right)$。从对计算复杂度的分析结果可以看出，与算法 6-4 相比较，本章提出的低复杂度的半盲信道估计优化方法通过解耦合分簇和半盲信道估计问题，使计算复杂度显著降低。

6.3.3　仿真结果与分析

为了评估低复杂度的半盲信道估计优化算法在估计性能和系统性能上，与原优化算法相比的有效性，本节将对低复杂度的半盲信道估计算法的信道估计精度和传输速率进行仿真，同时，也仿真验证了该算法的收敛性。仿真中使用的对比算法仍然选择MAP和SMMSE方法。仿真中使用的具体参数设置如下：路径损耗系数$\alpha=4$；BBU 池的接收天线数量$D=7$；数据信号采用正交相移键控调制，其长度$L_s=30$；用户和RRH发送的导频长度分别是$L_1=10$、$L_2=10$；噪声功率$\sigma_n^2=1$ dBm；用户和RRH的发射功率分别为$P_{q1}=P_s=25$ dBm，$P_{R,q1}=P_{R,s}=P_{q2}=40$ dBm。

图 6-10 给出了两种半盲信道估计优化算法与MAP和SMMSE方法使用导频长度的比较。首先，本章介绍的低复杂度半盲信道估计算法与原算法的曲线基本拟合，说明低复杂度半盲信道估计算法在估计性能上与原算法基本相同。同时，如图 6-10 所示，当获得的MSE性能相同时，算法 6-5 与算法 6-4 使用的导频长度明显少于两种对比方法。与MAP和SMMSE方法相比，当$\boldsymbol{G}_{1,n}$的估计精度为4×10^{-3}时，算法 6-5 将L_1的长度分别减少了 5 bit 和 4.8 bit，当$\boldsymbol{G}_{2,n}$的估计精度为8×10^{-4}时，算法 6-5 将L_2的长度分别减少了 10 bit 和 9.7 bit。

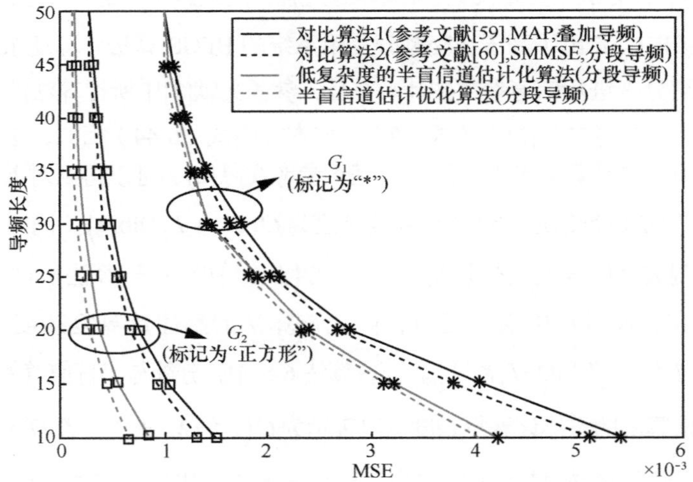

图 6-10　不同信道估计算法导频长度随信道估计精度的变化

本章中介绍的优化算法能够获得与对比方法更好的性能的原因可以解释如下：首先，与使用叠加导频的MAP方法不同，两种半盲信道估计优化算法中两跳链路估计使用的导频序列可以分为两个独立的序列，因此可以避免导频污染。其次，与传统的基于导频进行信道估计的两种对比方法比较，本章介绍的两种半盲信道估计优化算法使用的数据信号使估计性能得到了提升，如参考文献[2]中证明，使用数据信号进行信道估计可以提供额外的信道状态信息，从而使估计结果更为精确。并且对第二跳前传链路进行估计时，充分利用了信道中传输的数据和全部导频信号，较之传统方法中仅使用第二跳导频进行信道估计的做法，使前传链路的估计性能得到了更大的提升。

图 6-11 给出了效益函数中，系数 μ 对分簇结果的影响，其中 RRH 的数量分别设置为 M=3、5、7。如图 6-11 所示，当 μ=0 时，所有 RRH 最终形成了一个完全协作形式，这是由于没有开销存在时，RRH 之间的联合总能带来总体收益的增加。随着 μ 的增大，开销在分簇过程中的影响增大，平均簇大小逐渐减小至 1。当 μ=400 时，每个簇中仅有一个 RRH，这是由于合并产生的开销太大，无法通过获得的收益对开销进行弥补，使得 RRH 选择了不合作的模式。同时，在图 6-11 中，算法 6-5 与算法 6-4 得到的平均分簇大小基本相同，说明了低复杂度的半盲信道估计算法在分簇部分的有效性。

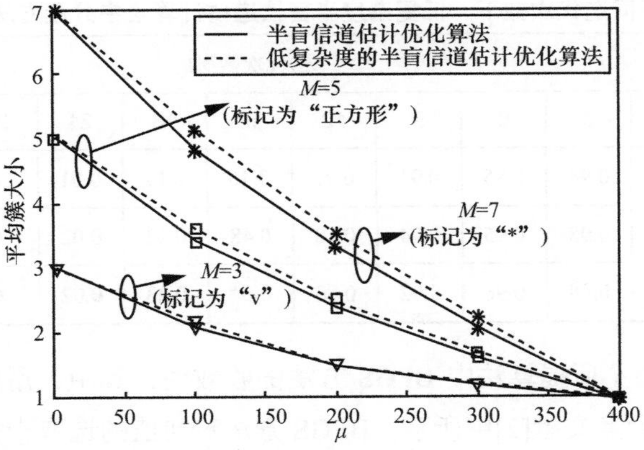

图 6-11　平均簇大小随 μ 的变化

图 6-12 给出了两种半盲信道估计优化算法中分簇方法的收敛性对比，其中用户数分别设置为 K=3、5、7。从图 6-12 中可以看出，本章介绍的低复杂度的半盲信道估计算法中分簇部分的收敛趋势与原优化算法相同。同时，低复杂度的半盲信道估计优化算法的收敛速度比算法 6-4 的收敛速度快，表 6-2 给出了不同迭代次数下低复杂度的半盲信道估计优化算法中分簇方法的失败率。通过将表 6-2 与表 6-1 进行对比可以看出，在迭代次数上升到 21 次时，低复杂度的半盲信道估计方法已经基本收敛。

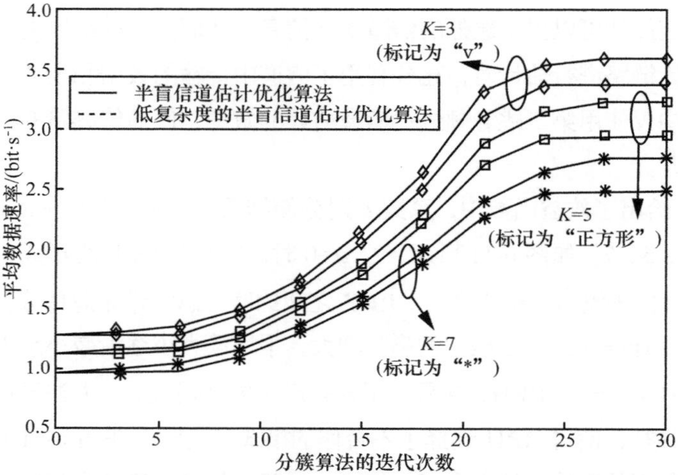

图 6-12　两种半盲信道估计优化算法中分簇方法的收敛性对比

表 6-2　不同迭代次数下，低复杂度半盲信道估计算法中分簇方法的失败率

用户数	迭代次数/次										
	0	3	6	9	12	15	18	21	24	27	30
K=3	1	0.98	0.95	0.91	0.71	0.46	0.17	0.01	0	0	0
K=5	1	0.98	0.95	0.94	0.78	0.48	0.22	0.02	0	0	0
K=7	1	0.98	0.96	0.92	0.80	0.54	0.23	0.02	0	0	0

图 6-13 给出了所提算法中 BFGS 方法的收敛性，其中，用户数分别设置为 K=3、5、7。如参考文献[2]中所示，BFGS 方法对初值的选取十分敏感，选择离最优解较近的 MMSE 估计值作为初值可以保证 BFGS 方法的全局收敛性。在仿真中，采用随机值作为初值和 MMSE 估计值作为初值，对二者收敛性进行对比。由图 6-13 可以看出，使用 MMSE 估计值作为初值，BFGS 方法在大约 60 次的迭代后收敛。而随机初值则得到了发散的结果。表 6-3 给出了低复杂度半盲信道估计算法中，BFGS 方法在不同迭代次数下收敛的失败率，可以看出结果与图 6-13 相符合。同时，表 6-4 给出了算法 6-5 与算法 6-4 的平均运行时间，其中，RRH 数 $M=7$，用户数为 $K=3$、5、7。见表 6-4，算法 6-5 将平均运行时间降低了约 77%，这表明本章介绍的低复杂度的半盲信道估计优化算法能显著降低原优化算法的计算复杂度。

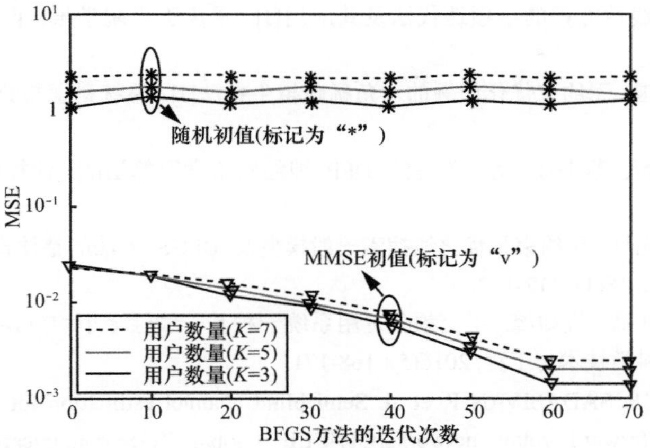

图 6-13　BFGS 方法的收敛性

表 6-3　不同迭代次数下，低复杂度半盲信道估计算法中 BFGS 方法的失败率

用户数	迭代次数/次							
	0	10	20	30	40	50	60	70
K=3	1	0.89	0.64	0.36	0.19	0.06	0	0
K=5	1	0.90	0.67	0.38	0.21	0.06	0	0
K=7	1	0.92	0.71	0.39	0.23	0.07	0	0

表 6-4　算法 6-4 和算法 6-5 的平均运行时间（单位：s）

算法	K=3	K=4	K=5	K=6	K=7
算法 6-4	239.18	245.34	257.63	259.67	261.41
算法 6-5	56.79	57.56	58.42	58.9	59.28

参考文献

[1] PENG M. Recent advanced in cloud radio access networks: system architectures, key techniques, and open issues[J]. IEEE Communications Surveys and Tutorials, 2016, 18(3): 2282-2308.

[2] CHOTIKAKAMTHORN N, SUZUKI H. On identifiability of OFDM blind channel estimation[C]//Vehicular Technology Conference, May 16-20, 1999, Houston, Texas, USA. Piscataway: IEEE Press, 1999: 2358-2361.

[3] 柳辉. 解非线性方程的牛顿迭代法及其应用[J]. 重庆工学院学报：自然科学版，2007, 21(8): 95-98.

[4] 时贞军，孙国. 无约束优化问题的对角稀疏拟牛顿法[J]. 系统科学与数学，2006, 26(1): 101-112.

[5] 张池平，唐蕾，苏小红，等. 改进的 DFP 神经网络学习算法[J]. 计算机仿真，2008(4): 172-174.

[6] 韩继来，刘光辉. 无约束最优化线搜索一般模型及 BFGS 方法的整体收敛性[J]. 应用数学学报, 1995, 18(1): 112-122.

[7] 杨前战，杨明武，许如峰. 正交频分复用系统一种基于线性最小均方误差信道估计的改进算法[J]. 科学技术与工程, 2016(5): 168-171.

[8] LU Y, GAO F, SADASIVAN P, et al. Semi blind channel estimation for space-time coded amplify-and-forward relay networks[C]//IEEE Global Telecommunications Conference, November 30-December 4, 2009, Honolulu, Hawaii, USA. Piscataway: IEEE Press, 2009: 1-5.

[9] 刘强，陈西宏，胡茂凯. OFDM 中基于子空间分解的半盲信道估计[J]. 现代电子技术，2010, 33(3): 73-75.

[10] GRANT M, BOYD S P. CVX: MATLAB software for disciplined convex programming[J]. Global Optimization, 2014: 155-210.

[11] ABDALLAH S, PSAROMILIGKOS I N. Semi blind channel estimation with superimposed training for OFDM-Based AF two-way relaying[J]. IEEE Transactions on Wireless Communications, 2014, 13(5): 2468-2467.

[12] ABDALLAH S, PSAROMILIGKOS I N. EM-based semi blind channel estimation in amplify-and-forward two-way relay networks[J]. IEEE Wireless Communications Letters, 2013, 2(5): 527-530.

[13] XIE X, PENG M, ZHAO B, et al. Maximum a posteriori based channel estimation strategy for two-way relaying channels[J]. IEEE Transactions on Wireless Communications, 2014, 13(1): 450-463.

[14] HU Q, PENG M, MAO Z, et al. Training design for channel estimation in uplink cloud radio access networks[J]. IEEE Transactions on Signal Processing, 2016, 64(13): 3324-3337.

[15] 刘金山. Wishart 分布引论[M]. 北京：科学出版社, 2005.

[16] TULINO A M, VERD S. Random matrix theory and wireless communications[J]. Communications & Information Theory, 2014, 1(1): 1-182.

[17] GRADSHTEUIN I S, RYZHIK I M, JEFFREY A, et al. Table of integrals, series, and products[M]. New York: Academic Press, 1980.

[18] BOYD S, VANDENBERGHE L. Convex optimization[M]. Cambridge: Cambridge Univ Press, 2004.

[19] POOR H V. An introduction to signal detection and estimation[J]. Springer Texts in Electrical Engineering, 2010, 333(1): 127-139.

第7章 云无线接入网络的资源分配

无线资源调度是提升 C-RAN 组网性能的关键技术之一，但区别于传统无线接入网络，C-RAN 由于采用了大规模集中协作处理，干扰不再严重，无线资源分配的目标不仅仅是减少干扰、获得多用户分集增益，还需要减少传输时延。本章首先介绍了 C-RAN 下基于业务队列的协作多点传输下的动态无线资源分配技术，然后描述了基于业务队列的面向预编码优化的动态无线资源优化和联合节点选择的动态无线资源优化，给出了这些新的资源分配技术带来的性能增益。

在多用户场景下，为了提升 C-RAN 的组网性能，需要采用先进的资源调度方法。用户资源调度和物理层的大规模协作处理紧耦合，需要联合优化。此外，针对多媒体数据业务，不同业务的时延差异较大，需要对排队时延进行感知，采用合适的资源调度算法，优化网络整体的平均排队时延。为了降低复杂度，在 C-RAN 中针对每个目标用户，只是相邻的 RRH 进行协作处理，因此资源调度需要结合 RRH 选择。本章将首先介绍 C-RAN 系统基于局部协作处理的资源调度方法，然后介绍排队时延感知的资源分配方法，最后介绍联合节点选择的资源分配方法。

7.1 基于业务队列的协作多点传输下的动态无线资源分配

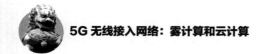

C-RAN 的集中式处理的网络架构便于 CoMP 技术实现，C-RAN 下行传输中的 CoMP 技术主要分为两类：联合处理（Joint Processing，JP）和协同波束成形（Coordinated Beamforming，CB）。对于 JP 而言，用户的业务负载在协作簇内所有 RRH 间共享并进行联合传输，这意味着 BBU 需要将相同的业务负载分别经过容量受限的前传链路传输至各 RRH 以进行无线发送[1]。而对于 CB 而言，用户的业务负载只由特定单独的 RRH 进行射频发送，但 BBU 池需要联合计算对应各用户业务负载的波束成形预编码以协调协作簇内用户间的干扰[2]。JP 技术比 CB 技术需要更多的前

传资源消耗来获取更高的频谱效率，而 CB 技术需要 RRH 配置更多的天线以进行完全的干扰协调和消除。实际上，C-RAN 中的前传链路容量和 RRH 的天线数量均约束了两种 CoMP 技术的实现和潜在的性能增益。

已有的 CoMP 相关的文献主要研究了如何有效降低对回传/前传链路或天线数目的要求。参考文献[3]研究了能大量降低回传链路消耗的动态分簇机制。通过评估回传链路选择带来的效益和代价，参考文献[4]提出了一种有限前传链路容量约束下动态协作链路选择的启发式算法，但该算法并不能像 JP 多点协作传输那样完全利用和消除干扰。通过定义前传代价函数为参与协作传输的前传链路的数量，参考文献[5]研究了用户信号干扰噪声比约束下联合最小化前传代价和优化波束成形向量的方法。为了灵活权衡协作增益和回传消耗，参考文献[6]提出了一种有限回传容量约束下的速率分离方法，其中一部分原本由 JP 多点协作传输消耗的回传容量被私有化使用以获取更多的性能增益。参考文献[7]提出了一种前传链路容量约束下的集中式 JP 和 CB 间的自适应切换方法，并考虑到复杂度和信令开销问题，参考文献[7]还提出了一种分布式切换方法。为了有效折中多天线传输中的分集和复用增益并获取较高的频谱效率，参考文献[8]研究了动态部分 JP 传输和相应资源分配的方法。通常来讲，对于 C-RAN，CoMP 技术的性能增益不仅和前传链路的消耗有关，并且在很大程度上取决于 BBU 池获取的信道状态信息的质量。参考文献[9]对时变系统中发送端信道质量对 CoMP 性能的影响进行了理论分析，考虑的场景包括集中式和分布式 JP 以及 CB 传输场景。

然而，上述工作主要集中于频谱效率和能量效率等物理层性能的分析和优化，忽略了实际时变系统中突发和随机到达业务的时延要求。因此，所得到的资源优化策略仅仅自适应于信道状态信息，并不能为随机到达业务保证较好的时延性能。通常来讲，由于信道状态信息提供了传输机会相关的信息，而队列状态信息表明了业务数据需要传输的迫切程度，因此实际无线资源优化是基于业务队列动态进行的，并且自适应于信道状态信息和队列状态信息。此外，由于实际系统的发送端通常无法获取理想的信道状态信息，因此当分配的数据速率超过信道的瞬时容量，将会出现业务数据分组传输失败的情况。目前基于业务队列的动态无线资源优化方面的工作主要集中于传统同构网络或者异构网络的场景，并假设信道状态信息理想。例如，参考文献[10]提出了传统多小区网络中下行多点协作传输中时延最优的动态联合分簇和功率优化的方法。参考文献[11]研究了能量采集多小区网络中动态联合非连续传输和用户调度的优化设计。参考文献[12]则提出了基于中继的异构网络中动态联合时频资源分配的方法。

考虑到实际 C-RAN 中非理想信道状态信息和前传链路容量受限带来的挑战，需要对 C-RAN 的高效数据传输技术和动态无线资源优化方法进行进一步研究。本章首先介绍了一种有效的多点协作传输方案，然后考虑平均功耗约束和平均前传消耗约束，介绍了一种该传输方案下基于业务队列的动态资源分配方法。本章的主要内容包括：为了灵活折中协作增益和前传链路消耗，通过将随机到达业务的数据流分离为共享流和私有流，设计了 C-RAN 中混合多点协作传输的方案，通过相应的预编码设计，共享流和私有流能够被同时传输，并可以在有限的前传链路消耗中获取最大的自由度；为了在平均功耗和前传链路消耗的约束下最小化随机到达业务的队列时延，将 C-RAN 中混合多点协作传输下的动态功率和速率分配问题建模为受限的部分观测马尔可夫决策过程，动态资源分配策略通过求解每时隙的优化问题得到，且所得策略自适应于系统的队列状态信息和非理想信道状态信息；由于贝尔曼方程的集中式求解需要非理想信道状态信息误差的统计分布且复杂度随用户数量呈指数级上升，介绍了基于线性估计和在线学习的决策后值函数的估计方法，并介绍了基于随机梯度算法的低复杂度、高可靠性的动态功率和速率分配算法；仿真结果表明，所提混合协作多点传输方案和相应的动态资源分配算法能够在前传容量受限和信道信息非理想的 C-RAN 中获取明显的性能提升，并且仿真结果验证了决策后值函数的在线学习的收敛性。

考虑 C-RAN 中随机到达业务的下行传输场景。用 $\mathcal{M}=\{1,2,\cdots,M\}$ 和 $\mathcal{N}=\{1,2,\cdots,M\}$ 分别表示协作簇内用户和 RRH 的集合，协作簇内的 M 个用户接收来自 M 个 RRH 的信号，其中每个用户和 RRH 配置的天线数目分别为 N_r 和 N_t，且满足 $MN_r \geqslant N_t > (M-1)N_r$。根据本章后面介绍的混合协作传输方案，每个 RRH 既可以为一个用户传输业务数据，又可以和簇内其他 RRH 一起为每个用户进行协作传输。假设系统运行的时间被划分为多个长度为 τ 的时隙，各时隙用 $t \in \{0,1,2,\cdots\}$ 标识。

7.1.1 系统模型

用 $\boldsymbol{H}_{ij}(t) \in \mathcal{H}^{N_r \times N_t}$ 表示第 t 时隙 RRH j 和用户 i 之间的复数信道衰落矩阵（信道

状态信息），其中，$\mathcal{H} \subset \mathcal{C}$ 为有限的离散信道状态空间。用 $\boldsymbol{H}(t) = \{\boldsymbol{H}_{ij}(t) : i \in \mathcal{M}, j \in \mathcal{N}\}$ 表示第 t 时隙网络的全局信道状态信息。对于信道状态信息，本章有如下假设。

假设 7-1　全局信道状态信息 $\boldsymbol{H}(t)$ 为时隙内保持固定而在时隙间独立的随机过程。特别地，在第 t 时隙，$\boldsymbol{H}_{ij}(t)$ 的每个元素均为服从均值为 0、方差为 σ_{ij}^2 独立同分布的离散随机变量，其中，σ_{ij}^2 包含了路径损耗的影响，且在较长时间内保持准静态。

实际上，由于信道估计的误差和反馈时延的影响，BBU 获取的信道状态信息 $\hat{\boldsymbol{H}}(t) = \{\hat{\boldsymbol{H}}_{ij}(t) : i \in \mathcal{M}, j \in \mathcal{N}\}$ 一般是非理想的。通常情况下，非理想信道状态信息的误差模型为[13]：

$$\Pr[\hat{\boldsymbol{H}}_{ij} \mid \boldsymbol{H}_{ij}] = \frac{1}{\pi\rho_{ij}} \exp\left(-\frac{|\hat{\boldsymbol{H}}_{ij} - \boldsymbol{H}_{ij}|^2}{\rho_{ij}}\right) \tag{7-1}$$

其中，参数 $\rho_{ij} \in [0,1]$ 表明了非理想信道状态信息的质量当 $\rho_{ij} = 0$ 时有 $\hat{\boldsymbol{H}}_{ij} = \boldsymbol{H}_{ij}$，此时对应理想信道状态信息的情况；而当 $\rho_{ij} = 1$ 时有 $\hat{\boldsymbol{H}}_{ij}\boldsymbol{H}_{ij}^{\dagger} = \boldsymbol{0}$，此时对应无信道状态信息的情况。本章不考虑天线阵列间的相关性的影响，因此 $\boldsymbol{H}(t)$ 和 $\hat{\boldsymbol{H}}(t)$ 的秩均为 $\min\{N_t, N_r\}$。

用 $Q_i(t) \in \mathcal{Q}$ 表示第 t 时隙初用户 i 的队列状态信息，其中，$\mathcal{Q}$ 为队列状态空间。用 $\boldsymbol{Q}(t) = \{Q_i(t), i \in \mathcal{M}\}$ 表示网络的全局队列状态信息。在第 t 时隙末，用户 i 成功接收 $G_i(t)$ 业务数据后，对应的业务队列将会有新的随机业务到达 $A_i(t)$。因此，用户 i 的业务队列的动态变化可以表示为：

$$Q_i(t+1) = \min\left\{\left[Q_i(t) - G_i(t)\right]^+ + A_i(t), N_Q\right\} \tag{7-2}$$

其中，N_Q 是业务缓冲队列的最大长度。对于随机业务到达，本章存在如下假设。

假设 7-2　随机业务到达率 $A_i(t)$ 在时隙间服从独立同分布，其平均到达率为 $E[A_i(t)] = \lambda_i$。此外，各用户的随机业务到达过程相互独立。

7.1.2　混合多点协作传输方案

为了在协作增益和前传链路消耗之间进行灵活的折中，如图 7-1 所示，混合多点协作传输方案将用户的业务负载分割为 $L_{(i,s)}$ 个共享流和 $L_{(i,p)}$ 个私有流，并且通过采用合适的预编码矩阵将共享流和私有流同时进行射频传输。特别地，混合协作多点传输将用户的共享流经过有限容量的前传链路分发至协作簇内的 RRH，而将用户的私有流传输至特定的 RRH，因此共享流的传输比私有流的传输需要更多的前传链路消耗。下面将基于业务流分离模型，分别给出理想信道状态信息下共享流和私有流的的预编码向量和用户接收向量的计算方法。

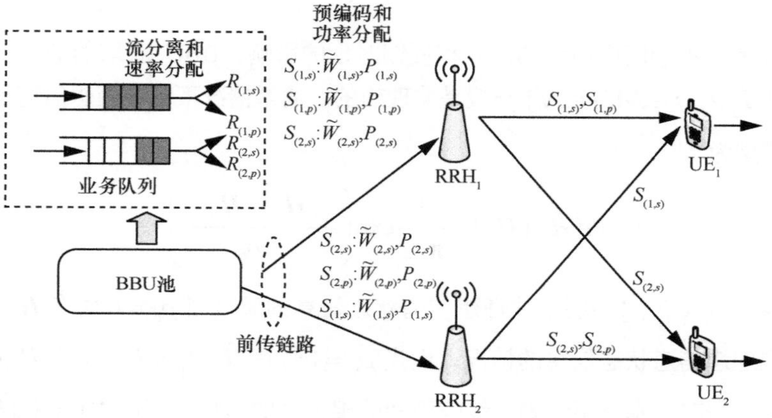

图 7-1　混合协作多点传输方案

7.1.2.1　业务流分离模型

在理想信道状态信息下，为了能够对业务的共享流和私有流进行叠加发送，并能够在接收端成功恢复，首先需要给出共享流和私有流的数量。在 RRH_i 端，为了消除对用户 $j \neq i$ 的干扰，最多能为用户 i 发送 $L_{M,N_t,N_r} = N_t - (M-1)N_r$ 个私有流，即：

$$L_{(i,p)} \leqslant L_{M,N_t,N_r} \tag{7-3}$$

此外，为了使用户 i 能完全恢复 $L_{(i,p)}$ 个私有流和 $L_{(i,s)}$ 个共享流，需要满足：

$$L_{(i,p)} + L_{(i,s)} \leqslant N_r \tag{7-4}$$

特别地，当 $L_{(i,p)} + L_{(i,s)} = N_r$ 时，混合协作传输方案可以获取最大的自由度，而当 $L_{(i,p)} = L_{M,N_t,N_r}$ 时，网络的前传链路消耗最小。不同多点协作传输方案下可以获取的自由度的对比见表 7-1。

表 7-1　不同多点协作传输方案的自由度对比

方案	自由度
CB	$(M-1)L_{M,N_t,N_r}+N_r$
JP	MN_r
H-CoMP	$\{(M-1)L_{M,N_t,N_r}+N_r,\cdots,MN_r\}$

用 $\boldsymbol{s}_{(i,s)}\in\mathcal{C}^{L_{(i,s)}\times 1}$ 和 $\boldsymbol{s}_{(i,p)}\in\mathcal{C}^{L_{(i,p)}\times 1}$ 分别表示用户 i 的共享流和私有流，为了便于混合协作传输方案的实现，分别构建共享流向量和私有流向量如下：

$$\tilde{\boldsymbol{s}}_{(i,s)}=\{\boldsymbol{s}_{(i,s)}^{\mathrm{T}},\boldsymbol{0}_{1\times L_{(i,p)}}\}^{\mathrm{T}} \tag{7-5}$$

$$\tilde{\boldsymbol{s}}_{(i,p)}=\{\boldsymbol{0}_{1\times L_{(i,s)}},\boldsymbol{s}_{(i,p)}^{\mathrm{T}}\}^{\mathrm{T}} \tag{7-6}$$

用 $\tilde{\boldsymbol{W}}_{(i,s)}\in\mathcal{C}^{MN_t\times(L_{(i,s)}+L_{(i,p)})}$ 和 $\tilde{\boldsymbol{W}}_{(i,p)}\in\mathcal{C}^{N_t\times(L_{(i,p)}+L_{(i,s)})}$ 分别表示对应用户 i 的共享流和私有流的预编码矩阵。令 $\boldsymbol{\varLambda}_{(i,s)}=\mathrm{diag}(\sqrt{P_{(i,s)}^{1}},\cdots,\sqrt{P_{(i,s)}^{L_{(i,s)}}},\boldsymbol{0}_{1\times L_{(i,p)}})$ 和 $\boldsymbol{\varLambda}_{(i,p)}=\mathrm{diag}\,(\boldsymbol{0}_{1\times L_{(i,s)}},\sqrt{P_{(i,p)}^{1}},\ldots,\sqrt{P_{(i,p)}^{L_{(i,p)}}})$，其中，$P_{(i,s)}$ 和 $P_{(i,p)}$ 表示用户的每个共享流和私有流的传输功率。因此，用户 i 的接收信号向量表示为：

$$\boldsymbol{r}_i=\underbrace{\boldsymbol{H}_i\tilde{\boldsymbol{W}}_{(i,s)}\boldsymbol{\varLambda}_{(i,s)}\tilde{\boldsymbol{s}}_{(i,s)}+\boldsymbol{H}_{ii}\tilde{\boldsymbol{W}}_{(i,p)}\boldsymbol{\varLambda}_{(i,p)}\tilde{\boldsymbol{s}}_{(i,p)}}_{\text{所需信号}}+\underbrace{\sum_{j\neq i}\boldsymbol{H}_i\tilde{\boldsymbol{W}}_{(j,s)}\boldsymbol{\varLambda}_{(j,s)}\tilde{\boldsymbol{s}}_{(j,s)}}_{\text{来自共享流的干扰}}+$$

$$\underbrace{\sum_{j\neq i}\boldsymbol{H}_{ij}\tilde{\boldsymbol{W}}_{(j,p)}\boldsymbol{\varLambda}_{(j,p)}\tilde{\boldsymbol{s}}_{(j,p)}}_{\text{来自私有流的干扰}}+\boldsymbol{n}_i \tag{7-7}$$

其中，$\boldsymbol{H}_i=[\boldsymbol{H}_{i1},\cdots,\boldsymbol{H}_{iM}][\in\mathcal{C}^{N_r\times MN_t}$ 为从所有 RRH 到用户 i 的信道状态信息矩阵，$\boldsymbol{n}_i$ 为零均值、单位方差的复数高斯噪声。

7.1.2.2　共享流的预编码设计

用户 i 的共享流的预编码设计以最大化共享流的互信息和消除对其他用户的干扰为目的，即：

$$\begin{aligned}&\max_{\tilde{\boldsymbol{W}}_{(i,s)},\tilde{\boldsymbol{U}}_{(i,s)}}\ \mathrm{lbdet}\left[\boldsymbol{I}+\tilde{\boldsymbol{U}}_{(i,s)}\boldsymbol{H}_i\tilde{\boldsymbol{W}}_{(i,s)}\tilde{\boldsymbol{W}}_{(i,s)}^{\mathrm{H}}\boldsymbol{H}_i^{\mathrm{H}}\tilde{\boldsymbol{U}}_{(i,s)}^{\mathrm{H}}\right]\\&\text{s.t.}\quad \boldsymbol{H}_j\tilde{\boldsymbol{W}}_{(i,s)}=\boldsymbol{0},\forall j\neq i\end{aligned} \tag{7-8}$$

因此，预编码矩阵具有以下形式：

$$\tilde{\boldsymbol{W}}_{(i,s)}^{*}=\boldsymbol{F}_{(i,s)}\tilde{\boldsymbol{V}}_{(i,s)} \tag{7-9}$$

其中，$\boldsymbol{F}_{(i,s)} \in \mathcal{C}^{MN_t \times (MN_t-(M-1)N_r)}$ 由矩阵$[\boldsymbol{H}_1^{\mathrm{T}},\cdots,\boldsymbol{H}_{i-1}^{\mathrm{T}},\boldsymbol{H}_{i+1}^{\mathrm{T}},\cdots,\boldsymbol{H}_M^{\mathrm{T}}]^{\mathrm{T}}$的零空间的正交基给出。对等效信道矩阵$\boldsymbol{H}_i\boldsymbol{F}_{(i,s)}$求奇异值分解（Singular Value Decomposition，SVD），即$\boldsymbol{H}_i\boldsymbol{F}_{(i,s)}=\boldsymbol{U}_{(i,s)}\boldsymbol{\Sigma}_{(i,s)}\boldsymbol{V}_{(i,s)}^{\mathrm{H}}$，其中，$\boldsymbol{\Sigma}_{(i,s)}$中的奇异值在对角线上按降序排列，则$\tilde{\boldsymbol{V}}_{(i,s)} \in \mathcal{C}^{(MN_t-(M-1)N_r)\times(L_{(i,s)}+L_{(i,p)})}$由$\boldsymbol{V}_{(i,s)}$的前$L_{(i,s)}$列给出，即：

$$\tilde{\boldsymbol{V}}_{(i,s)}=\left\{\boldsymbol{v}_{(i,s)}^1,\cdots,\boldsymbol{v}_{(i,s)}^{L_{(i,s)}},\boldsymbol{0}_{(MN_t-(M-1)N_r)\times L_{(i,p)}}\right\} \tag{7-10}$$

共享流的接收矩阵$\tilde{\boldsymbol{U}}_{(i,s)}^*$由$\boldsymbol{U}_{(i,s)}$的前$L_{(i,s)}$列给出，即：

$$\tilde{\boldsymbol{U}}_{(i,s)}^*=\left\{\boldsymbol{u}_{(i,s)}^1,\cdots,\boldsymbol{u}_{(i,s)}^{L_{(i,s)}},\boldsymbol{0}_{N_r\times L_{(i,p)}}\right\}^{\mathrm{H}} \tag{7-11}$$

则用户 i 恢复的共享流由$\tilde{\boldsymbol{U}}_{(i,s)}^*\boldsymbol{r}_i$的前$L_{(i,s)}$行给出。

7.1.2.3 私有流的预编码设计

用户 i 的私有流的预编码设计以最大化私有流的互信息和消除对其他用户的干扰为目的，即：

$$\begin{aligned}&\max_{\tilde{\boldsymbol{W}}_{(i,p)},\tilde{\boldsymbol{U}}_{(i,p)}} \ \mathrm{lbdet}\left[\boldsymbol{I}+\tilde{\boldsymbol{U}}_{(i,p)}\boldsymbol{H}_{ii}\tilde{\boldsymbol{W}}_{(i,p)}\tilde{\boldsymbol{W}}_{(i,p)}^{\mathrm{H}}\boldsymbol{H}_{ii}^{\mathrm{H}}\tilde{\boldsymbol{U}}_{(i,p)}^{\mathrm{H}}\right]\\&\text{s.t.}\quad \boldsymbol{H}_{ji}\tilde{\boldsymbol{W}}_{(i,p)}=\boldsymbol{0},\forall j\neq i\end{aligned} \tag{7-12}$$

因此，预编码矩阵具有以下形式：

$$\tilde{\boldsymbol{W}}_{(i,p)}^*=\tilde{\boldsymbol{F}}_{(i,p)}\tilde{\boldsymbol{V}}_{(i,p)} \tag{7-13}$$

其中，$\tilde{\boldsymbol{F}}_{(i,p)}=[\boldsymbol{0}_{N_t\times(N_r-L_{M,N_t,N_r})},\boldsymbol{F}_{(i,p)}]$，且$\boldsymbol{F}_{(i,p)}\in\mathcal{C}^{N_t\times L_{M,N_t,N_r}}$由矩阵$[\boldsymbol{H}_{1i}^{\mathrm{T}},\cdots,\boldsymbol{H}_{i\text{-}1i}^{\mathrm{T}},\boldsymbol{H}_{i+1i}^{\mathrm{T}},\cdots,\boldsymbol{H}_{Mi}^{\mathrm{T}}]^{\mathrm{T}}$的零空间的正交基给出。对等效信道矩阵$\boldsymbol{H}_{ii}\tilde{\boldsymbol{F}}_{(i,p)}$求奇异值分解，即$\boldsymbol{H}_{ii}\tilde{\boldsymbol{F}}_{(i,p)}=\boldsymbol{U}_{(i,p)}\Sigma_{(i,p)}\boldsymbol{V}_{(i,p)}^{\mathrm{H}}$，其中，$\Sigma_{(i,p)}$中的奇异值在对角线上按升序排列，则$\tilde{\boldsymbol{V}}_{(i,p)}\in\mathcal{C}^{N_r\times(L_{(i,s)}+L_{(i,p)})}$由$\boldsymbol{V}_{(i,p)}$的后$L_{(i,p)}$列给出，即：

$$\tilde{\boldsymbol{V}}_{(i,p)}=\left\{\boldsymbol{0}_{N_r\times L_{(i,s)}},\boldsymbol{v}_{(i,p)}^{N_r-L_{(i,p)}+1},\cdots,\boldsymbol{v}_{(i,p)}^{N_r}\right\} \tag{7-14}$$

私有流的接收矩阵$\tilde{\boldsymbol{U}}_{(i,p)}^*$由$\boldsymbol{U}_{(i,p)}$的后$L_{(i,p)}$列给出，即：

$$\tilde{\boldsymbol{U}}_{(i,p)}^*=\left\{\boldsymbol{0}_{N_r\times L_{(i,s)}},\boldsymbol{u}_{(i,p)}^{N_r-L_{(i,p)}+1},\cdots,\boldsymbol{u}_{(i,p)}^{N_r}\right\}^{\mathrm{H}} \tag{7-15}$$

则用户 i 恢复的私有流由$\tilde{\boldsymbol{U}}_{(i,p)}^*\boldsymbol{r}_i$的后$L_{(i,p)}$行给出。

尽管没有明确给出用户业务共享流和私有流之间干扰消除的约束条件，但是由

于 $\tilde{\boldsymbol{U}}_{(i,s)}^{*}\tilde{\boldsymbol{W}}_{(i,p)}\boldsymbol{\Lambda}_{(i,p)}\tilde{\boldsymbol{s}}_{(i,p)}=\boldsymbol{0}$ 和 $\tilde{\boldsymbol{U}}_{(i,p)}^{*}\tilde{\boldsymbol{W}}\boldsymbol{\Lambda}_{(i,s)}\tilde{\boldsymbol{s}}_{(i,s)}=\boldsymbol{0}$ ，它们之间的干扰在理想信道条件下仍然可以完全消除。

7.1.2.4　功率消耗和速率分配

用 $P_{(j,s)}^{a}$ 表示用户 j 的第 a 个共享流的传输需要的功率，其中，来自 RRH_i 分配的功率为 $P_{(j,s)}^{a}\rho_{(j,i)}^{a}$ ，其中，$\rho_{(j,i)}^{a}=\sum_{x=1}^{N_t}\left|[\tilde{\boldsymbol{W}}_{(j,s)}^{*}]_{((i-1)N_t+x,a)}\right|^2$ 。用 $P_{(i,p)}^{a}$ 表示用户 i 的第 a 个私有流的传输需要的功率。因此，RRH i 的总传输功率为：

$$P_i=\sum_{a=1}^{L_{(i,p)}}P_{(i,p)}^{a}+\sum_{j\in\mathcal{M}}\sum_{a=1}^{L_{(j,s)}}P_{(j,s)}^{a}\rho_{(j,i)}^{a} \tag{7-16}$$

实际上，BBU 根据非理想信道状态信息计算共享流和私有流的预编码，因此会对恢复的数据流间存在残余干扰。通过将残余干扰视为噪声，第 a 个共享流的互信息为：

$$C_{(i,s)}^{a}=\mathrm{lb}\left(1+\frac{\varphi_{(i,s)}^{a}P_{(i,s)}^{a}}{1+I_{(i,s)}^{a}}\right) \tag{7-17}$$

其中，$\varphi_{(i,s)}^{a}=|\tilde{\boldsymbol{U}}_{(i,s)}^{a}\boldsymbol{H}_i\tilde{\boldsymbol{W}}_{(i,s)}^{a}|^2$，$\tilde{\boldsymbol{U}}_{(i,s)}^{a}$ 和 $\tilde{\boldsymbol{W}}_{(i,s)}^{a}$ 分别为 $\tilde{\boldsymbol{U}}_{(i,s)}^{*}$ 的第 a 行和 $\tilde{\boldsymbol{W}}_{(i,s)}^{*}$ 第 a 列，$I_{(i,s)}^{a}$ 是由非理想信道状态信息引起的残余干扰。私有流的互信息同样可以给出。由于互信息的不确定性，用户 i 成功传输的数据量为：

$$G_i=\left(R_{(i,s)}\mathbf{1}(R_{(i,s)}\leqslant C_{(i,s)})+R_{(i,p)}\boldsymbol{I}(R_{(i,p)}\leqslant C_{(i,p)})\right)\tau \tag{7-18}$$

其中，$C_{(i,s)}=\sum_{a=1}^{L_{(i,s)}}C_{(i,s)}^{a}$ 和 $C_{(i,p)}=\sum_{a=1}^{L_{(i,p)}}C_{(i,p)}^{a}$ 分别为共享流和私有流的互信息，$R_{(i,s)}$ 和 $R_{(i,p)}$ 分别为分配给用户的共享流和私有流的数据速率。

7.1.3　基于马尔可夫决策过程的问题建模

为了降低随机到达业务的队列时延，并减少传输失败的情况，本节介绍混合协作传输中的基于业务队列的动态资源分配策略。考虑到低功耗的传输要求，混合协作传输中的资源分配策略需要满足以下平均功耗约束：

$$P_i(\Omega)=\lim_{T\to\infty}\sup\frac{1}{T}\sum_{t=1}^{T}E^{\Omega}\left[P_i(t)\right]\leqslant P_i^{\max} \tag{7-19}$$

其中，E^{Ω} 表示对于策略 Ω 求期望，$P_i(t)$ 为 RRH i 支持混合协作传输时在第 t 时隙的总功耗，$P_i^{\max}$ 则为相应的允许的最大功耗。

考虑到前传链路容量受限，混合协作传输中的资源分配策略需要满足以下前传链路消耗约束：

$$R_i^f(\Omega)=\lim_{T\to\infty}\sup\frac{1}{T}\sum_{t=1}^{T}E^{\Omega}\left[R_i(t)\right]\leqslant R_i^{\max} \tag{7-20}$$

其中，$R_i(t)=R_{(i,p)}(t)+\sum_{j\in\mathcal{M}}R_{(j,s)}(t)$ 为连接 RRH i 和基带处理单元的前传链路的平均数据速率。

在上述约束下，定义混合协作传输下稳态资源分配策略如下。

定义 7-1（稳态资源分配策略） C-RAN 中平均功耗和平均前传消耗约束下的稳态资源分配策略 $\Omega(\hat{\boldsymbol{S}})=\{\Omega_R(\hat{\boldsymbol{S}}),\ \Omega_P(\hat{\boldsymbol{S}})\}$ 为从全局观测系统状态 $\hat{\boldsymbol{S}}=\{\boldsymbol{Q},\hat{\boldsymbol{H}}\}$ 到资源分配动作的映射，其中，$\Omega_P(\hat{\boldsymbol{S}})=\{P_{(i,p)}^a,P_{(i,s)}^b:1\leqslant a\leqslant L_{(i,p)},1\leqslant b\leqslant L_{(i,s)},i\in\mathcal{M}\}$ 和 $\Omega_R(\hat{\boldsymbol{S}})=\{R_{(i,p)},R_{(i,s)}:i\in\mathcal{M}\}$ 分别为功率分配策略和速率分配策略。

稳态资源分配策略下的系统状态随机过程是可控的马尔可夫链，相应的状态转移概率为：

$$\Pr\left[\boldsymbol{S}(t+1)\,|\,\boldsymbol{S}(t),\Omega(\hat{\boldsymbol{S}}(t))\right]=\Pr\left[\hat{\boldsymbol{H}}(t+1),\boldsymbol{H}(t+1)\right]Pr\left[\boldsymbol{Q}(t+1)\,|\,\boldsymbol{S}(t),\Omega(\hat{\boldsymbol{S}}(t))\right] \tag{7-21}$$

可以看出，由于资源分配策略是队列状态信息的函数，而业务队列的动态变化受资源分配策略 $\Omega(\hat{\boldsymbol{S}})$ 影响，因此各用户队列的动态变化相互关联。

混合协作传输中平均功耗约束和前传消耗约束下的动态资源分配问题为：

$$\min_{\Omega}D(\beta,\Omega)=\lim_{T\to\infty}\sup\frac{1}{T}\sum_{t=1}^{T}E^{\Omega}\left[\sum_{i\in\mathcal{M}}\beta_i\frac{Q_i(t)}{\lambda_i}\right] \tag{7-22}$$

s.t.（7-19），（7-22）

其中，β_i 用来指示用户业务队列时延要求的相对重要性。根据利特尔定律，目标函数中的 $Q_i(t)/\lambda$ 为用户 i 的平均业务队列时延代价。由于混合协作传输中的稳态资源分配策略是在观测系统状态 $\hat{\boldsymbol{S}}=\{\boldsymbol{Q},\hat{\boldsymbol{H}}\}$ 上，因此问题（7-22）为有约束的部分观测马尔可夫决策过程[14]。

利用拉格朗日对偶理论，问题（7-22）的拉格朗日对偶函数为：

$$J(\gamma)=\min_{\Omega}L(\beta,\gamma,\Omega(\hat{\boldsymbol{S}}))=\lim_{T\to\infty}\sup\frac{1}{T}\sum_{t=1}^{T}E^{\Omega}\left[g(\beta,\gamma,\Omega(\hat{\boldsymbol{S}}))\right] \tag{7-23}$$

其中，$g(\beta,\gamma,\Omega(\hat{\boldsymbol{S}}))=\sum_{i\in\mathcal{M}}\left((\beta_i Q_i/\lambda_i)+\gamma_{(i,P)}(P_i-P_i^{\max})+\gamma_{(i,R)}(R_i^f-R_i^{\max})\right)$为每阶段的系统代价，$\gamma_{(i,P)}$和$\gamma_{(i,R)}$分别为关于平均功耗约束和平均前传消耗约束的非负拉格朗日乘子。问题（7-22）的对偶问题为：

$$\max_{\gamma} J(\gamma) \tag{7-24}$$

推论 7-1　当定理 7-1（b）中的条件存在时，对偶问题和原问题的对偶间隙为零。

该推论表明混合协作传输中的最优资源分配策略可以通过求解对偶问题的等效贝尔曼方程得到。虽然问题（7-23）是无约束的部分观测马尔可夫决策过程（Partially Observed Markov Decision Process，POMDP），但它通常难以求解。为了充分降低全局观测系统状态空间，利用非理想信道状态信息的独立同分布的性质，定义分组策略如下。

定义 7-2（分组策略）　给定混合协作传输中的稳态资源分配策略Ω，分组动作$\Omega(\boldsymbol{Q})=\{\Omega(\hat{\boldsymbol{S}}):\forall\hat{\boldsymbol{H}}\}$被定义为给定队列状态信息$\boldsymbol{Q}$时所有可能的非理想信道状态信息$\hat{\boldsymbol{H}}$下的资源分配动作的集合，因此，资源分配策略$\Omega$为所有分组动作的合集，即$\Omega=\bigcup_{\boldsymbol{Q}}\Omega(\boldsymbol{Q})$。

由于业务到达分布对于 BBU 不可知，为了推导基于业务队列的资源分配策略，令决策后状态值函数代替状态值函数，并基于分组动作的定义得到定理 7-1。

定理 7-1（等效贝尔曼方程）

（a）给定拉格朗日乘子，无约束的部分观测马尔可夫决策过程（7-23）可以用如下等效贝尔曼方程求解：

$$U(\tilde{\boldsymbol{Q}})+\theta=\sum_{\boldsymbol{A}}\Pr(\boldsymbol{A})\min_{\Omega(\boldsymbol{Q})}\left[g(\beta,\gamma,\boldsymbol{Q},\Omega(\boldsymbol{Q}))+\sum_{\tilde{\boldsymbol{Q}}'}\Pr\{\tilde{\boldsymbol{Q}}'\mid\boldsymbol{Q},\Omega(\boldsymbol{Q})\}U(\tilde{\boldsymbol{Q}}')\right] \tag{7-25}$$

其中，$g(\beta,\gamma,\boldsymbol{Q},\Omega(\boldsymbol{Q}))=E[\boldsymbol{g}(\beta,\gamma,\Omega(\hat{\boldsymbol{S}}))\mid\boldsymbol{Q}]$为条件每阶段平均代价，$\Pr\{\tilde{\boldsymbol{Q}}'\mid\boldsymbol{Q},\Omega(\boldsymbol{Q})\}=E[\Pr[\boldsymbol{Q}'\mid\boldsymbol{H},\boldsymbol{Q},\Omega(\hat{\boldsymbol{S}})]\mid\boldsymbol{Q}]$为条件平均转移概率，$U(\tilde{\boldsymbol{Q}})$为决策后值函数，$\tilde{\boldsymbol{Q}}$为决策后状态，$\tilde{\boldsymbol{Q}}'=(\boldsymbol{Q}-\boldsymbol{G})^+$为下一个决策后状态，$\boldsymbol{Q}=\min\{\tilde{\boldsymbol{Q}}+\boldsymbol{A},N_Q\}$，$\boldsymbol{G}=\{G_i:i\in\mathcal{M}\}$。

（b）如果存在唯一的$(\theta,\{U(\tilde{\boldsymbol{Q}})\})$满足式（7-25），那么$\theta=\min_{\Omega(\boldsymbol{Q})}E[g(\beta,\gamma,\boldsymbol{Q},\ \Omega(\boldsymbol{Q}))]$为问题（7-23）的最优平均代价，相应的最优资源分配策略Ω通过最小化式（7-25）的右边项获得。

证明：问题（7-22）的最优解的充分条件为存在唯一的$(\theta,\{U(\boldsymbol{S})\})$满足如下贝尔曼方程：

$$\theta+U(\boldsymbol{S})=\min_{\Omega(\hat{\boldsymbol{S}})}[g(\beta,\gamma,\boldsymbol{S},\Omega(\hat{\boldsymbol{S}}))+\sum_{\boldsymbol{S}'}\Pr[\boldsymbol{S}\mid\boldsymbol{S},\Omega(\hat{\boldsymbol{S}})]U(\boldsymbol{S}')]$$

$$=\min_{\Omega(\hat{\boldsymbol{S}})}[g(\beta,\gamma,\boldsymbol{S},\Omega(\hat{\boldsymbol{S}}))+\sum_{\boldsymbol{Q}'}\sum_{\hat{\boldsymbol{H}}'}\sum_{\boldsymbol{H}'}\Pr[\boldsymbol{Q}'\mid\boldsymbol{Q},\hat{\boldsymbol{H}},\boldsymbol{H},\Omega(\hat{\boldsymbol{S}})]\ \Pr[\hat{\boldsymbol{H}}',\boldsymbol{H}']U(\boldsymbol{S}')] \quad (7\text{-}26)$$

其中，$U(\boldsymbol{S})$为全局系统状态的值函数，并且对于所有可行控制策略Ω和初始状态$\boldsymbol{S}(0)$均满足：

$$\lim_{T\to\infty}\frac{1}{T}E^{\Omega}[U(\boldsymbol{S}(T))\mid\boldsymbol{S}(0)]=0 \quad (7\text{-}27)$$

在式（7-27）的左右两边关于$\hat{\boldsymbol{H}}'$和$\boldsymbol{H}'$取期望，可得：

$$\theta+U(\boldsymbol{Q})=\min_{\Omega(\boldsymbol{Q})}[g(\beta,\gamma,\boldsymbol{Q},\Omega(\boldsymbol{Q}))+\sum_{\boldsymbol{Q}'}\Pr[\boldsymbol{Q}'\mid\boldsymbol{Q},\Omega(\boldsymbol{Q})]U(\boldsymbol{Q}')] \quad (7\text{-}28)$$

其中，状态值函数和转移概率分别为$U(\boldsymbol{Q})=E[U(\boldsymbol{S})\mid\boldsymbol{Q}]=\sum_{\hat{\boldsymbol{H}}}\sum_{\boldsymbol{H}}\Pr[\hat{\boldsymbol{H}},\boldsymbol{H}]U(\boldsymbol{S})$和$\Pr[\boldsymbol{Q}'\mid\boldsymbol{Q},\Omega(\hat{\boldsymbol{S}})]=E[\Pr[\boldsymbol{Q}'\mid\boldsymbol{Q},\hat{\boldsymbol{H}},\boldsymbol{H},\Omega(\hat{\boldsymbol{S}})]\mid\boldsymbol{Q}]$。定义决策后，变为状态$\tilde{\boldsymbol{Q}}$，其中，$\boldsymbol{Q}=\min\{\tilde{\boldsymbol{Q}}+\boldsymbol{A},N_Q\}$。因此，对等效贝尔曼方程（7-28）关于随机业务到达求期望，最终可得式（7-25）中的等效贝尔曼方程。

值得注意的是，贝尔曼方程（7-25）的求解涉及了N_Q^M+1个未知数θ和$U(\tilde{\boldsymbol{Q}})$以及$N_Q^M$个非线性方程，这意味着呈指数级数的状态空间、极高的计算复杂度和需要完全知道系统状态转移概率。

7.1.4 低复杂度功率和速率分配策略

为了有效地求解式（7-25），首先利用了决策后值函数的线性估计，以降低决策后值函数的计算复杂度，然后基于此介绍了随机梯度算法，以获取混合协作传输下最优资源分配策略，并给出了估计值函数的在线学习算法。

7.1.4.1 决策后值函数的线性估计

定义决策后值函数的线性估计为每个用户业务队列决策后值函数的累加[15]，即：

$$U(\tilde{\boldsymbol{Q}})\approx\sum_{i\in\mathcal{M}}U_i(\tilde{Q}_i) \quad (7\text{-}29)$$

其中，$U_i(\tilde{Q}_i)$ 为每个用户业务队列决策值函数，它满足如下每用户的贝尔曼方程：

$$U_i(\tilde{Q}_i)+\theta_i=\sum_{A_i\in\mathcal{A}}\Pr(A_i)\min_{\Omega_i(Q_i)}\left[g_i(\beta_i,\gamma_i,Q_i,\Omega_i)+\sum_{\tilde{Q}_i'\in\mathcal{Q}}\Pr\{\tilde{Q}_i'\mid Q_i,\Omega_i\}U(\tilde{Q}_i')\right] \tag{7-30}$$

其中，$g_i(\beta_i,\gamma_i,Q_i,\Omega_i)=E[\beta_i Q_i/\lambda_i+\gamma_{(i,P)}(\sum_{a=1}^{L_{(i,s)}}P_{(i,s)}^a\rho_{(i,i)}^a+\sum_{a=1}^{L_{(i,p)}}P_{(i,p)}^a-P_i^{\max})+\gamma_{(i,R)}$

$(R_{(i,p)}(t)+\sum_{j\in\mathcal{M}}R_{(j,s)}(t)-R_i^{\max})\mid Q_i]$为每用户队列的每阶段值函数。引理 7-1 给出了线性估计的最优性成立条件。

引理 7-1　只有当 BBU 池获取理想信道状态信息时，值函数的线性估计是最优的。

证明：当 BBU 池获取的信道状态信息理想时，采用混合协作传输方案能完全消除用户间干扰，此时用户业务队列的动态变化是完全解耦的。具体来讲，由于不存在用户间干扰，则 $\tilde{Q}_i=Q_i-G_i(\hat{\boldsymbol{H}},\Omega_i(\hat{\boldsymbol{S}}))$ 独立于 Q_j 和 $\Omega_j(\hat{\boldsymbol{S}})$，故有 $\Pr[\tilde{\boldsymbol{Q}}'\mid\boldsymbol{Q},\Omega(\boldsymbol{Q})]=\prod_{i\in\mathcal{M}}\Pr[\tilde{Q}_i'\mid\boldsymbol{Q},\Omega(\boldsymbol{Q})]$ 和 $\Pr[\tilde{Q}_i'\mid\boldsymbol{Q},\Omega(\boldsymbol{Q})]=\Pr[\tilde{Q}_i'\mid Q_i,\Omega_i(\boldsymbol{Q})]=\Pr[\tilde{Q}_i'\mid Q_i,\Omega_i(Q_i)]$。假设 $U(\tilde{\boldsymbol{Q}})=\sum_{i\in\mathcal{M}}U_i(\tilde{Q}_i)$，则根据联合分布和边缘分布的关系有：

$$\begin{aligned}&\sum_{\tilde{\boldsymbol{Q}}'}\Pr[\tilde{\boldsymbol{Q}}'\mid\boldsymbol{Q},\Omega(\boldsymbol{Q})]U(\tilde{\boldsymbol{Q}}')=\sum_{\tilde{\boldsymbol{Q}}'}\Pr[\tilde{\boldsymbol{Q}}'\mid\boldsymbol{Q},\Omega(\boldsymbol{Q})]\sum_{i\in\mathcal{M}}U_i(\tilde{Q}_i')\\&=\sum_{i\in\mathcal{M}}\sum_{\tilde{Q}_i'}\Pr[\tilde{Q}_i'\mid\boldsymbol{Q},\Omega(\boldsymbol{Q})]U_i(\tilde{Q}_i')=\sum_{i\in\mathcal{M}}\sum_{\tilde{Q}_i'}\Pr[\tilde{Q}_i'\mid Q_i,\Omega_i(Q_i)]U_i(\tilde{Q}_i')\end{aligned} \tag{7-31}$$

显然有 $g(\beta,\gamma,\boldsymbol{Q},\Omega(\Theta))=\sum_{i\in\mathcal{M}}g_i(\beta_i,\gamma_i,Q_i,\Omega_i(Q_i))$。假设 $\theta=\sum_{i\in\mathcal{M}}\theta_i$，那么等效贝尔曼方程（7-25）可以被转化为：

$$\begin{aligned}&\sum_{i\in\mathcal{M}}\theta_i+\sum_{i\in\mathcal{M}}U_i(\tilde{Q}_i)\\&=\sum_{\boldsymbol{A}}\Pr(\boldsymbol{A})\min_{\Omega(Q)}\sum_{i\in\mathcal{M}}\left[g_i(\beta_i,\gamma_i,Q_i,\Omega_i(Q_i))+\sum_{\tilde{Q}_i'}\Pr[\tilde{Q}_i'\mid Q_i,\Omega_i(Q_i)]U_i(\tilde{Q}_i')\right]\\&\overset{(a)}{=}\sum_{i\in\mathcal{M}}\sum_{A_i}\Pr(A_i)\min_{\Omega_i(Q_i)}\left[g_i(\beta_i,\gamma_i,Q_i,\Omega_i(Q_i))+\sum_{\tilde{Q}_i'}\Pr[\tilde{Q}_i'\mid Q_i,\Omega_i(Q_i)]U_i(\tilde{Q}_i')\right]\end{aligned} \tag{7-32}$$

其中，（a）是随机业务分组到达过程相互独立导致的。因此，从式（7-32）可以得到如式（7-30）的每用户业务队列贝尔曼方程，故引理 7-1 得证。

在实际系统中，非理想信道状态信息的误差方差 σ_{ji} 通常比较小，因此线性估

计随着足够小的 σ_{ji} 而渐进地趋于精确。经过线性估计，BBU 池计算值函数的复杂度从指数复杂度 $\mathcal{O}((N_Q+1)^M)$ 降低至多项式复杂度 $\mathcal{O}((N_Q+1)M)$。

7.1.4.2　求解资源分配的随机梯度算法

为了有效获取混合协作传输下最优资源分配策略，将决策后值函数的线性估计式（7-29）代入等效贝尔曼方程式（7-25）中，可以得到如下在当前观测系统状态下的每阶段优化问题：

$$\varOmega^*(\hat{\boldsymbol{S}})=\{\varOmega_P^*(\hat{\boldsymbol{S}}),\ \varOmega_R^*(\hat{\boldsymbol{S}})\}=\arg\min_{\varOmega_P(\hat{\boldsymbol{S}}),\varOmega_R(\hat{\boldsymbol{S}})} B(\hat{\boldsymbol{S}},\ \varOmega_P(\hat{\boldsymbol{S}}),\ \varOmega_R(\hat{\boldsymbol{S}})) \tag{7-33}$$

其中，$B(\hat{\boldsymbol{S}},\ \varOmega_P(\hat{\boldsymbol{S}}),\ \varOmega_R(\hat{\boldsymbol{S}}))=\sum_{i\in\mathcal{M}}\Big(\gamma_{(i,P)}P_i\gamma_{(i,R)}(R_{(i,p)}(t)+\sum_{j\in\mathrm{M}}R_{(j,s)}(t))+E[\boldsymbol{1}_{(i,s)}\boldsymbol{1}_{(i,p)}]$ $(U_i(Q_k-\tau R_{(i,s)}-\tau R_{(i,p)})-U_i(Q_k-\tau R_{(i,p)})-U_i(Q_k-\tau R_{(i,s)})+U_i(Q_k))+E[\boldsymbol{1}_{(i,s)}]$ $(U_i(Q_k-\tau R_{(i,s)})-U_i(Q_k))+E[\boldsymbol{1}_{(i,p)}](U_i(Q_k-\tau R_{(i,p)})-U_i(Q_k))\Big)$ 是每阶段优化目标函数，$\boldsymbol{1}_{(i,p)}=\boldsymbol{1}(R_{(i,p)}\leqslant C_{(i,p)})$ 和 $\boldsymbol{1}_{(i,p)}=\boldsymbol{1}(R_{(i,s)}\leqslant C_{(i,s)})$ 为指示函数。

然而，问题（7-33）中的求期望运算需要明确地知道非理想信道状态信息误差的分布，这通常是不实际的。为解决这个问题，将采用随机梯度算法进行求解[16]。具体来说，在每个时隙，资源分配按照如下计算式进行：

$$e_i^t(\hat{\boldsymbol{S}}_i)=[e_i^{t-1}(\hat{\boldsymbol{S}}_i)-\gamma_e(t-1)d(e_i^{t-1}(\hat{\boldsymbol{S}}_i))]^+ \tag{7-34}$$

其中，$\gamma_e(t)$ 为步长，并满足 $\gamma_e(t)>0,\sum\gamma_e(t)=\infty,\sum(\gamma_e(t))^2<\infty$，$d(e_i^t(\hat{\boldsymbol{S}}_i))$ 为关于功率分配和速率分配的随机梯度，且其取值总结如下：

$$d(e_i^t(\hat{\boldsymbol{S}}_i))=\begin{cases}\dfrac{\partial B(\hat{\boldsymbol{S}},\varOmega_P(\hat{\boldsymbol{S}}),\varOmega_R(\hat{\boldsymbol{S}}))}{\partial P_{(i,p)}^a}=\gamma_{(i,P)}+\dfrac{\partial h_i(\hat{\boldsymbol{S}},\varOmega_P(\hat{\boldsymbol{S}}),\varOmega_R(\hat{\boldsymbol{S}}))}{\partial P_{(i,p)}^a}\\ \dfrac{\partial B(\hat{\boldsymbol{S}},\varOmega_P(\hat{\boldsymbol{S}}),\varOmega_R(\hat{\boldsymbol{S}}))}{\partial P_{(i,s)}^a}=\gamma_{(i,P)}\rho_{(i,i)}^a+\dfrac{\partial h_i(\hat{\boldsymbol{S}},\varOmega_P(\hat{\boldsymbol{S}}),\varOmega_R(\hat{\boldsymbol{S}}))}{\partial P_{(i,s)}^a}+\sum_{j\neq i,j\in\mathcal{M}}\gamma_{(j,P)}\rho_{(i,j)}^a\\ \dfrac{\partial B(\hat{\boldsymbol{S}},\varOmega_P(\hat{\boldsymbol{S}}),\varOmega_R(\hat{\boldsymbol{S}}))}{\partial R_{(i,p)}}=\gamma_{(i,R)}+\dfrac{\partial h_i(\hat{\boldsymbol{S}},\varOmega_P(\hat{\boldsymbol{S}}),\varOmega_R(\hat{\boldsymbol{S}}))}{\partial R_{(i,p)}}\\ \dfrac{\partial B(\hat{\boldsymbol{S}},\varOmega_P(\hat{\boldsymbol{S}}),\varOmega_R(\hat{\boldsymbol{S}}))}{\partial R_{(i,p)}}=\gamma_{(i,R)}+\dfrac{\partial h_i(\hat{\boldsymbol{S}},\varOmega_P(\hat{\boldsymbol{S}}),\varOmega_R(\hat{\boldsymbol{S}}))}{\partial R_{(i,p)}}+\sum_{j\neq i,j\in\mathcal{M}}\gamma_{(j,R)}\end{cases}$$

（7-35）

这里 $h_i(\hat{\boldsymbol{S}}, \Omega_P(\hat{\boldsymbol{S}}), \Omega_R(\hat{\boldsymbol{S}})) = \boldsymbol{1}_{(i,s)}(U_i(Q_k - \tau R_{(i,s)}) - U_i(Q_k)) + \boldsymbol{1}_{(i,p)}(U_i(Q_k - \tau R_{(i,p)}) - U_i(Q_k)) + \boldsymbol{1}_{(i,s)}\boldsymbol{1}_{(i,p)}(U_i(Q_k - \tau R_{(i,s)} - \tau R_{(i,p)}) - U_i(Q_k - \tau R_{(i,s)}) - U_i(Q_k - \tau R_{(i,p)}) + U_i(Q_k)) + \boldsymbol{1}_{(i,s)}\boldsymbol{1}_{(i,p)}(U_i(Q_k - \tau R_{(i,s)} - \tau R_{(i,p)}) - U_i(Q_k - \tau R_{(i,s)}) - U_i(Q_k - \tau R_{(i,p)}) + U_i(Q_k))$。在非完全理想信道条件下，随机梯度算法随着 $t \to \infty$ 收敛于局部最优。由于随机梯度算法不需要完全知道非理想信道状态信息误差的分布，因此对于由非理想信道状态信息引入的不确定性具有较强的顽健性。

BBU 池对随机梯度的计算需要知道指示函数 $\boldsymbol{1}_{(i,s)}$ 和 $\boldsymbol{1}_{(i,p)}$ 的取值以及决策后值函数 $U_i'(\tilde{Q}_i)$ 的微分。通常情况下，基带处理单元不能直接得到 $\boldsymbol{1}_{(i,s)}$ 和 $\boldsymbol{1}_{(i,p)}$ 的取值，但可以从用户的 ACK/NACK 反馈中得到。此外，由于无法得到 $U_i'(\tilde{Q}_i)$ 的闭式表达式，其微分可以按照如下计算式进行估计：

$$U_i'(\tilde{Q}_i) = U_i(\tilde{Q}_i) - U_i(\tilde{Q}_i - 1) \tag{7-36}$$

这里 $U_i'(\tilde{Q}_i)$ 的取值通过下面介绍的在线学习的方法进行估计。

7.1.4.3 计算决策后值函数的在线学习算法

决策后值函数是获取基于业务队列的动态资源分配策略的关键，而直接的离线求解需要状态转移概率且涉及多元方程组的求解，因此通常不可行。基于每用户的贝尔曼方程（7-30），每用户业务队列的决策后值函数可以通过在线学习的方法进行估计更新[17]。特别地，在第 t 时隙末，资源分配完成后，用户 i 的决策后队列状态为 $\tilde{Q}_i$，则更新该用户的决策后值函数如下：

$$U_i^{t+1}(\tilde{Q}_i) = U_i^t(\tilde{Q}_i) + \zeta_u(t)\left[g_i(\gamma_i^t, \hat{\boldsymbol{S}}_i, P_i, R_i + U_i^t(Q_i - U_i) - U_i^t(\tilde{Q}_i^0) - U_i^t(\tilde{Q}_i)\right] \tag{7-37}$$

其中，$\zeta_u(t)$ 为决策后值函数的迭代步长，它的取值满足[18]：

$$\zeta_u(t) > 0, \sum\nolimits_t \zeta_u(t) = \infty \tag{7-38}$$

为了保证满足平均功耗约束和平均前传消耗约束，分别更新相应的拉格朗日乘子如下：

$$\gamma_{(i,P)}^{t+1} = [\gamma_{(i,P)}^t + \zeta_\gamma(t)(P_i - P_i^{\max})]^+ \tag{7-39}$$

$$\gamma_{(i,R)}^{t+1} = [\gamma_{(i,R)}^t + \zeta_\gamma(t)(R_{(i,p)}(t) + \sum_{j \in \mathcal{M}} R_{(j,s)}(t) - R_i^{\max})]^+ \tag{7-40}$$

其中，$\zeta_\gamma(t)$ 为拉格朗日乘子的迭代步长，它的取值满足：

$$\zeta_\gamma(t)>0,\sum_t\zeta_\gamma(t)=\infty \tag{7-41}$$

此外，为保证迭代的收敛性，值函数的迭代步长 $\zeta_u(t)$ 和拉格朗日乘子的迭代步长 $\zeta_\gamma(t)$ 应满足以下条件[19]：

$$\sum_t((\zeta_u(t))^2+(\zeta_\gamma(t))^2)<\infty \tag{7-42}$$

$$\lim_{t\to\infty}\frac{\zeta_\gamma(t)}{\zeta_u(t)}=0 \tag{7-43}$$

式(7-43)表明了拉格朗日乘子在决策后值函数的迭代过程中看起来是准静态的。因此，决策后值函数和拉格朗日乘子的迭代虽然是同时进行的，但是是在不同的时间标度上进行的。

下面总结了基于业务队列的动态功率和速率分配策略的具体步骤，如算法 7-1 所示。

算法 7-1　基于业务队列的混合协作传输下动态资源分配策略算法

步骤 1　初始化：令 $t=0$，基带处理单元初始化每队列决策后值函数 $\{U_i^0(\tilde{Q}_i)\}$ 和拉格朗日乘子 $\{\gamma_{(i,P)}^0,\gamma_{(i,R)}^0\}>0$。

步骤 2　资源分配：在第 t 时隙初，基带处理单元根据随机梯度算法中的式（7-34）为混合协作传输进行功率和速率分配。

步骤 3　值函数在线学习：根据决策后队列状态信息 $\{\tilde{Q}_i\}$ 和决策前队列状态信息 $\{Q_i\}$ 的值，基带处理单元为每个用户业务队列的决策值函数进行在线学习式（7-37），然会根据式（7-29）对系统全局决策后值函数进行估计。

步骤 4　拉格朗日乘子更新：根据功率分配和速率分配的结果，基带处理单元分别根据式（7-39）和式（7-40）迭代更新拉格朗日乘子。

步骤 5　时隙推进 $t=t+1$，继续步骤 2。

7.1.5　仿真验证与结果分析

在仿真中，根据假设 7-1，每个时隙的信道状态信息 $\boldsymbol{H}_{ij}(t)$ 在有限离散信道状态空间 $\mathcal{H}^{N_r\times N_t}$ 内等概率随机取值且在不同时隙内的取值相互独立，其中，$\mathcal{H}^{N_r\times N_t}$ 中的离散随机变量基于复高斯分布和简单的传播损耗模型预先建立。根据假设 7-2，仿真中随机业务分组到达服从泊松分布[20]，分组大小服从均值为 4 MB 的指数分布。仿真场景中簇大小 M 和多天线数量 N_t 、 N_r 分别配置为 5、3、2，而根据本章介绍的混合协作传输方案，每个用户将配置一个共享流和一个私有流。仿真中采用了如下 3 个对比方案：CB-CSI-only 资源分配方案、JP-CSI-only 信道感知资源分配方案、Hybrid-CSI-only 资源分配方案。所有的对比方案都是在与本章所提方案相同的平均功耗约束和平均前传链路消耗约束下最大化系统的吞吐量，因此，上述 3 种方案下的资源分配策略只能自适应于非理想信道状态信息。本章所提的资源分配方案则用 Hybrid-QSI-aware 表示。

图 7-2 对比了当最大前传消耗 $R_i^{\max}=20\ \text{Mbit/s}$ 、最大传输功率为 $P_i^{\max}=10\ \text{dBm}$ 时 4 种方案下平均队列时延随平均分组到达率的变化情况。可以看出，随着分组到达率的增加，所有方案的平均队列时延增加。相比于 CB-CSI-only 资源分配方案，JP-CSI-only 资源分配方案的时延性能优势随着平均业务分组到达率的增加而减弱。显然地，Hybrid-QSI-aware 动态资源分配方案的时延性能增益明显优于 Hybrid-CSI-only 资源分配方案，这是由于前者同时考虑了非理想信道状态信息和随机到达业务队列，因此功率和速率分配同时自适应于信道状态信息和队列状态信息。

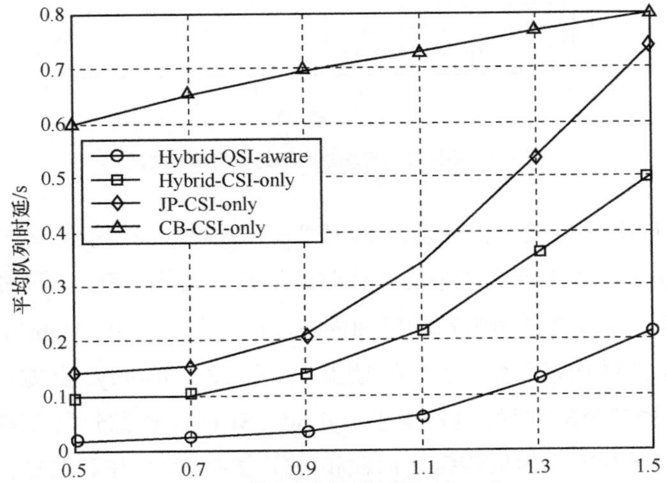

图 7-2　不同平均分组到达率下的平均队列时延

图 7-3 对比了当最大前传消耗 $R_i^{\max}=30\text{ Mbit/s}$ 、平均业务分组到达率 $\lambda_i=2.5\text{ packet/s}$ 时 4 种方案的平均队列时延随着最大允许传输功率的变化情况。图 7-3 对应中度前传链路消耗的情况，其中由于 JP 传输方案相比 CB 方案具有更高的频谱增益，JP-CSI-only 资源分配方案的平均队列时延性能优于 CB-CSI-only 资源分配方案的平均队列时延性能。此外，Hybrid-CSI-only 资源分配方案的平均时延性能优于 JP-CSI-only 资源分配方案和 CB-CSI-only 资源分配方案的平均时延性能，但是在相对足够的前传容量下，该性能优势相对较小。而 Hybrid-QSI-aware 动态资源分配方案的平均队列时延性能在较大的传输功耗约束区间内都明显优于对比方案，这是因为混合协作传输下的功率和速率分配同时自适应于信道状态信息和队列状态信息。

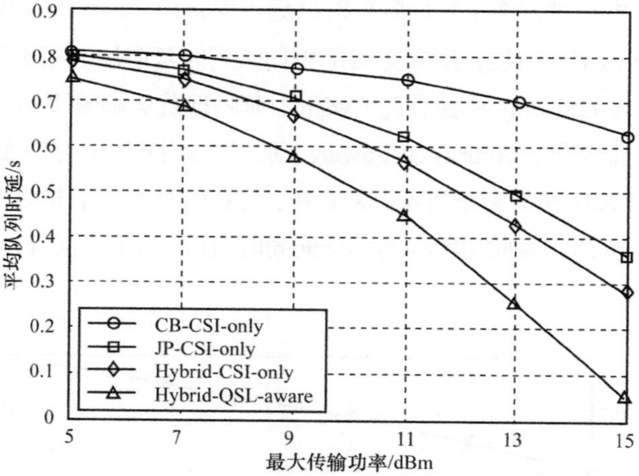

图 7-3 不同最大传输功率下的平均队列时延

图 7-4 对比了当最大传输功耗为 $P_i^{\max}=10\text{ dBm}$ 、平均业务分组到达率为 $\lambda_i=2.5\text{ packet/s}$ 时 4 种方案的平均队列时延随着最大前传链路消耗的变化情况，图 7-4 主要描述了轻度前传消耗的区间内的性能变化。其中，Hybrid-CSI-only 资源分配方案的平均队列时延性能明显优于 JP-CSI-only 资源分配方案和 CB-CSI-only 资源分配方案，这是由于 Hybrid-CSI-only 资源分配方案能够在有限的前传容量时灵活地平衡前传链路消耗和协作增益。值得注意的是，由于有限的前传容量，JP-CSI-only 资源分配方案的平均队列时延性能刚开始差于 CB-CSI-only 资源分配方案的平均队列时延性能，但是随着前传容量的增加，其

平均队列时延性能逐渐改善，并最终优于 CB-CSI-only 资源分配方案的平均队列时延性能。此外，由于 Hybrid-QSI-aware 方案考虑了队列状态信息，因此其平均队列时延性能明显优于所有的对比方案。

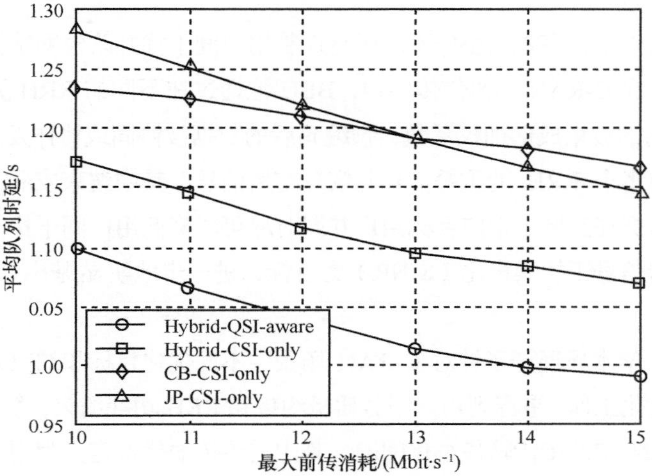

图 7-4　不同最大前传消耗下的平均队列时延

图 7-5 描述了所提的决策后值函数的在线学习算法的收敛性。为了显示方便，图 7-5 给出了某个特定用户的决策后值函数的收敛情况。可以看出，经过约 500 次迭代，在线学习算法能够收敛于最终值。

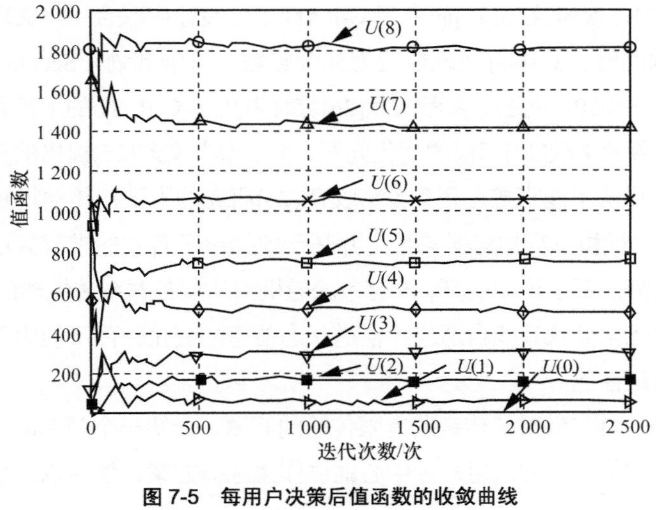

图 7-5　每用户决策后值函数的收敛曲线

7.2 基于业务队列的面向预编码优化的动态无线资源优化

在 C-RAN 中，高效的协作预编码是控制用户间干扰并改善网络性能的关键手段。具体地，在 C-RAN 的协作传输中，BBU 池通过在不同的 RRH 为不同用户的数据分配不同的波束成形加权系数，预编码后的数据被协同或协作发送至各用户，用户接收来自多个 RRH 的重叠信号并恢复有用信号，其中波束成形加权系数被设计成为调整数据在空域上指向目标用户并同时尽可能降低用户间干扰。因此，协作预编码以改善信号干扰噪声比（SINR）为目标，进一步地明显提升 C-RAN 的频谱效率。

近年来，学术界展开了针对 C-RAN 场景中不同优化目标和约束条件下的预编码的设计和优化工作。考虑到用户服务质量约束和 RRH 功耗约束，参考文献[21,22]研究了 C-RAN 中前传传输最小化问题，其中前传传输代价定义为用于协作传输的前传链路的数量，优化问题通过给出组合优化目标的一种凸估计形式而进行有效的求解。参考文献[23-24]研究了 C-RAN 中前传链路容量约束下以用户为中心的协作 RRH 簇和预编码优化问题，其中参考文献[23]以功率消耗最小化为目标，而参考文献[24]则以和速率最大化为目标。值得注意的是，参考文献[23-24]中优化问题明确考虑了实际前传容量，这与参考文献[21-22]的优化问题有很大的差别。考虑到网络功耗和运营成本，参考文献[25]研究了 C-RAN 下行传输中联合用户关联和波束成形预编码优化的问题，其中将问题建模为混合整数二阶锥规划（Second Order Cone Programming，SOCP）问题。参考文献[26]综合考虑了 C-RAN 的上行和下行传输场景，研究了和参考文献[25]相似的优化问题，由于参考文献[25]提出的只针对下行传输场景的优化算法不能直接应用到参考文献[26]研究的上下行传输场景中，参考文献[26]给出了上行和下行的对偶关系，并基于此提出了有效的求解算法。然而这些研究主要围绕静态系统模型展开，没有考虑随机到达业务对系统性能的影响。因此，相应的预编码优化算法只能自适应于信道状态信息的变化，而不能为随机到达业务保证良好的时延性能。

在本章中，首先针对前传链路有限传输的问题，介绍一个简单的、能灵活地权衡协作增益和前传消耗的以用户为中心的协作集选择方案，然后以最小化平均队列时延和平均传输功耗为目标，利用马尔可夫决策过程的方法介绍了 C-RAN 中基于业务队列的动态优化算法。本章的主要内容包括考虑到随机到达业务的时延性能和网络的功耗，将基于业务队列的动态预编码优化问题建模为受协作集线性约束的马尔可夫决策过程问题，相应的优化策略不仅自适应于信道状态信息的变化，而且自适应于队列状态信息的变化；为了解决离散马尔可夫决策过程所面临的值函数在线学习收敛慢的问题，引入了连续时间马尔可夫决策的概念，推导出了离散贝尔曼方程在连续时间上的等效形式，并利用求解微积分方程的方法给出了值函数的闭式近似表达式；利用半正定松弛的方法将非凸的原问题进行转化，并介绍了一种低复杂度的交替优化算法进行有效的求解。

7.2.1　系统模型

本节将介绍场景、物理层模型以及随机业务到达模型。考虑 C-RAN 中随机到达业务的下行传输场景。用 $\mathcal{M}=\{1,2,\cdots,M\}$ 和 $\mathcal{N}=\{1,2,\cdots,N\}$ 分别表示网络中 RRH 的集合和用户的集合，其中，为每个 RRH 配置 K 个天线，每个用户配置了单天线。BBU 池为每个用户的随机到达业务维持一个业务缓冲队列。假设系统运行的时间被划分为多个长度为 τ 的时隙，各时隙用 $t\in\{0,1,2,\cdots\}$ 指示。在 C-RAN 的协作传输中，为了减轻对前传链路资源的需求，通过以用户为中心进行协作集选择，使得用户数据只在特定的 RRH 子集中进行分发。特别地，用 $\mathcal{P}_j\subseteq\mathcal{M}$ 表示为用户 j 进行协作传输的 RRH 集合。

7.2.1.1　物理层模型

用 $\boldsymbol{h}_{ij}(t)\in\mathcal{C}^{1\times K}$ 分别表示在第 t 时隙 RRH i 和用户 j 之间的复数信道衰落向量（信道状态信息），用 $\boldsymbol{H}(t)=\{\boldsymbol{h}_{ij}(t):i\in\mathcal{M},j\in\mathcal{N}\}$ 表示第 t 时隙网络的全局信道状态信息。对于信道状态信息，本章存在如下假设。

假设 7-3　全局信道状态信息 $\boldsymbol{H}(t)$ 为在时隙内保持固定而在时隙间相互独立的随机过程。特别地，在第 t 时隙，$\boldsymbol{h}_{ij}(t)$ 的每个元素相互独立，且服从均值为 0、方差为 σ_{ij}^2 的复数高斯分布，其中，σ_{ij}^2 包含了路径损耗的影响，且在较长时间内保持准静态。

用 x_j 表示用户 j 的随机到达业务数据。用 $\boldsymbol{w}_{ij}\in\mathcal{C}^{K\times 1}$ 表示 RRH$_i$ 为用户 j 发送数

据时采用的协作预编码向量。如果 RRH_i 不包含在用户 j 的协作传输 RRH 集合中，即 $i \notin \mathcal{P}_j$，则用户的数据不需要经过前传链路传输到 RRH_i 上进行发送，此时协作预编码向量 $\boldsymbol{w}_{ij} = \boldsymbol{0}$。给定信道状态信息 $\boldsymbol{H}$ 和协作预编码向量 $\boldsymbol{W} = \{\boldsymbol{w}_{ij} : i \in \mathcal{M}, j \in \mathcal{N}\}$，用户 j 的接收信号为：

$$y_j = \sum_{i\in\mathcal{M}} \boldsymbol{h}_{ij}\boldsymbol{w}_{ij}x_j + \sum_{k\neq j} \boldsymbol{h}_{kj}\boldsymbol{w}_{kj}x_k + n_j \tag{7-44}$$

其中，n_j 为独立同分布的复数高斯白噪声。此时用户 j 的数据速率为：

$$R_j(\boldsymbol{H},\boldsymbol{W}) = B\mathrm{lb}\left(1+\frac{\sum\limits_{i\in\mathcal{M}} \boldsymbol{h}_{ij}\boldsymbol{w}_{ij}\boldsymbol{w}_{ij}^{\mathrm{H}}\boldsymbol{h}_{ij}^{\mathrm{H}}}{\sum\limits_{k\neq j} \boldsymbol{h}_{kj}\boldsymbol{w}_{kj}\boldsymbol{w}_{kj}^{\mathrm{H}}\boldsymbol{h}_{kj}^{\mathrm{H}}+1}\right) \tag{7-45}$$

其中，B 为网络的系统带宽。

7.2.1.2 业务队列模型

用 $Q_j(t) \in \mathcal{Q}$ 表示在第 t 时隙初基带处理单元为用户 j 维持的业务队列状态信息，其中，$\mathcal{Q}$ 为队列状态空间。用 $\boldsymbol{Q}(t) = \{Q_j(t), j \in \mathcal{N}\}$ 表示网络的全局队列状态信息。用 $A_j(t)$ 表示在第 t 时隙末用户 j 的业务队列的随机到达量。因此，C-RAN 中用户 j 的业务队列的动态变化表示为：

$$Q_j(t+1) = [Q_j(t) - R_j(\boldsymbol{H}(t),\boldsymbol{W}(t))\tau]^+ + A_j(t) \tag{7-46}$$

其中，$R_j(\boldsymbol{H}(t),\boldsymbol{W}(t))\tau$ 为第 t 时隙网络为用户 j 成功传输的数据量。可以看出，由于每个用户的业务队列的离开率是所有用户的协作预编码 $\boldsymbol{W}(t)$ 的函数，而协作预编码 $\boldsymbol{W}(t)$ 自适应于全局队列状态信息 $\boldsymbol{Q}(t)$，因此用户队列的动态变化是相互关联的。对于随机业务到达过程，本章存在如下假设。

假设 7-4 随机业务到达 $A_j(t)$ 在时隙间服从独立同分布，其平均到达率为 $E[A_j(t)] = \lambda_j$。此外，各用户的随机业务到达过程相互独立。

7.2.1.3 以用户为中心的协作集选择方案

对于 C-RAN 中的协作传输而言，若 RRH_i 和用户 j 间的信道增益很弱，则 RRH_i 是否参与对用户 j 的协作传输的频谱效率的影响不大，但对共享用户数据带来的前传消耗有明显的影响。在每个协作集选择的较长调度间隔内，BBU 池首先根据物理层测量的结果得到各 RRH 到用户 j 的与大尺度衰落相关的信息 σ_{ij} 及其最大值

$\sigma_{\max}$，若 RRH_i 满足：

$$\sigma_{ij} \geqslant \theta_j \sigma_{\max} \tag{7-47}$$

则 BBU 池将 RRH_i 添加到用户 j 的协作传输 RRH 集合 $\mathcal{P}_j$ 中。通过为每个用户调整门限参数 θ_j，可以对网络的协作传输增益和前传消耗进行折中。图 7-6 描述了 C-RAN 中以用户为中心的协作集选择方案。

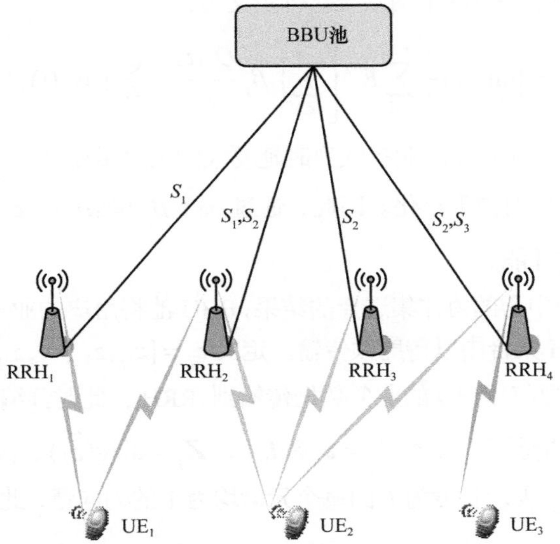

图 7-6 以用户为中心的协作集选择方案

7.2.2 基于马尔可夫决策过程的问题建模

在每时隙初，根据协作集选择的结果和全局系统状态 $\chi = (\boldsymbol{Q}, \boldsymbol{H})$，BBU 池为每个用户计算最优协作预编码向量 $\{\boldsymbol{w}_{ij} : i \in \mathcal{M}, j \in \mathcal{N}\}$，这种从系统观测状态向协作预编码向量的映射过程 $\Omega = \{\boldsymbol{w}_{ij} = \Omega_{ij}(\boldsymbol{H}, \boldsymbol{Q}) : i \in \mathcal{M}, j \in \mathcal{N}\}$ 被称为协作预编码策略。在稳态协作预编码策略下的随机过程为可控马尔可夫链，其系统状态转移概率为：

$$\Pr[\chi(t+1) \mid \chi(t), \Omega(\chi(t))] = \Pr[\boldsymbol{H}(t+1)]\Pr[\boldsymbol{Q}(t+1) \mid \boldsymbol{Q}(t), \boldsymbol{H}(t), \Omega(\chi(t))] \tag{7-48}$$

根据利特尔定理，稳态协作预编码策略 Ω 下用户 j 的平均时延为：

$$d_j^{\Omega} = \limsup_{T\to\infty} \frac{1}{T}\sum_{t=0}^{T-1} E^{\Omega}\left[\frac{Q_j(t)}{\lambda_j}\right] \tag{7-49}$$

其中，E 是关于策略 Ω 的期望。类似地，网络为用户 j 传输业务的平均功耗为：

$$p_j^{\Omega} = \limsup_{T\to\infty} \frac{1}{T}\sum_{t=0}^{T-1} E^{\Omega}\left[\sum_{i\in\mathcal{M}} \| \boldsymbol{w}_{ij}(t) \|^2\right] \tag{7-50}$$

则协作预编码策略下的平均系统代价定义为：

$$\overline{c}^{\Omega} = \limsup_{T\to\infty} \frac{1}{T}\sum_{t=0}^{T-1} E^{\Omega}\left[\sum_{j\in\mathcal{N}}\left(\beta_j \frac{Q_j(t)}{\lambda_j} + \sum_{i\in\mathcal{M}} \| \boldsymbol{w}_{ij}(t) \|^2\right)\right] \tag{7-51}$$

其中，$\beta_j > 0$ 表明了用户 j 的业务队列时延要求的相对重要性。一般来讲，平均时延和平均功耗不能同时被最小化。因此，通过选择 β_j 和最小化 $\overline{c}^{\Omega}$，可以得到帕累托最优折中的系统性能。

根据以用户为中心的协作集选择的结果，BBU 池将用户的业务数据分发至该用户的协作传输 RRH 集合中以待射频传输。定义 $z_j = [z_{1j}, z_{2j}, \cdots, z_{Mj}] \in \mathcal{R}^{M\times 1}$，其中，$z_{ij} = 1$ 意味着不需要将用户 j 的业务数据传输到 RRH$_i$，此时预编码向量 $\boldsymbol{w}_{ij}$ 为零向量；而当 $z_{ij} = 0$ 时情况相反。令 $\hat{\boldsymbol{z}}_j = z_j \otimes \boldsymbol{1}_{1\times L}$，$\boldsymbol{Z}_j = \mathrm{diag}(\hat{\boldsymbol{z}}_j)$，其中，$\otimes$ 表示向量的克罗内克积，$\boldsymbol{1}_{1\times L}$ 表示长度为 L 的每个元素均为 1 的列向量，此时 $\boldsymbol{Z}_j$ 为半正定矩阵且矩阵的秩满足：

$$\mathrm{rank}(\boldsymbol{Z}_j) \leqslant KM - K \tag{7-52}$$

用 $\boldsymbol{w}_j = [\boldsymbol{w}_{1j}^{\mathrm{T}}, \boldsymbol{w}_{2j}^{\mathrm{T}}, \cdots, \boldsymbol{w}_{Mj}^{\mathrm{T}}]^{\mathrm{T}}$ 表示为用户 j 传输业务时所有 RRH 的协作预编码向量。根据用户 j 的协作传输 RRH 集合，得到以下约束条件：

$$\boldsymbol{Z}_j \boldsymbol{w}_j = 0 \tag{7-53}$$

为了获得最优协作预编码优化策略，对于给定的 $\boldsymbol{\beta} = \{\beta_j, j \in \mathcal{N}\}$，构建优化问题如下：

$$\begin{aligned} &\min_{\Omega} \ \overline{c}^{\Omega} \\ &\text{s.t. } \boldsymbol{Z}_j \boldsymbol{w}_j = 0 \end{aligned} \tag{7-54}$$

该问题为无限长时间平均代价的离散马尔可夫决策过程，定理 7-2 总结了最优协作预编码策略的推导方法。

定理 7-2　给定 $\boldsymbol{\beta}=\{\beta_j, j\in\mathcal{N}\}$，对于问题（7-54）有如下的离散时间贝尔曼方程：

$$\theta\tau+V(\boldsymbol{Q})=\min_{\Omega}[c(\boldsymbol{Q},\Omega(\boldsymbol{Q}))\tau+\sum_{\boldsymbol{Q}'}\Pr[\boldsymbol{Q}'\mid\boldsymbol{Q},\Omega(\boldsymbol{Q})]V(\boldsymbol{Q}')] \tag{7-55}$$

其中，$c(\boldsymbol{Q},\Omega(\boldsymbol{Q}))=E[c(\boldsymbol{Q},\boldsymbol{H},\Omega(\boldsymbol{Q},\boldsymbol{H}))\mid\boldsymbol{Q}]$ 表示每阶段的平均系统代价，且 $c(\boldsymbol{Q},\boldsymbol{H},\Omega(\boldsymbol{Q},\boldsymbol{H}))=\beta_j\frac{Q_j(t)}{\lambda_j(t)}+\sum_{j\in\mathcal{N}}\sum_{i\in\mathcal{M}}\|\boldsymbol{w}_{ij}\|^2$，$V(\boldsymbol{Q})$ 表示对应全局队列状态信息 $\boldsymbol{Q}$ 的值函数，$\Pr[\boldsymbol{Q}'\mid\boldsymbol{Q},\Omega(\boldsymbol{Q},\boldsymbol{H})]=E[\Pr[\boldsymbol{Q}'\mid\boldsymbol{Q},\boldsymbol{H},\Omega(\boldsymbol{Q},\boldsymbol{H})]\mid\boldsymbol{Q}]$ 为平均状态转移概率。对于任意可行协作预编码策略，值函数需满足如下条件[28]：

$$\lim_{T\to\infty}\frac{1}{T}E^{\Omega}[V(\boldsymbol{Q}(T))\mid\boldsymbol{Q}(0)]=0 \tag{7-56}$$

如果存在一组 $(\theta,\{V(\boldsymbol{Q})\})$ 满足贝尔曼方程（7-55），则最优平均系统代价为 $\theta=\min\overline{c}^{\Omega}$，且最优协作预编码策略通过最小化式（7-55）的右边项获得。

由定理 7-2 可看出，值函数是求解最优协作预编码策略的关键，但值函数的值迭代估计方法存在收敛速度较慢的问题[30]。此外，本章场景下的离散马尔可夫决策过程存在维度灾难的问题，即系统队列状态和相应值函数的数量随着用户业务队列的数量呈指数级增长。

7.2.3 低复杂度协作预编码策略

为了解决离散时间马尔可夫决策过程存在的问题，本节内容引入了连续时间马尔可夫决策过程的概念，并推导出连续时间贝尔曼方程以简化值函数的估计和优化问题的求解。由于得到的优化问题为非凸优化问题，本节内容采用了半正定松弛的方法将非凸优化问题转化为凸优化问题，然后通过交替优化算法进行有效求解。

7.2.3.1 连续时间马尔可夫决策过程

当时隙间隔 τ 趋近于 0 时，用户 j 的队列动态变化（7-46）可以用以下连续时间的微分方程描述：

$$\frac{\mathrm{d}Q_j(t)}{\mathrm{d}t}=\lambda_j-E[R_j(\boldsymbol{H}(t),\boldsymbol{W}(t))\mid\boldsymbol{Q}(t)] \tag{7-57}$$

且值函数 $V(\boldsymbol{Q})$ 的一级泰勒展开式为：

$$V(\boldsymbol{Q}')=V(\boldsymbol{Q})+\sum_{j\in\mathcal{N}}\frac{\partial V(\boldsymbol{Q})}{\partial Q_j}\big(\lambda_j-E[R_j(\boldsymbol{H},\boldsymbol{W})\,|\,\boldsymbol{Q}(t)]\big)\tau+o(\tau) \tag{7-58}$$

基于式（7-58）和定理 7-2，可以得到推论 7-2。

推论 7-2　对于最够小的τ，如果存在$\tilde{\theta}$和$J(\boldsymbol{Q})$满足如下连续时间贝尔曼方程：

$$\tilde{\theta}=\min_{\Omega(\boldsymbol{Q})}\left[c(\boldsymbol{Q},\Omega(\boldsymbol{Q}))+\sum_{j\in\mathcal{N}}\frac{\partial J(\boldsymbol{Q})}{\partial Q_j}\big(\lambda_j-E[R_j(\boldsymbol{H},\boldsymbol{W})\,|\,\boldsymbol{Q}(t)]\big)\right] \tag{7-59}$$

则有：

$$\tilde{\theta}=\theta+o(1) \tag{7-60}$$

$$J(Q)=V(Q)+o(1) \tag{7-61}$$

且误差随着τ趋近于 0 而逐渐可忽略。

根据推论 7-2，可以通过求解连续时间贝尔曼方程（7-59）而不是求解离散时间贝尔曼方程（7-56）的方式来获取协作预编码策略，且问题的解随着τ趋近于 0 而逐渐精确。可以看出，方程（7-59）中的值函数$J(Q)$可以通过微积分理论进行计算。

7.2.3.2　值函数的近似估计

值函数$J(Q)$的取值对于求解最优协作预编码策略非常关键，它表明了随机到达业务需要被传输的迫切程度。然而，由于涉及求解N维非线性偏微分方程，值函数$J(Q)$的计算仍然比较困难。为了便于计算$J(Q)$，将定义如下基本策略并推导出该策略下$J(Q)$的可分解结构。

定义 7-3　在 C-RAN 的下行协作传输中，定义能够完全消除网络中各用户间的干扰的协作预编码策略为基本策略。

当 C-RAN 采用上述基本策略时，各用户间将不存在干扰，此时各用户的业务队列的动态变化将相互解耦合。以下推论总结了基本策略下$J(Q)$的可分解结构。

推论 7-3　对应基本策略的连续时间贝尔曼方程中的$J(Q)$和$\tilde{\theta}$存在如下可分解形式：

$$J(\boldsymbol{Q})=\sum_{j\in\mathcal{N}}J_j(Q_j) \tag{7-62}$$

$$\tilde{\theta}=\sum_{j\in\mathcal{N}}\tilde{\theta}_j \tag{7-63}$$

其中，$J_j(Q_j)$ 和 $\tilde{\theta}_j$ 满足如下微分方程：

$$\tilde{\theta}_j=\beta_j\frac{Q_j(t)}{\lambda_j}+\|\boldsymbol{w}_j(t)\|^2+J_j'(Q_j)\left(\lambda_j-E[R_j(\boldsymbol{w}_j(t))]\right) \qquad (7\text{-}64)$$

根据推论 7-3，通过利用微积分理论求解微分方程[29]，最终可以得到值函数 $J_j(Q_j)$ 的近似闭式表达式如下：

$$J_j(Q_j)=\frac{\beta_j}{2\lambda_j}Q_j^2+o(Q_j^2),\ Q_j\to\infty \qquad (7\text{-}65)$$

需要注意的是，基于推论 7-3 估计出的值函数会引入少量的误差。但是该方法能够明显地降低求解的难度且不存在收敛性的问题。

图 7-7 给出了当平均业务分组到达率为 $\lambda_j=1$ packet/s，分组大小为固定值 64 KB，时延权重分别为 $\beta_j=5$、$\beta_j=10$ 和 $\beta_j=15$ 时，基本协作预编码策略下基于理论推导式（7-65）的估计值和基于值迭代[28]的估计值的对比，可以看出，在各用户的业务队列的动态变化相互解耦合时，理论推导结果和值迭代结果基本保持一致，从而验证了近似闭式表达式的准确性。

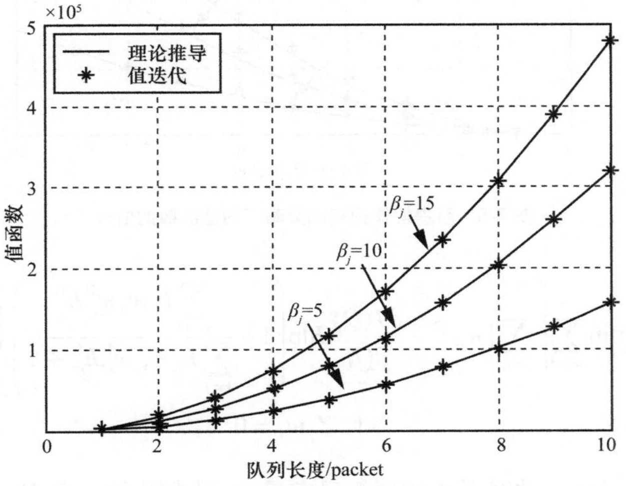

图 7-7　基本协作预编码策略下的值函数的估计

图 7-8 给出当平均业务分组到达率为 $\lambda_j=1$ packet/s，分组大小为固定值 64 KB，时延权重分别为 $\beta_j=5$、$\beta_j=10$ 和 $\beta_j=15$ 时，本章所提动态协作预编

策略下的基于理论推导式（7-65）的估计值和基于值迭代的估计值的对比，可以看出，在各用户的业务队列的动态变化相互关联时，理论推导结果和值迭代的结果存在一定的差异。然而，由于协作预编码下的用户间的干扰不会太大，各业务队列间的关联程度不会很高，因此可以采用式（7-65）来近似估计值函数。

7.2.3.3 半正定松弛和交替优化算法

经过值函数的线性估计，基于连续时间马尔可夫决策过程的问题（7-59）可以被简化为如下等效优化问题：

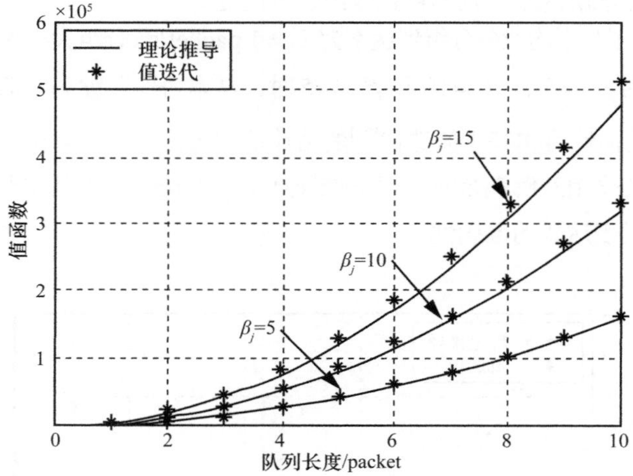

图 7-8　所提协作预编码策略下的值函数的估计

$$\min_{\{\boldsymbol{w}_{ij}\}}\sum_{i\in\mathcal{M}}\left(\sum_{j\in\mathcal{N}}|\boldsymbol{w}_{ij}|^2-\frac{\partial J(\boldsymbol{Q})}{\partial Q_j}B\mathrm{lb}\left(1+\frac{\sum\limits_{i\in\mathcal{M}}\boldsymbol{h}_{ij}\boldsymbol{w}_{ij}\boldsymbol{w}_{ij}^{\mathrm{H}}\boldsymbol{h}_{ij}^{\mathrm{H}}}{\sum\limits_{k\neq j}\boldsymbol{h}_{kj}\boldsymbol{w}_{kj}\boldsymbol{w}_{kj}^{\mathrm{H}}\boldsymbol{h}_{kj}^{\mathrm{H}}+1}\right)\right) \tag{7-66}$$
$$\text{s.t. } \boldsymbol{Z}_j\boldsymbol{w}_j=0$$

该问题的目标函数对于协作预编码向量 $\boldsymbol{w}_{ij}$ 是非凸的。令 $\boldsymbol{H}_j=\boldsymbol{h}_j\boldsymbol{h}_j^{\mathrm{H}}$ ，其中 $\boldsymbol{h}_j=[\boldsymbol{h}_{1j}^{\mathrm{T}},\boldsymbol{h}_{2j}^{\mathrm{T}},\cdots,\boldsymbol{h}_{Mj}^{\mathrm{T}}]^{\mathrm{T}}$ 。同样地，令 $\boldsymbol{W}_j=\boldsymbol{w}_j\boldsymbol{w}_j^{\mathrm{H}}$ ，可以看出，$\boldsymbol{W}_j\geqslant 0$ 且 $\mathrm{rank}(\boldsymbol{W}_j)=1$ 。为了有效求解问题（7-66），首先引入辅助变量 η_j ，然后通过半正定松弛去掉非凸的秩约束 $\mathrm{rank}(\boldsymbol{W}_j)=1$ ，最终得到如下问题：

$$
\begin{aligned}
&\min_{\{W_j\},\{\eta_j\}} \sum_{j\in\mathcal{N}}\left(\operatorname{tr}(\boldsymbol{W}_j)-\frac{\partial J(\boldsymbol{Q})}{\partial Q_j}B\operatorname{lb}\eta_j\right)\\
&\text{s.t. } \operatorname{tr}(\boldsymbol{H}_j\boldsymbol{W}_j)-\eta_j\sum_{k\neq j}\operatorname{tr}(\boldsymbol{H}_j\boldsymbol{W}_k)-\eta_j\sigma_j^2\geqslant 0\\
&\quad\ \ \operatorname{tr}(\boldsymbol{Z}_j\boldsymbol{W}_j)=0\\
&\quad\ \ \boldsymbol{W}_j\geqslant 0
\end{aligned}
\tag{7-67}
$$

可以证明，问题（7-67）为凸优化问题。可以看出，当固定变量时，问题（7-67）是关于变量的线性规划问题；而当固定变量时，问题（7-67）是关于变量的半正定规划问题。因此，可以通过交替优化的方法有效求解出问题（7-67）的最优解，算法的具体步骤如算法 7-2 所示。

算法 7-2　交替优化算法

步骤 1　初始化：令 $n=0$，并选择初值 $\eta_j(n)>0$，$j\in\mathcal{N}$。

步骤 2　更新 $\{\boldsymbol{W}_j\}$：固定 $\{\eta_j\}$，通过优化如下半正定规划（Semi-Definite Programming，SDP）问题求解 $\{\boldsymbol{W}_j\}$：

$$
\begin{aligned}
&\min_{\{W_j\}} \sum_{j\in\mathcal{N}}\operatorname{tr}(\boldsymbol{W}_j)\\
&\text{s.t. } \operatorname{tr}(\boldsymbol{H}_j\boldsymbol{W}_j)-\eta_j\sum_{k\neq j}\operatorname{tr}(\boldsymbol{H}_j\boldsymbol{W}_k)-\eta_j\sigma_j^2\geqslant 0\\
&\quad\ \ \operatorname{tr}(\boldsymbol{Z}_j\boldsymbol{W}_j)=0\\
&\quad\ \ \boldsymbol{W}_j\geqslant 0
\end{aligned}
\tag{7-68}
$$

步骤 3　更新 $\{\eta_j\}$：固定 $\{\boldsymbol{W}_j\}$，通过优化如下线性规划（Linear Programming，LP）问题求解 $\{\eta_j\}$：

$$
\begin{aligned}
&\min_{\{\eta_j\}} \sum_{j\in\mathcal{N}}-\frac{\partial J(\boldsymbol{Q})}{\partial Q_j}B\operatorname{lb}\eta_j\\
&\text{s.t. } \operatorname{tr}(\boldsymbol{H}_j\boldsymbol{W}_j)-\eta_j\sum_{k\neq j}\operatorname{tr}(\boldsymbol{H}_j\boldsymbol{W}_k)-\eta_j\sigma_j^2\geqslant 0
\end{aligned}
\tag{7-69}
$$

步骤 4　循环和结束：令 $n=n+1$，并进行步骤 2 直到满足算法终止条件。

在算法中，问题（7-68）和问题（7-69）的目标函数在每次迭代过程中都单调非增且有下界，因此算法最终会收敛至问题（7-67）的稳态点[32]。由于问题（7-67）

为凸优化问题，因此，该问题的收敛的稳态点也是全局最优点。

通过交替优化算法，最终可求解出最优 $\{\boldsymbol{W}_j^*\}$。如果 $\text{rank}(\boldsymbol{W}_j^*)=1$，则它可以表示为 $\boldsymbol{W}_j^*=\boldsymbol{w}_j^*(\boldsymbol{w}_j^*)^{\mathrm{H}}$，那么 $\boldsymbol{w}_j^*=[(\boldsymbol{w}_{1j}^*)^{\mathrm{T}},(\boldsymbol{w}_{2j}^*)^{\mathrm{T}},\cdots,(\boldsymbol{w}_{Mj}^*)^{\mathrm{T}}]^{\mathrm{T}}$ 为协作预编码优化问题的解。否则，可以采用标准的降秩技术从 $\boldsymbol{W}_j^*$ 中估计出秩为 1 的矩阵。

7.2.4 性能仿真验证

本节内容利用计算机仿真评估和对比所提算法的性能。

7.2.4.1 仿真场景和参数设置

在仿真中，根据假设 7-3，在信道状态信息 $\boldsymbol{H}(t)$ 的每个元素中，快衰落为时隙间相互独立的复高斯随机变量，σ_{ij}^2 的取值则基于简单的传播损耗模型。根据假设 7-4，仿真中随机业务分组到达服从泊松分布，分组大小服从均值为 64 KB 的指数分布。RRH 和用户的数目均为 6 个，其中，每个 RRH 配置 4 天线，每个用户配置单天线。在仿真中，令所有用户的时延权重 β_j 一致为 β，并在仿真中通过改变 β 的取值以获得时延和功耗的权衡关系曲线。仿真中采用了如下 3 个对比方案，本章所介绍算法则用 QSI-aware 表示。

（1）基于信道状态信息的协作预编码（CSI-only）

基于以用户为中心的协作集选择结果，BBU 池通过在与式（7-67）相同的约束条件下求解问题（7-68）以获取协作预编码向量：

$$\min_{\{\boldsymbol{W}_j\},\{\eta_j\}}\sum_{j\in\mathcal{N}}\text{tr}(\boldsymbol{W}_j)-B\text{lb}\,\eta_j \tag{7-70}$$

因此所得控制策略仅自适应于信道状态信息。

（2）基于队列状态信息加权的协作预编码（QSI-weighted）

基于以用户为中心的协作集选择结果，BBU 池通过在与式（7-67）相同的约束条件下求解问题（7-68）以获取协作预编码向量：

$$\min_{\{\boldsymbol{W}_j\},\{\eta_j\}}\sum_{j\in\mathcal{N}}\text{tr}(\boldsymbol{W}_j)-Q_jB\text{lb}\,\eta_j \tag{7-71}$$

因此所得控制策略自适应于队列状态信息和信道状态信息。

（3）基于业务队列的动态完全协作预编码（QSI-aware-Full）

所有 RRH 都参与针对每一个用户的协作传输，BBU 池通过计算无 $\text{tr}(\boldsymbol{Z}_j\boldsymbol{W}_j)=0$

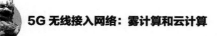

约束的问题（7-67）以获取协作预编码，由于所有的 RRH 都参与了用户数据的协作传输，因此该策略提供了时延和功率性能的下限。

7.2.4.2 仿真结果与分析

图 7-9 对比了当平均业务分组到达率为 1.25 packet/s 时不同平均传输功率下 4 种方案的平均队列时延性能。可以看出，所有方案的平均队列时延随着平均传输功率的增加而降低，且所提的协作预编码方案和 QSI-weighted 方案的性能优于 CSI-only 方案，这是由于它们能够自适应于队列状态信息和信道状态信息的动态变化。此外，相比所提的协作预编码方案，QSI-aware-Full 方案尽管体现出了轻微的时延性能增益，但是这样会增加前传链路资源的消耗。

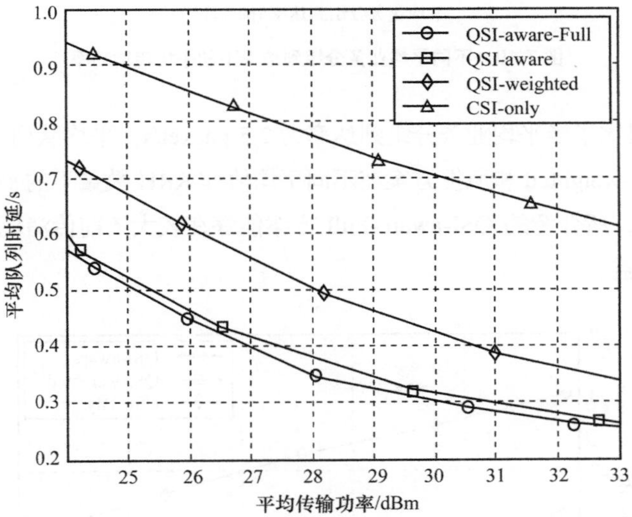

图 7-9 不同平均传输功率下的平均队列时延性能

图 7-10 对比了当平均队列时延为 0.8 s 时不同平均业务分组到达率下 4 种传输方案的平均传输功率性能。可以看出，所有方案的平均传输功率随着平均业务分组到达率的增加而增加，且所提的方案的性能在较大的平均业务分组到达率区间内明显优于 CSI-only 和 QSI-weighted 方案。同样地，虽然所提方案的传输功耗略微高于 QSI-aware-Full 方案，但是能减少参与协作传输的 RRH 的数目，从而降低对前传链路资源的需求。

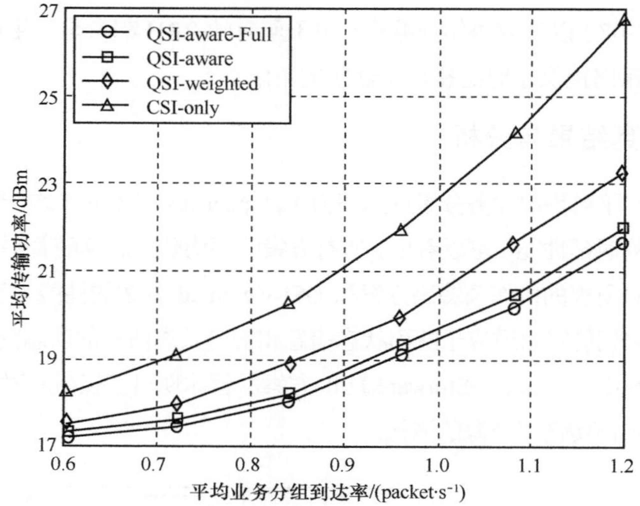

图 7-10　不同平均业务分组到达率下的平均传输功率

图 7-11 对比了当平均业务分组到达率为 2.5 packet/s，平均队列时延为 1.5 s 时 CSI-only、QSI-weighted 和所提方案在不同平均协作 RRH 数量下的平均传输功率性能。可以看出，所介绍的 QSI-aware-Full 方案能够在较大的前传消耗区间内体现出明显的性能增益。

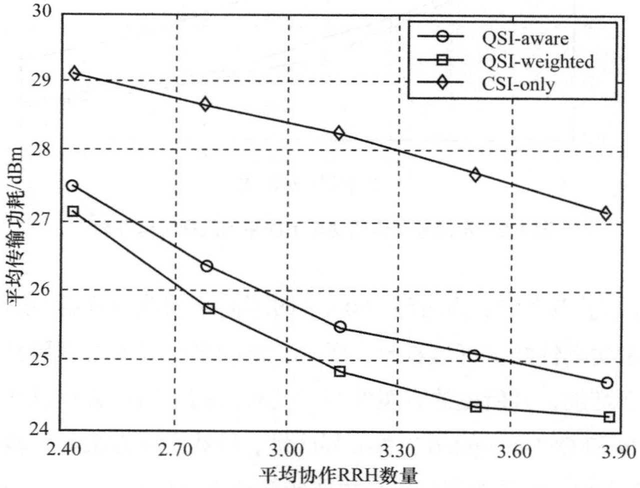

图 7-11　不同平均协作 RRH 数量下的平均传输功率

7.3　基于业务队列的联合节点选择的动态无线资源优化

节点选择在高能效 C-RAN 的优化设计中有非常关键的作用。参考文献[33]研究了 C-RAN 中最大化加权和速率的联合节点选择和功率分配的问题，其中，预编码的设计采用了正则化迫零预编码方案。参考文献[34]研究了 C-RAN 中最小化网络功耗的联合节点选择和预编码优化的问题，并介绍了两种有效的组稀疏预编码算法，以获取 RRH 选择子集和相应的波束成形加权向量。通过考虑与负载相关的前传功耗和用户目标速率约束，参考文献[35]研究了 C-RAN 中最小化网络功耗的联合节点选择和预编码优化的问题，并针对不同的预编码传输策略介绍了相应的优化算法。对比穷尽搜索算法，参考文献[33-35]提出的算法能明显地降低运算复杂度，然而对于大规模 C-RAN 来说，其复杂度仍然非常的高，这是由于一系列的凸优化问题（如半正定规划、二阶锥规划）仍需要利用标准的凸优化工具进行集中式求解。更进一步地，前面所述的工作通常基于静态的模型，而未将系统状态的随机性和时变性考虑到优化问题建模中。因此，只有物理层的性能指标如功耗和吞吐量得到了优化，并且所得的控制策略只能适应于信道状态信息，并没有考虑到业务时延性能。网络功耗和业务排队时延之间存在着折中关系。因此，考虑如何有效平衡网络功耗和业务时延，对于满足 C-RAN 的各种性能需求至关重要[36]。

实际上，时变系统的随机控制和相应的时延性能分析通常从业务队列稳定性的角度展开。已有大量工作开始研究时变无线通信中的队列稳定的随机优化问题。参考文献[37]提出了一种异构无线网络下资源分配和数据路由的随机控制方法，其中数据流控制策略确保了无论业务到达率是否在网络可达容量域内，网络资源都能被有效地利用。参考文献[38]研究了具有有限数据缓冲的无线网络中的随机控制问题，其中联合流控制、路由和调度算法能获取较高的网络效益和有确定界的业务队列长度。参考文献[39]则分析了在通用干扰集约束和时间相关业务到达下的单跳无线网络中次优调度算法下的业务时延性能。此外还有大量的文献对队列稳定性和干扰约束下的功率随机优化问题展开了研究[40-41]。然而，已有的无线网络中队列稳定优化相关的工作通常采用了非常简单的物理层信道模型，比如干扰避免集约束或者简单的信道—速率映射函数，并没有考虑信号实际系统中功率、干扰和系统吞吐量之间复杂的非线性关系。由于本章的工作与已有的工作有根本上的区别，现有的解决方案不能直接应用到本章考虑的 C-RAN 场景设置中。

本章内容考虑平均网络功率最小化问题，通过设计 C-RAN 中基于业务队列的动态联合优化算法，使得节点选择和预编码向量得到优化，并能够自适应于队列状态信息和信道状态信息。优化问题被建模为随机优化问题，然而这种问题往往难于求解。本章的主要内容点如下：研究了带有时变信道和随机业务到达的实际 C-RAN 下联合节点选择和预编码向量的随机优化问题，基于李雅普诺夫优化的方法，介绍了一种功耗和时延可控的优化方法，该方法考虑了具体的跨层操作和约束，例如波束成形、节点选择、SINR、时变信道、业务队列、前传链路功耗和时延约束等；问题求解过程中所得的惩罚加权和速率最大化问题涉及组合规划且是 NP 难问题，为解决这个挑战，分别采用稀疏预编码方法和松弛整数规划方法介绍了两种等效惩罚加权最小均方误差算法，这两种算法能够以并行化的方式运行，因此复杂度低并能应用到大规模 C-RAN 中；仿真评估并对比了所提算法的时延和功耗性能，仿真结果表明，由于基于业务队列的动态联合节点选择和预编码优化，这两种算法都能有效地权衡时延和功耗性能，并获得明显的性能增益，且即使在大规模 C-RAN 中，这两种算法都能够快速收敛，因此便于实际应用。

7.3.1 系统模型和问题建模

考虑 C-RAN 下行传输场景，如图 7-12 所示，包括 K 个 RRH 和 I 个用户，其中，为每个 RRH 和用户分别配置了 M 个和 N 个天线，系统频域带宽为 W 。用 $\mathcal{K}$ 和 $\mathcal{I}$ 分别表示 RRH 集合和用户集合。假设系统运行的时间被划分为多个长度为 τ 的时隙，各时隙用 $t\in\{0,1,2,\cdots\}$ 指示。

用 $\boldsymbol{H}_{ki}(t)\in\mathcal{C}^{N\times M}$ 表示第 t 时隙从 RRH_k 到用户 i 的复数信道衰落矩阵，用 $\boldsymbol{H}_i(t)=[\boldsymbol{H}_{1i}(t),\boldsymbol{H}_{1i}(t),\cdots,\boldsymbol{H}_{Ki}(t)]\in\mathcal{C}^{N\times MK}$ 表示第 t 时隙从所有 RRH 到用户 i 的复数信道衰落矩阵，用 $\boldsymbol{H}(t)=[\boldsymbol{H}_1(t),\boldsymbol{H}_2(t),\cdots,\boldsymbol{H}_I(t)]\in\mathcal{C}^{N\times MKI}$ 表示第 t 时隙整体网络的信道状态信息。用 $\boldsymbol{w}_{ki}(t)\in\mathcal{C}^{M\times 1}$ 表示第 t 时隙从 RRH_k 向用户 i 发送数据时采用的预编码向量，用 $\boldsymbol{w}_i(t)=[\boldsymbol{w}_{1i}^{\text{T}},\boldsymbol{w}_{2i}^{\text{T}},\cdots,\boldsymbol{w}_{Ki}^{\text{T}}]^{\text{T}}$ 表示第 t 时隙对用户 i 发送数据时采用的预编码向量，用 $\tilde{\boldsymbol{w}}_k(t)=[\boldsymbol{w}_{k1}^{\text{T}},\boldsymbol{w}_{k2}^{\text{T}},\cdots,\boldsymbol{w}_{kI}^{\text{T}}]^{\text{T}}\in\mathcal{C}^{MI\times 1}$ 表示第 t 时隙 RRH_k 发送传输数据时采用的预编码向量。关于信道状态信息，存在假设 7-5。

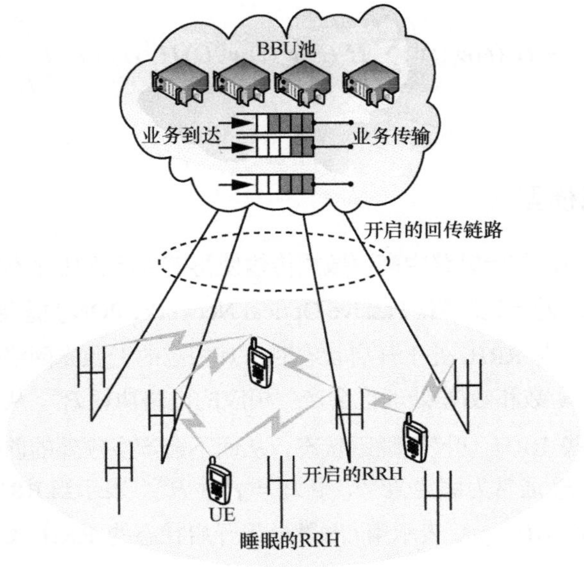

图 7-12　C-RAN 中联合节点选择的动态无线资源优化系统模型

假设 7-5　整体网络的信道状态信息 $\boldsymbol{H}(t)$ 服从块衰落，即 $\boldsymbol{H}(t)$ 的每个元素在时隙内保持固定而在时隙间独立同分布。

假设网络为每个用户传输一个业务数据流。用 $a_i(t)$ 表示第 t 时隙用户 i 的数据信息。不失一般性，假设数据信息满足 $E[a_i^2]=1$ 且不同用户的数据信息服从独立同分布。使用 BBU 池计算出的预编码向量后，第 t 时隙 RRH k 传输的基带信号为：

$$\boldsymbol{x}_k(t)=\sum_{i\in\mathcal{I}}\boldsymbol{w}_{ki}(t)a_i(t) \tag{7-72}$$

经过预编码的基带信号 $\boldsymbol{x}_k(t)$ 通过前传链路传递给 RRH_k 以进行射频传输。值得注意的是，由于在本章中关注功耗和时延性能权衡关系，因此假设前传链路的容量足够大且传输时延可忽略不计。每个用户接收到来自所有 RRH 的叠加信号，在第 t 时隙用户 i 接收的信号为：

$$\boldsymbol{r}_i(t)=\boldsymbol{H}_i(t)\boldsymbol{w}_i(t)a_i(t)+\sum_{j\neq i}\boldsymbol{H}_i(t)\boldsymbol{w}_j(t)a_j(t)+\boldsymbol{z}_i(t) \tag{7-73}$$

其中，$\boldsymbol{z}_i(t)\in\mathcal{C}^{N\times 1}$ 为第 t 时隙服从 $\mathrm{CN}(0,\sigma^2\boldsymbol{I})$ 分布的加性高斯白噪声（Additive White Gaussian Noise，AWGN）。假设所有用户均采用单用户检测并将干扰视为噪声，则第 t 时隙用户 i 可达到的数据速率（以 bit/（s·Hz）为单位）为：

$$R_i(t)=\mathrm{lbdet}\left(\boldsymbol{I}+\boldsymbol{H}_i(t)\boldsymbol{w}_i(t)\left(\sum_{j\neq i}\boldsymbol{H}_i(t)\boldsymbol{w}_j(t)\boldsymbol{w}_j^{\mathrm{H}}(t)\boldsymbol{H}_i^{\mathrm{H}}(t)+\sigma^2\boldsymbol{I}\right)^{-1}\boldsymbol{w}_i^{\mathrm{H}}(t)\boldsymbol{H}_i^{\mathrm{H}}(t)\right)$$

（7-74）

7.3.1.1 功耗模型

在 C-RAN 中，前传链路中高速数据传输使得前传传输功耗不容忽略[42]。目前比较公认的是采用无源光网络（Passive Optical Network，PON）提供 BBU 池和 RRH 之间的前传连接。当 RRH_k 处于开启状态时，其相应的无源光网络传输的前传功耗为 P_k^{ONU}，而实时模/数和数/模处理也会产生相应的电路功耗 P_k^{s}。从能量节省的角度来看，可以将一些 RRH 切换至睡眠状态，从而不会产生额外的前传消耗和电路消耗。由于 P_k^{ONU} 和 P_k^{s} 通常为固定值[43]，令 $P_k^{\mathrm{c}}=P_k^{\mathrm{s}}+P_k^{\mathrm{ONU}}$ 表示当 RRH_k 处于开启状态时的静态功耗。用 $\mathcal{A}(t)\subseteq\mathcal{K}$ 表示第 t 时隙处于开启状态的 RRH 集合，则此时整体网络的功耗为：

$$p(\mathcal{A}(t),\boldsymbol{w}(t))=\sum_{k\in\mathcal{A}(t)}\left(\frac{1}{\eta_k}\|\tilde{\boldsymbol{w}}_k(t)\|_2^2+P_k^c\right)\tag{7-75}$$

上述功耗模型中同时考虑了传输功耗和静态功耗，其中，η_k 为 RRH_k 的功放漏极效率。由于网络功耗由联合节点选择和预编码向量优化策略决定，而优化策略基于每时隙业务队列和信道状态做出，因此整体网络功耗是一个受控的随机过程。

7.3.1.2 问题建模

BBU 池为 I 个用户的随机业务到达建立并维持了 I 个业务缓冲队列。用 $\boldsymbol{A}(t)=[A_1(t),\cdots,A_I(t)]$ 表示在第 t 时隙末所有用户随机业务到达向量，用 $\boldsymbol{Q}(t)=[Q_1(t),\cdots,Q_I(t)]$ 表示在第 t 时隙初所有用户队列状态信息向量。因此，业务队列的动态变化可以表示为：

$$Q_i(t+1)=\max\left[Q_i(t)-\mu_i(t),0\right]+A_i(t)\tag{7-76}$$

其中，$\mu_i(t)=W\tau R_i(t)$ 为第 t 时隙业务离开量。关于随机业务到达过程，存在如下假设 7-6。

假设 7-6 随机业务到达 $A_i(t)$ 在时隙间服从独立同分布，且平均到达率 $E[A_i(t)]=\lambda_i$。此外，各用户的随机业务到达过程相互独立。

为了刻画联合节点选择和预编码优化策略对平均时延及平均功耗的影响，下面给出了队列稳定性、稳定性区间和吞吐最优策略的定义[45]。

定义 7-4（队列稳定性）　当满足如下条件时，离散时间队列 $Q(t)$ 强稳定：

$$\lim_{T\to\infty}\sup\frac{1}{T}\sum_{t=0}^{T-1}E\left[Q(t)\right]<\infty \tag{7-77}$$

此外，当网络中所有队列都强稳定时，则网络强稳定。

定义 7-5（稳定域和吞吐最优策略）　稳定域定义为 C-RAN 中能够被稳定的、所有业务到达率向量 $\boldsymbol{\lambda}=\{\lambda_i : i\in\mathcal{I}\}$ 的集合。吞吐最优策略定义为能够使所有在稳定域内的业务到达率向量稳定的策略。

为了在保持网络稳定的同时最小化网络功耗，动态联合节点选择和预编码优化问题被建模为如下随机优化问题：

$$\begin{aligned}
\min\ \overline{p}=\lim_{T\to\infty}&\frac{1}{T}\sum_{t=0}^{T-1}E\left[p(\mathcal{A}(t),\boldsymbol{w}(t))\right]\\
\text{s.t.}\quad &\text{C1: 队列 } Q_i(t)\text{ 强稳定}, \forall i,\\
&\text{C2: } \|\tilde{\boldsymbol{w}}_k\|_2^2\leqslant P_k, \forall k
\end{aligned} \tag{7-78}$$

其中，E 表示针对网络功耗分布的期望，C1 为队列稳定性约束，该约束确保每个业务队列平均长度低于有限值，C2 为每个 RRH 的瞬时传输功耗约束。在实际 C-RAN 中，由于随机业务到达和时变信道的不可预测性，以离线的方式求解最优策略通常是不切实际的。为了解决这个问题，本章将借助于李雅普诺夫优化的方法，将随机优化问题转成每个时隙的确定性问题来求解。

在问题（7-78）建模中，通过队列稳定性约束 C1 而不是显式的时延约束来刻画和控制平均时延。由定义 7-4 可知，当平均队列长度有限时，队列保持稳定。进一步地，根据利特尔法则（Little's Theorem），给定业务到达率时，队列平均时延和平均队列长度成正比。

7.3.2　基于李雅普诺夫优化的问题转化

本节内容将利用李雅普诺夫优化工具来有效地解决随机优化问题（7-78）。为了衡量 C-RAN 中队列的拥塞状态，定义李雅普诺夫函数为 $L(\boldsymbol{Q}(t))=\sum_{i\in\mathcal{I}}Q_i(t)^2/2$。网络队列稳定性通过持续地将李雅普诺夫函数推近至较低的拥塞状态得到保证。定义条件李雅普诺夫漂移为：

$$\Delta(\boldsymbol{Q}(t)) = E\left[L(\boldsymbol{Q}(t+1)) - L(\boldsymbol{Q}(t)) \mid \boldsymbol{Q}(t)\right] \tag{7-79}$$

这里，E 是给定队列状态 $\boldsymbol{Q}(t)$ 下李雅普诺夫漂移的条件期望。

定义李雅普诺夫漂移—惩罚函数为：

$$\Delta(\boldsymbol{Q}(t)) + VE\left[p(\mathcal{A}(t), \boldsymbol{w}(t)) \mid \boldsymbol{Q}(t)\right] \tag{7-80}$$

这里，E 是给定队列状态 $\boldsymbol{Q}(t)$ 下网络功耗的条件期望，$V>0$ 为用来控制功率—时延权衡关系的参数。较大的 V 意味着优化问题更注重最小化功率消耗，而较小的 V 则意味着保持队列稳定性的权重更大。假设随机过程 $p(\mathcal{A}(t), \boldsymbol{w}(t))$ 的期望有确定的边界 $p_{\min}$、$p_{\max}$，即 $p_{\min} \leqslant E[p(\mathcal{A}(t), \boldsymbol{w}(t))] \leqslant p_{\max}$，用 p^* 表示问题（7-78）的理论最优值，则定理 7-3 建立了李雅普诺夫漂移惩罚函数和队列稳定性之间的关系。

定理 7-3（李雅普诺夫优化） 假设存在正常数 B、ε 和 V，使得在所有时隙 $t \in \{1,2,\cdots\}$ 和所有队列状态 $\boldsymbol{Q}(t)$ 下李雅普诺夫漂移—惩罚函数均满足：

$$\Delta(\boldsymbol{Q}(t)) + VE\left[p(\mathcal{A}(t), \boldsymbol{w}(t)) \mid \boldsymbol{Q}(t)\right] \leqslant B + Vp^* - \varepsilon \sum_{i \in \mathcal{I}} Q_i(t) \tag{7-81}$$

则网络队列强稳定，且平均队列长度和平均功率消耗满足：

$$\limsup_{T\to\infty} \frac{1}{T} \sum_{t=0}^{T-1} \sum_{i \in \mathcal{I}} E\left[Q_i(t)\right] \leqslant \frac{B + V(p^* - p_{\min})}{\varepsilon} \tag{7-82}$$

$$\limsup_{T\to\infty} \frac{1}{T} \sum_{t=0}^{T-1} E\left[p(\mathcal{A}(t), \boldsymbol{w}(t))\right] \leqslant p^* + \frac{B}{V} \tag{7-83}$$

证明：遵照参考文献[45]中定理 4.2 的证明过程。

根据定理 7-3，通过最小化李雅普诺夫漂移—惩罚函数（7-78），可以最大化 C-RAN 的稳定域并获得吞吐最优控制策略。实际上，控制策略往往是通过最小化式（7-78）的上界得到的，该上界由以下引理给出。

引理 7-2 对于任意控制策略，在所有时隙 $t \in \{1,2,\cdots\}$，所有队列状态 $\boldsymbol{Q}(t)$ 和所有控制参数 $V>0$ 下，李雅普诺夫漂移—惩罚函数均有以下上界：

$$\Delta(\boldsymbol{Q}(t)) + VE\left[p(\mathcal{A}(t), \boldsymbol{w}(t)) \mid \boldsymbol{Q}(t)\right] \leqslant B + VE\left[p(\mathcal{A}(t), \boldsymbol{w}(t)) \mid \boldsymbol{Q}(t)\right] + \sum_{i \in \mathcal{I}} Q_i(t) E\left[A_i(t) - \mu_i(t) \mid \boldsymbol{Q}(t)\right] \tag{7-84}$$

这里，B 为对于任意时隙均满足 $B \geqslant 1/2 \sum_{i \in \mathcal{I}} E\left[A_i^2(t) + \mu_i^2(t) \mid \boldsymbol{Q}(t)\right]$ 的正常数。

根据机会最小化期望（Opportunistically Minimizing an Expectation）原则[45]，一种最小化 $E[f(t)\,|\,\boldsymbol{Q}(t)]$ 的策略是在每时隙的实时观测队列状态 $\boldsymbol{Q}(t)$ 下最小化 $f(t)$。由于第 t 时隙的控制策略不会影响式（7-84）中的 $\sum_{i\in\mathcal{I}} Q_i(t)A_i(t)$ 和 B，因此随机优化问题可以转化并简化为：

$$\max_{\mathcal{A}(t),\boldsymbol{w}(t)} \sum_{i\in\mathcal{I}} Q_i(t)\mu_i(t) - Vp(\mathcal{A}(t),\boldsymbol{w}(t)) \tag{7-85}$$

定理 7-4　通过全局最优化求解式（7-85），可使 C-RAN 的稳定域最大，并可获得吞吐量最优的联合节点选择和预编码优化策略。

证明：假设网络的平均业务达到率 $\boldsymbol{\lambda}=(\lambda_1,\cdots,\lambda_I)$ 严格在稳定域 $\mathcal{C}$ 内，使得 $\boldsymbol{\lambda}+\varepsilon\boldsymbol{1}\in\mathcal{C},\ \forall\varepsilon>0$。由于信道状态在时隙间独立同分布，则根据参考文献[45]中定理 4.5 可知，存在独立于信道状态信息 $\boldsymbol{Q}(t)$ 的稳态随机控制略使得：

$$E\left[\mu_i(t)\,|\,\boldsymbol{Q}(t)\right]=E\left[\mu_i(t)\right]\geqslant\lambda_i+\varepsilon,\forall i \tag{7-86}$$

$$E\left[p(\mathcal{A}(t),\boldsymbol{w}(t))\,|\,\boldsymbol{Q}(t)\right]=E\left[p(\mathcal{A}(t),\boldsymbol{w}(t))\right]=\overline{p}(\varepsilon) \tag{7-87}$$

由于式（7-85）表示在所有可行策略（包括上述的稳态随机控制略）中寻找使得式（7-84）右边项最小的策略，因此综合式（7-85）~式（7-87），可以有：

$$\begin{aligned}&\Delta(\boldsymbol{Q}(t))+VE\left[p(\mathcal{A}(t),\boldsymbol{w}(t))\,|\,\boldsymbol{Q}(t)\right]\\&\leqslant B+VE\left[p(\mathcal{A}(t),\boldsymbol{w}(t))\,|\,\boldsymbol{Q}(t)\right]+\sum_{i\in\mathcal{I}}Q_i(t)E\left[A_i(t)-\mu_i(t)\,|\,\boldsymbol{Q}(t)\right]\\&\leqslant B+V\overline{p}(\varepsilon)-\varepsilon\sum_{i\in\mathcal{I}}Q_i(t)\end{aligned} \tag{7-88}$$

式（7-88）左边必然大于 0，因此有：

$$\sum_{i\in\mathcal{I}}Q_i(t)\leqslant\frac{B+V\overline{p}(\varepsilon)}{\varepsilon} \tag{7-89}$$

即最优化求解问题（7-85）可以使所有队列稳定。

然而，值得注意的是，在有干扰的 C-RAN 中，式（7-85）中的加权和速率项通常是非凸的且求解复杂度为 NP 难问题[47]。所以，本章内容集中研究如何给出低复杂度的次优求解算法。定理 7-5 给出了次优求解策略下的网络性能的变化。

定理 7-5　存在常数 ϕ 和 C 分别满足 $0<\phi\leqslant1$ 和 $C\geqslant0$，且存在正数 ε 满足：

$$\boldsymbol{\lambda}+\varepsilon\boldsymbol{1}\in\phi\mathcal{C} \tag{7-90}$$

若次优策略在每时隙的控制结果满足：

$$\sum_{i\in\mathcal{I}}Q_i(t)E\left[\mu_i(t)\,|\,\boldsymbol{Q}(t)\right]\geqslant\phi\left(\max\sum_{i\in\mathcal{I}}Q_i(t)\mu_i\right)-C \tag{7-91}$$

则此时队列仍然强稳定。

证明：参照参考文献[45]中定理 6.5 的证明过程。

定理 7-5 表明，满足式（7-91）的次优策略会缩小队列稳定域，即只能稳定平均业务到达率在 ϕC 内的业务队列。在本章后续的研究内容中，通过对目标函数（7-85）进行转化，介绍了次优的低复杂度求解算法。然而，如何量化次优算法下的 ϕ 和 C 并给出缩小的稳定域仍然非常困难。对于业务到达率向量在稳定域 C 或 ϕC 之外的情形，需要进行拥塞控制以保证队列稳定[45]。

7.3.3　基于组稀疏波束成形的等效算法

本节将采用组稀疏波束成形的方法来高效求解优化问题（7-85）。

7.3.3.1　组稀疏波束成形建模

RRH 节点选择的问题可以通过利用 $\boldsymbol{w}(t)=[\tilde{\boldsymbol{w}}_1^{\mathrm{T}}(t),\cdots,\tilde{\boldsymbol{w}}_K^{\mathrm{T}}(t)]^{\mathrm{T}}\in\mathcal{C}^{MIK\times1}$ 的组稀疏结构来解决，即 $\tilde{\boldsymbol{w}}_k(t)$ 中所有的元素构成一个组[47]，且当关闭 RRH_k 时，向量 $\tilde{\boldsymbol{w}}_k^{\mathrm{T}}(t)$ 中的所有元素均为 0。混合 ℓ_1/ℓ_p —范数能有效地引入组稀疏特性[48]。本节内容表明，所给出的式（7-75）的凸估计形式正是加权混合 ℓ_1/ℓ_p —范数。具体来说，首先根据定义 $p_h(\boldsymbol{w})=\inf p(\phi\boldsymbol{w})/\phi$ 计算出 $p(\boldsymbol{w})$ 的最紧正齐次下界（Tightest Positively Homogeneous Lower Bound），但它仍为非凸函数，然后通过计算 $p_h(\boldsymbol{w})$ 的 Fenchel 共轭得到其凸包络函数，该凸函数称为 $p(\boldsymbol{w})$ 的最紧凸正齐次下界（Tightest Convex Positively Homogeneous Lower Bound）。定理 7-6 给出了 $p(\boldsymbol{w})$ 的最紧凸正齐次下界的具体表达式。

定理 7-6　式（7-75）的最紧凸正齐次下界为如下的加权混合 ℓ_1/ℓ_2 —范数：

$$\hat{p}(\boldsymbol{w}(t))=2\sum_{k\in\mathcal{K}}\sqrt{\frac{P_k^c}{\eta_k}}\left\|\tilde{\boldsymbol{w}}_k(t)\right\|_2 \tag{7-92}$$

定理 7-6 表明加权混合 ℓ_1/ℓ_2 —范数给出了代价函数（7-75）的最优凸估计，并进一步有效地将组稀疏结构引入预编码向量 $\boldsymbol{w}(t)$ 中。通过最小化加权混合 ℓ_1/ℓ_2 —范数，$\boldsymbol{w}(t)$ 中所有值为 0 的元素将会对齐至相同的分组 $\tilde{\boldsymbol{w}}_k(t)$，使得对应的 RRH

进入睡眠状态。每个分组的权重包含了重要的系统参数，直观地，拥有更高静态功耗和更低射频功放漏极效率的 RRH 更容易切换至睡眠状态。需要注意的是，量化该凸估计误差通常非常困难，它需要特定的先验信息[49-57]。

用加权混合 ℓ_1/ℓ_2—范数式（7-92）替代目标函数（7-85）中的惩罚项，可以得到如下的每时隙优化问题：

$$\begin{aligned}&\max_{\boldsymbol{w}}\sum_{i\in\mathcal{I}}Q_iR_i-\sum_{k\in\mathcal{K}}\frac{2V\sqrt{P_k^c/\eta_k}}{W\tau}\left\|\tilde{\boldsymbol{w}}_k\right\|_2\\&\text{s.t. }\left\|\tilde{\boldsymbol{w}}_k\right\|_2^2\leqslant P_k\end{aligned}\tag{7-93}$$

经过李雅普诺夫优化，原动态随机优化问题转化为每时隙确定性优化问题。为方便符号标识，后面内容将省略时隙编号 t 。接下来设计能得到式（7-93）的稳态解的低复杂度算法。

7.3.3.2　等效惩罚加权最小均方误差算法

参考文献[50-51]分别建立了 MIMO 广播信道和干扰信道下加权和速率最大化问题和加权最小均方误差（Weighted Minimum Mean Square Error，WMMSE）问题之间的等效性。将该等效性扩展至本章的 C-RAN 中，可以得到如下的惩罚最小均方误差问题：

$$\begin{aligned}&\min_{\boldsymbol{\alpha},\boldsymbol{u},\boldsymbol{w}}\sum_{i\in\mathcal{I}}Q_i(\alpha_ie_i-\text{lb}\,\alpha_i)+\sum_{k\in\mathcal{K}}\beta_k\left\|\tilde{\boldsymbol{w}}_k\right\|_2\\&\text{s.t. }\left\|\tilde{\boldsymbol{w}}_k\right\|_2^2\leqslant P_k\end{aligned}\tag{7-94}$$

其中，$\boldsymbol{\alpha}=\{\alpha_i\,|\,i\in\mathcal{I}\}$ 是非负均方误差的权重的集合，$\boldsymbol{u}=\{\boldsymbol{u}_i\in\mathcal{C}^{N\times1}\,|\,i\in\mathcal{I}\}$ 是所有用户的接收向量集合，$e_i=\boldsymbol{u}_i^{\text{H}}(\sum_{j\in\mathcal{I}}\boldsymbol{H}_i\boldsymbol{w}_j\boldsymbol{w}_j^{\text{H}}\boldsymbol{H}_i^{\text{H}}+\sigma^2\boldsymbol{I})\boldsymbol{u}_i-2\text{Re}\{\boldsymbol{u}_i^{\text{H}}\boldsymbol{H}_i\boldsymbol{w}_i\}+1$ 是估计信息 s_i 时引入的均方误差，$\beta_k=2V\sqrt{P_k^c/\eta_k}/(\text{lb}^e W\tau)$ 为影响节点选择的重要系统参数。

值得注意的是，问题（7-94）对于变量 $\boldsymbol{\alpha}$、$\boldsymbol{u}$、$\boldsymbol{w}$ 是非凸问题，但当固定其中任意两个变量时，对于剩余的优化变量是凸问题。因此，可以利用块坐标下降法（Block Coordinated Descent，BCD）来获取问题（7-94）的稳定解。参考文献[58]已证明，一旦迭代过程收敛于等效问题的一个固定点，该固定点也是原问题的稳定点。需要注意的是，问题（7-93）和问题（7-94）的稳态解有可能不是全局最优解。当固定变量 $\boldsymbol{w}$ 和 $\boldsymbol{\alpha}$ 时，最优接收向量为最小均方误差接收向量：

$$u_i = \left(\sum_{j \in \mathcal{I}} H_i w_j w_j^{\mathrm{H}} H_i^{\mathrm{H}} + \sigma^2 I \right)^{-1} H_i w_i \tag{7-95}$$

此时均方误差为：

$$e_i = 1 - w_i^{\mathrm{H}} H_i^{\mathrm{H}} \left(\sum_{j \in \mathcal{I}} H_i w_j w_j^{\mathrm{H}} H_i^{\mathrm{H}} + \sigma^2 I \right)^{-1} H_i w_i \tag{7-96}$$

当固定变量 w 和 u 时，根据一阶最优条件，α 的闭式解为：

$$\alpha_i = e_i^{-1} \tag{7-97}$$

当固定变量 u 和 α 时，最优 w 可通过求解以下凸优化问题获得：

$$\begin{aligned} \min_{w} & \sum_{i \in \mathcal{I}} w_i^{\mathrm{H}} C w_i - 2 \sum_{i \in \mathcal{I}} \mathrm{Re}\left\{ d_i^{\mathrm{H}} w_i \right\} + \sum_{k \in \mathcal{K}} \beta_k \left\| \tilde{w}_k \right\|_2 \\ \text{s.t.} & \left\| \tilde{w}_k \right\|_2^2 \leqslant P_k \end{aligned} \tag{7-98}$$

其中，$C = \sum_{j \in \mathcal{I}} Q_j \alpha_j H_j^{\mathrm{H}} u_j u_j^{\mathrm{H}} H_j$ 和 $d_i = Q_i \alpha_i H_i^{\mathrm{H}} u_i$。

问题（7-98）的目标函数包含两项：二次项 $\sum_{i \in \mathcal{I}} w_i^{\mathrm{H}} C w_i - 2 \sum_{i \in \mathcal{I}} \mathrm{Re}\left\{ d_i^{\mathrm{H}} w_i \right\}$ 和 ℓ_2—范数项 $\sum_{k \in \mathcal{K}} \beta_k \left\| \tilde{w}_k \right\|_2$。与标准的最小绝对收缩和选择算子（Least Absolute Shrinkage and Selection Operator，LASSO）问题[52]不同，问题（7-98）的两项分别是关于两个不同变量的函数，即变量 w_i 和 $\tilde{w}_k$，而不是相同变量的函数。因此，已有的解决 LASSO 问题的高效算法并不能直接应用到问题（7-98）中。下面将基于乘子交替方向方法介绍一种高效求解问题（7-98）的优化算法。

基于组稀疏波束成形的等效惩罚加权最小均方误差算法的具体步骤如算法 7-3 所示。

算法 7-3 基于组稀疏波束成形的等效算法

在每一时隙 t，根据当前的队列状态信息 $Q(t)$ 和信道状态信息 $H(t)$，基于业务队列的动态联合 RRH 选择和预编码优化按如下步骤进行。

步骤 1 初始化变量 w、u 和 α。

步骤 2 重复。

步骤 3 固定变量 w 和 α，根据式（7-95）和式（7-96）计算最小均方误差接收向量 u 和相应的均方误差 e_i。

步骤 4　根据式（7-97）更新均方误差的权重 $\boldsymbol{\alpha}$。

步骤 5　固定 $\boldsymbol{u}$ 和 $\boldsymbol{\alpha}$，通过求解凸优化问题（7-98）获取最优预编码向量 $\boldsymbol{w}$。

步骤 6　直到满足终止条件。

步骤 7　更新队列状态信息 $\boldsymbol{Q}(t)$。

7.3.3.3　基于交替方向乘子法的优化算法

交替方向乘子法（Alternated Direction Method of Multipliers，ADMM）常用于高效求解分布式凸优化问题或者任意规模的凸优化问题。特别地，交替方向乘子法适用于如下结构的凸优化问题[53]：

$$\begin{aligned}&\min_{\boldsymbol{x},\boldsymbol{z}} f(\boldsymbol{x})+g(\boldsymbol{z})\\&\text{s.t.}\ \boldsymbol{Ax}+\boldsymbol{Bz}=\boldsymbol{c},\ \boldsymbol{x}\in\mathcal{C}_1,\boldsymbol{z}\in\mathcal{C}_2\end{aligned}\tag{7-99}$$

其中，$\boldsymbol{A}\in\mathcal{C}^{k\times n}$，$\boldsymbol{B}\in\mathcal{C}^{k\times m}$，$f(\cdot)$ 和 $g(\cdot)$ 是凸函数，$\mathcal{C}_1$ 和 $\mathcal{C}_2$ 是非空凸集。对应地，部分增强拉格朗日函数为：

$$L_\rho(\boldsymbol{x},\boldsymbol{z},\boldsymbol{y})=f(\boldsymbol{x})+g(\boldsymbol{z})+\operatorname{Re}\left(\boldsymbol{y}^{\mathrm{H}}(\boldsymbol{Ax}+\boldsymbol{Bz}-\boldsymbol{c})\right)+\frac{\rho}{2}\|\boldsymbol{Ax}+\boldsymbol{Bz}-\boldsymbol{c}\|_2^2\tag{7-100}$$

其中，$\boldsymbol{y}\in\mathcal{C}^k$ 是和线性等式约束相关联的拉格朗日对偶变量向量，$\rho>0$，为常数。交替方向因子法包含如下迭代步骤：

$$\boldsymbol{x}^{(n+1)}=\arg\min_{\boldsymbol{x}} L_\rho(\boldsymbol{x},\boldsymbol{z}^{(n)},\boldsymbol{y}^{(n)})\tag{7-101}$$

$$\boldsymbol{z}^{(n+1)}=\arg\min_{\boldsymbol{z}} L_\rho(\boldsymbol{x}^{(n+1)},\boldsymbol{z},\boldsymbol{y}^{(n)})\tag{7-102}$$

$$\boldsymbol{y}^{(n+1)}=\boldsymbol{y}^{(n)}+\rho(\boldsymbol{Ax}^{(n+1)}+\boldsymbol{Bz}^{(n+1)}-\boldsymbol{c})\tag{7-103}$$

容易看出，交替方向因子法遵循分解—协调的过程，其中局部子问题的解通过更新式（7-103）中的对偶变量进行协调，最终以此获取大规模优化问题的全局解。定理 7-7 给出了交替方向因子法的收敛性[54]。

定理 7-7　假设 $\boldsymbol{A}^{\mathrm{T}}\boldsymbol{A}$ 和 $\boldsymbol{B}^{\mathrm{T}}\boldsymbol{B}$ 为可逆矩阵且问题（7-99）的最优解存在，那么更新序列 $\{\boldsymbol{x}^{(n)},\boldsymbol{z}^{(n)},\boldsymbol{y}^{(n)}\}$ 有界且收敛的 $\{\boldsymbol{x}^{(n)},\boldsymbol{z}^{(n)}\}$ 为问题（7-99）的最优解。

为了使用交替方向乘子法求解问题（7-98）以获得联合节点选择和预编码优化策略，引入辅助变量 $\boldsymbol{v}=[\tilde{\boldsymbol{v}}_1^{\mathrm{T}},\cdots,\tilde{\boldsymbol{v}}_K^{\mathrm{T}}]^{\mathrm{T}}\in\mathcal{C}^{MKI\times 1}$ 并建立等式约束，可获取如下等效问题：

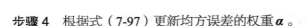

$$\min_{\boldsymbol{w},\boldsymbol{v}} \sum_{i\in\mathcal{I}} \boldsymbol{w}_i^{\mathrm{H}}\boldsymbol{C}\boldsymbol{w}_i - 2\sum_{i\in\mathcal{I}}\mathrm{Re}\left\{\boldsymbol{d}_i^{\mathrm{H}}\boldsymbol{w}_i\right\} + \sum_{k\in\mathcal{K}}\beta\left\|\tilde{\boldsymbol{v}}_k\right\|_2$$
$$\text{s.t. } \left\|\tilde{\boldsymbol{v}}_k\right\|_2^2 \leqslant P_k, \tag{7-104}$$
$$\tilde{\boldsymbol{v}}_k = \tilde{\boldsymbol{w}}_k$$

以上问题符合式（7-99）的结构，它的部分增强拉格朗日函数为：

$$L(\boldsymbol{w},\boldsymbol{v},\boldsymbol{y}) = \min_{\boldsymbol{w},\boldsymbol{v}} \sum_{i\in\mathcal{I}} \boldsymbol{w}_i^{\mathrm{H}}\boldsymbol{C}\boldsymbol{w}_i - 2\sum_{i\in\mathcal{I}}\mathrm{Re}\left\{\boldsymbol{d}_i^{\mathrm{H}}\boldsymbol{w}_i\right\} + \sum_{k\in\mathcal{K}}\beta_k\left\|\tilde{\boldsymbol{v}}_k\right\|_2 + \sum_{k\in\mathcal{K}}\mathrm{Re}\left\{\tilde{\boldsymbol{y}}_k^{\mathrm{H}}(\tilde{\boldsymbol{v}}_k - \tilde{\boldsymbol{w}}_k)\right\} + \frac{\rho}{2}\sum_{k\in\mathcal{K}}\left\|\tilde{\boldsymbol{v}}_k - \tilde{\boldsymbol{w}}_k\right\|_2^2 \tag{7-105}$$

其中，$\boldsymbol{y}=[\tilde{\boldsymbol{y}}_1^{\mathrm{T}},\cdots,\tilde{\boldsymbol{y}}_K^{\mathrm{T}}]^{\mathrm{T}}$、$\tilde{\boldsymbol{y}}_k=[\boldsymbol{y}_{k1}^{\mathrm{T}},\cdots,\boldsymbol{y}_{kI}^{\mathrm{T}}]^{\mathrm{T}}\in\mathcal{C}^{MI\times 1}$ 是式（7-104）中等式约束对应的拉格朗日对偶变量向量，$\rho>0$，为任意常数。

算法 7-4 总结了交替方向乘子算法的具体步骤。

算法 7-4　交替方向乘子算法

步骤 1　初始化所有原变量 $\boldsymbol{w}^{(0)}$、$\boldsymbol{v}^{(0)}$ 和对偶变量 $\boldsymbol{y}^{(0)}$。

步骤 2　重复。

步骤 3　通过求解如下凸优化问题获取 $\boldsymbol{v}^{(n+1)}$：

$$\min_{\boldsymbol{v}} L(\boldsymbol{w}^{(n)},\boldsymbol{v},\boldsymbol{y}^{(n)})$$
$$\text{s.t. } \left\|\tilde{\boldsymbol{v}}_k\right\|_2^2 \leqslant P_k$$

步骤 4 通过求解如下凸优化问题获取 $\boldsymbol{w}^{(n+1)}$：

$$\min_{\boldsymbol{w}} L(\boldsymbol{w},\boldsymbol{v}^{(n+1)},\boldsymbol{y}^{(n)})$$

步骤 5　更新拉格朗日对偶变量如下：

$$\tilde{\boldsymbol{y}}_k^{(n+1)} = \tilde{\boldsymbol{y}}_k^{(n)} + \rho(\tilde{\boldsymbol{v}}_k^{(n+1)} - \tilde{\boldsymbol{w}}_k^{(n+1)})$$

步骤 6　直到满足终止条件。

定理 7-8　算法生成的收敛值 $\boldsymbol{w}^{(n)}$ 和 $\boldsymbol{v}^{(n)}$ 为问题（7-98）的最优解。

证明：通过对比问题（7-99）和问题（7-104），当 $\boldsymbol{x}=\boldsymbol{v}$ 和 $\boldsymbol{z}=\boldsymbol{w}$ 时，可以看出有：

$$f(\boldsymbol{x}) = \sum_{k\in\mathcal{K}}\beta_k \parallel \tilde{\boldsymbol{v}}_k \parallel_2 \tag{7-106}$$

$$g(\boldsymbol{z})=\sum_{i\in\mathcal{I}}\boldsymbol{w}_i^{\mathrm{H}}\boldsymbol{C}\boldsymbol{w}_i-2\sum_{i\in\mathcal{I}}\mathrm{Re}\{\boldsymbol{d}_i^{\mathrm{H}}\boldsymbol{w}_i\} \tag{7-107}$$

$$\boldsymbol{A}=\boldsymbol{I},\boldsymbol{B}=\boldsymbol{I},\boldsymbol{c}=\boldsymbol{0} \tag{7-108}$$

$$\mathcal{C}_1=\{\boldsymbol{v}\,|\,\|\tilde{\boldsymbol{v}}_k\|_2^2\leqslant P_k,\forall k\in\mathcal{K}\}\},\mathcal{C}_2=\{\boldsymbol{w}\} \tag{7-109}$$

由于 $\boldsymbol{A}^{\mathrm{T}}\boldsymbol{A}=\boldsymbol{I}$ 和 $\boldsymbol{B}^{\mathrm{T}}\boldsymbol{B}=\boldsymbol{I}$ 为非可逆的，且 $\mathcal{C}_1$ 和 $\mathcal{C}_2$ 为凸集，则根据定理 7-7 可知，算法的收敛点为问题（7-98）的最优解，故定理 7-8 得证。

在上述算法中，给定 $\boldsymbol{w}$ 和 $\boldsymbol{y}$，求解预编码向量 $\boldsymbol{v}$ 的步骤可进一步分解为 K 个对应每个 RRH 的子问题，各子问题可以并行求解。其中对应 RRH_k 的有约束的凸优化问题为：

$$\begin{aligned}&\min_{\tilde{\boldsymbol{v}}_k}\beta_k\|\tilde{\boldsymbol{v}}_k\|_2+\frac{\rho}{2}\|\tilde{\boldsymbol{v}}_k-\tilde{\boldsymbol{w}}_k+\tilde{\boldsymbol{y}}_k/\rho\|_2^2\\&\text{s.t. }\|\tilde{\boldsymbol{v}}_k\|_2^2\leqslant P_k\end{aligned} \tag{7-110}$$

该问题的卡罗需—库恩—塔克（Karush-Kuhn-Tucker，KKT）条件为：

$$\rho\boldsymbol{b}_k-(\rho+2\gamma_k^*)\tilde{\boldsymbol{v}}_k^*\in\beta_k\partial(\|\tilde{\boldsymbol{v}}_k^*\|_2) \tag{7-111}$$

$$\|\tilde{\boldsymbol{v}}_k^*\|_2^2\leqslant P_k,\gamma_k^*\geqslant 0,(\|\tilde{\boldsymbol{v}}_k^*\|_2^2-P_k)\gamma_k^*=0 \tag{7-112}$$

其中，$\boldsymbol{b}_k=\tilde{\boldsymbol{w}}_k-\tilde{\boldsymbol{y}}_k/\rho$，$\gamma_k^*$ 是关于功率约束的最优拉格朗日乘子，$\partial(\|\tilde{\boldsymbol{v}}_k^*\|_2)$ 为 ℓ_2—范数 $\|.\|_2$ 在点 $\tilde{\boldsymbol{v}}_k^*$ 处的次微分，其具体表达式为[55]：

$$\partial(\|\tilde{\boldsymbol{v}}_k^*\|_2)=\begin{cases}\dfrac{\tilde{\boldsymbol{v}}_k^*}{\|\tilde{\boldsymbol{v}}_k^*\|_2},\tilde{\boldsymbol{v}}_k^*\neq\boldsymbol{0}\\\{\boldsymbol{x},\|\boldsymbol{x}\|_2\leqslant 1\},\tilde{\boldsymbol{v}}_k^*=\boldsymbol{0}\end{cases} \tag{7-113}$$

因此，当 $|\rho\boldsymbol{b}_k\|_2\leqslant\beta_k$ 时，有 $\tilde{\boldsymbol{v}}_k^*=0$，此时 RRH_k 处于睡眠状态；当 $\|\rho\boldsymbol{b}_k\|_2>\beta_k$ 时，则 RRH_k 处于开启状态，对应的预编码向量为：

$$\tilde{\boldsymbol{v}}_k^*=\frac{(\rho\|\boldsymbol{b}_k\|_2-\beta_k)\boldsymbol{b}_k}{(\rho+2\gamma_k^*)\|\boldsymbol{b}_k\|_2} \tag{7-114}$$

进一步地，根据松弛互补条件，如果 $\left\|\dfrac{(\rho\|\boldsymbol{b}_k\|_2-\beta_k)\boldsymbol{b}_k}{\rho\|\boldsymbol{b}_k\|_2}\right\|_2^2<P_k$，则 $\gamma_k^*=0$；否则，会有 $\left\|\dfrac{(\rho\|\boldsymbol{b}_k\|_2-\beta_k)\boldsymbol{b}_k}{(\rho+2\gamma_k^*)\|\boldsymbol{b}_k\|_2}\right\|_2^2=P_k$，此时 $\gamma_k^*=\dfrac{\rho\|\boldsymbol{b}_k\|_2-\beta_k-\rho\sqrt{P_k}}{2\sqrt{P_k}}$。因此，更新预编码向量 $\boldsymbol{v}$ 的闭式表达式总结如下：

$$\tilde{\boldsymbol{v}}_k^* = \begin{cases} \boldsymbol{0}, \| \boldsymbol{b}_k \|_2 \leqslant \dfrac{\beta_k}{\rho} \\ \dfrac{(\rho \| \boldsymbol{b}_k \|_2 - \beta_k)\boldsymbol{b}_k}{\rho \| \boldsymbol{b}_k \|_2}, \dfrac{\beta_k}{\rho} < \| \boldsymbol{b}_k \|_2 < \dfrac{\beta_k}{\rho} + \sqrt{P_k} \\ \dfrac{\boldsymbol{b}_k \sqrt{P_k}}{\| \boldsymbol{b}_k \|_2}, \text{其他} \end{cases} \tag{7-115}$$

求解预编码向量 $\boldsymbol{w}$ 的步骤可进一步分解为 I 个对应每个用户的子问题，各子问题可以并行求解。其中，对应第 $\boldsymbol{i}$ 个用户的非约束凸优化问题为：

$$\min_{\boldsymbol{w}_i} \boldsymbol{w}_i^{\mathrm{H}} \boldsymbol{C} \boldsymbol{w}_i - 2\mathrm{Re}\left\{\boldsymbol{d}_i^{\mathrm{H}} \boldsymbol{w}_i\right\} + \frac{\rho}{2} \sum_{i \in \mathcal{I}} \left\| \boldsymbol{w}_i - \boldsymbol{v}_i - \boldsymbol{y}_i / \rho \right\|_2^2 \tag{7-116}$$

最优预编码向量 $\boldsymbol{w}_i$ 通过对式（7-116）求微分获得，其闭式表达式为：

$$\boldsymbol{w}_i^* = (2\boldsymbol{C} + \rho \boldsymbol{I})^{-1}(2\boldsymbol{d}_i + \rho \boldsymbol{v}_i + \boldsymbol{y}_i) \tag{7-117}$$

其中，$\boldsymbol{y}_i = [\boldsymbol{y}_{1i}^{\mathrm{T}}, \cdots, \boldsymbol{y}_{Ki}^{\mathrm{T}}]^{\mathrm{T}} \in \mathcal{C}^{MK \times 1}$，$\boldsymbol{y}_{ki} \in \mathcal{C}^{M \times 1}$ 为 K 个组成 $\tilde{\boldsymbol{y}}_k$ 的向量的第 $\boldsymbol{i}$ 个向量。

7.3.3.4 算法实现和复杂度讨论

（1）并行化实现

基于组稀疏波束成形的等效算法和求解问题（7-98）的交替方向因子算法的每一步都可以以并行的方式执行。除了均方误差权重 $\boldsymbol{\alpha}$ 和拉格朗日对偶变量 $\boldsymbol{y}$，可以在 BBU 池的并行计算单元中同时进行计算预编码向量 $\tilde{\boldsymbol{v}}_k$ 和 $\boldsymbol{w}_i$，而不需要任何信息交换。$\boldsymbol{\alpha}$ 和 $\boldsymbol{y}$ 根据并行计算单元输出的 $\tilde{\boldsymbol{v}}_k$ 和 $\boldsymbol{w}_i$ 进行更新。更新结束后，预编码向量再次在 BBU 池中的并行计算单元中进行计算。

（2）运算复杂度

基于组稀疏波束成形的等效算法和求解问题（7-98）的交替方向因子算法的每一步都有闭式表达式，因此运算效率高。特别地，主要的运算复杂度来自于式（7-95）和式（7-117）中的矩阵求逆运算，它们的复杂度分别为 $\mathcal{O}(N^3)$ 和 $\mathcal{O}((MK)^3)$，而传统的求解凸优化问题的内点法的复杂度为 $\mathcal{O}((MKI)^{3.5})$。相比之下，所提算法的复杂度更低，尤其对于大规模 C-RAN。

7.3.4 基于松弛整数规划的等效算法

本节将采用松弛整数规划的方法来高效求解优化问题（7-85）。

7.3.4.1　松弛整数规划建模

首先引入二进制变量 $\boldsymbol{s}=\{s_k:s_k\in\{0,1\},k\in\mathcal{K}\}$ 表示每个 RRH 的选择状态，其中当选择 RRH_k 时，$s_k=1$，否则，$s_k=0$。网络功耗模型（7-75）可重新表达为：

$$p(\boldsymbol{s}(t),\boldsymbol{w}(t))=\sum_{k\in\mathcal{K}}s_k(t)(\|\tilde{\boldsymbol{w}}_k(t)\|_2^2+P_k^c) \tag{7-118}$$

用式（7-118）代替问题（7-85）中目标函数的惩罚项，可以得到如下惩罚加权和速率最大化问题：

$$\begin{aligned}&\max_{\boldsymbol{s},\boldsymbol{w}}\sum_{i\in\mathcal{I}}Q_iR_i-\varphi\sum_{k\in\mathcal{K}}s_k(\|\tilde{\boldsymbol{w}}_k\|_2^2+P_k^c)\\&\text{s.t. }\|\tilde{\boldsymbol{w}}_k\|_2^2\leqslant P_k,\\&\quad s_k=\{0,1\}\end{aligned} \tag{7-119}$$

其中，$\varphi=V/(W\tau\mathrm{lbe})$。可以看出上述问题的目标函数存在非线性交叉相乘项，这使得算法设计非常困难。由于当且仅当关闭 RRH_k 时，$\tilde{\boldsymbol{w}}_k=0$，因此可以去掉目标函数中的非线性交叉相乘项，并修改约束条件如下：

$$\begin{aligned}&\max_{\boldsymbol{w},\boldsymbol{s}}\sum_{i\in\mathcal{I}}Q_iR_i-\varphi\sum_{k\in\mathcal{K}}(\|\tilde{\boldsymbol{w}}_k\|_2^2+s_kP_k^c)\\&\text{s.t. }\|\tilde{\boldsymbol{w}}_k\|_2^2\leqslant s_kP_k,\\&\quad s_k=\{0,1\}\end{aligned} \tag{7-120}$$

该问题为混合整数非线性规划问题。已经有解决该类问题的标准算法，如分支定界法[55]。然而其对于大规模 C-RAN 来说，仍然有极高的运算复杂度。最差情况下，需要进行 2^K 次迭代，运算复杂度大约为 $\mathcal{O}(2^K(KMI)^{3.5})$，和 RRH 的数量呈指数级增长关系，因此很难应用到实际大规模 C-RAN 中。

7.3.4.2　等效惩罚最小均方误差算法

首先使二进制变量 s_k 在 $[0,1]$ 范围内取连续值，然后利用第 7.3.4.1 节中惩罚加权和速率最大化问题和惩罚加权最小均方误差问题的等效关系，可以得到如下松弛整数规划问题：

$$\begin{aligned}&\min_{\boldsymbol{\alpha},\boldsymbol{u},\boldsymbol{s},\boldsymbol{w}}\sum_{i\in\mathcal{I}}Q_i(\alpha_ie_i-\mathrm{lb}\alpha_i)+\varphi\sum_{k\in\mathcal{K}}(\|\tilde{\boldsymbol{w}}_k\|_2^2+s_kP_k^c)\\&\text{s.t. }\|\tilde{\boldsymbol{w}}_k\|_2^2\leqslant s_kP_k,\ s_k\in[0,1]\end{aligned} \tag{7-121}$$

上述问题是对于单独的变量 $\boldsymbol{\alpha}$ 和 $\boldsymbol{u}$ 是凸优化问题，对应地最优值由式（7-95）

和式（7-97）给出。而当固定 $\boldsymbol{\alpha}$ 和 $\boldsymbol{u}$ 时，联合 RRH 选择和预编码优化问题为如下凸优化问题：

$$\begin{aligned}&\min_{\boldsymbol{w},\boldsymbol{s}} \sum_{i\in\mathcal{I}} \boldsymbol{w}_i^{\mathrm{H}}\boldsymbol{C}\boldsymbol{w}_i - 2\sum_{i\in\mathcal{I}}\mathrm{Re}\left\{\boldsymbol{d}_i^{\mathrm{H}}\boldsymbol{w}_i\right\} + \varphi\sum_{k\in\mathcal{K}}(s_k P_k^c + \|\tilde{\boldsymbol{w}}_k\|_2^2)\\ &\text{s.t. } \|\tilde{\boldsymbol{w}}_k\|_2^2 \leqslant s_k P_k,\ s_k\in[0,1]\end{aligned} \tag{7-122}$$

因此，可以采用块坐标下降法，通过交替优化 3 组变量 $\boldsymbol{\alpha}$ 、 $\boldsymbol{u}$ 和 $\{\boldsymbol{s},\boldsymbol{w}\}$ 获取问题（7-121）的稳态解。算法 7-5 总结了基于松弛整数规划的等效惩罚加权最小均方误差算法的具体步骤。

算法 7-5 基于松弛整数规划的等效惩罚加权最小均方误差算法

在每一时隙 t ，根据当前的队列状态信息 $\boldsymbol{Q}(t)$ 和信道状态信息 $\boldsymbol{H}(t)$ ，基于业务队列的动态联合 RRH 选择和预编码优化按如下步骤进行。

步骤 1 初始化变量 $\boldsymbol{s}$, $\boldsymbol{w}$, $\boldsymbol{u}$ 和 $\boldsymbol{\alpha}$ 。

步骤 2 重复。

步骤 3 固定变量 $\boldsymbol{s}$ 和 $\boldsymbol{w}$ ，根据式（7-95）和式（7-96）计算最小均方误差接收向量 $\boldsymbol{u}$ 和相应的均方误差 e_i 。

步骤 4 根据式（7-97）更新均方误差的权重 $\boldsymbol{\alpha}$ 。

步骤 5 固定 $\boldsymbol{u}$ 和 $\boldsymbol{\alpha}$ ，通过求解凸优化问题（7-122）获取 RRH 选择 $\boldsymbol{s}$ 和预编码向量 $\boldsymbol{w}$ 。

步骤 6 直到满足终止条件。

步骤 7 更新队列状态信息 $\boldsymbol{Q}(t)$ 。

7.3.4.3 拉格朗日对偶分解算法

凸优化问题（7-122）通过拉格朗日对偶分解法进行低复杂度求解。特别地，该问题的拉格朗日函数为[56]：

$$L(\boldsymbol{w},\boldsymbol{s},\boldsymbol{\theta}) = \sum_{i\in\mathcal{I}} \boldsymbol{w}_i^{\mathrm{H}}\boldsymbol{C}\boldsymbol{w}_i - 2\sum_{i\in\mathcal{I}}\mathrm{Re}\left\{\boldsymbol{d}_i^{\mathrm{H}}\boldsymbol{w}_i\right\} + \sum_{k\in\mathcal{K}}(\varphi P_k^c - \theta_k P_k)s_k + \sum_{k\in\mathcal{K}}(\varphi+\theta_k)\|\tilde{\boldsymbol{w}}_k\|_2^2 \tag{7-123}$$

其中， $\boldsymbol{\theta}=[\theta_1,\theta_2,\cdots,\theta_K]\geqslant\boldsymbol{0}$ 为关于功耗约束的对偶变量向量。拉格朗日对偶函数为：

$$D(\boldsymbol{\theta})=\min_{\boldsymbol{s},\boldsymbol{w}} L(\boldsymbol{s},\boldsymbol{w},\boldsymbol{\theta}) \\ \text{s.t. } s_k \in [0,1] \tag{7-124}$$

相应的拉格朗日对偶优化问题为：

$$\max_{\boldsymbol{\theta}} D(\boldsymbol{\theta}) \\ \text{s.t. } \boldsymbol{\theta} \geqslant \boldsymbol{0} \tag{7-125}$$

由于给定 $\boldsymbol{s}$ 和 $\boldsymbol{w}$，拉格朗日函数 $L(\boldsymbol{s},\boldsymbol{w},\boldsymbol{\theta})$ 是关于 $\boldsymbol{\theta}$ 的线性函数，而对偶函数是这些线性函数的最大值，因此对偶优化问题总是凹的。给定拉格朗日对偶变量，节点选择问题和预编码优化问题可以独立求解对于节点选择问题，它可以被进一步分解为 K 个并行求解的子问题，其中，关于 RRH_k 的选择问题为：

$$\min_{s_k}(\varphi P_k^c - \theta_k P_k)s_k \\ \text{s.t. } 0 \leqslant s_k \leqslant 1 \tag{7-126}$$

可以得到如下最优节点选择策略：

$$s_k^* = \begin{cases} 0, \theta_k \leqslant \varphi P_k^c / P_k \\ 1, \theta_k > \varphi P_k^c / P_k \end{cases} \tag{7-127}$$

给定拉格朗日对偶变量，预编码优化问题为：

$$\min_{\boldsymbol{w}} \sum_{i\in\mathcal{I}} \boldsymbol{w}_i^{\mathrm{H}} \boldsymbol{C} \boldsymbol{w}_i - 2\sum_{i\in\mathcal{I}} \mathrm{Re}\left\{\boldsymbol{d}_i^{\mathrm{H}} \boldsymbol{w}_i\right\} + \sum_{i\in\mathcal{I}} \boldsymbol{w}_i^{\mathrm{H}} \boldsymbol{\Omega} \boldsymbol{w}_i \tag{7-128}$$

其中，$\boldsymbol{\Omega}=\mathrm{diag}([\varphi+\theta_1,\cdots,\varphi+\theta_K]\otimes \boldsymbol{1}_M)$ 为对角矩阵，$\otimes$ 为两个向量的克罗内克积，$\boldsymbol{1}_M$ 为长度是 M 的元素全为 1 的向量。该问题为无约束的凸优化问题，且可进一步分解为 I 个独立的子问题，每个问题对应一个用户且可并行求解。根据一阶优化条件，用户 i 的最优预编码向量为：

$$\boldsymbol{w}_i^* = (\boldsymbol{C}+\boldsymbol{\Omega})^{-1}\boldsymbol{d}_i \tag{7-129}$$

最优对偶变量 θ_k 通过如下次梯度方法[56]进行迭代更新得到：

$$\theta_k^{(n+1)} = \theta_k^{(n)} + \xi^{(n+1)} \Delta\theta_k^{(n+1)} \tag{7-130}$$

其中，$\tilde{\boldsymbol{w}}_k^{(n)}$ 和 $s_k^{(n)}$ 分别为第 n 次迭代给定 $\boldsymbol{\theta}^{(n)}$ 时 RRH_k 的预编码向量和选择状态，$\xi^{(n+1)}>0$ 为第 n 次迭代步长，$\Delta\theta_k^{(n+1)}$ 为对偶变量的次梯度，其表达式为：

$$\Delta\theta_k^{(n+1)} = \| \tilde{\boldsymbol{w}}_k^{(n)} \|_2^2 - s_k^{(n)} P_k \tag{7-131}$$

算法 7-6 总结了求解式（7-122）的拉格朗日对偶分解的算法的具体步骤。

算法 7-6 拉格朗日对偶分解的算法

步骤 1 初始化 $\boldsymbol{s}$，$\boldsymbol{w}$，$\boldsymbol{\theta}$ 和 $n=0$。

步骤 2 重复。

步骤 3 根据式（7-127）决定每个 RRH 的运行状态 s_k。

步骤 4 根据式（7-129）为每个用户计算预编码向量 $\boldsymbol{w}_i$。

步骤 5 根据式（7-130）更新拉格朗日对偶变量 $\boldsymbol{\theta}$。

步骤 6 $n=n+1$。

步骤 7 直到 $\|\theta_k^{(n)}-\theta_k^{(n-1)}\|<\delta$ 或 $n>n_{\max}$。

7.3.4.4 算法实现和复杂度讨论

（1）并行化实现

基于松弛整数规划的等效算法和求解式（7-122）的拉格朗日对偶分解算法的每一步都可以以并行的方式执行。除了均方误差权重 $\boldsymbol{\alpha}$ 和拉格朗日对偶变量 $\boldsymbol{\theta}$，可以在 BBU 池的并行计算单元中同时计算 RRH 运行状态 s_k 和每个用户的预编码向量 $\boldsymbol{w}_i$，而不需要任何信息交换。$\boldsymbol{\alpha}$ 和 $\boldsymbol{\theta}$ 根据并行计算单元输出的 s_k 和 $\boldsymbol{w}_i$ 进行更新。更新结束后，RRH 运行状态和用户预编码向量再次在并行计算单元中进行计算。

（2）运算复杂度

基于松弛整数规划的等效算法和求解式（7-122）的拉格朗日对偶分解算法的每一步都有闭式表达式，因此运算效率高。特别地，主要的运算复杂度来自于式（7-95）和式（7-129）中的矩阵求逆运算，它们的复杂度分别为 $\mathcal{O}(N^3)$ 和 $\mathcal{O}((MK)^3)$，而传统的求解凸优化问题的内点法的复杂度为 $\mathcal{O}((MKI)^{3.5})$。相比之下，所提算法的复杂度更低，尤其对于大规模 C-RAN。

7.3.5 仿真验证与结果分析

本节内容利用计算机仿真评估和对比不同算法的性能。

7.3.5.1 仿真场景与参数设置

在仿真中，根据假设 7-5，对于信道状态信息 $\boldsymbol{H}(t)$ 的每个元素，快衰落为时隙间相互独立的复高斯随机变量，传播损耗模型为 $127+25\lg d$ ，d 以千米为单位。根据假设 7-6，各用户的随机业务到达均服从泊松分布，且平均到达率相同，即 $\lambda_i=\lambda$ 。此外，假设为每个 RRH 配置 2 个天线，每个用户配置 1 个天线，且它们均匀地分布在 $[-500,500]\times[-500,500]$ 的正方形区域内。仿真结果中的每个点从 4 000 个仿真时隙中取平均得到。

仿真结果主要对比了不同算法和基于业务队列的动态完全协作预编码算法的性能。用 GSB、RIP 和 FJP 分别表示基于组稀疏波束成形的等效算法、基于松弛整数规划的等效算法和完全协作预编码算法。在基于业务队列的动态完全协作预编码算法中，所有的 RRH 处于开启状态，因此只有 RRH 的平均传输功率被最小化，预编码向量通过求解基于李雅普诺夫优化的惩罚加权和速率最大化问题得到。由于开启了所有 RRH，基于业务队列的动态完全协作预编码算法可以获取最大的协作增益，因此其仿真结果可以作为所提算法的时延性能的下界参考值。

7.3.5.2　不同控制参数下的系统性能

首先考虑有 9 个 RRH 和 6 个 UE 的 C-RAN，设置 RRH 和前传链路的固定功耗为 $P_k^c=(2+k/2)\ \mathrm{W}$ ，设置每个 RRH 允许的最大传输功率为 $P_k=2\ \mathrm{W}$ 。并设置每个 RRH 的漏极效率为 $\eta_k=0.4$ 。

图 7-13 仿真评估了当平均业务到达率为 1.25 Mbit/s 和 1.75 Mbit/s 时不同控制参数 V 下的平均业务队列时延。图 7-14 仿真评估了当平均业务到达率为 1.25 Mbit/s 和 1.75 Mbit/s 时不同控制参数 V 下的平均网络功耗。可以看出，对于所有的算法，较高的平均业务到达率意味着较长的业务队列时延和较高的网络功耗，这是因为需要更多的功率以及时传输更多的业务到达量。对于给定的平均业务到达率，一方面，平均网络功耗关于控制参数 V 单调递减，且平均网络功耗的下降速度随着控制参数 V 的增加而减小；另一方面，平均业务队列时延随着控制参数 V 的增加而线性增加，因此较大的控制参数 V 反过来会对平均业务队列时延有不利影响。这是因为较大的 V 意味着系统更加侧重于平均网络功耗的优化，而较小的 V 意味着系统更加侧重于平均业务队列时延的优化。因此，控制参数 V 大小的选择反映了平均网络功耗和平均业务队列时延之间的权衡关系。通过图 7-13 和图 7-14 还可以看出，基于组稀疏波束成形的等效算法的性能略微优于基于松弛整数规划的等

效算法的性能，而相比完全协作预编码算法，两者能在增加平均业务队列时延的基础上明显地降低网络的平均功耗。

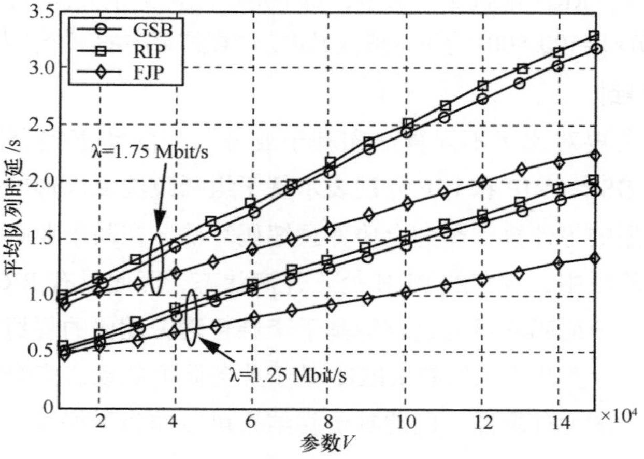

图 7-13　不同控制参数下的平均队列时延

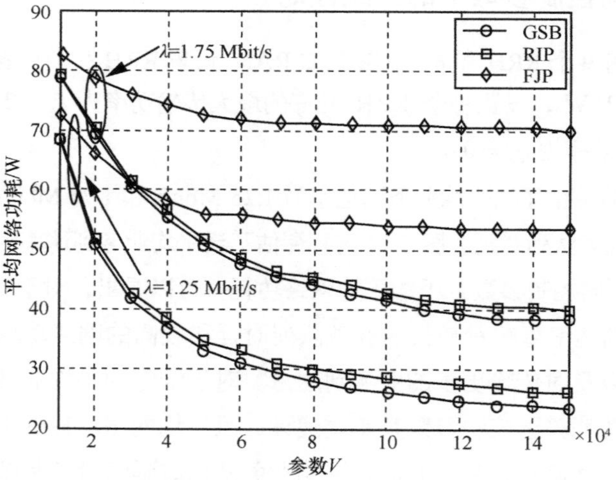

图 7-14　不同控制参数下的平均网络功耗

图 7-15 给出了不同控制参数V取值时两种所提算法下的平均选择 RRH 的数量。可以看出，选择 RRH 的平均数量呈现出和平均网络功耗相似的趋势。当控制参数V取较大值时，所提算法以一定程度上增加平均业务队列时延的代价来关闭尽可能多的 RRH 和相应的前传链路，降低网络功耗。

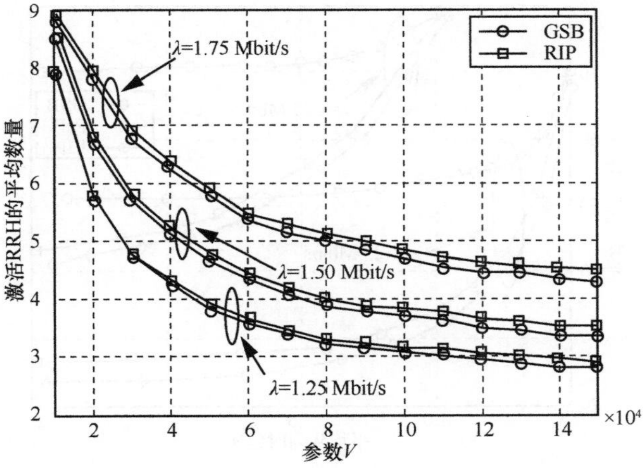

图 7-15　不同控制参数下的平均选择 RRH 的数量

7.3.5.3　功率—时延的折中关系

图 7-16 对比了不同算法下的平均网络功耗和平均队列时延的折中关系。折中关系曲线通过改变控制参数 V 的取值得到。可以看出，平均网络功耗是关于平均队列时延的单调递减的凸函数。当业务队列时延较小时，轻微放松对业务队列时延的约束可以明显地节省网络功耗。而当业务队列时延较大时，增加业务队列时延对功率节省的作用非常有限。图 7-16 表明了基于组稀疏预编码的等效算法和基于整数松弛的等效算法能提供比完全协作预编码算法更好的平均网络功耗和平均队列时延的折中关系。此外，当降低平均业务队列时延时，不同算法之间的功耗性能差异会减小，这意味着较严格的队列时延要求迫使选择更多的 RRH 参与协作传输。当在选择所有 RRH 的极端情况下，不同算法的队列时延和网络功耗性能几乎没有差异。因此，前面介绍的 GSB 和 RIP 算法提供了一种灵活有效的平衡队列时延和网络功耗性能的方法。为了满足特定的网络功耗和队列时延需求，只需要选择合适的控制参数 V 的取值。

7.3.5.4　不同静态功耗下的系统性能

为了对比不同算法中不同静态功耗下的平均网络功耗，令所有 RRH 的静态功耗取值相同。图 7-17 给出了当控制参数为 $V=5\times10^4$ 时网络平均功耗随静态功耗的变化情况。

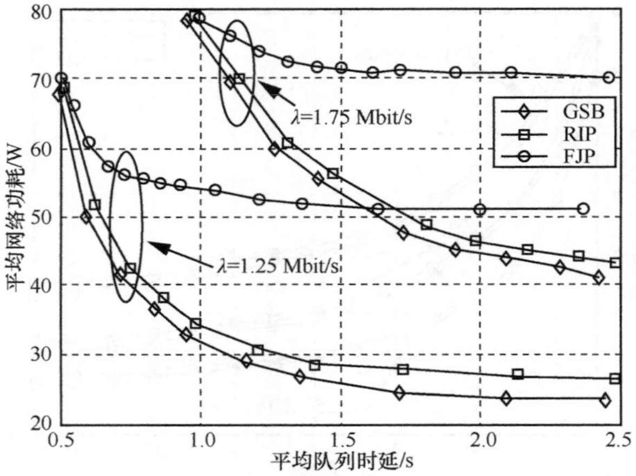

图 7-16　不同平均业务到达率下队列时延和网络功耗的折中关系

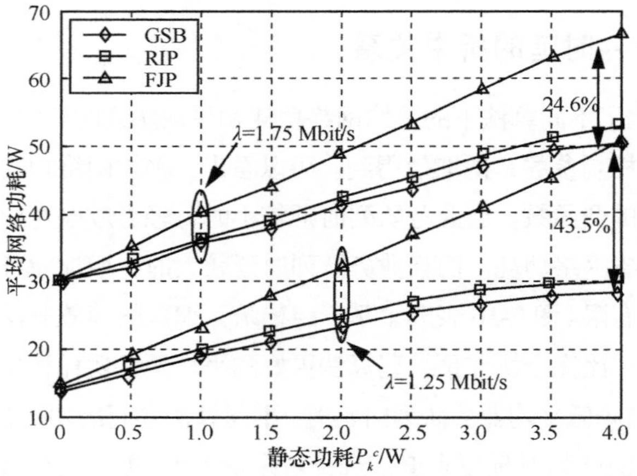

图 7-17　不同静态功耗下的平均网络功耗

可以看出，所有算法下的平均网络功耗均是关于静态功耗的单调增函数。此外，GSB 和 RJP 算法的平均网络功耗性能明显优于完全协作预编码算法 FJP，尤其是在较高的静态功耗区间内。当 $P_k^c = 4$ W 时，基于组稀疏预编码的等效算法在平均业务到达率为 1.75 Mbit/s 和 1.25 Mbit/s 时分别节省了 24.6%和 43.5%的功耗。另一方面，GSB、RJP 和完全协作预编码算法 FJP 之间的性能差异随着 P_k^c 的降低而减少。当 $P_k^c = 0$ W 时，所有的算法下的网络平均功耗几乎一致。当静态功耗越小时，越多的 RRH 被选择开启，以获取更高的协作增益。

7.3.5.5　不同平均业务到达率下的系统性能

图 7-18 对比了不同平均业务到达率时所提的两种算法和基于反向贪婪选择（Backward Greedy Selection，BGS）的联合节点选择和预编码优化算法的平均队列时延性能。基于反向贪婪选择的算法在每一步迭代地关闭一个 RRH，并为剩余的 RRH 集合计算最优的协作预编码，因此该算法通常可以获得 RRH 选择的最优解[34]。令控制参数 $V = 8\times10^4$。可以看出，当平均业务到达率较低时，RIP 和 GSB 的平均队列时延略微大于基于反向贪婪选择的算法。此外，当平均业务到达率超过一定的门限（即稳定域）后，所有算法的平均队列时延会急剧增加并趋向于无穷大。特别地，基于反向贪婪选择的算法可获取最大的稳定域，基于组稀疏预编码的等效算法次之，基于松弛整数规划的等效算法最小。因此当网络的业务负载超出网络的稳定域后，需要采取业务准入控制的机制，以保证业务队列的稳定性。

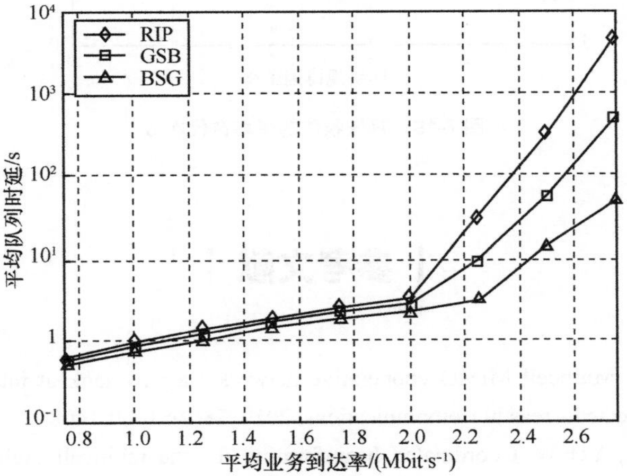

图 7-18　不同平均业务到达率下平均队列时延

7.3.5.6　算法的收敛性

图 7-19 给出了基于组稀疏预编码的等效算法和基于松弛整数规划的等效算法的外循环和内循环的平均迭代次数随着网络规模参数 Θ 的变化曲线，其中，网络参数 Θ 表示所仿真的 C-RAN 有 9Θ 个 RRH 和 6Θ 个用户，且它们均匀分布在 $[-500\Theta,500\Theta]\times[-500\Theta,500\Theta]$ m 的正方形区域内。可以看出，RIP 和 GSB 算法在

不同的网络规模下都能快速地收敛，因此它们的复杂度对于大规模 C-RAN 来说，高度可延展。此外，相比基于组稀疏预编码的等效算法，基于松弛整数规划的等效算法的收敛通常需要更多的迭代次数。同时从图 7-19 可看出，由于基于组稀疏预编码的算法的性能略微优于基于松弛整数规划的等效算法的性能，因此基于组稀疏预编码的等效算法更便于实际应用。

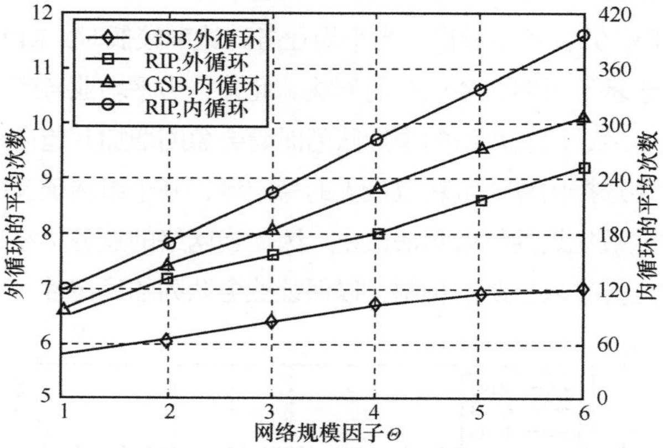

图 7-19　算法收敛的平均迭代次数

| 参考文献 |

[1] GESBERT D. Multicell MIMO cooperative networks: a new look at interference[J]. IEEE Journal on Selected Areas in Communications, 2010, 28(9): 1380-1408.

[2] DAHROUJ H, YU W. Coordinated beamforming for the multicell multi-antenna wireless system[J]. IEEE Transactions on Wireless Communications, 2010, 9(5): 102-111.

[3] PAPADOGIANNIS A, GESBERT D, HARDOUIN E. A dynamic clustering approach in wireless networks with multi-cell cooperative processing[C]//International Conference on Communications, May 19-23, 2008, Beijing, China. Piscataway: IEEE Press, 2008: 4033-4037.

[4] CHOWDHERY A, YU W, CIOFFI J. Cooperative wireless multicell OFDMA network with backhaul capacity constraints[C]//International Conference on Communications, June 5-9, 2011, Kyoto, Japan. Piscataway: IEEE Press, 2011: 1-6.

[5] ZHUANG F, LAU V. Backhaul limited asymmetric cooperation for MIMO cellular networks via semidefinite relaxation[J]. IEEE Transactions on Signal Processing, 2014,

62(3): 684-693.

[6] ZAKHOUR R, GESBERT D. Optimized data sharing in multicell MIMO with finite backhaul capacity[J]. IEEE Transactions on Signal Processing, 2011, 59(12): 6102 -6111.

[7] ZHANG Q, YANG C, MOLISCH A. Downlink base station cooperative transmission under limited-capacity backhaul[J]. IEEE Transactions on Wireless Communications, 2013, 12(8): 3746-3759.

[8] SU L, YANG C, HAN S. The value of channel prediction in CoMP systems with large backhaul latency[J]. IEEE Transactions on Communications, 2013, 61(11): 4577-4590.

[9] YU J, ZHANG Q, CHEN P, et al. Dynamic joint transmission for downlink scheduling scheme in clustered CoMP cellular[C]//IEEE/CIC International Conference on Communications, Aug.12-14, 2013, Xi'an, China. Piscataway: IEEE Press, 2013: 645-650.

[10] CUI Y, HUANG Q, LAU V. Queue-aware dynamic clustering and power allocation for network MIMO systems via distributed stochastic learning[J]. IEEE Transactions on Signal Processing, 2011, 59(3): 1229-1238.

[11] CUI Y, LAU V, WU Y. Delay-aware BS discontinuous transmission control and user scheduling for energy harvesting downlink coordinated MIMO systems[J]. IEEE Transactions on Signal Processing, 2012, 60(7): 3786-3795.

[12] JU H, LIANG B, LI J, et al. Dynamic joint resource optimization for LTE-Advanced relay networks[J]. IEEE Transactions on Wireless Communications, 2013, 12(11): 5668-5678.

[13] KYRITSI P, VALENZUELA R, COX D. Channel and capacity estimation errors[J]. IEEE Communications Letters, 2002, 6(12): 517-519.

[14] BERTSEKAS D. Dynamic programming and optimal control[M]. Massachusetts: Athena Scientific, 2007.

[15] POWELL W. Approximate dynamic programming: solving the curses of dimensionality[M]. London: Wiley-Interscience, 2007.

[16] BOYD S, MUTAPCIC A. Stochastic subgradient methods[R]. 2008.

[17] CAO X. Stochastic learning and optimimization: a sensitivity-based approach[M]. Berlin: Springer Press, 2008.

[18] BORKAR V, MEYN S. The ode method for convergence of stochastic approximation and reinforcement learning algorithms[J]. SIAM Journal on Control and Optimization, 2000, 11(38): 447-469.

[19] BORKAR V. Stochastic approximation: a dynamical systems viewpoint[M]. Cambridge: Cambridge University Press, 2008.

[20] FROST V, MELAMED B. Traffic modeling for telecommunications networks[J]. IEEE Communications Magazine, 1994, 32(3): 70-81.

[21] ZHAO J, QUEK T, LEI Z. Coordianted multipoint transmission with limited backhaul data transfer[J]. IEEE Transactions on Wireless Communications, 2013, 12(6): 2762-2774.

[22] ZHUANG F, LAU V. Backhaul limited asymmetric cooperation for MIMO cellular

networks via semidefinite relaxation[J]. IEEE Transactions on Signal Processing, 2014, 62(3): 684-693.

[23] HA V, LE L, DAO N. Coordinated multipoint (CoMP) transmission design for cloud-RANs with limited fronthaul capacity constraints[J]. IEEE Transactions on Vehicular Technology, 2016, 65(9): 7432-7447.

[24] DAI B, YU W. Sparse beamforming and user-centric clustering for downlink cloud radio access network[J]. IEEE Access, 2014(2): 1326-1339.

[25] CHENG Y, PESAVENTO M, PHILIPP A. Joint network optimization and downlink beamforming for CoMP transmissions using mixed integer conic programming[J]. IEEE Transactions on Signal Processing, 2013, 61(16): 3972-3987.

[26] LUO S, ZHANG R, LIM T. Downlink and uplink energy minimization through user association and beamforming in cloud RAN[J]. IEEE Transactions on Wireless Communications, 2015, 14(1): 494-508.

[27] PENG M, ZHANG K. Recent advances in fog radio access networks: performance analysis and radio resource allocation[J]. IEEE Access, 2016(4): 5003-5009.

[28] BERTSEKAS D. Dynamic programming and optimal control[M]. Massachusetts: Athena Scientific, 2007.

[29] POLYANIN A, ZAITSEV V, MOUSSIAUX A. Handbook of exact solutions for ordinary differential equations[M]. Boca Raton: Chapman & Hall/CRC Press, 2003.

[30] LI J, PENG M, CHENG A, et al. Resource allocation optimization for delay-sensitive traffic in fronthaul constrained cloud radio access networks[J]. IEEE Systems Journal, 2014(99): 1-12.

[31] PENG M, LI Y, ZHAO Z, et al. System architecture and key technologies for 5G heterogeneous cloud radio access networks[J]. IEEE Network, 2015, 29(2): 6-14.

[32] BOYD S, VANDENBERGHE L. Convex optimization[M]. Cambridge: Cambridge University Press, 2004.

[33] LIU A, LAU V. Joint power and antenna selection optimization in large cloud radio access networks[J]. IEEE Transactions on Signal Processing, 2014, 62(5): 1319- 1328.

[34] SHI Y, ZHANG J, LETAIEF K. Group sparse beamforming for green cloud-RAN[J]. IEEE Transactions on Wireless Communications, 2014, 13(5): 2809-2823.

[35] DAI B, YU W. Energy efficiency of downlink transmission strategies for cloud radio access networks[J]. IEEE Journal on Selected Areas in Communications, 2016, 34(4): 1037-1050.

[36] CUI Y, LAU V, WANG R, et al. A survey on delay-aware resource control for wireless systems-large deviation theory, stochastic Lyapunov drift and distributed stochastic learning[J]. IEEE Transactions on Information Theory, 2012, 58(3): 1677-1701.

[37] NEELY M, MODIANO E, LI C. Fairness and optimal stochastic control for heterogeneous networks[J]. IEEE/ACM Transactions on Networking, 2008, 16(2): 396- 409.

[38] LE L, MODIANO E, SHROFF N. Optimal control of wireless networks with finite buffers[J].

IEEE/ACM Transactions on Networking, 2012, 20(4): 1316-1329.

[39] NEELY M. Delay analysis for maximal scheduling with flow control in wireless networks with bursty traffic[J]. IEEE/ACM Transactions on Networking, 2009, 17(4): 1146-1159.

[40] NEELY M. Energy optimal control for time-varying wireless networks[J]. IEEE Transactions on Information Theory, 2006, 52(7): 2915-2934.

[41] JU H. Dynamic power allocation for throughput utility maximization in interference-limited networks[J]. IEEE Wireless Communications Letters, 2013, 2(1): 22-25.

[42] AUER G, GIANNINI V, DESSET C, et al. How much energy is needed to run a wireless network?[J]. IEEE Wireless Communications, 2011, 18(5): 40-49.

[43] PENG M. Recent advanced in cloud radio access networks: system architectures, key techniques, and open issues[J]. IEEE Communications Surveys and Tutorials, 2016, 18(3): 2282-2308.

[44] NEELY M. Stochastic network optimization with application to communication and queueing systems[M]. San Rafael: Morgan&Claypool Publishers, 2010.

[45] NEELY M. Delay-based network uility maximization[J]. IEEE/ACM Transactions on Networking, 2013, 21(1): 41-54.

[46] LUO Z，ZHANG S. Dynamic spectrum management: complexity and duality[J]. IEEE Journal of Selected Topics in Signal Processing, 2008, 2(1): 57-73.

[47] LI J, WU J, PENG M, et al. Queue-aware joint remote radio head activation and beamforming for green cloud radio access networks[C]//Global Communications Conference, Dec 6-10, 2015, San Diego, CA, USA. Piscataway: IEEE Press, 2015: 1-6.

[48] ELDAR Y, KUTYNIOK G. Compressed sensing: theory and applications[M]. Cambridge: Cambridge University Press, 2012.

[49] CANDES E, TAO T. Near-optimal signal recovery from random projections: universal encoding strategies?[J]. IEEE Transactions on Information Theory, 2006, 52(12): 5406-5425.

[50] CHRISTENSEN S, AGARWAL R, CARVALHO E, et al. Weighted sum-rate maximization using weighted MMSE for MIMO-BC beamforming design[J]. IEEE Transactions on Wireless Communications, 2008, 7(12): 4792-4799.

[51] SHI Q, RAZAVIYAYN M, LUO Z, et al. An iteratively weighted MMSE approach to distributed sum-utility maximization for a MIMO interfering broadcast channel[J]. IEEE Transactions on Signal Processing, 2011, 59(9): 4331-4340.

[52] DENG W, YIN W, ZHANG Y. Group sparse optimization by alternating direction method[R]. 2011.

[53] BOYD S, PARIKH N, CHU E, et al. Distributed optimization and statistical learning via the alternating direction method of multipliers[J]. Foundations & Trends in Machine Learning, 2011, 3(1): 1-122.

[54] BACH F, JENATTON R, MAIRAL J, et al. Convex optimization with sparsity-inducing norms[M]. Cambridge: MIT Press, 2011.

[55] WEI D, OPPENHEIM A. A branch-and-bound algorithm for quadratically- constrained sparse filter design[J]. IEEE Transactions on Signal Processing, 2013, 61(4): 1006-1018.
[56] BOYD S, VANDENBERGHE L. Convex optimization[M]. Cambridge: Cambridge University Press, 2004.
[57] OBOZINSKI G, BACH F. Convex relaxation for combinatorial penalties[R]. 2012.
[58] TESENG P. Convergence of a block coordinate descent method for non differentiable minimization[J]. Journal of Optimization Theory & Applications, 2011, 109(3): 475-494.

第 8 章
异构云无线接入网络的资源分配

和 C-RAN 的资源分配技术一样，H-CRAN 的资源分配不仅仅需要优化网络频谱效率，还需要优化缓存队列的稳定性，减少传输时延。但区别于 C-RAN，H-CRAN 需要考虑用户接入和宏基站对资源分配的影响。本章首先介绍了基于业务队列的联合拥塞控制的动态无线资源优化，然后描述了基于李雅普诺夫优化的问题转化和分解，最后介绍了一种低复杂度资源分配优化算法。本章除了给出资源分配优化模型，析出了相应的优化方法，还给出了相应的性能仿真分析结果，验证了所提方法的性能增益。

异构云无线接入网络（H-CRAN）实现了 C-RAN 和 HetNet 的优势互补，并且对用户平面和控制平面进行了分离，大大降低了无线连接/释放时的信令开销[1]。5G 系统物理层还将继续采用 OFDMA 技术，因此，H-CRAN 系统中基于 OFDMA 的资源分配仍然是一个大的挑战。对于采用正 OFDMA 技术的 H-CRAN 而言，除了功率分配和资源块分配，用户驻留在宏基站还是 RRH，对于平衡网络负载和提升网络性能非常关键[2]。此外，由于随机业务到达的不可预测性，需要采用业务准入控制机制以有效地控制网络的拥塞情况和业务排队时延。因此，本章将对 H-CRAN 中基于业务队列的联合拥塞控制的动态无线资源优化方法进行介绍。

8.1 基于业务队列的联合拥塞控制的动态无线资源优化

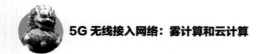

由于碳排放和无线通信系统运营成本的急剧增加，高能效成为无线资源优化算法设计中新的目标[3]。在相关的研究中，能量效率和频谱效率的权衡关系得到了大量的关注[4-5]。为满足特定的能效—谱效需求，参考文献[6]研究了多用户分布式天线系统下行传输中速率比例公平约束下的功率分配问题。参考文献[7-9]考虑了 OFDMA 网络中多维资源的联合优化以探索谱效—能效的权衡关系，其中，多维资源优化包括波束成形优化、功率分配和资源块分配。参考文献[10-12]则分别

深入研究了终端直通（D2D）系统和中继辅助蜂窝网络下的能效—谱效的权衡关系。然而，上述文献中的资源优化问题通常基于满缓冲假设和静态模型，问题建模也没有考虑到信道和业务到达的随机性和时变性，因此这些无线资源优化策略只能自适应于信道状态信息，并只能优化诸如能效和谱效的物理层性能指标，而且能效—谱效权衡关系的研究通常忽略了时延性能的影响。与能效—谱效权衡关系相关的研究中采用的静态模型相反，功耗—时延的权衡关系通常在时变系统中从长期平均性能优化的角度展开研究。参考文献[13-14]研究了时变 OFDMA 系统中动态联合功率和子频带分配方法，优化问题的目标是获取平均功耗和平均时延间的帕累托最优权衡关系。参考文献[15]分析了时变 OFDMA 系统中非理想信道状态信息下的功耗—时延的权衡关系。参考文献[16]则探索了分布式天线系统下行传输中能有效折中平均功耗和平均时延性能的自适应天线选择和功率分配方法。参考文献[17]则研究了多用户多输入多输出系统中的动态波束成形算法，并分析了相应的功耗—时延的性能关系。然而，参考文献[13-17]中的研究均假设随机业务到达率恒定且位于网络稳定域内，这意味着只需对无线资源管理进行动态跨层优化便可有效地控制网络的拥塞状况和业务排队时延。此外，上述功耗—时延相关问题建模中忽略了吞吐量性能，因此资源优化的结果几乎很难为高谱效和高能效无线资源优化问题提供启示。

考虑到 H-CRAN 中的业务准入控制，与参考文献[18-19]中的定义类似，吞吐量被定义为系统能够传输的最大准入业务量，该定义从一定程度上反映了系统的频谱效率。基于此，本章内容设法将 H-CRAN 的业务时延、吞吐量和能效性能纳入统一的理论框架中，在保证任意业务到达率下的能效需求的同时有效平衡吞吐量和时延性能。本章的主要内容如下：将拥塞控制机制考虑到 H-CRAN 的无线资源优化模型中，优化问题的求解不需要任何有关随机业务到达和信道状态分布的先验信息，分解后得到的各个子问题可以在每时隙根据实时队列状态信息和虚拟队列状态信息进行同时独立的求解，其中当前时隙的队列状态信息与虚拟队列状态信息和上一个时隙的联合优化结果有关；利用李雅普诺夫优化的框架，介绍了一种 H-CRAN 中保证特定能效需求下的有效平衡平均吞吐量和平均时延的方法，只要通过调整控制参数，就能够通过自适应地调整准入控制和资源优化策略以提供所需的能效、时延和吞吐量性能；理论分析和仿真结果从队列稳定性和能量节省的角度验证了所提方法的性能优势。

8.1.1 系统模型

考虑基于 OFDMA 的 H-CRAN 下行传输场景，如图 8-1 所示，包含一个 HPN 和 N 个 RRH。由于 HPN 节点主要用于传递控制信令，并保证网络的基本覆盖，拥有低业务到达率的用户更有可能被 HPN 节点服务，因此划分并表示该类用户为 HUE。而由于 RRH 能够有效地提供高数据率覆盖，拥有高业务到达率的用户将会由 RRH 服务，因此划分并表示该类用户为 RUE。用 $\mathcal{R}$ 表示 RRH 集合，用 $\mathcal{U}_{\mathrm{H}}$ 和 $\mathcal{U}_{\mathrm{R}}$ 分别表示 HUE 集合和 RUE 集合。为了完全消除严重的层间干扰，H-CRAN 的资源块被预先划分并分配给 HPN 和 RRH 层。用 $\mathcal{K}_{\mathrm{H}}$ 和 $\mathcal{K}_{\mathrm{R}}$ 分别表示 HPN 和 RRH 占用的资源块集合。用 W 和 W_0 分别表示系统带宽和每个资源块的带宽。任何一个由 RRH 层服务的用户将会从多个协作 RRH 上同时接收信号，且分配给不同用户的资源块是正交的，因此 RRH 层不存在用户间干扰。假设网络的运行时间被划分为多个持续时间为 τ 的时隙，各时隙的索引用 t 表示。

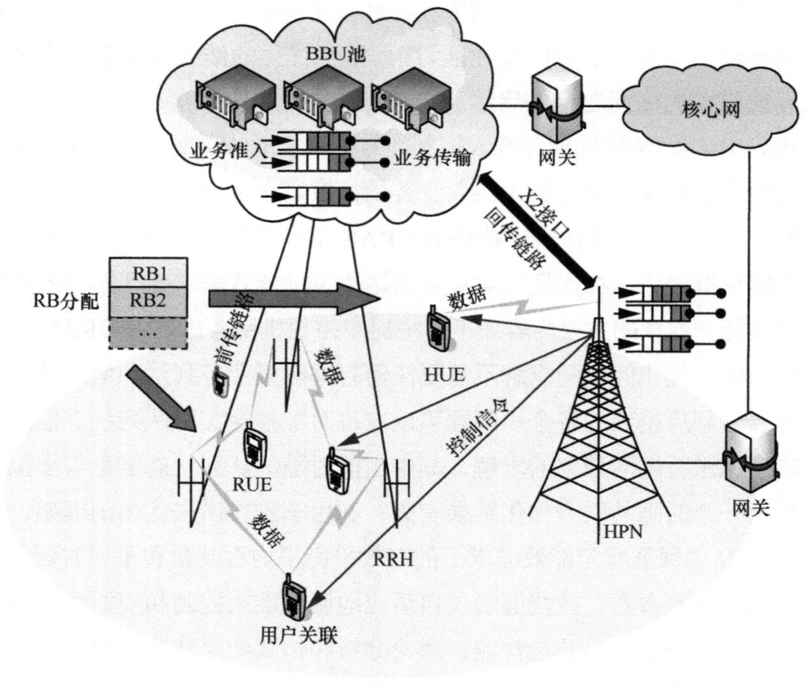

图 8-1　H-CRAN 中联合拥塞控制的动态无线资源优化系统模型

实际上，当 HPN 层的业务负载相对增加时，部分 HUE 可以关联到 RRH 层以获取更佳的传输机会，而 RUE 只能由 RRH 层服务，即 HetNet 中负载均衡的思想。在 H-CRAN 中，用户关联策略对提高无线资源的利用率非常关键。用二进制变量 $s_m(t)$ 表示在第 t 时隙 HUE_m 的关联状态，其中，当 HUE_m 关联到 RRH 时，$s_m(t)$ 取值为 1；反之，当 HUE_m 关联到 HPN 时，$s_m(t)$ 取值为 0。具体的参数描述见表 8-1。

表 8-1 数学符号的总结和说明

符号	描述
$\mathcal{U}_H$	HUE 集合
$\mathcal{U}_R$	RUE 集合
$\mathcal{K}_H$	HPN 占用资源块结合
$\mathcal{K}_R$	RRH 占用资源块集合
$s_m(t)$	在第 t 时隙 HUE_m 的关联状态
$g_{ijk}(t)$	在第 t 时隙从 RRH_i 到 RUE_j 的资源块 k 上的信道状态信息
$g_{imk}(t)$	在第 t 时隙从 RRH_i 到 HUE_m 的资源块 k 上的信道状态信息
$g_{ml}(t)$	在第 t 时隙从 HPN 到 HUE_m 的资源块 l 上的信道状态信息
$p_{ijk}(t)$	在第 t 时隙 RRH_i 在资源块 k 上分配给 RUE_j 的功率
$p_{imk}(t)$	在第 t 时隙 RRH_i 在资源块 k 上分配给 HUE_m 的功率
$p_{ml}(t)$	在第 t 时隙 HPN 在资源块 l 上分配给 HUE_m 的功率
$a_{jk}(t)$	在第 t 时隙 RRH 的资源块 k 分配给 RUE_j 的指示
$a_{mk}(t)$	在第 t 时隙 RRH 的资源块 k 分配给 HUE_m 的指示
$b_{ml}(t)$	在第 t 时隙 HPN 的资源块 l 分配给 HUE_m 的指示
$\mu_m(t)$	在第 t 时隙 HUE_m 的传输速率
$\mu_j(t)$	在第 t 时隙 RUE_j 的传输速率
$R_m(t)$	在第 t 时隙为 HUE_m 准入的业务量
$R_j(t)$	在第 t 时隙为 RUE_j 准入的业务量
$Q_m(t)$	在第 t 时隙 HUE_m 的业务缓冲队列长度
$Q_j(t)$	在第 t 时隙 RUE_j 的业务缓冲队列长度
$\gamma_m(t)$	在第 t 时隙 HUE_m 的吞吐量的辅助变量
$\gamma_j(t)$	在第 t 时隙 RUE_j 的吞吐量的辅助变量
$H_m(t)$	在第 t 时隙 HUE_m 的虚拟队列长度

续表

符号	描述
$H_j(t)$	在第 t 时隙 RUE_j 的虚拟队列长度
$Z(t)$	在第 t 时隙平均能效约束的虚拟队列的长度
x_{mk}	资源块分配 $a_{mk}(t)$ 的连续辅助变量
y_{ml}	资源块分配 $b_{ml}(t)$ 的连续辅助变量
w_{ijk}	功率分配 $p_{ijk}(t)$ 的辅助变量
v_{imk}	功率分配 $p_{imk}(t)$ 的辅助变量
u_{ml}	功率分配 $p_{ml}(t)$ 的辅助变量

用 $g_{ijk}(t)$、$g_{imk}(t)$ 和 $g_{ml}(t)$ 分别表示第 t 时隙从 RRH_i 到 RUE_j 的资源块 k、从 RRH_i 到 HUE_m 的资源块 k、从 HPN 到 HUE_m 的资源块 l 上的信道状态信息。需要注意的是，这些信道状态信息包含了天线增益、预编码增益、路径损耗、阴影衰落、快衰落及噪声的影响。对于信道状态信息，存在假设 8-1。

假设 8-1 信道状态信息 $g_{ijk}(t)$、$g_{imk}(t)$ 和 $g_{ml}(t)$ 为块衰落，即在每时隙内保持固定而在时隙间独立同分布。

用 $p_{ijk}(t)$ 表示第 t 时隙 RRH_i 把资源块 k 分配给 RUE_j 时使用的功率；用 $p_{imk}(t)$ 表示第 t 时隙 RRH_i 把资源块 k 分配给 HUE_m 时使用的功率；用 $p_{ml}(t)$ 表示第 t 时隙 HPN 把资源块 l 分配给 HUE_m 时使用的功率。此外，用二进制变量 $a_{jk}(t)$ 和 $a_{mk}(t)$ 分别指示在第 t 时隙是否把 RRH 的资源块 k 分配给 RUE_j 和 HUE_m，用二进制变量 $b_{ml}(t)$ 指示在第 t 时隙是否把 HPN 的资源块 l 分配给 HUE_m。因此，对于 RRH 层和 HPN 层的资源块分配，存在如下的约束：

$$c_k^R(t)=\sum_{j\in\mathcal{U}_R}a_{jk}(t)+\sum_{m\in\mathcal{U}_H}s_m(t)a_{mk}(t)\leqslant 1 \tag{8-1}$$

$$c_l^H(t)=\sum_{m\in\mathcal{U}_H}(1-s_m(t))b_{ml}(t)\leqslant 1 \tag{8-2}$$

对于由 RRH 服务的用户（包括所有的 RUE 和关联至 RRH 的部分 HUE），它们接收来自多个协作 RRH 的信号。假设接收端采用最大比合并（Maximum Ratio Combining，MRC），因此第 t 时隙 RUE_j 和 HUE_m 的传输速率分别为：

$$\mu_j(t)=\sum_{k\in\mathcal{K}_R}a_{jk}(t)W_0\text{lb}(1+\sum_{i\in\mathcal{R}}p_{ijk}(t)g_{ijk}(t)) \tag{8-3}$$

$$\mu_m(t)=(1-s_m(t))\sum_{l\in\mathcal{K}_{\rm H}}b_{ml}(t)W_0\mathrm{lb}(1+g_{ml}(t)p_{ml}(t))+ \\ s_m(t)\sum_{k\in\mathcal{K}_{\rm R}}a_{mk}(t)W_0\mathrm{lb}(1+\sum_{i\in\mathcal{R}}p_{imk}(t)g_{imk}(t)) \tag{8-4}$$

相应地，网络的总传输速率为：

$$\mu_{\rm sum}(t)=\sum_{m\in\mathcal{U}_{\rm H}}\mu_m(t)+\sum_{j\in\mathcal{U}_{\rm R}}\mu_j(t) \tag{8-5}$$

功率分配后，RRH$_i$和 HPN 的传输功率分别为：

$$p_i(t)=\sum_{j\in\mathcal{U}_{\rm R}}\sum_{k\in\mathcal{K}_{\rm R}}a_{jk}(t)p_{ijk}(t)+\sum_{m\in\mathcal{U}_{\rm H}}\sum_{k\in\mathcal{K}_{\rm R}}s_m(t)a_{mk}(t)p_{imk}(t) \tag{8-6}$$

$$p_{\rm H}(t)=\sum_{m\in\mathcal{U}_{\rm H}}\sum_{l\in\mathcal{K}_{\rm H}}(1-s_m(t))b_{ml}(t)p_{ml}(t) \tag{8-7}$$

对应地，网络的总功率消耗为：

$$p_{\rm sum}(t)=\sum_{i\in\mathbb{R}}\varphi_{\rm eff}^{\rm R}p_i(t)+p_{\rm c}^{\rm R}+\varphi_{\rm eff}^{\rm H}p_{\rm H}(t)+p_{\rm c}^{\rm H} \tag{8-8}$$

其中，$\varphi_{\rm eff}^{\rm R}$和$\varphi_{\rm eff}^{\rm H}$分别为 RRH 和 HPN 的漏极效率，$p_{\rm c}^{\rm R}$和$p_{\rm c}^{\rm H}$分别为 RRH 和 HPN 的静态功耗，包括电路功耗、前传功耗以及回传功耗。

8.1.2　准入控制模型

H-CRAN 为每个用户维持一个单独的缓冲队列。用$Q_m(t)$和$Q_j(t)$分别表示第t时隙对应 HUE$_m$和 RUE$_j$的缓冲队列长度，用$A_m(t)$和$A_j(t)$分别表示第t时隙 HUE$_m$和 RUE$_j$的随机业务到达量。随机业务到达模型假设如下。

假设 8-2　$A_m(t)$和$A_j(t)$在时隙间服从独立同分布，且用户间相互独立。此外，业务到达量分别存在峰值$A_m^{\max}$和$A_j^{\max}$，使得$A_m(t)\leqslant A_m^{\max}$，$A_j(t)\leqslant A_j^{\max}$。

实际上，$A_m(t)$和$A_j(t)$的统计特性常常是未知的，且网络的瞬时可达容量常常难于估计，因此瞬时随机业务到达率超出网络瞬时容量的情况不可避免，需要借助业务准入控制机制以保证业务队列的稳定性。H-CRAN 一方面需要通过业务准入控制以接收尽可能多的业务达到量以最大化网络效益，另一方面需要利用有限的无线资源传输尽可能多的队列数据以改善拥塞状况。用$R_m(t)$和$R_j(t)$分别表示第t时隙对应 HUE$_m$和 RUE$_j$的缓冲队列准入的业务量，则对应 HUE$_m$和 RUE$_j$的缓冲队列的动态变化表示为：

$$Q_m(t+1)=\max\{Q_m(t)-\mu_m(t)\tau,0\}+R_m(t) \tag{8-9}$$

$$Q_j(t+1)=\max\{Q_j(t)-\mu_j(t)\tau,0\}+R_j(t) \tag{8-10}$$

其中，在每时隙分别由 $0\leqslant R_m(t)\leqslant A_m(t)$ 和 $0\leqslant R_j(t)\leqslant A_j(t)$。

为了刻画联合拥塞控制和资源分配对平均时延和吞吐量效益的影响，首先给出网络稳定性的定义如下。

定义 8-1 如果单独的离散时间队列 $Q(t)$ 满足：

$$\lim_{T\to\infty}\sup\frac{1}{T}\sum_{t=0}^{T-1}E[Q(t)]<\infty \tag{8-11}$$

则它是强稳定的。

定义 8-2 如果网络的所有离散时间队列是强稳定的，则该网络强稳定。

为了保证联合拥塞控制和资源分配时特定的能效需求，H-CRAN 的网络能效定义如下[20]。

定义 8-3 H-CRAN 的网络能效定义为长时间平均总传输率和对应的长时间平均总功耗的比值，即：

$$\eta_{EE}=\frac{\lim\limits_{T\to\infty}\frac{1}{T}\sum\limits_{t=0}^{T-1}E[\mu_{\text{sum}}(t)]}{W\lim\frac{1}{T}\sum\limits_{t=0}^{T-1}E[p_{\text{sum}}(t)]}=\frac{\bar{\mu}_{\text{sum}}}{W\bar{p}_{\text{sum}}} \tag{8-12}$$

其单位为 bit/(Hz·J)。

根据利特尔定律[21]，给定平均业务到达率，平均队列时延正比于平均队列长度。此外，当网络的业务队列强稳定时，网络中用户的实际平均吞吐量由业务准入量的时间平均值决定。因此，HUE_m 和 RUE_j 的实际平均吞吐量分别表示为：

$$\bar{r}_m=\lim_{T\to\infty}\frac{1}{T}\sum_{t=0}^{T-1}R_m(t) \tag{8-13}$$

$$\bar{r}_j=\lim_{T\to\infty}\frac{1}{T}\sum_{t=0}^{T-1}R_j(t) \tag{8-14}$$

8.1.3 问题建模

在 H-CRAN 中，定义动态联合拥塞控制和资源优化算法的平均吞吐量效益函数为：

$$U(\bar{\boldsymbol{r}})=\alpha\sum_{j\in\mathcal{U}_{\rm R}}g_{\rm R}(\bar{r}_j)+\beta\sum_{m\in\mathcal{U}_{\rm H}}g_{\rm H}(\bar{r}_m) \tag{8-15}$$

其中，$\bar{\boldsymbol{r}}=[\bar{r}_m,\bar{r}_j:m\in\mathcal{U}_{\rm H},j\in\mathcal{U}_{\rm R}]$是所有用户的平均吞吐量向量，$g_{\rm R}(\cdot)$和$g_{\rm H}(\cdot)$分别为对应 RUE 和 HUE 的非递减凹效益函数，α和β分别为对应 RUE 和 HUE 的吞吐量效益函数权重。用 $\boldsymbol{r}=[R_j(t),R_m(t):j\in\mathcal{U}_{\rm R},m\in\mathcal{U}_{\rm H}]$、$\boldsymbol{s}(t)=[s_m(t):m\in\mathcal{U}_{\rm H}]$、$\boldsymbol{p}=[p_{ijk}(t),p_{imk}(t),p_{ml}(t):j\in\mathcal{U}_{\rm R}, m\in\mathcal{U}_{\rm H},i\in\mathcal{R},k\in\mathcal{K}_{\rm R},l\in\mathcal{K}_{\rm H}]$和$\boldsymbol{a}=[a_{jk}(t),a_{mk}(t),b_{ml}(t):j\in\mathcal{U}_{\rm R},m\in\mathcal{U}_{\rm H},k\in\mathcal{K}_{\rm R},l\in\mathcal{K}_{\rm H}]$分别表示业务准入、用户关联、功率分配和资源块分配。为了最大化网络吞吐量效益并保证业务队列的强稳定性，动态联合拥塞控制和资源优化问题被建模为如下随机优化问题：

$$\begin{aligned}
&\max_{\{\boldsymbol{r},\boldsymbol{s},\boldsymbol{p},\boldsymbol{a}\}} U(\bar{\boldsymbol{r}})\\
&\text{s.t. } {\rm C1}: c_k^{\rm R}(t)\leqslant 1,\forall k,t,\\
&\quad {\rm C2}: c_l^{\rm H}(t)\leqslant 1,\forall l,t,\\
&\quad {\rm C3}: p_i(t)\leqslant p_i^{\max},\forall i,t,\\
&\quad {\rm C4}: p_{\rm H}(t)\leqslant p_{\rm H}^{\max},\forall t,\\
&\quad {\rm C5}: \eta_{\rm EE}\geqslant\eta_{\rm EE}^{\rm req},\\
&\quad {\rm C6}: Q_m(t)\text{ 和 }Q_j(t)\text{ 是强稳定的},\forall m,j,\\
&\quad {\rm C7}: R_m(t)\leqslant A_m(t),R_j(t)\leqslant A_j(t),\forall m,j,t,\\
&\quad {\rm C8}: a_{jk}(t),a_{mk}(t),b_{ml}(t),s_m(t)\in\{0,1\},\forall j,k,m,l,t
\end{aligned} \tag{8-16}$$

其中，$p_i^{\max}$和$p_{\rm H}^{\max}$分别为 RRH$_i$和 HPN 的最大传输功耗，$\eta_{\rm EE}^{\rm req}$为网络所需的最低能效；C1 和 C2 分别保证 RRH 和 HPN 的资源块只能同时分配给一个用户；C3 和 C4 分别限制了 RRH 和 HPN 的最大瞬时传输功耗；C5 保证了网络的能效性能；队列稳定性约束条件 C6 用来保证每个用户的排队时延有限；C7 保证了准入业务量不能高于当前业务到达量；C8 为资源块分配变量和用户关联变量的二进制约束。

对于实际的 H-CRAN 来说，一方面，突发的随机业务到达通常是时变的且不可预测的，因此很难获取关键参数并以离线方式获取最优控制策略；另一方面，H-CRAN 中 RRH 的密集化部署将大大增加集中式控制策略的计算复杂度。因此，第 8.2 节将设计低复杂度的在线控制策略，以有效地进行动态准入控制、用户关联、功率和资源块分配。

| 8.2 基于李雅普诺夫优化的问题转化和分解 |

为了解决随机优化问题（8-16）带来的挑战，利用李雅普诺夫优化的方法来设计一种低复杂度的在线确定性控制策略，该策略将在每时隙同时独立进行业务准入控制、用户关联、功率和资源块分配的优化。

8.2.1 虚拟性能队列的引入

可以看出，随机优化问题（8-16）中的目标函数是关于平均吞吐量的非递减凹效益函数，这是求解问题的一个瓶颈。为了解决这个问题，通过引入非负辅助变量 $\gamma_m(t)$ 和 $\gamma_j(t)$，将以最大化平均吞吐量效益函数为目标的优化问题转化为以最大化瞬时吞吐量效益函数的时间平均值为目标的等效优化问题。用 $\boldsymbol{\gamma}=[\gamma_m(t),\gamma_j(t):m\in\mathcal{U}_H,j\in\mathcal{U}_R]$ 表示引入的辅助变量组成的向量，则等效优化问题如下：

$$
\begin{aligned}
&\max_{\{\boldsymbol{r},\boldsymbol{s},\boldsymbol{p},\boldsymbol{a},\boldsymbol{\gamma}\}}\lim_{T\to\infty}\frac{1}{T}\sum_{t=0}^{T-1}U(\boldsymbol{\gamma}(t))\\
&\text{s.t. C1}\sim\text{C8},\\
&\quad \text{C9}:\gamma_j(t)\leqslant A_j^{\max},\gamma_m(t)\leqslant A_m^{\max},\forall j,m,t,\\
&\quad \text{C10}:\overline{\gamma}_j\leqslant\overline{r}_j,\overline{\gamma}_m\leqslant\overline{r}_m,\forall j,m
\end{aligned}
\tag{8-17}
$$

其中，$U(\boldsymbol{\gamma}(t))=\alpha\sum_{j\in\mathcal{U}_R}g_R(\gamma_j(t))+\beta\sum_{m\in\mathcal{U}_H}g_H(\gamma_m(t))$，$\overline{\gamma}_j=\lim_{T\to\infty}\frac{1}{T}\sum_{t=0}^{T-1}\gamma_j(t)$，$\overline{\gamma}_m=\lim_{T\to\infty}\frac{1}{T}\sum_{t=0}^{T-1}\gamma_m(t)$。

用 $\boldsymbol{r}^{\text{opt}}$、$\boldsymbol{s}^{\text{opt}}$、$\boldsymbol{p}^{\text{opt}}$ 和 $\boldsymbol{a}^{\text{opt}}$ 表示原随机优化问题（8-16）的最优解，用 $\boldsymbol{r}^*$、$\boldsymbol{s}^*$、$\boldsymbol{p}^*$、$\boldsymbol{a}^*$ 和 $\boldsymbol{\gamma}^*$ 表示转化后问题（8-17）的最优解，则有定理 8-1。

定理 8-1 问题（8-17）的最优解可直接转变为原问题（8-16）的最优解，即问题（8-17）和问题（8-16）是等效的。特别地，原问题（8-16）的最优解为 $\boldsymbol{r}^{\text{opt}}=\boldsymbol{r}^*$，$\boldsymbol{s}^{\text{opt}}=\boldsymbol{s}^*$，$\boldsymbol{p}^{\text{opt}}=\boldsymbol{p}^*$ 和 $\boldsymbol{a}^{\text{opt}}=\boldsymbol{a}^*$。

证明：用 U_1^* 和 U_2^* 分别表示问题（8-16）和问题（8-17）的最优效益值，并用 Ω_1^*

和 Ω_2^* 分别表示获得 U_1^* 和 U_2^* 的最优策略。由于 $U(\cdot)$ 是单调非递减凹函数，根据 Jensen 不等式有：

$$U(\bar{\boldsymbol{\gamma}}) \geqslant \bar{U}(\gamma) = U_2^* \tag{8-18}$$

由于策略 Ω_2^* 满足约束 C10，因此有：

$$U(\bar{\boldsymbol{r}}) \geqslant U(\bar{\boldsymbol{\gamma}}) \tag{8-19}$$

此外，由于策略 Ω_2^* 为转化问题（8-17）的一个可行策略，则它也满足原问题（8-16）的约束，所以有：

$$U_1^* \geqslant U(\bar{\boldsymbol{r}}) \geqslant U_2^* \tag{8-20}$$

然后证明 $U_2^* \geqslant U_1^*$。由于 U_1^* 为原问题（8-16）的最优策略，因此它满足约束 C1~C8，该约束同时也是转化问题（8-17）的约束。通过在每个时隙选择辅助变量为 $\gamma_m = \bar{r}_m^*$ 和 $\gamma_j = \bar{r}_j^*$，并采用策略 Ω_1^*，可以得到转化问题（8-17）的一个可行策略，且有：

$$U_2^* \geqslant \bar{U}(\gamma) = U(\bar{\boldsymbol{r}}) = U_1^* \tag{8-21}$$

因此，最终有 $U_1^* = U_2^*$，故定理 8-1 得证。

为满足问题（8-17）中关于辅助变量的约束条件 C10，为每个 HUE 和 RUE 分别引入虚拟队列 $H_m(t)$ 和 $H_j(t)$，对应的队列动态变化分别表示为：

$$H_m(t+1) = \max\{H_m(t) - R_m(t), 0\} + \gamma_m(t) \tag{8-22}$$

$$H_j(t+1) = \max\{H_j(t) - R_j(t), 0\} + \gamma_j(t) \tag{8-23}$$

其中，初值分别为 $H_m(0) = 0$ 和 $H_j(0) = 0$，辅助变量 $\gamma_m(t)$ 和 $\gamma_j(t)$ 将会在每一时隙进行优化。

同样地，为满足网络能效约束 C5，引入了虚拟队列 $Z(t)$，其队列动态更新表示为：

$$Z(t+1) = \max\{Z(t) - \mu_{\text{sum}}(t), 0\} + W\eta_{\text{EE}}^{\text{req}} p_{\text{sum}}(t) \tag{8-24}$$

其中，初值为 $Z(0) = 0$。直观地，辅助变量 $\gamma_m(t)$、$\gamma_j(t)$ 和 $\eta_{\text{EE}}^{\text{req}} p_{\text{sum}}(t)$ 可以被分别看作虚拟队列 $H_m(t)$、$H_j(t)$ 和 $Z(t)$ 的到达率，而 $R_m(t)$、$R_j(t)$ 和 $\mu_{\text{sum}}(t)$ 可以被看作这些虚拟队列的离开率。只有当虚拟队列 $H_m(t)$、$H_j(t)$ 和 $Z(t)$ 稳定时，平均约束条件 C5 和 C10 才能被满足。

8.2.2 随机优化问题的转化

用 $\chi(t)=[Q_m(t),Q_j(t),H_m(t),H_j(t),Z(t):m\in\mathcal{U}_{\rm H},j\in\mathcal{U}_{\rm R}]$ 表示 H-CRAN 中由业务队列和虚拟队列组成的向量。为了表征和度量网络的队列拥塞状况，定义如下二次李雅普诺夫函数：

$$L(\chi(t))=\frac{1}{2}(\sum_{m\in\mathcal{U}_{\rm H}}Q_m^2(t)+\sum_{m\in\mathcal{U}_{\rm H}}H_m^2(t)+\sum_{j\in\mathcal{U}_{\rm R}}Q_j^2(t)+\sum_{j\in\mathcal{U}_{\rm R}}H_j^2(t)+Z^2(t)) \tag{8-25}$$

其中，较小的 $L(\chi(t))$ 取值意味着业务队列和虚拟队列的队长较小且均强稳定。因此，队列的稳定性可以通过持续将李雅普诺夫函数推向较低的拥塞状态而得到保证。为了稳定业务队列，同时满足平均约束条件并优化系统吞吐量效益，定义李雅普诺夫条件漂移—效益函数为：

$$\Delta(\chi(t))=E[L(\chi(t+1))-L(\chi(t))-VU(\gamma(t))\,|\,\chi(t)] \tag{8-26}$$

其中，非负控制参数 V 表示优化问题相对于控制队列稳定性而言最大化吞吐量效益函数的侧重程度。根据网络中业务队列和虚拟队列的动态变化，引理 8-1 给出了李雅普诺夫条件漂移—效益函数的上界。

引理 8-1 在第 t 时隙，对于任意业务队列状态和虚拟队列状态，H-CRAN 中任意联合拥塞控制和资源优化策略下的李雅普诺夫条件漂移—效益函数均满足如下不等式：

$$\begin{aligned}&\Delta(\chi(t))\leqslant C-\\&E\left[\sum_{j\in\mathcal{U}_{\rm R}}(V\alpha g_{\rm R}(\gamma_j(t))-H_j(t)\gamma_j(t))+\sum_{m\in\mathcal{U}_{\rm H}}(V\beta g_{\rm H}(\gamma_m(t))-H_m(t)\gamma_m(t))\,|\,\chi(t)\right]-\\&E\left[\sum_{m\in\mathcal{U}_{\rm H}}(H_m(t)-Q_m(t))R_m(t)+\sum_{j\in\mathcal{U}_{\rm R}}(H_j(t)-Q_j(t))R_j(t)\,|\,\chi(t)\right]-\\&E\left[\sum_{m\in\mathcal{U}_{\rm H}}Q_m(t)\mu_m(t)\tau+\sum_{j\in\mathcal{U}_{\rm R}}Q_j(t)\mu_j(t)\tau+Z(t)(\mu_{\rm sum}(t)-W\eta_{\rm EE}^{\rm req}p_{\rm sum}(t))\,|\,\chi(t)\right]\end{aligned} \tag{8-27}$$

其中，C 为有限的常量且满足：

$$C \geqslant \frac{1}{2} E\left[(W\eta_{\mathrm{EE}}^{\mathrm{req}} p_{\mathrm{sum}}(t))^2 + \mu_{\mathrm{sum}}^2(t) + \sum_{j\in\mathcal{U}_{\mathrm{R}}} (2R_j^2(t) + \mu_j^2(t)\tau^2 + \gamma_j^2) + \right.$$
$$\left. \sum_{m\in\mathcal{U}_{\mathrm{H}}} (2R_m^2(t) + \mu_m^2(t)\tau^2 + \gamma_m^2) \mid \chi(t) \right] \tag{8-28}$$

根据李雅普诺夫优化的理论，H-CRAN 中联合拥塞控制和资源优化策略可以通过在每时隙最小化不等式（8-27）的右边等效地求解，而不是直接最小化李雅普诺夫条件漂移—效益函数（8-26）而得到。通过在每时隙最小化李雅普诺夫条件漂移—效益函数的上界，等效优化问题可以进一步分解为 3 个相互独立且能够同时求解的子问题，这些子问题可以在每个时隙根据业务队列状态和虚拟队列状态进行求解。

8.2.3　等效优化问题的分解

（1）辅助变量选择

最优辅助变量通过在每时隙最小化式（8-27）的右边第一项得到，即最小化 $-\sum_{j\in\mathcal{U}_{\mathrm{R}}} (V\alpha g_{\mathrm{R}}(\gamma_j(t)) - H_j(t)\gamma_j(t)) - \sum_{m\in\mathcal{U}_{\mathrm{H}}} (V\beta g_{\mathrm{H}}(\gamma_m(t)) - H_m(t)\gamma_m(t))$。由于不同用户的辅助变量相互独立，最小化问题可以进一步分解为每个用户独立的优化子问题，即：

$$\begin{aligned} &\max_{\gamma_j(t)} V\alpha g_{\mathrm{R}}(\gamma_j(t)) - H_j(t)\gamma_j(t) \\ &\text{s.t.}\ \ \gamma_j(t) \leqslant A_j^{\max} \end{aligned} \tag{8-29}$$

$$\begin{aligned} &\max_{\gamma_m(t)} V\beta g_{\mathrm{H}}(\gamma_m(t)) - H_m(t)\gamma_m(t) \\ &\text{s.t.}\ \ \gamma_m(t) \leqslant A_m^{\max} \end{aligned} \tag{8-30}$$

显然地，上述两个优化问题均为凸优化问题。因此，最优辅助变量可以通过对目标函数求微分并使结果等于 0 而得到。当效益函数为对数函数时，有 $\gamma_j(t) = \min[V\alpha / H_j(t), A_j^{\max}]$、$\gamma_m(t) = \min[V\beta / H_m(t), A_m^{\max}]$。可以看出，较大的 $H_j(t)$ 将会降低 $\gamma_j(t)$ 的取值，而较小的 $\gamma_j(t)$ 会反过来避免 $H_j(t)$ 的进一步增加。

（2）最优业务准入控制

最优业务准入控制通过在每时隙最小化式（8-27）的右边第二项得到，即最小化 $\sum_{m\in\mathcal{U}_{\mathrm{H}}} [H_m(t) - Q_m(t)]R_m(t) + \sum_{j\in\mathcal{U}_{\mathrm{R}}} [H_j(t) - Q_j(t)]R_j(t)$。同样地，最小化问题可以进一步分解为每个用户独立的优化问题，即：

$$\begin{aligned}&\max_{R_m}\ (H_m(t)-Q_m(t))R_m(t)\\&\text{s.t. } R_m(t)\leqslant A_m(t)\end{aligned} \tag{8-31}$$

$$\begin{aligned}&\max_{R_j}\ (H_j(t)-Q_j(t))R_j(t)\\&\text{s.t. } R_j(t)\leqslant A_j(t)\end{aligned} \tag{8-32}$$

上述优化问题为线性优化问题，其最优解为：

$$R_m(t)=\begin{cases}A_m(t), H_m(t)-Q_m(t)>0\\0,\ \text{其他}\end{cases} \tag{8-33}$$

$$R_j(t)=\begin{cases}A_j(t), H_j(t)-Q_j(t)>0\\0, \text{其他}\end{cases} \tag{8-34}$$

这是一个简单的基于门限的准入控制策略。以 RUE$_j$ 为例，一方面，当业务队列长度 $Q_j(t)$ 低于门限 $H_j(t)$ 时，新的业务到达将会被准入业务队列中，这样不仅能够降低 $H_j(t)$ 的取值并使得 $\gamma_j(t)$ 更加接近于 $R_j(t)$，也能够尽可能增加吞吐量效益；另一方面，当业务队列长度 $Q_j(t)$ 高于门限 $H_j(t)$ 时，新的业务到达将不会被允许准入业务队列中，从而保证队列的稳定性。

（3）最优用户关联、功率和资源块分配

最优用户关联、功率和资源块分配通过在每时隙最小化式（8-27）的右边剩余项得到，问题表示如下：

$$\begin{aligned}&\min_{s,p,a}\ -\sum_{m\in\mathcal{U}_{\mathrm{H}}}B_m(t)\mu_m(t)-\sum_{j\in\mathcal{U}_{\mathrm{R}}}B_j(t)\mu_j(t)+Y_{\mathrm{R}}(t)\sum_{i\in\mathcal{R}}p_i(t)+Y_{\mathrm{H}}(t)p_{\mathrm{H}}(t)\\&\text{s.t. C1\textasciitilde C4,C8}\end{aligned} \tag{8-35}$$

这里，$B_m(t)=Q_m(t)\tau+Z(t)$，$B_j(t)=Q_j(t)\tau+Z(t)$，$Y_R(t)=W\eta_{\mathrm{EE}}^{\mathrm{req}}\varphi_{\mathrm{eff}}^{R}Z(t)$，$Y_{\mathrm{H}}(t)=W\eta_{\mathrm{EE}}^{\mathrm{req}}\varphi_{\mathrm{eff}}^{\mathrm{H}}Z(t)$。然而，由于传输速率 $\mu_m(t)$、$\mu_j(t)$ 和传输功耗 $p_i(t)$、$p_{\mathrm{H}}(t)$ 为用户关联 $s_m(t)$，功率分配 $p_{ijk}(t)$、$p_{imk}(t)$、$p_{ml}(t)$ 和资源块分配 $a_{jk}(t)$、$a_{mk}(t)$、$b_{ml}(t)$ 的函数，该子问题为混合整数非凸问题且通常难以直接求解，因此第 8.3 节将研究高效求解该子问题的算法。

8.3 低复杂度资源分配优化算法

首先对和 H-CRAN 中用户关联和资源块分配有关的二进制变量进行连续性放

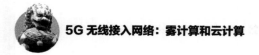

松，然后采用拉格朗日对偶分解的方法对资源优化问题进行有效的求解。由于问题（8-35）在每个时隙上进行优化，因此本节内容将省略时隙索引 t。

8.3.1 连续性放松

首先移除二进制变量相乘项，即 $x_{mk}=(1-s_m)a_{mk}$ 和 $y_{ml}=(1-s_m)b_{ml}$。然后使二进制变量 a_{jk}、x_{mk} 和 y_{ml} 在[0,1]区间范围内取连续值。进一步，为了使问题能够求解，引入辅助变量 w_{ijk}、v_{imk} 和 u_{ml}，即 $w_{ijk}=a_{jk}p_{ijk}$，$v_{imk}=x_{mk}p_{imk}$ 和 $u_{ml}=y_{ml}p_{ml}$。用 $\boldsymbol{x}=[a_{jk},x_{mk},y_{ml}:j\in\mathcal{U}_{\rm R},m\in\mathcal{U}_{\rm H},\ k\in\mathcal{K}_{\rm R},l\in\mathcal{K}_{\rm H}]$ 表示连续放松资源块分配变量组成的向量，用 $\boldsymbol{w}=[w_{ijk},v_{imk},u_{ml}:i\in\mathcal{R},j\in\mathcal{U}_{\rm R},m\in\mathcal{U}_{\rm H},k\in\mathcal{K}_{\rm R},l\in\mathcal{K}_{\rm H}]$ 表示引入的辅助变量组成的向量。因此，优化问题（8-35）最终重新表示为：

$$\begin{aligned}
\min_{\boldsymbol{x},\boldsymbol{w}} & -\sum_{m\in\mathcal{U}_{\rm H}}B_m\Big(\sum_{l\in\mathcal{K}_{\rm H}}y_{ml}{\rm lb}(1+g_{ml}u_{ml}/y_{ml})+\sum_{k\in\mathcal{K}_{\rm R}}x_{mk}{\rm lb}(1+\sum_{i\in\mathcal{R}}v_{imk}g_{imk}/x_{mk})\Big)-\\
&\sum_{j\in\mathcal{U}_{\rm R}}B_j\sum_{k\in\mathcal{K}_{\rm R}}a_{jk}{\rm lb}(1+\sum_{i\in\mathcal{R}}w_{ijk}g_{ijk}/a_{jk})+\\
&Y_{\rm R}\sum_{i\in\mathcal{R}}\Big(\sum_{k\in\mathcal{K}_{\rm R}}\sum_{m\in\mathcal{U}_{\rm H}}v_{imk}+\sum_{k\in\mathcal{K}_{\rm R}}\sum_{j\in\mathcal{U}_{\rm R}}w_{ijk}\Big)+Y_{\rm H}\sum_{m\in\mathcal{U}_{\rm H}}\sum_{l\in\mathcal{K}_{\rm H}}u_{ml}\\
{\rm s.t.}\ & \sum_{j\in\mathcal{U}_{\rm R}}a_{jk}+\sum_{m\in\mathcal{U}_{\rm H}}x_{mk}\leqslant 1,\forall k,\\
&\sum_{m\in\mathcal{U}_{\rm H}}x_{ml}\leqslant 1,\forall l,\\
&\sum_{k\in\mathcal{K}_{\rm R}}\sum_{m\in\mathcal{U}_{\rm H}}v_{imk}+\sum_{k\in\mathcal{K}_{\rm R}}\sum_{j\in\mathcal{U}_{\rm R}}w_{ijk}\leqslant p_i^{\max},\forall i,\\
&\sum_{m\in\mathcal{U}_{\rm H}}\sum_{l\in\mathcal{K}_{\rm H}}u_{ml}\leqslant p_{\rm H}^{\max},\\
&a_{jk},x_{mk},y_{ml}\in[0,1],\forall j,k,m,l
\end{aligned}\tag{8-36}$$

由于目标函数中的 $-y_{ml}{\rm lb}(1+g_{ml}u_{ml}/y_{ml})$、$-x_{mk}{\rm lb}(1+\sum_{i\in\mathcal{R}}v_{imk}g_{imk}/x_{mk})$ 和 $-a_{jk}{\rm lb}(1+\sum_{i\in\mathcal{R}}w_{ijk}g_{ijk}/a_{jk})$ 为凸函数 $-{\rm lb}(1+g_{ml}u_{ml})$、$-{\rm lb}(1+\sum_{i\in\mathcal{R}}v_{imk}g_{imk})$ 和 $-{\rm lb}(1+\sum_{i\in\mathcal{R}}w_{ijk}g_{ijk})$ 的透视函数（Perspective Function），故该目标函数也是凸函数[22]。此外，问题（8-36）的约束条件均是关于连续性放松变量和辅助变量的线性约束条件，根据索尔特条件（Salter's Condition），问题（8-36）的拉格朗日对偶间隙为 0。

8.3.2 拉格朗日对偶分解

凸优化问题（8-36）可以通过拉格朗日对偶分解法进行有效的求解。特别地，问题（8-36）的拉格朗日函数为：

$$L(\lambda)=\min_{x,w}-\sum_{m\in\mathcal{U}_{\mathrm{H}}}B_m(\sum_{l\in\mathcal{K}_{\mathrm{H}}}y_{ml}\mathrm{lb}(1+u_{ml}g_{ml}/y_{ml})+\sum_{k\in\mathcal{K}_{\mathrm{R}}}x_{mk}\mathrm{lb}(1+\sum_{i\in\mathcal{R}}v_{imk}g_{imk}/x_{mk}))-\sum_{j\in\mathcal{U}_{\mathrm{R}}}B_j\sum_{k\in\mathcal{K}_{\mathrm{R}}}a_{jk}\mathrm{lb}(1+\sum_{i\in\mathcal{R}}w_{ijk}g_{ijk}/a_{jk})+\sum_{i\in\mathcal{R}}(Y_{\mathrm{R}}+\theta_i)(\sum_{k\in\mathcal{K}}\sum_{m\in\mathcal{U}_{\mathrm{H}}}v_{imk}+\sum_{k\in\mathcal{K}_{\mathrm{R}}}\sum_{j\in\mathcal{U}_{\mathrm{R}}}w_{ijk})-\sum_{i\in\mathcal{R}}\theta_i p_i^{\max}+(Y_{\mathrm{H}}+\theta_0)\sum_{m\in\mathcal{U}_{\mathrm{H}}}\sum_{l\in\mathcal{K}_{\mathrm{H}}}u_{ml}-\theta_0 p_{\mathrm{H}}^{\max} \tag{8-37}$$

其中，$\boldsymbol{\theta}=[\theta_0,\theta_1,\theta_2,\cdots,\theta_N]$ 是由对应 HPN 和 RRH 传输功耗约束的拉格朗日对偶变量组成的向量。拉格朗日对偶函数为：

$$\begin{aligned}D(\boldsymbol{\theta})=&\min_{x,w}L(\boldsymbol{\theta})\\ \text{s.t.}\ &\sum_{m\in\mathcal{U}_{\mathrm{H}}}y_{ml}\leqslant 1,\forall l,\\ &\sum_{j\in\mathcal{U}_{\mathrm{R}}}a_{jk}+\sum_{m\in\mathcal{U}_{\mathrm{H}}}x_{mk}\leqslant 1,\forall k,\\ &a_{jk},x_{mk},y_{ml}\in[0,1],\forall j,k,m,l\end{aligned} \tag{8-38}$$

相应的对偶优化问题为：

$$\begin{aligned}&\max_{\boldsymbol{\theta}}D(\boldsymbol{\theta})\\ &\text{s.t.}\ \boldsymbol{\theta}\geqslant \mathbf{0}\end{aligned} \tag{8-39}$$

根据 KKT 条件，最优功率分配通过分别对式（8-37）的目标函数关于 v_{imk}、w_{ijk} 和 u_{ml} 计算微分获得，它们分别为：

$$v_{imk}^{*}=\left[\frac{B_m}{(Y_R+\theta_i)\ln 2}-\frac{1+\sum_{i'\neq i}v_{i'mk}^{*}g_{i'mk}}{g_{imk}}\right]^{+}x_{mk} \tag{8-40}$$

$$w_{ijk}^{*}=\left[\frac{B_j}{(Y_R+\theta_i)\ln 2}-\frac{1+\sum_{i'\neq i}w_{i'jk}^{*}g_{i'jk}}{g_{ijk}}\right]^{+}a_{jk} \tag{8-41}$$

$$u_{ml}^{*}=\left[\frac{B_m}{(Y_H+\theta_0)\ln 2}-\frac{1}{g_{ml}}\right]^{+}y_{ml} \tag{8-42}$$

其中，$[x]^{+}=\max\{x,0\}$。该功率分配具有多级注水的形式，其中注水水平由业务队列状态和虚拟队列状态共同决定。将最优功率分配 v_{imk}^{*}、w_{ijk}^{*} 和 u_{ml}^{*} 代入式（8-37），并令：

$$\varPhi_{mk}=\sum_{i\in\mathcal{R}}(Y_{\rm R}+\theta_i)p_{imk}-B_mR_b{\rm lb}(1+\sum_{i\in\mathcal{R}}p_{imk}g_{imk}) \tag{8-43}$$

$$\varLambda_{jk}=\sum_{i\in\mathcal{R}}(Y_{\rm R}+\theta_i)p_{ijk}-B_jR_b{\rm lb}(1+\sum_{i\in\mathcal{R}}p_{ijk}g_{ijk}) \tag{8-44}$$

$$\varGamma_{ml}=(Y_{\rm H}+\theta_0)p_{ml}-B_mR_b{\rm lb}(1+g_{ml}p_{ml}) \tag{8-45}$$

则此时的拉格朗日对偶函数为：

$$\begin{aligned}&\min_{x}\sum_{m\in\mathcal{U}_{\rm H}}\sum_{k\in\mathcal{K}_{\rm R}}\varPhi_{mk}x_{mk}+\sum_{m\in\mathcal{U}_{\rm H}}\sum_{l\in\mathcal{K}_{\rm H}}\varGamma_{ml}y_{ml}+\sum_{j\in\mathcal{U}_{\rm R}}\sum_{k\in\mathcal{K}_{\rm R}}\varLambda_{jk}a_{jk}\\&{\rm s.t.}\ \sum_{m\in\mathcal{U}_{\rm H}}y_{ml}\leqslant 1,\forall l,\\&\quad\ \sum_{j\in\mathcal{U}_{\rm R}}a_{jk}+\sum_{m\in\mathcal{U}_{\rm H}}x_{mk}\leqslant 1,\forall k,\\&\quad\ a_{jk},x_{mk},y_{ml}\in[0,1],\forall j,k,m,l\end{aligned} \tag{8-46}$$

它是一个线性规划问题，可以证明，如果有界的线性规划问题存在最优解，则其中有一个最优解由极值点组成[23]。功率分配完成后，最优资源块分配和用户关联将通过如下步骤进行求解。

步骤 1　对于 RRH 的资源块 k，其是否分配给 HUE$_m$ 由以下计算式决定：

$$x_{mk}=\begin{cases}1,m=\arg\min\{\varPhi_{mk}:m\in\mathcal{U}_{\rm H}\}\ \&\ \varPhi_{mk}<\min\{\varLambda_{jk}:j\in\mathcal{U}_{\rm R}\}\ \&\ \varPhi_{mk}<\min\{\varGamma_{ml}:l\in\mathcal{K}_{\rm H}\}\\0,其他\end{cases} \tag{8-47}$$

如果存在 RRH 的 RB 分配给 HUE$_m$ 的情况，则有 $s_m=1$，即 HUE$_m$ 关联至 RRH，否则继续由 HPN 服务，用 $\mathcal{U}_0'$ 表示继续由 HPN 服务的 HUE 的集合。

步骤 2　RRH 剩余的资源块被分配给 RUE，此时资源块分配为：

$$a_{jk}=\begin{cases}1,\ j=\arg\min\{\varLambda_{jk}:j\in\mathcal{U}_{\rm R}\}\ \&\ \varLambda_{jk}<0\\0,其他\end{cases} \tag{8-48}$$

步骤 3　HPN 的资源块被分配给继续由 HPN 服务的 HUE，此时资源块分配为：

$$y_{ml}=\begin{cases}1, & m=\arg\min\{\Gamma_{ml}:m\in\mathcal{U}_{0'}\}\\0, & \text{其他}\end{cases}\tag{8-49}$$

值得注意的是，经过连续性放松的变量 x_{mk} 、a_{jk} 和 y_{ml} 仍旧在约束集的极值点 0 和 1 取值，即最优解仍然是二进制的。

最后，最优对偶变量通过如下次梯度方法迭代计算得到：

$$\theta_0^{(n+1)}=\left[\theta_0^{(n)}+\xi_0^{(n+1)}\nabla_0^{(n+1)}\right]^+\tag{8-50}$$

$$\theta_i^{(n+1)}=\left[\theta_i^{(n)}+\xi_i^{(n+1)}\nabla_i^{(n+1)}\right]^+\tag{8-51}$$

其中，n 为迭代次数，$\xi_0^{(n)}$ 和 $\xi_i^{(n)}$ 为第 n 次迭代的步长，$\nabla_0^{(n+1)}$ 和 $\nabla_i^{(n+1)}$ 为拉格朗日对偶函数的次梯度，它们通过如下计算式得到：

$$\nabla_0^{(n+1)}=\left(\sum_{m\in\mathcal{U}_{\mathrm{H}}}\sum_{l\in\mathcal{K}_{\mathrm{H}}}u_{ml}^{(n)}-p_{\mathrm{H}}^{\max}\right)\tag{8-52}$$

$$\nabla_i^{(n+1)}=\left(\sum_{j\in\mathcal{U}_{\mathrm{R}}}\sum_{k\in\mathcal{K}_{\mathrm{R}}}w_{ijk}^{(n)}+\sum_{j\in\mathcal{U}_{\mathrm{R}}}\sum_{k\in\mathcal{K}_{\mathrm{R}}}v_{imk}^{(n)}-p_i^{\max}\right)\tag{8-53}$$

算法 8-1 总结了基于业务队列的拥塞控制的动态无线资源优化算法的具体步骤。

算法 8-1 基于业务队列的联合拥塞控制的动态无线资源优化算法

步骤 1 在每一时隙，观察业务队列状态 $Q_m(t)$ 、$Q_j(t)$ 和虚拟队列状态 $H_m(t)$ 、$H_j(t)$ 、$Z(t)$ 。

步骤 2 通过求解式（8-29）和式（8-30）计算最优辅助变量 $\gamma_m(t)$ 和 $\gamma_j(t)$ 。

步骤 3 根据式（8-33）和式（8-34）决定最优准入业务量 $R_m(t)$和 $R_j(t)$。

步骤 4 重复。

步骤 5 根据式（8-40）和式（8-41）获取 RRH 层最优功率分配 p_{imk} 和 p_{ijk} 。

步骤 6 根据式（8-42）获取 HPN 最优功率分配 p_{ml} 。

步骤 7 根据式(8-43)和式(8-44)获取最优 RRH 层最优资源块分配 a_{mk} 和 a_{jk} ，并求出最优 HUE 关联状态 s_m 。

步骤 8 根据式（8-49）获取 HPN 最优资源块分配 b_{ml} 。

步骤 9 根据式（8-50）和式（8-51）对拉格朗日对偶变量 $\boldsymbol{\theta}$ 进行更新。

步骤 10 直到满足特定的终止条件。

步骤 11 根据式（8-9）、式（8-10）、式（8-22）~式（8-24）更新业务队列状态 $Q_m(t)$、$Q_j(t)$ 和虚拟队列状态 $H_m(t)$、$H_j(t)$、$Z(t)$。

8.4 算法性能界分析

本节内容将分析基于李雅普诺夫优化方法所提出的 H-CRAN 中基于业务队列的动态联合拥塞控制的动态无线资源优化算法的性能界。

8.4.1 瞬时队列长度界

假设 ϕ_{H} 和 ϕ_{R} 分别为 $g_{\mathrm{H}}(\cdot)$ 和 $g_{\mathrm{R}}(\cdot)$ 的最大右导数，则定理 8-2 表明所提算法能保证瞬时队列长度有上界。

定理 8-2 对于 H-CRAN 中任意的业务到达率（可能会超出稳定域）和特定的能效需求，当采用所提算法时，网络的瞬时业务队列长度有如下上界：

$$Q_j(t) \leqslant V\alpha\phi_{\mathrm{R}} + 2A_j^{\max} \tag{8-54}$$

$$Q_m(t) \leqslant V\beta\phi_{\mathrm{H}} + 2A_m^{\max} \tag{8-55}$$

证明：首先证明 RUE 的瞬时队列长度界，MUE 的瞬时队列长度界可用相同的思路证明。假设在第 t 时隙如下不等式成立：

$$H_j(t) \leqslant V\alpha\phi_{\mathrm{R}} + A_j^{\max} \tag{8-56}$$

如果 $H_j(t) \leqslant V\alpha\phi_{\mathrm{R}}$，那么根据业务准入控制约束 $R_j(t) \leqslant A_j^{\max}$，很容易有 $H_j(t) \leqslant V\alpha\phi_{\mathrm{R}} + A_j^{\max}$。反之，如果 $H_j(t) \geqslant V\alpha\phi_{\mathrm{R}}$，由于效益函数 $g_{\mathrm{R}}(\cdot)$ 为单调非递减凹函数，且 ϕ_{R} 为 $g_{\mathrm{R}}(\cdot)$ 的最大右导数，则容易有如下不等式：

$$V\alpha g_{\mathrm{R}}(\gamma_j(t)) - H_j(t)\gamma_j(t) \leqslant V\alpha g_{\mathrm{R}}(0) + (V\alpha\phi_{\mathrm{R}} - H_j(t))\gamma_j(t) \leqslant V\alpha g_{\mathrm{R}}(0) \tag{8-57}$$

式（8-57）基于以下事实：当 $H_j(t) \geqslant V\alpha\phi_{\mathrm{R}}$ 时，式（8-29）中辅助变量的选择会迫使 γ_j 为 0。因此，不等式（8-56）同样在第 $t+1$ 时隙成立，即：

$$H_j(t+1) \leqslant H_j(t) \leqslant V\alpha\phi_{\mathrm{R}} + A_j^{\max} \tag{8-58}$$

有了如上虚拟队列的上界，下一步证明业务队列长度的上界。如果

$Q_j(t) \leqslant H_j(t)$，则根据的业务准入控制策略式（8-33），有：

$$Q_j(t+1) = Q_j(t) + R_j(t) \leqslant Q_j(t) + A_j^{\max} \leqslant H_j(t) + A_j^{\max} = V\alpha\phi_{\mathrm{R}} + 2A_j^{\max} \tag{8-59}$$

故得证。

8.4.2 吞吐量效益性能

定理 8-3 给出了所提算法下的吞吐量效益性能。

定理 8-3 对于 H-CRAN 中任意的业务到达率（可能会超出稳定域）和特定的能效需求，当采用所提算法时，网络的吞吐量效益满足如下不等式：

$$U(\bar{\boldsymbol{r}}) \geqslant U^* - C/V \tag{8-60}$$

其中，U^* 为所有满足网络能效需求并使业务队列稳定的算法中最优的吞吐量效益。

证明：为了证明吞吐量效益性能的下界，首先给出引理 8-2。

引理 8-2 对于 H-CRAN 中任意业务到达率，存在一个随机稳态控制策略 π，该策略下的每时隙控制动作独立于当前时隙的业务队列状态和虚拟队列状态，且满足：

$$\gamma_m^{\pi}(t) = r_m^*, \gamma_j^{\pi}(t) = r_j^* \tag{8-61}$$

$$E[R_m^{\pi}(t)] = r_m^*, E[R_j^{\pi}(t)] = r_j^* \tag{8-62}$$

$$E[\mu_m^{\pi}(t)\tau] \geqslant E[R_m^{\pi}(t)], E[\mu_j^{\pi}(t)\tau] \geqslant E[R_j^{\pi}(t)] \tag{8-63}$$

$$E[\mu_{\mathrm{sum}}^{\pi}(t)] \geqslant W\eta_{\mathrm{EE}}^{\mathrm{req}} E[p_{\mathrm{sum}}^{\pi}(t)] \tag{8-64}$$

上述引理的证明可参见参考文献[24]中相似的证明过程。由于本章所提算法通过在每时隙选择能最小化式（8-23）右边项的控制动作（包括上述引理中的随机稳态控制策略 π）得到，因此有：

$$\begin{aligned}
&\Delta(\chi(t)) \leqslant C - \\
&E\left[\sum_{j\in\mathcal{U}_{\mathrm{R}}}\left(V\alpha g_{\mathrm{R}}(\gamma_j^{\pi}(t)) - H_j(t)\gamma_j^{\pi}(t)\right) + \sum_{m\in\mathcal{U}_{\mathrm{H}}}\left(V\beta g_{\mathrm{H}}(\gamma_m^{\pi}(t)) - H_m(t)\gamma_m^{\pi}(t)\right) \mid \chi(t)\right] - \\
&E\left[\sum_{m\in\mathcal{U}_{\mathrm{H}}}\left(H_m(t) - Q_m(t)\right)R_m^{\pi}(t) + \sum_{j\in\mathcal{U}_{\mathrm{R}}}\left(H_j(t) - Q_j(t)\right)R_j^{\pi}(t) \mid \chi(t)\right] - \\
&E\left[\sum_{m\in\mathcal{U}_{\mathrm{H}}} Q_m(t)\mu_m^{\pi}(t)\tau + \sum_{j\in\mathcal{U}_{\mathrm{R}}} Q_j(t)\mu_j^{\pi}(t)\tau + Z(t)\left(\mu_{\mathrm{sum}}^{\pi}(t) - W\eta_{\mathrm{EE}}^{\mathrm{req}} p_{\mathrm{sum}}^{\pi}(t)\right) \mid \chi(t)\right]
\end{aligned} \tag{8-65}$$

由于随机稳态控制策略独立于 $\chi(t)$，因此有：

$$
\begin{aligned}
\Delta(\chi(t)) \leqslant C - &\sum_{j\in\mathcal{U}_{\mathrm{R}}}\left(E\left[V\alpha g_{\mathrm{R}}(\gamma_j^{\pi}(t))\right]-H_j(t)E\left[\gamma_j^{\pi}(t)\right]\right)+\\
&\sum_{m\in\mathcal{U}_{\mathrm{H}}}\left(E\left[V\beta g_{\mathrm{H}}(\gamma_m^{\pi}(t))\right]-H_m(t)E\left[\gamma_m^{\pi}(t)\right]\right)-\\
&\sum_{m\in\mathcal{U}_{\mathrm{H}}}\left(H_m(t)-Q_m(t)\right)E\left[R_m^{\pi}(t)\right]-\sum_{j\in\mathcal{U}_{\mathrm{R}}}\left(H_j(t)-Q_j(t)\right)E\left[R_j^{\pi}(t)\right]-\\
&\sum_{m\in\mathcal{U}_{\mathrm{H}}}Q_m(t)E\left[\mu_m^{\pi}(t)\tau\right]-\sum_{j\in\mathcal{U}_{\mathrm{R}}}Q_j(t)E\left[\mu_j^{\pi}(t)\tau\right]-\\
&Z(t)\left(E\left[\mu_{\mathrm{sum}}^{\pi}(t)\right]-W\eta_{\mathrm{EE}}^{\mathrm{req}}E\left[p_{\mathrm{sum}}^{\pi}(t)\right]\right)
\end{aligned}
\tag{8-66}
$$

将式（8-61）~式（8-63）代入式（8-65）的右边项，有：

$$
E\left[L(\chi(t+1))-L(\chi(t))\right]-VE\left[U(\gamma(t))\right]\leqslant C-VU^{*} \tag{8-67}
$$

然后将式（8-66）在每个时隙 $t\in\{0,1,\cdots,T-1\}$ 上进行累加，并将结果除以 T，则有：

$$
\frac{E[L(\chi(t+1))]-E[L(\chi(0))]}{T}-\frac{1}{T}\sum_{t=0}^{T-1}E\left[U(\gamma(t))\right]\leqslant C-VU^{*} \tag{8-68}
$$

由于 $L(\chi(t+1))\geqslant 0$ 和 $L(\chi(0))=0$，因此有：

$$
\lim_{T\to\infty}\frac{1}{T}\sum_{t=0}^{T-1}E\left[U(\gamma(t))\right]\geqslant U^{*}-C/V \tag{8-69}
$$

此外，由于吞吐量效益函数是单调非递减凹函数，根据 Jensen 不等式，最终有：

$$
U(\bar{\boldsymbol{r}})\geqslant U(\bar{\boldsymbol{\gamma}})\geqslant\frac{1}{T}\sum_{t=0}^{T-1}E\left[U(\gamma(t))\right]\geqslant U^{*}-C/V \tag{8-70}
$$

故得证。

为了便于理解定理 8-2 和定理 8-3，下面给出一些重要的分析结果。

- 由于 $U(\bar{\boldsymbol{r}})\leqslant U^{*}$，根据定理 8-3 有 $U^{*}-C/V\leqslant U(\bar{\boldsymbol{r}})\leqslant U^{*}$。这表明 $U(\bar{\boldsymbol{r}})$ 可以通过设置足够大的参数 V 而任意接近于 U^{*}，这将在仿真结果中被进一步证实。
- 定理 8-2 和定理 8-3 共同表明了 H-CRAN 的时延和吞吐量效益间存在 $[\mathcal{O}(V),1-\mathcal{O}(1/V)]$ 的权衡关系，这提供了一种根据需要灵活平衡时延和吞吐量性能的方法，这也将在仿真结果中被进一步证实。

本章内容没有规定详细的业务模型，这是因为它不会影响到优化问题的构建和对应的分析结果。此外，尽管本章假设随机业务到达独立同分布且到达率恒定，但所提方法和对应的理论性能分析结果仍旧对其他业务到达模型有效，如时隙间相互独立，但到达率是时变和遍历的业务。这是因为本章的联合拥塞控制和资源优化策略是基于实时的业务队列长度和虚拟队列长度获得的，而不需要业务到达的先验统计信息。

| 8.5 仿真验证与结果分析 |

本节内容利用计算机仿真验证所提的基于业务队列的动态联合拥塞控制和资源优化算法的有效性，对所提算法的平均队列时延、平均吞吐量及平均能效等性能进行评估和分析，并对比算法的性能。

8.5.1 仿真场景与参数设置

在仿真中，根据假设 8-1，对于信道状态信息、快衰落均为时隙间相互独立的复高斯随机变量的包络，HPN 和 RRH 的传播损耗模型分别为 $31.5+40.0\lg d$ 和 $31.5+35.0\lg d$，d 以米为单位[25]。根据假设 8-2，HUE 和 RUE 的随机业务达到均服从泊松分布，且平均业务到达率分别为 $\lambda_j=\lambda$ 和 $\lambda_m=0.5\lambda$，其中，λ 的取值根据具体仿真场景而取不同的值。此外，对于 HPN，设置 $|\mathcal{K}_{\rm H}|=8$，$\varphi_{\rm eff}^{\rm H}=1$，$p_{\rm H}^{\max}=10\ {\rm W}$，$p_{\rm c}^{\rm H}=2\ {\rm W}$；对于 RRH，设置 $|\mathcal{K}_{\rm R}|=12$，$\varphi_{\rm eff}^{\rm R}=1$，$p_i^{\max}=3\ {\rm W}$，$p_{\rm c}^{\rm R}=1\ {\rm W}$。为了便于比较性能，采用的平均吞吐量效益函数为 $U(\bar{\boldsymbol{r}})=\alpha\sum_{j\in\mathcal{U}_{\rm R}}\bar{r}_j+\beta\sum_{m\in\mathcal{U}_{\rm H}}\bar{r}_m$，其中，$\alpha=1$，$\beta=1$。仿真曲线的每一个点通过对 5 000 时隙的仿真结果取平均得到。

8.5.2 仿真结果与分析

（1）不同能效需求下的时延和吞吐量性能

图 8-2 和图 8-3 分别给出了当平均到达率为 λ=6 kbit/s 时，不同能效需求下平均网络吞吐量和平均队列时延随控制参数 V 的变化情况。可以看出，随着控制参数 V

的增加，平均吞吐量效益以$\mathcal{O}(1/V)$的速度逼近最优值，这是因为较大的控制参数 V 意味着控制策略更侧重于平均吞吐量效益的优化。然而，随着控制参数 V 的持续增加，吞吐量效益的改善开始减弱，而且由于平均队列时延随着控制参数 V 增加而线性增加，因此会反过来加剧网络的拥塞状态。上述仿真结果验证了定理 8-2 和定理 8-3 的结论。

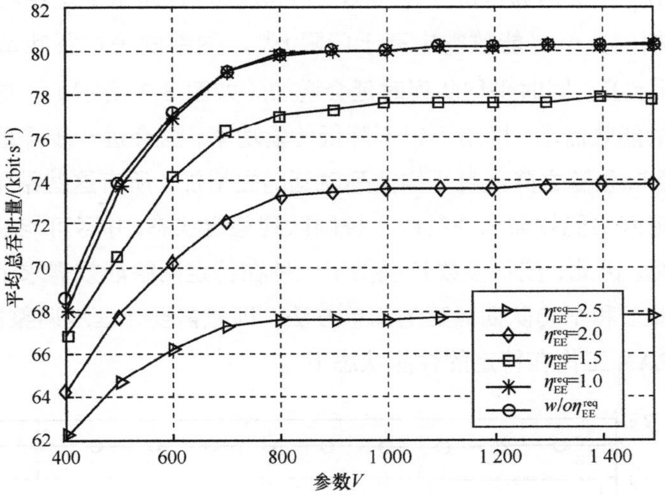

图 8-2　不同控制参数下的平均总吞吐量

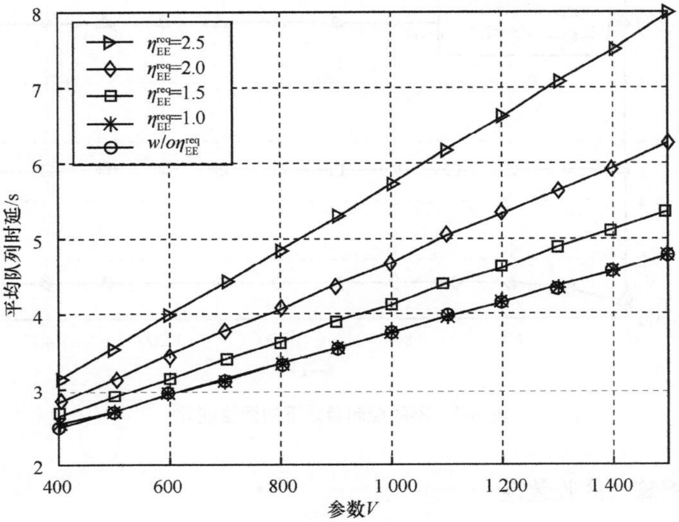

图 8-3　不同控制参数下的平均队列时延

图 8-4 给出了不同控制参数V时网络可以获取的能效，可以看出，网络的能效永远大于或等于能效需求η_{EE}^{req}。从图 8-2、图 8-3 和图 8-4 可以进一步看出，当平衡网络的平均队列时延和平均吞吐量时，网络存在一个特定的能效门限η_{EE}^{thr}。在本节的仿真结果中，能效门限为$\eta_{EE}^{thr}=1.12$，该值为网络无能效需求时基于队列的动态联合拥塞控制和资源优化算法可获取的能效。特别地，网络的能效需求低于门限η_{EE}^{thr}时所提算法的平均能效，平均队列时延和平均吞吐量性能和无能效需求时相同。一旦能效需求高于门限η_{EE}^{thr}，网络的平均吞吐量会明显降低（如图 8-2 所示），同时平均队列时延会增加（如图 8-3 所示）。这是因为，为了保证网络的能效需求，网络不得不降低传输功率，这会进一步导致传输速率的降低，平均吞吐量随之降低且平均队列时延随之增加。所有这些结果表明，所提算法能在保证网络能效需求的基础上控制队列稳定状态，并尽可能地最大化网络的平均吞吐量。因此，控制参数V提供了一种在特定网络能效需求下灵活地平衡平均吞吐量效益和平均队列时延的简单方法，即只需要合理地调整控制参数V，便可使 H-CRAN 工作在特定的性能状态下。

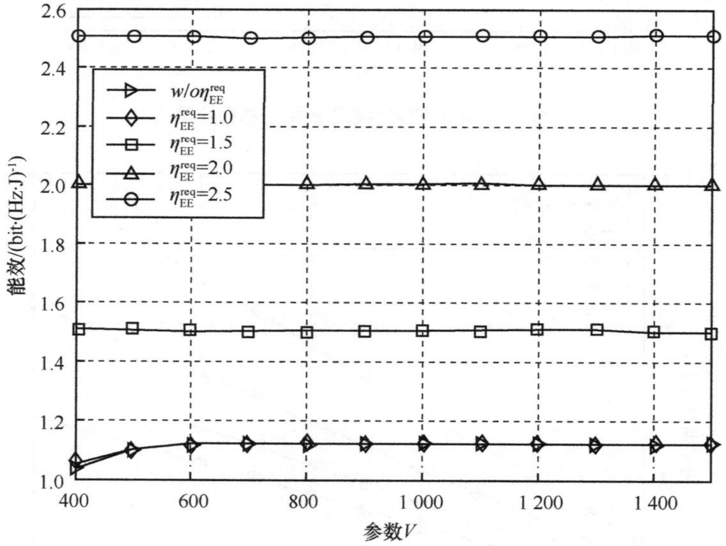

图 8-4 不同控制参数下的网络能效

（2）所提算法的收敛性

图 8-5 给出了所提算法达到收敛时所需要的平均迭代次数。可以看出，算法在

不同的能效需求下均能快速收敛。此外，算法的收敛速度受一些关键参数的影响：一方面，较大的控制参数 V 意味着较大的平均吞吐量和较慢的收敛速度；另一方面，较高的能效需求 $\eta_{\mathrm{EE}}^{\mathrm{req}}$ 则意味着较小的平均吞吐量和较快的收敛速度。

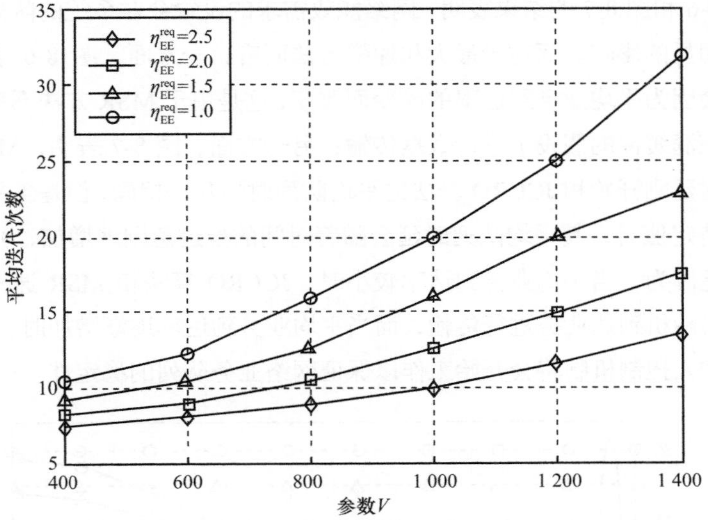

图 8-5　不同控制参数下的平均迭代收敛次数

（3）不同平均业务到达率下性能对比

为了验证所提的基于业务队列的联合拥塞控制和资源优化算法的有效性，将通过仿真比较其性能与最大和速率方法的性能。在仿真场景中，最大和速率方法即在每时隙中求解如下优化问题：

$$\begin{aligned}&\max \sum_{j\in\mathcal{U}_{\mathrm{R}}}\mu_j(t)+\sum_{m\in\mathcal{U}_{\mathrm{H}}}\mu_m(t)\\&\text{s.t.}\quad \mathrm{C1}\sim\mathrm{C5,C8}\end{aligned}\tag{8-71}$$

最大和速率方法工作在满缓冲的假设条件下，并未考虑拥塞控制，只是对资源分配进行优化。为了方便表示，本章前面介绍的基于业务队列的联合拥塞控制和资源优化算法和用于比较的最大和速率方法分别用 JCCRO（Joint Congestion Control and Resource Optimization）和 MSR（Maximum Sum Rate）表示。

对于基于业务队列的联合拥塞控制和资源优化算法 JCCRO，设置控制参数为 $V=1\,000$。通过图 8-6 可看出，JCCRO 算法在不同能效需求下的平均和速率在刚开始几乎相同，并且都不少于平均总业务到达率，然后随着平均业务到达率的增加而趋向于最大值。通过图 8-7 可看出，JCCRO 算法的平均队列时延会一直随着平均业务到达率的增加而增加，这是因为更高的平均业务到达率需要更高的传输速率，而受能效需求的约束，传输速率不可能足够大，从而导致业务的队列时延增加。图 8-6 和图 8-7 的结果表明，网络能效需求的设置会对系统的队列时延和吞吐量有很明显的影响。而对于最大和速率方法而言，一方面，图 8-6 表明，平均和速率不会因为平均业务到达率的改变而改变，这是由于 MSR 方法不考虑随机业务到达并在满缓冲的假设下进行数据传输；另一方面，图 8-7 表明，MSR 方法的平均队列时延刚开始和 JCCRO 算法的平均队列时延几乎相同，但是当平均业务到达率高于特定值后，其平均队列时延会随着时间的推进急剧地增加，并且趋向于无穷。这是因为，当平均业务到达率较小时，JCCRO 算法和 MSR 速率方法都能够及时地对随机到达业务进行传输，而当平均业务到达率逐渐增加时，JCCRO 算法的业务准入控制机制将会开始工作以保证网络业务队列的稳定性。

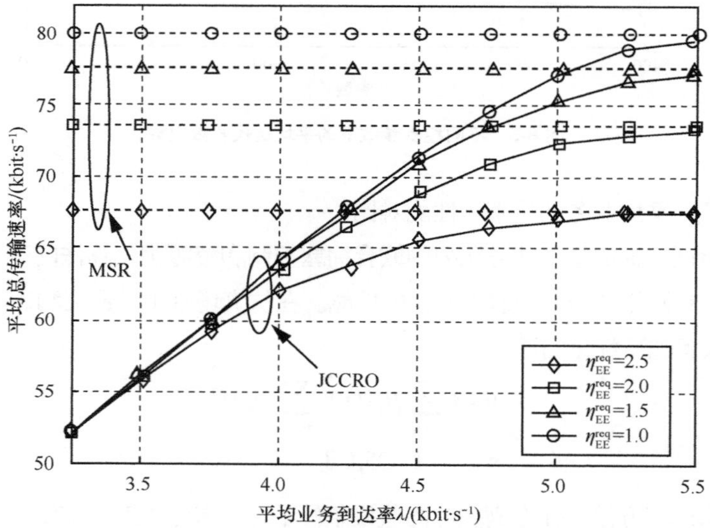

图 8-6　不同平均业务到达率下的平均总吞吐量

图 8-8 进一步对比了 JCCRO 算法和 MSR 速率方法的平均网络功耗性能。可以看出，MSR 速率的平均网络功耗不会随着平均业务到达率的变化而变化，并且在相对较轻的业务负载情况时远大于所提算法的平均网络功耗。这是因为 MSR 速率的方法基于业务满缓冲的假设，并且仅基于信道状态进行业务传输，因此不能

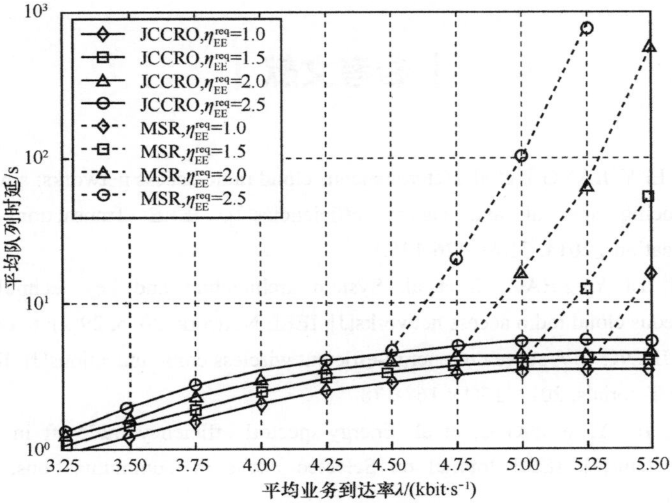

图 8-7　不同平均业务到达率下的平均队列时延

够自适用于业务到达率的变化，尽管保证了和 JCCRO 算法相同的网络的能效需求，但是浪费了不必要的能量。图 8-6～图 8-8 的仿真结果验证了 JCCRO 算法如下的优势：在相对较轻的业务负载状态时，自适应的动态联合优化能节省更多的能量；在相对较重的业务负载状态时，自适应的动态联合优化能够保证网络业务队列的稳定性，从而有效地控制网络队列时延。

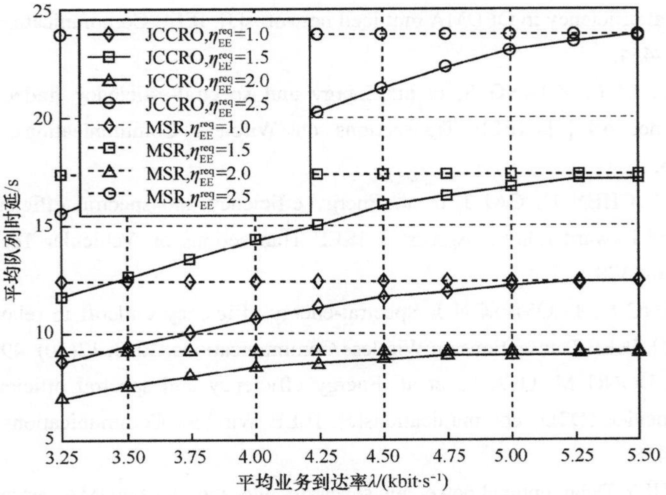

图 8-8　不同平均业务到达率下的平均总功耗

参考文献

[1] PENG M, LI Y, JIANG J, et al. Heterogeneous cloud radio access networks: a new perspective for enhancing spectral and energy efficiencies[J]. IEEE Transactions on Wireless Communications, 2014, 21(6): 126-135.

[2] PENG M, LI Y, ZHAO Z, et al. System architecture and key technologies for 5G heterogeneous cloud radio access networks[J]. IEEE Network, 2015, 29(2): 6-14.

[3] FENG D, JIANG C. A survey of energy-efficient wireless communications[J]. IEEE Commun. Surveys & Tutorials, 2013, 15(1): 167-178.

[4] HONG X, JIE Y, WANG C, et al. Energy-spectral efficiency trade-off in virtual MIMO cellular systems[J]. IEEE Journal on Selected Areas in Communications, 2013, 31(10): 2128-2140.

[5] ONIRETI O, HELIOT F, IMRAN M. On the energy efficiency spectral efficiency trade-off of distributed MIMO systems[J]. IEEE Transactions on Communications, 2013, 61(9): 3741-3753.

[6] HE C, SHENG B, ZHU P, et al. Energy- and spectral efficiency tradeoff for distributed antenna systems with proportional fairness[J]. IEEE Journal on Selected Areas in Communications, 2013, 31(5): 2128-2140.

[7] CHEUNG K, YANG S, HANZO L. Spectral and energy spectral efficiency optimization of joint transmit and receive beamforming based multi-relay MIMO-OFDMA cellular networks[J]. IEEE Transactions on Wireless Communications, 2014, 13(11): 6147-6165.

[8] JING W, LU Z, WEN X, et al. Flexible resource allocation for joint optimization of energy and spectral efficiency in OFDMA multicell networks[J]. IEEE Communications Letters, 2015, 19(3): 451-454.

[9] XIONG C, LI G, ZHANG S, et al. Energy and spectral-efficiency tradeoff in downlink OFDMA networks[J]. IEEE Transactions on Wireless Communications, 2011, 10(11): 3874-3886.

[10] HUANG S, CHEN H, CAI J, et al. Energy efficiency and spectral efficiency tradeoff in amplify-and-forward relay networks[J]. IEEE Transactions on Vehicular Technology, 2013, 62(9): 4366-4378.

[11] KU I, WANG C, THOMPSON J. Spectral-energy efficiency tradeoff in relay-aided cellular networks[J]. IEEE Transactions on Wireless Communications, 2013, 12(10): 4970-4982.

[12] ZHOU Z, DONG M, OTA K, et al. Energy efficiency and spectral efficiency tradeoff in device-to-device (D2D) communications[J]. IEEE Wireless Communications Letters, 2014, 3(5): 485-488.

[13] LAU V, CUI Y. Delay-optimal power and subcarrier allocation for OFDMA systems via stochastic approximation[J]. IEEE Transactions on Wireless Communications, 2010, 9(1): 227-233.

[14] CUI Y, LAU V. Distributive stochastic learning for delay optimal OFDMA power and subband allocation[J]. IEEE Transactions on Signal Processing, 2010, 58(9): 4848-4858.

[15] CHUNG H, LAU V. Tradeoff analysis of delay-power-CSIT quality of dynamic backpressure algorithm for energy efficient OFDM system[J]. IEEE Transactions on Signal Processing, 2012, 60(8): 4254-4263.

[16] LI Y, SHENG M, ZHANG Y, et al. Energy-efficient antenna selection and power allocation in downlink distributed antenna systems: a stochastic optimization approach[C]//International Conference on Communications, June 10-14, 2014, Sydney, NSW, Australia. Piscataway: IEEE Press, 2014: 4963-4968.

[17] LAU V, ZHANG F, CUI Y. Low complexity delay-constrained beamforming for multi-user MIMO systems with imperfect CSIT[J]. IEEE Transactions on Signal Processing, 2013, 61(16): 4090-4099.

[18] NEELY M. Delay-based network utility maximization[C]//IEEE INFOCOM, March 14-19, 2010，San Diego, CA, USA. Piscataway: IEEE Press, 2010: 1145-1149.

[19] JU H, LIANG B, LI J, et al. Dynamic joint resource optimization for LTE-Advanced relay networks[J]. IEEE Transactions on Wireless Communications, 2013, 12(11): 5668-5678.

[20] LI Y, SHENG M, SHI Y, et al. Energy efficiency and delay tradeoff for time-varying and interference-free wireless networks[J]. IEEE Transactions on Wireless Communications, 2014, 13(11): 5921-5931.

[21] CUI Y, LAU V, WANG R, et al. A survey on delay-aware resource control for wireless systems-large deviation theory, stochastic Lyapunov drift, and distributed stochastic learning[J]. IEEE Transactions on Information Theory, 2012, 58(3): 1677-1701.

[22] BOYD S, VANDENBERGHE L. Convex optimization[M]. Cambridge: Cambridge University Press, 2004.

[23] DANTZIG G, THAPA M. Linear programming II-theory and extensions[M]. New York: Springer Series in Operations Research, 2003.

[24] NEELY M. Stochastic network optimization with application to communication and queueing systems[M]. San Rafeal: Morgan & Claypool Publishers, 2010.

[25] 3GPP. Technical specification group radio access network; small cell enhancement for E-UTRA and E-UTRAN–physical layer aspects: TR36.872 [S]. 2013.

第 9 章

雾无线接入网络的资源分配

由于 F-RAN 需要实现无线通信、边缘雾计算、集中云计算、缓存的动态协同，传统频谱效率和能量效率并不能表征这几者动态协同带来的性能变化。为此，本章首先提出了一种适合 F-RAN 的成本频谱效率性能评估指标，然后，基于该指标，介绍了 F-RAN 基于成本频谱效率的无线资源、计算资源和缓存资源联合分配优化方法，并证明了所提方法的性能增益。最后，描述了联合 D2D 的资源分配优化方法，给出了相应的性能分析结果。

雾无线接入网络（F-RAN）的前传链路可以采用不同的传输技术，此外，也可以布置边缘缓存，对应的容量和成本都有显著的差异，需要在容量和成本之间进行平衡。然而传统的能效、谱效指标不能反映前传链路容量和成本之间的平衡关系。为此，在传统能效指标的基础上，考虑了成本因素，本章将讨论经济频谱效率指标，它将传统的能效谱效与前传链路容量和成本之间的关系进行了联合考虑。

基于经济频谱效率指标，在前传链路容量受限和发射功耗受限约束下，为最大化经济频谱效率，需要求解波束成形优化问题，该问题是非凸的，为此给出了两层迭代方法，即外层循环通过二分搜索法将原始波束成形设计问题转换为等价子问题，而内层循环则通过加权最小均方误差来求解最优化的子问题。此外，在前传链路容量、发射功耗与模式选择约束下，为最大化经济频谱效率，需要优化相应的资源分配与模式选择方案。鉴于优化目标是非凸问题，本章首先通过迭代算法将该非凸问题转变为凸优化问题，再通过拉格朗日对偶分解法进行求解。

9.1 传统性能评估指标及挑战

在不同的网络架构下，评估网络性能的指标通常需要考虑网络的特点、与容量相关的属性以及网络的覆盖能力等要素。现有的研究成果都是围绕覆盖概率、系统容量、误码率、时延、能量效率、成本等性能的优化问题展开的，以满足网络建设者与运营商不同的设计目标。以下主要对频谱效率、能量效率及成本等传统性能指标进行简要介绍。

（1）频谱效率

主要针对传输链路，利用覆盖率评估用户的性能。与此对应的面积频谱效率，其更加适合从网络观点评估整体性能。对于不同的场景应用，目前的研究给出了不同的频谱效率的定义，例如链路频谱效率与系统频谱效率。其中，链路频谱效率定义为净比特率或最大吞吐量与数据链路带宽的比值，单位为 bit/(s·Hz)，一般用于分析数字调制方式的效率。系统频谱效率定义为在有限的带宽下可以同时支持的用户数或网络吞吐量，单位为 bit/(s·Hz·site)、bit/(s·Hz·cell)。为了在较小带宽的情况下获得较高的网络吞吐量，需要对网络的频谱效率进行优化。

（2）能量效率

随着人们对绿色通信的深入认识，能效指标的定义渐渐丰富了起来，现有的指标主要有 3 种形式。

第 1 种形式的定义是功耗/面积（W/km^2），适用于最小化功率场景，表征单位区域面积内的网络功耗。区别于其他指标，该定义形式主要是通过降低网络功耗来提升能效，并且考虑了覆盖范围，一般用来评估乡村地区的能效性能。优化该指标是在保证最低服务质量的情况下，在一个覆盖区域内尽可能地降低功耗。

第 2 种形式定义为系统容量/功耗（bit/(s·W)或 bit/J），适用于高容量需求的场景，表征单位功率消耗能够获得的吞吐量。因此，在功率一定时，可以通过合理的资源分配提高系统的吞吐量来提升能效；或者在保证用户都能达到速率需求的情况下通过降低网络总功耗来提升能效。

第 3 种形式为谱效/功耗（bit/(s·Hz·W)或 bit/(Hz·J)），适用于动态频谱配置并且考虑系统带宽对网络性能影响的场景，表征在单位功率消耗下获得的网络谱效。

（3）成本

网络成本通常是由初始成本与动态成本组成。参考文献[1]指出，初始成本主要由网络的基础设施费用组成，包括基站设备费用、回传链路费用、无线网络控制设备费用等。动态成本包括网络的运营费用，如电费、租赁站点费用、设备路径费用以及运营维护费用等。

目前很多文献都已经对以上提出的性能指标进行了深入的探讨。参考文献[2]首先介绍了频谱效率这一指标对蜂窝系统中的频谱利用效率进行量化分析，并且还对空间特性进行了考虑。参考文献[3]利用随机几何分析了各种睡眠策略下的 K 层异构网络的能效性能，首先最优化能效，进而确定最近的高功率节点的睡眠策略。随着对问题认识的不断深入，明确能效与谱效二者之间的权衡比单纯优化网络的能效与谱效更有意义。在参考文献[4]中，采用随机几何工具对中断概率约束条件下能效与谱效之间的折中关系进行了分析，并给出了谱效与能效之间的关系表达式。

9.1.1 传统性能指标

随着基站部署数目的增多，网络的总吞吐量和总功耗均随之增加，并且在网络高负载时可以近似认为网络总功耗与基站数目呈线性关系。同样在 F-RAN 中，RRH 的密集部署使得网络的发射功耗与网络总吞吐量有显著的增加。同时为了满足大容量网络需求，通常会采取有线的前传链路传输，如光纤，获得较大的前传链路带宽。但由于 RRH 数目较大，因此使所有 RRH 均采用有线前传链路接入 BBU 池将会带来巨大的成本开销。此外，在沙漠、海洋等环境比较恶劣的地方，有线链路的铺设会十分困难。相对于有线前传链路传输，无线前传链路射频单元成本更低，铺设更简单，但是无线环境比较复杂，易受到环境因素的影响。同时采用无线前传链路传输不仅带来前传链路容量受限问题，而且会增加系统的同频干扰。由于前传链路受限问题和成本开销问题是组建和运营云无线接入网络所不可避免的，并且不同的前传链路载波技术所对应的容量和成本有显著的差异。因此在衡量网络的性能时，联合考虑前传链路容量与成本开销的关系是很有必要的。

传统的蜂窝网络中，接入节点的类型相对单一，不同方案所需成本开销差异有限，并且能耗与成本的变化趋势较为接近。此时，借助能耗可以近似体现成本的影响，但是这一结论在 F-RAN 中存在一定的问题。在 F-RAN 架构下，连接 RRH 与 BBU 池的前传链路通常是由多种传输介质实现，在下一代无源光网络（NG-PON）、以太无源光网络（E-PON）以及小于 1 Gbit/s 带宽的无线传输介质的前传链路技术情况下所获得的能效、谱效以及成本开销的差异如图 9-1 所示。

如图 9-1 所示，在 F-RAN 中的前传链路采用了 NG-PON 技术、E-PON 技术以及无线传输技术，不同的前传链路技术会导致不同的谱效、能效及成本开销。特别是 NG-PON 技术与无线传输技术，NG-PON 前传链路技术可以带来较高的谱效与能效，却造成巨大的成本开销，但是无线前传链路技术带来较低的网络能效且部署成本相对低廉。这意味着在具有多种前传链路技术的 F-RAN 中，仅依靠能耗不足以表

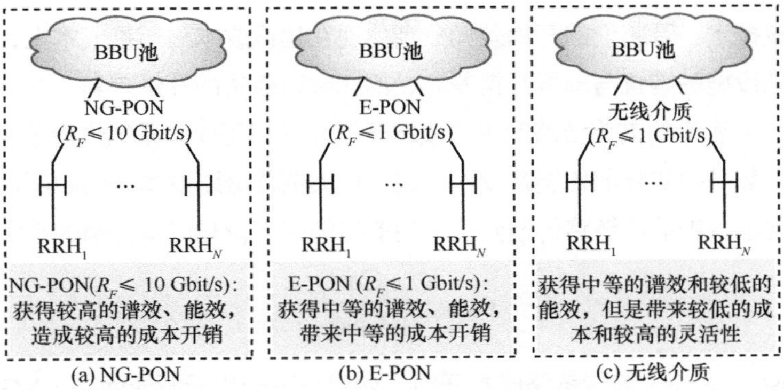

图 9-1　F-RAN 中伴随各种带宽 R_F 的不同前传链路技术下的性能比较

征成本的影响，并且前传链路容量越大，相应的成本也越高。因此，在前传链路容量和成本之间进行平衡是很有必要的。

然而在多种前传链路技术的 F-RAN 中，传统的能效与谱效指标不能反映前传链路容量和成本之间的平衡关系。因此，为了更好地评估 F-RAN 性能，下面介绍一种联合考虑能效与前传链路容量和成本关系的新指标。

9.1.2　新的性能指标

（1）前传链路成本模型与 D2D 成本模型

借鉴参考文献[5]中的回传成本模型，对于前传链路成本的定义，分别从建设成本与运维成本的角度来进行分析。建设成本表示前传链路建设相关的网络开销，主要由设备、基础设施的购置与部署开销组成。运维成本指在一段时间间隔内，网络运营所产生的开销，且运维成本主要由频谱、能耗、维护、故障管理、占地租赁等开销组成。因此前传链路成本 $\mathrm{Cost_{Fro}}$ 可以近似表示为：

$$\mathrm{Cost_{Fro}} = \underbrace{\mathrm{Cost_{Eq}} + \mathrm{Cost_{Infs}}}_{\text{建设成本}} + \underbrace{\mathrm{Cost_{Leas}} + \mathrm{Cost_{Energy}} + \mathrm{Cost_{M}} + \mathrm{Cost_{FM}} + \mathrm{Cost_{Fls}}}_{\text{运维成本}} \tag{9-1}$$

其中，$\mathrm{Cost_{Eq}}$ 与 $\mathrm{Cost_{Infs}}$ 分别为前传链路对应的设备、基础设施的购置与部署开销，$\mathrm{Cost_{Leas}}$、$\mathrm{Cost_{Energy}}$、$\mathrm{Cost_{M}}$、$\mathrm{Cost_{FM}}$ 与 $\mathrm{Cost_{Fls}}$ 分别为前传链路中频谱租赁、能耗、维护、故障管理、占地租赁所对应的开销。

由于前传链路传输通常由不同的载波技术实现，如光纤、铜缆、微波、毫米波等技术。为了对前传链路成本分析的方便，将各种前传链路载波技术分为有线与无线两类载波技术，且它们的开销差异分别体现在建设成本与运维成本上，如光纤与微波的基础设施的购置与部署开销差异、不同频谱租赁的开销差异。

不同承载容量的前传链路产生的成本开销差异利用成本系数进行了表征。前传链路成本系数是指实际前传链路成本开销在最大前传链路成本开销中所占的比例，该系数实现了各种前传链路传输介质下的前传链路容量与成本开销的平衡，表示为：

$$c_{\text{fronthaul}} = \frac{\text{Cost}_{\text{Fro}}}{\text{Cost}_{\max}} \tag{9-2}$$

其中，$\text{Cost}_{\max}$ 为最大前传链路成本开销。如对于下一代无源光网络（NG-PON）、以太无源光网络（E-PON）、无线通信等前传链路介质，使用 NG-PON 前传链路技术产生的成本开销可以用来表征 $\text{Cost}_{\max}$。

在 F-RAN 中，用户依据一定的策略选择不同的通信模式，通信模式的差异同样会带来网络开销的差异。用户可以选择通过 RRH 接入 BBU 的通信模式，同样考虑不同的前传链路传输介质，此时会产生相应的前传链路开销差异，这种通信模式成本系数的定义类似于上文。用户也可以选择 D2D 通信模式，由于目前没有关于 D2D 通信成本相关的权威定义，所以本章依据参考文献[6-7]，对影响 D2D 开销的相关要素进行了简单罗列。D2D 模式产生的开销主要由对提供服务的用户进行奖励[6]、缓存分配的数据大小[7]等开销构成。那么用户选择 D2D 模式产生的开销 Cost_{D2D} 可以近似表示为：

$$\text{Cost}_{\text{D2D}} \approx \text{Cost}_{\text{award}} + \text{Cost}_{\text{plam}} \tag{9-3}$$

其中，$\text{Cost}_{\text{award}}$ 表示当具有缓存的用户为其他用户提供服务时，系统对该用户给与的奖励。$\text{Cost}_{\text{plam}}$ 表示缓存分配的数据大小开销。为了表示方便，在两种选择模式下的成本开销表示为：

$$\text{Cost}_{\text{mode}} = \begin{cases} \text{Cost}_{\text{D2D}}, \text{选择D2D通信模式} \\ \text{Cost}_{\text{Fro}}, \text{选择C-RAN模式} \end{cases} \tag{9-4}$$

不同模式选择所产生的成本差异利用成本系数来表征，且成本系数定义为实际选择模式开销在最大链路成本开销中所占的比例，表示为：

$$c_{\text{mode}} = \frac{\text{Cost}_{\text{mode}}}{\text{Cost}_{\max}} \tag{9-5}$$

其中，$\text{Cost}_{\text{mode}}$ 为最大成本开销，与式（9-2）的 $\text{Cost}_{\max}$ 取值相同。

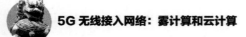

（2）经济频谱效率（ESE）的定义

移动通信传统工作频段主要集中在 6 GHz 以下，这使得频谱资源十分拥挤。传统蜂窝网络针对频谱资源紧张问题，提出了频谱效率的性能指标，并且该指标在 LTE 与 5G 网络中作为一个重要指标被广泛应用。同时随着近年来爆炸式速率需求的驱动，如何提升网络容量急需突破，已有研究有的通过基站的密集部署来提高空间复用度，从而提升网络容量，但是网络能耗问题凸显。因此运营商开始转向对节约能耗的研究，同时将能效作为绿色、经济的性能评估指标。

传统的能效将频谱效率与能耗问题进行了联合考虑，优化该指标不仅可以获得较大的系统容量，而且还可以节约能源、实现绿色通信。依据第 9.1 节中对能效指标的定义，能效通常定义为总速率与总功耗的比值，表示为：

$$\text{能效}=\frac{\text{总速率}}{\text{发射功耗}+\text{静态功耗}} \tag{9-6}$$

其中，网络的总功耗由静态功耗与动态功耗组成，静态功耗主要是指用基站的静态电路消耗，而动态功耗是由发射功耗组成。

运营商在确保高吞吐量与低功耗的同时，还要追求利润的最大化，因而节约成本已经成为运营商们所追求的一个重要目标[8]。参考文献[9]虽然对成本效率与能效的权衡关系进行了分析，但是成本效率与能效之间的关系较为复杂，难以归纳它们的折中关系。在参考文献[10]的描述中，运营商的关注点从频谱效率转变到能量效率的研究，随后侧重于对成本的研究，最后集中在能效与成本的联合研究上，因此联合考虑能效与成本非常有必要。由于现有的方法难以实现能效与成本效率的兼顾，所以本章介绍了一种能够联合考虑能效与成本的新性能指标。特别是在采用不同前传链路和边缘缓存和 D2D 技术的 F-RAN 中，由于不同的前传链路传输链路会导致不同的网络开销，所以传统能效仅利用基站的发射功耗[11]并不能准确地表征动态功耗。因此本章介绍了一种新指标，综合考虑了吞吐量、能耗及链路成本的影响，实现了能效与前传链路成本的兼顾。

RRH 作为软中继连接着 BBU 与用户，一方面 RRH 消耗一定的发射功耗为用户提供服务；另一方面，RRH 通过前传链路接收来自 BBU 为用户提供的信息。但是当 BBU 通过不同的前传链路介质连接 RRH 时，前传链路网络消耗会产生差异，此时不能简单地利用 RRH 的发射功耗[11]来表征动态功耗。因此，在传统能效指标的基础上，利用前传链路成本系数表征不同前传链路技术对网络的影响，并与发射功耗相乘，以此表示网络的动态功耗，定义了 ESE。在多种前传链路传输介质的 F-RAN 架构中，ESE 实现了网络能效与不同前传链路技术对网络消耗的影响的权衡。ESE（bit/(Hz·J)）可表示为：

$$\text{ESE}=\frac{\text{总速率}}{\text{发射功耗}\times\text{前传链路成本系数}+\text{静态功耗}} \tag{9-7}$$

其中，前传链路成本系数在式（9-2）已经给出定义，静态功耗主要表示 RRH 的电路功耗及其他的基础功耗。

在不同的前传链路配置与载波技术下，ESE 联合考虑了谱效、能耗及不同前传链路技术对网络消耗的影响。通过优化 ESE，能够在较低的网络消耗情况下获得较好的网络能效，即在确保较高的能效与谱效的同时，减少 F-RAN 的整体消耗。同时，ESE 的优化为用户提供了一种调度策略，使得在满足一定前传链路容量受限的情况下，让尽可能多的用户选择通过无线前传链路介质接入 BBU 池，从而减少网络消耗。

（3）F-RAN 引入 D2D 中 ESE 的定义

针对 F-RAN 中存在的前传链路容量受限与时延受限等问题，引入了 D2D 技术，即尽可能地让部分用户选择 D2D 通信来减少前传链路容量且缩短时延。同理，用户选择前传链路介质接入 BBU 或者选择 D2D 通信的方式将会带来不同的网络开销，特别是选择 D2D 通信可以节约成本。但是传统的能效指标不能反映不同的模式选择带来的网络消耗差异。因此，基于能效指标，考虑了选择 F-RAN 通信与选择 D2D 通信对网络消耗的影响，定义了 ESE。由于不同模式链路选择将会导致不同的网络消耗，而发射功耗不能体现这种差异，因此 ESE 利用发射功耗与成本系数相乘来对动态功耗进行表征，则 ESE 可表示为：

$$\text{ESE}=\frac{\text{总速率}}{\text{发射功耗}\times\text{成本系数}+\text{静态功耗}} \tag{9-8}$$

其中，静态功耗主要由 RRH 与 D2D 用户的射频电路消耗组成[14]。成本系数表征前传链路容量、前传链路成本开销及 D2D 通信之间的关系。所提出的 ESE 综合考虑了谱效、能耗及前传链路消耗和 D2D 成本的关系，实现了能效与成本开销的权衡。ESE 的优化可以在确保较高频谱效率的同时，最大限度地减少网络消耗，同时为用户提供了一种模式选择策略。通过模式选择策略使得部分用户选择 D2D 通信，有效缓解了前传链路容量负担并缩短网络时延。

9.2　基于经济频谱效率的资源分配

在各种前传链路介质的 F-RAN 中，如图 9-2 所示，有 N 个 RRH 与 K 个用户。假设每个 RRH 配置 M 根天线，并且每个用户配置单根天线。在 F-RAN 中，BBU 池通过集中式处理，负责网络的基带调度与波束成形设计，实现基站间干扰的减少与网络性能的提升。用户与 RRH 的集合分别表示为 $\mathcal{K}=\{1,2,\cdots,K\}$ 和 $\mathcal{N}=\{1,2,\cdots,N\}$。假设前传链路介质只考虑有线与无线的载波技术，并且通过有线前传链路接入 BBU 池的 RRH 子集为 $\mathcal{N}_1=\{1,2,\cdots,N_1\}$，通过无线前传链路接入 BBU 池的 RRH 子集为 $\mathcal{N}_2=\{N_1+1,N_1+2,\cdots,N\}$。在 BBU 池已知所有链路状况的前提下，主要通过 BBU 池的集中处理，选定一组 RRH 簇为特定用户提供服务，同时利用一定的规则设计一组波束成形，从而减少 RRH 之间的干扰。

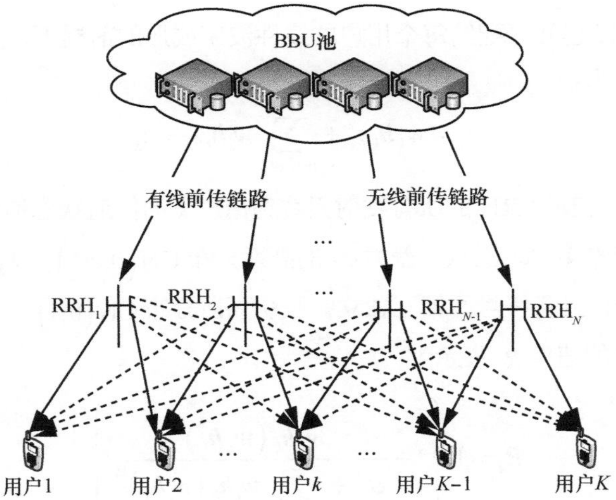

图 9-2　RRH 通过有线与无线的前传链路介质接入 BBU 池

9.2.1　谱效模型

基于 BBU 池的集中式大规模的协作处理，第 n 个 RRH 发送给第 k 个用户的波束成形定义为 $\boldsymbol{w}_{kn}\in\mathcal{C}^{1\times M}$，并且用户 k 相应的波束成形向量表示为

$\boldsymbol{w}_k = \{\boldsymbol{w}_{k1}, \boldsymbol{w}_{k2}, \cdots, \boldsymbol{w}_{kN}\} \in \mathcal{C}^{1\times MN}$。

定义矩阵 $\boldsymbol{D}_n$ 为：

$$\boldsymbol{D}_n = \{\underbrace{\boldsymbol{0}_M, \cdots, \boldsymbol{0}_M}_{n-1}, \boldsymbol{I}_M, \cdots, \boldsymbol{0}_M\}^{\mathrm{T}} \in \mathcal{C}^{MN\times M}(n>0) \tag{9-9}$$

则 $\boldsymbol{w}_{kn}$ 可以表示为：

$$\boldsymbol{w}_{kn} = \boldsymbol{w}_k \boldsymbol{D}_n \tag{9-10}$$

虽然所有的 RRH 潜在地为每个调度用户提供服务，但是事实上，每个调度用户主要被一小部分 RRH 集合服务。这样使得少数 RRH 为特定用户服务，可以缓解前传链路容量负担。$\boldsymbol{w}_{kn} = 0$ 表示第 n 个 RRH 不属于为第 k 个用户服务的 RRH 集合，反之亦然。对于以上关系，采用了混合 0 范数与 2 范数的方式进行表示，即：

$$\| \|\boldsymbol{w}_{kn}\|_2^2 \|_0 = \begin{cases} 0, \|\boldsymbol{w}_{kn}\|_2^2 = 0 \\ 1, \|\boldsymbol{w}_{kn}\|_2^2 \neq 0 \end{cases} \tag{9-11}$$

在每个 RRH 已知分配给每个用户的线性波束成形的前提下，第 k 个用户所接收到的下行信号为：

$$y_k = \boldsymbol{w}_k \boldsymbol{h}_k s_k + \sum_{i\in\mathcal{K}, i\neq k} \boldsymbol{w}_i \boldsymbol{h}_k s_i + z_k \tag{9-12}$$

其中，$\boldsymbol{h}_k \in \mathcal{C}^{MN\times 1}$ 表示 RRH 的所有发射天线到用户 k 的信道状态信息矩阵，并且 z_k 表示用户 k 的接收噪声，服从方差为 σ^2 的高斯分布 $\mathrm{CN}(0,\sigma^2)$。s_k 表示 RRH 发送给用户 k 的符号，且各符号间相互独立，服从高斯分布 $\mathrm{CN}(0,1)$。

用户 k 获得的速率 R_k 表示为：

$$R_k = \mathrm{lb}\left(1 + \frac{\boldsymbol{w}_k \boldsymbol{h}_k (\boldsymbol{w}_k \boldsymbol{h}_k)^{\mathrm{H}}}{\sigma^2 + \sum_{i\in\mathcal{K}, i\neq k} \boldsymbol{w}_i \boldsymbol{h}_k (\boldsymbol{w}_i \boldsymbol{h}_k)^{\mathrm{H}}}\right) \tag{9-13}$$

在 F-RAN 中，每个 RRH 接入 BBU 的前传链路的总容量受限于每条前传链路的瓶颈容量。本章主要考虑有线与无线的前传链路介质实现 RRH 与 BBU 的通信，同时有线与无线的前传链路介质产生不同前传链路的瓶颈容量，分别表示为 $R_n^1(\forall n \in \mathcal{N}_1)$ 和 $R_n^2(\forall n \in \mathcal{N}_2)$。因此，对于每个 RRH 的前传链路容量都受限于：

$$\sum_{k\in\mathcal{K}} \| \|\boldsymbol{w}_{kn}\|_2^2 \|_0 R_k \leqslant R_n^1, \forall n \in \mathcal{N}_1 \tag{9-14}$$

$$\sum_{k\in\mathcal{K}}\|\|\boldsymbol{w}_{kn}\|_2^2\|_0 R_k \leqslant R_n^2, \forall n\in\mathcal{N}_2 \tag{9-15}$$

9.2.2　前传链路成本模型

由于有线与无线的前传链路介质会产生不同的成本开销，所以本章采用成本系数来表征不同前传链路介质对成本开销的影响。第 n 个 RRH 通过前传链路接入 BBU 池的成本系数定义为：

$$c_n = c_n^* / c_0 \tag{9-16}$$

其中，c_n^* 是连接第 n 个 RRH 与 BBU 的前传链路的真实开销，主要由前传链路载波技术所决定，依据式（9-1）可获得具体数值。c_0 表示所有前传链路中最大的成本开销。例如对于下一代无源光网络（NG-PON）、以太无源光网络（E-PON）、无线通信等前传链路介质，使用 NG-PON 前传链路技术产生的成本开销可以用来表征 c_0。

9.2.3　经济有效的频谱效率模型

传统的能效指标[11-13]通常定义为：

$$q_{\mathrm{EE}} = \frac{\sum_{k\in\mathcal{K}}\alpha_k R_k}{\sum_{n\in\mathcal{N}}\sum_{k\in\mathcal{K}}\xi\|\boldsymbol{w}_{kn}\|_2^2 + P_C} \tag{9-17}$$

其中，权重 α_k 表示用户 k 的优先级，ξ 是功率放大系数。P_C 表示静态功耗，主要包括电路功耗及其他的基本功耗。$\|\boldsymbol{w}_{kn}\|_2^2$ 为第 n 个 RRH 到第 k 个用户的发射功耗。

区别于传统的能效指标，本章综合考虑能效与不同前传链路载波技术带来的成本开销的影响，定义了 ESE，它依赖于吞吐量、功耗及前传链路成本系数，表示为：

$$q_{\mathrm{ESE}} = \frac{U_R(\boldsymbol{w}_{kn})}{U_{P_C}(\boldsymbol{w}_{kn})} \tag{9-18}$$

其中，$U_{P_C}(\boldsymbol{w}_{kn}) = \sum_{n\in\mathcal{N}}\sum_{k\in\mathcal{K}}\xi c_n\|\boldsymbol{w}_{kn}\|_2^2 + P_C$ 与功率消耗及前传链路成本系数相关，

$U_R\left(\boldsymbol{w}_{kn}\right)=\sum_{k\in\mathcal{K}}\alpha_k R_k$ 表示网络总速率。由于网络功耗不能完整地塑造成本的影响，因此本章主要在网络功耗表达式中引入前传链路成本的影响。从表达式 $U_{P_C}\left(\boldsymbol{w}_{kn}\right)$ 可知，前传链路成本系数 c_n 与发射功耗 $\|\boldsymbol{w}_{kn}\|_2^2$ 相乘，实现了前传链路成本对网络性能影响的评估。

优化传统的能效与谱效指标可以在相对较低的能耗下获得较高的比特率，却忽略了前传链路带来的成本开销加剧。依据式（9-17）的定义，本章定义的 ESE 弥补了传统能效与谱效指标存在的缺陷。在 F-RAN 中，影响成本系数的因素有很多，比如 BBU 池的云连接、连接 RRH 与 BBU 的基础设施部署、边缘缓存等。由于本章主要关注无线资源的分配，因此对于 ESE 中的成本系数主要考虑前传链路相关开销的影响。

对式（9-17）与式（9-18）进行比较，当对成本系数 c_n 进行归一化处理以后，提出的 ESE 可以转换为能效指标。从另一个角度分析，传统的能效只考虑了网络的总速率和总功耗，但是忽略了多种载波技术带来的成本差异。因此，在多种前传链路载波技术的 F-RAN 架构下，ESE 将总速率、功耗及前传链路的成本影响联合起来，相比较于传统的能效，能够更好地评估网络性能。

9.2.4 系统问题描述

在每个 RRH 最大发射功耗和前传链路容量受限的情况下，通过优化 ESE，形成优化问题 9-1，表示为：

$$\max_{\{\boldsymbol{w}_{kn}\}}\frac{U_R\left(\boldsymbol{w}_{kn}\right)}{U_{P_C}\left(\boldsymbol{w}_{kn}\right)}$$
$$\text{C1}:\sum_{k\in\mathcal{K}}\|\boldsymbol{w}_{kn}\|_2^2\leqslant P_n^{\max},n\in\mathcal{N}$$
$$\text{C2}:\sum_{k\in\mathcal{K}}\|\|\boldsymbol{w}_{kn}\|_2^2\|_0\,R_k\leqslant R_n^1,n\in\mathcal{N}_1$$
$$\text{C3}:\sum_{k\in\mathcal{K}}\|\|\boldsymbol{w}_{kn}\|_2^2\|_0\,R_k\leqslant R_n^2,n\in\mathcal{N}_2 \tag{9-19}$$

C1 表示每个 RRH 的发射功耗受限，$P_n^{\max}$ 为第 n 个 RRH 的峰值发射功耗；C2 与 C3 分别表示有线与无线前传链路的容量受限。

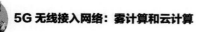

作为问题 9-1 的对比方案，依据参考文献[15]，构建了传统的加权总速率的优

化问题 9-2，表示为：

$$\max_{\{\boldsymbol{w}_{kn}\}} U_R\left(\boldsymbol{w}_{kn}\right)$$
$$\text{C1}: \sum_{k\in\mathcal{K}} \|\boldsymbol{w}_{kn}\|_2^2 \leqslant P_n^{\max}, n\in\mathcal{N}$$
$$\text{C2}: \sum_{k\in\mathcal{K}} \|\|\boldsymbol{w}_{kn}\|_2^2\|_0 R_k \leqslant R_n^1, n\in\mathcal{N}_1$$
$$\text{C3}: \sum_{k\in\mathcal{K}} \|\|\boldsymbol{w}_{kn}\|_2^2\|_0 R_k \leqslant R_n^2, n\in\mathcal{N}_2 \tag{9-20}$$

不同于传统的能效与提出的 ESE 指标，优化问题（9-2）只考虑了网络谱效，忽略了功耗和前传链路技术的影响。

根据每个 RRH 的最大发射功耗，式（9-21）~式（9-23）可方便获得：

$$0\leqslant U_R\left(\boldsymbol{w}_{kn}\right)\leqslant \sum_{k\in\mathcal{K}} \alpha_k R_k^{\max} \tag{9-21}$$

$$P_C\leqslant U_{P_C}\left(\boldsymbol{w}_{kn}\right) \tag{9-22}$$

$$U_{P_C}\left(\boldsymbol{w}_{kn}\right)\leqslant \sum_{n\in\mathcal{N}} \xi c_n P_n^{\max} + P_C \tag{9-23}$$

其中，$R_k^{\max}=\mathrm{lb}\left(1+\dfrac{NP_n^{\max}\boldsymbol{h}_k^{\mathrm{H}}\boldsymbol{h}_k}{\sigma^2}\right)$表示用户 k 在没有考虑干扰，且引入最大发射功耗的情况下获得的最大速率。

9.2.5　系统问题建模分析

问题 9-1 是一个非凸优化问题，不能被直接求解。因此本章介绍了一个有效的解决方案，首先充分利用非线性分式形式，将分式目标函数转换为等价的减式形式，然后再通过加权最小均方误差的方法获得较优的波束成形向量。

（1）二分搜索方法

依据参考文献[16]，问题（9-1）可以归类为一种非线性分式规划问题。为了方便分析，令 $\boldsymbol{W}=\left\{\boldsymbol{w}_1,\boldsymbol{w}_2,\cdots,\boldsymbol{w}_K\right\}$，表示所有用户波束成形向量的集合，同时定义了优化问题 9-1 最优的波束成形 $\boldsymbol{W}^*$ 及对应的最优 ESE $\boldsymbol{q}^*$，表示为：

$$q^*=\frac{U_R\left(\boldsymbol{W}^*\right)}{U_{P_C}\left(\boldsymbol{W}^*\right)}=\max_{\boldsymbol{W}}\left\{\frac{U_R\left(\boldsymbol{W}\right)}{U_{P_C}\left(\boldsymbol{W}\right)}\right\} \tag{9-24}$$

定理 9-1 式（9-25）、式（9-26）是等价关系：

$$\max_{W}\left\{\frac{U_R(\boldsymbol{W})}{U_{P_C}(\boldsymbol{W})}\right\}=q^* \tag{9-25}$$

$$G(q^*)=\max_{W}\left\{U_R(\boldsymbol{W})-q^*U_{P_C}(\boldsymbol{W})\right\}=0 \tag{9-26}$$

其中，$\boldsymbol{W}$ 为满足约束条件 C1~C3 的任意一组波束成形方案。

证明：依据参考文献[7]，定理 9-1 的证明可以分成两步。令 $\boldsymbol{W}_0$ 作为优化问题 9-1 的最优波束成形矩阵，并且对应的最优的 ESE 表示为 q^*。

首先对式（9-25）⇒式（9-26）进行证明：

$$q^*=\frac{U_R(\boldsymbol{W}_0)}{U_{P_C}(\boldsymbol{W}_0)}=\max_{W}\left\{\frac{U_R(\boldsymbol{W})}{U_{P_C}(\boldsymbol{W})}\right\}\geqslant 0 \tag{9-27}$$

依据参考文献[13]，可以知道 $U_{P_C}(\boldsymbol{W})\geqslant 0$，$\forall\,\boldsymbol{W}$，并且式（9-27）可化简为：

$$U_R(\boldsymbol{W})-q^*U_{P_C}(\boldsymbol{W})\leqslant 0 \tag{9-28}$$

$$U_R(\boldsymbol{W}_0)-q^*U_{P_C}(\boldsymbol{W}_0)=0 \tag{9-29}$$

从式（9-28）、式（9-29）可以得到 $\max_{W}\left\{U_R(\boldsymbol{W})-q^*U_{P_C}(\boldsymbol{W})\right\}=0$，且最优的波束成形矩阵为 $\boldsymbol{W}_0$。

其次对式（9-26）⇒式（9-25）进行证明，有：

$$\begin{aligned}0=G(q^*)&=\max_{W}\left\{U_R(\boldsymbol{W})-q^*U_{P_C}(\boldsymbol{W})\right\}\\&=U_R(\boldsymbol{W}_0)-q^*U_{P_C}(\boldsymbol{W}_0)\\&\geqslant U_R(\boldsymbol{W})-q^*U_{P_C}(\boldsymbol{W})\end{aligned} \tag{9-30}$$

由于 $U_{P_C}(\boldsymbol{W})>0$，所以有式（9-31）、式（9-32）：

$$\frac{U_R(\boldsymbol{W}_0)}{U_{P_C}(\boldsymbol{W}_0)}=q^* \tag{9-31}$$

$$\frac{U_R(\boldsymbol{W})}{U_{P_C}(\boldsymbol{W})}\leqslant q^* \tag{9-32}$$

因此，可以获得 $\max_{W}\frac{U_R(\boldsymbol{W})}{U_{P_C}(\boldsymbol{W})}=q^*$，并且 $\boldsymbol{W}_0$ 为其对应的最优波束成形矩阵。

根据定理 9-1 给出的等价关系可知，对于任何分式优化问题，都存在一个等价的减式表达式。即当等式 $G(q)=0$ 成立时，最优的 ESE q^* 可获得。为了更清晰地阐述定理 9-1 的等价关系，对函数表达式 $G(q)$ 相关性质的研究是有必要的。依据参考文献[17-18]，$G(q)$ 的相关性质在引理 9-1 中进行了总结。

引理 9-1 令 $G(q):\mathcal{R}\to\mathcal{R}$，有以下结论：

- $G(q)$ 是一个凸函数；
- $G(q)$ 是一个连续函数；
- $G(q)$ 是一个严格单调下降函数；
- $G(q)=0$ 有唯一解。

依据引理 9-1，$G(q)$ 是一个单调递减的函数，且 $G(q)=0$ 有唯一解。依据式（9-21）~式（9-23），ESE 性能 q 受限于：

$$0\leqslant q\leqslant\frac{\sum_{k\in\mathcal{K}}\alpha_k R_k^{\max}}{P_C}\tag{9-33}$$

证明：取任意两个满足 $q_1<q_2$ 的两个正数 ESE 值 q_1 与 q_2，并且在固定 q_1 与 q_2 的情况下得到优化问题 9-3 的最优解，分别为 $\boldsymbol{W}_1$ 与 $\boldsymbol{W}_2$。

（a）对于任意 $0<t<1$，令 $q_3=tq_1+(1-t)q_2$，并且令固定 q_3 的情况下得到优化问题 3 的最优解为 $\boldsymbol{W}_3$，有：

$$\begin{aligned}G(q_3)&=U_R(\boldsymbol{W}_3)-q_3U_{P_C}(\boldsymbol{W}_3)\\&=U_R(\boldsymbol{W}_3)-(tq_1+(1-t)q_2)U_{P_C}(\boldsymbol{W}_3)\\&=t(U_R(\boldsymbol{W}_3)-q_1U_{P_C}(\boldsymbol{W}_3))+(t-1)(U_R(\boldsymbol{W}_3)-q_2U_{P_C}(\boldsymbol{W}_3))\\&\leqslant tG(q_1)+(t-1)G(q_2)\end{aligned}\tag{9-34}$$

通过以上证明，可知函数 $G(q)$ 是一个凸函数。

（b）由于 $G(q)$ 是一个服从 $\mathcal{R}$ 到 $\mathcal{R}$ 的凸映射函数，所以 $G(q)$ 在任意 $q\in\mathcal{R}$ 均是连续函数可以容易证明。

（c）令 $q_1<q_2$，那么 $G(q_1)$ 与 $G(q_2)$ 的关系表示为：

$$G(q_2)=U_R(\boldsymbol{W}_2)-q_2U_{P_C}(\boldsymbol{W}_2)<U_R(\boldsymbol{W}_2)-q_1U_{P_C}(\boldsymbol{W}_2)=G(q_1)\tag{9-35}$$

因此，当 $q_1<q_2,\forall q_1,q_2$ 时，$G(q_2)<G(q_1)$。

由此证明了 $G(q_2)$是严格单调下降的。

（d）$\lim\limits_{q\to+\infty}G(q)=-\infty$ 与 $\lim\limits_{q\to-\infty}G(q)=+\infty$ 可以容易获得。

依据式（9-33）的不等式关系 $0\leqslant q\leqslant\sum_{k\in\mathcal{K}}\alpha_k R_k^{\max}/P_C$，再联合引理（b）与（c），$G(q)=0$ 有唯一解可以得到证明。

至此，引理 9-1 证毕。

联合定理 9-1 与引理 9-1，优化问题 9-1 的解决可通过求解方程（9-26）获得最优的 q。充分利用引理 9-1 中的性质，设计了一维搜索方法，获得 $G(q)=0$ 的解。本章主要采用了二分搜索方法[19]，寻找最优的 ESE，并且对应的迭代算法在算法 9-1 中进行了总结。

算法 9-1 二分搜索方法

步骤 1 初始化最小 ESE $q_{\min}=0$ 及最大 ESE $q_{\max}=\dfrac{\sum_{k\in\mathcal{K}}\alpha_k R_k^{\max}}{P_C}$。

步骤 2 初始化门限 ε。

步骤 3 令 $q=\dfrac{q_{\min}+q_{\max}}{2}$。

步骤 4 在给定 q 的情况下求解优化问题 9-3，并获得最优的 $\boldsymbol{W}$ 和 $G(q)$。

步骤 5 假如 $G(q)\leqslant 0$，那么令 $q_{\max}=q$；否则令 $q_{\min}=q$。

步骤 6 假如 $|q_{\max}-q_{\min}|\leqslant\varepsilon$，那么算法收敛并跳出循环。

步骤 7 否则跳转到步骤 3。

对于算法 9-1，存在两层循环，其中外层循环通过二分搜索方法来获取最优的 q。在内层循环中，在已知 q 的情况下，求解优化问题 9-3，即：

$$\begin{aligned}&\max_{\boldsymbol{W}} U_R(\boldsymbol{W})-qU_{P_C}(\boldsymbol{W})\\&\text{C1}:\sum_{k\in\mathcal{K}}\|\boldsymbol{w}_{kn}\|_2^2\leqslant P_n^{\max},n\in\mathcal{N}\\&\text{C2}:\sum_{k\in\mathcal{K}}\|\|\boldsymbol{w}_{kn}\|_2^2\|_0 R_k\leqslant R_n^1,n\in\mathcal{N}_1\\&\text{C3}:\sum_{k\in\mathcal{K}}\|\|\boldsymbol{w}_{kn}\|_2^2\|_0 R_k\leqslant R_n^2,n\in\mathcal{N}_2\end{aligned}\qquad(9\text{-}36)$$

其中，q 在外层循环迭代中进行更新。

由于前传链路容量受限的不等式中存在混合 0 范数和 2 范数，为了方便求解，本章采用 2 范数近似表示，即：

$$\left\|\|\boldsymbol{w}_{kn}\|_2^2\right\|_0 \approx \|\boldsymbol{w}_{kn}\|_2^2\ \beta_{kn} \tag{9-37}$$

令 $\beta_{kn}=\dfrac{1}{\varepsilon+\|\boldsymbol{w}_{kn}\|_2^2}$，$\varepsilon>0$ 为数值较小的常数调整因子，而 $\boldsymbol{w}_{kn}$ 在上一步的迭代中可获得，且在本次迭代中对 β_{kn} 进行更新。

依据式（9-37），前传链路容量受限约束 C1、C2 可近似为：

$$\sum_{k\in\mathcal{K}}\|\boldsymbol{w}_{kn}\|_2^2\ \beta_{kn}R_k \leqslant R_n^1, n\in\mathcal{N}_1 \tag{9-38}$$

$$\sum_{k\in\mathcal{K}}\|\boldsymbol{w}_{kn}\|_2^2\ \beta_{kn}R_k \leqslant R_n^2, n\in\mathcal{N}_2 \tag{9-39}$$

虽然对前传链路容量受限不等式采用了近似的方法，但是求解优化问题 9-3 仍然有困难。本章在本次迭代中将式（9-38）与式（9-39）中的 R_k 与 β_{kn} 的数值设置为上一次迭代获得的 $\hat{R}_k$ 与 $\hat{\beta}_{kn}$。

问题 9-3 中的变量 $\boldsymbol{w}_{kn}$ 被式（9-10）替代后，形成优化问题 9-4，表示为：

$$\begin{aligned}
&\max_{\{\boldsymbol{w}_k\}} \sum_{k\in\mathcal{K}}\alpha_k R_k - q\left(\sum_{k\in\mathcal{K}}\xi\boldsymbol{w}_k\boldsymbol{J}_k\boldsymbol{w}_k^{\mathrm{H}}+P_C\right)\\
&\mathrm{C4}: \sum_{k\in\mathcal{K}}\boldsymbol{w}_k\boldsymbol{D}_n\boldsymbol{D}_n^{\mathrm{H}}\boldsymbol{w}_k^{\mathrm{H}} \leqslant P_n^{\max}, n\in\mathcal{N}\\
&\mathrm{C5}: \sum_{k\in\mathcal{K}}\boldsymbol{w}_k\boldsymbol{D}_n\boldsymbol{D}_n^{\mathrm{H}}\boldsymbol{w}_k^{\mathrm{H}}\hat{\beta}_{kn}\hat{R}_k \leqslant R_n^1, n\in\mathcal{N}_1\\
&\mathrm{C6}: \sum_{k\in\mathcal{K}}\boldsymbol{w}_k\boldsymbol{D}_n\boldsymbol{D}_n^{\mathrm{H}}\boldsymbol{w}_k^{\mathrm{H}}\hat{\beta}_{kn}\hat{R}_k \leqslant R_n^2, n\in\mathcal{N}_2
\end{aligned} \tag{9-40}$$

其中，$\boldsymbol{J}_k$ 的表达式为 $\boldsymbol{J}_k=\mathrm{diag}(c_1,\cdots,c_{NM})$。

依据算法 9-1，优化问题 9-1 的最优解是经过多次循环迭代获得，同时在每步迭代中，完成优化问题 9-4 的求解，并且对 q 进行更新。

（2）加权最小均方误差方法

通过上一节的分析，本节着重求解优化问题 9-4。为了求解该问题，本章采用了加权最小均方误差的方法，即将问题 9-4 转换为一个等价的加权最小均方误差优化问题。可知加权总速率最大化和加权最小均方误差最小化是等价的[20]，这种等价关系可以扩展到问题 9-4 的求解，相应的等价结果在命题 9-1 中得到总结。

命题 9-1 优化问题 9-4 与以下加权最小均分误差优化问题 9-5 同解。

$$\min_{\{w_k,\rho_k,\mu_k\}} \sum_{k\in\mathcal{K}} \alpha_k \left(\rho_k e_k - \log_2 \rho_k\right) + q\sum_{k\in\mathcal{K}} \xi \boldsymbol{w}_k \boldsymbol{J}_k \boldsymbol{w}_k^{\mathrm{H}}$$
$$\mathrm{C4}: \sum_{k\in\mathcal{K}} \boldsymbol{w}_k \boldsymbol{D}_n \boldsymbol{D}_n^{\mathrm{H}} \boldsymbol{w}_k^{\mathrm{H}} \leqslant P_n^{\max}, n\in\mathcal{N}$$
$$\mathrm{C5}: \sum_{k\in\mathcal{K}} \boldsymbol{w}_k \boldsymbol{D}_n \boldsymbol{D}_n^{\mathrm{H}} \boldsymbol{w}_k^{\mathrm{H}} \hat{\beta}_{kn} \hat{R}_k \leqslant R_n^1, n\in\mathcal{N}_1 \tag{9-41}$$
$$\mathrm{C6}: \sum_{k\in\mathcal{K}} \boldsymbol{w}_k \boldsymbol{D}_n \boldsymbol{D}_n^{\mathrm{H}} \boldsymbol{w}_k^{\mathrm{H}} \hat{\beta}_{kn} \hat{R}_k \leqslant R_n^2, n\in\mathcal{N}_2$$

其中，ρ_k 为一个正的加权变量，e_k 是对应的均方估计误差，表示为：

$$e_k = E\left[\| \mu_k y_k - s_k \|_2^2\right] = \mu_k \left(\sum_{i\in\mathcal{K}} \boldsymbol{w}_i \boldsymbol{h}_k \left(\boldsymbol{w}_i \boldsymbol{h}_k\right)^{\mathrm{H}} + \sigma^2\right) \mu_k^{\mathrm{H}} - 2\,\mathrm{Re}\left\{\mu_k \boldsymbol{w}_k \boldsymbol{h}_k\right\} + 1 \tag{9-42}$$

其中，$\mu_k \in \mathcal{C}$ 表示接收端滤波器。

依据命题 9-1，优化问题 9-4 的最优解等价转换为对于问题 9-5 的求解。优化问题 9-5 对于每一个独立的优化变量 μ_k 、ρ_k 与 $\boldsymbol{w}_k$ 都是凸的，因此采用了对 ρ_k 、μ_k 及 $\boldsymbol{w}_k$ 分别进行迭代的块协作下降方法来求解问题 9-5。

在固定 μ_k 及 $\boldsymbol{w}_k$ 的情况下，得到权重变量 ρ_k ：

$$\rho_k = e_k^{-1}, \forall k \tag{9-43}$$

在固定 ρ_k 及 $\boldsymbol{w}_k$ 的情况下，接收滤波器 μ_k 表达式为：

$$\mu_k = \left(\sum_{i\in\mathcal{K}} \boldsymbol{w}_i \boldsymbol{h}_k \left(\boldsymbol{w}_i \boldsymbol{h}_k\right)^{\mathrm{H}} + \sigma^2\right)^{-1} \boldsymbol{w}_k \boldsymbol{h}_k \tag{9-44}$$

在固定 μ_k 及 ρ_k 的情况下，最优的波束成形向量 $\{\boldsymbol{w}_k\}$ 通过求解以下优化问题 9-6 得到。

$$\min_{\{w_k\}} \sum_{k\in\mathcal{K}} \boldsymbol{w}_k \boldsymbol{X}_k \boldsymbol{w}_k^{\mathrm{H}} - 2\sum_{k\in\mathcal{K}} \alpha_k \rho_k \mathrm{Re}\left\{\mu_k \boldsymbol{w}_k \boldsymbol{h}_k\right\}$$
$$\mathrm{C4}: \sum_{k\in\mathcal{K}} \boldsymbol{w}_k \boldsymbol{D}_n \boldsymbol{D}_n^{\mathrm{H}} \boldsymbol{w}_k^{\mathrm{H}} \leqslant P_n^{\max}, n\in\mathcal{N}$$
$$\mathrm{C5}: \sum_{k\in\mathcal{K}} \boldsymbol{w}_k \boldsymbol{D}_n \boldsymbol{D}_n^{\mathrm{H}} \boldsymbol{w}_k^{\mathrm{H}} \hat{\beta}_{kn} \hat{R}_k \leqslant R_n^1, n\in\mathcal{N}_1 \tag{9-45}$$
$$\mathrm{C6}: \sum_{k\in\mathcal{K}} \boldsymbol{w}_k \boldsymbol{D}_n \boldsymbol{D}_n^{\mathrm{H}} \boldsymbol{w}_k^{\mathrm{H}} \hat{\beta}_{kn} \hat{R}_k \leqslant R_n^2, n\in\mathcal{N}_2$$

其中，$\boldsymbol{X}_k = \sum_{i\in\mathcal{K}} \rho_i \mu_i \alpha_i \boldsymbol{h}_i \boldsymbol{h}_i^{\mathrm{H}} \mu_i^{\mathrm{H}} + q\xi \boldsymbol{J}_k$ 。

由于$q>0$、$\xi>0$与$c_n>0$，那么可知$\boldsymbol{X}_k$为正定矩阵。问题 9-6 是一个均方受限的二次优化问题，所以可以通过一些标准的凸优化方法求解，如内点方法或者 CVX[21]方法。为了降低算法的复杂度，主要采用拉格朗日乘子法，从而获得波束成形向量的闭式解，再利用 KKT 条件得到拉格朗日乘子。拉格朗日对偶分解方法和子梯度方法能够较好地求解均方受限的二次优化问题，并且得到子问题 9-4 的最优资源分配策略。

依据优化问题 9-6 中的受限约束条件 C4~C6，拉格朗日函数$L\left(\boldsymbol{w}_k,\boldsymbol{\lambda},\boldsymbol{\gamma}\right)$可以表示为：

$$
\begin{aligned}
L\left(\boldsymbol{w}_k,\boldsymbol{\lambda},\boldsymbol{\gamma}\right)=&\sum_{k\in\mathcal{K}}\boldsymbol{w}_k\boldsymbol{X}_k\boldsymbol{w}_k^{\mathrm{H}}-2\sum_{k\in\mathcal{K}}\alpha_k\rho_k\mathrm{Re}\left\{\mu_k\boldsymbol{w}_k\boldsymbol{h}_k\right\}\\
&+\sum_{n\in\mathcal{N}}\lambda_n\left(\sum_{k\in\mathcal{K}}\boldsymbol{w}_k\boldsymbol{D}_n\boldsymbol{D}_n^{\mathrm{H}}\boldsymbol{w}_k^{\mathrm{H}}-P_n^{\max}\right)+\sum_{n\in\mathcal{N}_1}\gamma_n\left(\sum_{k\in\mathcal{K}}\boldsymbol{w}_k\boldsymbol{D}_n\boldsymbol{D}_n^{\mathrm{H}}\boldsymbol{w}_k^{\mathrm{H}}\hat{\beta}_{kn}\hat{R}_k-R_n^1\right)+\\
&\sum_{n\in\mathcal{N}_2}\gamma_n\left(\sum_{k\in\mathcal{K}}\boldsymbol{w}_k\boldsymbol{D}_n\boldsymbol{D}_n^{\mathrm{H}}\boldsymbol{w}_k^{\mathrm{H}}\hat{\beta}_{kn}\hat{R}_k-R_n^2\right)
\end{aligned}
\tag{9-46}
$$

其中，$\boldsymbol{\lambda}=\left(\lambda_1,\lambda_2,\cdots,\lambda_N\right)\geqslant\boldsymbol{0}$是基于最大发射功耗受限 C4 的拉格朗日乘子向量；$\boldsymbol{\gamma}=\left(\gamma_1,\gamma_2,\cdots,\gamma_N\right)\geqslant\boldsymbol{0}$ 是有线与无线前传链路容量受限 C5、C6 下的拉格朗日乘子向量。

拉格朗日对偶函数表示为：

$$
\begin{aligned}
f(\boldsymbol{\lambda},\boldsymbol{\gamma})=\min_{\{\boldsymbol{w}_k\}}L(\boldsymbol{w}_k,\boldsymbol{\lambda},\boldsymbol{\gamma})=\min_{\{\boldsymbol{w}_k\}}\Bigg\{&\sum_{k\in\mathcal{K}}\boldsymbol{w}_k\boldsymbol{Y}_k\boldsymbol{w}_k^{\mathrm{H}}-2\sum_{k\in\mathcal{K}}\alpha_k\rho_k\mathrm{Re}\{\mu_k\boldsymbol{w}_k\boldsymbol{h}_k\}-\\
&\sum_{n\in\mathcal{N}}\lambda_nP_n^{\max}-\sum_{n\in\mathcal{N}_1}\gamma_nR_n^1-\sum_{n\in\mathcal{N}_2}\gamma_nR_n^2\Bigg\}
\end{aligned}
\tag{9-47}
$$

其中，$\boldsymbol{Y}_k=\boldsymbol{X}_k+\sum_{n\in\mathcal{N}}\lambda_n\boldsymbol{D}_n\boldsymbol{D}_n^{\mathrm{H}}+\sum_{n\in\mathcal{N}}\gamma_n\boldsymbol{D}_n\boldsymbol{D}_n^{\mathrm{H}}\hat{\beta}_{kn}\hat{R}_k$，由于$\boldsymbol{\lambda}\geqslant0$与$\boldsymbol{\gamma}\geqslant0$，可以获得$\boldsymbol{Y}_k$为正定矩阵。

对偶优化问题为：

$$
\begin{aligned}
&\max_{\{\boldsymbol{\lambda},\boldsymbol{\gamma}\}}f\left(\boldsymbol{\lambda},\boldsymbol{\gamma}\right)\\
&\text{s.t.}\ \boldsymbol{\lambda}\geqslant0,\boldsymbol{\gamma}\geqslant0
\end{aligned}
\tag{9-48}
$$

本章介绍的对偶分解方法[11]，包括两步求解，首先是在固定$\boldsymbol{\lambda}$与$\boldsymbol{\gamma}$的情况下求解闭式解，其次是利用子梯度方法解决对偶优化问题（9-48）。

拉格朗日函数 $L(\boldsymbol{w}_k,\boldsymbol{\lambda},\boldsymbol{\gamma})$ 在固定 $\boldsymbol{\lambda}$ 与 $\boldsymbol{\gamma}$ 的情况下，得到 $\boldsymbol{w}_k$ 的闭式解为：

$$\boldsymbol{w}_k=\alpha_k\rho_k\mathrm{Re}\left\{\mu_k\boldsymbol{h}_k^{\mathrm{H}}\right\}\boldsymbol{Y}_k^{\dagger} \tag{9-49}$$

其中，$\boldsymbol{Y}_k^{\dagger}$ 表示对矩阵 $\boldsymbol{Y}_k$ 取逆矩阵。

基于子梯度方法求解对偶优化问题（9-48），相应的拉格朗日乘子梯度为：

$$\nabla\lambda_n(m+1)=\sum_{k\in\mathcal{K}}\boldsymbol{w}_k(m)\boldsymbol{D}_n\boldsymbol{D}_n^{\mathrm{H}}\boldsymbol{w}_k^{\mathrm{H}}(m)-P_n^{\max},\ n\in\mathcal{N} \tag{9-50}$$

$$\nabla\gamma_n(m+1)=\sum_{k\in\mathcal{K}}\boldsymbol{w}_k(m)\boldsymbol{D}_n\boldsymbol{D}_n^{\mathrm{H}}\boldsymbol{w}_k^{\mathrm{H}}(m)\hat{\beta}_{kn}\hat{R}_k-R_n^1,\ n\in\mathcal{N}_1 \tag{9-51}$$

$$\nabla\gamma_n(m+1)=\sum_{k\in\mathcal{K}}\boldsymbol{w}_k(m)\boldsymbol{D}_n\boldsymbol{D}_n^{\mathrm{H}}\boldsymbol{w}_k^{\mathrm{H}}(m)\hat{\beta}_{kn}\hat{R}_k-R_n^2,\ n\in\mathcal{N}_2 \tag{9-52}$$

其中，$\boldsymbol{w}_k(m)$ 表示在第 m 次迭代中获得的第 k 个用户的波束成形向量。$\nabla\lambda_n(m+1)$ 与 $\nabla\gamma_n(m+1)$ 分别表示第 m+1 次迭代获得的拉格朗日乘子梯度，对应的第 m+1 次迭代得到的拉格朗日乘子更新表达式为：

$$\lambda_n(m+1)=\left[\lambda_n(m)+\zeta_\lambda(m+1)\nabla\lambda_n(m+1)\right]^+,\ n\in\mathcal{N} \tag{9-53}$$

$$\gamma_n(m+1)=\left[\gamma_n(m)+\zeta_\gamma(m+1)\nabla\gamma_n(m+1)\right]^+,\ n\in\mathcal{N} \tag{9-54}$$

其中，$\zeta_\lambda(m+1)$ 与 $\zeta_\gamma(m+1)$ 为正的步长，并且令 $[x]^+=\max\{0,x\}$。

为了解决优化问题 9-4，本章采用加权最小均分误差方法与拉格朗日对偶分解方法，对应的算法在算法 9-2 中得到了总结。

算法 9-2 加权最小均方误差方法

步骤 1 初始化 $\hat{R}_k$、$\hat{\beta}_{kn}$ 与波束成形向量 $\boldsymbol{w}_k$，$\forall k,n$。

步骤 2 开始循环。

步骤 3 固定 $\boldsymbol{w}_k$，依据式（9-36）与式（9-34）计算最小均方误差的滤波器 μ_k 与相应的均方误差 e_k。

步骤 4 依据式（9-35），更新权重 ρ_k。

步骤 5 固定 μ_k 与 ρ_k，求解凸优化问题 9-6，获得最优的波束成形向量 $\boldsymbol{w}_k^*$。

步骤 6 依据式（9-13），计算获得的速率 R_k。

步骤 7 更新 $\hat{R}_k=R_k$ 与 $\hat{\beta}_{kn}=1/\left(\varepsilon+\|\boldsymbol{w}_k^*\boldsymbol{D}_n\|_2^2\right)$。

步骤 8 直到收敛。

算法 9-2 主要包括两层循环，内层循环是在已知 $\hat{R}_k$ 与 $\hat{\beta}_{kn}$ 的前提下求解二次凸优化问题，外层循环则是依据内层循环获得的最优波束成形的情况下更新均方误差、权重等相关的参数。联合算法 9-1 与算法 9-2，原始优化问题 9-1 得到解决，并且可以获得一个局部最优解。

（3）算法复杂度分析及优化

以上针对问题 9-1 提出了相应的解决方案，即算法 9-1 与算法 9-2。对于提出的算法复杂度，本章采用了近似的评估方法，并且分析了算法的收敛性。此外，本章对算法 9-2 提出一些改进措施，简化算法复杂度。

基于引理 9-1 中的相关性质，算法 9-1 采用二分搜索法寻找最优的 ESE，并且一般只需要有限的迭代次数可以达到收敛。因此，所提算法的计算量主要集中在算法 9-2 中，且对算法 9-2 的复杂度进行了分析，即：

- 步骤 3 的计算复杂度为 $\phi_1 = O(K^2MN)$，主要是式（9-42）与式（9-44）的干扰协方差矩阵的计算。
- 步骤 4 的计算复杂度为 $\phi_2 = O(K)$，集中在对均方误差权重的更新。
- 步骤 5 的计算复杂度主要集中在式（9-49）中矩阵求逆的运算。对于优化问题 9-6 的求解，采用拉格朗日对偶方法，相应的算法复杂度为 $\phi_3 \approx O(\varphi K(MN)^3)$，其中，$\varphi$ 为解决问题 9-6 所需的迭代次数。
- 步骤 6、步骤 7 是对 $\hat{R}_k$ 与 $\hat{\beta}_{kn}$ 进行更新，复杂度为 $\phi_4 = O(K^2MN)$。

由于用户数目 K 与 RRH 数目 N 是有限的，所以算法 9-2 每次迭代的计算复杂度都是来自于步骤 5 QCQP 问题的求解。假设 ζ_1 与 ζ_2 分别为算法 9-1 与算法 9-2 的迭代总次数，则所提算法的复杂度近似表示为 $O(\zeta_1\zeta_2\varphi K(MN)^3)$。

事实上，算法 9-2 不能确保收敛到全局最优解，但是算法 9-2 可以以较快的速度收敛到局部最优解。因此，联合算法 9-1 与算法 9-2，经过有限步迭代可以获得近似最优的 ESE。为了能够较快地收敛到局部最优解，初始化波束成形向量的选择至关重要。已有研究提出了一些有效的初始化策略[22]，如信道匹配波束成形。

在算法 9-2 的求解二次规划问题 9-6 中，大量用户被同时考虑，这样会增加计算复杂度。因而为了提高算法 9-2 的效率，减少每个用户的备选 RRH 数目必然是个有效的方法[15]。依据以上思路，当第 n 个 RRH 发送给第 k 个用户的功耗低于某个门限时，用户 k 将第 n 个 RRH 从 RRH 簇中剔除。这样减少了下一步迭代中的优化变量的数目，并且降低了算法 9-2 的复杂度。

9.2.6 算法仿真结果分析

本节主要依据算法 9-1 与算法 9-2，对 F-RAN 架构下的 ESE 性能及相应的优化方案进行评估，给出分析结果。

在 F-RAN 场景下，假设 3 个 RRH 均匀分布在一个 0.5 km×0.5 km 的区域中，并且通过有线与无线前传链路介质接入 BBU 池。其中 1 个 RRH 通过有线前传链路接入 BBU 池，剩余的 2 个 RRH 通过无线前传链路接入 BBU 池。每个 RRH 都配置 2 根天线，并且 9 个单天线用户随机分布于 RRH 周围。信道的噪声功率谱密度为 $\sigma^2 = -174$ dB/Hz，RRH 到用户的路损指数为 4，且小尺度衰落系数均服从于瑞利分布。假设每个 RRH 的最大发射功耗都相同，均为 $P_n^{\max} = P_{\mathrm{T}}$，静态功耗为 $P_C = 20$ dBm，且功率放大因子为 $\zeta = 2$。对于前传链路容量受限，有线和无线前传链路受限容量分别为 $R_n^1 = 10$ bit/(s·Hz)与 $R_n^2 = 5$ bit/(s·Hz)。在仿真中，有线与无线的前传链路介质在此处被考虑，特别是 10 Gbit/s 带宽的 NG-PON 技术与 1 Gbit/s 带宽的微波传输技术。由于“前传功耗成本”在“前传总成本”中是个相对小量，所以在仿真中成本系数（由前传成本决定）取定值便于分析。依据式（9-2）对前传链路成本系数的定义、实际的设备与参数报价[5]、成本组成元素的计算方法[23]及有线前传成本高于无线前传成本的理论成果[24-25]，有线与无线的前传链路成本系数分别近似为 c_w=1、c_{wl}=0.5。

为了使算法较快的收敛，算法仿真采用了信道匹配的波束成形策略，其通过在无信道干扰的情况下，选择初始的波束成形向量使其匹配对应的用户信道来实现波束成形的初始化，即 $\boldsymbol{w}_k = \sqrt{P_n^{\max}/K}\boldsymbol{h}_k^{\mathrm{T}}/\|\boldsymbol{h}_k\|$。

图 9-3 表示在不同的波束成形初始化策略与最大发射功耗的情况下，算法 9-2 基于 18 个用户的仿真收敛过程。对于 RRH 的最大发射功耗，仿真中主要考虑了 $P_{\mathrm{T}} = 10$ dBm、20 dBm、30 dBm。为了与匹配信道的波束成形初始化策略（CM）进行比较，本节采用取平均的波束成形初始化策略（ES），即 $\boldsymbol{w}_k = \sqrt{P_n^{\max}/K}$。如图 9-3 所示，总速率随着算法 9-2 的迭代次数单调增加并且收敛到稳定点，同时信道匹配的波束成形初始化策略比取平均的波束成形初始化策略有更快的收敛速度。另外，RRH 的最大发射功耗越大，系统总速率相应增加。

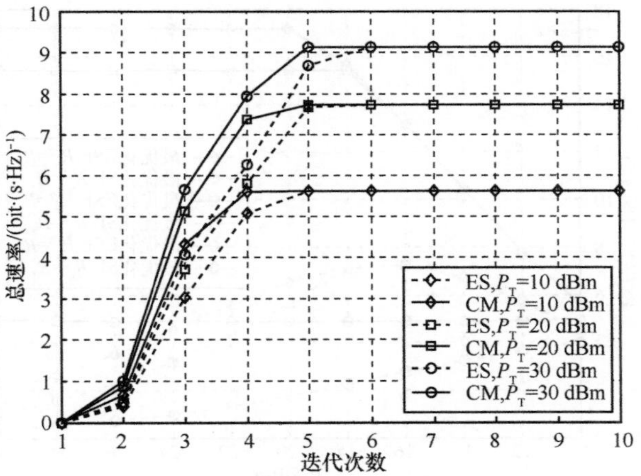

图 9-3　在不同最大发射功耗与波束成形初始化策略下，算法 9-2 的收敛过程

如图 9-4 所示，在不同的 RRH 最大发射功耗下，ESE 随着外层迭代次数的变化趋于稳定值，并且最大发射功耗的取值直接影响 ESE 的性能。通过对算法进行仿真，18 个用户下最优的 ESE 可以获得，相应的性能在图 9-5 中进行了评估。

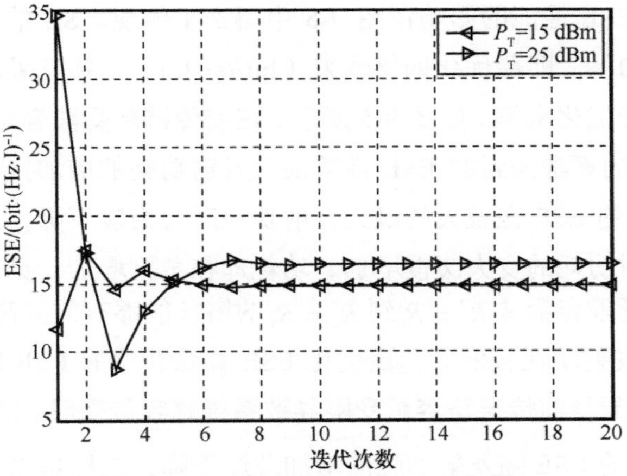

图 9-4　在不同最大发射功耗下，算法 9-1 的收敛过程

由于传统能效、谱效指标不能表征前传链路消耗的影响，因此，本章定义了 ESE，其联合了谱效、功耗及前传链路开销的影响，实现网络性能的评估。采用加权最小均方误差的方法优化谱效作为原始优化问题的对比方案，论证提出的 ESE 的合理性。此外，仿真中考虑了不同的前传链路受限容量对 ESE 及谱效（SE）的影响，并

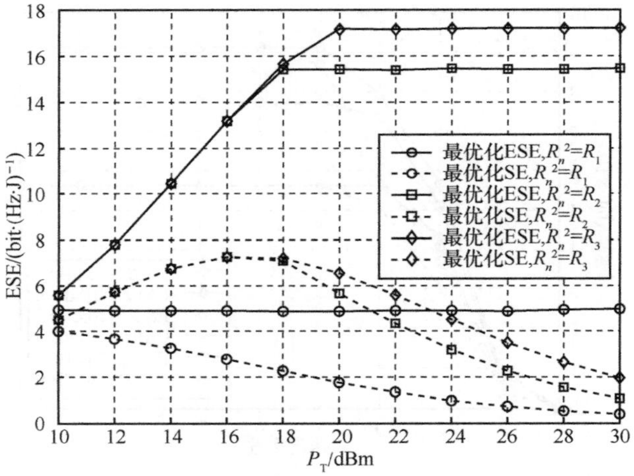

图 9-5　不同策略下，ESE 相对于最大发射功耗的变化

且针对无线前传链路，给出了 3 种受限容量，分别为 $R_1=2\,\text{bit/(s·Hz)}$、$R_2=4\,\text{bit/(s·Hz)}$ 与 $R_3=10\,\text{bit/(s·Hz)}$。

在不同的受限容量与最大发射功耗的情况下，原始 ESE 的优化问题与 SE 的优化问题对 ESE 性能的影响在图 9-5 中得到了体现。SE 的优化问题是基于优化问题（9-20），即最优化网络谱效（bit/(s·Hz)），并且采用加权最小均方误差的方法进行优化求解。如图 9-5 所示，在前传链路受限容量相同的情况下，基于优化 ESE 的算法得到的 ESE 随着最大发射功耗的增加接近最优值。但是最优化 SE 得到的 ESE 在较大的最大发射功耗时会相应下降，这主要是由于系统容量随着发射功耗的变大缓慢增加，功耗却在急剧增加。另外，如图 9-5 所示，前传链路受限容量从 $R_n^2=R_1$ 到 $R_n^2=R_3$ 的增长能够有效提高 ESE 性能。当 $R_n^2=R_1$ 且最大发射功耗较低时，最优化 ESE 算法获得的 ESE 能够较快达到饱和，主要是由于无线前传链路容量受限导致系统总容量受限。然而当 $R_n^2=R_1$ 时，最优化 SE 获得的 ESE 随发射功耗的增加急速下降，主要是由于容量增益不能有效弥补网络的总体消耗。

随着最大发射功耗及前传链路受限容量的变化，两种策略下的谱效在图 9-6 中进行了评估。如图 9-6 所示，最优化 ESE 获得的 SE 与最优化 SE 得到的 SE 在发射功耗较小的情况下比较接近，并且最优化 ESE 算法获得的 SE 随着发射功耗的递增会趋于一组稳定值。但是在较高的最大发射功耗情况下，最优化 SE 策略比最优化

ESE 策略会获得更高的容量，这是由于最优化 ESE 会通过减少每个 RRH 的发射功耗来获得最大的 ESE，然而最优化 SE 策略会充分地利用发射功耗来提高 SE。随着无线前传链路受限容量的增加，网络总容量也会相应的增加，当 $R_n^2 = R_1$ 时，所提算法的容量不会随着发射功耗的增加而变化。两种策略在较差的前传链路受限容量的前提下，都能获得相同的系统容量。

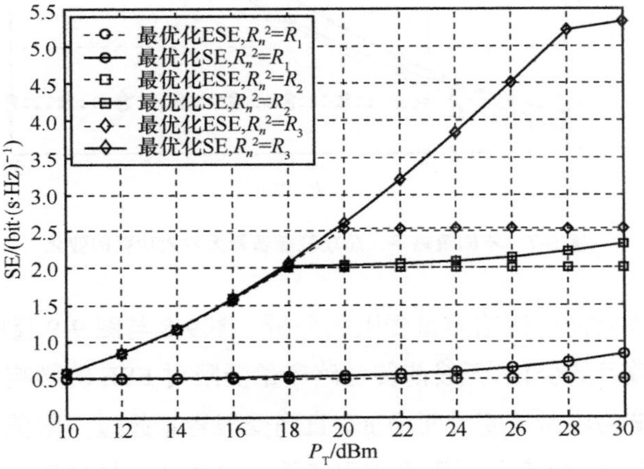

图 9-6　不同前传链路受限容量下，谱效（SE）相对于最大发射功耗的变化过程

图 9-7 阐述了两种策略下的总功耗随着最大发射功耗及前传链路受限容量变化的趋势。依据式（9-26）对 ESE 的定义可知，网络总功耗 $P_{\text{total}} = \sum_{n\in\mathcal{N}}\sum_{k\in\mathcal{K}}\xi c_n \|\boldsymbol{w}_{kn}\|_2^2 + P_C$。类似于优化能效指标的结论[26]，图 9-7 反映了随着最大发射功耗 P_T 的增大，最优化 ESE 所消耗的总功耗 P_{total} 先增大，然后趋于一个稳定值。这是由于当最大发射功耗 P_T 大于某个值时，再增大发射功耗不会有益于 ESE 的提升，此时最优化 ESE 所消耗的总功耗趋于稳定值。如图 9-7 所示，最优化 ESE 比最优化 SE 消耗较少的功耗，并且最优化 ESE 消耗的总功耗随着发射功耗的变化有较小的改变，然而最优化 SE 策略随着发射功耗与前传链路受限容量的增长会消耗更多的功耗。

基于图 9-6 与图 9-7，优化 ESE 的策略采用牺牲谱效方式来节约网络总功耗，即最优化 ESE 既可以确保较少的前传链路开销，又可以有效地提高能效。综上所述，定义的 ESE 较好地权衡了系统总速率与网络开销，并且合理地评估了包含有线与无线前传链路的 F-RAN 性能。

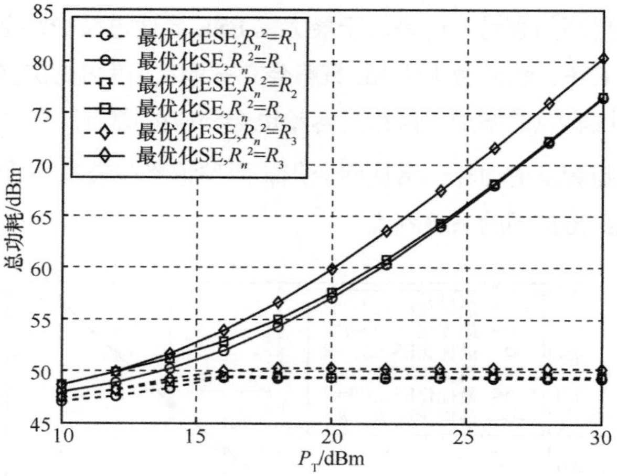

图 9-7　不同策略下，总功耗随着最大发射功耗的变化

类似于以上对前传链路容量受限的分析，图 9-8 与图 9-9 反映了随着最大发射功耗及用户数目的变化，无线前传链路容量受限对 ESE 的影响。如图 9-8 所示，ESE 随着前传链路容量的变大而增加，直到受限容量超过门限值时，最大的 ESE 可以被获得。前传链路容量受限直接限制系统总速率并导致较差的网络性能。最大发射功耗与用户数目直接影响 ESE 的数值，如图 9-9 所示，ESE 随着用户数目的增加相应的增大，体现了多用户分集增益。

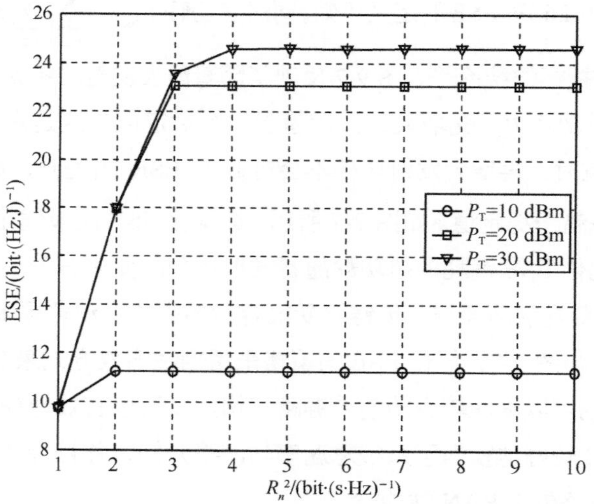

图 9-8　在不同发射功耗下，ESE 与前传链路受限容量之间的关系

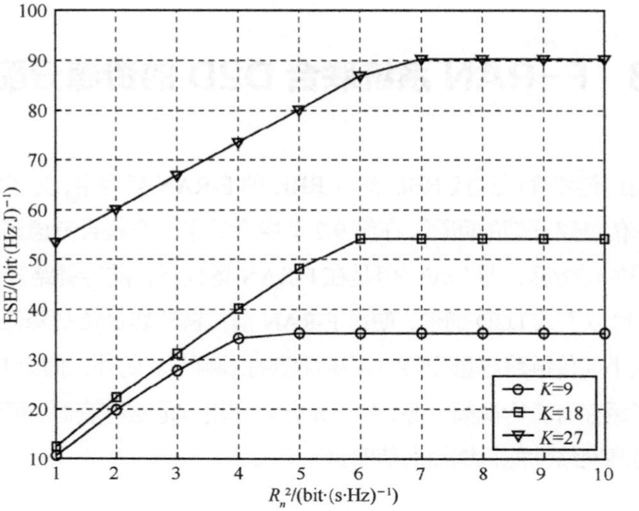

图 9-9　不同用户数目下，ESE 随着前传链路受限容量的变化

依据式（9-2）的定义，前传链路成本系数会随着前传链路介质与链路环境的变化而发生变化。图 9-10 给出了依据本章提出的算法得到的最优 ESE 随着成本系数变化的过程。随着前传链路成本系数的增大，优化后的 ESE 性能会随之降低。基于有线前传链路成本系数大于无线前传链路成本系数，即 $c_w < c_{wl}$，图 9-10 反映了在不同成本系数下的 ESE 优化性能。

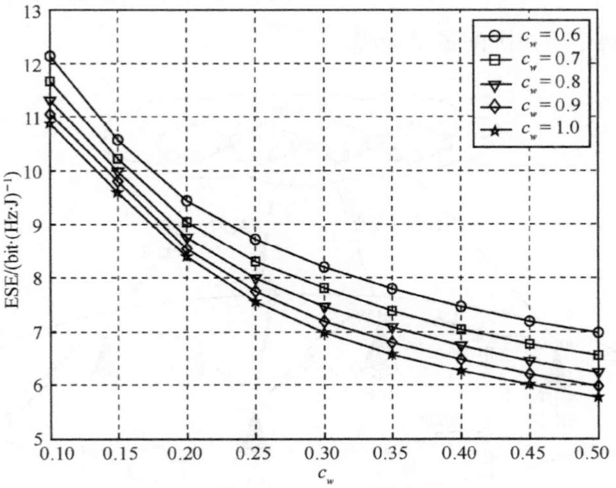

图 9-10　ESE 随前传链路成本系数的变化

9.3 F-RAN 系统联合 D2D 的资源分配优化

在各种前传链路介质连接 BBU 池与 RRH 的 F-RAN 架构中，为了解决传统性能指标不能表征前传链路开销的问题，在第 9.2 节中介绍了一个联合考虑谱效、能耗与前传链路开销影响的新指标，即 ESE。但是在 F-RAN 场景下，前传链路容量受限仍然是一个关键挑战，可以引入 D2D 通信，使得 F-RAN 前传链路容量负载降低，从而提高系统的总容量，减小前传链路容量受限对系统性能的影响[27]。此外，假设 D2D 用户分布在本地并且已经缓存有流行视频资源，为了充分地利用本地缓存资源，可以通过设计模式选择策略来提高网络性能且缩短通信时延。

9.3.1 D2D 模型

本节考虑在 F-RAN 架构上承载 D2D 通信，如图 9-11 所示。假设有 N 个 RRH 通过各种前传链路连接到 BBU 池，其集合为 $\mathcal{N}=\{1,2,\cdots,N\}$ 。为了问题讨论得方便，将前传链路介质归类为有线介质与无线介质，并且通过有线与无线介质接入 BBU 池的 RRH 集合分别为 $\mathcal{N}_1=\{1,2,\cdots,N_1\}$ 与 $\mathcal{N}_2=\{N_1+1,N_1+2,\cdots,N\}$ 。K 个用户随机分布在 RRH 附近，具有缓存功能的 D2D 用户集合为 $\mathcal{D}$ ，而没有缓存功能的普通用户的集合为 $\mathcal{C}$ ，则总的用户集合为 $\mathcal{K}=\mathcal{D}+\mathcal{C}=\{1,2,\cdots,K\}$ 。每个 RRH 有 M 根天线，而每个用户则配置单天线。

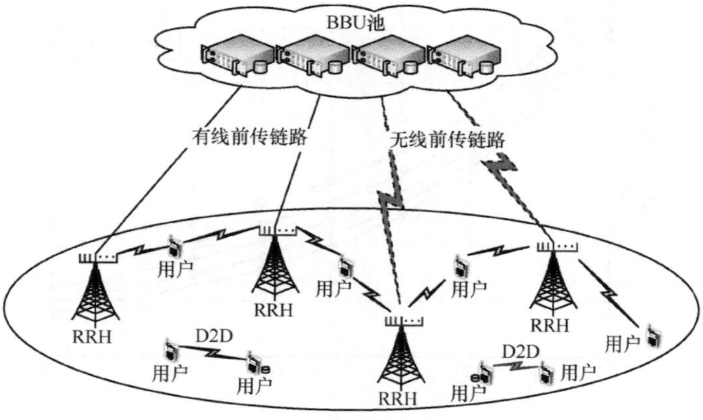

图 9-11　包含有线与无线前传链路介质的 F-RAN 与 D2D 网络架构

假设在云处理中心有 I 个流行视频资源，且第 i 个视频文件的大小为 F_i bit。令第 k 个用户所请求的视频文件表示为 $\pi_k \in \{1,\cdots,I\}$，则总的用户请求的文件 $\pi = \{\pi_1,\cdots,\pi_K\}$，且假设 π 在相对较长的一段时间内保持不变。本节假设每个具有缓存功能的 D2D 用户都缓存有 I 个较流行的缓存资源，即每个有缓存功能的用户都可以为无缓存功能的用户提供服务。为了充分地利用 D2D 用户的缓存资源，本节通过设计的网络资源分配算法及模式选择策略来提高网络性能。普通用户通过模式选择策略，来判断选择接入有缓存功能的用户或者是 RRH 簇。采用二元变量 x_{kj} 表示用户的接入模式选择，即：

$$x_{kj} = \begin{cases} 0, & \text{用户}k\text{接入RRH簇} \\ 1, & \text{用户}k\text{接入有缓存功能的用户}j \end{cases} \tag{9-55}$$

用户的模式接入选择变量 x_{kj} 受限于：

$$\sum_{j\in\mathcal{D}} x_{kj} \leqslant 1,\ \forall k \in \mathcal{C} \tag{9-56}$$

$$\sum_{j\in\mathcal{C}} x_{kj} \leqslant 1,\ \forall k \in \mathcal{D} \tag{9-57}$$

不等式（9-56）表示每个普通用户最多只能被一个具有缓存的用户所服务，不等式（9-57）表示每个具有缓存功能的用户最多只为一个普通用户提供服务。所有的 RRH 发射天线到用户 k 的信道状态矩阵可表示为 $\boldsymbol{h}_k = \{\boldsymbol{h}_{k,1},\cdots,\boldsymbol{h}_{k,N}\} \in \mathcal{C}^{MN\times 1}$，其中，$\boldsymbol{h}_{k,m} \in \mathcal{C}^{MN\times 1}$ 为第 m 个 RRH 发射天线到用户 k 的信道状态矩阵。令第 j 个具有缓存的用户到第 k 个用户的信道状态信息 $g_{k,j} \in \mathcal{C}$，则所有 D2D 用户到第 k 个用户的信道状态矩阵表示为 $\boldsymbol{g}_k = \{g_{k,1},\cdots,g_{k,D}\} \in \mathcal{C}^{D\times 1}$。

第 n 个 RRH 发送视频文件到第 k 个用户时所需的波束成形向量为 $\boldsymbol{w}_{kn} \in \mathcal{C}^{1\times M}$，那么 $\boldsymbol{w}_k = \{\boldsymbol{w}_{k1},\boldsymbol{w}_{k2},\cdots,\boldsymbol{w}_{kN}\} \in \mathcal{C}^{1\times MN}$ 表示所有 RRH 服务于第 k 个用户所需的波束成形矩阵。同理，$v_{kj} \in \mathcal{C}$ 为第 j 个具有缓存的用户给第 k 个用户提供视频业务服务所发送的预编码，则第 k 个用户被所有具有缓存的用户服务所需的预编码矩阵 $\boldsymbol{v}_k = \{\boldsymbol{v}_{k1},\boldsymbol{v}_{k2}\cdots,\boldsymbol{v}_{kD}\} \in \mathcal{C}^{1\times D}$。

类似于式（9-11），第 k 个用户的接收信号表示为：

$$y_k = \boldsymbol{w}_k\boldsymbol{h}_k\left(1-tr\left(\boldsymbol{X}_k\right)\right)s_k + \boldsymbol{v}_k\boldsymbol{X}_k\boldsymbol{g}_k s_k + \sum_{j\in\mathcal{C},j\neq k}\boldsymbol{v}_j\boldsymbol{X}_j\boldsymbol{g}_k s_j + \sum_{i\in\mathcal{C},i\neq k}\boldsymbol{w}_i\boldsymbol{h}_k\left(1-tr\left(\boldsymbol{X}_i\right)\right)s_i + z_k \tag{9-58}$$

其中，$\boldsymbol{X}_k = \mathrm{diag}\left(x_{k1}, x_{k2}, \cdots, x_{kD}\right) \in \mathcal{C}^{D\times D}$ 表示用户 k 的模式选择矩阵，并且 z_k 服从于方差为 σ^2 的高斯分布 $\mathrm{CN}(0,\sigma^2)$，表示用户 k 的接收噪声。s_k 表示用户 k 传输符号，且服从高斯分布 $\mathrm{CN}(0,1)$。

第 k 个用户的接收速率为：

$$R_k = \mathrm{lb}\left(1+\frac{\boldsymbol{w}_k\boldsymbol{h}_k\left(\boldsymbol{w}_k\boldsymbol{h}_k\right)^{\mathrm{H}}\left(1-tr\left(\boldsymbol{X}_k\right)\right)+\boldsymbol{v}_k\boldsymbol{X}_k\boldsymbol{g}_k\left(\boldsymbol{v}_k\boldsymbol{X}_k\boldsymbol{g}_k\right)^{\mathrm{H}}}{\sigma^2+1}\right) \tag{9-59}$$

其中，$I = \sum\limits_{i\in\mathcal{C}, i\neq k} \boldsymbol{w}_i\boldsymbol{h}_k\left(\boldsymbol{w}_i\boldsymbol{h}_k\right)^{\mathrm{H}}\left(1-\mathrm{tr}\left(\boldsymbol{X}_i\right)\right)+\sum\limits_{j\in\mathcal{C}, j\neq k} \boldsymbol{v}_j\boldsymbol{X}_j\boldsymbol{g}_k\left(\boldsymbol{v}_j\boldsymbol{X}_j\boldsymbol{g}_k\right)^{\mathrm{H}}$ 表示用户干扰，其中前一部分表示选择 F-RAN 通信模式的用户给用户 k 带来的干扰，而后一部分表示选择 D2D 通信的用户给用户 k 带来的干扰。

依据式（9-14）、式（9-15），F-RAN 与 D2D 通信的前传链路的容量受限同样表示为：

$$\sum_{k\in\mathcal{K}} \left\| \|\boldsymbol{w}_{kn}\|_2^2 \right\|_0 R_k \leqslant R_n^1, \forall n \in \mathcal{N}_1 \tag{9-60}$$

$$\sum_{k\in\mathcal{K}} \left\| \|\boldsymbol{w}_{kn}\|_2^2 \right\|_0 R_k \leqslant R_n^2, \forall n \in \mathcal{N}_2 \tag{9-61}$$

其中，R_n^1 与 R_n^2 分别表示有线与无线前传链路容量的上限。

9.3.2 成本模型

类似于成本系数的定义，在 F-RAN 中包含 D2D 通信的场景，网络开销除了考虑不同前传链路传输介质产生的前传链路开销以外，D2D 通信也会产生相应的成本开销。因此，本节的成本系数依赖于不同的前传链路介质与 D2D 通信，类似于式（9-16），第 n 个 RRH 通过前传链路接入 BBU 池所产生的成本系数表示为：

$$c_n = c_n^* / c_0 \tag{9-62}$$

其中，c_n^* 表示连接第 n 个 RRH 与 BBU 的前传链路实际的成本开销，参考式（9-1）的定义。c_0 表示所有前传链路中最大的成本开销。

用户 k 直接由自带缓存功能的 D2D 用户服务，所产生的成本系数表示为：

$$l_k = l_k^* / c_0 \tag{9-63}$$

其中，l_k^* 表示具有缓存功能的用户为第 k 个用户服务所产生的网络开销。

9.3.3 系统问题描述

区别于传统的能效指标，本节介绍了一种联合考虑网络总速率、功耗、前传链路成本及 D2D 开销的综合性指标，即经济的频谱效率，该指标的定义表示为：

$$q=\frac{U_R\left(\boldsymbol{w}_{kn},\boldsymbol{v}_{kj},\boldsymbol{X}_k\right)}{U_{P_C}\left(\boldsymbol{w}_{kn},\boldsymbol{v}_{kj},\boldsymbol{X}_k\right)} \tag{9-64}$$

其中，$U_R\left(\boldsymbol{w}_{kn},\boldsymbol{v}_{kj},\boldsymbol{X}_k\right)=\sum_{k\in\mathcal{C}}\alpha_k R_k$ 表示网络总速率，α_k 表示用户 k 所对应速率的权重。$U_{P_C}\left(\boldsymbol{w}_{kn},\boldsymbol{v}_{kj},\boldsymbol{X}_k\right)=\sum_{n\in\mathcal{N}}\sum_{k\in\mathcal{C}}c_n\|\boldsymbol{w}_{kn}\|_2^2\left(1-tr\left(\boldsymbol{X}_k\right)\right)+\sum_{k\in\mathcal{C}}\|\boldsymbol{v}_k\boldsymbol{X}_k\|_2^2 l_k+P_C$，其主要由网络总功耗与成本系数所决定。表达式 $\sum_{n\in\mathcal{N}}\sum_{k\in\mathcal{C}}c_n\|\boldsymbol{w}_{kn}\|_2^2\left(1-tr\left(\boldsymbol{X}_k\right)\right)$ 表示为用户接入 RRH 所产生的网络消耗，$\sum_{k\in\mathcal{C}}\|\boldsymbol{v}_k\boldsymbol{X}_k\|_2^2 l_k$ 表示具有缓存的用户服务于普通用户产生的网络消耗，P_C 为网络的静态功耗。由于网络总功耗不能反映前传链路及 D2D 通信的相关开销差异，在网络功耗的定义中引入了前传链路成本与 D2D 成本的影响因子。

在前传链路容量、发射功耗与用户的模式选择受限的情况下，通过优化 ESE，从而设计优化的波束成形向量、D2D 通信的预编码向量及模式选择策略。优化问题 9-1 表示为：

$$\begin{gathered}
\max_{\{\boldsymbol{w}_{kn},\boldsymbol{v}_{kj},\boldsymbol{X}_k\}}\frac{U_R\left(\boldsymbol{w}_{kn},\boldsymbol{v}_{kj},\boldsymbol{X}_k\right)}{U_{P_C}\left(\boldsymbol{w}_{kn},\boldsymbol{v}_{kj},\boldsymbol{X}_k\right)}\\
\mathrm{C1}:\sum_{k\in\mathcal{C}}\|\boldsymbol{w}_{kn}\|_2^2\left(1-\mathrm{tr}\left(\boldsymbol{X}_k\right)\right)\leqslant P_n^{\max},n\in\mathcal{N}\\
\mathrm{C2}:\sum_{k\in\mathcal{C}}\|\boldsymbol{v}_{kj}x_{kj}\|_2^2\leqslant P_j,j\in\mathcal{D}\\
\mathrm{C3}:\sum_{k\in\mathcal{C}}x_{kj}\leqslant 1,j\in\mathcal{D}\\
\mathrm{C4}:\sum_{j\in D}x_{kj}\leqslant 1,k\in\mathcal{C}\\
\mathrm{C5}:x_{kj}=\{0,1\},j\in\mathcal{D},k\in\mathcal{C}\\
\mathrm{C6}:\sum_{k\in\mathcal{C}}\left\|\|\boldsymbol{w}_{kn}\left(1-\mathrm{tr}\left(\boldsymbol{X}_k\right)\right)\|_2^2\right\|_0 R_k\leqslant R_n^1,n\in\mathcal{N}_1\\
\mathrm{C7}:\sum_{k\in\mathcal{C}}\left\|\|\boldsymbol{w}_{kn}\left(1-\mathrm{tr}\left(\boldsymbol{X}_k\right)\right)\|_2^2\right\|_0 R_k\leqslant R_n^2,n\in\mathcal{N}_2
\end{gathered} \tag{9-65}$$

其中，C1 与 C2 分别表示 RRH 与 D2D 用户的发射功耗受限，且 $P_n^{\max}$ 表示第 n 个 RRH 的最大发射功耗，P_j 表示第 j 个具有缓存的用户发送的最大功耗。约束条件 C3~C5 表示模式选择变量的受限约束，即要求具有缓存的用户同一时刻至多为一个普通用户提供服务，且一个普通用户至多被一个具有缓存的用户服务。C6 与 C7 分别表示有线与无线前传链路的容量约束。

9.3.4 优化问题解决

基于非线性分式形式的特征，对优化问题 9-1 的目标函数进行转换，介绍一种有效的迭代算法。通过这样的转换，将原始优化问题转换为等价的子优化问题，再利用加权最小均方误差与拉格朗日对偶分解算法进行求解。

（1）迭代算法

优化问题 9-1 中的目标函数是一种非线性分式形式[26]，ESE 的性能定义为一个非负变量 q，最优的 ESE 值可以表示为：

$$q^* = \frac{U_R\left(\boldsymbol{w}_{kn}^*, \boldsymbol{v}_{kj}^*, \boldsymbol{X}_k^*\right)}{U_{P_C}\left(\boldsymbol{w}_{kn}^*, \boldsymbol{v}_{kj}^*, \boldsymbol{X}_k^*\right)} \tag{9-66}$$

依据定理 9-1，当达到最优的 q^* 时，两个优化问题是等价的。虽然 q^* 不能通过直接求解得到，但是在确保每次迭代获得可行解的情况下，本节介绍一种迭代更新的算法。该算法的收敛性可以被证明[11]，且原问题的最优解可通过求解问题 9-2 得到。

原始优化问题 9-1 通过等价转换后，形成优化问题 9-2，表示为：

$$\max_{\{\boldsymbol{w}_{kn}, \boldsymbol{v}_{kj}, \boldsymbol{X}_k\}} U_R\left(\boldsymbol{w}_{kn}, \boldsymbol{v}_{kj}, \boldsymbol{X}_k\right) - q^* U_{P_C}\left(\boldsymbol{w}_{kn}, \boldsymbol{v}_{kj}, \boldsymbol{X}_k\right)$$
$$\text{s.t. C1~C7} \tag{9-67}$$

因此，分式形式的目标函数通过等价关系，转换为减式形式。为了解决优化问题 9-2，定义了等价函数 $G(q)$，表示为：

$$G(q) = \max_{\{\boldsymbol{w}_{kn}, \boldsymbol{v}_{kj}, \boldsymbol{X}_k\}} U_R\left(\boldsymbol{w}_{kn}, \boldsymbol{v}_{kj}, \boldsymbol{X}_k\right) - qU_{P_C}\left(\boldsymbol{w}_{kn}, \boldsymbol{v}_{kj}, \boldsymbol{X}_k\right) \tag{9-68}$$

依据引理 9-1，可知 $G(q)$是一个单调递减函数。本节介绍迭代算法 9-3，该算法的实现是通过在每次迭代中更新 q，然后再求解等价优化问题 9-2 得到。该迭代算法能够确保 q 在每次迭代中呈递增的趋势，且在算法 9-3 中通过采用两层循环的方式可以获得最优的 ESE 性能。其中，外层循环主要是通过从上一次迭代中获得的 $U_R\left(\boldsymbol{w}_{kn}^{(i)},\boldsymbol{v}_{kj}^{(i)},\boldsymbol{X}_k^{(i)}\right)$ 与 $U_{P_C}\left(\boldsymbol{w}_{kn}^{(i)},\boldsymbol{v}_{kj}^{(i)},\boldsymbol{X}_k^{(i)}\right)$ 在本次迭代中对 $q^{(i+1)}$ 进行更新。内层循环是在给定 $q^{(i)}$ 的前提下，求解内层优化问题 9-3 获得最优的波束成形向量、预编码向量及模式选择策略。优化问题 9-3 表示为：

$$\max_{\{\boldsymbol{w}_{kn},\boldsymbol{v}_{kj},\boldsymbol{X}_k\}} U_R\left(\boldsymbol{w}_{kn},\boldsymbol{v}_{kj},\boldsymbol{X}_k\right)-q^{(i)}U_{P_C}\left(\boldsymbol{w}_{kn},\boldsymbol{v}_{kj},\boldsymbol{X}_k\right)$$
$$\text{s.t. C1~C7} \tag{9-69}$$

其中，$q^{(i)}$ 是外层循环的前一次迭代更新值。

类似于式（9-37），前传链路容量受限同样可以转化为：

$$\sum_{k\in\mathcal{C}}\|\boldsymbol{w}_{kn}\|_2^2\left(1-tr\left(\boldsymbol{X}_k\right)\right)\beta_{kn}R_k\leqslant R_n^1,n\in\mathcal{N}_1 \tag{9-70}$$

$$\sum_{k\in\mathcal{C}}\|\boldsymbol{w}_{kn}\|_2^2\left(1-tr\left(\boldsymbol{X}_k\right)\right)\beta_{kn}R_k\leqslant R_n^2,n\in\mathcal{N}_2 \tag{9-71}$$

同理，前传链路容量受限中的 $\hat{R}_k$ 与 $\hat{\beta}_{kn}$ 可以从上一次迭代中获得。定义矩阵为：

$$\boldsymbol{Q}_j=\left\{\underbrace{0,\cdots,0}_{j-1},1,0,\cdots,0\right\}^{\mathrm{T}}\in\mathcal{C}^{D\times1}\left(j>0\right) \tag{9-72}$$

则 $\boldsymbol{v}_{kj}$ 可以表示为：

$$\boldsymbol{v}_{kj}=\boldsymbol{v}_k\boldsymbol{Q}_j \tag{9-73}$$

利用式（9-10）与式（9-73），优化问题 9-3 近似转化为问题 9-4，表示为：

$$\max_{\{\boldsymbol{w}_k,\boldsymbol{v}_k,\boldsymbol{X}_k\}} U_R\left(\boldsymbol{w}_k,\boldsymbol{v}_k,\boldsymbol{X}_k\right)-q^{(i)}U_{P_C}\left(\boldsymbol{w}_k,\boldsymbol{v}_k,\boldsymbol{X}_k\right)$$
$$\text{s.t.}\quad \text{C8: }\sum_{k\in\mathcal{C}}\boldsymbol{w}_k\boldsymbol{D}_n\boldsymbol{D}_n^{\mathrm{H}}\boldsymbol{w}_k^{\mathrm{H}}\left(1-\mathrm{tr}\left(\boldsymbol{X}_k\right)\right)\leqslant P_n^{\max},n\in\mathcal{N}$$
$$\text{C9: }\boldsymbol{v}_k\boldsymbol{Q}_j\boldsymbol{Q}_j^{\mathrm{H}}\boldsymbol{v}_k^{\mathrm{H}}x_{kj}\leqslant P_j,j\in\mathcal{D},k\in\mathcal{C}$$
$$\text{C10: }\sum_{k\in\mathcal{C}}\boldsymbol{w}_k\boldsymbol{D}_n\boldsymbol{D}_n^{\mathrm{H}}\boldsymbol{w}_k^{\mathrm{H}}\hat{R}_k\hat{\beta}_{kn}\left(1-tr\left(\boldsymbol{X}_k\right)\right)\leqslant R_n^1,n\in\mathcal{N}_1$$
$$\text{C11: }\sum_{k\in\mathcal{C}}\boldsymbol{w}_k\boldsymbol{D}_n\boldsymbol{D}_n^{\mathrm{H}}\boldsymbol{w}_k^{\mathrm{H}}\hat{R}_k\hat{\beta}_{kn}\left(1-tr\left(\boldsymbol{X}_k\right)\right)\leqslant R_n^2,n\in\mathcal{N}_2$$
$$\text{C3~C5} \tag{9-74}$$

算法 9-3　迭代算法

步骤 1 初始化最大迭代次数 $I_{\max}$、收敛门限 ε 及 $q^{(1)}$；

步骤 2 令迭代索引 $i=1$；

步骤 3 for $1 \leqslant i \leqslant I_{\max}$

步骤 4 在给定 $q^{(1)}$ 的情况下求解优化问题 9-4，并获得 $\boldsymbol{w}_{kn}^{(i)}, \boldsymbol{v}_{kj}^{(i)}, \boldsymbol{X}_k^{(i)}$；

步骤 5 计算 $U_R\left(\boldsymbol{w}_{kn}^{(i)}, \boldsymbol{v}_{kj}^{(i)}, \boldsymbol{X}_k^{(i)}\right)$ 与 $U_{P_C}\left(\boldsymbol{w}_{kn}^{(i)}, \boldsymbol{v}_{kj}^{(i)}, \boldsymbol{X}_k^{(i)}\right)$；

步骤 6 if $U_R\left(\boldsymbol{w}_{kn}^{(i)}, \boldsymbol{v}_{kj}^{(i)}, \boldsymbol{X}_k^{(i)}\right) - q^{(i)} U_{P_C}\left(\boldsymbol{w}_{kn}^{(i)}, \boldsymbol{v}_{kj}^{(i)}, \boldsymbol{X}_k^{(i)}\right) < \varepsilon$；

步骤 7 令 $\left\{\boldsymbol{w}_{kn}^*, \boldsymbol{v}_{kj}^*, \boldsymbol{X}_k^*\right\} = \left\{\boldsymbol{w}_{kn}^{(i)}, \boldsymbol{v}_{kj}^{(i)}, \boldsymbol{X}_k^{(i)}\right\}$，且 $q^* = q^{(i)}$，break；

步骤 8 else

步骤 9 令 $q^{(i+1)} = U_R\left(\boldsymbol{w}_{kn}^{(i)}, \boldsymbol{v}_{kj}^{(i)}, \boldsymbol{X}_k^{(i)}\right) / U_{P_C}\left(\boldsymbol{w}_{kn}^{(i)}, \boldsymbol{v}_{kj}^{(i)}, \boldsymbol{X}_k^{(i)}\right)$，且 $i = i+1$；

步骤 10 end if

步骤 11 end for

（2）对偶分解算法

问题 9-4 仍然是一个非凸优化问题，依据命题 9-1，即速率最大化问题与加权均方误差最小的等价扩展关系[28]，将该问题转换为一个加权最小均方误差的优化问题。通过这样的近似转换得到优化问题 9-5，表示为：

$$\min_{\{\boldsymbol{w}_k, \boldsymbol{v}_k, \boldsymbol{X}_k, \rho_k, \mu_k\}} \sum_{k \in C} \alpha_k \left(\rho_k e_k - \mathrm{lb}\rho_k\right) - q^{(i)} U_{P_C}\left(\boldsymbol{w}_k, \boldsymbol{v}_k, \boldsymbol{X}_k\right)$$

$$\text{s.t.} \quad \text{C3~C5，C8~C11} \tag{9-75}$$

其中，ρ_k 为正值加权变量，e_k 为均方估计误差，可表示为：

$$e_k = E\left[\| \mu_k y_k - s_k \|_2^2\right] =$$

$$\mu_k \left(\sum_{i \in C} \boldsymbol{w}_i \boldsymbol{h}_k \left(\boldsymbol{w}_i \boldsymbol{h}_k\right)^{\mathrm{H}} \left(1 - \mathrm{tr}\left(\boldsymbol{X}_i\right)\right) + \sum_{j \in C} \boldsymbol{v}_j \boldsymbol{X}_j \boldsymbol{g}_k \left(\boldsymbol{v}_j \boldsymbol{X}_j \boldsymbol{g}_k\right)^{\mathrm{H}} + \sigma^2 \right) \mu_k^{\mathrm{H}} -$$

$$2\mathrm{Re}\left\{\mu_k \boldsymbol{w}_k \boldsymbol{h}_k \left(1 - \mathrm{tr}\left(\boldsymbol{X}_k\right)\right) + \mu_k \boldsymbol{v}_k \boldsymbol{X}_k \boldsymbol{g}_k\right\} + 1 \tag{9-76}$$

由式（9-75）可知，最小均方误差优化问题对每个独立变量都是凸优化问题，因此对 ρ_k、μ_k、$\boldsymbol{X}_k$、$\boldsymbol{v}_k$ 及 $\boldsymbol{w}_k$ 分别进行迭代，采用块协作下降方法求解问题 9-5。

在固定 μ_k、$\boldsymbol{X}_k$、$\boldsymbol{v}_k$ 及 $\boldsymbol{w}_k$ 的情况下，得到 ρ_k 为：

$$\rho_k = e_k^{-1}, \forall k \in \mathcal{C} \tag{9-77}$$

在固定 ρ_k、$\boldsymbol{X}_k$、$\boldsymbol{v}_k$ 及 $\boldsymbol{w}_k$ 的情况下，得到 μ_k 为：

$$\mu_k=\left(\sum_{i\in\mathcal{C}}\boldsymbol{w}_i\boldsymbol{h}_k\left(\boldsymbol{w}_i\boldsymbol{h}_k\right)^{\mathrm{H}}\left(1-\mathrm{tr}\left(\boldsymbol{X}_i\right)\right)+\sum_{j\in\mathcal{C}}\boldsymbol{v}_j\boldsymbol{X}_j\boldsymbol{g}_k\left(\boldsymbol{v}_j\boldsymbol{X}_j\boldsymbol{g}_k\right)^{\mathrm{H}}+\sigma^2\right)^{-1}$$
$$\left(\boldsymbol{w}_k\boldsymbol{h}_k\left(1-\mathrm{tr}\left(\boldsymbol{X}_k\right)\right)+\boldsymbol{v}_k\boldsymbol{X}_k\boldsymbol{g}_k\right) \tag{9-78}$$

在固定 μ_k、ρ_k 的情况下，得到以下优化问题 9-6：

$$\min_{\{\boldsymbol{w}_k,\boldsymbol{v}_k,\boldsymbol{X}_k\}}\sum_{k\in\mathcal{C}}\alpha_k\left(\rho_k e_k-\mathrm{lb}\rho_k\right)-q^{(i)}U_{P_C}\left(\boldsymbol{w}_k,\boldsymbol{v}_k,\boldsymbol{X}_k\right) \tag{9-79}$$
$$\text{s.t.}\qquad \text{C3~C5，C8~C11}$$

依据以上块协作下降方法对问题 9-5 的求解，得到相应的加权最小均方误差算法 9-4，如下。

算法 9-4　加权最 e_k 小均方误差方法

步骤 1　初始化 $\hat{R}_k$、$\hat{\beta}_{kn}$、$\boldsymbol{w}_k$、$\boldsymbol{v}_k$ 及 $\boldsymbol{X}_k$，$\forall k,n,j$。

步骤 2　开始循环。

步骤 3　固定 $\boldsymbol{w}_k$、$\boldsymbol{v}_k$ 及 $\boldsymbol{X}_k$，依据式（9-78）与式（9-76）计算最小均方误差的滤波器 μ_k 与相应的均方误差 e_k。

步骤 4　依据式（9-77），更新权重 ρ_k。

步骤 5　固定 μ_k 与 ρ_k，采用拉格朗日对偶分解算法求解优化问题 9-6，获得最优的波束成形向量 $\boldsymbol{w}_k^*$、预编码向量 $\boldsymbol{v}_k^*$ 与模式选择方案 $\boldsymbol{X}_k^*$。

步骤 6　依据式（9-59），计算获得速率 R_k。

步骤 7　更新 $\hat{R}_k=R_k$ 与 $\hat{\beta}_{kn}=1/\left(\varepsilon+\|\boldsymbol{w}_k^*\boldsymbol{D}_n\|_2^2\right)$。

步骤 8　直到收敛。

令 $F\left(\boldsymbol{w}_k,\boldsymbol{v}_k,\boldsymbol{X}_k\right)=\sum_{k\in\mathcal{C}}\alpha_k\left(\rho_k e_k-\mathrm{lb}\rho_k\right)-q^{(i)}U_{P_C}\left(\boldsymbol{w}_k,\boldsymbol{v}_k,\boldsymbol{X}_k\right)$，将 μ_k、ρ_k 及 e_k 的表达式代入 $F\left(\boldsymbol{w}_k,\boldsymbol{v}_k,\boldsymbol{X}_k\right)$ 中，得到：

$$F\left(\boldsymbol{w}_k,\boldsymbol{v}_k,\boldsymbol{X}_k\right)=\sum_{k\in\mathcal{C}}\boldsymbol{w}_k\boldsymbol{Y}_k^{\{0\}}\boldsymbol{w}_k^{\mathrm{H}}\left(1-\mathrm{tr}\left(\boldsymbol{X}_k\right)\right)-2\sum_{k\in\mathcal{C}}\alpha_k\rho_k\mathrm{Re}\left\{\mu_k\boldsymbol{w}_k\boldsymbol{h}_k\left(1-\mathrm{tr}\left(\boldsymbol{X}_k\right)\right)\right\}+$$
$$\sum_{k\in\mathcal{C}}\boldsymbol{v}_k\boldsymbol{X}_k\boldsymbol{Y}_k^{\{1\}}\boldsymbol{X}_k^{\mathrm{H}}\boldsymbol{v}_k^{\mathrm{H}}-2\sum_{k\in\mathcal{C}}\alpha_k\rho_k\mathrm{Re}\left\{\mu_k\boldsymbol{v}_k\boldsymbol{X}_k\boldsymbol{g}_k\right\}+q^{(i)}P_C \tag{9-80}$$

其中，$\boldsymbol{Y}_k^{\{0\}}$、$\boldsymbol{J}_k$、$\boldsymbol{Y}_k^{\{1\}}$、$\boldsymbol{I}_k$ 分别为 $\boldsymbol{Y}_k^{\{0\}}=\sum_{i\in\mathcal{C}}\rho_i\mu_i\alpha_i\boldsymbol{h}_i\boldsymbol{h}_i^{\mathrm{H}}\mu_i^{\mathrm{H}}+q^{(i)}\boldsymbol{J}_k$，$\boldsymbol{J}_k=\operatorname{diag}(c_1,\cdots,c_{NM})$，$\boldsymbol{Y}_k^{\{1\}}=\sum_{i\in\mathcal{C}}\rho_i\mu_i\alpha_i\boldsymbol{g}_i\boldsymbol{g}_i^{\mathrm{H}}\mu_i^{\mathrm{H}}+q^{(i)}l_k\boldsymbol{I}_k$，$\boldsymbol{I}_k$ 为 $D\times D$ 维单位矩阵。

经过以上对函数 $F(\boldsymbol{w}_k,\boldsymbol{v}_k,\boldsymbol{X}_k)$ 的化解得优化问题 9-7，为：

$$\min_{\{\boldsymbol{w}_k,\boldsymbol{v}_k,\boldsymbol{X}_k\}}\sum_{k\in\mathcal{C}}\boldsymbol{w}_k\boldsymbol{Y}_k^{\{0\}}\boldsymbol{w}_k^{\mathrm{H}}\left(1-\operatorname{tr}(\boldsymbol{X}_k)\right)-2\sum_{k\in\mathcal{C}}\alpha_k\rho_k\operatorname{Re}\left\{\mu_k\boldsymbol{w}_k\boldsymbol{h}_k\left(1-\operatorname{tr}(\boldsymbol{X}_k)\right)\right\}+$$
$$\sum_{k\in\mathcal{C}}\boldsymbol{v}_k\boldsymbol{X}_k\boldsymbol{Y}_k^{\{1\}}\boldsymbol{X}_k^{\mathrm{H}}\boldsymbol{v}_k^{\mathrm{H}}-2\sum_{k\in\mathcal{C}}\alpha_k\rho_k\operatorname{Re}\left\{\mu_k\boldsymbol{v}_k\boldsymbol{X}_k\boldsymbol{g}_k\right\}$$
$$\text{s.t.}\quad \text{C3}\sim\text{C5，C8}\sim\text{C11} \tag{9-81}$$

依据系统模型部分对 $\boldsymbol{w}_k$ 的定义，当具有缓存的用户为用户 k 提供服务时，即 $1-\operatorname{tr}(\boldsymbol{X}_k)=0$，要求 $\boldsymbol{w}_k=0$；当 RRH 为用户 k 提供服务时，即 $\boldsymbol{X}_k^{\mathrm{H}}=0$，那么 $\boldsymbol{v}_k=0$。受此启发[29]，将优化问题 9-7 中的目标函数的模式选择变量消除，并在约束条件中体现模式选择对波束成形与预编码的影响，得到等价优化问题 9-8，表示为：

$$\min_{\{\boldsymbol{w}_k,\boldsymbol{v}_k,x_{kj}\}}\sum_{k\in\mathcal{C}}\boldsymbol{w}_k\boldsymbol{Y}_k^{\{0\}}\boldsymbol{w}_k^{\mathrm{H}}-2\sum_{k\in\mathcal{C}}\alpha_k\rho_k\operatorname{Re}\left\{\mu_k\boldsymbol{w}_k\boldsymbol{h}_k\right\}+$$
$$\sum_{k\in\mathcal{C}}\boldsymbol{v}_k\boldsymbol{Y}_k^{\{1\}}\boldsymbol{v}_k^{\mathrm{H}}-2\sum_{k\in\mathcal{C}}\alpha_k\rho_k\operatorname{Re}\left\{\mu_k\boldsymbol{v}_k\boldsymbol{g}_k\right\}$$
$$\text{s.t.}\quad \text{C12:}\ \sum_{k\in\mathcal{C}}\boldsymbol{w}_k\boldsymbol{D}_n\boldsymbol{D}_n^{\mathrm{H}}\boldsymbol{w}_k^{\mathrm{H}}\leqslant P_n^{\max},n\in\mathcal{N}$$
$$\text{C13:}\ \boldsymbol{w}_k\boldsymbol{D}_n\boldsymbol{D}_n^{\mathrm{H}}\boldsymbol{w}_k^{\mathrm{H}}\leqslant\left(1-\sum_{j\in\mathcal{D}}x_{kj}\right)P_n^{\max},n\in\mathcal{N},k\in\mathcal{C}$$
$$\text{C14:}\ \boldsymbol{v}_k\boldsymbol{Q}_j\boldsymbol{Q}_j^{\mathrm{H}}\boldsymbol{v}_k^{\mathrm{H}}\leqslant x_{kj}P_j,j\in\mathcal{D},k\in\mathcal{C}$$
$$\text{C15:}\ \sum_{k\in\mathcal{C}}x_{kj}\leqslant 1,j\in\mathcal{D}$$
$$\text{C16:}\ \sum_{j\in\mathcal{D}}x_{kj}\leqslant 1,k\in\mathcal{C}$$
$$\text{C17:}\sum_{k\in\mathcal{C}}\boldsymbol{w}_k\boldsymbol{D}_n\boldsymbol{D}_n^{\mathrm{H}}\boldsymbol{w}_k^{\mathrm{H}}\hat{R}_k\hat{\beta}_{kn}\leqslant R_n^1,n\in\mathcal{N}_1$$
$$\text{C18:}\sum_{k\in\mathcal{C}}\boldsymbol{w}_k\boldsymbol{D}_n\boldsymbol{D}_n^{\mathrm{H}}\boldsymbol{w}_k^{\mathrm{H}}\hat{R}_k\hat{\beta}_{kn}\leqslant R_n^2,n\in\mathcal{N}_2$$
$$\text{C19:}\ x_{kj}\leqslant\{0,1\},j\in\mathcal{D},k\in\mathcal{C} \tag{9-82}$$

其中，C13 表示当 $1-\sum_{j\in\mathcal{D}}x_{kj}=0$ 时，即当用户 k 选择接入具有缓存的用户时，用户 k

的波束成形 $\boldsymbol{w}_k=\boldsymbol{0}$；C14 表示当 $x_{kj}=0$ 时，用户 k 选择接入 RRH 簇，相应的预编码向量 $\boldsymbol{v}_k=\boldsymbol{0}$；由问题 9-7 到问题 9-8 的等价转换主要在于将模式选择对波束成形与预编码的影响在约束条件 C13 与 C14 中得到体现，从而消除了目标函数中的整数变量。

问题 9-8 是一个混合整数非线性凸优化问题，目前针对此问题的研究已经提出了一些相关的算法，例如分支定界算法[30]。但是当在 F-RAN 中部署高密集度的 RRH 时，分支定界算法的复杂度将会很高。因此，采用将二进制变量 x_{kj} 变化为[0,1]连续变量的松弛放缩方法，再利用拉格朗日对偶方法对优化问题 9-8 进行求解，从而降低优化问题的计算复杂度。

依据优化问题 9-8 的约束条件，拉格朗日函数可以表示为：

$$
\begin{aligned}
L\left(\boldsymbol{w}_k,\boldsymbol{v}_k,x_{kj},\boldsymbol{S}\right)=&\sum_{k\in\mathcal{C}}\boldsymbol{w}_k\boldsymbol{Y}_k^{\{0\}}\boldsymbol{w}_k^{\mathrm{H}}-2\sum_{k\in\mathcal{C}}\alpha_k\rho_k\mathrm{Re}\left\{\mu_k\boldsymbol{w}_k\boldsymbol{h}_k\right\}+\\
&\sum_{k\in\mathcal{C}}\boldsymbol{v}_k\boldsymbol{Y}_k^{\{1\}}\boldsymbol{v}_k^{\mathrm{H}}-2\sum_{k\in\mathcal{C}}\alpha_k\rho_k\mathrm{Re}\left\{\mu_k\boldsymbol{v}_k\boldsymbol{g}_k\right\}+\sum_{n\in\mathcal{N}}\lambda_n\left(\sum_{k\in\mathcal{C}}\boldsymbol{w}_k\boldsymbol{D}_n\boldsymbol{D}_n^{\mathrm{H}}\boldsymbol{w}_k^{\mathrm{H}}-P_n^{\max}\right)+\\
&\sum_{n\in\mathcal{N}}\sum_{k\in\mathcal{C}}\gamma_{kn}\left[\boldsymbol{w}_k\boldsymbol{D}_n\boldsymbol{D}_n^{\mathrm{H}}\boldsymbol{w}_k^{\mathrm{H}}-\left(1-\sum_{j\in\mathcal{D}}x_{kj}\right)P_n^{\max}\right]+\sum_{k\in\mathcal{C}}\sum_{j\in\mathcal{D}}\zeta_{kj}\left(\boldsymbol{v}_k\boldsymbol{Q}_j\boldsymbol{Q}_j^{\mathrm{H}}\boldsymbol{v}_k^{\mathrm{H}}-x_{kj}P_j\right)+\\
&\sum_{k\in\mathcal{C}}\varphi_k\left(\sum_{j\in\mathcal{D}}x_{kj}-1\right)+\sum_{j\in\mathcal{D}}\psi_j\left(\sum_{k\in\mathcal{C}}x_{kj}-1\right)+\sum_{n\in\mathcal{N}_1}\tau_n\left(\sum_{k\in\mathcal{C}}\boldsymbol{w}_k\boldsymbol{D}_n\boldsymbol{D}_n^{\mathrm{H}}\boldsymbol{w}_k^{\mathrm{H}}\hat{\beta}_{kn}\hat{R}_k-R_n^1\right)+\\
&\sum_{n\in\mathcal{N}_2}\tau_n\left(\boldsymbol{w}_k\boldsymbol{D}_n\boldsymbol{D}_n^{\mathrm{H}}\boldsymbol{w}_k^{\mathrm{H}}\hat{\beta}_{kn}\hat{R}_k-R_n^2\right)
\end{aligned}
\tag{9-83}
$$

其中，$\boldsymbol{S}=\{\boldsymbol{\lambda},\boldsymbol{\gamma},\boldsymbol{\zeta},\boldsymbol{\varphi},\boldsymbol{\psi},\boldsymbol{\tau}\}\geqslant\boldsymbol{0}$，并且 $\boldsymbol{\lambda}$、$\boldsymbol{\gamma}$、$\boldsymbol{\zeta}$、$\boldsymbol{\varphi}$、$\boldsymbol{\psi}$、$\boldsymbol{\tau}$ 分别对应约束条件 C12~C18 的拉格朗日乘子向量。

拉格朗日对偶函数表示为：

$$
\begin{aligned}
F\left(\boldsymbol{S}\right)=&\min_{\{\boldsymbol{w}_k,\boldsymbol{v}_k,x_{kj}\}}L\left(\boldsymbol{w}_k,\boldsymbol{v}_k,x_{kj},\boldsymbol{S}\right)=\min_{\{\boldsymbol{w}_k,\boldsymbol{v}_k,x_{kj}\}}\sum_{k\in\mathcal{C}}\boldsymbol{w}_k\boldsymbol{Z}_k^{\{0\}}\boldsymbol{w}_k^{\mathrm{H}}-2\sum_{k\in\mathcal{C}}\alpha_k\rho_k\mathrm{Re}\left\{\mu_k\boldsymbol{w}_k\boldsymbol{h}_k\right\}+\\
&\sum_{k\in\mathcal{C}}\boldsymbol{v}_k\boldsymbol{Z}_k^{\{1\}}\boldsymbol{v}_k^{\mathrm{H}}-2\sum_{k\in\mathcal{C}}\alpha_k\rho_k\mathrm{Re}\left\{\mu_k\boldsymbol{v}_k\boldsymbol{g}_k\right\}+\sum_{k\in\mathcal{C}}\sum_{j\in\mathcal{D}}x_{kj}\left(\sum_{n\in\mathcal{N}}\gamma_{kn}P_n^{\max}-\zeta_{kj}P_j+\varphi_k+\psi_j\right)-\\
&\sum_{n\in\mathcal{N}}\lambda_nP_n^{\max}-\sum_{n\in\mathcal{N}}\sum_{k\in\mathcal{C}}\gamma_{kn}P_n^{\max}-\sum_{k\in\mathcal{C}}\varphi_k-\sum_{j\in\mathcal{D}}\psi_j-\sum_{n\in\mathcal{N}_1}\tau_nR_n^1-\sum_{n\in\mathcal{N}_2}\tau_nR_n^2\\
&\text{s.t.}\quad x_{kj}=[0,1],j\in\mathcal{D},k\in\mathcal{C}
\end{aligned}
\tag{9-84}
$$

其中，$\boldsymbol{Z}_k^{\{0\}} = \boldsymbol{Y}_k^{\{0\}} + \sum_{n\in\mathcal{N}} \lambda_n \boldsymbol{D}_n \boldsymbol{D}_n^{\mathrm{H}} + \sum_{n\in\mathcal{N}} \gamma_{kn} \boldsymbol{D}_n \boldsymbol{D}_n^{\mathrm{H}} + \sum_{n\in\mathcal{N}} \tau_n \boldsymbol{D}_n \boldsymbol{D}_n^{\mathrm{H}} \hat{\beta}_{kn} \hat{R}_k$，$\boldsymbol{Z}_k^{\{1\}} = \boldsymbol{Y}_k^{\{1\}} + \sum_{j\in\mathcal{D}} \zeta_{kj} \boldsymbol{Q}_j \boldsymbol{Q}_j^{\mathrm{H}}$。由于 $\boldsymbol{\lambda} \geqslant \mathbf{0}$，$\boldsymbol{\gamma} \geqslant \mathbf{0}$，$\boldsymbol{\tau} \geqslant \mathbf{0}$ 与 $\boldsymbol{\zeta} \geqslant \mathbf{0}$，可得 $\boldsymbol{Z}_k^{\{0\}}$ 与 $\boldsymbol{Z}_k^{\{1\}}$ 均为正定矩阵。

对偶优化问题表示为：

$$\begin{aligned} &\max_{\{S\}} F(\boldsymbol{S}) \\ &\text{s.t. } \boldsymbol{S} \geqslant \mathbf{0} \end{aligned} \tag{9-85}$$

在任何已知 $\boldsymbol{w}_k$、$\boldsymbol{v}_k$ 与 x_{kj} 的情况下，拉格朗日对偶函数 $L(\boldsymbol{w}_k, \boldsymbol{v}_k, x_{kj}, \boldsymbol{S})$ 是 $\boldsymbol{S}$ 的线性函数，然而对偶优化解是这些线性函数中的最大值。因此对偶优化问题（9-85）总是凹的。

拉格朗日对偶分解算法是将原始问题分成两步进行循环，首先是在固定拉格朗日乘子向量的情况下求解优化问题（9-84），然后从上步迭代获得资源分配策略，再通过求解问题（9-85）获得相应的拉格朗日乘子。

针对优化问题（9-84）的求解，本节对资源分配与模式选择单独进行求解。在 F-RAN 与 D2D 系统中有 C 个普通用户与 D 个具有缓存的用户，普通用户的模式选择优化问题分解为 $C \times D$ 个独立的子问题，可以并行求解。第 k 个用户是否被第 j 个具有缓存的用户所服务的模式选择变量 x_{kj} 的优化问题表示为：

$$\begin{aligned} &\min_{\{x_{kj}\}} x_{kj} \left(\sum_{n\in\mathcal{N}} \gamma_{kn} P_n^{\max} - \zeta_{kj} P_j + \varphi_k + \psi_j \right) \\ &\text{s.t. } \ 0 \leqslant x_{kj} \leqslant 1 \end{aligned} \tag{9-86}$$

问题（9-86）最优的 x_{kj}^* 表示为：

$$x_{kj}^* = \begin{cases} 0, \sum_{n\in N} \gamma_{kn} P_n^{\max} + \varphi_k + \psi_j \geqslant \zeta_{kj} P_j \\ 1, \sum_{n\in N} \gamma_{kn} P_n^{\max} + \varphi_k + \psi_j < \zeta_{kj} P_j \end{cases} \tag{9-87}$$

依据式（9-87），通过对二进制变量进行松弛变化，得到的最优解仍然是二进制值。因此，二进制松弛不会对系统性能造成损失，并且没有引入误差。

在给定拉格朗日对偶变量与模式选择的情况下，通过对拉格朗日函数（9-83）求解一阶倒数得到最优的波束成形向量与预编码向量，表示为：

$$\boldsymbol{w}_k^* = \alpha_k \rho_k \mathrm{Re}\left\{ \mu_k \boldsymbol{h}_k^{\mathrm{H}} \right\} \left[\boldsymbol{Z}_k^{\{0\}} \right]^{\dagger} \tag{9-88}$$

$$v_k^* = \alpha_k \rho_k \mathrm{Re}\left\{\mu_k \boldsymbol{g}_k^{\mathrm{H}}\right\}\left[\boldsymbol{Z}_k^{\{1\}}\right]^{\dagger} \tag{9-89}$$

其中，符号$[Z]^{\dagger}$表示为矩阵Z取逆矩阵。

由于对偶问题总是凹的，采用子梯度的方法进行求解，相应对拉格朗日乘子梯度为：

$$\begin{gathered}
\nabla\lambda_n(m+1) = \sum_{k\in\mathcal{C}} \boldsymbol{w}_k(m)\boldsymbol{D}_n\boldsymbol{D}_n^{\mathrm{H}}\boldsymbol{w}_k^{\mathrm{H}}(m) - P_n^{\max}\,, \quad n\in\mathcal{N}\,, \\
\nabla\zeta_{kj}(m+1) = \boldsymbol{v}_k(m)\boldsymbol{Q}_j\boldsymbol{Q}_j^{\mathrm{H}}\boldsymbol{v}_k^{\mathrm{H}}(m) - x_{kj}(m)P_j, j\in\mathcal{D}, k\in\mathcal{C}\,, \\
\nabla\varphi_k(m+1) = \sum_{j\in\mathcal{D}} x_{kj}(m) - 1, k\in\mathcal{C}\,, \\
\nabla\psi_j(m+1) = \sum_{k\in\mathcal{C}} x_{kj}(m) - 1, j\in\mathcal{D}\,, \\
\nabla\tau_n(m+1) = \sum_{k\in\mathcal{K}} \boldsymbol{w}_k(m)\boldsymbol{D}_n\boldsymbol{D}_n^{\mathrm{H}}\boldsymbol{w}_k^{\mathrm{H}}(m)\hat{\beta}_{kn}\hat{R}_k - R_n^1\,, \quad n\in\mathcal{N}_1\,, \\
\nabla\tau_n(m+1) = \sum_{k\in\mathcal{K}} \boldsymbol{w}_k(m)\boldsymbol{D}_n\boldsymbol{D}_n^{\mathrm{H}}\boldsymbol{w}_k^{\mathrm{H}}(m)\hat{\beta}_{kn}\hat{R}_k - R_n^2\,, \quad n\in\mathcal{N}_2\,, \\
\nabla\gamma_{kn}(m+1) = \boldsymbol{w}_k(m)\boldsymbol{D}_n\boldsymbol{D}_n^{\mathrm{H}}\boldsymbol{w}_k^{\mathrm{H}}(m) - \left(1 - \sum_{j\in\mathcal{D}} x_{kj}(m)\right)P_n^{\max}, n\in\mathcal{N}, k\in\mathcal{C}
\end{gathered} \tag{9-90}$$

其中，$\boldsymbol{w}_k(m)$、$\boldsymbol{v}_k(m)$与$x_{kj}(m)$分别表示第m次迭代获得的用户k的波束成形向量、预编码向量及模式选择。$\nabla\lambda_n(m+1)$、$\nabla\zeta_{kj}(m+1)$、$\nabla\varphi_k(m+1)$、$\nabla\psi_j(m+1)$、$\nabla\tau_n(m+1)$与$\nabla\gamma_{kn}(m+1)$分别表示第m+1 次迭代获得的拉格朗日乘子梯度，相应的第m+1 次的拉格朗日乘子更新表达式为：

$$\begin{gathered}
\lambda_n(m+1) = \left[\lambda_n(m) + \eta_\lambda(m+1)\nabla\lambda_n(m+1)\right]^+ \\
\zeta_{kj}(m+1) = \left[\zeta_{kj}(m) + \eta_\zeta(m+1)\nabla\zeta_{kj}(m+1)\right]^+ \\
\varphi_k(m+1) = \left[\varphi_k(m) + \eta_\varphi(m+1)\nabla\varphi_k(m+1)\right]^+ \\
\psi_j(m+1) = \left[\psi_j(m) + \eta_\psi(m+1)\nabla\psi_j(m+1)\right]^+ \\
\tau_n(m+1) = \left[\tau_n(m) + \eta_\tau(m+1)\nabla\tau_n(m+1)\right]^+ \\
\gamma_{kn}(m+1) = \left[\gamma_{kn}(m) + \eta_\gamma(m+1)\nabla\gamma_{kn}(m+1)\right]^+
\end{gathered} \tag{9-91}$$

其中，$\eta_\lambda(m+1)$、$\eta_\zeta(m+1)$、$\eta_\varphi(m+1)$、$\eta_\psi(m+1)$、$\eta_\tau(m+1)$与$\eta_\gamma(m+1)$分别

是拉格朗日乘子所对应的正值步长。

通过以上对拉格朗日对偶分解算法的设计，本节在算法 9-5 中对其进行了总结。

算法 9-5 拉格朗日对偶分解算法

步骤 1 初始化 $\boldsymbol{w}_k$ 、 $\boldsymbol{v}_k$ 及 x_{kj} ，令 m=0，最大重复次数 $m_{\max}$ 。

步骤 2 开始循环。

步骤 3 依据式（9-87），得到第 m 次模式选择方案 $\{x_{kj}(m)\}$ 。

步骤 4 依据式（9-88）与式（9-89），分别计算得到波束成形向量 $\boldsymbol{w}_k(m)$ 与预编码向量 $\boldsymbol{v}_k(m)$ 。

步骤 5 依据式（9-91）对拉格朗日乘子变量 $\boldsymbol{S}$ 进行更新。

步骤 6 令 $m = m+1$ 。

步骤 7 直到收敛或 $m > m_{\max}$ 。

9.3.5 优化问题算法仿真

在 F-RAN 引入 D2D 的通信中，联合算法 9-3 ~ 算法 9-5 对 ESE 性能及优化方法进行评估，并且给出仿真结果。

（1）仿真参数设置

在 F-RAN 中引入 D2D 通信场景下，假设 5 个 RRH 与 7 个单天线用户均匀地分布在 0.5 km × 0.5 km 的区域中，其中有 2 个用户具有缓存功能且缓存了其他所有用户请求的流行缓存资源。仿真考虑 2 个 RRH 通过有线前传链路介质接入 BBU 池，剩下的 3 个 RRH 通过无线前传链路介质接入 BBU 池中，且每个 RRH 配置 2 根天线。在 F-RAN 引入 D2D 通信的仿真中，D2D 模式与不同前传链路技术的 F-RAN 模式会产生不同的成本系数。为了简化分析，只考虑有线与无线的前传链路载波技术，且它们的成本系数分别表示为 c_w 与 c_{wl} ，D2D 通信所产生的成本系数表示为 l_c 。依据参考文献[6-7]对 D2D 通信成本的大致构成的研究及 D2D 通信成本远小于前传链路成本，D2D 成本系数 l_c 的取值考虑 $l_c < c_{wl} < c_w \leqslant 1$ 的关系，分别近似为 $c_w = 1$ 、 $c_{wl} = 0.5$ 、 $l_c = 0.1$ 。相关仿真参数的取值[60-62]见表 9-1。

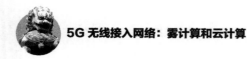

表 9-1　仿真参数配置

参数	取值
RRH、普通用户、有缓存用户的数目	5、5、2
RRH、用户天线的数目	2、1
噪声功率谱密度/(dBm·Hz^{-1})	−174
路损指数因子	4
小尺度衰落信道	瑞利分布
每个 RRH、D2D 用户的最大发射功耗/mW	$P_T = 500$，$P_D = 200$
静态功耗（P_C）/dBm	20
有线与无线前传链路受限容量/(bit·(s·Hz)$^{-1}$)	$R_n^1 = 10$，$R_n^2 = 5$
成本系数（l_c，c_{wl}，c_w）	l_c=0.1，c_{wl}=0.5，c_w=1

（2）仿真结果分析

如图 9-12 所示，在不同的 D2D 用户数目下，算法经过有限几步迭代便得到收敛，且相应的 ESE 收敛到稳定值。当增加 D2D 用户数目时，ESE 性能会有明显的提升，主要是由于相对于用户经过前传链路接入 BBU 池的通信，D2D 通信产生的网络消耗较低，从而带来 ESE 性能的提升。

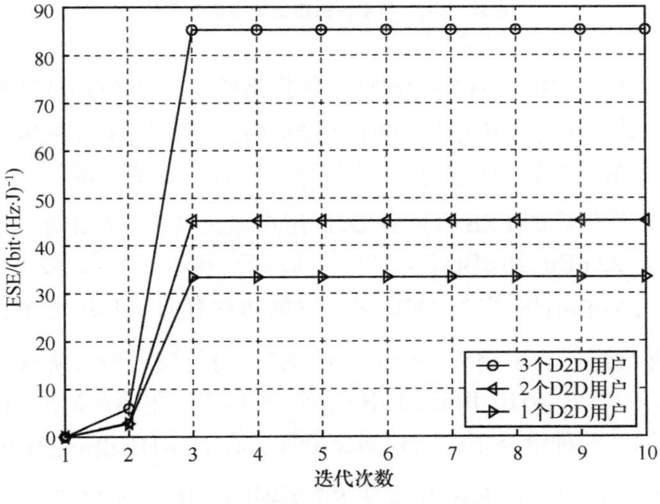

图 9-12　在不同 D2D 用户数目下，ESE 的迭代收敛过程

如图 9-13 所示，在不同的无线前传链路受限容量下，引入 D2D 通信与未引入 D2D 通信带来不同的网络频谱效率。在相同的前传链路受限容量下引入 D2D 通信比未引入 D2D 通信频谱效率有明显的提升。类似于第 9.2 节中的结论，随着前传链路受限容量的增加，网络的谱效先增大然后保持不变，这是由于无线前传链路容量受限导致系统总容量相应地受限，但是当前传链路受限容量足够大时，用户所需传输的容量已得到满足。

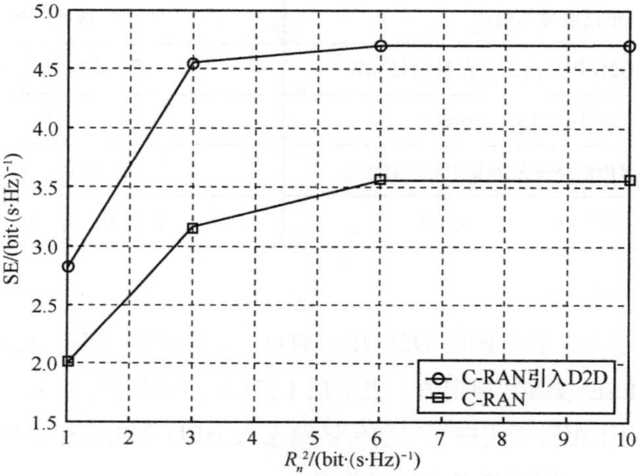

图 9-13　在 F-RAN 中引入 D2D 与未引入 D2D 场景下，谱效（SE）与前传链路受限容量的关系

为了验证所提 ESE 指标的合理性，利用谱效（SE）与其进行对比，即通过优化谱效来设计资源分配策略和 D2D 选择策略。如图 9-14 与图 9-15 所示，在不同的 D2D 用户最大发射功耗（P_D）情况下，ESE 与传统的谱效进行了对比。如图 9-14 所示，优化后的 ESE 会随着 D2D 用户最大发射功耗的增加而得到提升，并且在 $P_D \in [22\text{ dBm},26\text{ dBm}]$，优化后的 ESE 性能达到最大。在 $P_D \in [22\text{ dBm},26\text{ dBm}]$ 区间内，D2D 最大发射功耗有助于 ESE 性能的提升，可以指导实际的网络进行功率控制。分别优化 ESE 与传统的谱效所获得的频谱效率如图 9-15 所示，当 $P_D \in [10\text{ dBm},20\text{ dBm}]$ 时，两种优化策略得到的谱效近似相同，随着 P_D 的增加，两种策略下的谱效均会增加。在 $P_D \in [10\text{ dBm},20\text{ dBm}]$ 范围内，如图 9-14 所示，通过优化 ESE 比优化 SE 得到的 ESE 性能更佳。当 D2D 用户的最大发射功耗较小时，在获得相同的网络谱效情况下，优化 ESE 比优化 SE 可以有效地减小网络能量消耗。

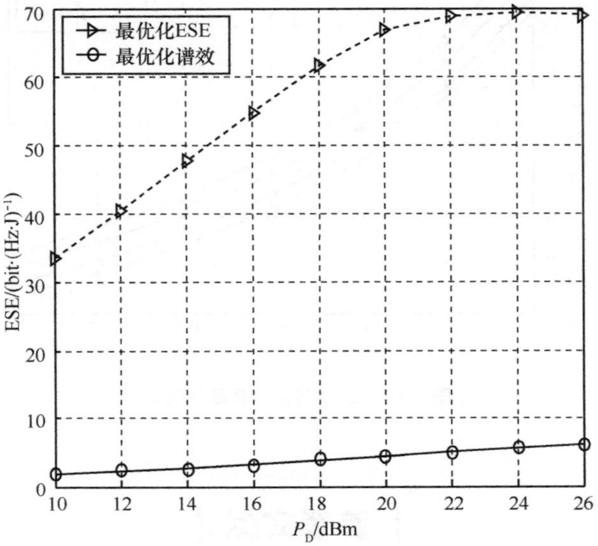

图 9-14　在最优化 ESE 与最优化谱效的情况下，ESE 与 D2D 用户的最大发射功耗间的关系

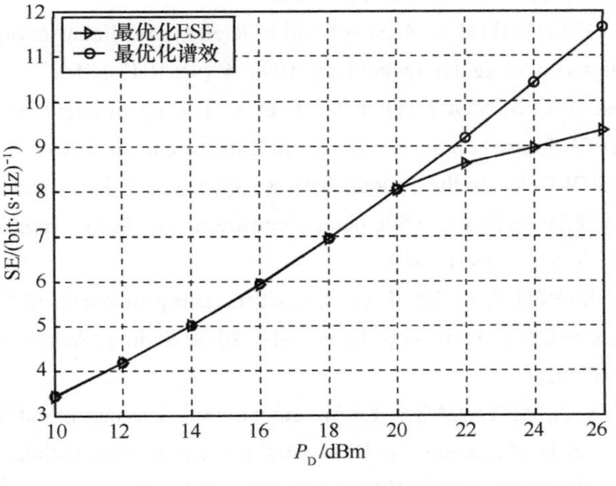

图 9-15　谱效（SE）与 D2D 用户的最大发射功耗的关系

成本系数与 ESE 性能的关系如图 9-16 所示。在不同的无线前传链路成本系数 c_{wl} 与 D2D 通信的成本系数 l_c 的情况下，优化后的 ESE 会随之相应的改变。

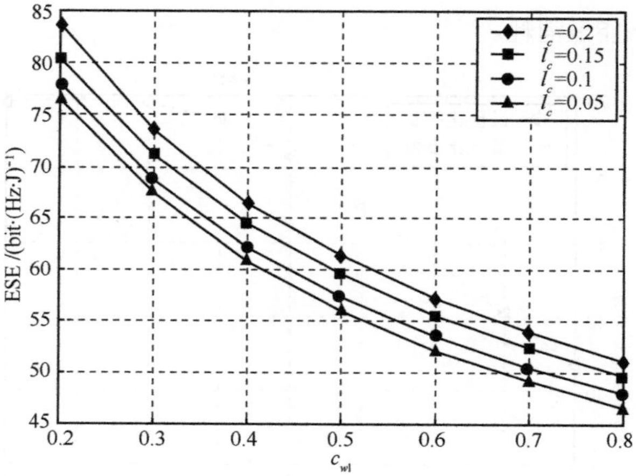

图 9-16　ESE 与成本系数的关系

参考文献

[1] CHEN Y, ZHANG S, XU S, et al. Fundamental trade-offs on green wireless networks [J]. Communications Magazine, 2011, 49(6): 30-37.

[2] ALOUINI M, GOLDSMITH A. Area spectral efficiency of cellular mobile radio systems [J]. IEEE Transactions on Vehicular Technology, 1999, 48(4): 1047-1066.

[3] SOH Y, QUEK T Q S, KOUNTOURIS M, et al. Energy efficient heterogeneous cellular networks [J]. IEEE Journal on Selected Areas in Communications, 2013, 31(5): 840-850.

[4] RAO J, FAPOJUWO A. On the tradeoff between spectral efficiency and energy efficiency of homogenous cellular networks with outage constraint [J]. IEEE Transaction on Vehicular Technology, 2013, 62(4): 1801-1814.

[5] MAHLOO M, MONTI P, CHEN J, et al. Cost modeling of backhaul for mobile networks [C]//The IEEE Conf. ICC Workshop, June 10-14, 2014, Sydney, Australia. Piscataway: IEEE Press, 2014: 397-402.

[6] ASHERALIEVA A, MIYANAGA Y. An autonomous learning-based algorithm for joint channel and power level selection by D2D pairs in heterogeneous cellular networks [J]. IEEE Transactions on Communications, 2016, 64(9): 3996-4012.

[7] ZHU K, ZHI W, ZHANG L, et al. Social-aware incentivized caching forD2D communications [J]. IEEE Access, 2016(4): 7585-7593.

[8] 黄宇红. F-RAN 无线接入网绿色演进白皮书 [R]. 北京：中国移动通信研究院, 2010.

[9] CHEN Y, ZHANG S, XU S, et al. Fundamental trade-offs on green wireless networks [J].

IEEE Communications Magazine, 2011, 49(6): 30-37.
[10] TOMBAZ S, VASTBERG A, ZANDER J. Energy-and cost-efficient ultra-high-capacity wireless access [J]. IEEE Wireless Communications, 2011, 18(5): 18-24.
[11] PENG M, ZHANG K, JIANG J, et al. Energy-efficient resource assignment and power allocation in heterogeneous cloud radio access networks [J]. IEEE Transactions on Vehicular Technology, 2015, 64(11): 5275-5287.
[12] LI P, CHANG T, FENG K. Energy-efficient power allocation for distributed large-scale MIMO cloud radio access networks[C]//Wireless Communications & Networking Conference, April 6-9, 2014, Istanbul, Turkey. Piscataway: IEEE Press, 2014: 1856-1861.
[13] YOON C, CHO D. Energy efficient beamforming and power allocation in dynamic TDD based F-RAN system [J]. IEEE Communications Letters, 2015, 19(10): 1806-1809.
[14] ZHOU Z, DONG M, QTA K, et al. Energy-efficient resource allocation for D2D communications underlaying cloud-ran based LTE-A networks[J]. IEEE Internet of Things Journal, 2016, 3(3): 428-438.
[15] Dai B and Yu W. Sparse beamforming and user-centric clustering for downlink cloud radio access network [J]. IEEE Access, 2014(2): 1326-1339.
[16] DINKELBACH W. On nonlinear fractional programming [J]. Bulletin of the Australian Mathematical Society, 1967(13): 492-498.
[17] HE S, HUANG Y, JIN S, et al. Coordinated beamforming for energy efficient transmission in multicell multiuser systems [J]. IEEE Transactions on Communications, 2013, 61(12): 4961-4971.
[18] JAGANNATHAN R. On some properties of programming problems in parametric form pertaining to fractional programming [J]. Management Science, 1966, 12(7): 609-615.
[19] BOYD S, VANDENBERGHE L. Convex optimization [M]. New York: Combridge University Press, 2004: 215-273.
[20] SHI Q, RAZAVIYAYN M, LUO Z, et al. An iteratively weighted MMSE approach to distributed sum-utility maximization for a MIMO interfering broadcast channel [J]. IEEE Transactions on Signal Processing, 2011, 59(9): 4331-4340.
[21] GRANT M, BOYD S. CVX: matlab software for disciplined convex programming [EB]. 2017.
[22] VENTURINO L, PRASAD N, WANG X. Coordinated linear beamforming in downlink multi-cell wireless networks [J]. IEEE Transactions on Wireless Communications, 2010, 9(4): 1451-1461.
[23] JOHANSSON K. Cost effective deploymentstrategies for heterogeneouswireless networks [D]. Stockholm: TelecommunicationsStockholm, 2007.
[24] COLDREY M, BERG J, MANHOLM L, et al. Non-line-of-sight small cell backhauling using microwave technology[J]. IEEE Communications Magazine, 2013, 51(9): 78-84.
[25] BOJIC D, SASAKI E, CVIJETIC N, et al. Advanced wireless and optical technologies for

small-cell mobile backhaul with dynamic software-defined management[J]. IEEE Communications Magazine, 2013, 51(9): 86-93.

[26] NG D W K, LO E S, SCHOBER R. Energy-efficient resource allocation in OFDMA systems with large numbers of base station antennas[J]. IEEE Transactions on Wireless Communications, 2012, 11(9): 3292-3304.

[27] PENG M, ZHANG K. Recent advances in fog radio access networks: performance analysis and radio resource allocation[J]. IEEE Access, 2016, 4(99): 5003-5009.

[28] PENG M, YU Y, XIANG H, et al. Energy-efficient resource allocation optimization for multimedia heterogeneous cloud radio access networks[J]. IEEE Transactions on Multimedia, 2016, 18(5): 879-892.

[29] LI J, WU J, PENG M, et al. Queue-aware energy-efficient joint remote radio head activation and beamforming in cloud radio access networks[J]. IEEE Transactions on Wireless Communications, 2016, 15(6): 3880-3894.

[30] WEI D, OPPENHEIM A V. A branch-and-bound algorithm for quadratically-constrained sparse filter design[J]. IEEE Transactions on Signal Processing, 2013, 61(4): 1006-1018.

名词索引

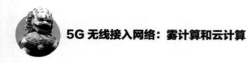

B

D

E

F

M

N

P

R

S

T

X

Z